DAS SCHRAUBER HANDBUCH

B. L. NEPOMUCK / U. JANNECK

DAS SCHRAUBER HANDBUCH

Technik · Wartung · Instandsetzung

Delius Klasing
EDITION MOBY DICK

Die in diesem Buch enthaltenen Ratschläge werden nach bestem Wissen und Gewissen erteilt, jedoch unter Ausschluß jeglicher Haftung.

Die Deutsche Bibliothek – CIP-Einheitsaufnahme

Nepomuck, Bernd L.:
Das Schrauberhandbuch : Technik, Wartung, Instandsetzung /
Bernd L. Nepomuck/Udo Janneck. - 9. Aufl.
Kiel : Moby Dick, 1998
Bis 6. Aufl. u.d.T.: Nepomuck, Bernd L.: Das Schrauberhandbuch für
Motorräder, Bikes und heisse Öfen
ISBN 3-89595-101-3
NE: Janneck, Udo:

9. Auflage
ISBN 3-89595-101-3

Rendsburger Landstraße 181, D-24113 Kiel;
Vertrieb über: Edition Moby Dick / Delius Klasing,
Siekerwall 21, D-33602 Bielefeld
Umschlaggestaltung: Buchholz/Hinsch/Hensinger, Hamburg
Umschlagabbildungen: Vorderseite Yamaha DT 125 R (oben)
BMW R 850 R Roadster (rechts), Yamaha FZR 750 R (unten),
Rückseite MuZ Skorpion Sport 660 (Zeichnung)
(mit freundlicher Genehmigung der Hersteller)
Satz: OstseeSatz und Verlagsservice GbR, Laboe
Druck: WDA Grafischer Betrieb, Brodersdorf
Printed in Germany 1998

Inhalt

Diese Auf- und Abbewegungen des Kolbens werden über eine **Pleuelstange** auf eine **Kurbelwelle** übertragen. Sie erzeugt aus einer geradlinigen eine drehende Bewegung und damit eine Veränderung der Bewegungsrichtung! Erst mit dieser Drehbewegung beginnt ein Motor zu leben, ist die Voraussetzung für den Antrieb eines Fahrzeuges geschaffen.

Der Arbeitszylinder der Kolbenkraftmaschine wird oben abgedichtet durch den **Zylinderkopf**. In ihm befinden sich die beim Viertaktmotor wichtigen Kanäle und Ventile für die Steuerung der ein- und ausströmenden Gase.

Wenn der sich aufwärts bewegende Kolben seinen höchsten Punkt erreicht hat, ändert er die Laufrichtung und strebt nach unten. Dieser Umkehrpunkt heißt **oberer Totpunkt** (O.T.). **Unterer Totpunkt** (U.T.) nennt sich der untere Umkehrpunkt des Kolbens.

Der Weg, den der Kolben zurücklegt, heißt **Kolbenhub** oder einfach **Hub**. Der Raum, den der Kolben ausfüllt, wenn er von »U.T« nach »O.T« fährt, nennt sich folglich **Hubraum**. Die Bezeichnung **Kurbeltrieb** hat sich für Kolben, Pleuelstange und Kurbelwelle eingebürgert. Sie sind die Haupterkennungsmerkmale der Kolbenkraftmaschine.

Der Ottomotor setzt die Kräfte, die im Kraftstoff als chemische Energie gebunden sind, bei der Verbrennung mit Hilfe des Sauerstoffs aus der Luft in mechanische Energie und Wärmeenergie um.

Der Zylinderraum des Motors ist während des Verbrennungsvorgangs nach allen Seiten hin abge-

Abb. 1: Einzylinder-Viertakt-Ottomotor

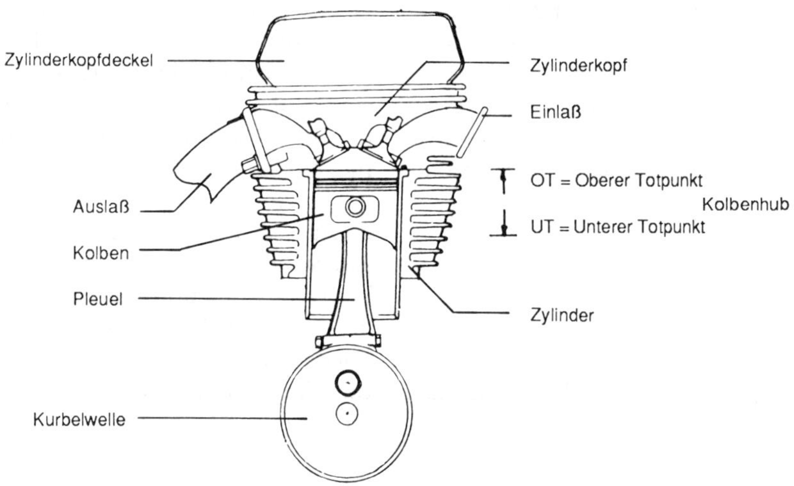

dichtet. Beim Viertaktmotor sind die Ventile geschlossen, beim Zweitakter die Ein- bzw. Auslaßschlitze verdeckt.
Die nachgiebigste Stelle ist der Kolben selbst. Er befindet sich im Augenblick der Zündung im Bereich des oberen Totpunktes (O.T.). Der durch die Verbrennung entstandene Druck treibt den Kolben in Richtung U.T. im Zylinder nach unten. Seine Hubbewegung setzt die Kurbelwelle über Pleuel und Hubzapfen in Drehung.
Die Wärme im Zylinderraum des Motors erreicht während der Verbrennung Spitzenwerte bis zu 2500° C. Jeder weitere Arbeitstakt setzt noch mehr Wärme frei! Die Temperatur steigt und hätte, würde sie nicht weggekühlt, den Motor bald zerstört.
Diese Wärmeenergie kann bei einem Motorradmotor kaum genutzt werden. Eine gewisse Betriebstemperatur von 85 bis 130° C ist zwar nötig, um das Motoröl optimal schmierfähig zu halten und das angesaugte Kraftstoff-Luft-Gemisch besser zu vergasen. Aber ansonsten würde es sich schädlich auswirken, wenn überschüssige Wärme sich nicht mit Hilfe einer Kühleinrichtung abführen ließe.
Turbolader nutzen den Druck der heißen Abgase im Motor, aber der komplizierte und teure Aufbau lohnt sich bei Motorradmotoren nicht. Moderne Motoren haben mit weniger Aufwand auch so überreichlich Leistung.

Das, was an produzierter Energie (z.B. Wärme) nach der Verbrennung im Motor nicht mehr genutzt werden kann, bezeichnet man als »Energieverluste«.
In einem Motor entstehen Verluste an mechanischer Energie durch die Reibung der sich bewegenden Teile und durch den Antrieb von Hilfsgeräten. Verluste an Wärmeenergie entstehen durch Wärmeabstrahlung und Abgaswärme. Verluste an chemischer Energie durch schlechte Verbrennung und unverbrannte Frischgase.
Der **Wirkungsgrad** gibt das Verhältnis von eingegebener Energie und abgegebener Leistung an. Dabei besteht die *chemische Energie* aus dem Kraftstoff und die abgegebene Leistung aus der *mechanischen Energie*.
Der Ottomotor verwertet letztlich nur 25% des Energiegehaltes seines Kraftstoffes. Das ist die *Nutzleistung* des Motors. Sie wird in PS, seit etlichen Jahren auch in kW (Kilowatt) ausgedrückt.

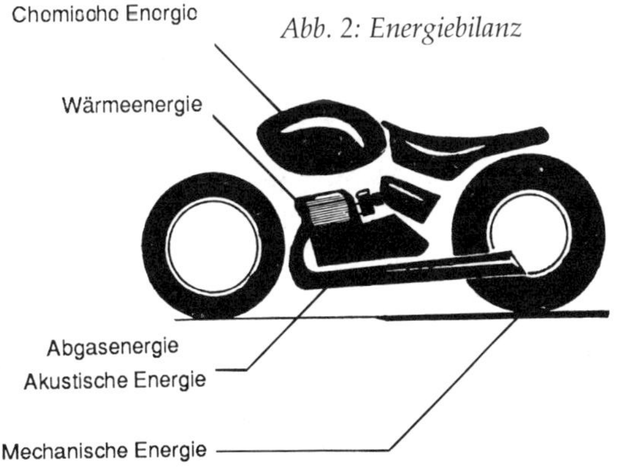

Abb. 2: Energiebilanz

Abb. 3: Das Viertaktprinzip

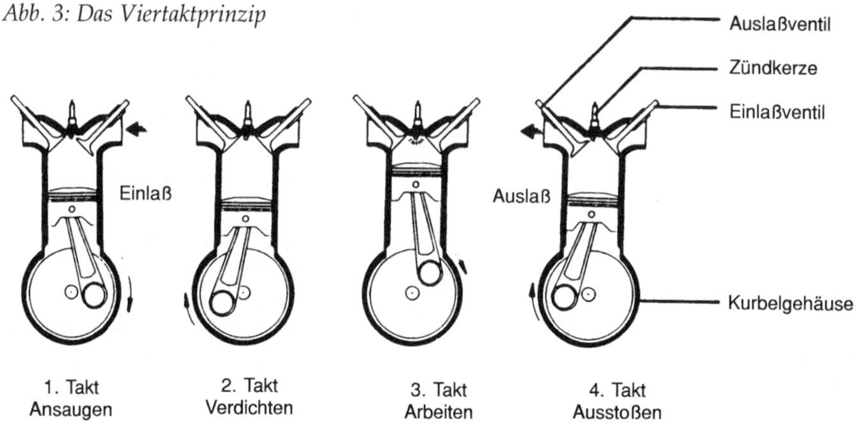

1.1.1. Der Viertaktmotor

Er trägt die Hauptlast im Verkehrsalltag und hat sich im Laufe von Jahrzehnten durch Sparsamkeit, niedrigen Lärmpegel, relative Umweltverträglichkeit, Laufruhe, Robustheit und gute Kraftentfaltung auch bei niedrigen Drehzahlen bestens bewährt. Dies, obwohl er komplizierter aufgebaut ist als sein Konkurrent, der Zweitaktmotor.

Der Otto-Viertaktmotor besitzt vier **Arbeitstakte**: Ansaugen, Verdichten, Verbrennen und Ausstoßen.

Zur Steuerung des Wechsels von »Frischgas« (dem Kraftstoff-Luft-Gemisch) und den verbrannten Gasen sind Ventile eingesetzt. Sie werden über die Kurbelwelle gesteuert.

Beginnen wir mit dem Ansaugtakt (**erster Takt**) auf unserem Weg, die Funktionsweisen im Motor genauer darzustellen.

• Der Kolben bewegt sich vom oberen Totpunkt (O.T.) nach unten. Dabei vergrößert sich der Raum im Zylinder oberhalb des Kolbens. Es entsteht ein Unterdruck. Da der Druck der Außenluft größer ist, strömt Luft mit hoher Geschwindigkeit (etwa 100 Meter pro Sekunde) durch den Vergaser in den Ansaugkanal. Dabei reißt sie den Kraftstoff in feinsten Tröpfchen mit sich. Vorbei am geöffneten Einlaßventil gelangt das so entstandene (»vergaste«) Kraftstoff-Luft-Gemisch in den sich stetig vergrößernden Zylinderraum und füllt ihn aus. Das Auslaßventil bleibt hierbei geschlossen.

Die ideale **Frischgasmischung** besteht aus 15 Teilen Luft auf einen Teil Kraftstoff.

Der Verdichtungstakt (**zweiter Takt)** verdichtet die Füllung im Zylinder.

• Bei geschlossenem Ein- und Auslaßventil wird die Füllung im Zylinder durch den Druck des Kolbens auf einen Bruchteil des ursprünglichen Rauminhaltes zusammengedrückt. Diese Arbeit beginnt der

Kolben, nachdem er U.T. überwunden hat und wieder nach oben strebt. Wenn der Kolben dann kurz vor O.T. angelangt ist, füllt das nun komprimierte Frischgas diesen Raum völlig aus.
Der Zylinderkopf besitzt an seiner Unterseite eine Wölbung. Sie ist der Öffnung des Zylinders zugewandt und sieht halbkugelförmig, muldenförmig oder dachförmig aus. In ihr liegen die Sitzringe der Einlaß- und Auslaßventile. Auch das untere Ende der Zündkerze wird an einer zentralen Stelle von außen in den »Verdichtungsraum« hineingeschraubt.

Die Verdichtungsangaben in den technischen Daten von Motoren sind einfach zu verstehen. So bedeutet eine **Verdichtung** von 9:1, daß der Rauminhalt des Zylinders plus dem Inhalt des Verdichtungsraumes von neun Teilen auf ein Teil zusammengedrückt wird.
Wenn der Kolben im Verdichtungstakt O.T. erreicht hat, bewirkt die Verdichtung einen Druckanstieg im Zylinderraum. Dabei erwärmt sich das zusammengepreßte Frischgas auf etwa 400° C. Das wiederum führt zu einer Vergrößerung des Volumens der Mischung im Verdichtungsraum (heiße Gase dehnen sich aus!) – Folge: Der Druck steigt weiter an. Ist der Kolben auf O.T. hochgefahren, drängt sich das erhitzte, brennbare Gemisch auf engstem Raum zusammen. Es fehlt nur noch der sprichwörtliche »Funke am Pulverfaß«. Der **Zündzeitpunkt** ist erreicht!
Im Arbeitstakt (**dritter Takt**) erfolgt nun die lang erwartete Arbeitsleistung.
• Die in den Verdichtungsraum hineinragende Zündkerze zaubert einen elektrischen Funken herbei, und die »geballte Ladung« geht hoch.
Infolge der sich jetzt rasch ausbreitenden Verbrennung (etwa 2 Millisekunden) steigt die Temperatur des brennenden Gases bis auf etwa 2500° C an. Es entsteht ein immenser, steil ansteigender Druck im Zylinderkopf (30 bis 60 bar); der Verdichtungsraum wandelt sich zum **Brennraum**.
Die mit hoher Geschwindigkeit auseinanderstrebenden Gase drücken auf den Kolben und schieben ihn nach unten in den Zylinder hinein. Währenddessen breitet sich die Flammenfront über den ganzen, sich stetig vergrößernden Zylinderraum aus.
Im Auspufftakt (**vierter Takt**) werden die verbrannten Gase ausgestoßen. Bevor der Kolben im Arbeitstakt ganz unten bei U.T. angelangt ist, öffnet sich das Auslaßventil. Das gibt den noch unter Druck stehenden Gasen die Möglichkeit, sich zu entspannen.
Der nach Erreichen von U.T. wieder aufwärtsschiebende Kolben stößt die Abgase hinaus. Er hat dabei kaum Widerstand zu überwinden. Die in den Auspuff entweichenden Gase haben eine hohe Ausströmgeschwindigkeit. Das Donnergrollen

eines Einzylinders oder das turbinenartige Pfeifen eines Vierzylinders haben darin ihre Ursache.
Die Abgastemperatur beim Austritt aus dem Zylinderkopf beträgt dabei etwa 600 bis 800° C. – Ein Grund, weshalb Auspuffanlagen so heiß werden und verchromte Auspuffkrümmer oft blau anlaufen.
Nachzutragen sind noch einige Bemerkungen zu einzelnen Arbeitstakten, die ein vollständiges Bild von den beschriebenen Vorgängen vermitteln.
Im 2. Takt, dem Verdichtungstakt, sollen durch den Druck des hochverdichteten Frischgases die in ihm befindlichen Kraftstoffteilchen (Tröpfchen) näher an die Sauerstoffpartikel der Luft herangedrückt werden, so daß die Vermischung inniger wird, wirksamer noch als durch das Zerstäuben des Kraftstoffes im Vergaser. Man kann sagen: Je größer die Verdichtung des Gemisches, desto wirksamer die Verbrennung und um so höher letztlich auch die Leistung des Motors.
Alle modernen Motorräder haben in der Regel hochverdichtende Motoren. Doch ohne die Entwicklung leistungsfähiger Kraftstoffe wäre eine Verdichtung von 9:1, 10:1 oder gar 11:1 unmöglich. Die Kraftstoffmischung würde sich vorzeitig entzünden und der Motor an Leistung verlieren oder sogar geschädigt werden. Das führt uns zum Problem der »Klopfzündung« und des »Klingelns«. Diese leistungssenkenden und den Motor schädigenden Auswirkungen besprechen wir im Unterkapitel 3.8.: »Benzin und seine Eigenschaften.«
Während des Arbeitstaktes (3.Takt) entsteht bei einer relativ vollständigen Verbrennung des Kraftstoff-Luft-Gemisches CO_2 (Kohlendioxyd), H_2O (Wasserdampf) und Wärme.

Die heute vieldiskutierten Giftstoffe, die beim Betrieb von Otto-Motoren entstehen, ergeben sich aus einem nur schwer zu beseitigenden Problem: Kein Motor hat über den gesamten Drehzahlbereich eine gleich gute Verbrennung. Das Luft-Kraftstoff-Verhältnis von 15:1 wird selten erreicht. Auch moderne Vergaser oder Einspritzanlagen, optimal eingestellt, ändern daran nicht viel.
Ein Nachverbrennungssystem oder ein **Katalysator**, am besten ein Dreiwege-Katalysator, wäre eine praktikable Lösung. Im Automobilbau wird das schon länger praktiziert. Eigentlich ist das Problem für Motorräder mit Viertaktmotoren nicht so drängend, da ihre leistungsoptimierten Motoren einen nur geringen Stickoxydanteil in die Luft blasen (im Vergleich zum Auto), also recht schadstoffarm laufen. Der Kohlenwasserstoffgehalt ist beim Viertaktmotor allerdings recht hoch.
Mofas, Mopeds, Leichtkrafträder und überhaupt alle Zweitaktmotorräder haben es da schon schwerer. Ihre Emissionen weisen im Vergleich zum Viertakter durch die verbrannten Zweitaktöle hohe Schad-

stoffwerte auf. Doch gibt es mittlerweile auch Hochleistungs-Zweitakter, deren Gassteuerung dank elektronisch geregelter Stellmotoren so verlustarm arbeitet, daß sich die Abgaswerte denen von Viertaktmotoren nähern. Außerdem ist ihr Anteil an verbranntem Zweitaktöl infolge eines verbesserten Dosiersystems so gering, daß diese Zweitaktmotoren sogar mit Katalysator gefahren werden können.

Die Hauptschwierigkeiten beim Katalysator für Viertaktmotoren liegen in den bauartbedingten Vibrationen bei Motorrädern. Aber auch diese Schwierigkeiten sind zu meistern: Es gibt mittlerweile mehrere Anbieter von serienmäßigen Motorrädern mit integriertem Dreiwegekatalysator (z.B. BMW R 1100 RS oder Yamaha GTS 1000). Nachrüstkatalysatoren für Motorräder werden angeboten, die entgegen allen Unkenrufen die Leistung des Motors nicht mindern. Ihr einziger Nachteil ist, daß sie noch zu teuer sind.

1.1.2. Der Zweitaktmotor

Der Zweitaktmotor, eine Variante des Ottomotors, ist schon seit Mitte des letzten Jahrhunderts bekannt.

Nach dem 2. Weltkrieg wurde er zum beliebtesten Motorradmotor in den mittleren und unteren Hubraumklassen (damals im Bereich von 80 ccm bis 350 ccm Hubraum). Vor allem seit der Erfindung der Umkehrspülung waren die Vorteile gegenüber dem Viertakter so groß, daß er 60% des Marktes beherrschte. Er war unkompliziert aufgebaut und damit preiswert in der Herstellung. Er zeigte sich drehfreudiger als der Viertaktmotor und hatte als Alltagsmaschine einen für damals vergleichsweise aktzeptablen Kraftstoffverbrauch.

Das änderte sich erst ab den sechziger Jahren, als in den unteren und mittleren Klassen Viertaktmotoren soliderer Bauart und kostengünstiger Massenfertigung im Alltagsbereich immer stärkere Bedeutung erlangten. Zweitaktmotorräder wurden allmählich in den kleineren sportlichen Sektor verdrängt. Heutzutage ist die Sportdomäne im Grand Prix (GP), wo sich die im Verhältnis Leistung zu Fahrzeuggewicht optimalen Motorräder tummeln, beherrscht von den Zweitaktmotoren. Die alltagstauglichen Motorräder dagegen besitzen heute zum größten Teil Viertaktmotoren.

Doch nicht nur die Marktlage hat sich verändert. Das Motorrad hat heute fast außschließlich Freizeitwert, da Autos mittlerweile so billig sind, daß fast jeder sich das schützende Dach einer Karosserie leisten könnte. – Mehr noch, es ist gleichzeitig so normal geworden, im automobilen Massenverkehr mitzuschwimmen, daß die gähnende Langeweile und der unerfüllte Sinn fürs Abenteuerliche die Freude am Automobilismus inzwischen ersticken. Bei Vergnügungsfahrten kommt das schlechte Gewissen wegen der Umweltbelastung noch hinzu.

Darin lag wohl auch ein Grund für die große Renaissance der Motorräder schon ab Mitte der siebziger Jahre und wieder in den Neunzigern. Damals waren es vor allem junge Männer, aber auch schon einige Frauen, mit Begeisterung fürs ursprüngliche Fahrerlebnis, die das Motorradfahren für sich neu erfanden. Heutzutage sind es vor allem ältere Semester und viele junge Frauen, die Motorräder als Fortbewegungsmittel und Spaßbringer wiederentdeckt haben.
So läßt sich die breite, mehr sportliche Komponente in der Motorenentwicklung erklären. Alltagsmotorräder für den Arbeitsweg und den Einkauf in Supermärkten bräuchten längst nicht so kompliziert, PS-gesteigert und aufregend zu sein, wie sie es heute sind.
Die Begeisterung für das sportliche Fahrvergnügen führte dann auch zum Bau neuer Zweitaktmotorräder, deren moderne Hochleistungstriebwerke ähnlich kompliziert, doch leistungsfähiger sind als vergleichbare Viertaktmotoren.
Lediglich die Mofa-, Moped-, Klein- und Leichtkraftrad-Szene wird noch zum überwiegenden Teil von den simplen, wartungsarmen und drehfreudigen Zweitaktern alten Schlages bestimmt.

Das **Zweitaktprinzip**

Das Prinzip des Otto-Zweitaktmotors besteht darin, daß er in jedem 2. Takt einen Arbeitstakt ausführt. Eigentlich tut er dies wie ein Viertaktmotor. Nur daß sich die Funktionen Ansaugen, Verdichten, Arbeiten und Ausstoßen innerhalb zweier Kolbenhübe abspielen – beim Viertakter sind dazu vier notwendig. Im Zweitaktmotor laufen die Arbeitszyklen nicht nur oberhalb des Kolbens ab, wie beim Viertakter, sondern auch im Kurbelgehäuse. Das wird deutlich, wenn wir die Arbeitsweise des Zweitakters einmal unter die Lupe nehmen:

• Beginnen wir mit dem 1. Takt, dem Ansaug- und Verdichtungstakt. Der aufwärtsgehende Kolben erzeugt durch die Vergrößerung des Kurbelraumes unter dem Kolben einen Unterdruck im Kurbelgehäuse (etwa 0,4 bar). Das Kurbelgehäuse, in dem die Kurbelwelle gelagert ist, muß zu diesem Zweck gasdicht sein. Bei Freigabe des Einlaßschlitzes im Zylinder durch die untere Kolbenkante, strömt Frischgas aus dem Vergaser in den Kurbelraum. Dieses Frischgas hat durch den Unterdruck eine hohe Einströmgeschwindigkeit und füllt den Raum rasch aus.
Das inzwischen durch die Überströmkanäle in den Zylinderraum oberhalb des Kolbens geflutete, im letzten Arbeitszyklus vorverdichtete Frischgas wird durch den Kolben weiter verdichtet. Die Zündung erfolgt dann kurz vor O.T. mittels einer zentralen im Zylinderkopf eingelassenen Zündkerze. Während die Flammenfront sich im Verbrennungsraum weiter ausbreitet, überschreitet der Kolben den Totpunkt.

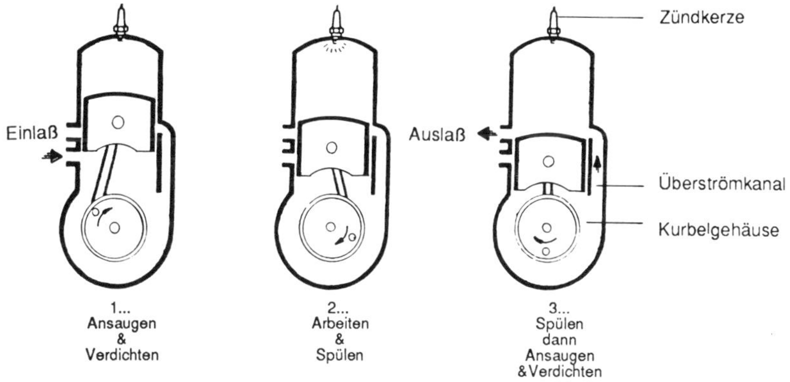

Abb. 4: Das Zweitaktprinzip

• Die Macht des nun voll einsetzenden Verbrennungsschubes drückt den Kolben vehement nach unten. Der Kolben leistet Arbeit und leitet den 2. Takt ein. Auf seinem Weg nach unten, Richtung U.T., verringert sich der Raum im Kurbelgehäuse und verdichtet das dort im 1. Takt eingelagerte Frischgas. Kurz vor U.T. gibt die obere Kolbenkante den Auslaßschlitz frei. Die verbrannten Gase entspannen sich und strömen in den Auslaßkanal.

Wenig später gibt der Kolben auch die Überströmschlitze im Zylinder frei. Das vorverdichtete Frischgas strömt aus dem Kurbelgehäuse in den Zylinderraum oberhalb des Kolbens und spült die restlichen Abgase hinaus. Beide Öffnungen, Auslaß- und Überströmkanäle, sind nur für kurze Zeit gleichzeitig offen. Bevor beide Öffnungen wieder vom Kolben abgedeckt werden – er unterschreitet U.T. und gleitet zum 1. Takt wieder nach oben – entweichen leider auch Frischgase aus dem Zylinder. Sie gelangen durch den Auslaßkanal unverbrannnt in den Auspuff. Das ist ein wichtiger Grund für den hohen Kraftstoffverbrauch und die mangelnde Umweltverträglichkeit von Zweitaktmotoren.

Der Zweitaktzyklus beginnt mit dem Einströmen von Frischgas aus dem Vergaser in das Kurbelgehäuse von vorne.

• Übrigens – der blaue Qualm und der Gestank von Zweitaktmotoren haben mit der Beimengung von Öl in den Kraftstoff zu tun. Das Zweitaktöl ist unersetzlich, weil es den Kurbeltrieb und die Kolbenlaufbahn schmieren muß. Zweitaktmotoren haben zur Motorschmierung keine Ölfüllung im Kurbelgehäuse!

1.1.3. Unterschiede zwischen Zwei- und Viertaktmotoren

Zweitaktmotoren haben doppelt so viele Arbeitstakte wie Viertaktmotoren. Während ein Viertakt-Einzylinder im Verlauf von vier Takten nur einen einzigen Arbeitstakt liefert – seine Kurbelwelle macht dabei zwei volle Umdrehungen – zündet ein Zweitakt-Einzylinder bei jeder Kurbelwellenumdrehung einmal.

Das ließe den Schluß zu: »Zweitakter besitzen die doppelte Leistung!« Leider ist dem aber nicht so. In Wirklichkeit leisten sie nur das 1,3- bis 1,5fache des Viertaktmotors.

Das ist trotzdem noch recht viel und wohl auch ein Grund dafür, daß Zweitaktmotoren in ihren Klassen zur Zeit in Straßenrennen, aber auch beim Moto-Cross an der Spitze liegen. Neue Einlaß- und Auslaßsysteme, verbunden mit einem geringen Eigengewicht, machen sie schier unschlagbar.

Doch was sind die Nachteile? Es gibt deren drei:

1. Der leidige Umstand, daß ein Teil des Frischgases beim Spülvorgang mit im Auspufftakt verschwindet (siehe hierzu auch im Unterkapitel 1.1.2 »Der Zweitaktmotor«) und dem Motor dadurch nicht mehr für die Energieerzeugung zur Verfügung steht. Geringere Motorleistung und relativ hoher Kraftstoffverbrauch sind die Folgen.

2. Im Zylinder bleiben Abgase zurück, die beim Auspufftakt nicht vollständig herausgedrückt werden können und sich dann beim Spülvorgang mit dem Frischgas vermischen. Sie senken die Motorleistung, da sie nicht weiter verbrannt werden können.

3. Die Einlaßschlitze zum Kurbelgehäuse, die vom Kolben wie von einem Schieber geöffnet und geschlossen werden, sind nur auf einem Fünftel des Kolben-Hubweges geöffnet, während der Viertakter den vollen Ansaughub für das »Inhalieren« des Frischgases zur Verfügung stellen kann.

Es gibt aber auch Vorteile: Zweitaktmotoren haben keine Ventile und Nockenwellen zur Steuerung von Ein- und Auslaß. Das macht sie ausgesprochen wartungs- und instandsetzungsfreundlich. Außerdem senkt es das Gewicht des Motors entscheidend und ermöglicht den Bau sehr leichter Motorräder.

• Viele Zweitaktmotoren werden im Umkehrverfahren schlitzgesteuert (siehe hierzu auch im Unterkapitel 1.1.2 »Der Zweitaktmotor«). Diese einfachen Motoren sind je nach Größe und Charakteristik auf einen mehr sportlichen oder mehr tourenmäßigen Stil hin *konstruktiv* festgelegt. Bei der mehr sportlichen Variante ergibt sich eine stärkere Kraftentfaltung im oberen Drehzahlbereich, was für hohe Geschwindigkeiten unerläßlich ist. Das bedeutet aber auch häufiges Schalten, weil das nutzbare Drehzahlband nicht sehr breit ist und im oberen Drehzahlbereich angesiedelt wurde.

Dagegen besitzen die mehr alltagstauglichen Motorenvarianten Tourenqualitäten. Hier wurde ein breiter nutzbares Drehzahlband im unteren und mittleren Drehzahlbereich angesiedelt. Diese Art der Leistungsentfaltung bietet für Stadt- und geruhsame Überlandtouren die besten Möglichkeiten.

Die sportlicheren Zweitaktmotoren werden mit Membran- oder Drehschiebereinlässen ausgerüstet. Zunehmend werden dabei auch variable Auslaßsysteme zur Leistungssteigerung, zur Verbreiterung des nutzbaren Drehzahlbandes sowie zur Kraftstoffersparnis verwendet. Mehr darüber im Unterkapitel 1.2.5 »Die Steuerung des Gaswechsels beim Zweitaktmotor«.

• Das Schmiersystem von Zweitaktmotoren weist einen weiteren markanten Unterschied zum Viertakter auf. Der Zweitaktmotor wird mit einem Frischgas versorgt, das in seiner Mischung von Kraftstoff und Luft auch einen gewissen Ölanteil besitzt. Es wird, bei reiner Mischungsschmierung, mit dem Kraftstoff zusammen im Kraftstofftank vermengt oder mittels einer Frischölschmierung mit einer Ölpumpe (vom Motor angetrieben) aus einem separaten Öltank am Rahmen in den Vergaser gepumpt. In kleinen Dosen, über den Gasdrehgriff am Lenker gesteuert, erfolgt dort die Beimengung des Öls zum entstehenden Kraftstoff-Luftgemisch. Dieses Verfahren nennt sich »Frischölschmierung« (siehe hierzu auch im Unterkapitel 1.5. »Warum geschmiert werden muß«).

Bei der Schmierung von Viertaktmotoren hingegen wird frisches Motoröl direkt an die wichtigsten Stellen, wie Kurbelwelle, Kolbenlaufbahn, Ventiltrieb etc., gepumpt oder geschleudert. Das ablaufende Motoröl sammelt sich dann wieder im Ölsumpf unten im Motor. Ganz im Gegensatz zum Zweitakter, der sein Motoröl verbrennt und den Kurbelraum dringend als Vorverdichtungsraum für seine Arbeit benötigt (siehe hierzu auch im Unterkapitel 1.5.2 »Wie Viertaktmotoren geschmiert werden«).

• Die Umweltverträglichkeit von Zweitaktmotoren ist unumstritten deutlich schlechter als beim Viertaktmotor. Trotz Abmagerung der beigemischten Ölmengen von 1:20, 1:25 auf 1:40 und 1:50 (ein Liter unvermischtes Zweitaktöl auf 20, 25, 40 oder 50 Liter Benzin), stinkt und räuchert der Zweitakter nach wie vor. Er verbrennt sein Öl im Arbeitstakt. Das alleine macht schon ein Großteil seiner schädlichen Emissionen aus. Besonders beim Kaltstart oder bei Fehlern in der Einstellung der Ölpumpe, wenn die Förderpumpe falsch justiert oder nie nachgeprüft wurde (Wartungsfehler) oder wenn zuviel Zweitaktöl bei der Mischungsschmierung beigefügt wurde, geht der Schadstoffausstoß im Vergleich zum Viertaktmotor gewaltig hoch.

• Zum Schluß sei noch der bekanntermaßen schlechte Leerlauf des

Zweitaktmotors erwähnt. Das liegt an der Auslegung der Überströmkanäle im Motor. Sie sind naturgemäß von ihrer Konstruktion her auf höhere Drehzahlen getrimmt. Im Leerlauf ist deshalb die Füllung des Zylinders mit Frischgas nicht optimal. Sie ist dann auch von Zufallsfaktoren abhängig. Der holprige Leerlauf ist zwar gewöhnungsbedürftig, stört aber nicht die Arbeitsfunktionen.

1.1.4. Ein- und Mehrzylindermotoren

Beim Viertakter, auch beim **Einzylinder-Viertaktmotor**, sind drei Leertakte erforderlich (**Ansaugen**, **Verdichten** und **Ausstoßen**), um einen **Arbeitstakt** zu erzeugen. Der Druck, der im Arbeitstakt produziert wird (siehe Prinzip Viertaktmotor), wirkt auf die Kurbelwelle als Drehkraft und treibt das Motorrad an. Da die vorausgegangenen Leertakte keine Kraft auf die Kurbelwelle ausüben können, entsteht eine unregelmäßige Druckbelastung, die sich als Schütteln und Vibrieren bemerkbar macht.

Die bei jeder zweiten Kurbelwellenumdrehung entstehende starke Drehkraft wirkt auf den Hubzapfen der Kurbelwelle. Die lange Pause zwischen den Arbeitstakten (unregelmäßige Druckbelastung), verantwortlich für die Drehkraftschwankungen (Gleichlaufschwankungen), versucht man durch **Schwungmassen** an der Kurbelwelle auszugleichen. Deren Aufgabe ist es, Bewegungsenergie, im Arbeitstakt entstanden, zu speichern und während der Leertakte wieder abzugeben. So sollen schädliche Vibrationen unterdrückt werden. Das Ganze beruht auf dem Gesetz der Massenträgheit. Das Prinzip kennen wir von den Spielzeugautos mit Schwungradantrieb, die, einmal in Bewegung gesetzt, lange weiterrollen, ohne daß ein zusätzlicher Antrieb existiert.

Doch Schwungmasse allein kann Drehkraftschwankungen nicht zufriedenstellend ausgleichen. Die Schwungmasse kann auch nicht beliebig groß gewählt werden. Ihre Trägheit beim Beschleunigen und Verzögern würde sich im Fahrbetrieb als unpraktisch erweisen.

Steigerte man das Tempo eines solchen Fahrzeugs, würde es eine kleine Ewigkeit dauern, bis die Maschine auf Touren käme. Beim Abbremsen oder Gaswegnehmen wäre die einmal erreichte Geschwindigkeit nur durch brutales Abbremsen zu vermindern.

Höhere Drehzahlen verlagern das Problem nur. Die Schwingungen würden schneller aufeinanderfolgen, grobes Schütteln von feineren Vibrationen abgelöst. Kurbelwellenbrüche, abvibrierende Teile, eingerissene Bleche und – ja, eingeschlafene Füße und Hände bei Fahrer oder Fahrerin wären unangenehme Folgen.

Die Lösung besteht in unterschiedlichen, einander ergänzenden Techniken. Die erste und einfachste ist ein sauber ausgewuchteter Kurbeltrieb. Kolben, Pleuel und Kurbelwelle werden in Verbindung mit einer Schwungmasse präzise aufeinander abgestimmt. Wenn dann der Motor noch für mittlere Drehzahlen (etwa 5000 - 6500 UPM) ausgelegt ist, ergeben sich recht passable Vibrationswerte. Die meisten Einzylinder wurden bis in die achtziger Jahre nach diesem Konzept gebaut.

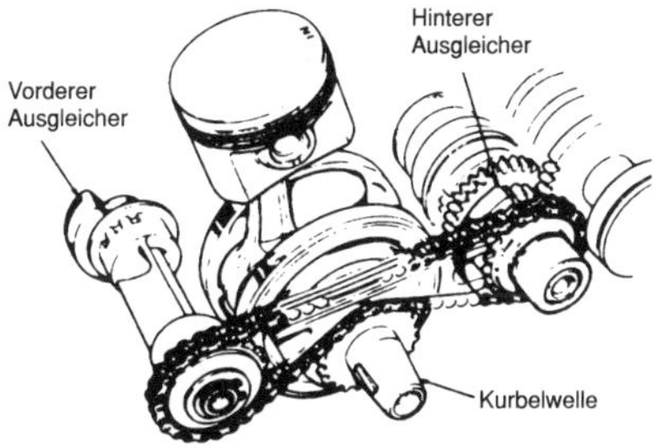

Abb. 5: Ausgleichswellen (Honda XL 250 S)

Mehr Leistung verlangt höhere Drehzahlen. Erst die Einführung zusätzlicher **Ausgleichswellen** in hochdrehenden Ein- und Mehrzylindermotoren war ein gelungener Schritt zur Lösung dieses Problems. Die Ausgleichswelle (oder deren zwei) hat eine der Kurbelwelle *entgegengesetzte* Drehrichtung. Sie hat mit ihren Ausgleichsgewichten eine Massenträgheit, die jener der Kurbelwelle, von der sie angetrieben wird, entgegenwirkt. Die Ausgleichswelle unterstützt auf diese Weise die Wirkung der Ausgleichsgewichte (der Kurbelwangen) an der Kurbelwelle. Eine Beruhigung des Motorlaufes ist die Folge. Hohe Drehzahlen können dann keine allzu großen Probleme mehr verursachen. Trotzdem sind das Leistungsvermögen und der Gleichlauf von Motorrad-Einzylindermotoren begrenzt. Motordrehzahl, Hubräume und Ausgleichswellen können, auch aus physikalischen Gründen, nicht beliebig vergrößert werden.

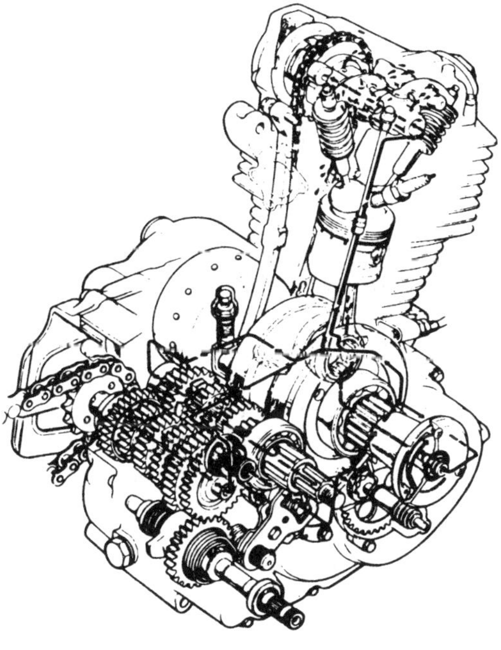

Abb. 6: Einzylinder-Viertaktmotor (Honda Motor 125 ccm)

Doch die Vorteile dieser Konstruktion liegen auf der Hand. Der Einzylinder ist einfach im Aufbau, was vor allem für Zweitakt-Einzylindermotoren gilt. Er ist dadurch billiger, leichter zu reparieren und bequemer einzustellen. Er hat ein geringes Eigengewicht, was die ganze Maschine mühelos handhabbar und beweglicher macht. Das geringe Gewicht dürfte auch der wichtigste Grund sein, weshalb der Einzylinder bevorzugt in geländegängigen Enduros, im Moto-Cross und beim Geländesport eingesetzt wird.

Dominierend präsent ist er aber auch in leichten Straßenmotorrädern, Klein- und Leichtkrafträdern und erst recht in Motorrollern, Mokicks, Mopeds und Mofas, wo er stets zu finden ist. Dort kommt dann auch ein weiterer angenehmer Charakterzug zum Tragen: Sein Konsum an Öl und Kraftstoff ist erfreulich gering. – Was die Drehkraftschwankungen angeht: Zweitakt-Einzylindermotoren haben trotz doppelter Arbeitstakte pro Kurbelwellenumdrehung, was den Gleichlauf ungemein fördert und Drehkraftschwankungen eigentlich ausgleichen sollte, ähnliche Probleme wie Viertaktmotoren. Diese haben bei vergleichbarem Aufbau des Kurbeltriebes zwar wesentlich mehr Vibrationen, doch mit zunehmendem Hubraum und steigender Drehzahl nehmen beim Zweitaktmotor die Gleichlaufschwankungen ebenfalls zu. Die Maßnahmen zur Eindämmung von Gleichlaufschwankungen und zur Erzeugung eines befriedigenden, weitgehend vibrationsfreien Massenausgleiches sind dann bei beiden Motorenarten weitgehend identisch.

Mehrzylindermotoren sind entwikkelt worden, um dem Ottomotor mehr Leistung, größere Laufruhe und höhere Lebensdauer anzuerziehen. Vibrationsarme Motoren mit großen Hubräumen und entsprechender Leistung lassen sich nur als Mehrzylindermotoren realisieren. Zwar gibt es großvolumige, moderne Einzylindermotoren mit bis zu 660 ccm (Suzuki LS 650 Savage, BMW F 650, MuZ Skorpion 660) und mit Literleistungen von 100 PS pro 1000 ccm Hubraum, doch bleiben die Hauptprobleme der geringeren Lebensdauer und des ungenügenden Massenausgleiches weiter bestehen.

Der Sinn der Zylindervermehrung liegt also

- in der höheren Motorleistung
- im ruhigeren Motorlauf
- in der Möglichkeit, große Hubräume zu nutzen
- in der höheren Lebensdauer von Mehrzylindermotoren

Der erste Grund ist eng verbunden mit den drei folgenden: Hohe Drehzahlen, ein gelungener Massenausgleich (geringe Motorvibrationen), verbunden mit kleinen, erst recht aber mit großen Hubräumen, können erstaunliche Leistungen hervorbringen.

Die benötigte Laufruhe, um in diese hohen Drehzahlbereiche aufsteigen zu können, wird zunächst durch Aufteilen des Hubraums auf mehrere Einzelzylinder erreicht. Diese verteilen die Kraft ihrer Arbeitstakte relativ gleichmäßig auf die gemeinsame Kurbelwelle. Folglich haben solche Motoren deutlich weniger Vibrationen.

Wie beim Einzylinder-Motor erwähnt, zündet der Otto-Viertaktmotor in vier Takten nur ein einziges Mal (im Arbeitstakt), was *zwei* Kurbelwellenumdrehungen bis zur nächsten Zündung bedeutet. Ein für den Massenausgleich des Kurbeltriebs unangenehm großer Abstand.

Der Zweizylinder-Parallelmotor und der Boxer-Zweizylinder haben dagegen mit Hilfe des zusätzlichen Zylinders bei jeder Kurbelwellenumdrehung einen Arbeitstakt. Das ist schon ein Fortschritt.

Der Zweizylinder-*Zweitaktmotor* dagegen, mit um 180° versetztem Hubzapfen auf der Kurbelwelle, zündet konstruktionsbedingt schon bei jedem zweiten Takt! Das bedeutet eine halbe Kurbelwellenumdrehung pro Arbeitstakt. Eine solchermaßen »von Haus aus« beruhigte Kurbelwelle läßt einen gegenüber dem Zweizylinder-Viertaktmotor vergleichsweise ruhigen, vibrationsarmen Motorlauf entstehen. Ein großer Pluspunkt für den Zweitaktmotor!

Da bleibt dem Zweizylinder-Viertakter nichts anderes übrig, als zwei weitere Zylinder anzufügen, will er einen ähnlich guten Rundlauf erreichen. Als Vierzylindermotor zündet auch der Viertaktmotor pro halbe Kurbelwellenumdrehung einmal.

Als Fazit läßt sich sagen: Werden beim Viertaktmotor keine zusätzlichen Maßnahmen zum Massenausgleich ergriffen (z.B. Ausgleichswellen), gilt die Devise: Je mehr Zylinder am Motor, desto besser der Gleichlauf!

Im Automobilbau legen dafür Sechszylinder-, Achtzylinder- oder gar Zwölfzylindermotoren Zeugnis ab. Die Grenze der Zylindervermehrung im Motorradbau liegt heute bei sechs Zylindern. Darüber hinaus werden die Motoren zu schwer und die Fahrzeuge zu unhandlich. Heutzutage ereicht man eine befriedigende Laufruhe und Motorleistung in ausreichender Menge auch mit Vierzylindermotoren.

Doch Grenzen setzt auch der Trend der jeweiligen Mode, die Nostalgie, die ganze Philosophie der Zylinder. Ob als Zweizylinder-V-Motoren, Boxermotoren oder Einzylinder (Singles); ob als Vierzylinder-Reihe oder V, liegend, stehend und so weiter. Das Motorrad ist manchmal schon der Rationalität entschlüpft, gelegentlich in den Himmel mystischer Weltanschauung versetzt. Doch eigentlich kann uns das recht sein. Es sichert dem Motorrad das Überleben und erhält den Menschen die Sinnlichkeit des Fahrens auf zwei motorisierten Rädern.

Zurück zum Motorengleichlauf: Zweitaktmotoren sind also prinzipiell im Vorteil. Auch können sie ebenso viele Zylinder haben wie Viertaktmotoren. Zweitaktmotoren kön-

Abb. 7: Kraftwirkung auf die Kurbelwelle eines Einzylinder-Viertaktmotors
Die Wandprojektion zeigt die Summe der Kraftwirkungen (Drehkraftschwankungen) auf die Kurbelwelle.
Das dreidimensionale Diagramm läßt einen Zweizylindermotor mit um 180° versetztem Hubzapfen an der Kurbelwelle erkennen.
Eine einzelne Kennlinie dieses Diagramms ist übertragbar auf Einzylinder-Viertaktmotoren.

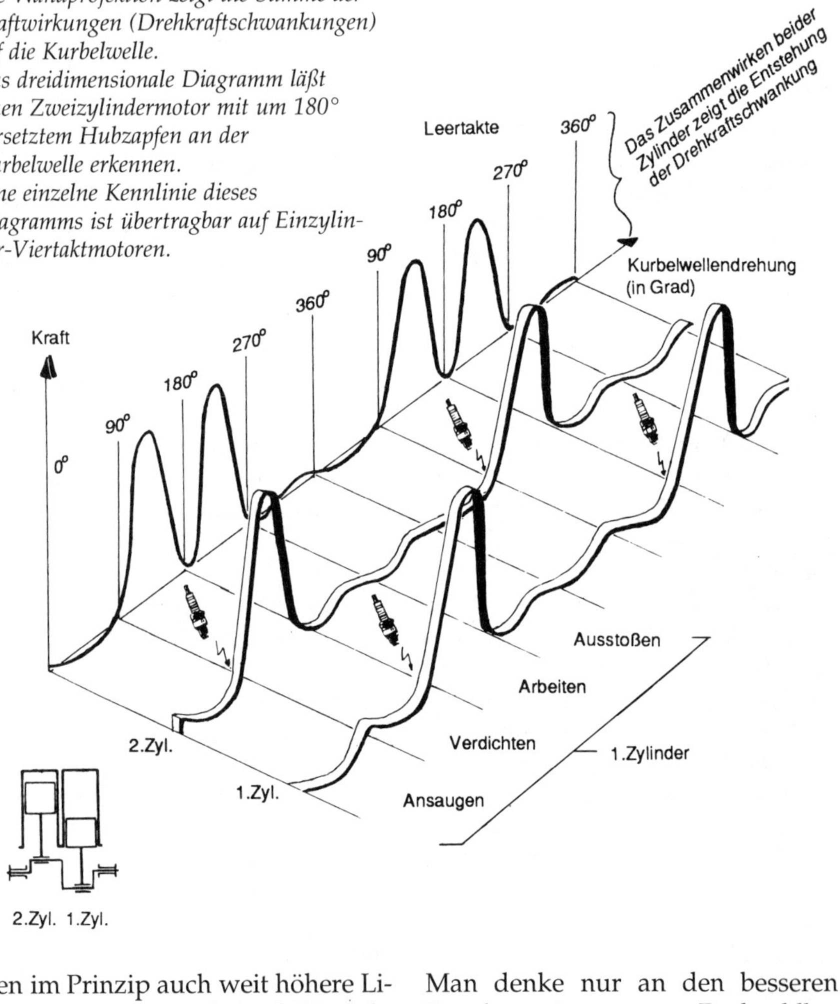

nen im Prinzip auch weit höhere Literleistungen entwickeln als Viertakter. Ihr Zweitaktprinzip ist dem Viertakter stets um eine Nasenlänge voraus. Doch ihre Nachteile überwiegen insgesamt.

Alltagsmotorräder mit Viertaktmotoren bieten eindrucksvolle Werte: Man denke nur an den besseren Durchzug im unteren Drehzahlbereich (Stadtverkehr), an die gleichmäßig gute Leistungsentfaltung, an den ruhigen und sicheren Leerlauf, an die bessere Umweltverträglichkeit und nicht zuletzt an den deutlich geringeren Spritverbrauch. Al-

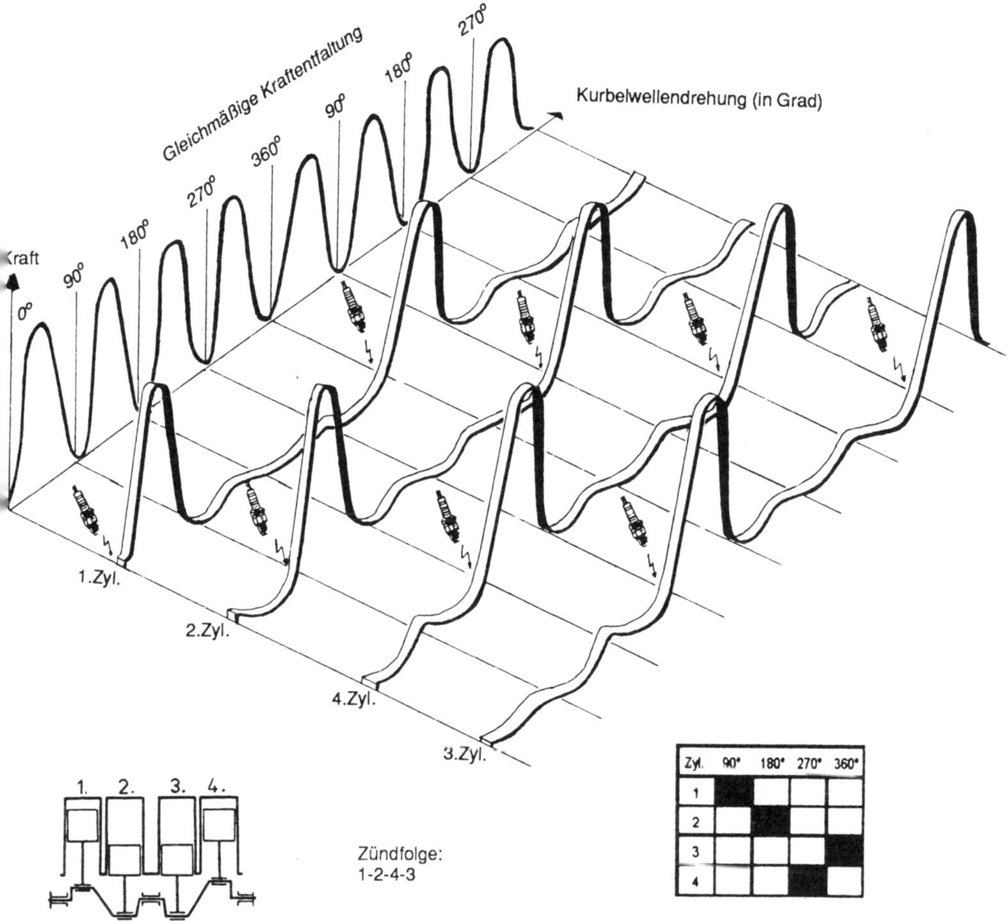

Abb. 8: Kraftwirkung auf die Kurbelwelle eines Vierzylinder-Viertaktmotors
Die Drehkraftschwankungen bei einem Vierzylinder-Viertaktmotor (Reihenmotor) sind recht gering, wie die Verteilung der Kräfte zeigt.

les Argumente, die dem Zweitakter wenig Chancen einräumen. Als Trost bleibt ihm der Sieg auf allen Rennpisten dieser Welt.

• Hohe Drehzahlen erfordern leichte Einzelbestandteile des Kurbeltriebs, überhaupt wenig Masse an allen schnell drehenden Teilen im Motor. Das bringt die notwendigen niedrigen Drehkräfte der umlaufenden

Massen. Wenn also ein vorgegebener Hubraum auf mehrere Zylinder verteilt wird, ergeben sich daraus zwangsläufig kleinere und leichtere Einzelbauteile. Doch nicht nur das! Mehrzylindermotoren haben wegen der geringeren beweglichen Massen in ihrem Inneren auch eine deutlich höhere Lebenserwartung. Dazu kommt die Verteilung der Arbeitsdrücke eines vorgegebenen Hubraumes auf mehrere Zylinder. Man spricht von der geringeren spezifischen Belastung eines Motors. Dabei werden die Lager im Motor, die Kolben und Zylinderlaufflächen sowie der Ventiltrieb entscheidend geschont.

• Als Beispiel soll ein 600 ccm-Viertaktmotor dienen. Auf vier Zylinder verteilt, ergeben sich Einzelhubräume von je 150 ccm mit entsprechend kleinen Kolben, kleinen Ventilen, leichten Pleuel und Ausgleichsgewichten an der Kurbelwelle. Ein solcher Motor verkraftet heutzutage 12.000 Kurbelwellenumdrehungen pro Minute ohne Probleme und kann bis zu 98 PS/72 kW erzeugen. Eine gewaltige Leistung (Yamaha YZF 600 R Thunder Cat)!

Es ist leicht vorstellbar, daß man aus einem Motor mit vorgegebenem Hubraum um so mehr Leistung herausholen kann, je schneller die Kurbelwelle dreht. Wenn nun auch noch der Hubraum vergrößert wird, kann die Leistung gesteigert werden.

Serienmäßige Motorradmotoren werden zur Zeit (1996) mit Hubräumen bis zu 1584 ccm gebaut (Amazon aus Brasilien, mit einem Vierzylinder-Boxermotor).

Alltagsmotorräder haben in unseren Tagen Motorleistungen, die in den fünfziger Jahren nur von Rennmaschinen erreicht wurden. 1954 holte NSU aus der Rennmax, mit einem hochkompliziert aufgebauten Viertakt-Zweizylindermotor mit 250 ccm, bei 11.000 UPM eine Höchstleistung von 39 PS/29 kW heraus. Die Kawasaki EL 250/E, eine Alltagsmaschine von 1995 mit ebenfalls 250 ccm, bringt bei 12.500 UPM mit 33 PS/24 kW nur 6 PS weniger! 250er Zweitaktmotorräder wie die RGV 250 von Suzuki legen sogar noch mehrere Zähne zu und erreichen damals für unmöglich gehaltene 57 PS/

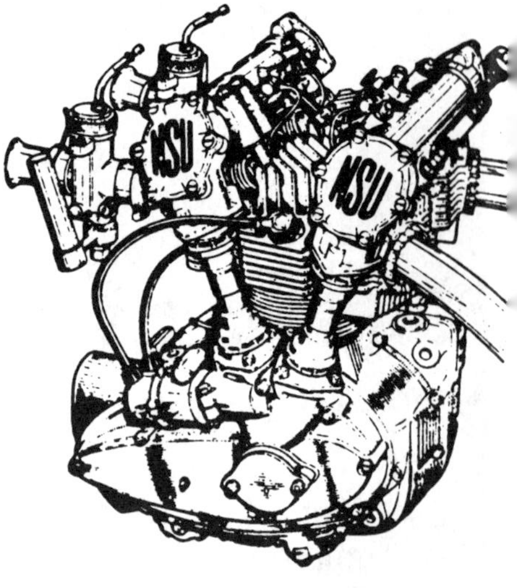

Abb. 9: Der einbaufertige Zweizylinder-Viertaktmotor der NSU-Weltmeister-Rennmax mit 250 ccm und zwei obenliegenden, von Königswellen angetriebenen Nockenwellen (DOHC) von 1954

42 kW bei 11.200 UPM. Das entspricht einer Literleistung von 228 PS/167 kW! Dabei galten Zweitaktmotoren Anfang der Fünfziger als nur begrenzt leistungsfähig. Viertakter dominierten souverän im Renngeschehen, was sich in den sechziger Jahren aber änderte und sich spätestens in den Siebzigern ins Gegenteil verkehrt hat.

Wenn man also Motoren von damals und heute miteinander vergleicht, wird deutlich, daß nicht nur Hubraumgröße, Zylinderzahl, Drehzahl der Kurbelwelle und Materialien für den Motorenbau den sich wandelnden Einflüssen der technischen Entwicklung unterworfen waren. Vielmehr hatten die Erforschung der physikalischen Vorgänge im Verbrennungsraum und neue Erkenntnisse über die »schwingende Gassäule« (siehe nächstes Unterkapitel), die den enormen Leistungszuwachs moderner Motoren neben der Entwicklung energiereicherer Kraftstoffarten erst ermöglichten, entscheidenden Anteil an der Gestaltung moderner Motoren.

Populärster Vertreter des modernen Mehrzylindermotors im Motorradbau war von Anbeginn der Zweizylinder in seinen verschiedensten Bauweisen. Ende der 60er Jahre gesellte sich ihm der Vierzylinder hinzu. Ein Mauerblümchendasein führten bis vor wenigen Jahren die Dreizylindermotoren, bis die neu erstandene Triumph Motorcycles Ltd. aus England ihre hervorragenden Dreizylinder mit 750 und 900 ccm auf den Markt brachte. Sechszylindermotorräder sind auf dem deutschen Markt sparsam vertreten, nur noch Honda hat z.Z. einen Sechszylinder-Boxermotor im Programm, der die Gold Wing GL 1500/6 antreibt.

Lassen wir einmal die Galerie der Ottomotoren an uns vorbeiziehen:

- Beginnen wir mit dem *Reihen-Zweizylindermotor.* Die Kurbelwelle und entsprechend der Zylinderblock ist bei dieser Motorart quer zur Fahrtrichtung eingebaut. Seine beiden Zylinder bilden einen gemeinsamen Zylinderblock. Er wird *Parallel-Twin* oder *Gleichläufer* genannt, wenn beide Kolben des Motors auf gleicher Höhe in ihren Zylindern zugleich auf- und ablaufen. Der Parallel-Twin hat einen mäßig guten Gleichlauf. Im oberen Drehzahlbereich neigt er, wenn keine Ausgleichswellen eingebaut sind, zu starken Vibrationen. Die gute Kraftentfaltung im unteren Drehzahlbereich ist seine Stärke. Motoren diesen Typs findet man vor allem in den alten englischen Motorrädern von Norton, Triumph und BSA.

Laufen die Kolben im Reihenzweizylindermotor infolge versetzt angeordneter Hubzapfen (180°) an der Kurbelwelle entgegengesetzt auf und ab, hat man es mit einer Variante des Reihenmotors zu tun. Er nennt sich dann *Gegenläufer* und ist bei modernen Motoren kleiner bis mittlerer Hubräume der meistverwendete Typ. Verbunden mit ein oder zwei Ausgleichswellen läuft er verhältnismäßig ruhig, auch bei hohen und höchsten Drehzahlen. Motoren dieser Bauart werden sowohl nach dem Viertakt- als auch nach dem Zweitakt-Prinzip gebaut. Als Zweitaktmotor hat der Gegenläufer die Laufruhe eines Viertakt-Vierzylinders! Sein Durchzugsvermögen (Drehmoment) ist allerdings nicht so gut wie das des Gleichläufers.

• Berühmt, und zwar nicht nur in Deutschland, ist der *Boxer-Zweizylindermotor*, untrennbar mit dem Namen BMW verbunden. Seine beiden Zylinder sind gegenüberliegend auf einem gemeinsamen Motorgehäuse angebracht. Der Motor ist flach gebaut und verleiht dem Motorrad einen günstigen Schwerpunkt, die Maschine ist somit leichter zu handhaben. Die Kurbelwelle verläuft längs der Fahrtrichtung. In den alten Douglas-Motorrädern aus England waren, anders als bei BMW, die Boxermotoren bei einigen Modellen quer eingebaut. Ein Zylinder war nach hinten, der andere nach vorne gerichtet. Kühlungsprobleme mit dem hinteren Zylinder ließen diese Variante bald wieder verschwinden. Die Kolben des Boxermotors bewegen sich in ihren Bahnen gleichzeitig nach außen und nach innen, daher der Name »Boxer«. Seinem vierzylindrigen Verwandten begegnen wir noch weiter unten.

Der Boxermotor hat einen sehr guten Rundlauf. Sein Bauprinzip ermöglicht eine gute Auswuchtung der sich bewegenden Massen. Nicht umsonst bleibt Porsche mit dem 911er beim Boxerprinzip, und auch amerikanische Sportflugzeuge führen überwiegend den zuverlässigen Boxermotor. Beim Boxer treten weder primäre noch sekundäre Massenkräfte auf. Bei niedrigen Kurbelwellenumdrehungen bleibt allerdings ein Kippmoment, so daß er zu einem allerdings harmlosen Schütteln neigt. Bei normalen Drehzahlen im Fahrbetrieb dagegen läuft er außerordentlich rund. Ein zuverlässiger und haltbarer Motor! Seine Bauweise erlaubt es, die Kurbelwelle direkt (ohne Primärantrieb) via Kupplung mit dem Getriebe zu verbinden. Das verkleinert die mechanische Reibung im Motor und spart Energie.

• Der *V-Motor* sieht oft aus wie ein Boxer, dem man die seitlich liegenden Zylinder nach oben geklappt hat. Der Motor wird im Rahmen entweder *längs* eingebaut wie ein Boxer, mit der Kurbelwelle in Fahrtrichtung oder *quer*, ein Zylinderblock nach vorn, der zweite nach hinten. Zweizylinder-V-Motoren der zuerst geschilderten Bauart werden zum Beispiel von Moto Guzzi, der berühmten italienischen Marke, eingesetzt, aber auch von Honda in der leider nicht mehr gebauten CX 500/500C (Werners »Güllepumpe«). Quer eingebaute Zweizylinder-V-Motoren werden in Motorrädern so bekannter Marken wie Harley Davidson/USA oder Ducati/Italien eingesetzt, mittlerweile aber auch von vielen Nachahmern der Chopper-Szene. Bezeichnet wird die Art des V-Motors nach dem Winkel, den das V der beiden Zylinder bildet. Da gibt es z.B. den 90°V-Motor der Ducati-900 Super Sport oder den der Yamaha XV 535 Virago mit einem 70°- V-Motor.

Der 90°V-Motor zeichnet sich übrigens durch große Laufruhe aus. Er läßt sich gleichermaßen gut als Sport- wie als Alltagstourer konstruieren. Vierzylinder-V-Motoren sind hochmodern, und die vortreffliche VFR 750 F von Honda ist fast schon ein Klassiker geworden.

Bei V-Motoren mit einem engeren Zylinderwinkel müssen technische Kniffe genutzt werden, um ähnlich gute Rundlaufeigenschaften zu erreichen wie bei den 90°-Motoren. Motoren mit engem Zylinderwinkel bauen nicht so lang bzw. so breit wie 90°V-Motoren. Je nach Einbaulage ist das Erscheinungsbild des Motorrades somit schlanker oder etwas bulliger.

- *Dreizylindermotoren* gibt es als Reihenmotor quer eingebaut, als Reihe liegend der Länge nach (BMW K75 C/S) und selten mit einem stehenden und zwei liegenen Zylindern (Honda NS 400 R (Zweitakter)).

Dreizylindermotoren haben bei um 120° Kurbelwinkel versetzt angeordneten Hubzapfen recht gute Rundlaufeigenschaften (Laverda RGS 1000 Jota). Allerdings empfiehlt sich ab Werk der Einbau einer Ausgleichswelle, wie BMW es für die K 75 c/75 S – Motoren vorsieht. Der Motorlauf erscheint ohne Ausgleichswelle doch etwas rauher und vibrationsreicher, als man es für einen Mehrzylindermotor gutheißen kann.

Die Entwicklung von Vierzylindermotoren mit geringer Baubreite (alle Nebenaggregate wurden hinter den Motor verlegt) machten den Vorteil der geringen Breite von quer eingebauten Reihendreizylindern zunichte. Auch das Energiespar-Argument zieht nicht mehr, da Vierzylinder heute genausowenig Sprit verbrauchen. Bleibt sein geringeres Eigengewicht und die Einsparung eines wartungsträchtigen Zylinders samt Einstellerei.

In den letzten Jahren haben Dreizylinder-Reihenmotoren wieder sehr an Bedeutung gewonnen, was auf die Triumph-Dreizylindermotorräder zurückzuführen ist. Ein geschicktes Marketing, eine hervorragende Qualität und der Wunsch nach Individualität gaben dem Dreizylindermotor eine neue Chance.

- Der *Vierzylindermotor* ist der wohl wichtigste Vertreter im heutigen Motorenbau. Es gibt ihn in etlichen Varianten.

Als *Reihenmotor quer* eingebaut (Kawasaki Zephyr 750). Als Reihenmotor *der Länge nach* und liegend (BMW K100). Als *Boxermotor* längs liegend (Honda Gold Wing GL 1200 DX). Als *90°V-Vierzylinder*, längs eingebaut (Honda VFR750 F). Oder als *Square Four*, mit zwei gekoppelten Kurbelwellen und vier Zylindern, von oben betrachtet wie eine Vier auf einem Würfel (Ariel 1000 Square Four oder RG 500 Gamma von Suzuki).

Abb. 10: Honda CBR 600 F, Vierzylinder-Reihenmotor mit Flüssigkeitskühlung; stehend, quer eingebaut (Honda)

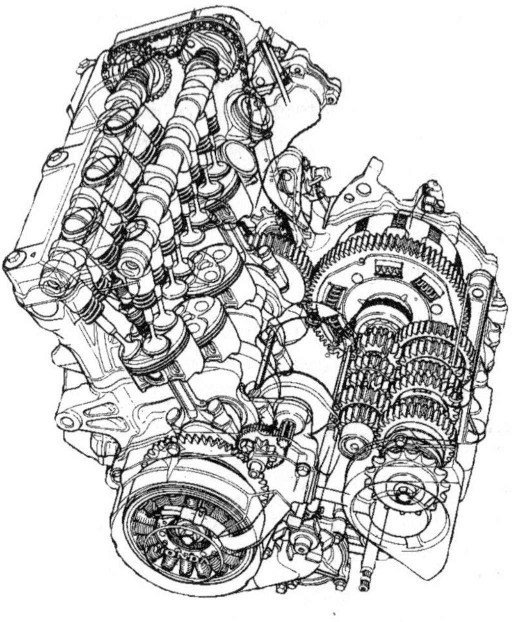

Der Vierzylindermotor ist für alle Hubraumgrößen geeignet, von 250 ccm (Benelli 254) bis 1600 ccm (Amazonas, mit einem 1600 Vierzylinder Boxermotor, ein dem VW-Käfer verwandtes Aggregat). Er vereint die Vorzüge großer Laufruhe und Drehzahlfestigkeit mit der Möglichkeit, große Hubräume zu nutzen und entsprechende Leistungen zu erzielen. Dies bei geringer spezifischer Belastung der Einzelzylinder und damit auch aller beteiligten Bauteile. Der Vierzylinder erreicht hohe Kilometerleistungen und ist in langer Entwicklungszeit herangereift. Lediglich sein relativ hohes Eigengewicht gereicht ihm, wie auch dem Sechszylinder, zum Nachteil.

- Der *Sechszylindermotor* wurde von Benelli, einer italienischen Marke, als Reihenmotor (quer eingebaut) eingeführt (Benelli 750 Bauj. 1975). Im Rennsportgeschehen hatte vorher schon, in den 60er Jahren, Mike Hailwood mit einem Sechszylinder-Reihenmotor mit 250 ccm (!) in einer Honda-Rennmaschine die Weltmeisterschaft gewonnen.

Wirklich in Serie gegangen und öfters auf der Straße zu sehen war jedoch erst die von Honda kreierte CBX mit 1000 ccm und 105 PS/77 kW, mit einem quer eingebauten Reihensechszylindermotor, der ab Dezember 1977 erhältlich war. 1995 gibt es auf dem deutschen Markt die Gl 1500/6 Gold Wing von Honda als einzigen käuflichen Sechszylinder und ein Gemunkel um eine Sechszylinder-Moto Guzzi, von deren Serienanlauf man bis jetzt jedoch noch nicht viel gehört hat.

Sechszylindermotoren haben einen sagenhaften Gleichlauf und kaum Vibrationen. Ihr Leistungspotential ist enorm. Ihr größter Nachteil ist die unförmige Breite des Motors, wenn man sie als Reihenmotor quer einbaut. Sechs Einzeltöpfe nebeneinander brauchen viel Platz. Ein hohes Eigengewicht kommt hinzu.

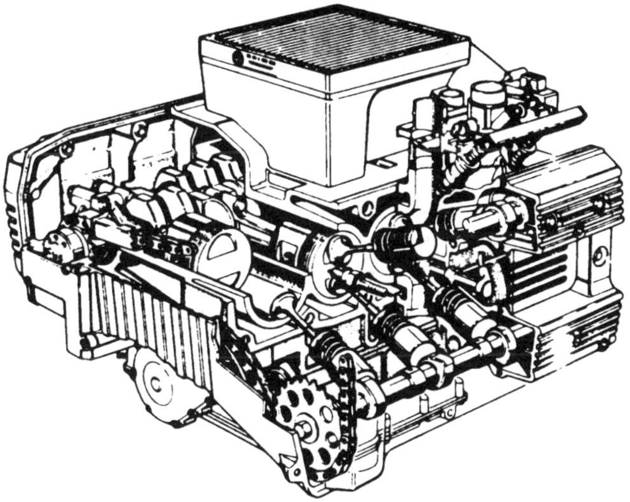

Abb. 11: BMW K 100, Vierzylinder-Reihenmotor mit Flüssigkeitskühlung; liegend, der Länge nach eingebaut (Bayrische Motoren Werke)

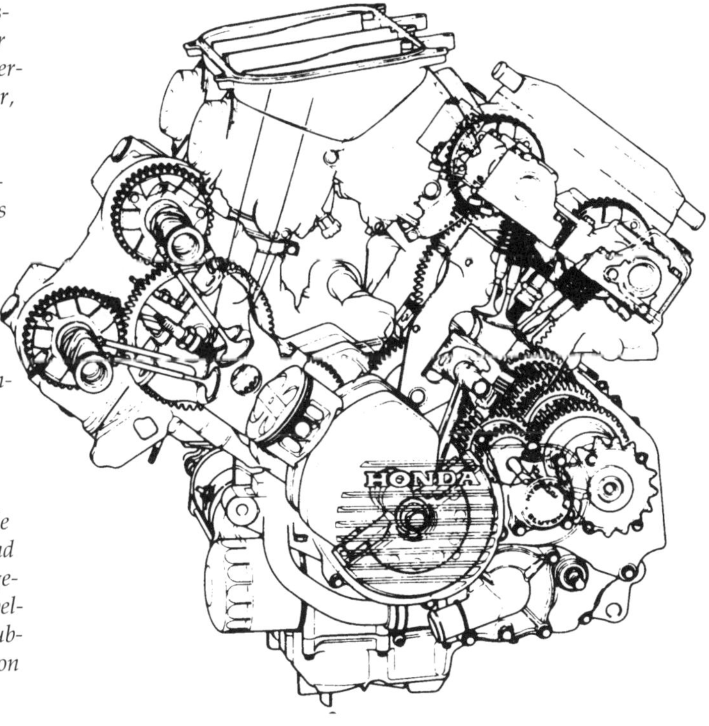

Abb. 12: Honda VFR 750 F, flüssigkeitsgekühlter Vierzylinder-Viertakt-90°V-Motor, der Länge nach eingebaut
Die Ventilsteuerung des Motors erfolgt von der Kurbelwelle zu den Nockenwellen (DOHC) über jeweils einen Satz Zahnräder statt über Nockenwellensteuerketten.
Der Motor besitzt vier Ventile pro Zylinder und führt eine gleitgelagerte Kurbelwelle mit einem Hubzapfenversatz von 180°.
(Honda)

1.2. Prinzipieller Aufbau von Motoren: Bestandteile und Baugruppen

Grundsätzlich hat ein Ottomotor folgende Komponenten:

- Motorgehäuse mit Kurbelraum, Zylinder und Zylinderkopf (bei Zweitaktern statt des Zylinderkopfes ein Zylinderdeckel)
- Kurbeltrieb mit Kurbelwelle, Pleuel und Kolben
- Ventilsteuerung bei Viertaktmotoren (das sogenannte Rückkoppelungssystem), bzw. Ein- und Auslaß-vorrichtung bei Zweitaktern
- Zündanlage
- Motorkühleinrichtungen (Flüssigkeits- oder Luftkühlung oder eine Mischform von beiden)
- Schmierölversorgung
- Vergaseranlage, immer häufiger auch Kraftstoffeinspritzung
- Luftfilterungs- und Geräuschdämpfungsanlagen
- Auspuff- und Schalldämpfungsanlage
- Die Kraftübertragung (Kupplung, Hinterradantrieb)

In diesem und in den folgenden Unterkapiteln werden die beschriebenen Motorbaugruppen im Mittelpunkt unserer Erörterungen stehen.

1.2.1. Motorgehäuse, Kurbeltrieb und Wellen

• Das Kurbelgehäuse ist im Motorgehäuse integriert und dient der Aufnahme und Lagerung der Kurbelwelle. Es besteht, wie auch das gesamte Motorgehäuse, aus einer gegossenen Aluminiumlegierung. Bei den meisten Motortypen ist das Schaltgetriebe im Motorgehäuse mit enthalten. Beispiel: Yamaha SR 500, ein Viertakteinzylinder. Gegenbeispiel: BMW R 1100 RS, ein Viertakt-Zweizylinder-Boxermotor mit angeflanschtem, separatem Schaltgetriebe. Um eine Reparatur an Kurbelwelle und Innereien durchführen zu können, ist so ein Motorgehäuse entweder:

- *horizontal* teilbar – Motorhälften sind wannenartig ausgeformt
- *vertikal* teilbar – zwei Gehäusehälften umschließen Kurbeltrieb und ein eventuelles Schaltgetriebe von zwei Seiten,
- als festes Gehäuse ausgeführt (Tunnelgehäuse wie BMW R 65), auszunehmen »wie eine Weihnachtsgans« und mit einer abnehmbaren Ölwanne ausgestattet.

Kurbelgehäuse von Zweitaktmotoren müssen generell gasdicht sein, weil das Frischgas darin vorverdichtet wird. Doch das ist nicht alles: Bei Mehrzylinder-Zweitaktmotoren hat

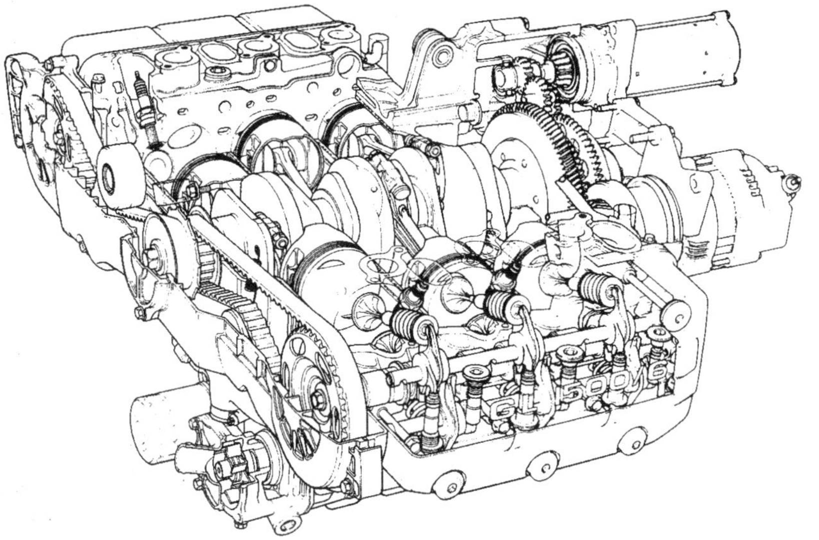

Abb. 13: Honda GL 1500/6 Gold Wing, Sechszylinder-Boxermotor mit Flüssigkeitskühlung; liegend, der Länge nach eingebaut.
(Honda)

jeder Zylinder aus diesem Grunde sein eigenes, gegen die anderen und die Außenwelt abgedichtetes Kurbelgehäuse!
Kurbelgehäuse von Viertaktern sind da nicht so problematisch. Zwar müssen auch sie dicht sein, wegen des

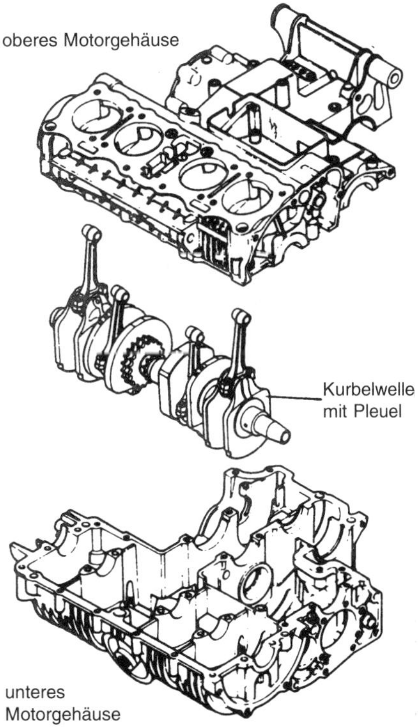

Abb. 14: Motorgehäuse der Honda CB 750 Der Vierzylinder-Reihenmotor besitzt ein horizontal geteiltes Motorgehäuse. Der Motor ist stehend quer eingebaut. Er ist fahrtwindgekühlt.Das Fünfganggetriebe ist im hinteren Teil des Motorblockes integriert.
(Honda)

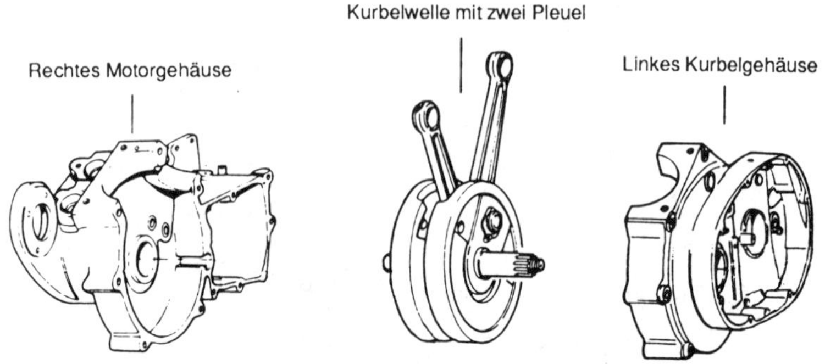

Abb. 15: Kurbelwelle und Gehäusehälften des Zweizylinder-75°V-Motors der Harley-Davidson-Sportster 1000 ccm
Das Motorgehäuse ist vertikal geteilt. Der Motor ist der Länge nach eingebaut und fahrtwindgekühlt.
(Harley-Davidson)

Öls im Motorsumpf (der befindet sich im untersten Teil des Kurbelgehäuses), doch sind Unterteilungen im Kurbelraum nicht nötig.

Dafür müssen Kurbelgehäuse von Viertaktmotoren gut be- und entlüftet sein. Der auf und ab laufende Kolben im Zylinder produziert, wenn er gegen U.T. läuft, im Kurbelgehäuse einen Überdruck. Wechselt er die Laufrichtung nach O.T., entsteht ein Unterdruck. Beides ist beim Viertaktmotor, weil leistungsmindernd, unerwünscht. Durch Überdruck und Unterdruck können Gehäuse und

Abb. 16: BMW-Zweiventil-Boxermotor ab - /5 (Strich fünf)
Der traditionelle BMW-Zweizylinder-Boxermotor besitzt ein ungeteiltes Tunnelgehäuse. Die Kurbelwelle wird durch die vordere Gehäuseöffnung eingesetzt. Der Motor ist quer eingebaut und fahrtwindgekühlt. (BMW)

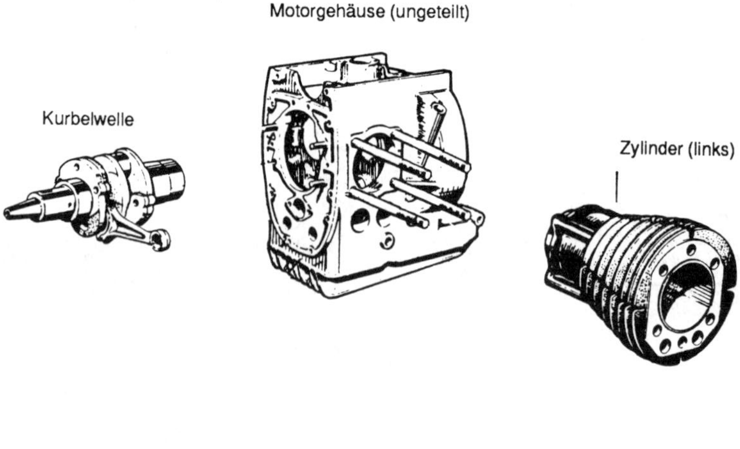

Wellendichtungen überdies durchlässig werden, Motoröl kann ins Freie gelangen.

Eine bei Viertaktmotoren zur Motorentlüftung verwendete Vorrichtung fällt je nach Fabrikat und Modell unterschiedlich aus. Meist wird über mehrere Kammern ein Druckausgleich hergestellt. Entstandene Öldämpfe aus dem Motor kondensieren in diesem System, und das Motoröl fließt zurück in den Motor. Ein unvermeidlicher Rest der Öldämpfe wird mittels eines Rückführungssystems zum Luftfilter im Motor verbrannt. Bei älteren Motoren führt ein Schlauch die Dämpfe ins Freie oder auf die Primärkette.

Am Motorgehäuse angebaute Nebenaggregate, wie Lichtmaschine und Elektrostarter, oder Elemente der Kraftübertragung, wie Kupplung, Getriebe sowie Zündkontakte bzw. Impulsgeber der elektronischen Zündanlage, sind durch Seitendeckel geschützt und abgedichtet.

Im Motorgehäuse läuft parallel zur Kurbelwelle, aber entgegengesetzt zu deren Drehrichtung, bei vibrationsträchtigen Motorkonstruktionen eine Ausgleichswelle. Manchmal auch zwei. Sie gleichen die im oberen Drehzahlbereich auftretenden Massenkräfte aus und übernehmen einen Teil des Massenausgleiches der Kurbelwelle (Siehe hierzu auch das Unterkapitel 1.1.4. »Ein- und Mehrzylindermotoren«).

Bei *OHV-Motoren*, deren Ventile über Stoßstangen und Kipphebel betätigt werden, liegen die Nocken-

Abb. 17: Motor-Entlüftungssystem der Yamaha XJ 900
Die Abbildung stellt das Ventilationssystem des Luftfilters und das Entlüftungssystem des Kurbelgehäuses des Vierzylinder-Reihenmotors dar (quer eingebaut und fahrtwindgekühlt).
(Yamaha)
1 Vergaser, 2 Luftfilter

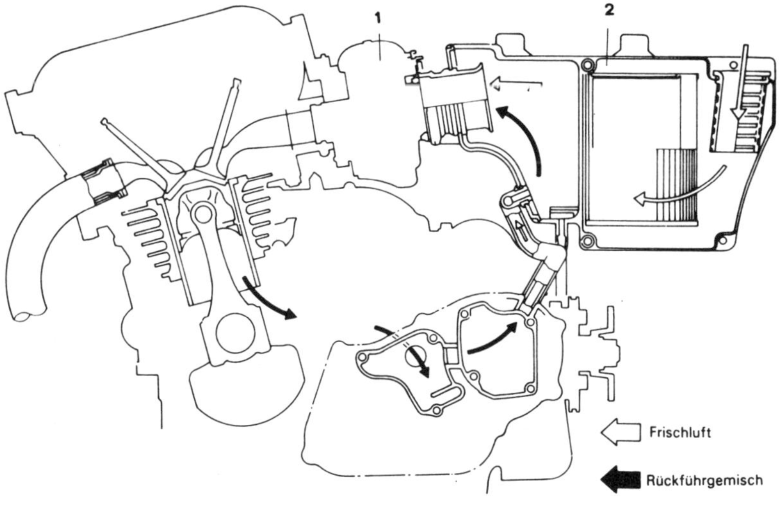

wellen zur Steuerung der Ventile immer innerhalb des Motorgehäuses, im Gegensatz zu *OHC*- oder *DOHC*-gesteuerten Motoren, bei denen die Nockenwellen immer im Zylinderkopf gelagert sind.

> OHV ist wie OHC oder DOHC eine Abkürzung aus dem Englischen.
> **OHV = Over Head Valve**, bedeutet: Über dem Verbrennungsraum im Zylinderkopf hängende Ventile. Die Nockenwelle(n) befinden sich im Motorgehäuse.
> **OHC = Over Head Cam**, bedeutet: Oben, über den Ventilen, im Zylinderkopf liegende Nockenwelle.
> **DOHC = Double Over Head Cam**, bedeutet: Doppelte, über jeweils den Einlaß- und Auslaßventilen im Zylinderkopf liegende Nockenwelle.

• Der *Kurbeltrieb* besteht aus Kurbelwelle, Pleuel und Kolben. Er wandelt die bei der Verbrennung entstandene gradlinige Kraft in eine Drehkraft um. Die Kurbelwelle, Hauptbestandteil des Kurbeltriebes, ist im Kurbelgehäuse gelagert. Sie wird vielfach beansprucht:

- auf Druck, infolge Verbrennung und Verdichtung
- auf Verdrehung, durch Gasgeben oder -wegnehmen
- auf Verbiegen, durch Eigenschwingungen
- auf Zug, durch die Fliehkraft von Pleuel und Kolben
- Lagerreibung beansprucht die Kurbelwellenoberfläche an den Lagerstellen.

• Eine *Kurbelwelle* muß sorgfältig ausgewuchtet sein, weil jede Unwucht die oben erwähnten Beanspruchungen nur noch mehr verstärkt.

Gemeinsam ist allen Kurbelwellen die gekröpfte Welle, die den Hubzapfen bildet, auf dem das Pleuel mit seinem unteren Lager läuft. Die Zahl der Hubzapfen wird von der Anzahl der Zylinder vorgegeben:

- Einzylinder = eine Kröpfung = ein Hubzapfen
- Vierzylinder = vier Kröpfungen = vier Hubzapfen

Die Kurbelwellenlager sind als teilbare Gleitlager oder als geschlossene Wälzlager ausgebildet.

Gleitgelagerte Motoren gelten als laufruhiger. Gleitlager sind billig in der Herstellung und die Lagerschalen der Kurbelwelle leicht austauschbar. Gleitlager haben aber einen erhöhten Reibwiderstand an den Lagerstellen und müssen deshalb mit relativ hohem Öldruck geschmiert werden.

Mit *Wälzlagern* versehene Kurbelwellen laufen zwar widerstandsarm und sind auch nicht so empfindlich, falls die Motorschmierung einmal nicht so optimal sein sollte. Aber nach höherer Kilometerleistung werden sie vibrationsreicher im Motorlauf. Wälzlager sind empfindlich gegen Verschmutzung, haben aber dafür eine lange Lebensdauer und können nicht so leicht heißlaufen.

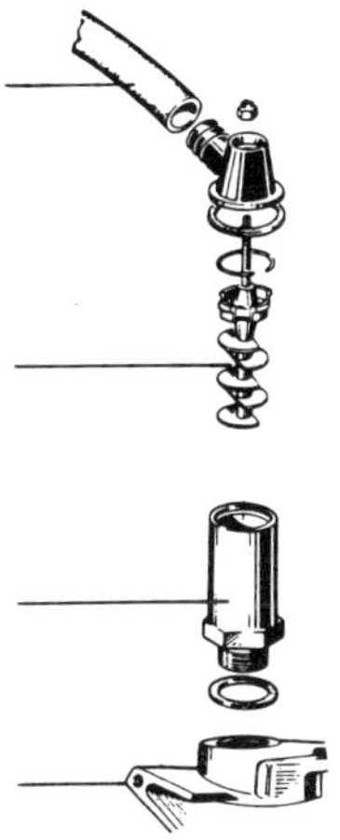

Abb. 18: Einfache Motorentlüftung der Zweizylinder-90°V-Königswellenmotoren von Ducati (Ducati 750/900 ccm)

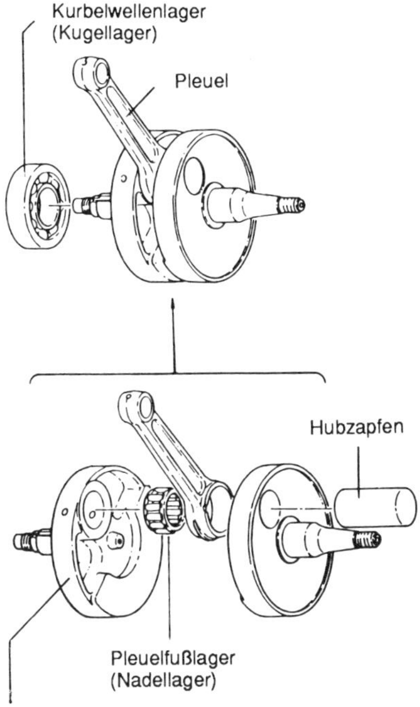

Abb. 19: Wälzgelagerte Kurbelwelle der Yamaha SR/XT 500, luftgekühlter Einzylindermotor, stehend eingebaut. (Yamaha)

Falls Wälzlager gewechselt werden müssen, ist es erforderlich, die Kurbelwelle zu zerlegen. Da hierfür viele Kilopond Preßdruck benötigt werden (die Kurbelwelle ist meist aus mehreren Teilen im Preßsitz zusammengesetzt), sollte man diese Arbeit unbedingt einem Fachbetrieb überlassen. Außerdem ist das Neuausrichten der Welle nicht so ganz einfach.

Hochleistungsmotoren haben eine größere Anzahl von Lagerstellen als Allerweltsmotoren. Ältere Motoren weniger als neue. Das liegt hauptsächlich an der gestiegenen Leistung der Motoren, die infolge der größeren Belastung der Kurbelwelle heutzutage eine höhere Anzahl von Lagerstellen benötigen.

- Einzylindermotoren haben zwei Kurbelwellenlager
- Zweizylindermotoren zwei bis vier Kurbelwellenlager
- Vierzylindermotoren sind fünf- bis sechsfach gelagert.

Alle Kurbelwellen haben Ausgleichsgewichte, wobei Form und Art von der Motorenkonstruktion abhängig sind. Die Ausgleichsgewichte werden entweder als Schei-

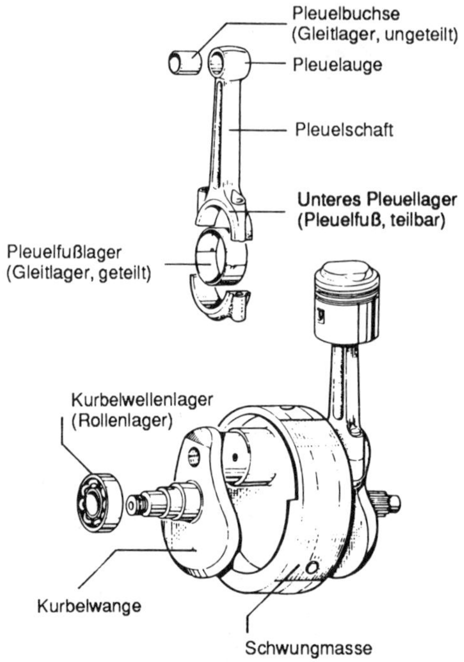

Abb. 20: Wälzgelagerte Kurbelwelle mit gleitgelagerten Pleuel der Triumph 650/750 ccm
Der Parallel-Twin (beide Kolben laufen gleich, kein Hubzapfenversatz), Zweizylinder-Reihenmotor, luftgekühlt ist stehend quer eingebaut.
(Triumph)

ben (Hubscheiben) ausgebildet oder als Kurbelwangen.

Kurbelwellen sind entweder einteilig, im Gesenk geschmiedet, oder teilbar, aus zusammengepreßten, manchmal geschraubten Einzelteilen bestehend. Ihre Lagerstellen sind präzise rundgeschliffen. Kurbelwellenlagerstellen sind an der Oberfläche gehärtet. Innen ist die Welle dagegen relativ weich, das ist wichtig wegen der Elastizität.

Die Beanspruchung der Kurbelwellen durch Vibrationen und Schwingungen während des Motorlaufes kann durch Ausgleichswellen gemindert werden sowie mit Hilfe von Schwingungsdämpfern auf der Kurbelwelle selbst. Man meidet solche Maßnahmen aber nach Möglichkeit, weil sie die Kosten und das Gewicht der Motoren hochtreiben. Bei vielen modernen hochdrehenden Ein- und Zweizylindermotoren, sogar bei einigen Vierzylindern (Kawasaki ZZ-R 1100 z.B.), sind sie dennoch unerläßlich.

In den Kurbelwellen von Viertaktmotoren laufen gebohrte Kanäle, um die Schmierstoffversorgung von Haupt- und Pleuellager zu sichern. Besonders Pleuellager sind empfindlich und müssen ausreichend geschmiert werden.

Die *Pleuelstange,* von der noch die Rede sein wird, überträgt den Kolbendruck auf die Kurbelwelle. Sie besteht aus Pleuelkopf, auch Pleuelauge genannt, Pleuelschaft und Pleuelfuß. Letzterer sitzt auf dem Hubzapfen der Kurbelwelle.

Das Pleuelauge nimmt den Kolbenbolzen auf. Im Pleuelauge gelagert, erlaubt er eine Kippbewegung des Kolbens nach zwei Seiten. Die Pleuelstange (oft einfach »Pleuel« genannt) wird durch den Verbrennungsdruck auf Biegen und Druck beansprucht. Die Massenkräfte des nach O.T. laufenden Kolbens beanspruchen sie auf Zug, und die Lager von Pleuelfuß und Pleuelauge sind durch die Reibung von Kolbenbolzen und Hubzapfen belastet.

Die Pleuelstange besteht aus hochwertigem Spezialstahl oder einer geschmiedeten Aluminiumlegierung. Der Pleuelfuß ist verstärkt ausgeführt.

Das Lager des Pleuelkopfes besteht entweder aus einer eingepreßten Bronzebuchse (einem Gleitlager) oder einem Wälzlager in Form eines Nadellagers. Bei manchen Motoren läuft der Kolbenbolzen direkt im Material des Pleuelauges. Eine unerfreuliche und instandsetzungsfeindliche Konstruktion. Man muß das ganze Pleuel wegschmeißen, wenn das obere Pleuelauge einmal ausgelaufen sein sollte.

Das Lager des Pleuelfußes kann im Gegensatz zum Pleuelkopf auch geteilt ausgeführt sein. Entsprechend haben gleitgelagerte Motoren dann geteilte Pleuelfüße. Pleuelfußlager von Zweitaktmotoren sind wegen der andersgearteten Schmierung immer Wälzlager. Bei Gleitlagern bestehen die Lagerschalen aus mehrschichtigem Metall. Gleitlager müssen hohen Druck vertragen, bei Stößen dämpfend wirken, also relativ weich und elastisch sein, aber trotzdem verschleißarm.

Bei geschlossenem Pleuelfuß werden Nadellager verwendet. Es kann in diesem Falle keine einteilige (z.B. eine komplett aus einem Stück geschmiedete) Kurbelwelle benutzt werden.

Die Ölversorgung für das Pleuelfußlager erfolgt über Bohrungen im Hubzapfen der Kurbelwelle. Von der Kurbelwelle hochgeschleudertes Motorenöl aus dem Ölsumpf schmiert dabei das obere Pleuellager (nur Viertaktmotoren). Mittlerweile haben etliche moderne Hochleistungsmotoren Spritzdüsen, die per Ölstrahl von der Kurbelwelle aus, von unten in den Kolben hineinsprühen und so einerseits das Pleuelauge zusätzlich schmieren und andererseits den Kolbenboden kühlen.

- Über *Kolben* könnte sehr viel gesagt werden. Es sprengte den Rahmen des Buches, kämen nur die wichtigsten technischen Informationen und Tabellen zur Sprache. Wir beschränken uns auf wesentliche Ausschnit-

Abb. 21: Wälzlager und Gleitlager

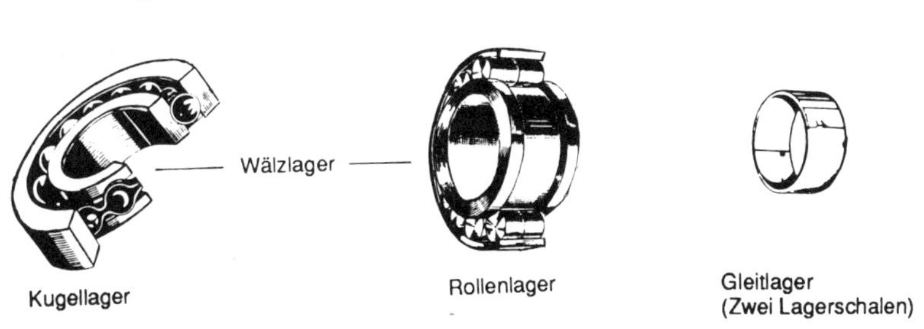

te, um notwendige Grundaussagen zu vermitteln.

Der Kolben eines Verbrennungsmotors übernimmt die wichtige Aufgabe, den Verbrennungsdruck aufzunehmen und weiterzuleiten. Er dichtet darüber hinaus den Zylinder nach unten gegenüber dem Kurbelgehäuse ab. Kolben von Zweitaktmotoren steuern außerdem den Gaswechsel im Motor.

Kolbenaufbau:
- ein Kolben besteht im wesentlichen aus dem Kolbenboden
- dem Kolbenringbereich mit den Kolbenringen
- dem Kolbenauge mit Kolbenbolzen plus Sicherungsclips
- sowie dem Kolbenschaft, allgemein auch als Kolbenhemd bezeichnet.

Der Kolbenschaft übernimmt die eigentliche Führung im Zylinder.

Unter *Kolbenringen* versteht man die ein bis drei Kompressionsringe und bei Viertaktkolben den zusätzlichen ganz unten liegenden Ölabstreifring. Die Kompressionsringe haben die Aufgabe, Druckverluste während der Verdichtung und der Verbrennung zu vermeiden, kein Frischgas in den Kurbelraum zu lassen und die Wärme des Kolbens zwecks Kühlung an die Zylinderwände abzugeben.

Der Ölabstreifring, gelegentlich dreiteilig ausgeführt, streift das Motoröl, während der Kolben nach unten läuft, ab und verhindert so einen erhöhten Motorölverbrauch sowie unangenehme Rauchfahnen aus dem Auspuff.

Kolbenringe laufen in den Kolbennuten. Ihr Umfang ist etwas größer als der Innenumfang des Zylinders. Da sie aber federn, lassen sie sich zusammendrücken und pressen auf diese Weise mit ihrer Dichtfläche abdichtend gegen die Zylinderwandung.

- Der oberste Kompressionsring ist meist als *Minutenring*, auch als Topring bezeichnet, ausgebildet. Er berührt mit seiner im Querschnitt spitz zulaufenden Lippe die Zylinderwandung nur linienförmig. Er nutzt sich, wenn er neu ist, gewollt und nur bis auf ein bestimmtes Maß rasch ab. Dadurch entsteht eine innige Anpassung an die Zylinderwandung, was eine hohe Abdichtung ergibt. Moderne Kolbenringe sind schon nach 200 km (schonender Fahrweise) voll eingelaufen!
- In die zweite Ringnut des Kolbens werden normale, im Querschnitt rechteckige Kompressionsringe eingebaut.
- Nasenringe mit Abstreifkante sind vor dem letzten Ring, dem Ölabstreifring, als dritter Kompressionsring üblich. Nasenringe sind elastisch und passen sich der Rundung des Zylinders gut an.
- Bei etlichen Konstruktionen entfällt der zweite Kompressionsring. Bei Zweitaktern der Ölabstreifring, weil dort das Schmieröl absichtlich mit verbrannt wird.

Die Einbaulage aller Kolbenringe ist peinlich genau einzuhalten. Meist ist ein »Top« oder »Oben« auf den Ringflanken eingeätzt. Oben ver-

steht sich immer vom Kolbenboden aus gesehen. Kolbenringe sind aus superhartem Spezialstahl, elastisch, aber nicht sehr bruchfest. Der Einbau ist recht diffizil, und es braucht Geduld und Geschick. Besondere Aufmerksamkeit kommt dem Einführen des Kolbens in den Zylinder zu.
Mehr darüber im Unterkapitel 2.3. »Wiederaufbau: Kolben, Zylinder und Zylinderkopf ...«.

Die Kolbenringe von Zweitaktmotoren sind durch kleine Stifte gegen seitliches Verschieben gesichert. An einer Seite offen, würden die Enden der Ringe sich sonst während der Kolbenhübe verdrehen und dabei in die Öffnung für die Einlaß-, Auslaß- oder Überströmkanäle gedrückt werden. Der Kolben hätte sie im Nu abgerissen. Der Ausfall des betreffenden Zylinders oder zumindest ein Druckabfall wären die möglichen Folgen.

• Viertakter haben solche Probleme nicht. Ihre Zylinderwandungen sind ohne Durchbrechungen glatt. Dafür benötigen sie den vorhin erwähnten *Ölabstreifring*. Er verhindert das Eindringen von Motorenöl in den Verbrennungsraum und auf diese Art die Entwicklung von störender Ölkohle im Verbrennungsraum, in den Ventilen und im Auslaßkanal.

Die Bildung eines dünnen Ölfilms auf der Zylinderwandung nach jedem Verbrennungstakt darf von den Kolbenringen nicht beeinträchtigt werden. Er ist für die Gleitfähigkeit des Kolbens verantwortlich und damit für seine Funktion von entscheidender Bedeutung.

Wenn der Ölfilm reißt, sind es die Kolbenringe, die zuerst festgehen.

Wenn im Zylinder Metall auf Metall reibt, verschweißen Zylinderwandung und Kolbenringe durch die hohe Reibungswärme in Sekundenbruchteilen miteinander. Von Gleitfähigkeit keine Spur: Kolben und Zylinderlauffläche müssen mit Hammer und Holzklotz wieder roh voneinander getrennt werden. Das beschriebene Szenario ist unter dem Namen **Kolbenfresser** bekannt.

Doch jedem Kolbenfresser geht ein **Kolbenklemmer** voraus. Reißt der Ölfilm nur punktuell, entstehen kurze Kolbenklemmer, die der Fahrer nicht einmal merkt. Lediglich Spuren an der Zylinderlaufbahn, den Kolbenringen sowie den Kolben deuten darauf hin. Sie geben nach einer Demontage des Zylinders Auskunft über das unerfreuliche Ereignis.

Kolbenklemmer stärkerer Ausprägung bemerkt man, wenn trotz unbewegtem Gasdrehgriff während der Fahrt plötzlich eine Verzögerung einsetzt.

Doch noch ist kein Grund zur Panik angesagt!

Es könnte auch etwas anderes sein: Kraftstoffmangel zum Beispiel. Doch Vorsicht ist geboten! – Kupplung ziehen und anhalten! Wer das nicht beachtet, bekommt möglicherweise bald ein schrilles Kreischen gequälten Materials zu hören, das oft den

Übergang vom Klemmer zum Fresser kennzeichnet. Obwohl das auch leise abgehen kann.

Wenn nach dem Abkühlenlassen und dem Überprüfen der möglichen Ursachen der Motor ohne befremdliche Nebengeräusche wieder läuft, ist der Kelch noch einmal vorbeigegangen. Ist der Motor aber fest, steht der Fuß auf einem unnachgiebigen Kickstarter, geht der Anlasser nach dem Klicken des Magnetschalters in die Knie, als wäre die Batterie leer – dann ist wohl ein Kolbenfresser angesagt.

Ursachen für Kolbenklemmer respektive Kolbenfresser:

- Ölmangel im Motor, bedingt durch Unachtsamkeit (der Ölstand sollte in keinem Falle unter die Minimum-Markierung fallen) oder Leckagen am Motor, die den Ölstand nach und nach vermindert haben.
- Überhitzung des Motors bei Vollgasfahrten mit Fahrzeugen, die dafür nicht gebaut wurden. Zum Beispiel alte englische Motorräder mit ihren langhubigen Motoren oder alte deutsche Maschinen, deren Graugußzylinder die anfallende Wärme relativ schlecht abgeben können und die als Gebrauchsmotorräder in ihrer Zeit für Staub, Schotter und Kopfsteinpflaster gebaut wurden, nicht aber für die schnellen Betonpisten der achtziger und neunziger Jahre.
- Der Zündzeitpunkt ist verstellt.
- Der oder die Vergaser ziehen Nebenluft zwischen Ansaugstutzen und Vergaser oder, weniger problematisch, Fremdluft zwischen Luftfilter und Vergaser.
- Fehler im Kühlungssystem bei flüssigkeitsgekühlten Motoren.
- Abgebrochene Kühlrippen an luftgekühlten Antriebsaggregaten.
- Ein defekter Ölkühler bewirkt, etwa wenn er verstopft ist, einen rapiden Temperaturanstieg im Motor (das Motoröl wird nicht mehr ausreichend gekühlt). Wird darauf nicht geachtet, zeigt die Maschine recht bald Überhitzungserscheinungen. Symptome dafür besprechen wir im Unterkapitel 1.4. »Wie die Motorkühlung funktioniert und welche Systeme es gibt«.
- Ferner ergibt sich ein Kühlproblem, wenn bei stark verschmutzten Zylindern, nach einer Schlammschlacht etwa, der Fahrtwind nicht mehr intensiv genug an die Kühlrippen der Zylinder gelangen kann.
- Ein Sonderfall ist der Umgang mit Enduromotorrädern. Wer im schwierigen Gelände Fahrübungen absolviert, sollte daran denken, daß der Motor sich dabei stark erhitzt. Fährt er nämlich anschließend wieder auf die Straße und im Eiltempo nach Hause, so zieht sich das Metall des Zylinders um den Kolben herum infolge des kühlenden Fahrtwindes schnell zusammen. Der Kolben kann den Vorgang nicht rasch genug nachvollziehen. Es wird eng zwischen den beiden Teilen und bei dem einen oder anderen Motor reißt der Ölfilm. Geschieht das nur punktuell, erhöht es zumeist »nur« den Zylinderverschleiß. Es haben aber

auch schon Leute mit einem Kolbenfresser nach Hause geschoben.

• Eine letzte Ursache festgehender Kolben ist das übertriebene Laufenlassen des Motors im Leerlauf. Ob im Stau, vor der Eisdiele oder der Disco: für luftgekühlte Motoren ist so etwas reines Gift. Der Motor heizt sich auf, bis – ja, bis es knirscht. »Luftgekühlt« heißt eigentlich *fahrtwindgekühlt*, und wo die Fahrt fehlt, ist auf Dauer ein Klemmer nicht weit. Also im Stand: Motor aus!

Wassergekühlte Motoren mit einem Quirl hinter dem Kühler, dem Kühlerventilator, können dagegen stundenlang im Leerlauf drehen. Sie überhitzen sich nicht. Doch auch hier sollte man den Motor abstellen, nicht nur wegen der Umweltverschmutzung, sondern auch wegen der unnötigen Beanspruchung der Kurbelwellenlager und des Zylinderbrennraumes. Die einen werden ungleichmäßig belastet, der andere verrußt im Leerlauf. Also auch hier: Abstellen!

• Mehr indirekt hat der folgende Punkt mit einer Überhitzung des Motors zu tun. Gemeint ist das brutale Drauflosfahren mit voller Drehzahl nach dem Kaltstart. Das Motoröl ist auch im Sommer noch recht zähflüssig, vor allem in den Morgenstunden, und kann bei hohen Anfangsdrehzahlen nicht optimal an die Schmierstellen gelangen. Wir erinnern uns: Die Betriebstemperatur von Motorenöl liegt zwischen 85 und 130° Celsius. Dann besitzt es seine beste Schmierfähigkeit. Der Verschleiß, dem Kolben, Kolbenringe, Zylinder und alle Gleitlager im Motor vor Erreichen dieser Temperatur normalerweise unterliegen, wird sich normalerweise in Grenzen halten. Durch ein unvernünftiges Verhalten nach einem Kaltstart kann er jedoch enorm in die Höhe schnellen. Kommen ungünstige Faktoren hinzu (z.B. niedriger Ölstand), können sehr leicht ein Klemmer oder ein Kolbenfresser die Folge sein.

• Kolbenklemmer können auch Kolbenringbrüche verursachen. Eine blaue Fahne aus dem Auspuff zeigt dann das nahe Ende an. Weiterfahren geht dann zwar in der Regel noch eine ganze Weile. Aber die Leistung des Motors läßt nach. Statt dessen steigt der Ölverbrauch auf zwei bis drei Liter pro 100 km an. Der Motor muß überholt werden.

• Kolbenringbrüche können auch auf Materialermüdung, falschen Einbau oder ausgeschlagene Kolbennute, die zum Verkanten der Ringe führen, zurückzuführen sein.

• Weitere Gründe sind Uraltzylinder von Motoren mit hoher Kilometerleistung und klappernden, zum Kippen neigenden Kolben. Im Kapitel 2. »Motorinstandsetzungs- und Wartungsarbeiten« wird aufgezeigt, wann es Zeit wird, solche Teile auszuwechseln und wie man das am besten angeht.

• Der *Kolbenbolzen* überträgt die Kolbenkraft auf den Pleuel und wird auf Druck, Dehnung, Biegung und Reibung beansprucht.

Um Gewicht zu sparen und weil ein

Rohr stabiler ist als Vollmaterial, sind Kolbenbolzen hohl. Sie bestehen aus legierten, oberflächengehärteten Stählen.

Gegen seitliches Verrutschen sind Kolbenbolzen mit Sicherungsclips versehen. Kolbenbolzen werden oft noch zusätzlich im Kolben eingeschrumpft. Die Bolzen sitzen dann unbeweglich fest im Kolbenauge.

Mit Einschrumpfen, einer im Motorradbau häufig angewandten Technik, ist das Ausdehnen und wieder Schrumpfen von Metallen unter Wärme bzw. Kälteeinwirkung gemeint. Aluminium dehnt sich aus, wie in unserem Falle auch die Öffnung des Kolbenauges. Soll der Kolbenbolzen eingeführt werden, muß der Kolben zuvor auf der Herdplatte erhitzt werden. Erkaltet nach dem Einsetzen des Kolbenbolzens das Metall des Kolbens, zieht es sich zusammen. Der Bolzen sitzt bombenfest.

Der Kolben hat auf dem Kolbenbolzen ein seitliches Spiel von ein bis drei Millimeter. Er kann sich damit auf die Zylindermitte ausrichten. Zusammen mit der Kippbewegung, die er um die Bolzenachse machen kann, übt er keinen einseitigen Druck auf die Zylinderwandung aus. Das ist wichtig, um den Verschleiß von Zylinderlaufbahn und Kolbenringen/Kolben in Grenzen zu halten.

Verschlissen werden im Normalfall vor allem die Kolbenringe. Im Gegenzug weitet sich die Zylinderbohrung ein wenig. Kolben selbst verschleißen nicht so schnell. Sie liegen weniger eng an der Zylinderwandung an wie die Kolbenringe.

- Der *Kolbenboden* hat einiges auszuhalten. Hohe Drücke und Temperaturen beanspruchen ihn stark. Auf den Kolben von Viertaktmotoren sind im Kolbenboden Ventiltaschen eingelassen. Sie verhindern im Verdichtungs- oder im Ausstoßtakt ein Antippen des Kolbenbodens an die geöffneten Ventilteller.

Die verschiedenen Kolbenarten sollen hier kein Thema sein. Nur so viel sei gesagt: Für Zweitakt- und Viertaktmotoren werden unterschiedliche Kolbenkonstruktionen verwendet. Ebenso für Renn-, Sport- und Alltagsmotoren.

Fahrzeugkolben werden aus Aluminiumlegierungen gegossen und rundgedreht. Oft sind sie, um die Gleitfähigkeit zu verbessern, hauchdünn mit Zinn, Blei oder einer Mischung von Graphit mit Kunstharz beschichtet. Kolben für Hochleistungstriebwerke, die sehr hohen Drücken und Verformkräften ausgesetzt sind, werden aus einer geschmiedeten Aluminiumlegierung hergestellt.

Alle Teile des Kurbeltriebes sind so leicht und haltbar wie möglich und ökonomisch vertretbar ausgeführt. Die Ausgleichsmassen an der Kurbelwelle müssen exakt dem Gewicht der Pleuel, der dazugehörigen Lager und den Kolben samt Ringen und Bolzen entsprechen. Andernfalls entsteht eine Unwucht im Kurbeltrieb, die zu starken Vibrationen mit

Lagerschäden und Kurbelwellenbruch führen kann.
Kolben werden ebenso wie Pleuel bei Mehrzylindermotoren professionell nur satzweise getauscht. Sie sind entsprechend markiert. Dadurch besteht die Gewähr, daß sie erstens alle gleich schwer sind und zweitens auch gewichtsmäßig zur Kurbelwelle passen.

1.2.2. Der Zylinder

Die verschiedenartige Anordnung der Zylinder am Motor bestimmt deren Form und Aufbau. Die Laufflächen im Inneren der Zylinder haben die Aufgabe, die Führung der Kolben zu übernehmen, die in ihm auf und ab gleiten. Dabei müssen sie den Arbeitsdruck des Motors aushalten und die überschüssige Wärme abführen.
Je nach Motorenart stehen die Zylinder einzeln im Fahrtwind (BMW R80 GS, Zweizylinder-Viertakt-Boxermotor) oder als Block zusammengefaßt (Suzuki GSF 400 Bandit, Vierzylinder-Viertakt-Reihenmotor, quer eingebaut).
Es gibt luftgekühlte (Yamaha XT 500, Einzylinder-Viertaktmotor), wassergekühlte (Kawasaki KLX 650 Einzylinder-Viertaktmotor) und öl-/luftgekühlte Zylinder (Suzuki VS 1400 Intruder GLP).
• *Luftgekühlte* Zylinder sind an ihrem vielfach und breit verrippten Zylinderblock gut zu erkennen. Die anfallende Wärme wird über die Kühlrippen an den Fahrtwind abgegeben.

Abb. 22: Kolbenbolzensicherungen und Kolbenringe

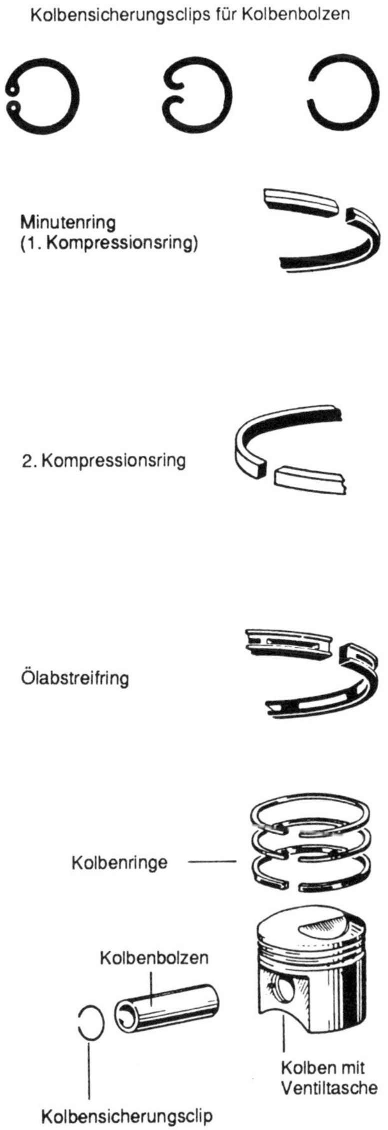

• *Wassergekühlte* Motoren haben im Zylindermantel ein Kanalsystem, durch das Kühlflüssigkeit gepumpt wird. In einem Kühlkreislauf durchfließt die vom Verbrennungsvorgang erhitzte Flüssigkeit einen Kühler, wo ein Wärmeaustausch durch den Fahrtwind stattfindet. Die abgekühlte Flüssigkeit kann zum Zylinder zurückfließen.
Falls ein Motor neben einem flüssigkeitsgekühlten Zylinder auch noch über einen kühlmitteldurchflossenen Zylinderkopf verfügt, verlaufen die Kühlkanäle in der Regel über Bohrungen im Zylinder und dann via Zylinderkopfdichtung zu den Kühlkammern im Zylinderkopf. Gelegentlich verlaufen diese Kühlleitungen auch außen am Motorblock.

• Der Zylinder bzw. der Zylinderblock übernimmt aber noch andere Aufgaben im Zusammenspiel der verschiedenen Motorbaugruppen. Im Zylinderkopf (siehe hierzu auch das Unterkapitel 1.2.3 »Der Zylinderkopf«) befindet sich bei Viertaktmotoren der Ventilmechanismus, und der muß gut und reichlich geschmiert werden. Diese Schmierstoffzuführung erfolgt über im Zylinder oder im Zylinderblock laufende Ölkanäle. Andere Motoren lassen den Öltransport über die Nockenwellensteuerkette durchführen, bei der nach Art eines Förderbandes das Motoröl zum Zylinderkopf gelangt. Bei einigen anderen Motoren erfolgt die Ölversorgung auch über außen am Zylinderfuß angeschraubte Ölleitungen, die hinauf zum Zylinderkopf führen.

• Zur Betätigung der bei OHC- und DOHC-Motoren im Zylinderkopf befindlichen Nockenwelle(n) besitzen die Zylinder durchgehende Schächte, die von oben bis zum Kurbelgehäuse hinunter reichen. In ihnen läuft die *Nockenwellensteuerkette,* unterstüzt von den Gleitschienen der Kettenspanner. Der Antrieb erfolgt von der Kurbelwelle aus. An der Rückseite der Zylinderblöcke von Motoren mit obenliegender Nockenwelle, gelegentlich auch an der Vorderseite, befinden sich die Spannvorrichtungen für die Nokkenwellensteuerkette, schlicht »Steuerkette« genannt. Diese Spannvorrichtungen sind, das gilt es zu beachten, nicht in jedem Falle vollautomatisch. (Über Nockenwellenkettenspanner wird noch an anderer Stelle die Rede sein).

• Zylinder werden nach unten, zum Kurbelgehäuse hin, mit einer *Zylinderfußdichtung*, nach oben, zum Zylinderkopf hin, mit einer *Zylinderkopfdichtung* gas- und öldicht abgeschlossen. Manche Zylinder werden mit Hilfe einer Dichtleiste an Zylinder und Zylinderkopf und ohne die Hilfe einer Kopfdichtung gasdicht verbunden (Ducati 900 V2-Motoren).

• Die Befestigung der Zylinder oder des Zylinderblocks am Kurbelgehäuse erfolgt meist mittels *Zugankern*. Das sind lange Bolzen, die vom Kurbelgehäuse aus durch den Zylinder bis in den Zylinderkopf hinaufreichen und dort verschraubt werden.

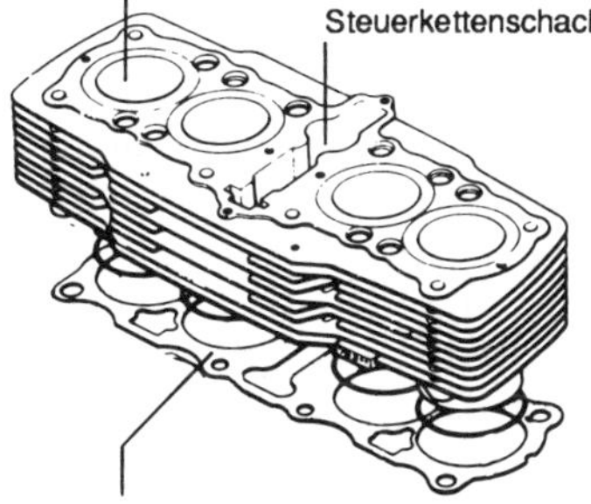

Abb. 23: Zylinderblock und Zylinderfuß-dichtungen (Honda CB 750)

• Motoren von Motorrad-Oldtimern von Anbeginn bis Ende der 60er Jahre wurden ab Werk mit Zylindern versehen, die auf das Kurbelgehäuse aufgeschraubt wurden. Auf diese wiederum wurden mit Bolzen oder Schrauben die Zylinderköpfe befestigt. Probleme mit der Wärmeausdehnung der beteiligten Motorenteile haben mit der Zeit jedoch die Befestigungsart per Zuganker favorisiert. Zuganker sind deshalb an den meisten heutigen Motoren zu beobachten. Sie sind technischer Standard geworden.

• Zylinder sind infolge Druck, Hitze und Reibung hochbeansprucht. Das verwendete Material muß dementsprechend widerstandsfähig sein.

Zylinder bestanden bis in die 50er Jahre hinein aus feinkörnigem Sondergrauguß, einem Gußeisen mit hohem Graphitgehalt, Chrom- und Nickelzusätzen. In späteren Jahren begann man zu differenzieren. Besonders wegen der schlechten Wärmeableitfähigkeit des Graugusses suchte man geeigneteres Material und kam auf das besonders leichte Aluminium. Pur ließ es sich nicht verwenden, es war zu weich und schlecht in Formen zu gießen.

So kam man zu den schon im Flugzeugbau erprobten Alu-Legierungen, deren vielfältige Arten (jede Firma schwört auf ihre Mischung) wir nicht aufzählen möchten.

Die heute übliche Lösung sind im Schleuderverfahren gegossene Zylinder aus einer Aluminiumlegierung. Da eine Kolbenlauffläche aus Aluminium viel zu weich wäre, werden separat eingesetzte (auswechselbar) oder eingegossene (nicht auswechselbar) Kolbenlaufbuchsen aus Sondergrauguß eingesetzt. Diese Zusammenstellung erwies sich als ideale Lösung und ist die heute im-

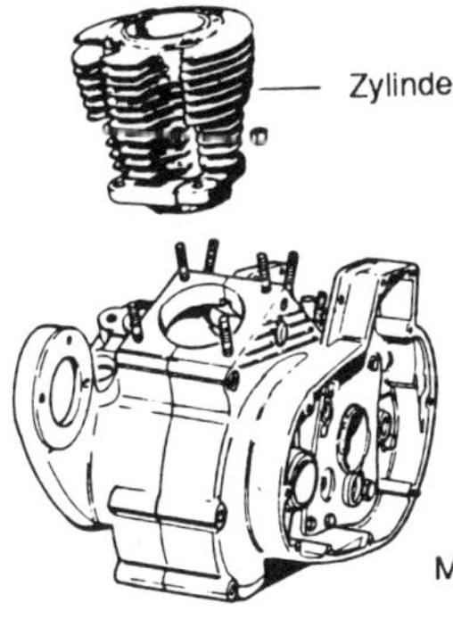

Abb. 24: Zylinderbefestigung mit Stehbolzen (Harley-Davidson-Sportster 1000 ccm)

mer noch übliche, recht effektive Kombination.
Ein wichtiger Vorteil von Graugußzylindern oder Graugußlaufbuchsen in Alu-legierten Zylindern liegt in der Möglichkeit, den Zylinder wieder aufzuarbeiten, wenn seine Lauffläche verschlissen ist. Zu diesem Zweck schleift man den Zylinder innen etwas weiter auf (es handelt sich dabei um Zehntelmillimeter!), hont ihn, und setzt neue Kolben ein. Das Ganze läßt sich bei einem solchen Motor bis zu dreimal und manchmal noch häufiger wiederholen.

Eine weitere und verhältnismäßig neue Variante ist der beschichtete Aluminiumzylinder. Hierbei wird auf die ausgedrehte und geschliffene Zylinderlaufbahn eine Beschichtung aus Nickel-Siliziumkarbid (z. B. Nicasil® oder eine ähnlich superharte Schicht aufgetragen. Sie ist zwar nur knapp einen Millimeter dick, erfüllt aber alle Anforderungen des modernen Motorenbaus.
Gegenüber einer Beschichtung aus Hartchrom, eine vor allem von Moto Guzzi lange favorisierte Lösung, ist sie noch um einiges verschleißfester. Die Feinporigkeit der Nickel-Siliziumkarbid-Beschichtung unterstützt die Haftfähigkeit des Ölfilms in hervorragender Weise.
Die Lebensdauer eines so behandelten Zylinders reicht über 100.000 Kilometer hinaus. Mit das Wichtigste aber ist die gute Wärmeableitfähigkeit und das geringe Gewicht. Beides prädestiniert das Verfahren vor allem für Sport- und Renntriebwerke erster Klasse, doch auch zuverlässigen, PS-starken Tourensportmaschinen kommt es zugute (K 100 von BMW).
Nachteile: Erstens muß bei einer Beschädigung der Zylinderbeschichtung der Zylinder, bei mehreren der komplette Zylinderblock gewechselt werden. Das kann schon nach einem Kolbenringbruch der Fall sein. Und zweitens steht das Auswechseln des kompletten Zylinders oder des Zylinderblockes unausweichlich fest, wenn das Ende eines hoffentlich kilometerreichen Motorradlebens erreicht ist. In beiden Fällen wird es teuer.

Honen von Zylinderlaufbuchsen aus Sondergrauguß:
Die Lauffläche im Zylinder darf nicht poliert werden. Eine gewisse feinporige Oberfläche ist sehr wichtig, soll der der Kolbenschmierung dienende Ölfim eine Haftgrundlage haben. Graugußzylinder werden aus diesem Grunde nach dem Aufbohren gehont. Hierzu wird mit einem Spezialstein die Lauffläche maschinell geschliffen. Die feinen Poren des Materials werden dabei nicht wie beim Bohren oder Drehen verschmiert, sondern bleiben offen, lassen Platz für unzählige kleine, zähhaftende Öltröpfchen, die eine sichere Schmierung des Kolbens garantieren.

Die Zylinder von Zweitaktmotoren wurden und werden ähnlich gefertigt wie diejenigen der Viertaktkonkurrenz. Sie haben allerdings noch zusätzliche Funktionen:

- die Zylinder führen den Kolben bei seinem Lauf
- sie geben die überschüssige Verbrennungswärme an den Fahrtwind ab
- sie halten dem Druck von Verdichtung und Arbeitstakt stand
- darüber hinaus führen die Kanäle von Einlaß und Auslaß durch den Zylinder, laufen die Überströmkanäle vom Kurbelraum bis zum Zylinderraum oberhalb des Kolbens hinauf.

Stichwort **Hubraum**: Im Zylinderraum entsteht die Kraft des Motors. Seine Größe und die Höhe seiner Verdichtung beeinflussen die Leistung entscheidend. Mit Hubraum ist, wie vorab schon erwähnt (siehe hierzu auch im Unterkapitel 1.1. »Wie ein Motor grundsätzlich funktioniert«), der Raum gemeint, den der Kolben von O.T. nach U.T. abwärtslaufend freigibt. Hubraum ist demnach die Fläche der Zylinderbohrung mal dem Hub, plus dem Rauminhalt des Verdichtungsraumes im Zylinderkopf.

Hubräume kann der Motorenhersteller durch eine große Bohrung und einen kurzen Kolbenhub erreichen, oder er verknüpft einen langen Hub mit einer relativ engen Bohrung. Das entstehende Verhältnis Bohrung/Hub ist mitbestimmend für den Charakter eines Motors.

Bei großer Bohrung und kurzem Hub spricht man von einem **Kurzhuber.** Als Beispiel mag die Triumph Speed Tripple gelten (ein unverkleideter Straßenrenner), die einen Dreizylinder-Viertaktmotor besitzt. Sie hat bei einem Hubraum von 885 ccm, eine Bohrung von 76 mm und einen Hub von 65 mm.

Bei einem **Ultrakurzhuber** ist die Differenz zwischen Zylinderbohrung und Kolbenhub noch größer. Beispiel: Suzuki DR Big 800 S/SU, eine Enduro mit einem Einzylindermotor, dessen Hubraum 779 ccm beträgt und der ein/e Bohrung/Hubverhältnis von sagenhaften 105 mm zu 90 mm besitzt!

Ein **Langhuber** hat als Gegensatz dazu eine relativ kleine Bohrung und einen großen Hub. Beispiel: Harley Davidson Wide Glide, Zweizylinder-V-Viertaktmotor mit 1338

Abb. 26: Langhubmotor (Harley-Davidson-V2-Motor)

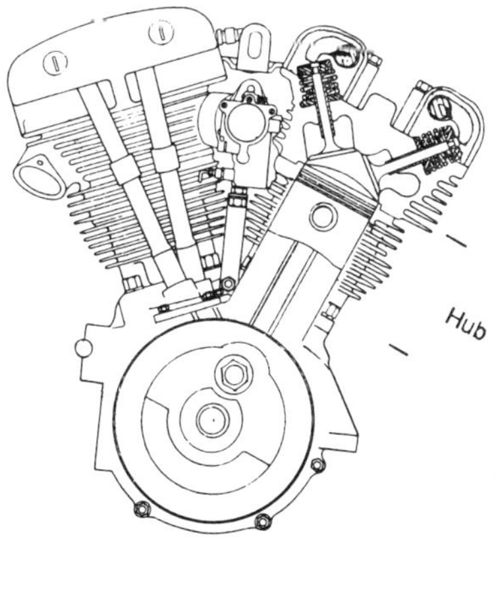

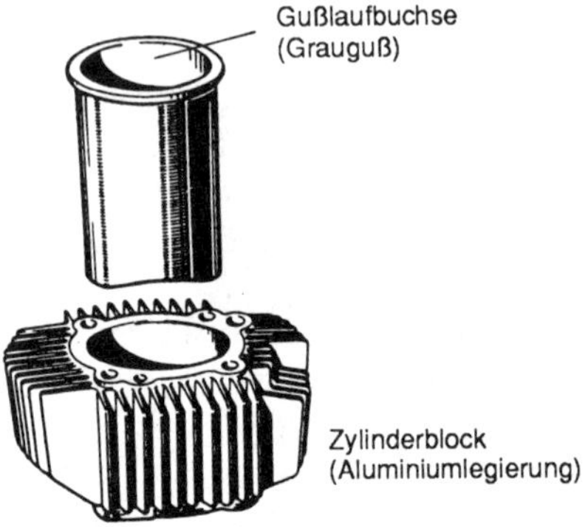

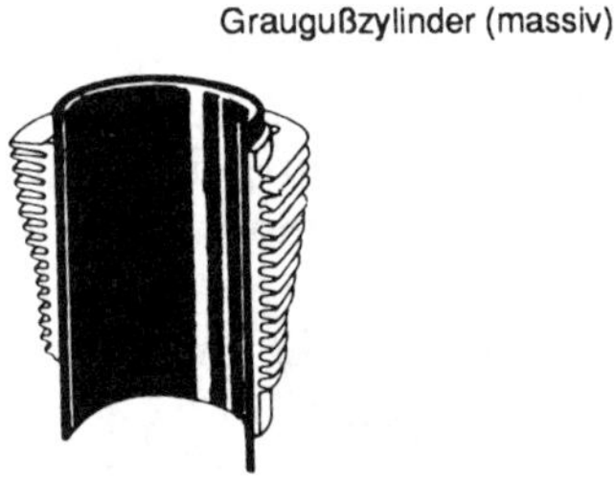

Abb. 25: Zylinder unterschiedlicher Generationen
Links Ducati 750/900 ccm; rechts Horex Regina

ccm Hubraum, Bohrung 88,8 mm, Hub 108 mm.

Als **quadratisch** wird ein Verhältnis bezeichnet, bei dem die Maße für Bohrung und Hub gleich sind. Beispiel Suzuki LS 650 Savage: Ein Einzylinder-Viertakt-Softchopper, mit 652 ccm Hubraum. Seine Bohrung entspricht seinem Hub und beträgt 94 mm.

Hubraumverhältnisse mit kleinen Unterschieden zwischen Bohrung und Hub bezeichnet der Techniker als *unterquadratisch* , wenn die Bohrung größer ist. Als *überquadratisch,* wenn der Hub größer ausfällt.

Bei technischen Angaben ohne genaue Bezeichnung der Zahlen stehen die Bohrungsangaben zuerst, dann folgt der Hub.

Die mittlere (gemittelte) **Kolbengeschwindigkeit** ist unser nächstes Thema. Die Schnelligkeit, mit der sich der Kolben im Zylinder auf- und abbewegt, wird in Meter pro Sekunde gerechnet (m/sek.). Das ist natürlich ein theoretischer Wert, denn ein Hub von einem Meter steht vielleicht einem Schiffsdiesel gut, aus Platzgründen aber nicht einem Motorradmotor.

Je schneller sich ein Kolben im Zylinder bewegt, desto mehr Reibung erzeugt er auf der Zylinderlauffläche. Zusammen mit der Verbrennungswärme ergeben sich daraus bei hohen Drehzahlen starke thermische Belastungen für Kolbenringe, Zylin-

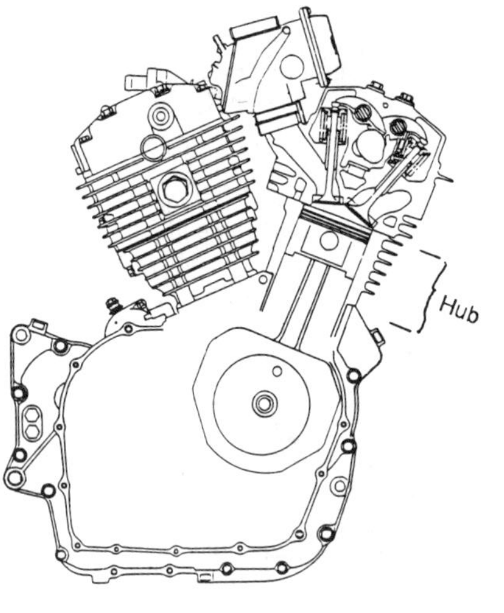

Abb. 27: Kurzhubmotor (Honda VT 750 C)

derlaufbahn, Schmiermittel. Übersteigt die Temperatur eine bestimmte Schwelle, reißt der Ölfilm auf der Kolbenlauffläche infolge Überhitzung. Die Schmierung des Kolbens ist in Frage gestellt. Ein Klemmer kann sich ereignen, und im ungünstigsten Falle wird der Kolben ganz festgehen. Ein kapitaler Motorschaden kann daraus entstehen.

So ist es nur natürlich, wenn die Motorenkonstrukteure versuchten, die Kolbengeschwindigkeiten niedrig zu halten. Da langhubige Motoren immer eine höhere Kolbengeschwindigkeit haben, aber Drehzahl und Hubraum für die Leistung verantwortlich zeichnen, kam man vom Langhuber auf den Kurzhuber. Die Bohrung des Zylinders wurde weiter gefaßt, der Kolbenhub kürzer. Der Gesamthubraum aber blieb erhalten. Der Trick dabei ist, daß ein Kolben mit kurzem Kolbenhub auch einen kürzeren Weg im Zylinder zurücklegt. Das setzt die Kolbengeschwindigkeit entscheidend herab. Das liegt dann aber nicht am kürzeren Pleuel, sondern am kürzeren Kurbelarm der Kurbelwelle, die Pleuel und Kolben einen kurzen Arbeitsweg ermöglichen.

In Verbindung mit unserer Definition von Kolbengeschwindigkeit (Weg pro Zeiteinheit) dürfte klar sein, daß der Kurzhuber weniger Kolbenweg zurücklegen muß als ein Langhubmotor. Eine mittlere Kolbengeschwindigkeit von 19 m/sek. ist für die heutigen Motoren das Limit, die Grenze, bis zu der Alltagsmotorräder getrimmt werden können. Bis Ende der fünfziger Jahre waren es noch 16 m/sek. Der Grund liegt in den besseren Materialien sowie in der Anwendung neuer Erkenntnisse im Motorenbau.

Werden die 19 m/sek. überschritten, können Motorschäden ausgelöst werden. Zumindest aber schreitet der Verschleiß mit großen Schritten voran. Als praktisches Beispiel für eine Maschine mit noch ziviler Kolbengeschwindigkeit verweisen wir auf ein populäres Motorrad, die Yamaha SR 500. Sie verfügt über einen Hubraum von 499 ccm. Bohrung und Hub sind: 87 mm bzw. 84 mm. Ein unterquadratisches Hubverhältnis also. Der Motor hat bei 6000 UPM eine Höchstleistung von 27 PS/20 kW (in der gedrosselten, deutschen Version). Welche mittlere Kolbengeschwindigkeit hat dieses Motorrad?

Die Formel lautet: $V_K = \frac{H \, x \, n}{30}$

V_K = mittlere Kolbengeschwindigkeit in m/sek.. Das ist das Maß, das uns interessiert!

H = Kolbenhub in Meter.

n = Drehzahl in UPM (Motorumdrehungen pro Minute). Wir setzen hier die Maximaldrehzahl ein, bei der der Motor seine höchste Leistung abgibt.

30 = damit ist die Zeit in Sekunden gemeint. Da die Kurbelwelle pro Kolbenhub nur eine halbe Umdrehung macht, die volle Umdrehung pro Minute als technische Maßeinheit benutzt wird, teilen wir die Umdrehungsminute zur Hälfte, da uns ja nur der Kolbenhub interessiert.

Für die Yamaha gilt dann:

$$V_K = \frac{H\,x\,n}{30} = \frac{0{,}084\,m\,x\,6000\;{}^{1}\!/_{min}}{30\,sek} = 16{,}8\;{}^{m}\!/_{sek}$$

Der SR 500 Motor läuft also auch bei Vollgas im gefahrlosen Bereich. Die Maschine ist somit vollgasfest im eigentlichen Sinne.

Echte Langhuber haben bei Höchstdrehzahlen hohe Kolbengeschwindigkeiten von 20 m/sek. und mehr auszuhalten. Die Harley-Davidson Sportster 883 z.B., Zweizylinder-V-Motor, hat eine Kolbengeschwindigkeit (Höchst-drehzahl 6000 UPM) von 19,36 m/sek.!

Die alten englischen Motorräder, die »Ladies« wie Triumph Bonneville/Tiger oder Norton Commando hatten ihre material- und fertigungsbedingten Grenzen (Aluminiumlegierungen, Spezialstähle, Motorenöle) bei 16 m/sek. Bei Höchstdrehzahlen reichten die entstehenden Werte weit darüber hinaus. Zum Beispiel die Triumph 650 Bonneville bzw. Tiger 650: ihre Kolbengeschwindigkeit bei Höchstdrehzahl lag bei 18,31 m/sek., 2,31 m/sek. über dem Limit!

Die hauptsächlichen Domänen dieser Motorräder sind der schnelle Sprint und die gute Straßenlage. Die Motoren boten zu ihrer Zeit einen hervorragenden Durchzug im mittleren Drehzahlbereich. Hohe Dauerdrehzahlen aber waren und sind in jedem Fall Gift für sie, schnelle Autobahnfahrten reiner Mord.

1.2.3. *Der Zylinderkopf*

Er bildet den oberen Abschluß des Verbrennungsraumes und schließt den Zylinder gas- und druckdicht ab. Befestigt ist er meist mittels Muttern an Stehbolzen, die vom Kurbelgehäuse kommend durch den Zylinder führen. Zwischen Zylinder und Zylinderkopf ist in der Regel eine Zylinderkopfdichtung eingelegt.

• Der Verbrennungsraum liegt am oberen Ende des Verdichtungsraumes und hat seine geringste Ausdehnung erreicht, wenn der Kolben im Zündzeitpunkt steht. Er liegt im Zylinderkopf, weitet sich durch den Kol-

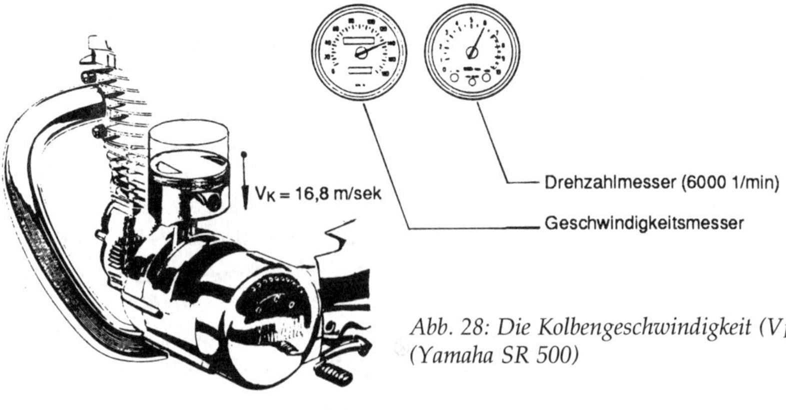

Abb. 28: Die Kolbengeschwindigkeit (V_K) (Yamaha SR 500)

benboden im Verlauf der Verbrennung nach unten aus und nimmt einen Großteil des Verbrennungsdruckes auf. Da die Verbrennungsgase ihn stark erwärmen, muß der Zylinderkopf gut gekühlt sein.

Die Form des Verbrennungsraumes ist mitentscheidend für die Höhe der Motorleistung. Sie beeinflußt die Gemischverwirbelung, den Verbrennungsablauf und die Klopffestigkeit des Motors (zur Klopffestigkeit siehe das Unterkapitel 3.8. »Benzin und seine Eigenschaften«).

Der Verbrennungsraum (siehe hierzu im Unterkapitel 1.1. »Wie ein Motor grundsätzlich funktioniert«) sollte möglichst kompakt und mit kleiner Oberfläche ausgeformt sein. Ekken und versteckte Winkel sind verpönt und der Leistung abträglich. Die günstigsten Verhältnisse würde eine Halbkugelform schaffen, der besseren Verwirbelung des Gemisches wegen noch mit Quetschzonen (siehe unten) ausgestattet. Die von der Flammenfront zurückgelegten Wege (Brennwege) sind bei einem optimal ausgeformten Verbrennungsraum kurz und garantieren eine gleichmäßige, effektive Verbrennung.

- Die Zündkerze befindet sich im Zylinderkopf. Sie ragt an einer möglichst zentralen Stelle in den Verdichtungsraum hinein.
- Für separat stehende Zylinder (auf dem Motorblock oder seitlich herausragend) sind einzelne Zylinderköpfe vorgesehen. Bei Mehrzylindermotoren werden sie im Block zusammengefaßt.

Vorherrschend im Motorradbau sind nach wie vor die luftgekühlten Motoren. Die wassergekühlten nehmen aber bei leistungsstarken Motoren auch kleinerer Hubräume einen immer größeren Raum ein. Einzelne luftgekühlte Motorradmotoren werden mittels einer größeren umlaufenden Ölmenge, in Verbindung mit einer gehäuften Anzahl von Kühlrippen am Zylinderkopf, noch zusätzlich gekühlt (z.B. Suzuki GSX – 750 F).

- Im Zylinderkopf von Viertaktmotoren sind neben den Ein- und Auslaßkanälen große Teile des Ventiltriebes (Ventile, Kipphebel bzw. Schlepphebel etc.) untergebracht. Bei OHC- oder DOHC-Motoren auch die Nockenwellen nebst Antrieb.

Wegen der Anordnung der Ventile bei Viertaktern sind im Verdichtungsraum Formveränderungen, d.h. Abweichungen vom Ideal (Halbkugelbrennraum), unumgänglich. Die eingesetzten Ventile mit ihren Ventiltellern lassen keine wirklich halbkugelige Gestaltung des Raumes zu. Als Folge ergeben sich recht unterschiedliche Konstruktionen, von denen hier einige wichtige beschrieben werden.

- Der *dachförmige Verdichtungsraum:* Er ähnelt der idealen Halbkugelform. Seine Gestaltung ist hervorragend für zwei oder vier Ventile geeignet und läßt eine gute Füllung des Zylinders zu. Quetschzonen verbessern dabei die Durchmischung des Frischgases erheblich.

Quetschzonen sind stark abgeflachte Bereiche des Zylinderkopfes an den Randzonen des Verdichtungsraumes. Als wäre bei der Herstellung vergessen worden, den Verdichtungsraum im Zylinderkopf ordentlich auszufräsen, blieben Felder stehen, die als Quetschkanten bezeichnet werden. Unter ihnen kann der Kolben im Verdichtungstakt das Frischgas herauspressen. Das ist sinnvoll, weil es eine besonders gute Durchmischung bewirkt. Sie verkürzt die Zeit, die die Flammenfront zu ihrer Entwicklung im Arbeitstakt benötigt. Der Verbrennungsvorgang im Zylinder findet schneller und intensiver statt. Die Gemischverwirbelung unterbindet außerdem die vorzeitige Selbstzündung des Gemisches (Selbstentzündung – Klopfen, Klingeln – siehe hierzu das Unterkapitel 3.8. »Benzin und seine Eigenschaften«). Eine gelungene Gemischverwirbelung erlaubt es, zwecks Leistungssteigerung die Verdichtung eines Motors zu erhöhen, ohne die Klopfgrenze zu überschreiten. So kann vielleicht Normalbenzin statt Superbenzin als Kraftstoff gefahren werden. Andere angenehme Folgen der Gemischverwirbelung durch Quetschzonen ist die verringerte Schadstoffemission und ein geringerer Kraftstoffverbrauch.

- Der *Muldenverdichtungsraum:* Breite Quetschkanten umschließen eine halbkugelförmige Mulde. In ihr liegen Ventile und Zündkerzenöffnung eng beieinander. Der Forderung nach kleiner Brennraumoberfläche zur Optimierung der Verbrennung ist hier Rechnung getragen.
- Der *mehrmuldige Verdichtungsraum*: Im Prinzip dachförmig angeordnet, liegen Ventile und Zündkerze in einzelnen, separaten Vertiefungen, umgeben von Quetschzonen. Diese besondere Ausformung des Verdichtungsraumes wird bei Vielventil-Zylinderköpfen vor allem von Suzuki verwendet.
- *Radial* angeordnete Ventile im Verdichtungsraum erlauben eine fast ideale Halbkugelform des Zylinderkopfes. Da die Fertigung dieser Bauform recht aufwendig ist, wird sie vorwiegend zur Leistungssteigerung von Vierventilmotoren angewendet.
- Der Zweitaktmotor benötigt den Zylinderkopf (oft Zylinderdeckel genannt) nicht in so vielfältiger Weise wie der Viertaktmotor. Abgesehen vom Verdichtungsraum und der zentral angebrachten Zündkerze ist er höchstens noch mit Kühlrippen oder, bei Wasserkühlung, mit von Kühlmittel durchflossenen Kammern ausgerüstet. Lediglich bei einigen Hochleistungszweitaktern wird ein Teil seines Volumens als Resonanzkammer für Auslaßsysteme verwendet.

Bei Zweitaktmotoren ist die optimale Gestaltung des Verdichtungsrau-

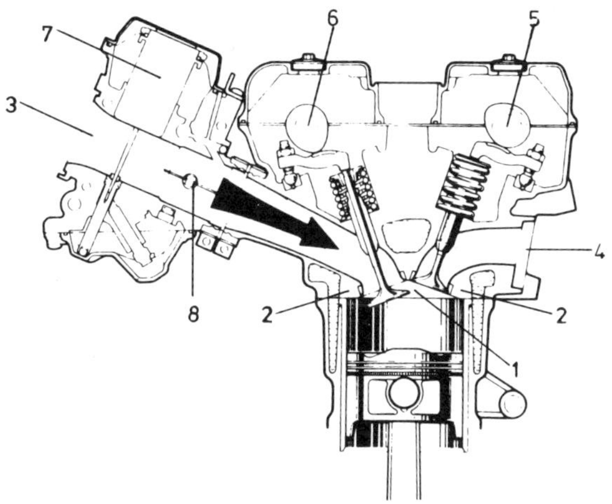

Abb. 29: Zylinderkopf mit Vergaser, Ventiltrieb und Verbrennungsraum
1 Dachförmiger Verbrennungsraum
2 Quetschkanten (ringförmig um den Verbrennungsraum des Zylinderkopfes liegend)
3 Vergasereinlaß
4 Auslaßkanal
5 Auslaßnockenwelle
6 Einlaßnockenwelle
7 Membran-Gleichstromvergaser
8 Drosselklappe
(Honda CBR 1000 F)

mes in nahezu idealer Weise durchführbar. Er ist bei modernen Motoren relativ klein, in der Mitte oder am Rande halbkugelförmig und mit breiten Quetschzonen an den Rändern ausgestattet. Abgesehen von der Kerzenöffnung existieren keine störenden Vorrichtungen, so daß die Brennraumverhältnisse eine hervorragende Gemischverwirbelung erwarten lassen.

• Zylinderköpfe bestehen aus einer Aluminiumlegierung. Die zwischen Zylinderkopf und Zylinder liegende Zylinderkopfdichtung hat die Aufgabe, den Verbrennungsraum gasdicht abzuschließen. Weiterhin soll der Austritt von Motorenöl und Kühlflüssigkeit verhindert werden. Öl- und Wasserdurchflußkanäle führen durch den Zylinder in den Zylinderkopf hinein und zurück.

• Zylinderkopfdichtungen, auch Kopfdichtungen (Kopfpackungen) genannt, bestehen bei alten Graugußzylindern aus massivem Weichkupfer oder aus Aluminium. Bei modernen Alu-Zylindern werden ausschließlich Mehrschicht-Zylinderkopfdichtungen verwendet.

Mehrschicht-Zylinderkopfdichtungen sind in modernen Motoren thermisch hoch belastet und deshalb relativ kompliziert aufgebaut:

- Sie bestehen aus IT-Werkstoffen, die aus 60-80 % sprödem aber hitzebeständigem Asbest und 8-12 % elastischem, aber nicht hitzefestem Gummi (Kautschuk) sowie Füllstoffen zusammengesetzt sind.
- Aus Umweltgründen wird das Asbest zunehmend durch Kevlar ersetzt. Asbest ist ein mineralischer Stoff, der Temperaturen von 1500° Celsius aushalten kann. Wie geschaffen für eine Zylinderkopfdichtung, doch wegen seiner krebserzeugenden Wirkung durch andere Stoffe gleicher Eignung ersetzt.

- Die Zylinderkopfdichtung ist mehrlagig aufgebaut und wird außen und innen von dünnem Kupfer-, Weicheisen- oder Aluminiumblech eingefaßt. Dadurch kann sie den hohen Druckkräften aus dem Inneren standhalten und wird beim Anziehen der Zylinderkopfschrauben nicht nach außen gepreßt. Druckkräfte werden durch den Verbrennungsschub im Zylinder, aber auch durch die Schmierstoffe und bei Wasserkühlung durch das Kühlmittel ausgeübt, die in den Durchführungskanälen vom Motorgehäuse durch den Zylinder bis in den Zylinderkopf fließen. Alle Dichtungen setzen sich noch, wenn sie neu sind, so daß die Zylinderkopfschrauben nach etwa 500 km Fahrtstrecke nachgespannt werden müssen. Nachlassender Preßdruck kann ein Durchbrennen der Kopfpackung von innen oder einen Austritt von Öl, Kühlwasser oder beidem haben. Ein Metallgewebe trägt die hitzefesten Dichtungsmaterialien, leitet die Wärme und erhöht die Festigkeit der gesamten Zylinderkopfdichtung. Zwischen Zylinder und Zylinderkopf darf es keinen Wärmestau geben, da ein ungehinderter Austausch für die Kühlung des gesamten Motors von großer Wichtigkeit ist.
- Zylinderkopfdichtungen sind außen meist mit Graphit imprägniert, um ein Festbrennen der Dichtung im Betrieb zu vermeiden, was aber leider trotzdem immer wieder vorkommt.

1.2.4. Die Steuerung der Ventile beim Viertaktmotor

Der **Gaswechsel**, so bezeichnen wir das Ansaugen des Frischgases und das Ausstoßen der Abgase, geschieht beim Viertakter mit Hilfe der Ventile.

Das Einlaßventil (beim Vierventilkopf zwei pro Zylinder) gibt beim Ansaugen den Weg für die Frischgase aus dem Ansaugkanal frei. Während des Arbeitstaktes geschlossen, entläßt das sich öffnende Auslaßventil (beim Vierventilkopf ebenfalls zwei pro Zylinder) die Abgase in den Auslaßkanal und zum Auspuff hin.

Dieser Vorgang wiederholt sich während des Motorlaufes rhythmisch viele tausend Mal. Die Ventile öffnen und schließen sich zu ganz bestimmten Zeiten. Diese sind unmittelbar von der Stellung des Kolbens im Zylinder abhängig.

- Unsere heutigen Motoren werden meist von im Zylinderkopf hängenden Ventilen geregelt. Hängend heißt: mit dem Ventilteller nach unten. Man spricht dabei von »obengesteuerten Motoren«, im Gegensatz zu den veralteten »untengesteuerten Motoren«. Letztere haben stehende Ventile (Ventilteller nach oben) und benutzen Ein- und Auslaßkanäle, die in einer seitlichen Ausbuchtung im Zylinder liegen. Da diese Motoren keinen eigentlichen Zylinderkopf besitzen, werden sie wegen ihres flachen Zylinderdeckels oft mit Zweitaktmotoren verwechselt.

Die Bezeichnung *OHV*, *OHC* oder *DOHC* (siehe Kasten im Unterkapitel 1.2.1. »Motorgehäuse, Kurbeltrieb und Wellen«) bezieht sich immer auf obengesteuerte Motoren, also auf die Lage der Nockenwelle im Verhältnis zur Kurbelwelle. Dabei ist es gleichgültig, ob der Motor liegt, steht oder quer eingebaut ist.

Bei Motoren, welche die Bezeichnung »OHV« tragen, muß man sich die Lage der Nockenwelle, die bei diesen Motoren im Motorgehäuse oberhalb der Kurbelwelle liegt, hinzudenken. Alle anderen Ventilsteuerungsarten führen die Nockenwelle(n) im Zylinderkopf.

Im Folgenden werden nur obengesteuerte Motoren (OHV, OHC und DOHC) behandelt.

Jeder Zylinder im Viertaktmotor hat mindestens ein Einlaß- und ein Auslaßventil. Aus Gründen der Leistungssteigerung und der besseren Leistungsverteilung (Drehmoment) über nahezu den gesamten Drehzahlbereich, haben Serienmotoren bis zu fünf Ventile pro Zylinder, wobei die Verteilung der Ventile folgendermaßen aussieht:

- zwei Einlaßventile und ein Auslaßventil beim *Dreiventilmotor*
- zwei Ein- und zwei Auslaßventile beim *Vierventilmotor*
- drei Ein- und zwei Auslaßventile beim Fünfventilmotor.

• Das Ventil selbst besteht aus einem Ventilschaft und dem Ventilteller mit einer kegeligen Abschrägung daran. Diese Abschrägung hat einen Winkel von 45 Grad. Mit seinem umlaufenden Rand liegt das Ventil auf dem Ventilsitz auf. Der Ventilteller schließt den Ein- bzw. Auslaßkanal zum Verdichtungsraum hin ab. Er liegt im geschlossenen Zustand auf dem Ventilsitzring auf. Der Ventilsitzring befindet sich jeweils am Eingang seines Ansaug- bzw. Auslaßkanals. Er ist austauschbar im Zylinderkopf eingepreßt.

Da diese Öffnungen verständlicherweise gasdicht sein müssen, sind Ventilteller und Ventilsitze aufeinander eingeschliffen.

• Ventile werden von **Ventilfedern** (Schraubenfedern) fest auf ihre Sitze gedrückt (Ausnahme: die desmodromische Ventilsteuerung, auf die wir weiter unten noch zu sprechen kommen). Das sind ihre Ruhepositionen. Nach dem Öffnen der Ventile

Abb. 30: Hängende Ventile beim Viertaktmotor

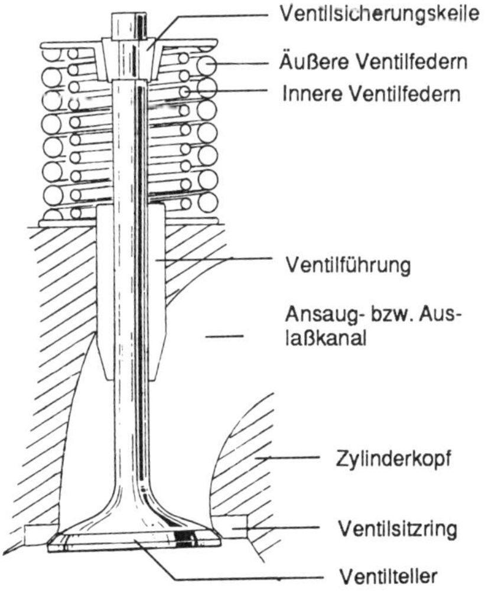

sorgen sie für ein blitzartiges Schließen, sobald der Druck des noch näher zu definierenden Ventilöffners nachgelassen hat. Eine Einkerbung am Ventilschaft oben dient, zusammen mit zwei Kegelstücken (Keilen) und einem oberen Ventilfederteller, der Befestigung von Ventil und Ventilfeder(n). Ein untenliegender Federteller verhindert das Eindringen der harten Feder in den weichen Zylinderkopf und verleiht darüber hinaus der Ventilfeder einen stabilen Sitz.

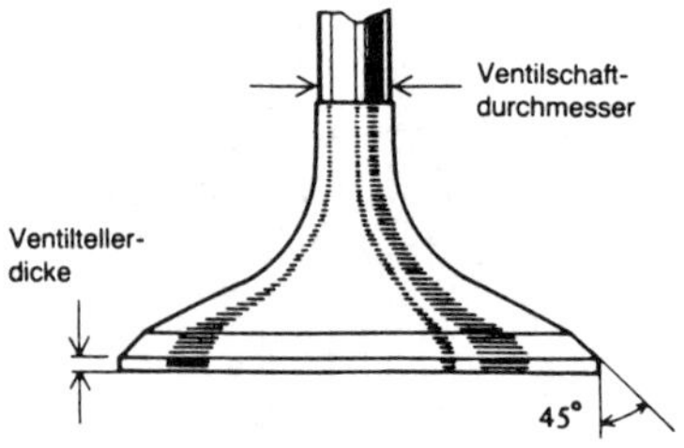

Abb. 31: Ventilteller

Es gibt einfache und ineinandergesteckte, doppelte Ventilfedern. Sogenannte **Haarnadelventilfedern** benutzt man heute nicht mehr. Sie waren in Zeiten schlechterer Materialien zuverlässiger als die damals verwendeten Schraubenfedern. Außerdem ist die bewegte Masse der Feder im Betrieb und vor allem bei hohen Drehzahlen vergleichsweise geringer als bei Schraubenfedern. Ihr entscheidener Nachteil ist der recht große Platzbedarf. Schraubenfedern sind einfach kompakter.

Doppelte Ventilfedern bringen einen höheren Anpreßdruck bei gleichbleibendem Federdrahtdurchmesser und bieten gegenüber der Einfachausführung mehr Sicherheit: Eine bleibt immer heil!

Bei hohen Drehzahlen haben Ventilfedern ihre schwerste Arbeit zu verrichten. Sie müssen die Ventile vor dem hereinrasenden Kolben retten und sie blitzartig auf ihre Sitze drücken.

Es leuchtet ein, daß eine gebrochene Feder diese Arbeit gar nicht, eine schwache Feder sie nur gefährlich ungenügend ausführen kann. Gefährlich, weil im Falle einer gebrochenen Feder der Kolben gegen den Ventilteller schlagen kann und außerdem das ganze Ventil wegen fehlenden Haltes in den Zylinder (Keller) zu fallen droht. Eine schwache Ventilfeder dagegen kann den Ventilteller nicht schnell genug vor dem Kolben in Sicherheit bringen.

Ventile sind stark belastet. Sie werden in der Minute bis zu 3000mal und mehr angehoben und auf ihren Sitz zurückgeschlagen. Sie sind deshalb aus einem zähelastischen Material mit gehärteten Flächen und Kanten. Oberflächengehärtet sind der Ventilschaft, die Haltekerben, das Schaftende und der kegelige Tellerrand. Die Auslaßventile am Auslaßkanal sind hitzebeständiger als die Einlaßventile. Die Abgase sind -zigmal heißer als die Frischgase vom Vergaser, die aus dem Einlaßkanal kommen.

- Die Gegenparts der Ventile, die **Ventilsitze**, bestehen aus harter

Bronze oder gesintertem Stahl. Seit der Einführung von bleifreiem Kraftstoff werden nur noch gesinterte Ventilsitze (zumindest für Auslaßventile) eingesetzt. Gesinterte Ventilsitze sind sehr hart.

Ventilsitze verbreitern sich im Laufe ihres Motorlebens infolge der harten Schläge der Ventilteller. Die Verbreiterung läßt die Ventile tiefer in den Ventilsitz eindringen, der Ventilschaft wandert nach innen und ist somit Ursache für die Veränderung des Ventilspieles.

Ventile haben vom Schaft bis zum Teller einen runden, weichen Übergang – eine Kehlung. Diese soll im geöffneten Zustand die ein- oder ausströmenden Gase verwirbelungsfrei leiten. Einlaßventile sind der besseren Füllung und des passiveren Verhaltens der Frischgase wegen (im Gegensatz zum starken Druck der erhitzten Abgase) immer etwas *größer* als Auslaßventile.

- Die Ventilführungsbuchse, im Zylinderkopf eingeschrumpft und aus Sondergußeisen oder Sinterbronze gefertigt, erlaubt dem Ventil eine präzise Auf- und Abbewegung und schränkt seine seitliche Beweglichkeit auf ein absolutes Minimum ein.

Da der Ventilschaft sich stark erwärmt und dabei geringfügig ausdehnt, muß eine Ventilführung immer ein gewisses Laufspiel haben, um diese Ausdehnung auch seitlich ausgleichen zu können. Damit aber durch das Führungsspiel kein Motoröl in den Zylinderraum angesaugt werden kann, sind alle modernen Motoren mit **Ventilschaftabdichtkappen** an der Ventilführung oder mit im Innern der Führung liegenden Dichtringen ausgerüstet.

Ventilführungen weiten sich im Laufe ihres Lebens, sie verschleißen und müssen dann ausgewechselt werden. Eine blaue Ölfahne nach dem Gaswegnehmen kann darauf hindeuten. Auch Dichtkappen können nur ein bestimmtes Führungsspiel des Ventilschaftes überbrükken. Danach geben sie auf.

- Ventile werden gesteuert von der **Nockenwelle,** die auch die **Ventilöffnungszeiten** bestimmt. Die Ventilbetätigung findet mittels ganz unterschiedlicher Systeme statt.

Abb. 32: Hängendes Ventil mit Ventilfedern und Zubehör

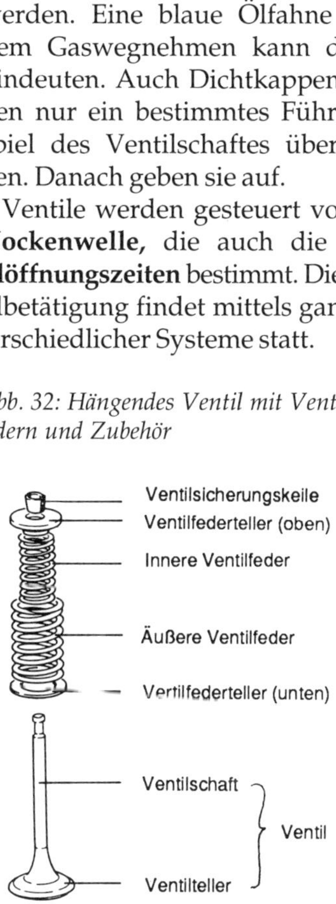

Bei den veralteten OHV-Motoren (was nicht heißt, daß sie schlecht oder unzuverlässig wären – ganz im Gegenteil!) läuft ein Stößel für jedes Ventil (bei Vierventilern pro Ventilpaar) auf der entsprechenden Nocke der Nockenwelle. Diese liegt im Motor immer tiefer als die Ventile. Im oder auf dem Stößel ruht die Stößelstange. Sie reicht in den Zylinderkopf hinauf und ist um so länger, je weiter die Nockenwelle von den Ventilen entfernt ist. Ein Kipphebel im Zylinderkopf, auf einer Kipphebelwelle drehbar gelagert, nimmt die Stößelstange an einem Ende auf. Gewöhnlich wird eine Kugelpfanne oder ähnliches als Gegenlager verwendet. Am anderen Ende des Kipphebels befindet sich der Verstellmechanismus für die Ventilspieleinstellung, die sich auf dem Ventilschaftende abstützt.

Eine Drehbewegung der Nockenwelle läßt den Stößel mit der Stößelstange je nach Stellung des Nockens nach oben oder nach unten gleiten. Der Kipphebel macht jede Bewegung mit und drückt das Ventil beim Heben der Nocke nach unten (es öffnet) oder erlaubt der Ventilfeder, das Ventil zu schließen, wenn die Nocke durch die Drehung der Welle sich absenkt.

- Der OHC-Motor hat eine zentrale Nockenwelle im Zylinderkopf. Die Nähe zu den Ventilen verringert das Problem der sich bewegenden Massen (Massenträgheit), und es vereinfacht den Ventiltrieb. Außerdem wird das Ventilspiel nicht mehr verstellt, wenn die Zylinderkopfschrauben nachgezogen werden müssen. Die Nockenwelle wird, was wir weiter unten näher in Augenschein nehmen werden, von der Kurbelwelle über eine Nockenwellensteuerkette, eine Zahnkette, einen Zahnriemen oder mittels einer sogenannten Königswelle unmittelbar angetrieben. Die Ventile werden über drehbare Kipphebel, über Schwing- oder Schlepphebel oder über eine desmodromische Ventilsteuereinrichtung (Ducati) betätigt.
- Der **Kipphebel** funktioniert wie beim alten OHV-Motor, nur daß das Ende, welches für die Aufnahme der Stößelstange vorgesehen war, auf dem Nocken der Nockenwelle reitet. Deren Hubbewegung wird unmittelbar auf den Ventilschaft weitergegeben.
- Der **Schwinghebel** ist mit einem Ende auf eine Lagerung gestützt, die auch zum Verstellen des Ventilspiels ausgelegt sein kann. Das andere Ende liegt auf dem Ventilschaftende. Die Nockenwelle drückt auf eine plane, gehärtete Fläche oben auf dem Schwinghebel. Jede Nockenbewegung wird an den Ventilschaft weitergegeben.
- Unter **desmodromischer Ventilsteuerung** versteht man eine »Zwangssteuerung« der Ventile. Abgesehen von der Firma Ducati aus Italien verwendet niemand mehr diese Steuerungsmethode. Das Öffnen und Schließen der Ventile wird dabei über eine mechanische Vorrichtung, bei der außer einer kleinen Hilfsfeder keine Ventilfedern im Spiel sind, besorgt. Der Sinn des Ganzen liegt darin, daß durch das zwangsweise Schließen der Ventile »Leistungsgrenzen« der Ventil-

federn umgangen werden. Somit werden exaktere und schnellere Steuerzeiten, mithin eine höhere Drehzahlfestigkeit ermöglicht. Das Problem der Massenträgheit wird mit der Zwangssteuerung dabei elegant umgangen.

• Ventilspieleinsteller sind technisch einfache Bauteile. Es empfiehlt sich trotzdem, im Bordbuch der Maschine nachzuschauen, bevor man die Ventile justiert. Erklärt wird die Ventileinstellung im Kapitel 2. »Motorinstandsetzungs- und Wartungsarbeiten«.

• DOHC-Motoren haben zwei Nokkenwellen im Zylinderkopf, je eine für das (oder die) Einlaßventil(e) und das (oder die) Auslaßventil(e). Auf diese Weise stellt man die kürzeste Verbindung zwischen Nokkenwelle und Ventilschaft her, und in Sachen bewegter Massen wird nahezu das Optimum erreicht.

Einzig Doppelnockenwellen mit Tassenstößeln, die auf den Ventilen reiten und nach oben hin unmittelbaren Kontakt zur Nockenwelle haben, sind noch besser, bieten ein Optimum an Unmittelbarkeit, auch in bezug auf das Problem der Massenträgheit. Andere Gründe für die Einführung des Tassenstößels: Eine sich unmittelbar auf das Ventilschaftende abwälzende Nockenwelle würde seitliche Kräfte ins Spiel bringen, die recht bald das Ausschlagen von Ventilführung und Ventilschaft zur Folge hätten.

Aus diesem Grunde wird der Tassenstößel, der wie eine zylindrische Tasse aussieht, über das Ventilschaftende gestülpt. Der Tassenstößel selbst gleitet in einer Führung im Material des Zylinderkopfes und bewegt sich mit dem Ventil auf und ab. Die Ventilfedern liegen in der Tasse gut geführt und gerade ausgerichtet. In seinem Oberteil, dem Tassenboden, der der Nockenwelle entgegensteht, ist ein sogenannter Chip (eine dünne, gehärtete Metallscheibe) eingelassen. Auf dieser Scheibe gleitet der Nocken der Nockenwelle. Sie wird bei der Ventilspieleinstel-

1. OHV-Ventiltrieb
(Stößelstangen und Kipphebel)

Nockenwelle
(untenliegend

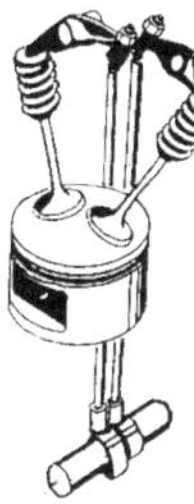

2. OHC-Ventiltrieb
(Kipphebel)

Nockenwelle
(obenliegend)

3. DOHC-Ventiltrieb
(Tassenstößel)

Nockenwellen
(obenliegend)

Abb. 33: Arten des Ventiltriebs bei Viertaktmotoren

lung gegen dünnere oder dickere Exemplare ausgetauscht und bestimmt die Größe des Ventilspieles.

• Zunehmend werden OHC- aber auch DOHC-Motoren, wie der der Kawasaki VN 750 Twin, mit wartungsfreiem Ventilspielausgleich versehen. Schwinghebel übernehmen dabei die Kraftübertragung zwischen Nockenwelle und Ventilschaft. Der Abstützpunkt des Schwinghebels ist als sogenannter Hydrostößel ausgebildet. Er gleicht das Ventilspiel mit Hilfe des Motoröldruckes stets optimal aus. Diese Erfindung ist vom Prinzip her recht alt. Einige Motorrad-Hersteller kamen vor einigen Jahren, neue Verkaufsargumente suchend, auf den Gedanken, das schon bei den alten und auch den gegenwärtigen Harley-Davidson-Motoren gebräuchliche System der hydraulischen Ventilstößel zu verfeinern und in moderne Motoren einzubauen. Somit kann man Hydrostößel heute, als Zwischenglieder der Ventilsteuerung, nicht nur in allen Harley-Davidson-Motorrädern (OHV-Motoren), sondern auch bei etlichen OHC-Motoren und DOHC-Motoren finden.

• Ein wichtiger Schritt zur Wartungsfreiheit bei DOHC-Motoren sind gegabelte Schlepp- oder Kipphebel, die es erlauben, die Ventile mit herkömmlichen Einstellern (siehe hierzu auch das Unterkapitel 2.4. »Ventileinstellung: Erhält Leistung und Gesundheit«) einzustellen. Das halbiert die Ventileinstellzeiten im Vergleich zur Einstellerei mit Tassenstößeln und Chips und macht es

Abb. 34: Ventil und Zubehör eines DOHC-Motors mit Tassenstößel (Yamaha XJ 900)

Abb. 35: Ventilbetätigung mit Schlepphebel (OHC bzw. DOHC) und Hydrostößel als Ventilspiel-Ausgleichseinrichtung (Kawasaki)

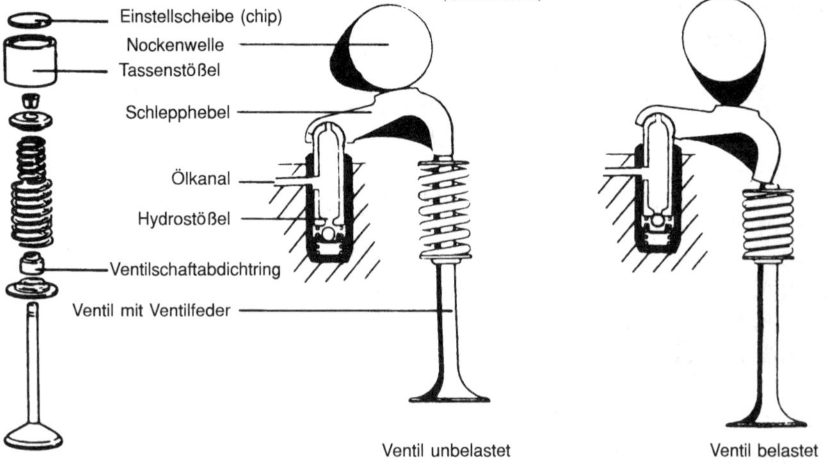

unnötig, wegen jeder Einstellscheibe zur Werkstatt zu laufen.

• Der Begriff »**Schwingende Gassäule**« wurde bereits erwähnt und soll hier erklärt werden, bevor auf die Nachteile von zu kleinem oder zu großem Ventilspiel eingegangen wird. Die schwingende Gassäule besteht aus der Frischgas- (vom Vergaser) und Abgassäule (zum Auspuff hin). Der Zylinderraum ist Zentrum der Schwingungen und Wandlungspunkt der Gase. Mit Hilfe neuerer Meß- und Beobachtungstechniken, unterstützt durch Computersimulation sowie der rechnerischen Erfassung und Verarbeitung großer Datenmengen, gelang es in den letzten zwanzig Jahren, viele bis dahin unerforschte Geheimnisse des Gaswechsels sowie seiner Steuerung zu enträtseln. Verschiedene Einflüsse wirken auf diese Gassäule:

- die Form des Brennraumes
- Anzahl der Ventile pro Zylinder
- die Größe der Ventile
- die Gestaltung der Ein- und Auslaßkanäle
- Anzahl und Anordnung der Zündkerzen je Zylinder
- Ausführung der Auspuffanlage
- der Vergaser bzw. die Kraftstoff-Einspritzanlage
- das Volumen und die Ausführung der Luftfilteranlage und anderes mehr.

Hohe Leistungsausbeute, ein breit nutzbares Drehzahlband (siehe hierzu das Unterkapitel 1.3. »Drehzahl und Drehmoment – der Leistungsverlauf«) und in der Geschichte der Motorentechnik beispiellose Literleistungen sind die Ergebnisse dieser Forschungen.

• Bevor wir uns näher mit der Entstehung der schwingenden Gassäule auseinandersetzen, müssen wir uns noch mit der Funktion der **Nockenwelle** beim Viertakterprinzip befassen.

Die Öffnungszeiten, Ventilstandzeiten und Schließzeiten der Ventilsteuerung von Viertaktmotoren hängen von der Form der einzelnen Nocken ab. Jede Nocke ist verantwortlich für ein Ventil (bei Vierventilköpfen für zwei).

Die Charakteristik eines jeden Viertaktotors hängt entscheidend von der Form der Nocken an der Nockenwelle ab. Bei einem eiförmigen Nockenquerschnitt wird das Ventil langsam angehoben und geschlossen. Es bleibt auf dem Gipfelpunkt der Hubbewegung nur kurze Zeit offen. Die Ventilstandzeit (Zeitraum, in dem das Ventil offensteht) ist kurz. Bei einem steilen, spitzwinkligeren Nockenquerschnitt wird das Ventil sehr rasch geöffnet, bleibt durch den flach gehaltenen Gipfelpunkt der Nocke lange geöffnet (lange Ventilstandzeit) und schließt anschließend relativ schnell wieder. Eine solche Nockenwelle wird als »scharf« bezeichnet und in sehr sportlichen oder rennmäßig ausgelegten Motoren verwendet.

• Der Unterschied gegenüber den Normalmotoren besteht (beim Viertaktprinzip) in der Auslegung der

Ventilsteuerung. Je länger die Ventile im Einlaßtakt offenstehen, desto größer ist die für die Leistung wichtige Frischgasfüllung des Motors. In Ergänzung dazu sind frühzeitiges Öffnen und lange Öffnungszeiten der Auslaßventile eine Garantie für eine vollständige Abgasentsorgung. Dabei überschneiden sich die Ventilöffnungszeiten von Einlaß- und Auslaßventilen. Je größer die Überschneidung, desto mehr verschiebt sich eine bestimmte Motorencharakteristik in Richtung Rennsport, entstehen hohe Leistungen erst bei sehr hohen Drehzahlen. – Das aber ist zu praxisfern für den Alltag. Dort gibt es Kompromisse in der Ventilsteuerung.

Das gleichzeitige Offenstehen von Ein- und Auslaßventilen, die **Ventilüberschneidung**, findet im oberen Totpunkt statt. Die Dauer der Überschneidung (Überschneidungswinkel) bestimmt die Güte der Zylinderfüllung. Je höher ein Viertaktmotor dreht, desto länger müssen die Ventilöffnungszeiten sein. »Scharfe« Nockenwellen (s.o.) sind dann notwendig.

• Während des Ein- und Auslaßvorganges wird die Trägheit von Frisch- und Abgasen ausgenutzt. Beide Gassäulen unterliegen physikalischen Zwängen. Sie haben eine Massenträgheit. Das heißt: Einmal in Bewegung gesetzt, schieben sie so lange weiter, bis ihre kinetische Energie aufgezehrt ist oder andere Kräfte ihr direkt entgegenwirken.

Das wirkt sich folgendermaßen aus: Das mit hoher Geschwindigkeit im Ausstoßtakt durch das Auslaßventil strömende Abgas erzeugt im Brennraum einen Unterdruck. Obwohl der Kolben schon im O.T. steht und keinen Ausstoßschub mehr ausüben kann, fließen dank der Massenträgheit die Gase im Auspuff weiter. Die Abgassäule ändert, Ursache ist ein anderes physikalisches Gesetz, auch nicht ihre Fließrichtung, obwohl das Einlaßventil (Überschneidung) schon offensteht. Das Einlaßventil seinerseits öffnet sich deshalb so früh, damit unter Ausnutzung des Sogeffektes der im Abgasrohr verschwindenden Abgase die trägen Frischgase vom Vergaser her frühzeitig in Bewegung gesetzt werden, bevor sich der Kolben zum Ansaugen nach unten senkt.

Durch die Sogwirkung und die in den Zylinderraum eindringende Frischgassäule werden die letzten Abgasreste ausgestoßen, und der Füllungsgrad im Zylinder verbessert sich. Außerdem bringt die vorab beschleunigte Frischgassäule gegen Ende des Ansaugtaktes einen weiteren Schub Frischgase als Nachladeeffekt in den Zylinder hinein. Obwohl der Kolben schon wieder zum O.T. unterwegs ist (Verdichtungstakt), drängen durch das wenig später schließende Einlaßventil auf diese Weise noch Frischgase nach.

Auf diesem Prinzip basieren die hohe Leistung moderner Saugmotoren und das Geheimnis der schwingenden Gassäule.

Mechanische Vorbedingung sind Ansaugkanäle, die der Frischgassäu-

Abb. 36: Der hydraulische Stößel

1 Druckkolben
2 Gehäuse
3 Füllbohrung
4 Kugelventil
5 Ausgleichsfeder
6 Verschlußkappe
7 Füllraum
8 Kugelsitz
9 Kugelkäfig
10 Druckraum

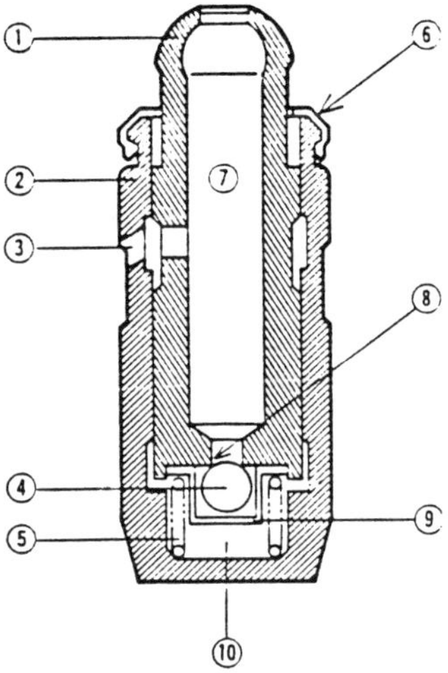

Funktion:
Das Gehäuse des Hydrostößels (2) sitzt fest im Zylinderkopf und wird, wenn der Motor läuft, über die Füllbohrung (3) mit Motoröl versorgt.
Der Druckkolben (1) gleitet im Gehäuse und wird über die Ausgleichsfeder (5) nach oben gedrückt, wo der Halbkugelkopf des Druckkolbens am Kipp- oder Schlepphebel angreift. Die Ausgleichsfeder gleicht das Ventilspiel aus.
Im Füllraum (7) befindet sich eine Motorölfüllung, deren Menge während des Betriebs schwankt (Hydrostößel nach dem Wiedereinbau stets neu befüllen).
Wird das Ventil im Zünd-O.T. des Kolbens (im dritten Takt) entlastet, vergrößert sich der Hohlraum im unteren Gehäuseteil, und es strömt über die Füllbohrung (3) von oben zusätzliches Motoröl in den Füllraum (7). Von dort aus gelangt es vermehrt über das Kugelventil (4) in den Druckraum (10).
Wird das Ventil belastet, will sich der Druckkolben des Hydrostößels nach unten verschieben. Dabei preßt sich die Kugel (4) mit Hilfe des Öls im Druckraum gegen den Kugelsitz (8). Das im Druckraum enthaltene Motoröl kann nicht entweichen. Der Druckkolben des Hydrostößels ist in seiner augenblicklichen Position blockiert, das Ventilspiel demnach gleich Null!
Das im nächsten Takt entspannte Ventil entlastet auch den Druckkolben. Ein Ölaustausch kann wieder stattfinden.
Die Ausgleichsfeder (5) stellt den Druckkolben (1) zwischen den Takten immer auf den neuesten Ventilspielabstand ein und gleicht so den Verschleiß im Ventiltrieb aus.
Da sich in der Praxis das Ventilspiel nur sehr langsam ändert, ergibt sich eine Abweichung der einmal gefundenen Ölmenge im Druckraum erst nach vielen Kilometern.
(Kawasaki EN 500)

le keine großen Widerstände entgegensetzen (Ecken, Kanten, rauhe Oberflächen, überstehende Dichtungen). Sie müssen glatt und in Länge und Durchmesser dem Ansaugvolumen des Motors angepaßt sein. Als Faustformel gilt: Die Einströmgeschwindigkeit der Frischgase soll nicht unter 100 m/sek. betragen.

Eine gleichmäßig pulsierende schwingende Gassäule mit geringen Schwankungen bedeutet höchste spezifische Leistung für den Motor! Jede Störung dieser Vorgänge, jede konstruktive Einfallslosigkeit (das betrifft auch Leistungsreduzierungen aus Versicherungsgründen), erzeugt Schwankungen, die sich im Leistungsdiagramm (siehe Unterkapitel 1.3. »Drehzahl und Drehmoment – der Leistungsverlauf«) des Motors niederschlagen.

Besonders ärgerlich sind Leistungseinbrüche bei bestimmten Drehzahlen. Aus gleichmäßiger Fahrt muß oder will man plötzlich beschleunigen und läßt den Motor hochdrehen. Doch überraschenderweise stagniert die Beschleunigung ab einem bestimmten Drehzahlbereich. Langsam quält sich die Drehzahl höher, bis wieder der gewohnte Schub einsetzt, dem erst durch die Höchstdrehzahl Einhalt geboten wird. So etwas deutet auf eine schlechte Motorenabstimmung hin, findet sich aber leider immer wieder.

• Kehren wir aber noch einmal zurück zum Ventilspiel und zu seinen Auswirkungen auf den Gaswechsel, nun, da wir mehr über die Vorgänge im Zylinderraum wissen. Eine Überschreitung des Einstellintervalles der Ventile um etwa 1000 Kilometer ist meist nicht tragisch. Man kann dann aber, bei einer gewissen Feinfühligkeit, unregelmäßigen Motorlauf in Verbindung mit Leistungsabnahme diagnostizieren. Doch den meisten Leuten bleibt das verborgen, und es besteht die Neigung, die Ventilspieleinstellerei überhaupt zu vergessen. Deshalb die gar nicht so hypothetische Frage: Was geschieht, wenn das Ventilspiel zu klein ist? Und was, wenn es zu groß ist?

• Ist das Ventilspiel zu klein und der Motor warm, kann das Ventil durch die wärmebedingte Längenausdehnung in der Ventilsteuermechanik leicht von seinem Sitz abgehoben werden. Das hat mitunter schlimme Folgen.

Im Verdichtungstakt pfeift ein Teil des Gemisches in den Auslaß, da das Ventil noch offensteht, wenn auch nur ein wenig.

Die Leistung fällt um einige Prozentpunkte, und im Auspuff knallt es, weil das entwichene Frischgas von den folgenden heißen Abgasen gezündet wird. Das Auslaßventil selbst ist dabei in großer Gefahr. Heiße Abgase umstreichen den freischwebenden Ventilteller und können ihn zum Schmelzen bringen. Das Ventil könnte nicht mehr vollständig abdichten, und der betreffende Zylinder fiele aus.

Dem Einlaßventil kann so etwas nicht passieren, weil es periodisch von relativ kühlen Frischgasen umspült wird. Steht es aber infolge eines zu geringen Ventilspiels offen, können im Ausstoßtakt die heißen Verbrennungsgase in den Ansaugtrakt gelangen und den Vergaser in Brand setzen. Schade um die schöne Maschine...

• Ein zu großes Ventilspiel läßt Ventile zu spät öffnen und zu früh schließen. So ergeben sich kürzere Öffnungszeiten und kleinere Öffnungsquerschnitte. Das verschlechtert die Füllung des betreffenden Zylinders und verändert die Schwingung der Gassäule des Motors negativ.

Die so erzeugten kurzen Ansaugzeiten im 1. Takt führen auch zu kurzen Ausstoßzeiten im 4. Takt und kosten Motorleistung. Die Ventilgeräusche nehmen zu (Ventilklappern) und leider auch der Verschleiß (Ventilsitz und Ventilteller).

Dennoch sind die Nachteile weit geringer, als wenn das Ventilspiel zu klein wäre. Was unter Motorradfahrern und -fahrerinnen den gängigen Merksatz provoziert: »Was klappert, geht nicht fest!«

• Mehrventilzylinderköpfe mit drei bis fünf Ventilen pro Zylinder haben wegen ihrer leichteren, kleineren Ventile keine große Belastung der Ventilsitze zu befürchten. Gutes Sitzmaterial vorausgesetzt (Sintermetall-Ventilsitze), genügen bei ihnen große Einstellintervalle. Die Yamaha FZR 750 R etwa benötigt nur eine Ventilspieleinstellung alle 40.000 km. – Dann aber geht's los: 20 Ventile mit Tassenstößeln und Einstellscheiben zu versehen, braucht seine Zeit...!

• Über die Aufgabe der Nockenwelle(n) wurde schon einiges berichtet. Zu klären ist unter anderem noch die Frage des Nockenwellenantriebes sowie ein paar Informationen über Material und die Herstellung von Nockenwellen.

Jede Nockenwelle wird von der Kurbelwelle aus angetrieben. Dabei ist die Nockenwelle so untersetzt, daß sie immer eine Umdrehung macht, wenn die Kurbelwelle zwei tätigt. Das hängt damit zusammen, daß während der vier Takte im Motor nur im Ansaug- und im Auslaßtakt Ventile benötigt werden. Also kann sich die Nockenwelle etwas Zeit nehmen, um ihre Pflicht zu tun.

Ältere und mit moderaten Drehzahlen laufende Motoren (OHV-Motoren) haben ihre Nockenwelle(n) im Motorgehäuse. Über Zwischenzahnräder, Rollenkette oder Zahnkette wird vom Kurbelwellenende aus angetrieben.

Zahnradgetriebene Nockenwellen bei DOHC-Motoren gehören zum Edelsten, was es an Nockenwellenantrieben gibt. Aufwendig und teuer, waren sie lange nur bei Rennmotoren oder Edelmotorrädern (MV-Augustas Reihenvierzylinder) üblich. Lediglich Honda nutzt die Technik seit etlichen Jahren im Serienbau und brachte mit der VFR 750 F ein recht erfolgreiches Motorrad auf den Markt.

• Üblicher, wenn auch nicht so standfest, ist (bei OHC- bzw. DOHC-Motoren) die Anwendung von **Rol-**

lenketten als Nockenwellenantrieb. Die Nockenwelle wird dabei direkt von der Kurbelwelle angetrieben. Kettenräder an Kurbelwelle und Nockenwelle(n) übertragen die Drehkräfte. Das um die Hälfte kleinere Kettenrad an der Kurbelwelle bewirkt die gewünschte Drehzahlreduzierung der Nockenwelle um 50%. Wir erinnern uns: Die Nockenwelle läuft *immer* mit halber Kurbelwellenumdrehung.

Eine Rollenkette mit ihren vielen beweglichen Gliedern ist trotz guter Schmierung im Motor einem Verschleiß der Stahlgelenke unterworfen. Die einzelnen Kettenglieder bekommen Spiel, das sich, auf die gesamte Kette gesehen, als Längung bemerkbar macht. Dies wird ausgeglichen durch den Steuerkettenspanner, der mit Hilfe von Steuerkettenführungsschiene und Gleitschiene einen Spanndruck auf die Kette ausübt. Ein federbelasteter Stößel mit einer sinnvollen Nachstellvorrichtung justiert die Kettenspannung automatisch. Bei manueller Bedienung dagegen muß von Zeit zu Zeit die Nachjustierung mit ein paar harmlosen Handgriffen vorgenommen werden (siehe hierzu auch das Unterkapitel 2.3. »Wiederaufbau: Kolben, Zylinder und Zylinderköpfe ...«).

• Großvolumige oder leistungsstarke Triebwerke benötigen stärkere Verbindungsglieder zur Kurbelwel-

Abb. 37: Teilansicht eines 90°V-Vierzylinder-Viertaktmotors mit Zahnradantrieb der DOHC-Ventilsteuerung (Honda VFR 750 F)

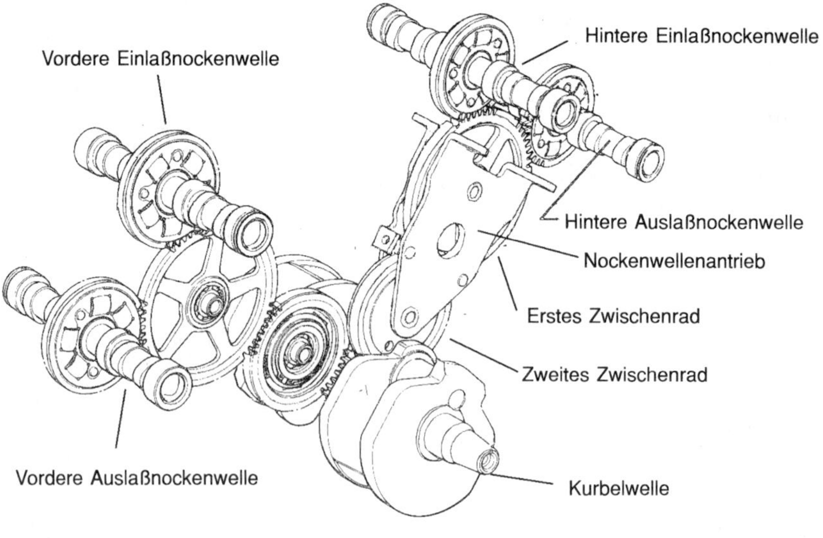

le. So kam man auf die **Zahnkette**, eine mehrreihige, gezahnte und gehärtete Kette, die ohne Rollen auskommt und deren Festigkeit die einer vergleichbaren Rollenkette übersteigt. Die Ritzel der Zahnkette sehen eher wie Zahnräder aus, sind deutlich breiter und können größere Kräfte übertragen als eine doppelte oder gar dreifache Rollenketten.

- Eine ebenfalls stabile, aber auch teure Lösung sind Königswellenantriebe für die Steuerung der Nockenwelle. Zur Zeit werden keine Motoren mehr mit dieser Art der Nockenwellensteuerung gebaut. Die letzten waren in Ducati-Motoren eingesetzt worden, welche die 900er und die 1000er Mike Hailwood Replika bzw. die 900 SS/1000 SS antrieben.

Ein Umlenkgetriebe unten an der Kurbelwelle treibt beim Königswellenmotor eine Welle (die Königswelle), die noch oben zum Zylinderkopf führt. Dort sorgt ein zweites Getriebe für die Umlenkung der Kraft zur Nockenwelle.

- Eng verbunden mit dem Königswellenantrieb ist die zwangsweise Betätigung der Ventile durch Ventilöffnungs- und Ventilschließhebel. Diese »desmodromische« (zwangsweise) Ventilsteuerung wird auch heute noch von Ducati verwendet und arbeitet erfolgreich in den modernen Motoren dieser italienischen Traditionsschmiede.

Bei der desmodromischen Ventilsteuerung wird das Öffnen und Schließen der Ventile durch eine mechanische Vorrichtung unternommen, deren Besonderheit einerseits in der zwangsweisen Betätigung der Ventile liegt und andererseits darin, daß keine Ventilschließfedern mehr notwendig sind, abgesehen von einer Hilfsfeder, die das minimale Ventilspiel im Motorleerlauf vermindern soll.

- Eine moderne Lösung des Nockenwellenantriebes findet sich ebenfalls bei Ducati-Motorrädern. Deren Zweizylinder-V-Motoren werden (nach der Abkehr vom Königswellenantrieb) von zwei **Zahnriemen** aus Kunststoff mit innenliegendem Kevlar/Kohlefasergewebe angetrieben. Der Zahnriemen hat sich mittlerweile nicht nur als Nockenwellenantrieb sehr bewährt, wenn auch seiner Haltbarkeit deutlich Grenzen gesetzt sind und ein wachsames Auge

Abb. 38: Nockenwellensteuerkette mit Kettenspanneinrichtung (Halbautomat) eines DOHC-Motors

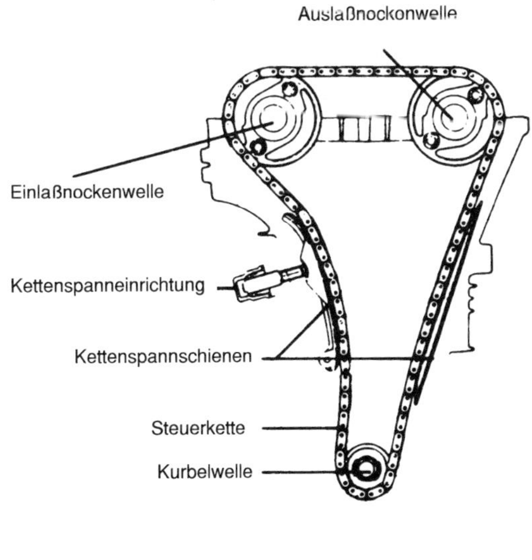

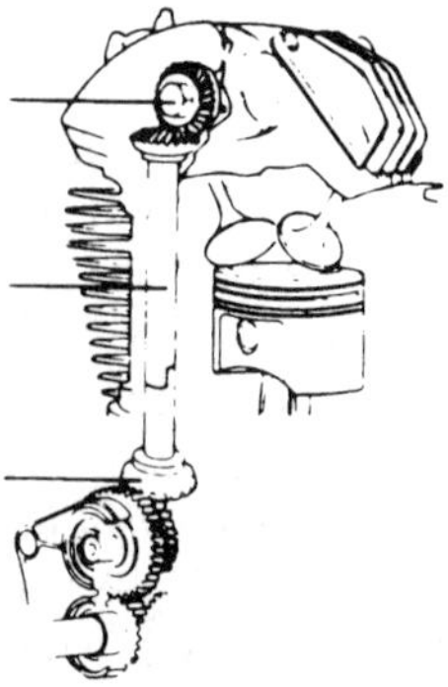

Abb. 39: Prinzip der Ventilsteuerung eines Königswellenmotors (Ducati V2-Motor)

auf ihm ruhen sollte, wenn der Nockenwellenantrieb 50.000 Kilometer überschritten hat.

Gleichfalls mit Zahnriemen zwischen Kurbelwelle und Nockenwelle versehen, sind die 500er-Einzylindermotoren des österreichischen Herstellers Rotax. Sie werden gerne in Motorrädern unterschiedlicher Hersteller verbaut (z.B. in der MuZ Saxon Country).

Nockenwellen bestehen aus Kugelgraphit oder Temperguß. Seltener werden sie noch im Gesenk geschmiedet. Nockenlaufbahnen und Lagerstellen sind hart und geschliffen. Die Nockenwelle läuft in Gleit- oder Wälzlagern. Bei OHC- und DOHC-Motoren dreht sie sich in Lagerböcken im Zylinderkopf oder läuft im Material des Kopfes selbst. Eine unschöne Technik: Ist das Lager ausgelaufen, muß der gesamte Zylinderkopf erneuert werden, und der hat normalerweise eine wesentlich höhere Lebenserwartung als ein Gleitlager.

Nockenwellen sind an den Nocken hohen mechanischen Belastungen ausgesetzt. Deshalb kommt ihrer Schmierstoffversorgung besondere Bedeutung zu.

- Zylinderköpfe mit vier Ventilen pro Zylinder, im Straßenverkehr eine »Neuerung« der 80er Jahre, werden schon wesentlich länger verwendet. Bereits Mitte der zwanziger Jahre baute die Firma Rudge Withworth Motorräder mit **Vierventilmotoren** und eilte damit auf den Rennstrecken von Sieg zu Sieg. Ende der fünfziger Jahre, von Honda neu belebt, machte der Vierventiler im Renngeschehen bald erneut klar, daß nichts mehr an ihm vorbeilaufen konnte. Doch bis zum Einsatz in Serienmotorrädern dauerte es dann doch noch einige Jahrzehnte.

Die Hochleistungsmotoren der fünfziger Jahre benötigten als Zweiventiler noch große Einlaßquerschnitte

Abb. 40: Desmodromische Ventilsteuerung (Ducati V2-Motor)

und entsprechende Auslässe. So ergaben sich recht große und schwere Einzelventile, die nur noch mit Hilfe starker Ventilfedern oder der Desmodromik (siehe oben) sicher zu bewältigen waren.

Der Viertaktmotor mit vier Ventilen pro Zylinder zeigt seine Stärke in Verbindung mit relativ großen Hubräumen und hohen Drehzahlen. Gerade im oberen Drehzahlbereich ist der Frischgasbedarf, bedingt durch die kurze Füllungszeit des Zylinders, besonders hoch. Weil beim Zweiventiler die Größe der Ventilquerschnitte aus Gewichtsgründen beschränkt ist (s.o.), war der Einbau von vier statt zwei Ventilen ein logischer Schluß. Wohl machte man auch bei Zweiventilmotoren den Versuch, durch große Nocken und lange Ventilstandzeiten die Füllungszeit zu verlängern, aber große, »scharfe« Nocken können große Ventile wegen ihrer Massenträgheit nur schwer beschleunigen. Die Ventilfedern, die das Ventil im Betrieb sehr schnell schließen mußten, waren so stark, daß ihre Betätigung durch den Ventiltrieb alleine schon so viel Motorkraft kostete, wie sie zusätzlich einbringen sollten.

Der moderne Vierventiler kann mit seinen zwei Ein- und zwei Auslaßventilen viel schlichter und effektvoller agieren als der Zweiventiler. Zwei Ventile öffnen, bei kürzerem Ventilhub als beim Zweiventilmotor, breitere Einlaßquerschnitte, als ein einziges Ventil es vermag. Kleine Ventile brauchen zum Schließen nur leichte und vergleichsweise schwache Ventilfedern. Kleinere und leichtere Kipp- oder Schwinghebel bzw. Tassenstößel setzen die zu beschleunigenden Massen im Ventiltrieb herab. Sogar die Ventile selbst können aus billigerem Material sein, denn sie müssen nicht mehr soviel aushalten. Auch die Erwärmung der Ventile wird geringer. Die Motoren werden thermisch gesünder. Der Vierventilmotor überläßt im Zylinderkopf der Zündkerze den idealen Platz in der Mitte des Verdichtungsraumes und ermöglicht so eine gleichmäßigere Verbrennung.

Aufwendiger als ein Zweiventiler braucht ein moderner Vierventiler nicht zu sein. Der Verschleiß im Ventiltrieb ist geringer und die Ventilspieleinstellung dank sinnreicher Konstruktionen zumeist auch nicht zeitaufwendiger als beim Zweiventilmotor.

1974 schuf Honda mit zwei unauffälligen Motorradmodellen den Einstieg in die Serienfertigung von Vierventilmotoren. Es waren die Enduromodelle XL 250 und XL 350.

In späteren Jahren wurden auch Brennräume mit drei Ventilen geschaffen, doch erst in den achtzigern wurde der Vierventiler auch bei Super-Sport-Motorrädern für die Straße Standard. Yamaha erweiterte die Anzahl der Ventile und schuf mit der FZ 750 einen Fünfventilmotor, der ein gutes Drehmoment (siehe hierzu Unterkapitel 1.3. »Drehzahl und Drehmoment – der Leistungsverlauf«) im unteren Drehzahlbereich mit hoher Leistung im oberen Bereich kombinierte. Daß der Vierventilkopf aber noch lange nicht am Ende ist, bewies Honda, wo man mit der VFR 750 F mit einem V-Vierzylinder-90 Grad-Motor und vier Ventilen pro Zylinder einen ebenbürtigen Konkurrenten schuf.

1.2.5. Die Steuerung des Gaswechsels beim Zweitaktmotor

Die Gaswechselsteuerung des Zweitaktmotors unterscheidet sich in einem wesentlichen Punkt vom Viertaktmotor: Statt der Ventile dient beim Zweitakter der Motorkolben als Steuerorgan, dessen obere und untere Kante wie ein Schieber die jeweils passenden Kanäle öffnen.

Die zwei Phasen des Ladungswechsels, der den Austausch von Frischgas und Abgas beinhaltet, finden gleichzeitig und in einem Raume statt: Das Einlassen des Kraftstoff-/Luft-Ölgemisches sowie das Ausräumen der verbrannten Gase. Der Kolben hat bei diesem Vorgang kaum Verdrängerwirkung wie etwa beim Viertaktmotor.

Der Gaswechsel ist aus physikalischen Gründen, stärker noch als beim Viertakter, mit Hilfe von Schwingungen gut zu beeinflussen. Das »wie« der Beeinflussung unterscheidet die voneinander recht verschiedenen Zweitaktsysteme.

- Der normale Zweitaktmotor wird fast ausschließlich vom Zusammenspiel der im Zylinder angebrachten Schlitze und den vorbeistreifenden unteren und oberen Kolbenkanten gesteuert. Anders als beim Viertaktmotor, dessen Ventile unabhängig voneinander arbeiten, stehen die Steuerschlitze und damit die Steuerzeiten im Zylinder des Zweitaktmotors konstruktiv fest. Es muß schon der ganze Zylinder neu bearbeitet oder ausgetauscht werden, um diese Steuerzeiten ändern zu können. Von dieser Veranlagung her ergibt sich für den Standardzweitakter eine gleichmäßige, symmetrische Öffnungs- und Schließzeit über den gesamten Bereich des Ladungswechsels. Symmetrisch heißt in diesem Zusammenhang, daß die Öffnung des Einlaßkanals durch den Kolben zum gleichen Zeitpunkt vor O.T. erfolgt wie sein Schließen nach O.T.. Ähnliches gilt für die Überström- und Auslaßkanäle.

So war für lange Zeit die Zweitaktwelt in Ordnung. Die **Umkehrspülung** war Standard, ihre Schlitzsteuerung bewährt und unempfindlich. Die Leistung war dem jeweiligen Hubraum entsprechend ausreichend. Mit der rapiden Leistungssteigerung der Viertaktmotoren in den sechziger und siebziger Jahren wurden auch die Nachteile dieses Zweitaktsystems ins grelle Licht der Öffentlichkeit gerückt. Der Zweitaktmotor hatte ein nur schmal nutzbares Drehzahlband, verbrauchte recht viel Kraftstoff und anteilig dazu entsprechende Mengen an Zweitaktöl zur Motorschmierung. Füllungsverluste beim Überströmen waren dabei die Hauptursache.

• Wir erinnern uns: Der Auslaßkanal steht offen und ein paar Grad später auch die Überströmkanäle. Die im Kurbelgehäuse unter Druck gehaltenen Frischgase schießen hervor und verdrängen das verbrannte Abgas in den Auslaß. Dabei geraten aber auch Frischgase mit in den Auspuff, die wenig später, wenn der Kolben zum Verdichten und Verbrennen wieder nach oben kommt, dringend benötigt werden. Außerdem vermischen sich Abgasreste mit den Frischgasen, was dem potentiellen Energiegehalt des Gemisches abträglich ist.

Grundübel des Systems war die symmetrische Steuerung. Wollte man hier etwas ändern, mußte in erster Linie der Beginn der Öffnungszeit des Einlaßkanals vorverlegt werden.

Das aber ließ sich mit baulich festgelegten Steuerkanälen nicht machen. Neue mechanische Vorrichtungen mußten erfunden werden. Eines davon ist ein schon seit den zwanziger Jahren bekanntes, aber wegen unzureichenden Materials erst wieder in den siebziger Jahren aufgegriffenes Einlaßsystem:

• Das **Hauptstrom-Membran-Einlaßverfahren**.

Auf einem gummierten, dachförmigen Membrankörper werden zwei bis acht Membranzungen angeordnet. Sie sind dem Einlaßkanal zugewandt und öffnen sich, wenn der Motor ansaugt. Werden die Frischgase im Kurbelraum komprimiert, schließen die Zungen und legen sich abdichtend auf die Öffnungen des Membrankörpers. Zwischen Vergaser und Einlaßkanal gelegen, verhindern sie so das Zurückströmen der angesaugten Frischgase und verbessern somit die Füllung im Kurbelraum.

Während der veraltete **Plattendrehschieber** gezielt lediglich die Leistung im eingestellten Drehzahlbereich erhöhte, bringt der Membraneinlaß auch im unteren und mittleren Drehzahlbereich eine wesentliche Verbesserung der Drehmomentcharakteristik des Motors mit sich. Verbessert wird das System durch drei Abwandlungen:

- die erste ist eine Hauptstrom-Membran mit zusätzlichem Überströmkanal
- die zweite ist ein von Yamaha entwickeltes »Energy-Induction-System« (YEIS) mit zwischen Membrankörper und Vergaser liegendem Druckreservoir
- schließlich ein von Suzuki und KTM verwendetes »Power Read System«, bei dem die Membran in einem Nebenkanal untergebracht ist, der parallel zum Hauptkanal ins Kurbelgehäuse führt.

Es würde zu weit führen, die einzelnen Abwandlungen eingehender zu besprechen. Ich verweise deshalb lieber auf die Literaturangaben im Anhang des Buches.

Nachteile des Membransystems sind in erster Linie Strömungsverluste bei hohen Drehzahlen. Die einfließende Frischgassäule wird dabei mit zu vielen Turbulenzen und zeitlicher Verzögerung, bedingt durch

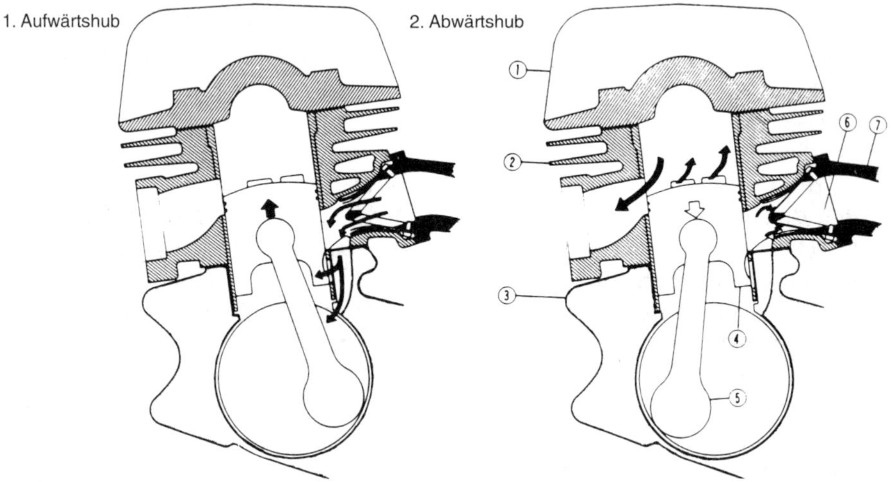

Abb. 41: Zweitaktmotor mit Hauptstrom-Membraneinlaßverfahren
1 Zylinderkopf
2 Zylinder
3 Kurbelgehäuse
4 Kolben
5 Pleuel
6 Reedventil (metallverstärkte Kunststoff-Einlaßmenbrane)
7 Ansaugrohr zwischen Vergaser und Zylinder
(Kawasaki)

den Membrankörper, in den Kurbelraum geschleust. Ein weiteres Problem sind die Schwingungen der metallenen Membranzungen. Sie bewirken bei hohen Drehzahlen eine flatternde Bewegung der Membran. Die entstehende Durchlässigkeit für Gase in diesen Momenten hat unerwünschte Folgen für den Füllungsgrad des Motors und damit für seine Leistung.

Neue Entwicklungen von Honda (NS 400 R) und Yamaha (RD 500) lassen die Probleme der Membrantechnik aber immer beherrschbarer erscheinen.

• Zweitaktmotoren sind viel mehr Strömungsmaschine, als dies bei Viertaktmotoren möglich ist. Der Wegfall von zwei Takten macht sich hier ungeheuer positiv bemerkbar. Gemeinsam aber ist beiden die Einbeziehung aller Aggregate und Vorrichtungen zur Kraftentfaltung. Vom Luftfilter über die Kraftstoffanlage bis hin zum Endschalldämpfer.

Zweitakter besitzten komplizierte Gasschwingungssysteme, bei denen jede Veränderung an den Einzelbaugruppen Einfluß auf das ganze System gewinnt. Die Kompliziertheit der Anlagen führt dazu, daß wir bei Zweitaktmotoren Einlaß- und Auslaßsysteme getrennt besprechen und beurteilen müssen.

Die Auslaßsysteme lassen sich grob in zwei Kategorien einteilen:

- die schon bekannte Umkehrspülung, schlitzgesteuert durch die Kolbenkanten

- die Resonanzverstimmung der Auspuffanlage, eine gezielte Beeinflussung der Schwingungen der Abgasströme.

• Die Resonanzverstimmung funktioniert so: Eine separate Kammer mit einem Verbindungstunnel zum Auslaßkanal, beide im Zylinder gelegen, wird je nach Drehzahl stufenlos geöffnet. Die Abstimmung der Resonanzkammer erfolgt nun so, daß im unteren Drehzahlbereich die Kammer mit ihrem Volumen voll zur Verfügung steht und das Gesamtvolumen der Auspuffanlage vergrößert. Der Rückstau im Auslaßsystem wird so verstärkt, das Austreten von Frischgasen in den Auslaßtrakt weitgehend unterbunden. Bei zunehmender Drehzahl schließt eine Vorrichtung die Kammer, so daß die nun kleinere Kammeröffnung den Rhythmus der Abgassäule verändert. Der Rückstau im Auslaßsystem paßt sich dem höheren Drehzahlbereich an! Ist die Kammer geschlossen, und dreht der Motor mit Nenndrehzahl, ist die Resonanzkammersteuerung außer Funktion. Der Motor arbeitet nun wie ein auf hohe Drehzahlen ausgelegter, schlitzgesteuerter Zweitaktmotor. Der Einfluß der verschiedenen Einlaßsysteme (s.o) wirkt sich dann ergänzend aus.

Die Vorteile der Resonanzkammersteuerung:

- ein besser zu nutzendes Drehzahlband
- ein besserer Drehmomentverlauf bei niedrigen und mittleren Drehzahlen (Drehmoment und Drehzahlband siehe Unterkapitel 1.3.)
- und eine geringe Anhebung der Endleistung.

Verschiedene Hersteller haben ihre eigenen Resonanzsysteme.

• Beim »ATAC-System« von Honda (Auto Control Torque Amplification Chamber) wird die Öffnung einer am Auslaßstutzen angebrachten Resonanzkammer über ein Tellerventil von einem Fliehkraftmechanismus drehzahlabhängig gesteuert.

• Kawasakis »KIPS-System« (Kawasaki Integrated Power Valve System) ist ähnlich aufgebaut. Zusätzlich zum Hauptauslaßkanal existieren zwei Nebenauslässe, von denen einer über einen Tunnel zu einer seitlich am Zylinder liegenden Resonanzkammer führt. Die Öffnungs- und Schließvorgänge erfolgen über zwei senkrecht stehende Walzenschieber, die fliehkraftabhängig, je nach Motordrehzahl, über ein Gestänge betätigt werden. Bei niedrigen Drehzahlen ist einer der beiden Nebenauslässe geschlossen. Der zweite mündet, durch seinen Walzenschieber umgeleitet, in die Resonanzkammer.

Hierin liegt die Ähnlichkeit zum ATAC-System von Honda. Ab einer bestimmten Drehzahl dreht sich der betreffende Walzenschieber wieder und verschließt die Kammer. Gleichzeitig gibt er seinen Nebenauslaß frei und erlaubt den Abgasen wieder ungehinderten Austritt parallel zum Hauptauslaßkanal. Der zweite Walzenschieber, der die ganze Zeit über geschlossen war, öffnet sich nun gleichfalls und gibt seinerseits den zweiten Nebenauslaß frei. »ATAC« und »KIPS« sind in ihrer Auswirkung auf den Zweitaktmotor ähnlich.

• Suzuki ging eigene Wege und entwickelte das »SAEC-System« (Automatik Exhaust Chamber). Es ist eine Kombination von Resonanzkammer und Power Valve, die dritte Möglichkeit der Auslaßsteuerung:
Über dem Auslaßkanal liegt ein Walzenschieber, der den Weg zu einer darüberliegenden, teilweise im Zylinderdeckel befindlichen Resonanzkammer kontrolliert. Vom Prinzip her wirkend wie »ATAC« und »KIPS«, hat es die Besonderheit der Schieberbetätigung über Servomotor (Stellmotor) und Elektronik (abhängig von der Motordrehzahl, versteht sich).

• Die vierte zu beschreibende Möglichkeit ist das von Yamaha entwickelte »Power Valve System« (YPVS). Es entspricht in seinen Auswirkungen auf die Motorleistung dem erst später eingeführten Resonanzkammersystem. Dessen Vorteile waren die Verbesserung der Durchzugsqualitäten im unteren und mittleren Drehzahlbereich sowie die Verhinderung von Spülverlusten.
Das »Power Valve« von Yamaha erlaubt eine Verschiebung der Auslaßkanaloberkante nach unten, wodurch die Auslaßsteuerzeit verkürzt werden kann. Die Walze des »Power-Ventils«, wie es auf neudeutsch heißt, läßt sich wie alle Auslaßsysteme drehzahlabhängig verstellen. Bei

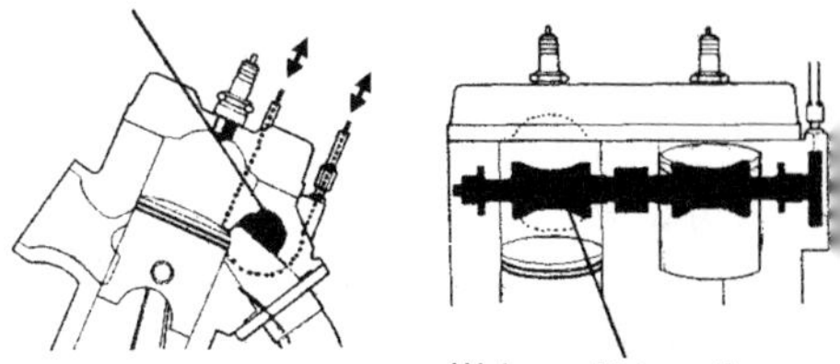

Abb. 42: Das YPVS-Zweitakt-Auslaßsystem von Yamaha

Höchstdrehzahl öffnet die Walze den ganzen Kanalausschnitt und stellt so die maximale Steuerzeit zur Verfügung. Bei niedrigeren Drehzahlen wird durch langsames Verdrehen der Walze die Auslaßöffnung kontinuierlich verkleinert. Vorteilhaft ist dabei die Verringerung der Spülverluste. Das spart Kraftstoff und Zweitaktöl. Der Gegendruck im Auslaßsystem steigt drehzahlangepaßt. Die Strömungsgeschwindigkeit der Abgassäule paßt sich der verringerten Geschwindigkeit der Frischgassäule besser an. Das bringt mehr Drehmoment und Leistung vor allem bei niedrigen Drehzahlen.
Betätigt wird der Walzenschieber entweder mechanisch über Fliehkraftverstellung oder über einen elektronisch überwachten Stellmotor. Diese Elektronik bietet auch die Möglichkeit, Daten über Drehzahl und Walzenstellung auszuwerten und eine optimale Nutzung des Systems zu schaffen.

1.3. Drehzahl und Drehmoment: Leistungsverlauf

Mit **Drehmoment** wird die Wirkung einer Kraft an einem Hebelarm bezeichnet, womit wir beim allseits bekannten Hebelgesetz angelangt wären.

Ein gutes Beispiel, um die Wirkungsweise des Hebelgesetzes darzustellen, ist die Handkurbel. Kurbeln kennen wir unter anderem vom Fahrrad her, aber auch von unserer Beschreibung des Verbrennungsmotors. Denken wir an die Kurbelwelle! An der Kurbelwelle wirkt eine Kraft auf einen drehbar gelagerten Kurbelarm (Hebelarm). Das sich daraus ergebende Drehmoment an der Welle der Kurbel resultiert als Produkt aus der Länge des Kurbelarms und der Kraft, mit der die Kurbel betätigt wird. Je größer diese Kraft ist, um so größer wird auch das Drehmoment an der Kurbelwelle. Wenn diese Kraft gleichbleibt, kann das Drehmoment trotzdem erhöht werden, indem der Hebelarm verlängert wird. Allerdings vergrößert sich dann zwangsläufig auch der Kurbelweg.

Die Kraft, mit der die Kurbelwelle im Motor bewegt wird, kommt vom Verbrennungsdruck, der auf den Kolben einwirkt. Der Pleuel stellt dabei die Verbindung zum Kolben her. Der Verbrennungsmotor entwickelt ein um so höheres Drehmoment an der Kurbelwelle, je größer der Arbeitsdruck des Kolbens und je größer der Kolbenhub im Zylinder ist. Die Größe des Kolbenhubes ist abhängig von der Länge des Kurbelarmes an der Kurbelwelle.

Anders ausgedrückt: Je größer der Hub und je größer die Bohrung, desto höher das Drehmoment!

Inwieweit die Bohrung eine Rolle spielt, wird deutlich, wenn man sich vor Augen hält, daß ein großer Kolbenboden mehr Verbrennungskraft aufnehmen und weitergeben kann als eine kleinere Ausführung.

Die Höhe des Verbrennungsdrukkes, das haben wir weiter oben klargestellt, ist abhängig von der Füllung des Zylinders mit Frischgas. Die Leistung eines Motors ergibt sich aus dem gleichmäßig intensiven Schwingen der Gassäule im Zylinder.

Jede Verbesserung in diesem Bereich, aber auch jede Verschlechterung, wirkt sich auch auf das Drehmoment aus.

- Alle Motoren werden auf einen bestimmten Verwendungszweck hin konstruiert. Der Ventiltrieb eines Viertaktmotors für den sportlichen Einsatz etwa wird auf Höchstleistung bei hohen (ab ca. 6000 UPM und bis zu 13.000 UPM) oder breitbandig auf einen mittleren Bereich von ca. 3000 bis 6000 UPM (1/min.) ausgelegt, wenn es sich um ein reines Tourenmotorrad handelt. Ich erinnere in diesem Zusammenhang an die Bedeutung der Nockenform der Nockenwelle oder an die Größe der

Ventiltellerdurchmesser und die Anzahl der Ventile. Das erklärt auch, warum ein bestimmter Motor in einem Bereich seines Drehzahlbandes, für den er nicht ausgelegt ist, einen schwachen Durchzug zeigt. So haben sportliche Motoren mit einem relativ kleinen Hubraum im oberen Drehzahlbereich ihr maximales Drehmoment und damit auch ihre beste Leistungsentfaltung. Im unteren Drehzahlbereich spielt sich dagegen vergleichsweise wenig ab, obwohl es da schon einiges an Verbesserungen gibt, im Gegensatz zu vergleichbaren Motoren der siebziger und achtziger Jahre. Tourentaugliche Motorräder besitzen demgegenüber eine Motorenauslegung, bei der auch bei relativ kleinen Hubräumen das maximale Drehmoment schon im mittleren Drehzahlbereich anfällt. Die Leistungsentfaltung in den oberen Drehzahlen ist dagegen mager, und die Leistungskurve des Motors knickt recht bald ab.
Daraus können wir schließen, daß kein Verbrennungsmotor über seinen gesamten Drehzahlbereich ein gleich großes Drehmoment entwickeln kann. Sein Leistungsverlauf ist also nicht geradlinig, sondern erfolgt als Kurve! Dort, wo die Kraft des Motors am effektivsten ist, liegt auch sein höchstes Drehmoment. Fällt das Drehmoment wieder ab, nimmt auch die Leistung des Motors denselben Weg.
Leistung und Drehmoment stehen somit in einem engen Zusammenhang.

• Will man die Leistung eines Motors ermitteln, mißt man seine Kraftentfaltung am Hinterrad (werksseitig wird oft nur die Leistung an der Kurbelwelle gemessen) und die jeweils dazugehörige Motordrehzahl. Daraus läßt sich eine Vielzahl von Punkten errechnen, die eine Kurve ergeben: die **Leistungskurve**. Die Schautafel, auf der sie dargestellt wird, nennt sich **Leistungsdiagramm**. Dort läßt sich die Leistungsentwicklung verfolgen. Es zeigt sich jetzt, wo der Motor drehzahlabhängig Leistungseinbrüche oder einen Leistungszuwachs verzeichnen kann. Am Gipfelpunkt der Kurve kann man erkennen, bei welcher Drehzahl die Spitzenleistung erreicht ist.

In der zweiten eingezeichneten Kurve wird im selben Diagramm der **Drehmomentverlauf** drehzahlabhängig dargestellt. Man kann dabei sehr genau die Schwankungen in der Kraftentfaltung des Motors erkennen. So wird deutlich, ab welcher Drehzahl genügend Kraft an der Kurbelwelle zur Verfügung steht und in welchen Drehzahlbereichen die Kraftentfaltung am höchsten ist.
Das dritte Diagramm wird seltener gebraucht. Es zeigt auf einer separaten Schautafel die Drehzahl des Motors in Abhängigkeit zum jeweiligen Getriebegang an (**Gangdiagramm**). Man kann diese Kurve auch als Grundlage für eine Änderung der einzelnen Getriebeuntersetzungen am Motorrad oder die Anpassung

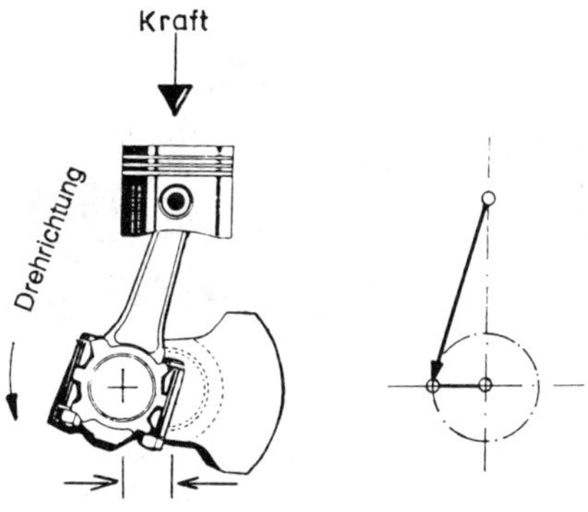

Abb. 43: Kurbeltrieb und Drehmoment
Die Länge des Hebelarmes bestimmt die Größe des Hubs und beeinflußt die Stärke des Drehmoments.

des Sekundärantriebes an die Straßenverhältnisse benutzen.

- Einem Langhubmotor wird in der Regel ein besseres Drehmoment nachgesagt als einem Kurzhuber. Warum? Der Langhuber hat, bedingt durch den längeren Kurbelarm an der Kurbelwelle, eine günstigere Hebelwirkung als der Kurzhuber, so daß er bei gleich gutem Arbeitsdruck im Zylinder ein besseres Drehmoment über den gesamten Drehzahlbereich hinweg entwickeln kann.

Doch zwei Haken hat die Sache. Der erste ist der Umstand, daß die Kurbelwelle eines Langhubers einen größeren Außendurchmesser hat. Das macht, via Pleuel, die Kolbenwege länger. Bei hohen und höchsten Drehzahlen ist das, gelinde gesagt, nicht so schön. Wir erinnern uns an die Probleme mit der Kolbengeschwindigkeit (siehe Unterkapitel 1.2.2. »Der Zylinder«). Als Folge bleiben die oberen, leistungsträchtigen Drehzahlbereiche dem Langhuber verschlossen.

Der zweite Haken betrifft die Kolbenoberfläche. Sie ist bei einem Kurzhuber größer, bei einem Langhuber mit gleichem Hubraum dagegen enger.

Das hat Folgen: Große Kolbenoberflächen nutzen den Verbrennungsdruck besser aus und erlauben bei Viertaktmotoren darüber hinaus die platzfressende Installation von vier oder sogar fünf Ventilen im Zylinderkopf. Das sind wichtige technische Voraussetzungen für Kurzhub-Hochleistungstriebwerke.

Bei der Entwicklung eines straßentauglichen Motorrades, mit dem man sowohl zu Touren als auch zu erbaulichen Kurvenjagden aufbrechen kann, mixen sich die Techniker in den Herstellerfirmen aus dem reichen Topf der Möglichkeiten das jeweils Passende zusammen. Ein bißchen Langhuber, vielleicht noch im Verein mit einem größeren Hubraum, erbringt ein befriedigendes Drehmoment über den unteren und mittleren Drehzahlbereich, ohne den Kolben durch hohe Geschwindigkeiten bei Höchstdrehzahlen zu gefährden (z.B. K 75 S/c von BMW).

In einem anderen Fall verbessern vier Ventile pro Zylinder in Tateinheit mit einem Kurzhubmotor die

Abb. 44: Drehmoment-, Leistungs- und Gangdiagramme

Leistung und Drehmomentverlauf am Beispiel der Yamaha XT 500 und der Honda VFR 750 F Mit dem Anstieg der Motordrehzahl steigt abhängig vom Drehmoment die Motorleistung an, wobei im Bereich des höchsten Drehmomentes die Leistung am stärksten wächst.
Der drehmomentstarke Einzylindermotor der XT 500 erreicht dabei (1) seine günstigste Leistungsentfaltung schon wesentlich früher als der hochdrehende Sportmotor der Honda (2).

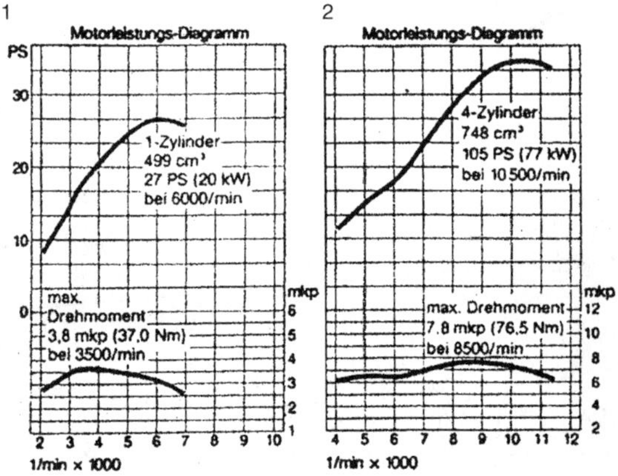

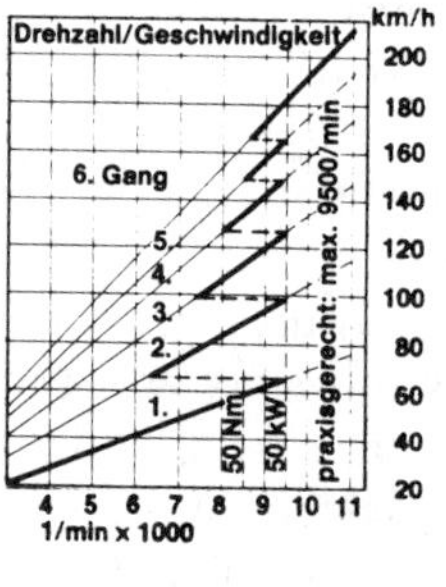

Gangdiagramm
Deutlich ist der Drehzahlbereich zu erkennen, der zwischen den einzelnen Gängen der Suzuki GSX 550 liegt. Man kann ihn, um einen günstigeren Leistungsanschluß zu erzeugen, durch Getriebeänderungen beeinflussen (Austausch der jeweiligen Getriebezahnradpaare). Je steiler die Ganglinien im Diagramm, desto kürzer und besser ist der Kraftschluß!

Füllung der Zylinder auch bei hohen Drehzahlen und optimieren in diesem Bereich auch noch das Drehmoment (Kawasaki GPZ 900 R).

1.4. Wie die Motorkühlung funktioniert

Während des Motorlaufes erwärmt sich infolge der Verbrennungsabläufe der gesamte Motorblock. Dabei sind der Bereich des Zylinderkopfes und der Zylinder (Zylinderblock) den Temperaturen am stärksten ausgesetzt. Damit der Motor nicht zu heiß wird, muß er gekühlt werden. Wäre dies nicht der Fall, könnten folgende Schäden auftreten:

- das zur Schmierung notwendige Motorenöl im Motor verbrennt
- daraus folgend gehen der oder die Kolben infolge Schmierstoffmangel (Ölfilmriß) fest (Kolbenfresser)
- parallel dazu dehnen sich alle Motorenteile, ihrem unterschiedlichen Wärmeausdehnungskoeffizienten entsprechend, aus. Material- und Fertigungstoleranzen werden überschritten, Kolben oder Lager sind einem extrem hohen Verschleiß ausgesetzt
- der heiße Motor läßt die Ausdehnung der Frischgase im Verdichtungsraum rapide ansteigen, eine geringere Füllung des Zylinders mit nachfolgenden Leistungseinbußen ist die Folge
- das Frischgasgemisch entflammt vor dem Zündzeitpunkt (Vorverlegung des Klopfzeitpunktes), die Leistung des Motors sinkt, die Temperatur steigt.

Eine korrekte Kühlung des Motors auf seine Betriebstemperatur hingegen, meßbar entweder über die Motoröltemperatur (ca. 85 bis maximal 130° C) oder die Kühlwassertemperatur (90 bis ca. 110° C), bewirkt:

- günstigen Kraftstoffverbrauch und eine dem Motor entsprechende Leistung
- das gefährliche Selbstentzünden (Klingeln oder Klopfen) wird vermieden
- eine Verbesserung der Zylinderfüllung
- den Schutz vor Motorschäden infolge von Schmierstoffproblemen und Überhitzung
- normalen Verschleiß und eine entsprechende Lebensdauer des Motors

Umgekehrt bewirkt eine Unterkühlung des Motors, etwa wenn die Maschine im Winter nicht auf Betriebstemperatur kommt oder auch nach dem frühmorgendlichen Kaltstart im Sommer:

- eine schlechte Vergasung des Kraftstoffes. Das bringt auf den ersten Kilometern, bis der Motor seine Betriebstemperatur erreicht hat (falls er sie erreicht), Leistungsverluste und steigert den Spritverbrauch.
- eine stärkere Korrosion im Motor. Vor allem die Lager gammeln, weil durch die schlechte Verbrennung des Kraftstoffes ätzende Verbindungen entstehen.
- Korrosion und Verwässerung des Motoröls durch Kondenswasserbildung

- ein Kondensieren des Kraftstoffs aus dem Frischgasgemisch an der kalten Zylinderwandung. Er wäscht dabei den Schmierölfilm ab, was bewirkt, daß die Kolbenringe samt Kolben während des Kaltstarts einem hohem Verschleiß ausgesetzt sind.

Während im Sommer ein Motor recht bald auf seine Betriebstemperatur kommt, ergeben sich für den Winterbetrieb schwierigere Verhältnisse. Nur wenn ein Motor sorgfältig warmgefahren wurde, kann er auch voll belastet werden.

Ein Wechsel des Motoröls vor und nach dem Winterhalbjahr ist bei Winterbetrieb unerläßlich, weil infolge der langen Warmlaufphasen das Motoröl extrem belastet wird.

- Die Kühlung von Motorrädern erfolgt durch Luft oder Wasser. Die Wasserkühlung wurde erst in den siebziger Jahren so richtig populär, etwa durch Suzukis Dreizylinder GT 750, den »Wasserbüffel«, oder Hondas »Gold Wing« mit dem Vierzylinder-Boxermotor.

Obwohl die Wasserkühlung (korrekt heißt es »Flüssigkeitskühlung«, weil nicht nur Wasser im Kühlkreislauf zirkuliert) bei Motorrädern deutlich zugenommen hat, ist immer noch die Luftkühlung durch den Fahrtwind respektive die Umgebungsluft vorherrschend.

1.4.1. Die direkte Fahrtwindkühlung

Der Zylinderblock eines fahrtwindgekühlten Motorradmotors hat ebenso wie der Zylinderkopf Kühlrippen. Sie sind dünn, breitflächig und bei unseren heutigen Motoren aus Aluminiumguß, wie überhaupt der ganze Zylinderblock. Kühlrippen sind so angebracht, daß sie mit ihrer Oberfläche bestmöglichst im Luftstrom liegen. Sie leiten überdies den Fahrtwind an die wärmsten Stellen des Motors weiter.

Die Kühlrippen am Zylinderkopf sind besonders groß ausgeformt. Speziell im oberen Bereich um die Zündkerzen und an der Einmündung der Auspuffrohre liegen Problemzonen, bei denen der Kühlbedarf am größten ist.

Die Luftkühlung beim Motorradmotor hängt von der Fahrtgeschwindigkeit und der Temperatur des Fahrtwindes ab. Im Stand sollte ein luftgekühlter Motor in keinem Falle zu lange vor sich hintuckern. Wir reden ja von einem fahrtwindgekühlten Motor! Er könnte andernfalls Überhitzungsschäden erleiden (siehe Unterkapitel 1.2.1. »Motorgehäuse, Kurbeltrieb und Wellen«).

Vorteile der Luftkühlung:

- Luftkühlung ist nahezu wartungsfrei. Sie erfordert weder Kühler, Wasserrohre, Ventilator, Thermostat noch Wartung oder gar Vorsorge gegenüber dem Frost im Winter, wie dies generell für die Flüssigkeitskühlung zutrifft.

- Luftgekühlte Motoren kommen außerdem schneller auf Betriebstemperatur. Sie müssen nicht erst noch das Kühlwasser aufheizen.

Nachteile:
- Luftgekühlte Motoren erwärmen sich schnell und kühlen sich schnell ab. Die so entstehenden starken Temperaturveränderungen erfordern wegen der unterschiedlichen und stark schwankenden Materialausdehnung der beteiligten Metalle größere Fertigungstoleranzen im Motorenbau als bei der temperaturmäßig ausgeglicheneren Flüssigkeitskühlung.
- Negative Folgen daraus sind höhere Motoröl- und Kraftstoffverbräuche während der Warmlaufphase.
- Die größeren notwendigen Fertigungstoleranzen wirken sich auf die Motorleistung aus.
- Eine kürzere Lebensdauer von Kolbenringen, Kolben und Zylinderlaufbahn.
- Die Lärmdämpfung an einem luftgekühlten Triebwerk ist verhältnismäßig schlecht. Schwirrende Kühlrippen sorgen für eine zusätzliche Geräuschkulisse.

1.4.2. Kühlung durch Flüssigkeiten

Vereinfacht ausgedrückt heißt die Flüssigkeitskühlung im Volksmund immer noch »Wasserkühlung«, obwohl dort schon lange kein reines Leitungswasser mehr fließt, sondern destilliertes, mit Antifrost- und Kor-

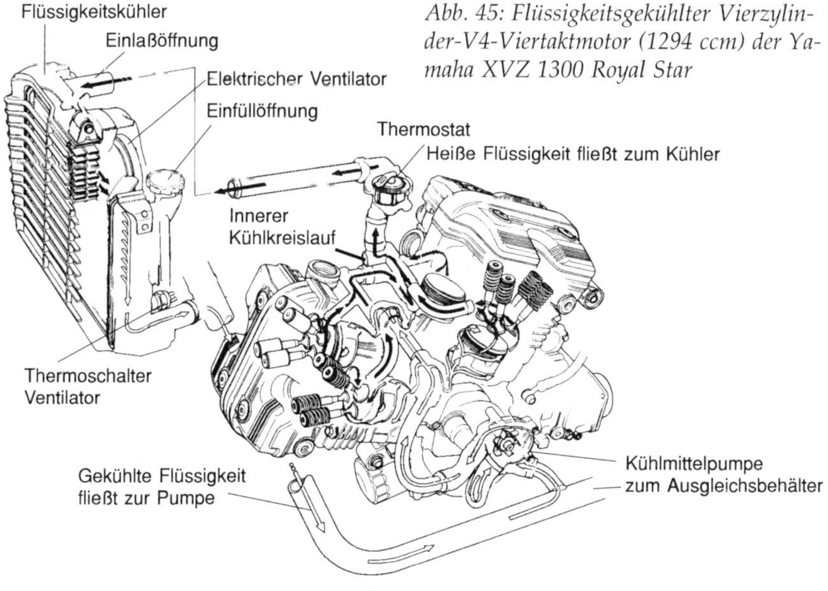

Abb. 45: Flüssigkeitsgekühlter Vierzylinder-V4-Viertaktmotor (1294 ccm) der Yamaha XVZ 1300 Royal Star

rosionsschutzmitteln vermischtes Wasser.

Was hat die doch recht schwere und aufwendige Wasserkühlung an einem Motorrad zu suchen?

- Die Motorenkonstrukteure nehmen das größere Gewicht, den vermehrten Aufwand und die höheren Kosten in Kauf, weil eine »Wasserkühlung« den Motorblock gleichmäßig temperiert.
- Die relativ gleichmäßige Temperatur im Motorblock läßt kaum Spannungen im Material des Motors entstehen. Toleranzen von Kolben und anderen Bauteilen können so deutlich enger gehalten werden.
- Hohe Motorleistungen können problemlos realisiert werden, da überschüssige Wärme in allen Lebenslagen weggekühlt wird.
- Die Geräuschdämpfung ist hervorragend, da der Wassermantel im Motorblock einiges an Lärm schluckt.

Wie die Flüssigkeitskühlung funktioniert:

- Die Kühlflüssigkeit wird durch besondere Kanäle und Kammern, die sich im Zylinderblock und Zylinderkopf befinden, an die heißen Stellen im Motor geleitet. Diese befinden sich rund um und über dem Verbrennungsraum sowie im Bereich des Zylinderblocks. Die Flüssigkeit erwärmt sich und transportiert die Wärme über Kühlerrohre und Schläuche zum Kühler.

Der Kühler liegt in der Regel vor dem Motor und somit direkt im Luftstrom des Fahrtwindes. Dort nun kühlt sich die Flüssigkeit im Netz der vielen kleinen Flachrohre mit dazwischenliegenden, die Wärme gut ableitenden Lamellenblechen wieder ab und fließt in den Motorblock zurück. Solange der Motor läuft und solange die Kühlflüssigkeit im Kühlkreislauf eine bestimmte Temperatur aufweist, erfolgt eine stetige Zirkulation. Bei Hochleistungsmotoren kreist das Kühlmittel ziemlich rasch, da es reichlich Wärme abzugeben gilt. Da der natürliche Kreislauf wechselweise temperierter Flüssigkeiten nur sehr langsam vonstatten geht (Thermosyphon-System), wird eine »Zwangsumlaufkühlung« mittels einer Kühlmittelpumpe (Wasserpumpe) erzeugt. Die Kühlmittelpumpe wird vom Motor angetrieben.

Damit der Motor nach dem Kaltstart schneller warm wird, ist das Kühlsystem mit Hilfe eines Thermostaten in zwei Kreisläufe unterteilt. Dabei zirkuliert die Kühlflüssigkeit unter Umgehung des Kühlers so lange im Motorblock (Primärkühlkreislauf), bis der Thermostat eine bestimmte Temperatur mißt, die in unserer Klimaregion so um die 85° C beträgt. Bei Erreichen dieser Temperatur öffnet der Thermostat, und die erhitzte Kühlflüssigkeit gelangt in den äußeren Kühlkreislauf (Sekundärkühlkreislauf). Der im äußeren Kühlkreislauf liegende Kühler kühlt die Flüssigkeit mit Hilfe des Fahrtwindes ab und entläßt sie zur erneuten Wärmeaufnahme zurück in den Motorblock.

Falls im Winter einmal die Kühlmitteltemperatur unter 85° C fallen sollte schließt der Thermostat wieder, und das Kühlmittel kann sich im Primärkühlkreislauf des Motorblocks wieder auf seinen Idealwert aufheizen.

Sollte der Motor wirklich einmal zu heiß werden, entläßt ein im Kühlerverschluß eingebautes Ventil den entstandenen Überdruck in den Ausgleichsbehälter. Von dort aus führt ein Schlauch nach außenbords, falls der Behälter überlastet sein sollte. Der Ausgleichsbehälter muß bei den üblicherweise verwendeten geschlossenen Kühlkreisläufen für die Ausdehnung der erwärmten Flüssigkeit sowieso vorhanden sein. Der Flüssigkeitsstand dort sollte sich in jedem Falle immer zwischen der Minimum- und Maximummarkierung bewegen. Das ist deshalb notwendig, weil der Ausgleichsbehälter dann auch Flüssigkeitmängel im Kühlsystem ausgleichen kann.

Wichtig: Den Kühlmittelflüssigkeitsstand nur bei kaltem Motor überprüfen! Die Minimum-Maximum-Markierungen beachten! Destilliertes Wasser als Ergänzung gleichfalls nur bei kaltem Motor eingießen, weil der Flüssigkeitsstand bei heißem Motor deutlich höher ist!

• Zur Kontrolle der Kühlflüssigkeitstemperatur ist ein Fernthermometer in die Anzeigetafel des Motorrades eingebaut. Der Fühler (Geber) hierzu befindet sich im Kühlkreislauf des Motors. Als Anzeigegerät wird meist ein Zeigerinstrument verwendet, dessen grünes Feld den Normalzustand und dessen rotes den Überhitzungszustand markiert. Gelegentlich gibt es auch nur eine Kontrollampe, die bei Überhitzung aufleuchtet.

• Für den ausgedehnten Leerlaufbetrieb im Stand, im Stau oder bei dahinschleichendem Straßenverkehr ist ein zusätzlicher Ventilator eingebaut. Er sitzt hinter dem Fahrzeugkühler und simuliert den Fahrtwind, wenn gerade mal keiner vorhanden sein sollte.

Der Kühlerventilator wird entweder zwangsweise über eine Welle vom Motor aus (Honda CX 500) angetrieben (nur noch selten) oder mit Hilfe eines Elektromotors (BMW K 100).

Der elektrische Antrieb hat den Vorteil, regelbar zu sein. Der Kühlerventilator schaltet sich nur ein, wenn die Temperatur der Kühlflüssigkeit eine bestimmte Höhe erreicht hat.

Der sich zwangsweise drehende Ventilator kühlt auch dann, wenn das unerwünscht sein sollte, etwa nach dem Kaltstart oder im Winter.

• An der Trennfläche zwischen Zylinderblock und Zylinderkopf dichtet die Zylinderkopfdichtung die innenliegenden Kühlmitteldurchflußkanäle ab. Einige Motoren lassen das Kühlmittel durch außenliegende Rohre vom Zylinderblock zum Zylinderkopf fließen.

Wassergekühlte Motoren kann man übrigens ziemlich schnell an der schwachen Verrippung am Motorblock erkennen. Teilweilse sind die Zylinderwandungen vollkommen glatt. Da dies aber bei unverkleideten Motorrädern nicht so gut aussieht, werden aus Designgründen Kühlrippen à la Luftkühlung integriert, obwohl diese technisch eigentlich nicht nötig wären.

Zusätzliche Kühlung
Darunter verstehen wir Maßnahmen, die dem Motor, dem Motoröl oder dem Kühler (bei wassergekühlten Motoren) eine *zusätzliche* Wärmeabführung ermöglichen. Das ist zumeist nur bei hochbelasteten Motoren notwendig, wo die normale Fahrtwindkühlung bei scharfer Fahrweise nicht mehr ausreicht. Außerdem hilft sie in Gegenden mit heißem Klima, die Motoröltemperatur in vertretbaren Grenzen zu halten.

Zusätzlich gekühlt wird:
- mittels Ölkühler
- durch die Vergrößerung des Ölvorrates im Motor
- durch den Anbau eines größeren Flüssigkeitskühlers

Der Ölkühler, wesentlich kleiner, aber im großen und ganzen aufgebaut wie ein Wasserkühler und in seiner Funktion diesem ganz ähnlich, liegt in der Regel vorne über dem Motor, im direkten Fahrtwind. Bei den BMW Zweiventil-Zweizylinder-Enduros 80/100 GS auch auf dem rechten Sturzbügel.
Mit dem Ölkreislauf im Motor durch Schläuche verbunden, angetrieben durch die Ölpumpe, durchfließt ihn das heiße Motorenöl. Abgekühlt kehrt es wieder in den Motor zurück.

Abb. 46: Ölkühler (Honda)

Ein Thermostat verhindert, daß das Motoröl bei kaltem Motor durch den Kühler gepumpt wird. Auch hier gibt es, ähnlich dem normalen Flüssigkeitskühlkreislauf einen primären und einen sekundären Kühlkreislauf. In der Warmlaufphase und in der kälteren Jahreszeit kann sich sich das Motoröl so schneller erwärmen, was den Verschleiß beim Kaltstart und im Winterbetrieb in Grenzen hält.
• Manchen Herstellern ist ein Ölkühler zu aufwendig oder auffällig. Sie vergrößern dann einfach die Menge des umlaufenden Motorenöls. Zusätzliche Kühlrippen an Motorgehäuse und Zylinderblock/Zylinderkopf verbessern die Wärmeabfuhr.
Motoren mit einer Ölwanne unter dem Motorblock erhalten dann eine mit größerem Fassungsvermögen (gerne an BMW- und Moto-Guzzi-Motoren eingesetzt). Kräftig verrippt, setzt sie die Öltemperatur im Fahrbetrieb herunter. Das Prinzip ist einfach. Je mehr Öl im Motor kreist, desto kürzer ist die Zeit, die ein einzelner Öltropfen in der heißen Zone

verharren muß und umso länger kann er im kühleren Motorenbereich seine überhöhte Temperatur abgeben. Ausgebaut werden kann das Verfahren, indem zusätzlich eine Ölpumpe höherer Förderleistung verwendet wird. Sie wälzt das Motoröl schneller um und drückt es deutlich flotter an den heißen Regionen vorbei. Die Temperatur des Motoröls und der belasteten Regionen nimmt entsprechend ab.

1.5. Warum geschmiert werden muß

Wenn feste Körper gegeneinander verschoben werden, Kolben und Kolbenringe im Zylinder beispielsweise oder die Kurbelwelle in ihren Lagern, entsteht Reibung. Sie ist um so größer, je fester die Teile aufeinander drücken und je rauher die Oberfläche ist. Bei trockener Reibung treten an den erhabenen Stellen der sich berührenden Teile hohe Temperaturen auf. Die betreffenden Stellen verschweißen dort miteinander und reißen sich unmittelbar darauf wieder los. Dieser sich wiederholende Vorgang wird als *Fressen* bezeichnet. Er führt zu starkem Materialabrieb an den beteiligten Teilen und schließlich zur Zerstörung der Materialoberfläche.
Spritzt man dagegen ein Schmiermittel wie etwa Motoröl zwischen die Körper, vermindert sich urplötzlich die Reibung. Sie findet jetzt innerhalb der Ölschicht statt. Verschleiß und Wärmeentwicklung der geschmierten Teile halten sich in engen, beherrschbaren Grenzen. Die trennende Ölschichte nennen wir *Ölfilm*.

Die wichtigste Aufgabe des Öls in den Motoren und Getrieben unserer Motorräder ist der Schutz vor Verschleiß – mit Hilfe eines möglichst lückenlosen Ölfilms. Der Ölfilm muß bei niedrigen Temperaturen genauso gut schützen wie bei hohen Temperaturen. Er muß auch bei längerer Laufzeit noch Reserven besitzen und darf auch bei geringem Ölstand in Motor oder im Getriebe nicht gleich aufgeben.
Moderne Motorenöle passen sich der Betriebstemperatur im Motor an. Sie besitzen eine variable Viskosität (Dünnflüssigkeit). Sogenannte Additive geben zusätzliche Sicherheiten und verbessern die Schmiereigenschaften.

Fette und Feststoffschmiermittel wie **Graphit** oder **Molybdändisulfit** haben ähnliche oder bessere Schmierfähigkeiten. Dennoch sind Schmieröle als flüssige Schmiermittel für Motoren und Getriebe am besten geeignet. Anders als Fette und Feststoffschmiermittel gelangen sie auch noch in die letzten Winkel und können Wärme, Abrieb und Verbrennungsrückstände abtransportieren.

- Den Fetten bleibt die wichtige Aufgabe, dort auszuharren, wo Öle längst ausgelaufen oder weggeflogen wären, wie zum Beispiel in den Radlagern oder auf der Antriebskette. Sie schmieren auch noch dann, wenn hohe Drücke auf den Lagerflächen lasten, beispielsweise in den Schwingenlagern, und sind am Motorrad unverzichtbar.

1.5.1. Wie die Schmierung des Motors und seine Ölversorgung funktionieren

Neben der Schmierung gibt es am Motorrad eine Menge anderer Aufgaben, die das Motoröl ebenfalls übernehmen muß:

- Es muß die Wärme von den Schmierstellen weg und in kühlere Regionen abtransportieren.
- Es muß den Motor von Verbrennungsrückständen und Ölbestandteilen befreien und vor Schwarzschlammbildung schützen.
- Der Lagerabrieb sowie die beim Verschleiß an Kolben, Kolbenringen und Zylinder(n) anfallenden feinen Metallpartikel müssen abgelöst werden. Das Öl transportiert die Rückstände zum Filter und lagert es dort ab.
- Es dämpft die mechanischen Motorgeräusche (wenn es im Motor lauter wird, fehlt oft das Öl!).
- Das Motoröl übernimmt die Feinabdichtung im Motor.
- Das im Motoröl enthaltene Korrosionsschutzmittel verhindert Korrosion an den empfindlichen Motorteilen, Lagern und Aggregaten bei längeren Standzeiten.

- Der Austausch der im Motor entstehenden Wärme durch die Ölströme ist eine sehr wichtige Aufgabe. Das Motoröl verhütet so eine Überhitzung der Lagerstellen und verhindert das Verbrennen des Ölfilms an besonders heißen Zonen (Kolbenhemd, Kolbenringe, Kolbenboden, Zylinderwandung).
- Die im Motor erzeugten Verbrennungsrückstände werden durch den Gasdruck während des Verbrennungstaktes am Kolben vorbei in das Kurbelgehäuse gedrückt und vom Motoröl von der Zylinderwandung abgewaschen. Sie lagern sich im Bodenbereich des Motorgehäuses in Winkeln und Ecken ab. Hinzu kommen ausgefällte Rückstände aus dem Motoröl, das im Laufe seiner Tätigkeit altert. Metallstaub von den sich langsam abnutzenden Lagern kommt neben normaler Verschmutzung aus diversen Quellen ebenfalls hinzu. Kondenswasser, vor allem bei Kurzstreckenbetrieb entstanden, sowie Reste des im Kurbelgehäuse kondensierten, unverbrannten Kraftstoffes aus dem Kraftstoff-Luftgemisch bilden weitere Bestandteile, die sich im Motorsumpf als Schlamm ablagern.

Ablagerungen im Motor setzen mit der Zeit Ölbohrungen und Kanäle zu, verstopfen Lager, behindern mechanische Vorrichtungen. Die reinigenden und aufnehmenden Eigenschaften des Öls sind aus diesem Grund besonders wichtig. Deshalb enthält es aggressive Reinigungszusätze, die ihre beste Wirkung bei Betriebstemperatur des Motors erreichen.

• Das Motoröl transportiert diesen Dreck zum Filter, der die allermeisten Ablagerungen aufnimmt. Ein wichtiger Grund, den Motorölfilter unbedingt in den richtigen Intervallen zu wechseln.

• Die Feinabdichtung bewirkt das Motoröl, indem es relativ gasdicht den Abstand zwischen Kolbenring und Zylinderwandung überbrückt. Die hohe Kohäsionskraft (Zusammenhalt der Moleküle) des Öls läßt es auch zu, Simmerringe (Wellendichtringe) und Gehäusenähte gegenüber der Außenluft abzudichten. Schließlich dämpft das Motoröl ein Gutteil der mechanischen Geräusche in Motor und Getriebe.

• Additive (Zusätze) im Motoröl verbessern die Fließeigenschaften des Öls. Andere schützen Gleitlager, Kugellager, Nadellager sowie Zylinderlaufbahn und Kolben vor Korrosion. Additive binden auch aggressive Verbrennungsrückstände und Kondenswasser im Motoröl, die es ebenfalls auf blanke Lager und Zylinderlaufbahnen abgesehen haben.

• Vier Arten von Schmiersystemen gibt es bei Motorradmotoren:

1. Die **Naßsumpfschmierung** (Viertaktmotoren)
2. Die **Trockensumpfschmierung** (Viertaktmotoren)
3. Die **Frischölschmierung** mit Förderpumpe (Zweitaktmotoren)
4. Die **Mischungsschmierung** (Zweitaktmotoren)

Die beiden letzten Punkte betreffen ausschließlich Zweitaktmotoren. Sie werden im Kapitel über Schmierung der Zweitaktmotoren abgehandelt.

• Bei der *Naßsumpfschmierung* bildet das Motoröl, wenn es nach getaner

Abb. 47: Die Aufgaben des Motoröls (BMW-Zweiventil-Boxermotor)

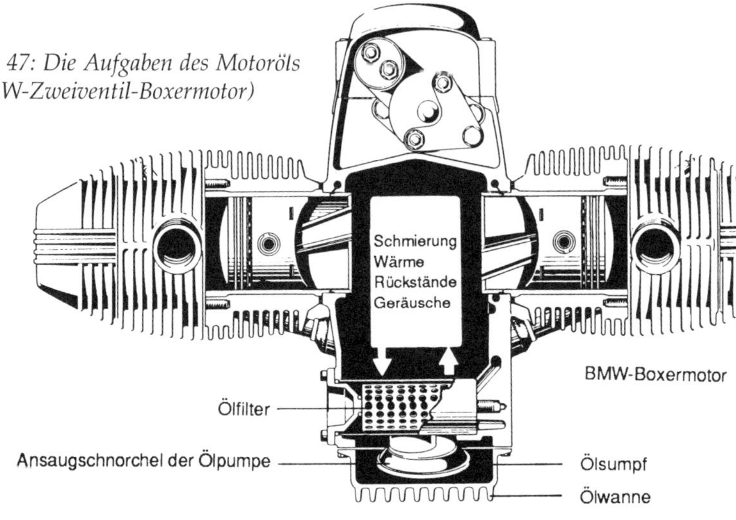

Arbeit in den tieferen Teil des Motors zurückfließt, eine Art Ölsumpf. Als Auffangbehälter bietet sich dabei eine Vertiefung im Motorgehäuse an. Einige Motoren besitzen abnehmbare Ölwannen. Vom Sumpf aus wird das Motoröl mit Hilfe der Ölpumpe wieder zurück an die Schmierstellen gepumpt. Der Schmierzyklus beginnt so wieder von vorne.

• Die *Trockensumpfschmierung* läßt keinen Sumpf entstehen. Das Motoröl wird gleich nach seiner Ankunft in der Wanne wieder abgesaugt und mit Hilfe einer Ölpumpe in einem separaten Behälter, dem Öltank, zwischengelagert. Von dort aus gelangt es über eine zweite Ölpumpe (es werden Doppelölpumpen verwendet) zu den Schmierstellen. Das Besondere daran ist, daß die absaugende Pumpe eine höhere Forderleistung hat als diejenige, welche das Motoröl zu den Lagerstellen transportiert (Ölstauvermeidung).

Dieses System hat den Vorteil, bei schnellen Kurvenfahrten eine zuverlässige Schmierung zu gewährleisten. Bei älteren, naßsumpfgeschmierten Motoren dagegen schwappt das Motoröl bei solchen Gelegenheiten schon mal im Sumpf herum, so daß der Ansaugschnorchel der Pumpe hin und wieder Luft statt Öl schnappt. Das tut dem Motor nicht gut, weil dadurch ein kurzzeitiges Schmiermitteldefizit entsteht, das zu Lagerschäden führen kann (Kolbentriebwerke von Flugzeugen deshalb Trockensumpfschmierung).

Moderne naßsumpfgeschmierte Serienmotoren, die überwiegende Anzahl aller Motorradmotoren, besitzen ein ausgefeilteres Schmiersy-

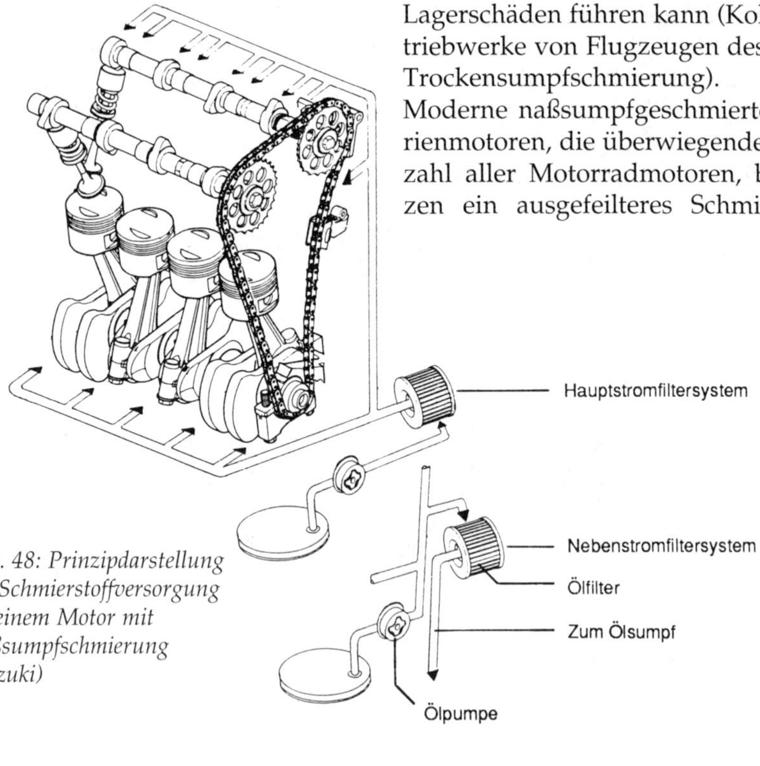

Abb. 48: Prinzipdarstellung der Schmierstoffversorgung bei einem Motor mit Naßsumpfschmierung (Suzuki)

stem und sind in der Ausformung ihrer Ölwanne durch eine geschickte Motorenkonstruktion vor solch unliebsamen Auswirkungen besser geschützt. Selbst bei schnellen Schräglagenwechseln saugt die Ölpumpe keine Luft mehr an.

• Um das Motoröl von Viertaktmotoren von den weiter oben erwähnten Schmutzpartikeln und Ablagerungen zu reinigen, werden Motorölfilter verwendet. Ohne Filter würde bei längerer Verweildauer des Motoröls der Verschleiß im Motor relativ rasch ansteigen, und Ablagerungen würden Lager, Ölkanälen und Schmieröltaschen auf die Dauer zusetzen. Notwendige kurze Ölwechselintervalle alter Motoren (alle 2.500 km) künden noch von solch filterlosen Zeiten.

Abb. 49: Verschiedene Sorten von Motorölfiltern
Ölfiltereinsätze (Papierfilter) verraten sich durch ihr ungeschütztes, gefaltetes Äußeres. Sie sitzen in einem Extragehäuse am oder im Motorblock.Ölfilterpatronen werden in der Regel ohne zusätzliches Gehäuse von außen aufgeschraubt (Papierfilter im Stahlblechtopf).

Man unterscheidet Hauptstromfilter- und Nebenstromfiltersysteme.

• Bei einem Motor mit einem *Hauptstromfiltersystem* passiert die *gesamte* Ölmenge des Motors den Filter, bevor sie zu den Schmierstellen gelangt. Ein Überströmventil (Bypassventil) gewährleistet bei einem verstopften Filterelement die Versorgung der Schmierstellen mit (dann aber ungereinigtem!) Motoröl. Der Hauptstromfilter wird dabei umgangen. Ein Überdruckventil im Leitungssystem baut ungewöhnlich hohe Öldrücke ab. Kaltes, zähflüssiges Motoröl, vor allem beim Kaltstart im Winterbetrieb, ist eine Ursache für solche hohen Drücke. Sie gefährden Ölleitungen und lassen Leitungsanschlüsse sowie Gehäusedichtungen leck werden.

Ein Rückschlagventil in den Steigeleitungen verhindert bei Motorstillstand das Zurücklaufen des Motoröls aus den oberen Schmierstellen in den Sumpf. Wird der Motor gestartet, kann die Schmierung in diesem Motorbereich ohne Unterbrechung wieder einsetzen.

• Bei einem Motor mit einem Nebenstromfiltersystem wird immer nur ein Teil der Gesamtölmenge gereinigt. Während der Hauptstrom des Motoröls am Nebenstromfilter vorbei zu den Schmierstellen gedrückt wird, fließt nur ein geringer Prozentsatz durch diesen Filter. Somit wird das gesamte Motoröl zwar langsamer gereinigt, aber:

1. Es kann ein feinerer Filter verwendet werden, der das Motoröl sorgfäl-

tiger reinigt als ein Hauptstromfilter. Dessen Filterporen dürfen dem umlaufenden Öl nämlich ein nicht zu großes Hindernis in den Weg legen.
2. Bei verstopftem Filter ist die Ölversorgung des Motors nie unterbrochen. Das Druckumlaufsystem einer Nebenstromfilteranlage kann auf das Überströmventil und die Bypassleitung verzichten.

• Die Ölmenge im Motor ist vom Konstrukteur genau festgelegt und sollte im Rahmen der Toleranz peinlich genau eingehalten werden.
Zuviel Öl im Motor, über das Maximum hinaus (Ölmeßstab bzw. Schauglas am Motorgehäuse), erhöht den Druck im Motorgehäuse, da Kurbelwelle und Ausgleichsgewichte energisch ihren Platz beanspruchen. Der Druckanstieg könnte Dichtungen und Ölleitungen durchlässig machen. Außerdem tritt aus der Motorentlüftung bei höherer Drehzahl Motoröl aus. Endet die Entlüftung im Luftfiltergehäuse, wie das bei modernen Motorrädern Vorschrift ist, wird das oft aus Papier bestehende Filterelement verstopft. Erfolg: der Motor bekommt deutlich weniger Luft, verliert an Leistung und braucht mehr Kraftstoff. Wurde gar viel zuviel Motoröl eingefüllt (versehentliche Doppelfüllung beim Ölwechsel), entwickelt der Motor eine starke Rauchwolke und säuft ab. Das aus der Entlüftung austretende Motoröl hat den Luftfilter überschwemmt und den Motor erstickt. Geht die Motorentlüftung unmittelbar nach außen, kann eine Ölspur auf der Straße eine gefährliche Unfallursache bilden (von der Umweltverschmutzung ganz abgesehen).
Ein zu *niedriger Ölstand* im Motor, unter Minimum (Ölmeßstab), erhöht den Verschleiß und kann bei weiterem Absinken zu ernsten Schäden führen:

- Die Kurbelwelle schlägt die zu geringe Ölmenge im Kurbelgehäuse zu Schaum. Dessen Luftblasen verringern die Schmierfähigkeit des Motoröls. Lagerschäden und Überhitzungserscheinungen an Kolben und Kolbenlaufbahnen entstehen.
- Das Motoröl erhitzt sich in unzulässiger Weise und verliert Schmierfähigkeit, weil der ideale Temperaturbereich überschritten wurde.
- Die Molekülketten der Additive im Öl werden zerstört, und die guten Schmiereigenschaften des Motoröls sind Vergangenheit.

1.5.2 Wie Viertaktmotoren geschmiert werden

Viertaktmotoren werden im Motorradbau von einer **Druckumlaufschmierung** mit Ölpumpe und Ölfilter versorgt. Sowohl Naßsumpf- als auch Trockensumpfschmiersyteme werden druckumlaufgeschmiert.
Bei einigen Straßenmotorrädern (Honda CB 750, Triumph 750 Bonneville) sowie einigen Enduros (Yamaha XT 600) und an etlichen Rennsportmotorrädern wird die

Trockensumpfschmierung bevorzugt.

Die moderne Naßsumpfschmierung ist die Regelausrüstung aller anderen Viertaktmotoren.

• Die Druckumlaufschmierung funktioniert folgendermaßen:

Von einem Ölbehälter (Trockensumpfschmierung) oder vom Ölsumpf im unteren Kurbelgehäuse aus (Naßsumpfschmierung) wird das Motoröl durch ein feines Maschensieb, das grobe Verunreinigungen wie Dichtmittel- oder verbrannte und verklumpte Ölreste zurückhalten soll, von der Ölpumpe angesaugt. Über Bohrungen und Kanäle im Gehäuse, Wellen und Leitungen, wird das Motoröl mit einem bestimmten Druck zu seinen Arbeitsplätzen geleitet. Zumeist ist unmittelbar nach der Ölpumpe noch ein Ölfilter zur Feinauslese von Schmutzpartikeln zwischengeschaltet. Überdruck- und Rückschlagventile sorgen für einen gleichmäßigen Ölfluß und einen geregelten Druck im Ölkreislauf.

Von den Schmierstellen läuft und tropft das Motoröl dann zurück in den Motorsumpf.

• Die wichtigsten Schmierstellen im Motor sind:

1. die Kurbelwellenlager (Gleitlager, Wälzlager)

2. die Pleuellager mit Kolbenbolzenlager und Hubzapfenlager (Gleitlager, Nadellager)

3. bei hochbelasteten Motoren eine Spritzdüsenkühlung der Kolbenböden von unten

4. die Nockenwellenlager mit Nokkenwelle und der Rest des Ventiltriebs

5. die Zahnräder des Primärantriebs sowie der Nockenwellenantrieb

6. bei einem gemeinsamen Ölhaushalt auch das Getriebe

• Die vom Druckumlaufsystem nicht unmittelbar versorgten Baugruppen wie Zylinderwandung und Kolben sowie der Primär- oder der Nockenwellenbetrieb werden durch Schleuderöl, welches durch die im Motorgehäuse drehenden Teile produziert wird, geschmiert.

• **Tauchschmierung** heißt es, wenn die zu schmierenden Teile sich im Ölbad drehen. Das ist beispielsweise beim Schaltgetriebe und bei kardanangetriebenen Motorrädern im Hinterachsgetriebe der Fall.

• Das wichtige Aggregat »Ölpumpe« wird in Viertaktmotoren vor allem von zwei Repräsentanten vertreten. Der eine ist die **Zahnradpumpe**, der andere die **Eaton-** oder **Rotorpumpe**.

Den richtigen Pumpentyp sucht der Konstrukteur nach der geplanten Art der Motorschmierung (Naß- oder Trockensumpf) sowie nach den verwendeten Kurbelwellen- und Pleuellagern des zu konstruierenden Motors aus.

Gleitlager brauchen einen größeren Öldruck, da der Schmierfilm sich zwischen Lagermaterial und Lagerwelle schieben muß. Hierzu ist die *Eatonpumpe* am besten geeignet, da sie die dafür notwendigen hohen Schmiermitteldrücke erzeugen kann.

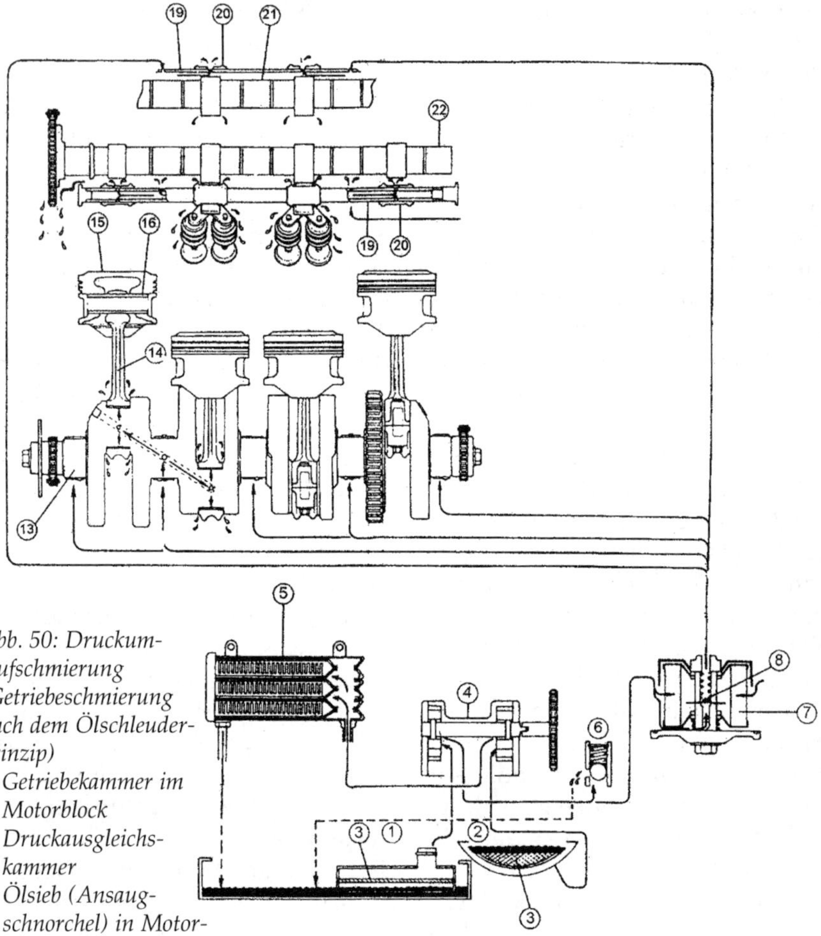

Abb. 50: Druckumlaufschmierung (Getriebeschmierung nach dem Ölschleuderprinzip)

1 Getriebekammer im Motorblock
2 Druckausgleichskammer
3 Ölsieb (Ansaugschnorchel) in Motor- und Getriebeölsumpf
4 Ölpumpe (Doppelpumpe)
5 Ölkühler
6 Überdruckventil (entläßt bei Überdruck im System Motoröl so lange zurück in den Sumpf, bis die Druckverhältnisse in Ordnung sind)
7 Motorölfilter
8 Bypaß-Ventil im Filter (läßt bei blockiertem Motorölfilter über eine Umgehung des Filterelementes das Motoröl direkt zu den Schmierstellen gelangen)
13 Kurbelwelle (Drucköl)
14 Pleuel (Drucköl)
15 Kolben (Schleuderöl)
16 Kolbenbolzen (Schleuderöl)
19 Schlepphebelwelle des Ventiltriebs (Spritz- und Schleuderöl)
20 Schlepphebel (Drucköl über die Nockenwelle)
21 Auslaßnockenwelle (Drucköl)
22 Einlaßnockenwelle (Drucköl)
(Kawasaki GPZ 900 R)

Abb. 51: Eaton-Ölpumpe (Trochold-Ölpumpe) für hohe Öldrücke

Funktion:
Der innere, sternförmige Rotor der Pumpe wird vom Motor angetrieben und treibt den äußeren, ringförmigen an. Das Zusammenwirken beider Teile öffnet und schließt die Hohlräume zwischen den Rotoren, so daß auf der einen Pumpenseite ein Unterdruck, auf der anderen ein Überdruck entsteht. Eaton-Pumpen müssen nach dem Öffen stets entlüftet werden, sonst können sie kein Öl mehr fördern.
(Harley-Davidson)

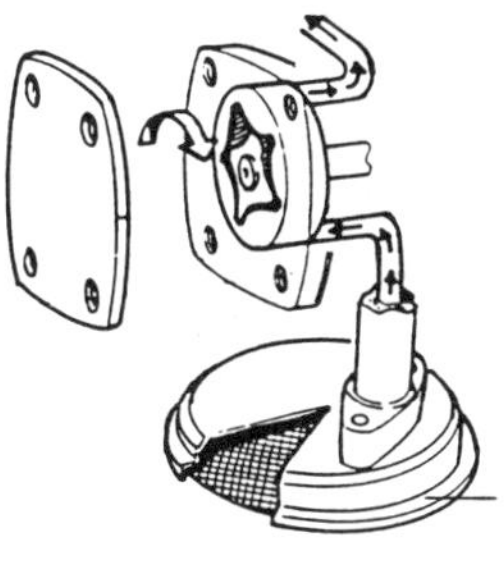

Abb. 52: Funktionsdarstellung einer Eaton-Ölpumpe

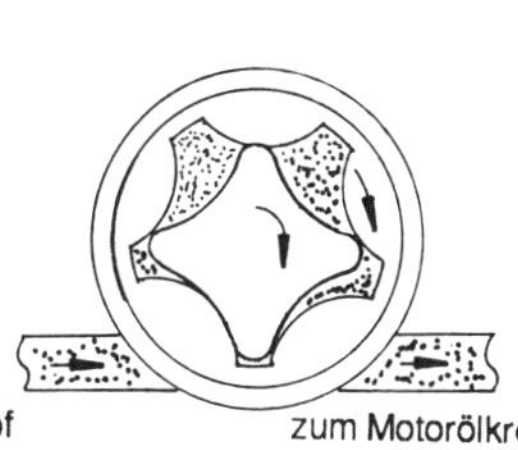

Die *Zahnradpumpe* wird gerne für wälzgelagerte Wellen verwendet. Wälzlager sind unempfindlicher als Gleitlager. Bei ihnen wird der Lagerdruck von vielen Rollen oder Kugeln gleichmäßig aufgenommen. Die zu schmierende Lageroberfläche ist dementsprechend klein.

• Die meisten heute hergestellten Viertaktmotoren haben ein gemeinsames Gehäuse und eine gemeinsame Ölversorgung für Motor und Getriebe. Es gibt allerdings noch einige Marken mit getrennten Arbeitsräumen, etwa die Boxer- bzw. die Reihenmotormodelle von BMW oder Moto Guzzis V 2 -Triebwerke. Nicht zu vergessen: Harley Davidson, die Marke, die auf Tradition im Motorbau größten Wert legt, sowie die Honda CX 500 und alle alten englischen Motorräder.

Einfacher ist die gemeinsame Schmierung und technisch vertragen sich Motor- und Schaltgetriebeschmierung ohne Probleme. Doch war es aus Reparatur- und Wartungsgründen früher, als Motorräder noch anfälliger waren, ein Vorteil, beide voneinander getrennt zu halten.

In jedem Fall sollte man sich vergewissern, ob das eigene Motorrad eine separate Getriebeschmierung besitzt, um vergessene Ölwechsel zu vermeiden.

• Ein funktionsfähiges Schmiersystem im Motors hängt unmittelbar von der Ölmenge ab. Deshalb ist es eminent wichtig, den Motorölstand nicht unter die Minimummarkierung absinken zu lassen. Ideal ist es,

Abb. 53: Die Zahnrad-Ölpumpe

Funktion:
Die in einem Gehäuse ineinander kämmenden Zahnräder werden vom Motor angetrieben. Da die Spitzen der Zahnräder gegenüber der Gehäusewandung nur ein minimales Spiel aufweisen, sind die Räume zwischen den einzelnen Zähnen recht gut abgedichtet. Das bewirkt entsprechend der Laufrichtung der Pumpenräder am Pumpeneingang einen Unterdruck und am Pumpenausgang einen Überdruck. In den Zwischenräumen der Zahnräder wird das Öl transportiert. So entsteht ein stetiger Ölstrom, dessen Druck von der Umdrehungsgeschwindigkeit der Zahnräder abhängt. Wegen der guten Abdichtung der Zahnzwischenräume kann (begrenzt) auch Luft gepumpt werden, so daß die Zahnradpumpe nach einer Demontage nicht entlüftet werden muß. Sie entlüftet sich selber.

wenn der Ölpegel ständig dicht an der Maximalmarke steht. Beim Nachfüllen geht es im übrigen nicht nur darum, den vorgeschriebenen Ölpegel einzuhalten, sondern auch um die Auffrischung der Additive. Weil deren Wirksamkeit im Laufe vieler Kilometer zurückgeht, bringt ein regelmäßiges Auffüllen des Öls auch eine Verbesserung der Motoröleigenschaften. Das ersetzt natürlich nicht den fälligen Ölwechsel. Regelmäßige Ölstandskontrollen sollten mindestens wöchentlich, am besten vor jedem Fahrtantritt stattfinden! Hierbei kann man auch gleich den Ölverbrauch feststellen:

- Bis zu *einem Liter* Motorölverbrauch auf 1000 km ist alles in Ordnung!
- Ab einem Liter kann man schon an der blauen Fahne beim Gaswegnehmen erkennen, wo das verbrauchte Motoröl abgeblieben ist: es verbrennt. Natürlich kann es auch durch Undichtigkeiten am Motor auslaufen. Also, Augen auf!
- Bleibt der Ölstand verdächtig gleich oder steigt er gar an, und riecht das Motoröl nach Sprit, wenn man die Nase daranhält, dann ist etwas faul im Motor. Oft haben Kolben und Zylinderlaufbahn dann zuviel Spiel. Der Kraftstoff aus dem Gemisch kondensiert im Kurbelgehäuse und gelangt ins Motoröl. Bei Motoren mit langer Laufzeit in Verbindung mit häufiger Kurzstreckenfahrerei ist dies ein wohlbekanntes Phänomen.

- Ein regelmäßiger Ölwechsel ist wichtig, weil auch das beste Motoröl, obwohl durch den Filter gereinigt und wohltemperiert, nach etlichen tausend Kilometern seinen Geist aufgibt. Es ist gealtert und hat einen Teil seiner guten Eigenschaften verloren. Reguläre mineralische und synthetische Mehrbereichsöle, sogenannte HD-Öle, die durch API- bzw.

CCMC-Klassen (ACEA) spezifiziert werden (siehe hierzu auch das Unterkapitel 1.5.4 »Motorenöle, Geheimnisse eines Lebenssaftes«) haben Wechselintervalle von 3.000 bis 10.000 km. Moderne vollsynthetische Motorenöle wie das Castrol Formula RS, oder teilsynthetische, wie das Shell Quatro TX, müssen beispielsweise erst nach etwa 10.000 km gewechselt werden.

Einmal in jedem Jahr sollte in jedem Fall ein Motorölwechsel stattfinden.

• Ein Ölwechsel sollte *immer* bei warmgefahrenem Motor erfolgen. Dann ist das Öl so dünnflüssig wie Wasser. Die reinigenden Additive entfalten sich voll, und das Öl spült alle aufgenommenen Schmutzpartikel, die der Filter nicht aufgefangen hat, mit Leichtigkeit aus dem Motor hinaus.

Doch Vorsicht! Jeder Tropfen Motoröl im Boden versaut etliche Liter Trinkwasser. In unserer schutzbedürftigen Natur sollte jeder sein Motoröl sorgfältig sammeln und es zusammen mit Ölfiltereinsätzen und gebrauchten Putzlappen bei einer öffentlichen Ölsammelstelle abgeben (ist kostenlos)!

1.5.3. Wie Zweitaktmotoren geschmiert werden

Bei Zweitaktmotoren gibt es die einfache Mischungsschmierung und die Frischölschmierung mit Förderpumpe.

• Bei der Mischungsschmierung wird ein bestimmtes Maß an Zweitaktöl vor Einfüllen des Kraftstoffes in den Kraftstofftank hineingeschüttet. Es vermischt sich mit dem Kraftstoff zur Zweitaktmischung. Je nach Motorentyp beträgt das Mischungsverhältnis ein Liter Zweitaktöl auf fünfzig Liter Kraftstoff (1:50) oder 1:40; 1:25; 1:20.

Ein falsches Mischungsverhältnis hat charakteristische Auswirkungen:

- Die Mischung ist zu fett (z.B. 1:25 statt 1:50): Der Motor qualmt wie eine brennende Zigarettenfabrik; er läuft schlecht, die Zündkerzen verölen. Die Maschine springt dadurch sehr schlecht an. Fährt man längere Zeit mit einem zu fetten Gemisch, bildet sich viel Ölkohle im Motor und im Auspufftrakt. Der Motor verliert stark an Leistung.
- Die Mischung ist zu mager (z.B. 1:40 statt 1:20): Der Motor wird heiß. Er neigt zu Kolbenklemmern, da die Schmierung ungenügend ist. Fährt jemand länger mit einer zu mageren Mischung, entstehen Schäden an den Pleuel- und Kurbelwellenlagern. Außerdem verschleißen Kolbenringe und Zylinder auffallend schnell.

Vorteil der Mischungsschmierung ist die einfache Handhabung. Nachteile ergeben sich, wenn der Gasgriff geschlossen ist und kaum Kraftstoff-Luft-Ölgemisch in den Zylinder gelangt. Dann magert die Schmierung gefährlich schnell ab. Es gelangt kaum mehr Öl zu den Schmierstellen im Motor. Bei längeren Bergabfahrten ohne Gasgeben kann der Motor Schaden nehmen. Ein anderer Nachteil ergibt sich aus der Tatsache, daß die Öl-Kraftstoffmischung auf Vollgasfahrt eingerichtet ist, der Motor somit im Teillastbereich stets überfettet gefahren wird. Das forciert die Ölkohleproduktion und mindert auf Dauer die Motorleistung.

• Die **Frischölschmierung** mit Förderpumpe und separatem Öltank wurde entwickelt, um dem Motor bei jedem Belastungszustand die richtige Dosis Öl zu verpassen. Meist vom Gasdrehgriff aus gesteuert, saugt eine Pumpe das Öl aus einem separaten Tank und spritzt es in den Vergaser oder den Ansaugkanal ein. Dort mischt es sich mit der angesaugten Kraftstoff-Luftmischung.

Einige Hochleistungszweitakter spritzen ihre Öldosis auch direkt in den Kurbelraum ein. Das verbessert den Schmiereffekt zwar erheblich, ist aber auch teurer in der Herstellung.

Vieleicht erhebt sich jetzt die Frage: Wieso kann ein Zweitaktmotor über längere Zeit funktionieren, dessen Lager und Zylinderlauffläche nur durch Ölbeimengungen im Kraftstoff geschmiert werden?

Im Kurbelgehäuse des Zweitaktmotors kondensiert das Zweitaktöl, ein gutes HD-Einbereichsöl mit bestimmten Additiven (es gibt mittlerweile auch synthetische Zweitaktöle), aus dem Kraftstoff-Luft-Ölgemisch aus. Dabei hilft die Fliehkraft der Kurbelwelle, weil beim Einlassen des Zweitaktgemisches durch die Zentrifugalkraft das schwerere Zweitaktöl vom leichteren Kraftstoff getrennt wird. Die bei Zweitaktmotoren verwendeten Wälzlager an Kurbelwelle und Pleuel benötigen nur extrem wenig Schmierstoff. Selbst die Verdünnung des Zweitaktöls mit Kraftstoff macht ihnen nichts aus. Hat der Motor seine Betriebstemperatur erreicht, was bei Zweitaktern recht schnell geht, wird der Effekt optimiert, weil der Kraftstoff dann in der Kurbelkammer vergast, während sich die meisten Ölanteile aus der Zweitaktmischung an den Motorinnereien niederschlagen. Trotzdem gelangt noch ein gehöriger Ölanteil in den Zylinderraum, wo er mit verbrannt wird.

Die Schmierung von Kurbelwellenlager, Pleuellager und Kolbenlaufbahn erfolgt sowohl vom Kurbelgehäuse aus durch die Öldünste als auch durch die Ölbestandteile aus der Mischung im Zylinderraum. Selbst nach dem Verbrennungstakt reichen die Ölreste im Zylinder noch zur zusätzlichen Schmierung der Kolbenringe.

Zweitaktmotoren ist eine gemeinsame Schmierung von Motor und Getriebe schon immer fremd gewesen. Lediglich die äußeren Kurbelwellenlager werden bei einigen Motoren vom Getriebe aus versorgt. Wenn also scherzhaft nach dem Motorölstand eines Zweitakters gefragt wird, läßt sich getrost auf den Getriebeölstand verweisen. So entgeht man dem unvermeidlichen Gelächter nach dieser schon traditionellen

Scherzfrage: Ein Zweitaktmotor hat keine Ölfüllung im Motorgehäuse und folglich auch keinen Motorölstand!

1.5.4. Motorenöle: Geheimnisse eines Lebenssaftes

Motorenöle

• Motorenöle gehören zu den flüssigen Schmierstoffen. Als sogenannte mineralische Öle werden sie aus Erdöl hergestellt.

• Vollsynthetische Motorenöle sind künstlich produzierte Flüssigkeiten, die chemisch mit Erdöl nichts zu tun haben.

• Teilsynthetische Motorenöle haben als Grundöl entweder ein hochwertiges mineralisches Öl oder ein synthetisches Öl.

Die großen Leistungssteigerungen der Verbrennungsmotoren in den letzten beiden Jahrzehnten und die unterschiedlichen Geschwindigkeitsbestimmungen der Länder haben zu einer Spezialisierung auch der Motorenöle geführt. Aus diesem Grund ist es heute erforderlich, den Einsatzbereich eines Motors zu definieren, um das passende Motorenöl dazu aussuchen zu können.

Für diesen Bereich (Klima und Fahrweise) gelten dabei die Spezifikationen über Motorenöle, die der Hersteller des jeweiligen Motorrades in seinem Bordbuch angibt.

Viskosität und Temperaturbereich

• Von besonderer Bedeutung für die Schmierfähigkeit aller Öle ist ihre **Viskosität** (Zähflüssigkeit). Sie ist je nach Ölsorte unterschiedlich groß, nimmt aber mit steigender Temperatur ab.

• Die Viskosität ist ein Maß für die innere Reibung, die dem Fließen des Schmieröls Widerstand entgegensetzt. Von der amerikanischen Vereinigung der Ingenieure SAE (**S**ociety of **A**utomotive **E**ngineers) wurden zur Vereinheitlichung die **SAE-Viskositätsklassen** eingeführt. Sie sind mittlerweile internationaler Standard.

• Für den Kaltstart brauchen wir in unseren Motorradmotoren ein dünnflüssiges Öl. Denn nur dünnflüssig eignet es sich zur Schmierung von Lagern, Kolben und Zylindern sowie Zahnrädern und Ketten.

• Erwärmt sich das Öl durch den Motorenlauf auf Betriebstemperatur, darf die Außentemperatur des Landstriches, in der die Maschine bewegt wird, nicht zu hoch sein. Denn dünnflüssiges Öl wird sich infolge der zusätzlichen Temperaturgrade weiter verdünnen und dabei seine Schmierfähigkeit einbüßen.

• Da Motorenöle eine unterschiedliche Unter- und Obergrenze ihrer Schmierfähigkeit besitzen, setzt man bei niedrigen Temperaturen dünnflüssige, bei hohen dickflüssige Öle ein. Diese **Einbereichsöle**, die den Jahreszeiten entsprechend früher in alle Viertakt-Verbrennungsmotoren eingefüllt wurden, sind ihrer Viskosität nach in Klassen aufgeteilt. Ein **W** hinter der Ziffer gibt an, daß es sich um ein Winteröl handelt (z.B. SAE 20 W). Die nachfolgende Tabel-

le gibt einen Einblick in die verschiedenen SAE-Klassifizierungen.
Weil es in unseren Breiten innerhalb einer Jahreszeit recht große Temperaturschwankungen gibt, und Öle mit schmalem Einsatzbereich dementsprechend oft zu wechseln wären, hat die Ölindustrie neue Ölsorten entwickelt. Diese **Mehrbereichsöle** überbrücken größere Temperaturschwankungen und können deshalb ganzjährig benutzt werden.

• Es ist wichtig zu wissen, daß die SAE-Viskositätsklassen über die Qualität eines Öls nichts aussagen. Hierzu dienen die **CCMC (ACEA)-Spezifikationen**, **API-Klassifikationen** und **MIL-Spezifikationen**, die auf jedem Ölbehälter zu finden sind.

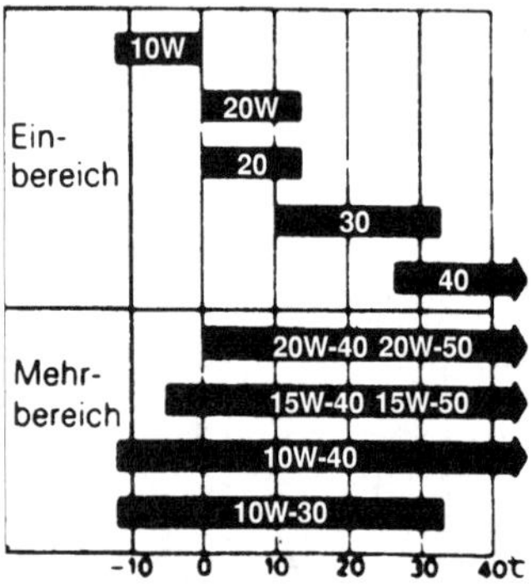

10W: sehr dünnflüssig / 20W: dünnflüssig
30: flüssig / 40: zähflüssig / 50: dickflüssig

Abb. 54: Temperatur-Viskositäts-Diagramm (Honda)

Mehrbereichsöle und ihr Einsatzbereich

• Motoröle werden in der Regel mit chemischen Zusätzen und anderen Additiven versehen.

• Bei Mehrbereichsölen verbreitern sie den wichtigen Viskositätsbereich, und bei Einbereichsölen verstärken sie die Festigkeit des Schmierfilms.

• Die Anforderungen des modernen Motorenbaus erlauben nur noch den Einsatz von hochlegierten Ölen.

• Während die Viskosität lediglich die Zähflüssigkeit des Öles vergleichbar macht, soll der Zusatz **HD** (**H**eavy **D**uty = Hochleistung) nach der amerikanischen Norm auf die Qualität verweisen. Die Bezeichnung HD ist aber mittlerweile überholt, da es weltweit nur noch Hochleistungsmotorenöle und Getriebeöle gibt.

• HD-Öle sind miteinander mischbar!

• Das **A**merikanische **P**etroleum **I**nstitut (API) hat Klassifizierungen für HD-Motorenöle geschaffen, die früh erlaubten, Qualitätsunterschiede unter diesen Ölen klar zu erkennen.

• Die API-Klassen waren bis zum Anfang der achtziger Jahre weltweit der dominierende Qualitätsmaßstab für Motoröle. Sie sind heutzutage für Europa zwar immer noch wichtig, aber nicht mehr marktbeherrschend. Erfüllt ein Motorenöl nur die Anforderungen nach API, dann kann es die Ansprüche moderner europäischer und japanischer Motorenhersteller nicht mehr erfüllen. Der Grund: Die API-Klassen sind auf die Anforderungen der amerikanischen Motoren und der dortigen Verkehrsverhältnisse mit ihren restriktiven Geschwindigkeitsbegrenzungen abgestellt. Die sehr viel anspruchsvolleren europäischen und japanischen Motorenhersteller (geringerer Hubraum, höhere Verdichtung, höhere Drehzahlen, höhere spezifische Leistung bei Automotoren usw. und höhere Durchschnitts- und Spitzengeschwindigkeiten) fordern einem Motorenöl mehr ab, als in den API-Klassen vorgesehen ist. Das betrifft auch uns Motorradfahrer, weil auch wir in den vergangenen Jahrzehnten Motorenöle nach der API-Klassifizierung in unseren Motoren verwendet haben. Die Motorenölhersteller gingen bald daran, ihre mineralischen, synthetischen und halbsynthetischen Produkte auf die europäischen Verhältnissen abzustimmen. Der Grund lag darin, daß die europäischen Automobilhersteller vom »**C**ommittee des **C**onstruc-teurs d'Automobiles du **M**arche **C**ommun« (»**CCMC**«), das inzwischen von der **ACEA** (»**A**ssociation des **C**onstructeurs **E**uropeene d'**A**utomobiles«) abgelöst wurde, in Zusammenarbeit mit dem CEC (»**C**oordinating **E**uropean **C**ouncil«), eine Reihe von Test entwickeln ließen, die zur Prüfung von Ölen für Motoren europäischer Herkunft her-

API-Service-Klassen für Ottomotoren

(Quelle u.a. Shell PAE-Labor Forschung + Entwicklung)

SA: Unlegierte Öle

SB: Öle mit Zusätzen für den Alterungsschutz und Anti-Verschleiß-Additiven.

SC: Öle dieser Klasse deckten 1964-67 die Anforderungen amerikanischer Motorenhersteller ab.

SD: Für US-Fahrzeuge der Baujahre 1968-71. Einsatz in Ottomotoren; befriedigendes V.T.-Verhalten (V.T. = Viskosität/Temperatur: die Öle verändern sich unter dem Einfluß der Temperatur); erhöhter Schutz gegen Korrosion und unerwünschte Ablagerungen.

SE: Verbessertes SD-Öl für die Baujahre 1972 bis etwa 1980. Einsatz in Ottomotoren. Das Öl genügt höheren Anforderungen als die SD-Öle.

SF: Verbesserter Schutz gegen Oxydation, Verschleiß, Ablagerungen und Korrosion, entsprechend den Anforderungen der USA-Motorenhersteller ab 1980. Einsatz in Ottomotoren. Das Öl genügt hohen Anforderungen.

SG: Seit März 1988 gültig mit erhöhten Anforderungen bezüglich Alterung und Kälteschlamm. Einsatz in Ottomotoren. Das zur Zeit zweitbeste Motorenöl.

Die **C**-Klassen, die API-Commercial-Klassen, brauchen uns nicht zu interessieren. Sie beziehen sich auf Motorenöle für Dieselmotoren.

SH: Seit 1993 gültig. SH-Öle müssen die vorgeschriebenen unterschiedlichen Testprozeduren unter besonders strengen, kontrollierten Bedingungen bestehen. Einsatz in Ottomotoren. Das zur Zeit beste mineralische Motorenöl!

CCMC-(ACEA-) Klassifikationen für Ottomotorenöle

(Quelle Shell PAE-Labor Forschung + Entwicklung)

G1: Definierte Mindestanforderungen an Motorenöle für Pkw mit Ottomotoren, Qualitätsniveau entsprechend API-SE. G1 ist seit April 1989 ungültig!

G2: Gegenüber G1 auf API-SF angehobenes Qualitätsniveau; für Öle herkömmlicher Viskositätsklasse, also nicht für Leichtlauföle! An die Stelle von G2 ist seit April 1989 G4 getreten!

G3: Gilt für Leichtlauföle; über API-SF hinausgehendes Qualitätsniveau. G3 ist seit April 1989 durch G5 ersetzt!

G4: Eine Vergleichbarkeit mit der API-Klassifizierung ist nur bedingt möglich (G4 übertrifft SF und erfüllt größtenteils SG). G4 repräsentiert, wie früher G2, die herkömmlichen Mehrbereichsöle. Erhöhte Anforderungen bestehen hinsichtlich der Verdampfungsverluste, der Schaumdämpfung, der Alterungsbeständigkeit, der Rückstandsbildung bei hohen Temperaturen einschließlich der Kaltschlammbildung und des Verschleißes im Bereich der Ventilführungen.

G5: Die seit 1989 gültige Klasse für Leichtlauföle. Alle unter G4 genannten höheren Anforderungen gelten selbstverständlich auch für G5. Darüber hinaus müssen G5-Öle einen aus 30 Zyklen bestehenden Test in einer Bosch-Diesel-Einspritzpumpe bei 100° C ohne entscheidenden Viskositätsverlust überstehen. Das ist wichtig, weil ein Leichtlauföl (z.B. 5W-40) bei hohen Motortemperaturen nur dann zuverlässigen Schutz bieten kann, wenn es sich als viskositätsstabil erweist. Strenger als in G4 sind außerdem die Anforderungen hinsichtlich der Verdampfungsverluste. Hierzu wird in G5 von einem Leichtlauföl gefordert, daß es nach einer Stunde bei 250° C höchstens 13% seiner Masse durch die Verdampfung leichter Bestandteile verliert. Die Einhaltung dieser Grenzwerte ist wichtig, weil das Öl andernfalls zu stark eindickt und damit seine guten Kaltstarteigenschaften verliert würde. Außerdem: Je höher die Verdampfungsneigung, desto höher der Ölverbrauch des Motors und damit die Umweltbelastung.

angezogen wurden. Die auf diese Weise geprüften Öle setzen Standards, die auch den Motoren der in Europa gefahrenen nichteuropäischen Motorräder (vorwiegend japanische Hersteller) zugute kommen.

Dabei stehen die Großbuchstaben **G** für **G**asolin (Ottomotoren); **D** für **D**ieselmotoren; und **PD** für **PKW-D**ieselmotoren.

(Quelle u.a. Shell PAE-Labor Forschung + Entwicklung)

Synthetische Motorenöle

• Synthetische und halbsynthetische Motorenöle sind HD-Öle und immer Mehrbereichsöle. Ihre Viskosität überspannt große Bereiche. Als Beispiel mag das Castrol Formula RS, SAE 10W 60 dienen, oder das BEL RAY-MC17, SAE 10W 50.

• Synthetische Öle haben einen niedrigeren Stockpunkt als mineralische HD-Öle (verfestigt sich ein Öl bei niedrigen Temperaturen zu einer fettähnlichen Substanz, so bezeichnet man das als den Stockpunkt des Öles), verdampfen bei höheren Temperaturen als mineralische HD-Öle, sind altersbeständiger, haben einen höheren Flammpunkt (Punkt, an dem sich das Öl selbst entzündet), und ihr Aschegehalt ist sehr gering (für Zweitaktmotoren wichtig).

• Zusätzliche Additive wirken druckaufnahmesteigernd, oxydations- und korrosionshemmend. Der einzige offensichtliche Nachteil ist der Preis.

• Synthetiköle sind mit HD-Ölen mischbar!

• Viertakt-HD-Mehrbereichsöle sollte man nur in Notfällen als Zweitaktöl verwenden. Sie haben einen relativ hohen Aschegehalt in den Verbrennungsrückständen, die zudem für den Motor schädliche Verbindungen enthalten, und verschmutzen den Verbrennungsraum und die Abgasanlage recht stark.

Schmiermittelzusätze

• Schmiermittelzusätze, im Handel frei erhältlich, sind, soweit sie auf der Basis von **Feststoffschmiermitteln** wie Molybdändisulfid bestehen, nicht schädlich für Motoren. Sie verringern die Innenreibung im Motorenöl, wodurch sich günstiges Kaltstartverhalten, ruhigerer Motorenlauf und bessere Abdichtung der Kolbenringe ergeben.

• Zusätze auf chemischer Basis werden von Schmierstoff- und Fahrzeugherstellern meist abgelehnt und sind sehr umstritten. Die Zusätze stören das Gleichgewicht der legierten, aktiven Zusätze der modernen hochwertigen Ein- und Mehrbereichsöle.

• Schmiermittelzusätze sind nicht billig und bei modernen Mehrbereichsölen eigentlich auch überflüssig. Es sei denn, man fährt Einbereichsöl (was kaum einer tut!) oder muß im Ausland auf Billigöle ausweichen (was heutzutage auch kaum mehr vorkommt).

• Die passende Ölsorte für die jeweiligen Motoren sowie etwaige Ausweichsorten sind in der Regel im Bordbuch verzeichnet.

• Zum Abschluß schauen wir uns noch einmal am Beispiel einer Ölsorte die Aufschlüsselung der Bezeichnungen an:

Motorenöl SAE 15W 50, Erstraffinat, entspricht API – SG/CD – CCMC – G5.

- **SAE** gibt uns die Viskosität an.
- **15W 50** sagt uns, daß es sich um ein Mehrbereichsöl handelt, dessen Stockpunkt erst bei Minus 28° Celsius liegt, wie bei einem Einbereichsöl SAE 15W.
- Die Zahl »**50**« gibt an, daß die Schmierfähigkeit des Öles bei Plus

170° C endet, das Öl somit die Eigenschaften des Einbereichsschmierstoffes **SAE 50** besitzt.

- Erstraffinat meint, daß das Öl nicht aus Altöl gewonnen wurde.
- **API – SG/CD – CCMC – G5**: API-SG deutet auf die zur Zeit zweithöchste Qualitätsstufe in der Hierarchie der Motorenöle für Ottomotoren nach dem amerikanischen Qualitätsstandard hin (siehe hierzu auch oben den Kasten über Qualitätsstandards).
- **CD** bedeutet die zur Zeit höchste Qualitätsstufe für Dieselmotoren. Wird in den API-Commercial-Klassen spezifiziert.
- Die Buchstaben **CCMC** stehen für den Qualitätsstandard der Vereinigung der europäischen Motorenhersteller, und die Bezeichnung **G5** zeigt beste Qualität für die Verwendung in Ottomotoren (siehe hierzu auch oben den Kasten über Qualitätsstandards).

Zweitaktöle

• Zweitaktöle sind Einbereichsöle SAE 40 bis 50. Ihre Additive sind so abgestimmt, daß keine störenden oder ätzenden Überreste nach der Verbrennung im Zylinder übrigbleiben (Veraschung des Öls).

Zweitaktöle können sowohl mineralisch als auch synthetisch oder gemischt aufgebaut sein.

Motorenöle und Reisen

• In sehr heißen Regionen der Erde kann die Verwendung einiger in den kühleren Regionen West-, Nord- und Osteuropas durchaus gebräuchlicher Ölsorten leicht zu Motorschäden führen! Die Molekülketten zerreißen dann trotz stabilisierender Additive (z.B. SAE 15W 40).

• Abhilfe bringen teilsynthetische oder vollsynthetische Motorenöle mit einem Viskositätsbereich von 5W bis 50 (SAE 5W 50)!

• Hilfreich ist es, die Temperaturtabellen für die einzelnen Ölsorten zu studieren, die im Bordbuch oder in den Werkstatthandbüchern der Motorradhersteller zu finden sind.

• Andererseits reicht im Winter, in den kühl-gemäßigten Regionen der Erde, bei sehr tiefen Temperaturen (unter -20° C), die Schmierfähigkeit normaler, bei uns verwendeter Mehrbereichsöle auch nicht mehr aus. Das Öl ist in der Kaltstartphase trotz Mehrbereichsfähigkeit zu dick und zu zähflüssig. Es wird nur sehr schlecht umgepumpt, schmiert nicht ausreichend und kann, wenn zu optimistisch am Gas gedreht wird, im Motor zu erhöhtem Verschleiß führen. Im Extremfall kommt es zu Kolbenklemmern und Kolbenfressern! In der Winterzeit ist es dort durchaus üblich, neben den sehr tauglichen Vollsynthetikölen der Viskosität SAE 5W 50 noch Einbereichsöle zu fahren, wie etwa SAE 5W oder SAE 10W.

• Doch wer fährt, außer einigen unentwegten Gespannfahrern (Kristallrallye in Norwegen) und anderen »verrückten« einheimischen Solofahrern mit Spikes und/oder Skiern (wie schalten die eigentlich?) noch in derart eisiger Winterskälte?

2. Motorinstandsetzung und Wartungsarbeiten

Bei der Herstellung von Motorradmotoren werden eine Vielzahl von unterschiedlichen technischen Lösungen angeboten. Dabei spielen der Einsatzzweck des Motors und sein Leistungsspektrum die wichtigste Rolle.

Im vorliegenden Buch beschränken wir uns auf einige wenige Motoren, die stellvertretend für die jeweiligen Techniken stehen. Ausgesucht wurden sie nach unserem eigenen Gusto sowie nach ihrer relativen Häufigkeit im Straßenverkehr. Begrenzt sind die in diesem Kapitel beschriebenen Motoreninstandsetzungs- und Wartungsarbeiten auf das unbedingt Notwendige.

Wichtige Schraubertips zuvor

1. Festsitzende Schrauben werden leicht abgerissen oder die Schraubenköpfe demoliert und unbrauchbar, versucht man, sie mit Gewalt zu lösen; dasselbe gilt auch für Muttern.

2. Strammsitzende oder angerostete Schrauben lösen sich recht gut durch einen kurzen, harten Schlag von oben auf den Schraubenkopf. Als Verlängerung des Hammerkopfes kann ein Austreibestift oder ein Stück Rundstahl benutzt werden.

3. Verdreckte Gewinde müssen vor dem Losschrauben unbedingt mit einer Stahlbürste gereinigt werden. Die gereinigten Gewindegänge werden mit Motoröl benetzt oder mit Rostlösespray behandelt, bevor Muttern abgeschraubt oder Schrauben herausgedreht werden. Etwa 10 Minuten einwirken lassen!

4. Stark verrostete Schraubverbindungen sprüht man am besten mehrmals ein, im 5-Stundenrhythmus und das über mehrere Tage. Zwischendurch werden mit Ring- oder Steckschlüssel Lösungsversuche unternommen. Dabei muß der Schlüssel jeweils zu Beginn vorsichtig hin- und herbewegt werden! Das Gewinde soll dadurch gelockert und dem Sprühmittel die Gelegenheit gegeben werden, tief einzudringen. Quietscht das Gewinde beim Lösen (vor allem bei Auspuffgewinden), muß es fortwährend geölt und durch Vor- und Zurückbewegungen des Schlüssels gegen Festfressen und damit Abreißen geschützt werden.

5. Sollte gar nichts mehr gehen, bleibt nur Aufmeißeln, Abbohren oder Abflexen der Schraubverbindung.

Zieht man ein Heißmachen der Schraubverbindung in Erwägung, ein in der Autoreparaturtechnik übliches letztes Mittel, dürfen Stehbolzen oder Schrauben in Aluminiumgehäusen nur max. 200° C heiß gemacht werden!

6. Ist das Unglück passiert, und ein Bolzen oder eine Schraube wurden aus ihrem Gewindeloch gerissen oder die Zündkerze im Zylinderkopf überdreht, kann ein neues, größeres Gewinde eingesetzt werden. Wo dies nicht geht, beispielsweise bei der Zündkerze, kann das Gewinde mittels eines Heli Coil-Einsatzes oder verwandter Systeme erneuert werden.

Heli Coil®-Werkzeug siehe Kapitel 2.1.1. »Zylinderkopf, Ventile, Nokkenwellen und Ventilsteuerung: Einfaches Prüfen der Einzelteile«.

• Auch Experten kann es passieren, vor allem beim Überkopfschrauben, daß sie nicht mehr wissen, wie herum eine Schraube zu lösen ist. Im Zweifelsfall braucht man sich dann nur vor Augen zu halten, wie ein Wasserhahn geöffnet wird; meist ist die geistige Blockade dann überwunden.

Ausbauen des Motors

Ist ein Motorausbau unausweichlich, weil für den geplanten Abbau von Zylinderkopf und Zylinder nicht genügend Platz zwischen Motorblock und Rahmen besteht, ergeben sich folgende Vorarbeiten, die wir hier nur schematisch wiedergeben.

Reinigen der Maschine

Vor den geplanten Demontagearbeiten reinigt man die Maschine von anhaftendem Schmutz und Ölresten. Besonders die verkrustete Schlamm- und Sandschicht an der Vorderfront des Motors, zwischen den Kühlrippen, wo sich um die Auspuffkrümmer herum gerne dicke Ablagerungen bilden, muß entfernt werden. Sorgfältig reinigen sollte man auch die Gehäusetrennstellen

Abb. 55: Vorarbeiten zum Ausbau eines Motors, illustriert am Beispiel einer Yamaha SR 500

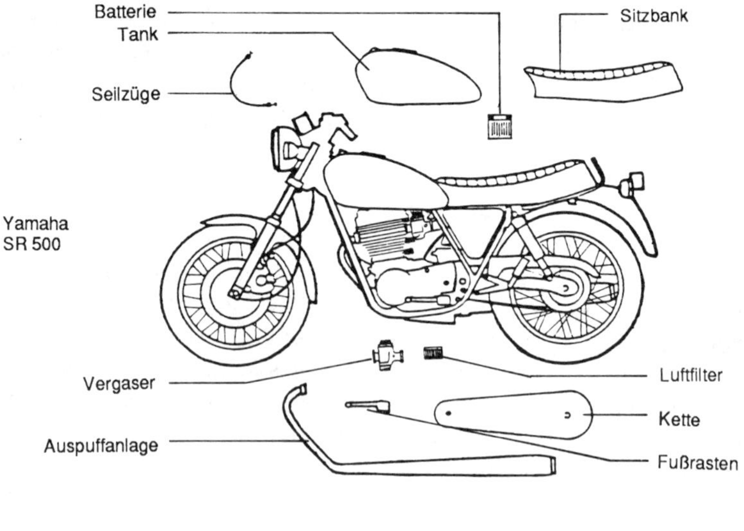

am Motor, damit dort später kein Schmutz in das Motorinnere hineingelangen kann.
Eine gründliche Wäsche erreicht man mit einem Dampfstrahler, den jede Tankstelle gegen ein geringes Entgelt zur Verfügung stellt. Doch sollte man hier den Strahl selbst führen, um ihn von den Radlagern, vom Luftfilter und den elektrischen Leitungen fernhalten zu können.
Wer ohne Dampfstrahler auskommen will oder muß, kann die verölten Teile mit einem Kaltreiniger säubern. Nach einer Einwirkdauer von zehn Minuten können die Teile mit warmem Wasser und einer kräftigen Bürste abgewaschen werden. Alle nicht mit Öl verschmutzten Blech- und Plastikteile am Motorrad lassen sich ausgezeichnet mit warmem Wasser und handelsüblichen Spülmitteln putzen.
Aus Gründen des Umweltschutzes ist es sinnvoll, alle diese Arbeiten auf einem Waschplatz für Kfz vorzunehmen, der mit einem Ölabscheider versehen ist (z.B. Waschplatz einer Tankstelle).

Motoröl ablassen

Bevor ein Motor ausgebaut wird, ist es zweckmäßig, das Motoröl abzulassen. Da es erhitzt leichter und restlos abfließt und außerdem eventuelle Ölschlammablagerungen vermieden werden, sollte die Maschine vorher warmgefahren werden. Danach stellt man sie auf den Hauptständer und dreht die Ölablaßschraube heraus. Bei Motorrädern ohne Hauptständer legt man einen passenden Holzklotz oder einen Stein unter den Seitenständer, damit es einigermaßen gerade steht. Unter den Motorblock wird eine Ölauffangschale gestellt. Das kann auch ein aufgeschnittener 5-Liter-Ölkanister sein.
Die Ablaßschraube zeigt sich meist, wenn man in Höhe des Kurbelgehäuses unter dem Motor oder an den Seiten der Ölwanne nachschaut. Bei Motoren mit Trockensumpfschmierung muß zusätzlich der Öltank im Rahmenrohr (bzw. separat am Rahmen befestigt) geleert werden (z.B. Yamaha SR 500).

Bei Motoren mit separater Ölversorgung des Getriebes muß darauf geachtet werden, die richtige Ablaßschraube zu erwischen!

Motorenausbau mit oder ohne Getriebe

Bei den meisten Motorradmotoren ist das Getriebe im Motorblock integriert und wird beim Motorausbau automatisch mit entfernt. Bei Motorrädern, bei denen Getriebe und Motor separat ausgeführt sind, muß in den allermeisten Fällen vor dem Motorausbau das Getriebe herausgenommen werden (BMW-Motorräder mit Zweiventil-Boxermotoren). Bei einigen anderen kann der Motor nach dem Entfernen eines Hilfsrahmens abgebaut werden, wobei das Getriebe mit dem Antriebsstrang im Rahmen verbleiben kann (Moto Guzzi V 2).

☞ Zum Motorausbau unbedingt das Werkstatthandbuch des Motorrades zu Rate ziehen!

Achtung: Motoren sind schwer! Hilfsperson einplanen!

Wassergekühlte Motoren

Hier sollte die Kühlflüssigkeit abgelassen werden. Zweckmäßigerweise leert man zuerst den Kühler und dann den Motorblock. Einige Kühler besitzen keine Ablaßschraube. Statt dessen läßt sich dann der untere Kühlerschlauch lösen.

Die Kühlflüssigkeit wird in einer sauberen Schüssel aufgefangen und später wieder gefiltert (durch ein sauberes Tuch laufen lassen) in den Kühler zurückgegossen. Genauso wird verfahren, nachdem der Ablaufstopfen am Zylinderblock herausgeschraubt wurde.

Fahrzeugbatterie abklemmen

Bevor Kabelverbindungen gelöst werden, ist die Batterie abzuklemmen, um Kurzschlüsse in den Leitungen oder Schäden an der Elektronik zu vermeiden.

Man löst immer zuerst den Fahrzeugmasseanschluß (Minuspol der Batterie), bevor die Plusleitung abgeklemmt wird. Beim Zusammenbau wird der Fahrzeugmasseanschluß zuletzt angeschlossen. Damit vermeidet man Kurzschlüsse zwischen der Fahrzeugbatterie und der Fahrzeugmasse, die zu Schäden an der Batterie, der Fahrzeugelektrik oder am verwendeten Werkzeug führen könnten.

Sekundärantrieb

Die Kraftübertragung vom Motor zum Hinterrad muß jetzt aufgetrennt werden. Bei Motoren mit Rollenkettenantrieb löst man den entsprechenden Seitendeckel, entfernt die Befestigungsschraube(n) des Kettenritzels, löst das Sicherungsblech und hebt anschließend Kette und Ritzel von der Getriebeausgangswelle ab. Die Kette wird mit Draht hochgebunden, damit sie beim Ausbau des Motors nicht stört. Natürlich kann auch das Kettenschloß geöffnet und die Kette abgezogen werden, doch ist dies oft ein unnötiger Aufwand.

Motorräder mit Kardanantrieb verlangen eine Trennung von Antriebswelle und Getriebeausgang, sofern der Motor nicht mittels Hilfsrahmen (siehe oben) aus dem Rahmen abzubauen ist. Die Nahtstelle ist das Kreuzgelenk in der Schwingenregion.

☞ Siehe hierzu auch das betreffende Werkstatthandbuch!

Kraftstofftank und Fahrwerksteile

In der Regel muß der Kraftstofftank abgebaut werden. Hierzu gehört oft die Demontage der Sitzbank, zumindest muß sie hochgeklappt und arretiert werden, bevor man an die Tankhalterungen gelangen kann.

Danach müssen die Fußrastenanlage sowie die Schalt- und Bremshebelmechanik entfernt werden.

Seilzüge, Schläuche, Drehzahlmesserwelle

- Große Einzylindermotoren besitzen eine Dekompressionseinrichtung, um das Starten des Motors zu vereinfachen. Deren Seilzug muß oben am Zylinderkopf abgebaut werden.

- Der Kupplungszug vom Lenker zum Motorblock wird nach dem Lösen der Einstellschrauben unten am Motorblock ausgehängt.

Ausnahmen gibt es nur bei Motoren mit separatem Getriebe (z.B. BMW-Zweiventil-Boxermotoren und Motoren der K-100 Serie), bei denen der Kupplungszug zum Getriebe führt.

- An flüssigkeitsgekühlten Motoren werden nach geleertem Kühlsystem die Verbindungsschläuche zum Kühler abgebaut, an Motoren mit Ölkühler die jeweiligen Anschlüsse zum Motor.
- Die Drehzahlmesserwelle zwischen Instrument und Motorblock wird entfernt oder hochgebunden. Bei OHC- oder DOHC-Motoren endet die Welle im Zylinderkopf, sonst an einer anderen Stelle am Motorgehäuse. Bei einigen Motorrädern endet die Welle im Getriebe.

Bei modernen elektronischen Drehzahlmessungssystemen wird das Kabel zwischen dem Instrument des Drehzahlmessers und dem Geber am Motor oder am Getriebe abgezogen bzw. abgeschraubt.

- Der Schlauch der Motorentlüftung zwischen Motorgehäuse und Luftfiltergehäuse muß abgenommen werden.

Zündanlage und Stromversorgung

- Die Steckerkontakte für die Lichtmaschine werden vom Kabelbaum getrennt. Falls keine Mehrfachsteckverbinder verwendet werden, in denen die Lage der einzelnen Leitungen unverwechselbar festgelegt ist, sollte man sich unbedingt die Zuordnung der einzelnen Kabel nach Farbe und Lage aufzeichnen.
- Kerzenstecker und Zündkabel werden abgezogen und hochgebunden. Die Zündkerzen verbleiben im Motor. Bei Mehrzylindermotoren sollte man sich die Zuordnung der Zündleitungen zu den Zündkerzen der einzelnen Zylinder aufschreiben oder die betreffenden Leitungen markieren, um die Zündfolge nicht durcheinander zu bringen (sehr wichtig!).

Auspuffanlage

Das Schwierigste an der Entfernung der »Dröhntütenanlage« sind eingerostete Bolzen und Muttern. Abhelfen kann man mit einem guten Rostlösemittel (Kriechöl), das nach möglicherweise längerer Einwirkzeit gute Chancen bietet, die Schraubverbindungen wieder zu lösen. Hierzu muß der angesetzte Ringschlüssel (oder eine passende Nuß) zu Beginn vorsichtig hin- und herbewegt werden. Durch mehrfaches Nachsprühen unterstützt, lassen sich Muttern und festgerostete Schrauben dann meist doch noch abschrauben.

Die vielen zusammengehörenden Teile von Auspuffkrümmern (Mehrzylinder vor allem) wie Schellen, Schrauben, Dichtungen etc., werden ebenso wie Einzelteile der Zwischen- und Endschalldämpfer separat gesammelt. Außerdem werden sie aufgezeichnet, um den späteren Zusammenbau zu erleichtern.

Vergaser und Luftfilterkasten
Vergaser sollten, schon um mögliche Beschädigungen zu vermeiden, vor dem Motorausbau abgeschraubt werden, es sei denn, sie sitzen so günstig wie an den BMW-Boxermotoren, nämlich ziemlich weit weg vom Schuß (siehe Werkstatthandbuch).

• Die Ansaugstutzen zwischen Vergaser und Luftfilter werden zuerst entfernt. Manchmal genügt dies nicht, dann muß auch der Luftfilterkasten verschwinden.

• An Schiebervergasern werden die einzelnen Vergaserseilzüge mitsamt Schieber ausgebaut. Die Schieber werden gegen Verschmutzung und Beschädigung in Lappen gewickelt und am Rahmen hochgebunden. Das erleichtert übrigens auch den späteren Wiedereinbau.

• An desmodromisch betätigten Vergasern (an nahezu allen modernen Motorrädern aus Sicherheitsgründen eingesetzt) werden die beiden Seilzüge abgeklemmt und zur Seite gebogen.

• Zu Vergaserbatterien zusammengesetzte Einzelvergaser an Mehrzylindermotoren werden komplett abgebaut. Die Einzelvergaser dabei nicht von ihrer gemeinsamen Trägerplatte lösen!

Rahmenunterzüge
Einige Motoren haben abnehmbare Rahmenunterzüge als Hilfsrahmen (siehe oben), die den Motorenausbau erleichtern (Moto Guzzis V2 ab 1974; Yamaha SRX 600 z.B.).

Compakt Drive System
BMW bietet mit seinem »Compakt Drive System« die Möglichkeit, Motor, Getriebe und den kompletten Antriebsstrang samt Hinterrad als Ganzes vom Rahmen und dem restlichen Fahrwerk zu trennen. Das erhöht die Wartungsfreundlichkeit aller beteiligten Systeme.

Der eigentliche Motorausbau
Der Motorausbau, der am besten mit zwei Personen zu bewerkstelligen ist, beginnt mit dem Aufstellen von Holzklötzen, die unter den Rahmen oder den Motorblock des Motorrades gekeilt werden, um dessen Standfestigkeit während des Ausbaus zu gewährleisten.
Danach werden alle betroffenen Schraubverbindungen gelöst. Motoren mit geschlossenen und nicht abbaubaren Rahmenunterzügen hebelt man mit Hilfe eines passenden Holzbalkens am günstigsten seitlich nach oben, wobei eine Hilfsperson den Motor von oben festhält. Ein kleiner hydraulischer Wagenheber leistet hierbei noch bessere Dienste.
Motorräder mit einem unten offenen Rahmen können nach dem Lösen aller Schraubverbindungen am Heck hoch- und über den Motor hinweggehoben werden.

☞ Siehe hierzu auch das jeweilige Werkstatthandbuch!

2.1. Zylinderkopf abbauen und zerlegen

Die Demontage von Zylinderkopf und Zylinder beschreiben wir an Hand von drei sehr populären Motoren, die in ihrem Aufbau so unterschiedlich sind wie die Steuerung ihrer Ventile. Mit Verweisen auf andere Motoren versuchen wir dabei, allgemeingültige Regeln für die Demontage von Motorradmotoren aufzustellen.

Als Schulbeispiel für einen OHV-Motor steht der BMW-Zweiventil-Boxermotor. Die Yamaha SR 500 leiht uns ihren Motor als Beispiel für einen OHC-Ventilantrieb, die Yamaha XJ 900 F den ihren für das Zerlegen eines DOHC-Motors.

Zylinderkopf abbauen an OHV-Motoren

• Beispiel BMW-Zweiventil-Boxermotoren der Serien /5 bis /7 und R 100 R/T:

Abb. 56: Zylinderkopf eines BMW-Zweiventil-Boxermotors

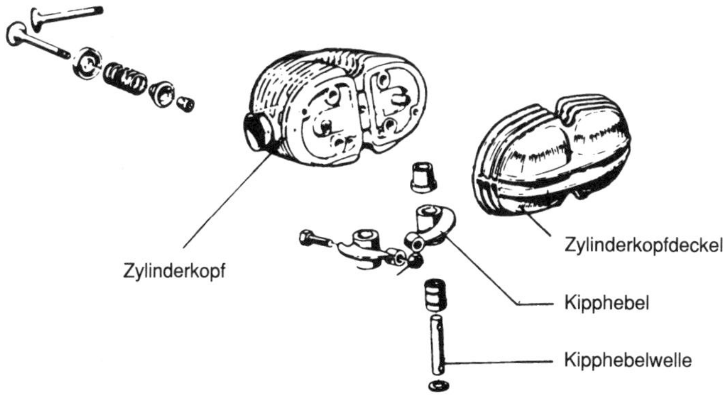

Der OHV-Motor in den erwähnten BMW-Motoren ist ein Zweizylinder, dessen Kurbelwelle in Fahrtrichtung verläuft. Die Zylinder liegen horizontal links und rechts.

Die im Zylinderkopf hängenden Ventile werden über Stößelstangen und Kipphebel von der im Motorgehäuse liegenden Nockenwelle aus bedient. Ein separates Hauptgetriebe leitet die Motorkraft über ein Hinterachsgetriebe mit Kardanantrieb zum Hinterrad. Die Nockenwelle liegt unter der Kurbelwelle und wird von ihr mittels einer Kette angetrieben. Der BMW-Motor ist luftgekühlt und hat eine Naßsumpfschmierung. Platzprobleme beim Abnehmen der beiden Zylinderköpfe gibt es bei diesen Motoren nicht.

Zylinderkopfdeckel abschrauben

• Zu Beginn der Arbeiten ist es erforderlich, ein Ölauffangblech (kann ein altes Backblech sein) unter den Zylinder zu stellen, an dem gearbeitet wird.

• Die große zentrale Hutmutter wird abgeschraubt. Zwischen den Kühlrippen liegen zwei weitere Muttern (man übersieht sie gerne), die ebenfalls zu entfernen sind.

• Der Zylinderkopfdeckel läßt sich jetzt leicht abnehmen. Die Deckeldichtung ist als Dauerdichtung ausgelegt und hält mehrmals, braucht also nicht abgenommen zu werden. Die Kipphebel und Ventilfedern des OHV-Motors liegen nun frei, und man kann die großen Muttern der Zylinderkopfbefestigung erkennen. Da beide Zylinder liegend angebaut sind, fließt beim Abnehmen des Zylinderkopfdeckels Motoröl aus, das aber vom Ölauffangblech aufgenommen wird.

Wenden wir uns zum Vergleich einem anderen OHV-Motor zu, um dort eine andere Technik der Ventilsteuerung zu begutachten:

• Der große V2-Motor der Harley-Davidson-Motorräder, Insidern als »Shovelhead«, in der runderneuerten Version als »Evolution Engine« bekannt, führt sämtliche Kipphebel und Kipphebelwellen im Zylinderkopfdeckel, im Gegensatz zur BMW, deren Lagerböcke für dieselbe Einrichtung auf dem Zylinderkopf festgeschraubt sind. Das Kipphebelgehäuse der Harley heißt im technischen Englisch »Rockerbox«: Rocker ist der Kipphebel.

Um eine solche »Rockerbox« spannungsfrei zu lösen, muß man zuvor den betreffenden Zylinder auf den Zünd-O.T. stellen, dann sind alle Ventile geschlossen und die Stößelstangen üben keinen Druck mehr auf die Kipphebel aus.

• Ähnlich wie bei den Harley-Davidson-Motoren gestaltet sich die Ventilbetätigung bei der englischen Triumph Bonneville, einem 650er/750er Twin-Motor (Zweizylinder-Parallel-Motor mit stehenden Zylindern). Als Besonderheit gibt es hier je eine Rockerbox für Ein- und Auslaßventile, die beide auf dem Zylinderkopf aufgeschraubt sind.

• Ganz wie bei BMW verfahren Moto Guzzi mit ihren V2-OHV-Motoren und Honda bei der CX 500/650. Auch deren Kipphebel zur Ven-

Abb. 57: Drei verschiedene Arten von Schraubverbindungen

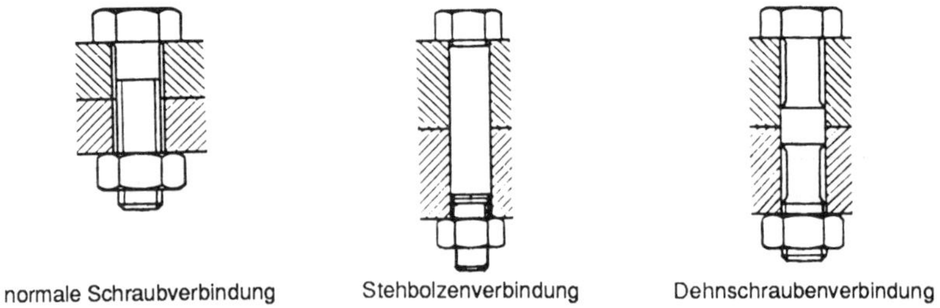

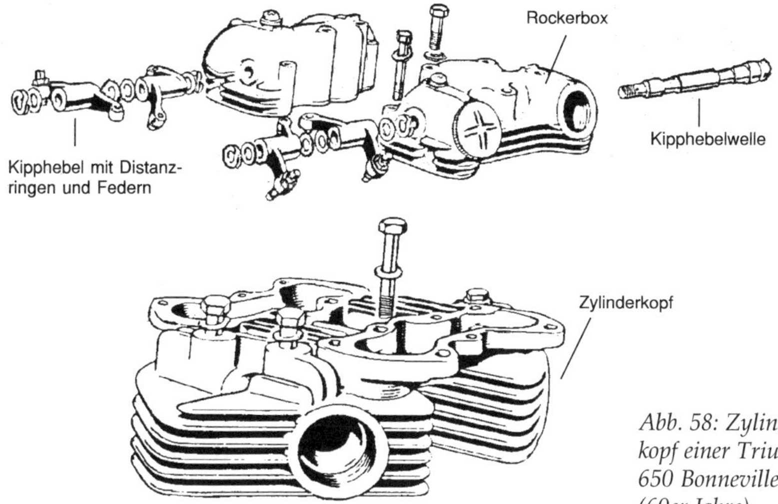

Abb. 58: Zylinderkopf einer Triumph 650 Bonneville/Tiger (60er Jahre)

Stehbolzen, Zuganker und Dehnschrauben

- **Stehbolzen** verwendet man an Stelle von Schrauben, wenn eine Verbindung häufiger gelöst werden soll. Dadurch wird das Gewinde im Motorgehäuse geschont, denn das eine Ende des Stehbolzens verbleibt immer im Gehäusematerial.

Die Länge der Stehbolzen richtet sich nach den zu verbindenden Teilen; im Motorenbau nennt man die lange Version oft Zuganker. Der Vorteil kurzer Stehbolzen liegt darin, daß die Abnahme von Zylinderkopf und Zylinder bei eingebautem Motor, mit wenig Platz zum Rahmen hin, leichter vonstatten geht als bei Motoren mit langen Zugankern.

- **Zuganker** werden aus Konstruktionsgründen eingebaut. Es werden so Spannungen bei warmem Motor vermieden. Fast alle modernen Motoren sind damit ausgerüstet.
- **Dehnschrauben** werden an Pleuelfüßen oder an wichtigen Teilen im Antrieb verwendet, weil infolge wechselweiser Belastungen normale Schrauben durch Materialermüdung alsbald brechen würden. Dehnschrauben sind aus Spezialstahl gefertigt und verjüngen sich abseits der Verbindungsstellen, wodurch eine formelastische Wirkung entsteht. Sie werden mit dem Drehmomentschlüssel auf ihren Anzugswert elastisch vorgespannt.

Dehnschrauben müssen sicherheitshalber erneuert werden, wenn sie einmal herausgeschraubt worden sind.

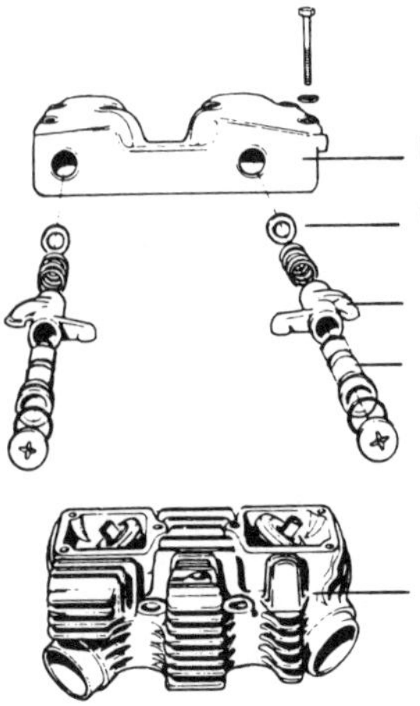

Abb. 59: Zylinderkopf einer Harley Davidson mit Shovelhead-Motor

tilbetätigung drehen auf Kipphebelwellen, die in Lagerböcken auf dem Zylinderkopf festgeschraubt sind.

• Die BMW hat, wie auch die Moto-Guzzi-Motoren, Stehbolzen, die Zylinder und Zylinderkopf auf dem Kurbelgehäuse festhalten. Harley-Davidsons Shovelhead besitzt dagegen, wie auch der Triumph-Motor, eine separate Befestigung für den Zylinderblock. Er ist mittels Stehbolzen am Zylinderfuß festgeschraubt, während die Zylinderköpfe beider Motoren mittels Schrauben oben an den Zylindern befestigt werden.

Den Zylinderkopf abnehmen

Zum BMW-Motor zurückgekehrt, machen wir uns jetzt mit Hilfe eines Drehmomentschlüssels daran, die Zylinder zu lösen.

Die Muttern der Zuganker am Zylinderkopf werden über Kreuz gelöst, und zwar in zwei Schritten und mit sinkenden Drehmomentwerten (ablesbar am Drehmomentschlüssel). Das ist notwendig, um schädliche Verspannungen an Zylinderkopf und Zylinder zu vermeiden.

Verspannungen führen gelegentlich zu feinen Spalten zwischen den zusammengeschraubten Teilen, die zu Ölleckagen, Kühlwasserverlusten an wassergekühlten Motoren oder zum Durchpfeifen der Zylinderkopfdichtung führen können. Verspannungen können aber auch Risse an Motorenteilen produzieren, die dann zu ähnlichen Folgen führen.

Sind die Muttern vollständig gelöst, werden sie sorgfältig zur Seite gelegt (Konservendose). Die Kipphebel lassen sich jetzt zusammen mit den Wellen und den Lagerböcken als Blöcke abbauen und werden, nach Ein- und Auslaß getrennt, mit einem Zettel versehen und aufbewahrt. Kleinteile wie O-Ringe und kleine Hülsen gehören natürlich dazu.

Die Stößelstangen, zwei pro Zylinder, werden herausgezogen und mit Klebeband markiert. Auf diesem wird festgehalten, wohin die einzelne Stange gehört. Auch die Einbaulage muß markiert werden. Würfelt man diese Teile achtlos zusammen, können nach einer späteren Montage deutliche mechanische Geräusche im Mo-

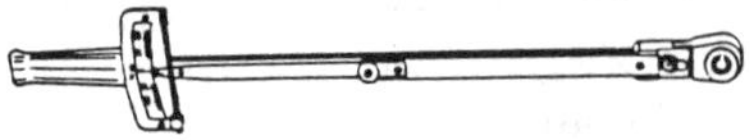

Abb. 60: Drehmomentschlüssel

tor entstehen. Alle miteinander arbeitenden Teile müssen sich infolge der Tauschaktion erst wieder aufeinander einspielen. In jedem Fall aber ist hoher Verschleiß am Ventiltrieb vorprogrammiert.
Nach dem Lösen der Schraubverbindungen ist zu beachten, das der Zylinderkopf, befreit vom Druck der Schrauben, meist mit der Zylinderkopfdichtung am Zylinder festklebt. Er kann mit leichten Plastikhammerschlägen gelöst werden.
Zum Draufschlagen sucht man sich möglichst dicke Rippen oder freie Flächen. Auf Kühlrippen niemals schräg schlagen. Sie brechen leicht ab. Alternativ dazu kann man mit Hilfe eines Holzstückes zwischen die Kühlrippen schlagen.

- Die Zylinderkopfschrauben des Harley-Davidson-Shovelhead-Motors sind, das ist ein Kuriosum, unterhalb des Zylinders eingeschraubt. Zu diesem Zweck sind Aussparungen in den Kühlrippen des Zylinders vorgesehen.
- Der Motor der Honda CX 500/650 hat pro Zylinder einen Halter für beide Kipphebelpaare (Vierventiler), der aus einem Stück besteht und beim Aus- und Wiedereinbau nicht verspannt werden darf, weshalb auch hier der Kolben auf dem Zünd-O.T. stehen muß, bevor die Zylinderkopfschrauben gelöst werden. Bei der Honda sind es vier Stück pro Zylinder, die kreuzweise mit dem Drehmomentschlüssel zu lösen sind.

Zylinderkopf abbauen an OHC-Motoren

- Beispiel Yamaha SR 500/XT 500:

Der Motor der beiden Yamaha-Modelle ist ein OHC-Einzylinder, dessen Kurbelwelle quer zur Fahrtrichtung verläuft. Der Zylinder steht leicht nach vorne geneigt. Zylinder und Kolben sind als Flachhuber leicht unterquadratisch ausgelegt.
Die im Zylinderkopf hängenden Ventile werden über Kipphebel mittels einer zentral im Zylinderkopf gelagerten obenliegenden Nockenwelle gesteuert. Die Nockenwelle wird durch eine Rollenkette von der Kurbelwelle aus angetrieben.
Die Motorkraft wird über ein im selben Gehäuse liegendes Getriebe mit Hilfe einer Sekundärrollenkette auf das Hinterrad geleitet. Der Motor ist luftgekühlt und besitzt eine Trokkensumpfschmierung mit einem im Rahmen integrierten Öltank.
Der Yamaha-Motor muß zum Abbau von Zylinderkopf und Zylinder aus dem Motorradrahmen ausgebaut werden.

Der Zylinderkopfdeckel

Der Zylinderkopfdeckel der SR 500/ XT 500 enthält Kipphebel, Kipphebelwelle und Lagerung hierfür. Er unterliegt infolge des Ventildruckes ähnlichen Verspannungsproblemen wie OHV-Motoren mit Rockerboxen. Deshalb auch hier den Kolben auf Zünd-O.T. stellen (Zündkerze herausschrauben), bevor die Muttern der Zuganker und die Inbusschrauben am Zylinderkopf gelöst werden.

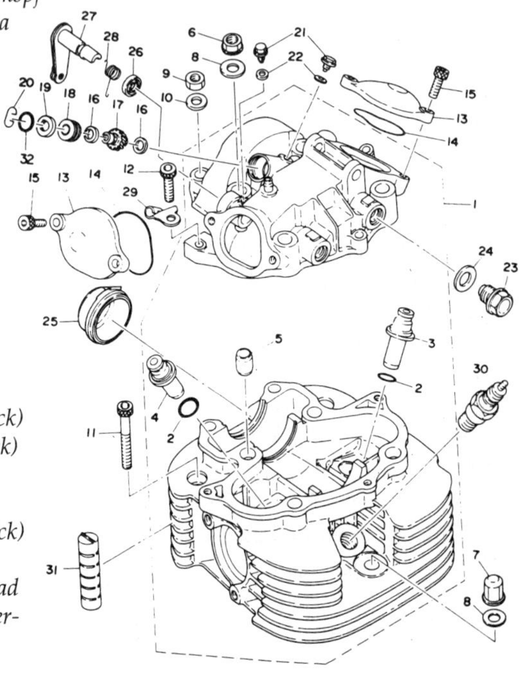

Abb. 61: Zylinderkopf und Zylinderkopfdeckelhaube (Rockerbox) der Yamaha SR/XT 500

1 Zylinderkopf vollständig
2 O-Ring (2 Stück)
3 Einlaßventil-Führung
4 Auslaßventil-Führung
5 Passhülse (2 Stück)
6 Mutter (4 Stück)
7 Mutter
8 Unterlegscheibe (5 Stück)
9 Mutter (2 Stück)
10 Unterlegscheibe (2 Stück)
11 Innensechskantschraube (Inbusschraube) (2 Stück)
12 Innensechskantschraube (3 Stück)
13 Kipphebelgehäusedeckel (2 Stück)
14 O-ringförmige Deckeldichtung (2 Stück)
15 Innensechskantschraube (4 Stück)
16 Unterlegscheibe (2 Stück)
17 Drehzahlmesser-Antriebszahnrad
18 Lagerbuchse für Drehzahlmesser-Antriebszahnrad
19 Wellendichtring (Simmerring) für den Drehzahlmesser-Antrieb
20 Sicherungsring für den Drehzahlmesser-Antrieb
21 Sechskantschraube (2 Stück)
22 Unterlegscheibe (2 Stück)
23 Schraubstopfen-Kipphebelwelle (2 Stück)
24 Unterlegscheibe (2 Stück)
25 Deckel der Kolbenstellungs-Kontrollöffnung
26 Wellendichtring
27 Dekompressionshebel (wirkt auf das Auslaßventil)
28 Rückholfeder für Dekompressionshebel
29 Seilzugführung für Dekompressionshebel
30 Zündkerze (1 Stück)
31 Kühlrippen-Schwingungsdämpfer
32 O-Ring für den Drehzahlmesser-Antrieb

Das Besondere am Zylinderkopf der beiden Yamahas: Erstens halten die Zuganker auch den Zylinderkopfdeckel, und zweitens bildet der Deckel die obere Hälfte der Nockenwellenlagerung, weshalb besondere Vorsicht beim Ausbau geboten ist.

- Als erster Schritt wird die Ölzufuhrleitung zum Kipphebelgehäuse durch Herausdrehen der beiden Hohlschrauben abgebaut. Schrauben, Dichtscheiben und Ölleitung werden sorgfältig sichergestellt.
- Jetzt werden die Zylinderkopfmuttern/Zylinderkopfdeckelschrauben kreuzweise gelöst, wozu wiederum

ein Drehmomentschlüssel herhalten muß. Er senkt gleichmäßig in zwei Schritten, mit sinkenden Drehmomentwerten, den Preßdruck der beiden verbundenen Teile.

• Das Kipphebelgehäuse lösen wir nach dem Herausdrehen der Muttern und Schrauben mit einem Plastikhammer vorsichtig von der Paßfläche.

Die Nockenwelle mit Nockenwellenkette, das obere Nockenwellenkettenritzel (Nockenwellenrad), die Lagerstellen der Nockenwelle sowie die Ventilfedern mit den Ventilschaftenden liegen nun vor dem Betrachter. Drehen wir das soeben abgebaute Kipphebelgehäuse um, können wir innenliegend die Kipphebel nebst Lager sowie den Ventilbetätigungsmechanismus erkennen.

• Um einen Zusammenhang zu anderen Konstruktionen der Ventilsteuerung von OHC-Motoren herzustellen, soll noch die Honda 125 T2 erwähnt werden, ein Zweizylindermotor-Reihenmotor, quer zur Fahrtrichtung eingebaut, dessen obenliegende Nockenwelle pro Zylinder zwei Ventile bedient. Der Motor ist ein Evergreen und läuft in verschiedenen Versionen und Hubräumen nahezu unverändert nun schon bald zwanzig Jahre (z.Z. als Honda CA 125 mit 8 kW/11PS).

• Im Unterschied zur SR 500/XT 500 läuft bei der kleinen Honda die Nockenwelle unter zwei abnehmbaren Nockenwellenlagerböcken. Diese werden von denselben Zugankern gehalten, die auch den Zylin-

Abb. 62: Zylinderkopf und Zylinderkopfdeckel der Honda 125 T1/T2 (Zweizylinder-OHC-Reihenmotor)
1 Zylinderkopfhaube
2 Zylinderkopfhaubendichtring (Dauerdichtung aus Kunststoff)
3 Nockenwellen-Lagerbock (2 Stück)
4 Nockenwellen-Lagerbuchse (Gleitlager, 2 Stück)
5 Auslaß-Ventil (2 Ein-, 2 Auslaß-Ventile)
6 Mutter (8 Stück)
7 Kipphebel (4 Stück)
8 Nockenwelle (1 Stück)
9 Nockenwellenkettenrad
10 Sechskant-Befestigungsschraube
11 Zylinderkopf
12 Zylinderkopfdichtung

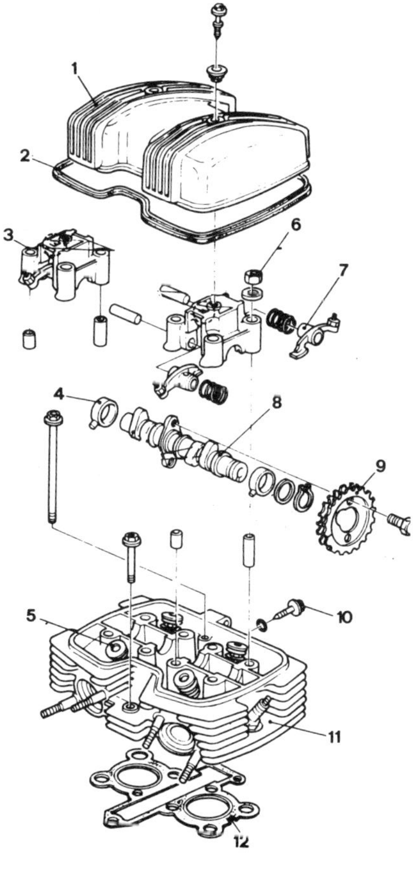

derkopf auf den Zylinderblock pressen. Diese Lagerböcke enthalten zusätzlich noch die Kipphebellager samt Wellen sowie die Kipphebel.

• Der Zylinderkopfdeckel ist als Haube ausgeformt und hat im Gegensatz zu dem der beiden Yamahas lediglich eine Schutzfunktion.

Lösen der Nockenwellen-steuerkette

• Zurück zu den Yamahas. Am hinteren Ende des Zylinders nehmen wir jetzt den Schraubdeckel des Nockenwellenkettenspanners ab und lösen die Sicherungsmutter des Spannstößels. Die Nockenwellensteuerkette wird entspannt.

Das Lösen des Kettenspanners ist notwendig, um die Nockenwelle ausbauen zu können.

• Mittels eines geeigneten Schraubenschlüssels halten wir die Nockenwelle am großen Sechskant neben dem Drehzahlmesserzahnkranz fest und schrauben die Halteschraube für das Nockenwellenrad heraus. Die Steuerkette muß festgehalten

Abb. 63: Ventilsteuerung und Steuerkettenspanner der Yamaha SR/XT 500

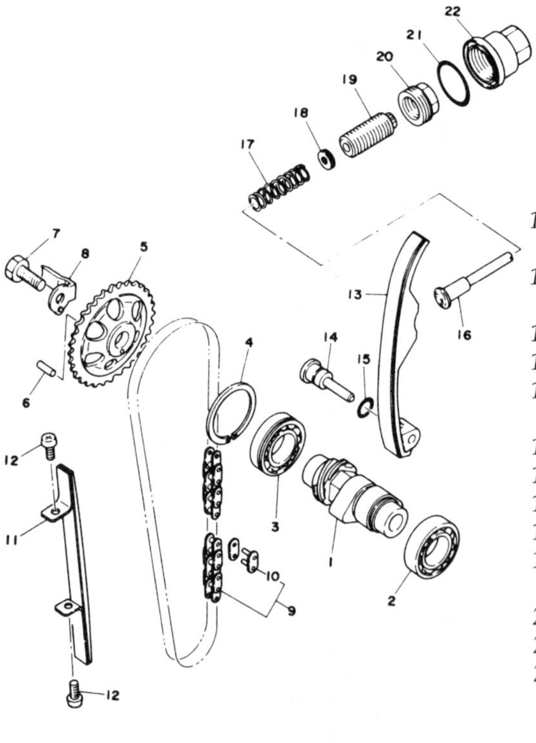

1 *Nockenwelle (OHC-Motor, 1 Stück)*
2 *Nockenwellenlager*
3 *Nockenwellenlager*
4 *Sicherungsring*
5 *Nockenwellenrad*
6 *Mitnehmerstift zwischen Nockenwellenrad und Nockenwelle*
7 *Sechskant-Befestigungsschraube*
8 *Kolbenstandszeiger*
9 *Nockenwellensteuerkette*
10 *Kettenschloß für Nockenwellensteuerkette*
11 *Steuerkettenführungsschiene im System des Steuerkettenspanners*
12 *Kreuzschlitz-Befestigungsschraube*
13 *Gleitschiene des Steuerkettenspanners*
14 *Führungsbolzen der Gleitschiene des Steuerkettenspanners*
15 *O-Ring*
16. *Stößel des Steuerkettenspanners*
17 *Spannfeder des Steuerkettenspanners*
18 *Gummischeibe*
19 *Einstellschraube des Steuerkettenspanners*
20 *Sicherungs-(Konter-)mutter*
21 *O-Ring*
22 *Verschlußkappe des Steuerkettenspanners*

werden, während das Nockenwellenrad samt Kolbenstandzeiger abgenommen wird. Am besten bindet man sie mit etwas Draht vorläufig fest, damit sie nicht in den Kettenschacht hineinfällt.
Der kleine Mitnehmerstift, der das Kettenritzel auf der Nockenwelle fixiert, kann leicht in den Motor hineinfallen und sollte, noch vor Herausheben der Nockenwelle, weggenommen und gut verwahrt werden.

Den Zylinderkopf abnehmen

Die verbliebenen Zylinderkopfschrauben können nun vollends gelöst und zusammen mit den Hutmuttern der übrigen Zuganker abgeschraubt werden.
Zum Abnehmen des Zylinderkopfes hebt ein Helfer die Steuerkette hoch und zieht den Zylinderkopf nach oben, während man selbst mit leichten Schlägen auf unproblematische Stellen versucht, den Vorgang zu unterstützen.
Auf keinen Fall mit einem Schraubendreher oder ähnlichem herumhebeln; die Dichtflächen könnten dabei beschädigt werden.

Zylinderkopf abbauen an DOHC-Motoren

• Beispiel Yamaha XJ 900 F:
Die Yamaha XJ 900 F besitzt einen DOHC-Motor. Das Triebwerk hat vier Zylinder in Reihe. Der Motor ist im Rahmen quer zur Fahrtrichtung eingebaut.
Die im Zylinderkopf befindlichen zwei Ventile pro Brennraum (Zylinder) werden über Tassenstößel direkt von den Nocken der Nockenwelle angetrieben. Die beiden Nockenwellen, je eine für Ein- und Auslaß, werden mit Hilfe einer Rollenkette von der Kurbelwelle aus gedreht.
Die Motorkraft gelangt über die Kupplung auf das im Motorgehäuse integrierte Getriebe. Von dort geht sie per Kardanantrieb zum Hinterachsgetriebe und gelangt so zum Hinterrad.
Der Motor der XJ 900 F ist luftgekühlt und besitzt eine Naßsumpf-

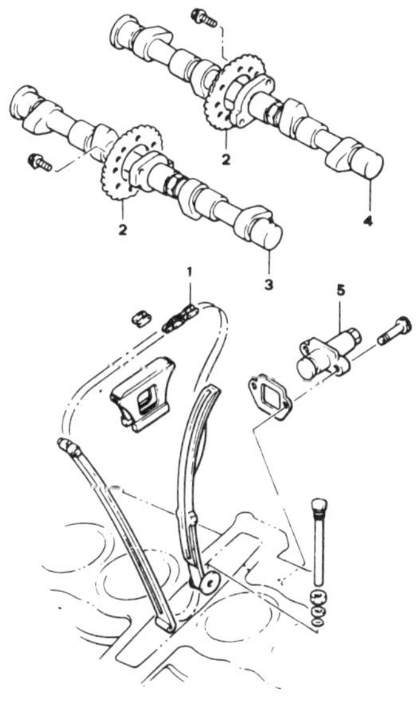

Abb. 64: Doppelte Nockenwellen und Steuerkettenspanner der Yamaha XJ 900 (DOHC-Motor)
1 Nockenwellensteuerkette
2 Steuerketten-Antriebsräder
3 Auslaßnockenwelle
4 Einlaßnockenwelle
5 Steuerkettenspanner (automatisch)

schmierung. Platz genug zum Ausbau von Zylinderkopf, Zylinder und Kolben besteht, so daß im Falle einer Reparatur der Motor im Rahmen verbleiben kann.

Zylinderkopfdeckel abbauen
Nachdem die zu Beginn des 2. Kapitels erwähnten Arbeiten wie Abbau der Auspuff- und Vergaseranlage sowie die vielen kleinen Handgriffe erledigt sind, lösen wir im Falle der Yamaha XJ 900 F die Schrauben des Zylinderkopfdeckels und nehmen ihn mitsamt seines Dauerdichtringes ab.

Die Nockenwellensteuerkette
• Nach dem Lösen von zwei Schrauben am hinteren Ende des Zylinderblockes, ziemlich in der Mitte gelegen, bauen wir den Steuerkettenspanner aus. Die entstehende Lose in der Steuerkette nutzen wir, um sie locker ausbauen zu können.
• Wir entfernen jetzt die Schrauben des linken Kurbelgehäusedeckels, setzen einen 19er Schlüssel an die Schlüsselfläche der Zündzeitpunktplatte auf dem Kurbelwellenstumpf und drehen an der Kurbelwelle im Gegenuhrzeigersinn. Wir stoppen die Bewegung, wenn die O.T.-Markierung, hier als »T« eingraviert, mit dem Zeiger am Gehäuse übereinstimmt.
Nun werden die vier Schrauben der beiden Nockenwellen-Kettenräder entfernt. Mit einem Schraubenschlüssel kann am Sechskant der jeweiligen Nockenwelle, etwa in der Mitte

Abb. 65: Zündsensorplatte mit Steuerrotor zur Bestimmung des Zündzeitpunktes
1 Steuerrotor (Einstelläufer)
2 Feststehender Gehäusezeiger
(Yamaha XJ 900)

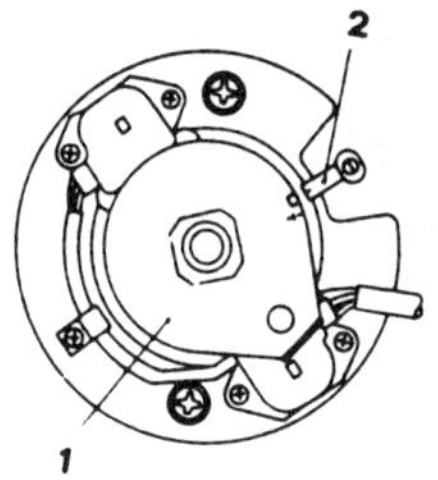

der Welle gelegen, gegengehalten werden. Die Befestigungsschrauben der beiden Kettenräder lassen sich so leichter lösen. Außerdem können sich so die beiden Nockenwellen und die Kurbelwelle nicht verdrehen. Das ist notwendig, um ein Verklemmen der lose hängenden Steuerkette im Motorinneren zwischen Gehäuse und Kurbelwelle zu vermeiden.
• Nach Abnahme der Steuerkettenführung zwischen den Nockenwellen werden die beiden Ritzel aus der Kette gehoben und seitlich ein Stück verschoben. Das erleichtert uns das nachfolgende Herausnehmen der beiden Nockenwellen. Zuvor aber müssen acht Lagerdeckel entfernt werden.
Hierzu ist es notwendig, alle Befestigungsschrauben in zwei Stufen zu lösen, um einem Verkanten der Nokkenwellen und, daraus resultierend, einer Beschädigung der Lagerstellen vorzubeugen. Nockenwellen und

Kurbelwelle dürfen während dieser Vorgänge nicht mehr gedreht werden, weder über den Kickstarter noch per Elektro-Starter oder mit der Hand, weil sonst die Ventile beschädigt werden könnten.

- Die abgenommenen Lagerdeckel müssen sorgfältig gekennzeichnet werden. In einen Lageplan zeichnen wir auch die Einbaurichtung ein. Pfeile auf der Lagerdeckeloberseite sind uns dabei sehr behilflich.

Vertauschte Lagerdeckel, wenn sie zudem auch noch verdreht aufgebaut werden, führen mit ziemlicher Sicherheit zum baldigen Motorschaden. Also aufgepaßt!

- An der Nockenwellensteuerkette wird ein Draht befestigt, damit die Kette nicht ins Kurbelgehäuse fallen kann. Beide Nockenwellen können jetzt, zusammen mit den Kettenritzeln, herausgenommen werden.

Die Nockenwellen werden sorgfältig gekennzeichnet und zusammen mit ihren Lagerdeckeln auf einer Zeitung oder einem sauberen Tuch abgelegt.

- Die Steuerkettenführung zu beiden Seiten im Kettenschacht kann jetzt entfernt werden.

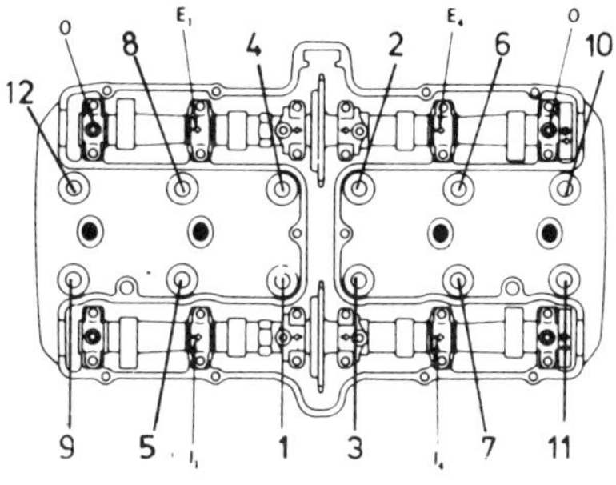

Abb. 66: Zylinderkopf der Yamaha XJ 900

Nockenwellen
Oben: Auslaßnockenwelle
Unten: Einlaßnockenwelle

Anzugswerte am Zylinderkopf in Newtonmeter (Nm)
Die Ziffern bezeichnen die Reihenfolge des Anziehens der Muttern.
O; E1...; I1... etc. bezeichnen die Position und Einbaulage der Nockenwellenlagerdeckel (E = Auslaß; I = Einlaßnockenwelle).
Alle Sechskantschrauben werden zuerst mit 5 Nm, dann mit 10 Nm und zum Schluß mit 20 Nm angezogen. Alle Sechskantmuttern der Nummern 1...12 mit einem Gewinde M 10 (10 mm Durchmesser) werden mit 32 Nm angezogen. Die Muttern auf der Vorder- und auf der Rückseite des Motorblockes werden mit 20 Nm festgespannt.

Zylinderkopf abnehmen
Entsprechend dem Schema von Abbildung 66 (zum Losschrauben rückwärts zählen) lösen wir die zwölf Muttern der Zylinderkopfbefestigung. Das sind lange Zuganker, die vom Kurbelgehäuse bis hinauf in den Zylinderkopf reichen. Dabei werden die Muttern mit Hilfe eines Drehmomentschlüssels in zwei Durchgängen gelöst und dann der Reihe nach herausgedreht. Unter leichten Schlägen mit einem Plastikhammer (in keinem Falle schräg auf die Kühlrippen schlagen) löst sich der Zylinderkopf vom Zylin-

derblock. Während ein Helfer die Steuerkette festhält, wird der Kopf nach oben weggenommen.

• Eine Variation der Ventilsteuertechnik des oben beschriebenen DOHC-Motors der Yamaha XJ 900 F, ist die Verwendung von Schlepphebeln statt Tassenstößeln. So wird der vor allem bei Vierventilmotoren erhebliche Wartungsaufwand gemindert. So ist es zum Beispiel im Motor der Kawasaki GPZ 1000 RX.

Unterschiede beim Zerlegen des Zylinderkopfes ergeben sich bei den Schlepphebeln und Schlepphebelwellen der Kawasaki im Gegensatz zu den Tassenstößeln der XJ 900 F. Die Mechanik der GPZ ist gleichfalls im Zylinderkopf gelagert, benötigt aber zum Zerlegen kaum besondere Umstände oder Werkzeuge. Ansonsten gibt es neben den beiden Nokkenwellen mit ihren Kettenrädern, dem Kettenspanner und den Reihen der Ventilfedern, an deren oberem Ende die Ventilschäfte hervorschauen, keine nennenswerten prinzipiellen Unterschiede zur Yamaha, wenn man vom Vierventiltrieb und der Flüssigkeitskühlung einmal absieht. Die Yamaha XJ 900 F hat dagegen nur zwei Ventile pro Zylinder und ist luftgekühlt.

• Tassenstößelkonstruktionen mit fünf Ventilen pro Zylinder, die gleichfalls über zwei Nockenwellen gesteuert werden, wie bei der Yamaha FZ 750 oder der FZR 1000, arbeiten diesem Trend entgegen und setzen auf harte Sinterventilsitze sowie auf superleichte Ventilchen, bei denen das Spiel nur alle 40.000 km eingestellt werden muß!

• Nach dem Abnehmen des Zylinderkopfes gilt für alle Motoren: Die Zylinderkopfdichtung muß äußerst vorsichtig vom Zylinderkopf bzw. vom Zylinderblock abgezogen werden. Es dürfen weder Straßendreck noch Dichtungsreste in den Motor fallen. Alle Dichtungsreste werden abgeschabt, die Flächen anschließend mit Azeton gereinigt.

Wird Schleifpapier verwendet, muß der Zylinder sorgfältig abgedeckt werden, damit in keinem Falle Krümel des Schleifmittels in den Motor gelangen können. Schleifmittel in den Lagern führen zu einem deutlich erhöhten Verschleiß und verringern die Motorlaufleistung!

• Kupferdichtungen von alten Motoren können beim Wiederaufbau wieder eingesetzt werden, falls sie nicht zu sehr breitgequetscht sind.

• Vor allen weiteren Zerlegungsarbeiten am Zylinderkopf, entfernen wir die Ölkohle aus dem Brennraum. Wir schaben sie heraus und polieren die Wandungen des Brennraumes mit einer rotierenden Drahtbürste (Bohrmaschine).

Zerlegen des OHV-Zylinderkopfes

Beispiel BMW:

Der Zylinderkopf des BMW-Zweiventil-Boxermotors bietet durch seinen einfachen Aufbau beste Grundlagen für einen Service.

Kipphebel und Kipphebelwelle wurden schon während der Demontage des Zylinderkopfes entfernt. Was bleibt, sind die Ventile.

• Zu diesem Zwecke benötigen wir entweder eine Ventilfederzange oder ein »do it yourself«-Werkzeug. Dieses besteht aus einer nicht zu kleinen Schraubzwinge und einem kurzen, schräg gesägten Rohr mit dem Durchmesser des Ventilfedertellers. Wenn wir dieses Rohr oben auf den Ventilfederteller stellen (den Ausschnitt nach unten) und mit Hilfe der Schraubzwinge auf den Federteller pressen, wird die Ventilfeder(n) zusammengedrückt. Da das Ventil nach unten nicht ausweichen kann (Schraubzwinge), guckt der Ventilschaft jetzt nach oben heraus, und man kann die Ventilschaftkeile seitlich aus dem angeschnittenen Rohr herausfischen.

• Die Ventilfederzange arbeitet ähnlich, ist aber nicht so fummelig. Mit ihr drücken wir die Ventilfeder(n) gleichfalls zusammen und holen aus dem konischen Zentrum des oben aufliegenen Ventilfedertellers die den Ventilschaft in zwei Nuten umschließenden Keile heraus. Das kann mittels einer Spitzzange oder einer Pinzette geschehen.

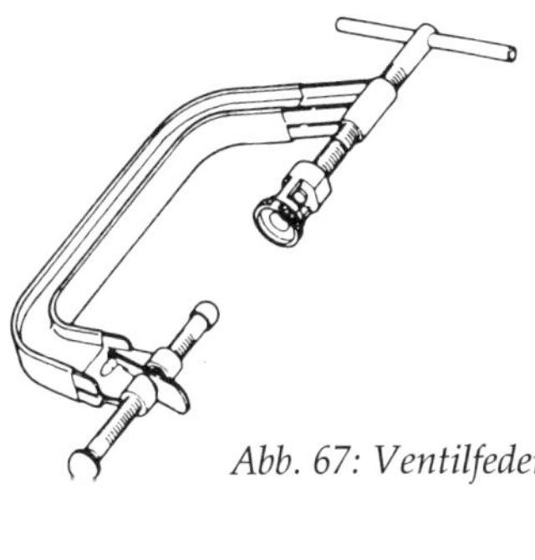

Abb. 67: Ventilfederzange

Wir entspannen die Werkzeuge wieder langsam, nehmen sie ab und können die Ventilfeder(n) sowie den oberen und unteren Ventilfederteller abnehmen.

• Bevor wir das Ventil aus der Führung herausziehen, muß der Ventilschaft am hinteren Ende entgratet werden – dort, wo die Haltekeile während des Motorlaufes zwangsläufig ihre Spuren in Form eines scharfen Grates hinterlassen haben. Wir nehmen hierzu am besten einen Ölstein oder, als zweitbeste Lösung, Schleifleinen feiner Körnung (800er), vergessen aber nicht, die Spuren unserer Bemühungen hinterher wieder sorgfältig zu beseitigen. Jeder Krümel des Schleifmittels, der übrig bleibt, frißt sich später in die Wandung der Ventilführung ein und erhöht den Verschleiß.

• Während wir so ein Ventil nach dem anderen aus beiden Zylinderköpfen ziehen, markieren wir jedes Ventil mit einem kleinen Fähnchen aus Papier, um sicher zu sein, daß beim Wiedereinbau jedes in seine Führung gelangt, falls es nicht erneuert wird.

Beispiel Harley Davidson:
Betrachten wir vergleichsweise den Zylinderkopf des ausgebauten Shovelhead-OHV-Motors von Harley-Davidson, so wird deutlich, daß auch er einfach aufgebaut ist und nur wenig von der Ventilsteuerung übrig ist, wenn die Rockerbox einmal abgebaut ist. Der ganze Kipphebelmechanismus steckt in diesem

Zylinderkopfdeckel. – Was im Kopf übrig bleibt, sind auch hier nur Ventile, Federn, Ventilfederteller und Keile, die in bekannter Art und Weise ausgebaut werden können.

• Falls der Gedanke aufkommt, in der »Rockerbox« einmal nach dem Rechten zu sehen, beginnt man Öffnungsversuche damit, die Verschlußklappe auf der rechten Seite jedes Zylinderkopfdeckels abzuschrauben. Man legt sie zusammen mit den dahinterliegenden Dichtringen (O-Ringe) zur Seite. Am gegenüberliegenden Ende des Deckels schrauben wir dann die Hutmuttern der Kipphebelbefestigung ab und drücken, notfalls mit einem Hammerstiel, die Kipphebelwelle aus ihrer Stellung. Falls eine Welle klemmt, nicht mit Gewalt vorgehen, sondern die Rockerbox im Herd auf ca. 180° C erhitzen. Dann den Versuch erneut wagen.

Die Kipphebel können, nach dem Entfernen der Welle, herausgenommen werden. Der dazugehörende Dichtring muß beim Einbau aber unbedingt wieder an die gleiche Stelle zurück; also markieren und zusammen mit der Kipphebelwelle gut wegpacken.

Beispiel Triumph:

Die Rockerboxen am Zweizylindermotor der Triumph Bonneville/Tiger 650 und 750 lassen sich in ganz ähnlicher Weise zerlegen. Auch hier ist der wichtigste Punkt, daß die Einzelteile der Rockerbox nicht durcheinandergebracht werden, falls es zum Zerlegen kommt.

Zerlegen des OHC-Zylinderkopfes

Beispiel OHC-Motor der Yamaha SR 500/XT 500:

Der Zylinderkopf des Yamaha-Motors bietet beim Zerlegen trotz obenliegender Nockenwelle keinen großen Gegensatz zum OHV-Motor. Er ähnelt dem Harley-OHV-Motor sogar insofern, als Kipphebel und Kipphebelwelle ebenfalls im Zylinderkopfdeckel (Rockerbox) verankert sind.

Ist die Nockenwelle beim Yamaha-Motor erstmal heraus, liegt der Zylinderkopf auf der Werkbank, bleibt auch hier als einziger Arbeitsgang (neben dem Reinigen des Brennraumes) der Ausbau der Ventile nach dem weiter oben geschilderten Verfahren.

Bei der Yamaha ist es unwahrscheinlich, daß Kipphebel oder Kipphebelwellen rasch verschleißen, es sei denn, die Motorölversorgung ist nicht in Ordnung oder der Motor selbst schon uralt. Verschleiß deutet sich als klickendes Geräusch aus dem Bereich der Kipphebel an und unterscheidet sich stark vom normalen Ventilgeräuschen mit etwas zuviel Ventilspiel.

• Will man auch hier die Rockerbox zerlegen, geht das folgendermaßen vor sich:

Jede Kipphebelachse hat außen am Gehäuse einen Stopfen, den wir zuerst herausdrehen müssen. Hinter diesem Stopfen erscheint die Stirnwand der Kipphebelwelle und in ihrer Mitte ein M6-Gewindeloch. Dort dreht man eine passende Schraube hinein und kann die Welle daran herausziehen. Auch hier darf es, wie beim OHV-Motor geschildert, keine Verwechslungen zwischen den einzelnen Kipphebeln und Kipphebelwellen geben. Sie müssen aus diesem Grund ebenfalls markiert werden. Am besten läßt man Kipphebel und Welle zusammengesteckt, wenn man sie zur Seite packt.

• An Motoren mit obenliegender Nockenwelle bietet sich für den Motorenhersteller die Nockenwelle als exakter Meßpunkt für den Drehzahlmesser an. So auch am Yamaha-Zylinderkopf.

Eine kleine Sechskantschraube außen hält Lager und Drehzahlmesser-Antriebsrad im Gehäuse des Zylinderkopfdeckels fest. Zum Messen der Drehzahl greift dieses Antriebsrad in entsprechende Zähne an der Nockenwelle ein. Die Umdrehungen des Antriebsrades werden über eine Welle an den Drehzahlmesser weitergereicht.

Nach dem Lösen und Herausnehmen der Sechstkantschraube kann der Antrieb komplett nach oben herausgeschoben werden.

Die für einen großvolumigen Einzylindermotor mit Kickstarter unentbehrliche Dekompressionsvorrichtung (Ventilausheber) wirkt auf das Auslaßventil und ist deshalb in der Nähe des Auslaßventilkipphebels im Zylinderkopfdeckel installiert. Will man sie entfernen, muß zuerst eine oben in das Gehäuse eingeschraubte Sechskantschraube herausgedreht werden. Der Dekompressionshebel kann dann mitsamt der Welle problemlos herausgezogen werden.

• Natürlich haben nicht alle OHC-Motoren Kipphebel, die im Zylinderkopfdeckel gelagert sind. Bei der kleinen Honda 125 T2 sind beispielsweise alle Kipphebel und Kipphebelwellen in Lagerböcken auf dem Zylinderkopf installiert. Sollen diese Lagerböcke entfernt werden, müssen die Zylinderkopfschraubverbindungen gelöst werden.

Bei diesem Honda-Motor beschränken sich die Demontagearbeiten am Zylinderkopf deshalb vor allem auf die Ventile selbst, die nach bekannter Manier demontiert werden können.

Zerlegen des DOHC-Zylinderkopfes

Beispiel Yamaha XJ 900 F:

DOHC-Motoren sind, obwohl komplizierter aufgebaut als OHC Motoren, recht einfach zu zerlegen. Das liegt daran, daß schon während der Zylinderkopfdemontage alle möglichen Teile ausgebaut werden müssen, so daß bis auf die Ventile bereits fast alles aus dem Zylinderkopf herausgeräumt wurde.

Am Zylinderkopf der tassenstößelgesteuerten Yamaha XJ 900 F geht das Zerlegen so vor sich:

• Mit einer Pinzette hebeln wir, nach Abnahme beider Nockenwellen, die Einstell-Distanzscheiben (Chips) für die Ventilspieleinstellung heraus, kleben einen kleinen Aufkleber darauf und versehen ihn mit einer Nummer, die wir auf dem Aufkleber für den betreffenden Tassenstößel wiederholen. Auf einem Lageplan des Zylinderkopfes, grob skizziert, wird die Bezeichnung dann eingetragen.

Die Tassenstößel selbst können wir mit den Fingern herausholen. Sie gleiten, direkt im Material des Zylinderkopfes gelagert, normalerweise leicht heraus. Beim Wiedereinführen, auch nur probehalber, müssen sie eingeölt werden. Außerdem muß unbedingt vermieden werden, sie in irgendeiner Weise zu verkanten. Sind sie erstmal verklemmt, ist es sehr schwer, sie unbeschädigt wieder herauszuholen.

• Bei manchen DOHC-Motoren führen die Tassenstößel ihre Einstellscheiben (Chips) unter dem Stößel, in direktem Kontakt zum Ventilschaft. Also nicht nervös werden, wenn bei fremden DOHC-Motoren auf den ersten Blick keine Chips zu sehen sind.

• Der letzte Arbeitsgang besteht darin, die Ventile auszubauen. Ein bißchen problematischer wird es, weil wir ohne Ventilaushebewerkzeug ein längeres Stück Rohr brauchen als bei allen anderen Motoren, um die Laufflächen der Tassenstößel nicht zu beschädigen und um die Ventilkeile herausfischen zu können.

• Alle Ventile plus Zubehör werden wie oben erwähnt gekennzeichnet und erstmal weggepackt. Später beim Prüfen werden wir wieder ein Auge auf sie werfen müssen.

2.1.1. Zylinderkopf, Ventile, Nockenwellen und Ventilsteuerung, einfaches Prüfen der Einzelteile

Zylinderköpfe

Wir können den Zylinderkopf als Ganzes nur richtig prüfen, wenn Ventile, Federn und die Abdichtkappen der Ventilführungen oder die Ventilführungsdichtringe abgebaut sind. Dagegen sind die Ventilführungen selbst erstmal nicht so wichtig, wir schauen sie uns zusammen mit den Ventilen später an. Vorerst interessiert der äußere Zustand des Zylinderkopfes.

• Gibt es, vom Brennraum aus betrachtet, Rißverbindungen zwischen den einzelnen Ventilöffnungen?
Falls ja: Wie tief sind die Risse (betrifft nicht Zweitaktmotor)?
Falls die Risse nicht sehr tief sind, kann der Zylinderkopf erneuert werden. Anders sieht es aus, wenn die Risse breit, tief und klaffend sind, dann ist das Teil wirklich schrottreif.

• Ist das Zündkerzengewinde noch in Ordnung? Läßt sich die Zündkerze leicht herein- und herausschrauben? Sitzt sie fest im Kerzenloch, nachdem sie eingeschraubt wurde? Läßt sich die Kerze im Gewindeloch »endlos« drehen (überdreht = Gewinde kaputt)? Sind Metallspäne am Kerzengewinde sichtbar?

Schwergängige Kerzengewinde pudert man mit Graphitstaub ein und dreht die Kerzen ein paarmal herein und heraus. Meist ist dann alles wieder in Ordnung.
Lockere Zündkerzen, auch wenn sie eigentlich fest eingeschraubt sein sollten, besagen zusammen mit »endlosem« Drehen der Kerze: Das Gewinde ist zerstört. Darauf deuten auch Metallspäne am Gewinde der Kerze und solche am Gewindeloch des Zylinderkopfes hin.
Nun braucht man deswegen den Zylinderkopf nicht gleich wegzuwerfen. Auch empfiehlt es sich erstmal nicht, eine Kerzenlochbuchse einsetzen zu lassen (Motoreninstandsetzungswerkstatt). Was getan werden muß, erledigt jede Motorradwerkstatt. Sogar dann, wenn der Motor noch zusammengebaut im Rahmen steckt. Das Wundermittel sind Gewindesätze, die mit speziellem Werkzeug von außen eingedreht werden. Diese Gewindesätze gibt es für die gängigsten Gewinde am Motorrad. Das Werkzeug zu kaufen (Markenname: Heli Coil®) lohnt sich für den Gelegenheitsschrauber kaum, obwohl es mittlerweile kostengünstige Lizenznehmer gibt, die das gleiche Werkzeug um etliches billiger für einzelne Gewindesorten anbieten.

- Sind alle Stehbolzen und Zuganker o.k.? Sitzen sie fest im Gehäuse, haben sie Risse oder angebrochene Stellen? Sind die Gewinde noch brauchbar?

Lockere Stehbolzen oder Zuganker deuten auf kaputte Gewindebohrungen im Motorgehäuse hin. Auch hier helfen am besten und gehäuseschonend Heli Coil®-Gewindeeinsätze.
Lose Stehbolzen oder Zuganker mit gesunden Gewindebohrungen werden befestigt, indem zwei Muttern auf dem freien oberen Gewinde gegeneinandergeschraubt werden (Kontern). Dann dreht man mit der oberen

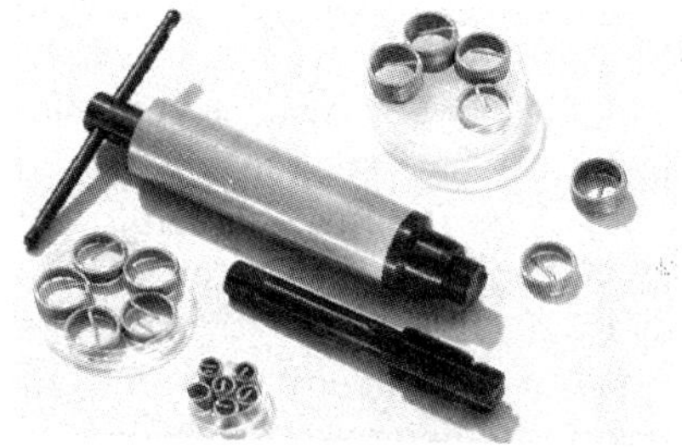

Abb. 68: Heli Coil-Gewinde-Reparaturset
Speziell für Gewindereparaturarbeiten an Motoren entwickelte Methode, um komplizierte Ausbauarbeiten zu vermeiden. Eine Spezialität ist die Reparatur von Zündkerzengewinden ohne Demontage des Zylinderkopfes.
Das Set wird gelegentlich auch unter einem anderen Namen vermarktet.
Jedes Reparatur-Set enthält einen speziellen Spiralbohrer zum Ausbohren des defekten Gewindes; einen Spezial-Gewindebohrer, um für die beigelegten Gewindeeinsätze ein passendes Gewinde zu schneiden; ein Handeinbauwerkzeug, mit dem die Gewindeeinsätze eingeschraubt werden können, sowie fünf verschiedene Gewindeeinbausätze.
Wenn dann die neuen Gewindeeinsätze im Bohrloch sitzen, kann die alte Schraube wieder eingedreht werden und sitzt in der Regel fester als vorher.
Eine Nachfüllpackung mit Gewindeeinsätzen ist erhältlich.
(Quelle Hein Gericke)

Mutter den Bolzen fest. Anschließend die Muttern wieder voneinander lösen und abschrauben.
Beschädigte Stehbolzen oder Zuganker sollte man auswechseln.
Achtung: Sie sind aus Spezialstahl und können nicht einfach durch eine Gewindestange ersetzt werden!
Auf die Anfertigung neuer Stehbolzen oder Zuganker sollte man verzichten. Zwar könnte man den zähelastischen Stahl im Stahlgroßhandel als Meterware kaufen, doch sind die Gewinde von Stehbolzen oder Zugankern nicht geschnitten, sondern gerollt, um Kerbwirkung und ein schnelles Abreißen der Teile bei großer Belastung zu vermeiden. Für das Rollen von Gewinde (auch für die Anfertigung von Speichen an Speichenrädern verwendet) benötigt man spezielle Maschinen.

• Sind Kühlrippen angebrochen, beschädigt oder gar abgeschlagen?
Abgeschlagene Kühlrippen sind, sofern es nur eine oder zwei betrifft, nicht schön, aber für die Kühlung des Motors relativ ungefährlich. Sind dagegen mehrere Kühlrippen abgebrochen, empfiehlt es sich, den Zylinderkopf zu wechseln, weil vor allem im Sommer Überhitzungsgefahr durch verminderte Kühlung droht.
Angebrochene oder eingerissene Kühlrippen etc. dürfen nicht selbst geschweißt werden, weil sich der Zylinderkopf mit Sicherheit verziehen würde. Empfehlung: Eine Fachwerkstatt für Aluminiumschweißen aufsuchen!

Da die Zylinderköpfe von Zweitaktmotoren lediglich den halbkugeligen Brennraum sowie die Kerzenöffnung, sonst aber keine besonderen Anbauteile besitzen, sind, bis auf die Materialprüfungen und die Kontrolle der Zündkerzenöffnung, keine besonderen Prüfarbeiten nötig.

Ventile und Ventilführungen

• Beträgt die Breite der tragenden Fläche des Ventilsitzes (da, wo der Ventilteller aufliegt) mehr als 1,5 bis 2,0 mm?
Wenn ja, muß der Ventilsitz gefräst und anschließend eingeschliffen werden. – Diesen Vorgang schildern wir weiter unten, im Unterkapitel 2.1.2 »Einschleifen und Fräsen der Ventilsitze, Auswechseln der Ventilführungen«!
• Macht die Ventiltellerauflagefläche einen scheckigen und ungleichmäßigen Eindruck?

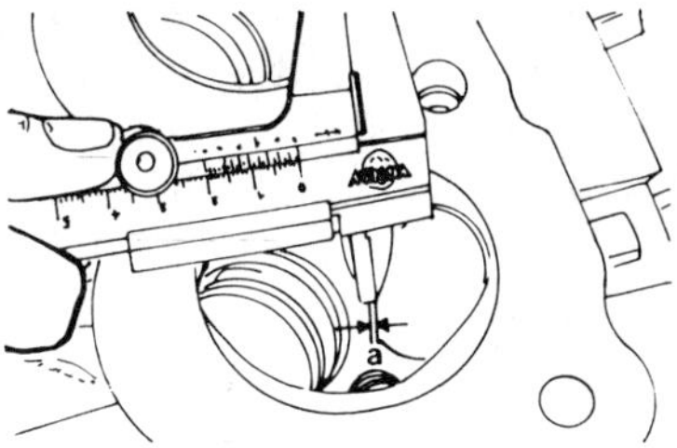

Abb. 69: Messen der Ventilsitzbreite »a«

Wenn ja, sollte man zuerst einmal versuchen den Ventilsitz einzuschleifen. Bleibt der Erfolg aus, weil der Materialabtrag hinter den Erfordernissen zurückbleibt, muß gefräst werden. (Siehe hierzu das Unterkapitel 2.1.2 »Einschleifen und Fräsen der Ventilsitze, Auswechseln der Ventilführungen«!)

• Reicht der freie Raum zwischen Ventilteller und Ventilsitz noch aus? (Das Ventil zu diesem Zweck in die Ventilführung einführen und bis zum Ventilsitz drücken.)

Falls nicht, muß der Ventilsitz freigefräst werden. (Siehe hierzu das Unterkapitel 2.1.2 »Einschleifen und Fräsen der Ventilsitze, Auswechseln der Ventilführungen«!)

• Läßt sich das Ventil in der Ventilführung seitlich hin- und herbewegen, fühlt man eine deutliche Lose zwischen Ventilschaft und -führung? Hier gibt es drei Ursachen: Erstens, der Ventilschaft ist abgenutzt (was selten vorkommt) – dann reicht es aus, ein neues Ventil einzusetzen; zweitens, das Ventil, obwohl maßhaltig, hat Lose in der Führung, dann muß die Ventilführung ersetzt werden. Die dritte Möglichkeit: Wenn Ventilschaft und Ventilführung Verschleißerscheinungen zeigen, müssen beide Teile, also Ventil und Ventilführung, ausgewechselt werden.

• Steckt die Führung noch bis zu ihrem Anschlag im Zylinderkopf? Wenn wir einen Plastikhammer nehmen und vom Brennraum aus hart und senkrecht auf die Ventilführung schlagen (Ventil ausgebaut), schiebt sich dann die Führung ein Stückchen heraus?

Eine in ihrer Bohrung bewegliche Ventilführung muß durch eine solche mit Übergröße ersetzt werden.

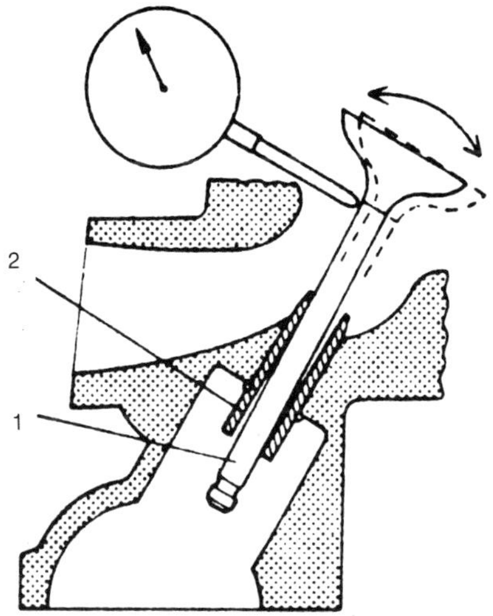

Abb. 70: Prüfen der Ventilführung (geht auch ohne Meßuhr)
1 Neues Ventil
2 Ventilführung

Eine lose Ventilführung führt zu Kompressionsverlusten, weil das dazugehörige Ventil auf seiner Auflage wackelt und nicht ordentlich abdichtet. Im ungünstigsten Fall rutscht die Ventilführung nach oben weg und kann Motorschäden herbeiführen.

Das Ventil

Ventile sind stark belastete Bauteile, weshalb folgende Details in Ordnung sein müssen:

• Sind die Ventilauflageflächen am Ventilteller abgenutzt, die Flächen kuhlenförmig eingearbeitet? Erscheint der Tellerrand des Ventils spitz zulaufend?

Wenn ja, ist das Teil hoffnungslos verschlissen. Das Ventil muß ausgetauscht werden. Erscheint der Ventilteller weniger stark abgenutzt, besteht noch eine Chance, ihn aufarbeiten (schleifen) zu lassen.

• Sind Ölkohleablagerungen auf dem Ventilteller oder dem Ventilschaft zu erkennen?

Die Ölkohle grob mit einer Stahlbürste beseitigen. Dann mit Schleifleinen feinster Gradation (800er Korn), den Ventilschaft in die Bohrmaschine eingespannt (langsame Drehzahl), den Rest beseitigen. Mit Polierleinen (beides in einem guten Werkzeugladen erhältlich) in gleicher Weise nachpolieren.

• Steht der Ventilteller gerade, wenn man das Ventil um seine Längsachse dreht? Ist der Schaft verbogen, verzogen oder gelängt? Zur provisorischen Prüfung kann man den Ventilschaft auf einer Glasplatte oder einer ebenen Stahlplatte rollen und beobachtet dabei die Bewegungen des Ventiltellers und des Schaftes.

Taumelt der Ventilteller oder eiert der Schaft auch nur leicht, muß aus Sicherheitsgründen ein neues Ventil her. Andernfalls kann es, wenn der Ventilteller abreißt, den Motor kosten (schwerer Motorschaden).

• Sind am Ventilschaft starke Riefen oder Einschnürungen zu erkennen oder zu erfühlen?

Auch hier gilt im Falle des Falles: Es muß das Ventil getauscht werden.

• Erscheint die Nut für die Sicherungskeile am Ende des Ventilschaftes (manchmal sind es mehrere Ringnuten) ausgeleiert? Zeigt sich vor dem Ventilausbau an dieser Stelle ein starker Grat?

Die Sicherungskeile müssen satt und fest anliegen. Ein scharfer Grat weist auf starken Verschleiß an eben dieser Stelle hin. Sicherungskeile können auch verschleißen und müssen deshalb ebenfalls untersucht werden. Ist ersichtlich, daß neue Keile keine Abhilfe brächten, müssen wir das Ventil und am besten auch gleich die Ventilsicherungskeile auswechseln.

Ventilfedern und Ventilfederteller

• Erlahmte Ventilfedern kommen nach längerer Motorlaufzeit relativ häufig vor. Ventilfedern kontrollieren wir, indem die Höhe der Federn gemessen und mit den Originaldaten verglichen wird (geht auch ohne Meßuhr).

Bei einer anderen Meßmethode spannen wir zwei Federn, eine alte und eine neue, in einen Schraubstock ein (beide Federn nebeneinander und im rechten Winkel zu den Schraubstockbacken einspannen) und messen die Länge der Federn. Die neue Feder ist bei gleicher Federkraft länger als die alte, falls diese erlahmt ist.

• Gebrochene oder verzogene Federn müssen, ganz klar, ausgewechselt werden.

• Ventilfederteller haben normalerweise eine lange Lebensdauer. Die konische Öffnung am oberen Federteller könnte allerdings nach etlichen zehntausend Kilometern aufgeweitet sein. Das hieße, daß dann an irgendeinem Ventil die Sicherungskeile zusammen mit dem Ventilschaftende immer tiefer rutschen. Hierdurch verstellt sich erstens das Ventilspiel (es wird größer), und zweitens könnten irgendwann einmal die Keile ganz durchrutschen. Falls das geschieht, lösen sich Ventilfederteller und Ventilfeder(n) vom Ventil, das Ventil rutscht in seiner Führung in den Brennraum und touchiert dann mit dem Ventilteller den Kolbenboden. Ein fataler Motorschaden würde sich anbahnen.

Nockenwellen

Alle Motoren mit obenliegendem Ventiltrieb lassen auf einfache Weise eine gründliche Prüfung der Nokkenwelle(n) zu, weil diese vor der Zylinderkopf-Demontage sowieso abgebaut werden müssen.

Motoren, bei denen die Nockenwelle(n) (eine oder zwei) unterhalb des Zylinderkopfes im Motorgehäuse fest eingebaut wurden (OHV-Steuerung), sind da schon ungünstiger. In deren Gehäuse arbeiten die Nockenwelle(n) und ihre Lagerungen größtenteils verdeckt. Eine Prüfung ohne Demontage ist da schwierig bis unmöglich. Was bleibt, ist eine Sichtkontrolle der Nockenlaufflächen bei abgenommenem Zylinderblock durch die Stößelführungsöffnungen. Notfalls im Schein einer Taschenlampe. Eine intakte Nockenwelle muß folgende Anforderungen erfüllen:

- Die Nockenlauffläche muß glatt und ohne Riefen sein. Blanke, wie fein geschliffen wirkende Laufspuren sind noch in Ordnung. Ausbrüche und Risse in der Härteschicht (Pitting) aber dürfen nicht auftreten. Allerdings sollte Pitting nicht verwechselt werden mit hin und wieder auftretenden kleinen schwarzen Vertiefungen mit weichen Rändern, die von Schmiedefehlern bzw. Gußfehlern (Kokillenguß) herrühren. Diese sind, wenn nicht flächendeckend, unproblematisch, wenn auch ärgerlich. Zur Sicherheit sollte man sie aber in einer Werkstatt oder von einem erfahrenen Schrauber/Schrauberin begutachten lassen.
- Bläuliche Flecken auf dem blanken Metall der Nockenlauffläche deuten auf eine Überhitzung hin. Hier sollten wir folgende Dinge überprüfen:

1. Befand sich stets genügend Motoröl und solches der richtigen Sorte im Motor?
2. Arbeitet die Ölpumpe einwandfrei, und ist deren Förderdruck groß genug?
3. Öffnet das Bypassventil im Ölfilter, wenn der Filter verstopft, das Motoröl beim Kaltstart im Winter unterhalb von -20° C zu dickflüssig wurde und der Ölstrom am Filter vorbei direkt in den Ölkreislauf umgeleitet wird?
4. Könnte es sein, daß Ölsteigeleitungen oder Ölbohrungen in Kipphebeln, Kipphebelwellen, in der Nokkenwelle etc. verstopft sind?

Zu **1.**: Zuwenig Motoröl im Motor führt zur Überhitzung von hochbelasteten Flächen, weil das Motoröl nicht nur schmieren soll, sondern

auch Hitze von der Schmierstelle wegnimmt.
Zum Thema Motorölsorte: Siehe hierzu das Unterkapitel 1.5.4 »Motoröle, Geheimnisse eines Lebenssaftes«!
Zu **2.** und **3.**: Diese Fragen können nur mit Hilfe der jeweiligen Vertragswerkstatt beantwortet werden, weil uns Schraubern normalerweise keine teuren Meßgeräte hierfür zur Verfügung stehen. Nockenwellen mit blauen Anlaufflecken auf den Laufflächen können weiter verwendet werden. Es ist jedoch notwendig, in größeren Abständen (etwa alle 10.000 km) die Nockenlaufbahnen im Verlaufe einer Ventileinstellung auf Verschleiß zu kontrollieren.
Wenn in Regionen mit sehr tiefen Wintertemperaturen Motorrad gefahren wird, ist unbedingt auf den temperaturmäßigen Einsatzbereich des Motor- und Getriebeöles zu achten!
☞ Siehe hierzu im Unterkapitel 1.5.4 »Motoröle, Geheimnisse eines Lebenssaftes«!

• Das Prüfen der Nockenwellenlagerstellen ist leider nur an OHC- oder an DOHC-Motoren ohne viel Aufwand möglich. Die Lagerstellen müssen, soweit es Gleitlager sind, eine ähnlich gute, glatte Beschaffenheit besitzen, wie es für die Nockenflächen beschrieben wurde. Schmiedefehler gibt es hierbei aber nicht. Die verwendeten Gleitlager sind Schichtlager. Wenn Vertiefungen auf den Lagerstellen der Gleitlager oder starke Riefen zu beobachten sind, dann handelt es sich oft um Schmutzteile oder Späne, die sich in das Lagermaterial aus weichen, mehrfach geschichteten Aluminiumlegierungen eingefressen haben.
Nicht selten läuft die Nockenwelle im Aluminium des Zylinderkopfes selbst. Dann wurde aus Kostengründen auf eine separate Gleitlagerung verzichtet.
• Wird die Nockenwelle in Kugellagern oder Nadellagern bewegt, prüft man diese nach der Reinigung in Petroleum auf Lagerspiel (nur minimales Spiel ist erlaubt), auf freien Lauf, auf rauhen Rundlauf mit großem Lagerspiel sowie auf Rattermarken, die

Abb. 71: Wälzgelagerte Nockenwelle
1 Nockenwelle
2 Erstes Nockenwellenlager
3 Zweites Nockenwellenlager
(Yamaha SR/XT 500)

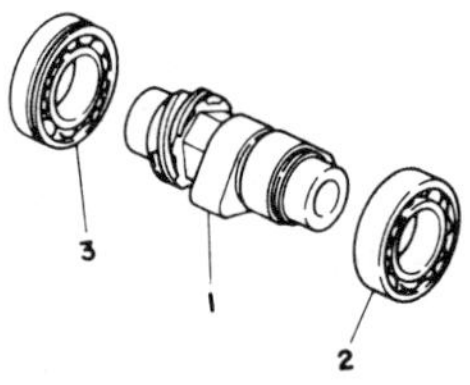

Abb. 72: Gleitgelagerte Nockenwelle
1 Nockenwellen-Lagerbuchse (2 Stück)
2 Nockenwelle komplett
3 Anlaufscheibe (fängt seitliche Kräfte auf)
4 Sicherungsring
(Honda CB 125 T2)

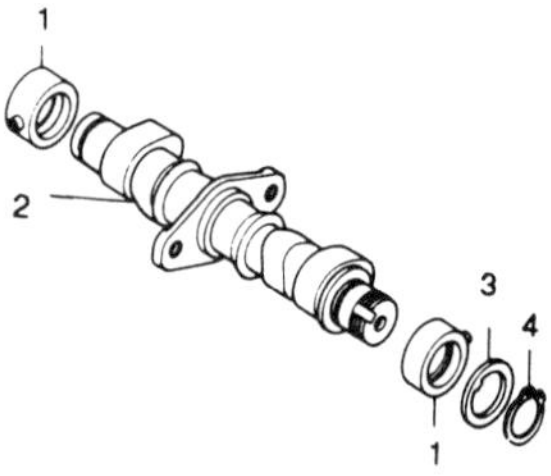

beim leichten Drehen mit den Fingern deutlich spürbar sind (vor dem Prüfen mit dünnem Nähmaschinenöl einölen. Das Trockenlaufen der Wälzlager vermeiden!).
Treten Symptome auf wie rauher Rundlauf und großes Lagerspiel, müssen die betreffenden Wälzlager sofort ausgetauscht werden. Gleiches gilt, wenn Wälzlager hakelig laufen, Rattermarken erkennen lassen oder wenn die Lagerkäfige beschädigt sind.
• Nockenwellenlager werden stets komplett, nicht einzeln ausgewechselt!

Nockenwellensteuerkette, Steuerkettenritzel und Kettenführungsschienen (OHC bzw. DOHC-Motoren)
• Die Steuerkette darf, soweit es sich um eine Rollenkette handelt, keine gerissenen oder gebrochenen Rollen haben. Ein eventuelles Kettenschloß muß sorgfältig überprüft werden.
• Das Ausmaß des natürlichen Verschleißes läßt sich an der Längung der Kette erkennen, egal ob Rollen- oder Zahnkette.
Ohne verfügbare Daten können wir das nur prüfen, indem wir die seitliche Durchbiegung der Kette messen. Zeigt sich hier eine ausgesprochen starke Biegung, im Neuzustand ist sie nur ganz leicht, muß die Kette ausgewechselt werden.
Eine andere Methode funktioniert nur, wenn ein Handbuch die Daten dafür liefert. Hierbei wird die Länge der Steuerkette über 20 Glieder gemessen. Wird ein bestimmtes Maß überschritten, muß die Kette ausgewechselt werden.

Abb. 73: Verschleißprüfung der Steuerkette (Kawasaki GPZ 900 R)

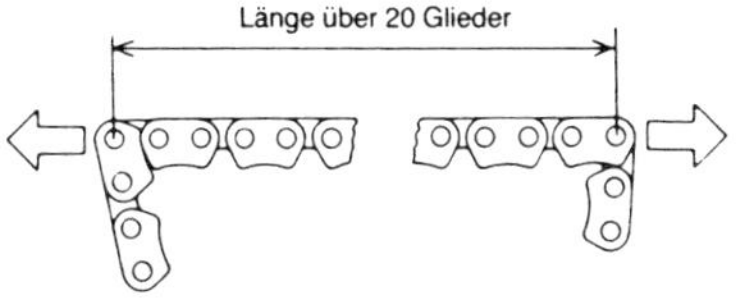

• Das oder die Steuerkettenritzel begutachten wir nach Augenschein. (Siehe Abbildung 74). Tritt an den einzelnen Ritzelzähnen eine sägezahnförmige Verformung auf, so beruht diese bei dem im Vergleich zur Antriebskette kaum belasteten Nokkenwellenantrieb meist auf natürlichem Verschleiß. Vor allem, wenn die Nockenwellensteuerkette immer korrekt gespannt war und kein Materialfehler vorausgesetzt werden muß. Normalerweise hat der gut geschmierte Nockenwellenantrieb ein langes Leben.
Sind aber dennoch an den Steuerkettenritzen sägezahnförmige Verformungen sichtbar oder gar abgebrochene Zahnspitzen, muß das Ritzel bzw. beide (DOHC-Motor) gewech-

Abb 74: Abgenutztes Kettenritzel

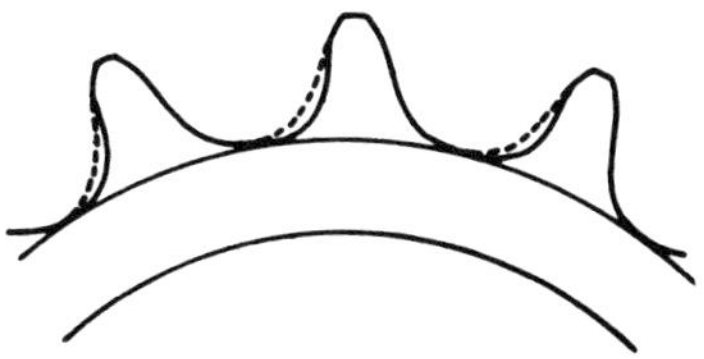

selt werden. Fatal dabei ist, wenn auch das Ritzel auf der Kurbelwelle beschädigt wurde. Das ist bei vielen Motoren nämlich gar nicht oder nur nach einer Demontage der Kurbelwelle zugänglich.

• Zu guter Letzt sei noch erwähnt, daß bei defekten Steuerkettenritzeln eigentlich auch die Steuerkette selbst reif zum Austausch ist und als verschlissen gelten kann. Will man den Motor dafür nicht zerlegen, kann man die alte Kette auftrennen (geht nur bei Rollenketten, nicht bei Zahnketten!) und an ihr angehängt eine neue Steuerkette mit Kettenschloß aufziehen.

• Wird das Steuerkettenritzel mit einem kleinen Keil auf der Kurbelwelle vor Verdrehung bewahrt, prüfen wir das Radialspiel und verändern, falls es fühlbar geworden ist, die Position der kleinen Flachkeile oder erneuern sie oder deren seitliche Sicherungen.

• Die Steuerkettenführung wird von Gleitschienen übernommen. Diese Schienen sind mit einem Belag versehen, der, langlebig ausgelegt, das Gleiten der Steuerkette auf den federbelasteten Schienen ermöglichen soll. Außerdem wird über eine der Gleitschienen vom Steuerkettenspanner Druck ausgeübt, um die Lose aus der Steuerkette zu nehmen. Diese Gleit- oder Führungsschienen können nach der Zylinderkopfabnahme geprüft und dazu in den meisten Fällen auch herausgenommen werden. Manche Gleitschienen sind allerdings erst nach Entfernen des Zylinderblockes zugänglich. Wie dem auch sei: Haben die Kettenglieder tiefe Spuren in den Gleitbelag eingegraben oder sind Stücke herausgerissen, ist die Schiene verbogen oder sind irgendwelche Spannfedern erlahmt, müssen am besten alle Gleitschienen ausgewechselt werden.

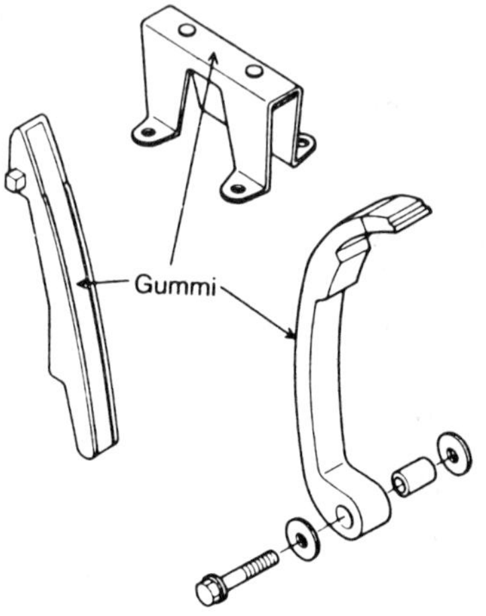

Abb. 75: Steuerketten-Gleitschienen-Satz der Kawasaki GPZ 900 R

Kipphebel, Schlepphebel, Schwinghebel, Hydrostößel und Tassenstößel

Kipphebel

Wir unterscheiden zwischen Kipphebel für OHV- und solche für OHC-Motoren. OHV-Kipphebel haben folgende neuralgische Punkte:

• Die Aufnahme für die Stößelstangen am Ventilspieleinsteller, die als Halbkugel wie auch als Kugelpfanne geformt sein kann. Diese Aufnahme muß gleichmäßig geformt sein, ohne Ausbrüche (Pitting) an der Härteschicht, ohne Riefen, Bruchstellen, Haarrisse und ohne starke Abnutzungserscheinungen.

• Die Auflage für das Ventilschaftende am anderen Ende des Kipphebels darf keinesfalls Pitting oder eine pilzförmige Gratbildung aufzeigen. Ist die Auflagefläche in Form einer drehbar gelagerten Halbkugel gestaltet, muß diese auf festen Sitz in ihrer Lagerung am Kipphebelende geprüft werden, wie auch auf ausreichende Beweglichkeit sowie auf Verschleiß.

• Kipphebel sollten ohne allzu großes Höhenspiel leicht auf ihren Wellen drehen. Zu großes Spiel erhöht die Geräuschentwicklung und verändert auf Dauer die Motorsteuerzeiten, weil der Ventilhub abnimmt. Das kostet Leistung.

• Die Kipphebelwellen müssen in ihren Lagern fast spielfrei laufen, sonst ergeben sich ähnliche Probleme wie bei den Kipphebeln geschildert.

• Jeder Kipphebel muß ein seitliches Spiel aufweisen, welches durch Wellenscheiben oder Federn mit Distanzscheiben gewährleistet wird.

• Ausgebaute Kipphebel werden in Petroleum gereinigt und auf Haarrisse untersucht. Feststellbare Risse können nicht repariert werden. Ein neuer Kipphebel ist dann fällig.

• OHC-Kipphebel unterscheiden sich nur an ihren Extremitäten von denen, die in OHV-gesteuerten Motoren arbeiten. Für sie gelten daher ähnliche Prüfschritte.

Der Ventilspieleinsteller eines OHC-Motors ruht auf einer Seite, ähnlich wie beim OHV-Motor, auf dem Ventilschaftende. Am anderen Ende gleitet der Kipphebel dagegen auf der Nockenwelle, während er beim OHV-Motor an dieser Stelle auf den Stößel trifft.

Kipphebel von OHC-Motoren sind oft mit Ölbohrungen versehen. Diese dürfen nicht verstopft sein. Zugesetzte Stellen reinigen wir mit Pfeifenreinigern vor und blasen anschließend noch mit Preßluft nach.

Schlepphebel und Schwinghebel

• Schlepphebel bzw. Schwinghebel stützen sich auf einer Seite am Zylinderkopfgehäuse ab. Dort sitzt auch der Ventilspieleinsteller. Die anderen Seite bedient das zugehörige Ventil. Der entsprechende Nocken der Nockenwelle drückt auf die Hebelmitte und bewegt auf diese Weise indirekt das Ventil (siehe Abbildung 76). Der Sinn liegt in der Verringerung der beschleunigten Massen, die bei Schlepphebel und Schwinghebel geringer ausfällt. Der Ventiltrieb wird somit »schneller«.

• Geprüft werden sollten die Nokkenlaufflächen bei allen Kipp- Schlepp- oder Schwinghebeln. Sie muß stets glatt, ohne Riefen und Einkerbungen sein.

Ein Verschleißen der Härteschicht äußert sich in den typischen Querrinnen auf der Mitte der Lauffläche. Sind die glatten Flächen der Kontaktfläche zur Nockenwelle dagegen mit bläulich angelaufenen Flecken bedeckt, womöglich noch mit verstärkter Riefenbildung, deutet das weniger auf Verschleiß als vielmehr auf eine Überhitzung der Fläche hin. Die Ursachen liegen bei einem eventuellen Ölmangel oder deuten auf ein zu altes oder für den Temperaturbereich nicht passendes Motoröl hin. – Bitte hierzu weiter oben, in den Begründungen für den Ölmangel, im Absatz über die Nockenwellen nachlesen!

☞ Siehe hierzu das Unterkapitel 1.5.4 »Motoröle, Geheimnisse eines Lebenssaftes«!

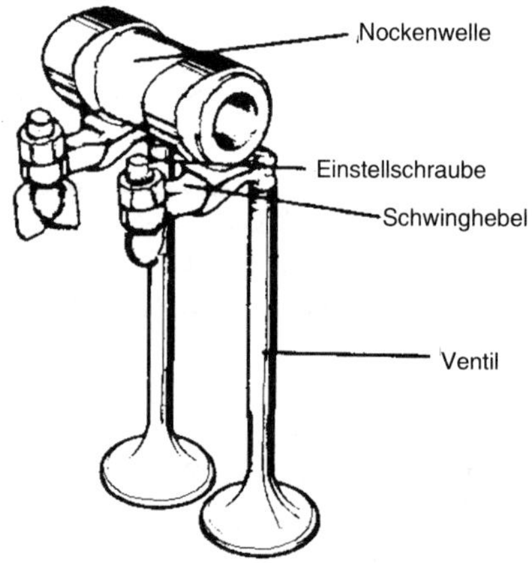

Abb. 76: Schwinghebel mit Ventilspiel-Einsteller (Honda)

Hydrostößel

• Sind Hydrostößel als Aufstützpunkte von Schlepp- oder Schwinghebeln eingesetzt, um die Ventileinstellerei wartungsfrei zu gestalten, müssen sie überprüft werden. Bevor wir uns jedoch hinsetzen und die Hydrostößel auseinandernehmen, müssen wir sicherstellen, daß die verschiedenen Teile nicht durcheinander geraten. Die sehr geringen Laufspiele, die Paßgenauigkeit der Hydrostößelteile, in unzähligen, immer gleichen Bewegungsabläufen aufeinander eingespielt, würde darunter leiden. Geräuschentwicklung, schneller Verschleiß und möglicherweise Störungen im Betrieb könnten sich andernfalls entwickeln.

Prüfen können wir Hydrostößel auf Verschleiß, auf Klemmen, Federbruch (Ausgleichsfeder) und Verschmutzungen durch Ölschlamm oder Metallstaub aus anderen Regionen des Motors. Eine Prüfung auf »Leckschwund«, der ein Versagen des Hydrostößels auf Grund von Verschleiß mit sich bringt, kann wegen fehlender Meßgeräte nur eine Vertragswerkstatt vornehmen.

Ein Versagen der Hydrostößel kann ihre Ursache auch im allgemeinen Ölmangel haben (zu niedriger Motorölstand). Ein Überdrehen des Motors oder verstopfte Ölleitungen sind andere Gründe.

Tassenstößel

• Ein weiteres Bauprinzip, weit verbreitet bei DOHC-Motoren, ist der Ventilantrieb über Tassenstößel.

Da hierbei die Nockenwellen direkt auf die Tassen der Ventile einwirken, gibt es nur wenige Bauteile, und die Wartung ist entsprechend gering, bis auf die Ventileinstellerei, aber davon später mehr. Der Hauptvorteil aber liegt in der absoluten Minimierung der beschleunigten Massen bei der Ventilbetätigung.

Das ermöglicht astronomisch hohe Motordrehzahlen. Für die Leistungssteigerung von Sport- und Rennmotoren nahezu ideal.

• Sind die Nockenwellen abgebaut, kann man die Tassenstößel, die über Ventilschäfte und Ventilfedern gestülpt sind, gut betrachten. Sie lassen sich mit der Hand aus ihrer Lagerung im Zylinderkopf herausziehen. Oben auf dem Tassenstößel liegt der Chip, die Distanzscheibe. Wenn der Tassenstößel heraus ist, können wir recht einfach und auf gewohnte Weise das darunterliegende Ventil entfernen.

• Die Außenflächen der Tassenstößel sollte man auf Anzeichen von Riefenbildung oder Bruch kontrollieren. Zeigen sich Beschädigungen, muß man den Stößel auswechseln. Dann ist es auch notwendig, die dazu passende Tassenstößellagerung im Zylinderblock zu kontrollieren. Zeigen sich hier ähnlich starke Schäden, ist meist der Zylinderkopf zu erneuern. Wenn man damit aber zu einem Motoreninstandsetzungsbetrieb geht, läßt sich vielleicht noch etwas retten.

Es gilt auch hier die Maxime: Jeder Stößel hat seine eigene Bohrung und darf nicht vertauscht werden!

• Ein Maß für das seitliche Arbeitsspiel, das ein Stößel in seiner Bohrung haben darf, wird in Werkstattbüchern oft nicht angegeben. Hier kann gelten: Leicht eingeölt soll er saugend in seiner Lagerbohrung gleiten, ohne sich verkanten zu lassen.

Der Ventilstößelmechanismus (OHV-Motoren sowie einige OHC-Motoren)

• Beginnen wir mit der Prüfung der Ventilstößel, bevor wir auf die Stößelstangen eingehen, obwohl die meisten Stößel erst nach Abnahme des Zylinders zugänglich sind. Alle Ventilstößel lassen sich einfach herausnehmen, und wir prüfen sie auf Verschleiß:

• Starke Riefen an den Seitenflächen sowie einseitige Abnutzung an der Unterseite der Stößel machen einen schlechten Eindruck und lenken den Verdacht auf Motorölmangel oder auf überaltertes Öl im Motor, zumindest aber auf ein zu hohes Alter der Bauteile.

• Neue Stößel werden nach dem Einsetzen auf Seitenspiel geprüft.

• Im Betrieb dreht sich der Ventilstößel um die eigene Achse, mit dem Zweck, den Verschleiß an der Kontaktfläche zur Nocke der Nockenwelle klein zu halten.

• Besteht am Stößelboden eine einseitige Abnützung, läßt sich vermuten, daß der Stößel nicht mehr dreht. Es muß daraufhin die Lauffläche des Stößels im Motorblock geprüft werden. Wir empfehlen ein sorgfältiges Reinigen der Bohrung und die Verwendung eines neuen Ventilstößels.

• Ist die Bohrung, in der der Ventilstößel sitzt, zu groß, muß sie aufgerieben werden, oder es kann ein Übergrößenventilstößel (Moto Guzzi) eingesetzt werden. Dazu muß der Motor aber komplett zerlegt werden.

• Im übrigen ist, von Ölmangel und Materialfehlern abgesehen, kaum Verschleiß an diesem Teil der Ventilmechanik zu erwarten. Das betrifft auch die Stößelstangenaufnahme im Stößel und die Stößelstangen selbst. Geprüft werden muß ebenfalls die Stößelstangenaufnahme, die Gleichmäßigkeit der Rundung sowie, ob die Ölbohrung frei und die Stößelstange fest, aber leicht drehbar in ihrer Aufnahme sitzt.

Abb. 77: Ventilstößel

• Die Stößelstangen prüfen wir auf Geradheit (auf einer Glas- oder Stahlplatte drehen), messen die Gesamtlänge und suchen nach Hinweisen auf Verschleiß an den Enden.

• Stößelstangen können an den Enden halbkugelig sein oder eine pfannenförmige Aufnahme haben. Gleiches gilt auch für die entsprechenden Widerparts an Stößel und Kipphebel. Verbogene oder abgenutzte (zu kurze) Stößelstangen müssen ersetzt werden.

2.1.2. Einschleifen und Fräsen der Ventilsitze, Auswechseln der Ventilführungen

Ventile fräsen

Eigentlich ist das Fräsen von Ventilsitzen Werkstattarbeit. Um es selber machen zu können, muß man rund 200 DM für Spezialwerkzeuge ausgeben.

Fehlermöglichkeiten bei der Ventilsitzbearbeitung gibt es genug, aber man spart so auf die Dauer Geld.

Es ist Vorsicht angebracht, bevor man sich für ein bestimmtes Werkzeug entscheidet. Das liegt daran, daß erstens einige Motorenhersteller unterschiedliche Fräswinkel für die Ventilsitze an einer bestimmten Maschine vorschreiben. Auch müssen die Durchmesser der Fräser denen der Ventilsitze angepaßt sein. Zweitens werden viele Ventilsitze mittlerweile mit harten Sintersitzen ausgestattet, wegen des bleifreien Kraftstoffes. Deshalb ist es wichtig, Handfräser auszuwählen, die für beide Ventilsitzmaterialien geeignet sind (Werkzeugläden für professionelle Werkzeuge). Es empfiehlt sich, alle notwendigen Daten über seine Ventilsitze vorher bei der Vertragswerkstatt nachzufragen oder im Werkstatthandbuch des Motorrades darüber nachzulesen.

Abb. 78: Werkzeuge zum Fräsen und Einschleifen der Ventile

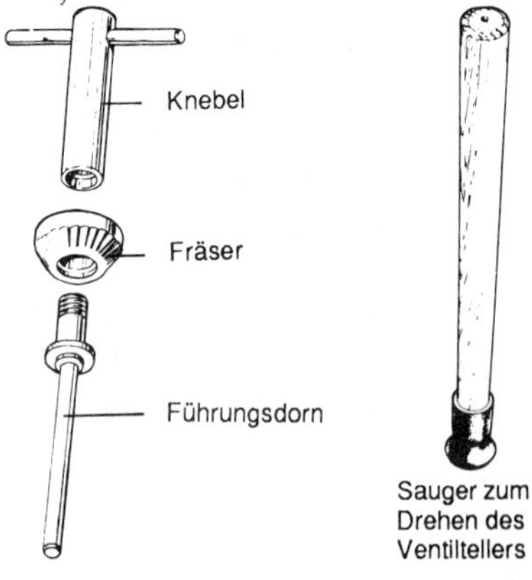

• Die Standardformate für die Fräsköpfe sind: Fräser Ventilsitzwinkel 45° (Ventilauflagefläche); Freifräswinkel 15° (Ventilsitzaußendurchmesser); Fräser Ventilsitzinnenkante 75° (Ventilsitzinnendurchmesser).

• Die Fräser werden durch einen kalibrierten Dorn, er entspricht dem Ventilschaftdurchmesser und muß passend zugekauft werden, in der Ventilführung gelagert. Mit einem Knebel wird das Werkzeug am anderen Ende gedreht.

• Zum Bearbeiten der Ventilsitze wird zunächst mit dem 45° Fräser die Ventilteller-Auflagefläche plangefräst. Der Vorgang ist beendet, wenn der Fräser überall gleichmäßig aufträgt und keine Flecken oder Unebenheiten mehr zu sehen sind. – Nur ganz wenig und mit leichter Hand fräsen, um so wenig Material wie möglich abzutragen. Man verschwendet andernfalls kostbare Zehntelmillimeter der eingesetzten Ventilsitzringe.

Ventilsitzringe müssen ersetzt werden, wenn:

- das Ventil so weit in den Zylinderkopf hineinragt, daß das Ventilspiel nicht mehr nachstellbar ist. Der Ventilsitz besitzt nicht mehr genügend Masse.
- das Material des Sitzringes an bestimmten Stellen nicht mehr zum Nachfräsen ausreicht.

Jetzt wird der Ventilsitz-Außendurchmesser mit einer Schieblehre gemessen. Die Ventiltellerauflagefläche soll mittig auf der tragenden Fläche des Ventilsitzes aufliegen. Es kann sich ergeben, daß der Außendurchmesser des Ventilsitzringes zu klein ist, der Ventilteller somit im Ventilsitz zu weit in den Brennraum hineinragt und die tragende Fläche zu weit oben an der Schräge des Ventiltellers anliegt. Dann muß mit dem 45° Fräser weitergearbeitet werden, bis der Außendurchmesser der Auflagefläche mit den Forderungen übereinstimmt (siehe Abb. 79).

Falls der Außendurchmesser zu groß geraten sein sollte, muß die Außenkante des Ventilsitzes verkleinert (freigefräst) werden, was sehr vorsichtig mit einem 15° Fräser geschehen sollte.

Abb. 79: Ventilsitzfräser

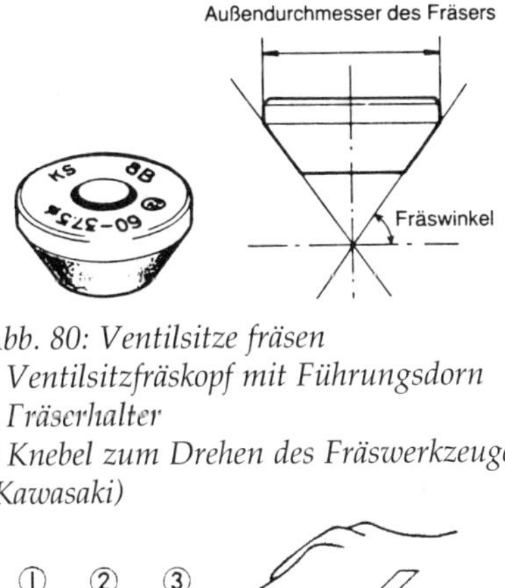

Abb. 80: Ventilsitze fräsen
1 Ventilsitzfräskopf mit Führungsdorn
2 Fräserhalter
3 Knebel zum Drehen des Fräswerkzeuges (Kawasaki)

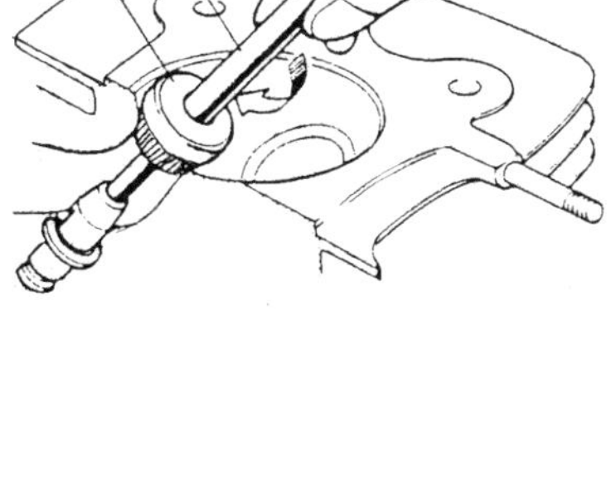

• Freigefräst werden muß auch, wenn die Ventiltellerkante bei vollständig geschlossenem Ventil nicht mindestens einen Millimeter in den Brennraum hineinragt.

• Mit der Schieblehre wird nun an mehreren Stellen der Ventilteller-Auflagefläche deren Breite vermessen. Diese ist korrekt gearbeitet, wenn sie zwischen 0,5 mm und 2,0 mm beträgt (Differiert bei manchen Motoren geringfügig).

• Falls die Ventilsitzbreite zu schmal ausgefallen ist, mit dem 45° Fräser nacharbeiten.

Achtung! Die Ventilsitzbreite kann am Auslaß- bzw. Einlaß-Ventilsitzring unterschiedlich sein. Siehe hierzu das Werkstatthandbuch!

• Ist die Ventilsitzbreite hingegen zu breit ausgefallen, mit dem 75° Fräser die Innenkante der Ventilsitz-Auflagefläche bearbeiten. Vorsicht! – Das geht sehr flott! Aus diesem Grund sollte nach jeder Fräserumdrehung nachgemessen werden.

Abb. 81: Breite der Ventilauflage am Ventilsitzring (Kawasaki)

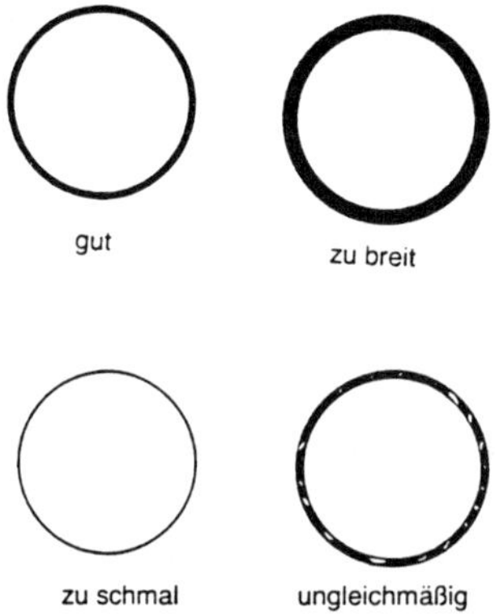

• Die Aufgabe beim Ventilsitzfräsen besteht also darin, den Ventilsitz zu planen (45°), ihn auf eine korrekte Breite zu bringen und durch Bearbeiten der Innen- (75°) und der Außenkante (15°) so zu positionieren, daß er mit der Mitte der Ventilauflagefläche übereinstimmt und das Ventil sauber schließt. Störende Materialüberstände im Brennraum werden mit dem Freifräser (15°) beseitigt, der so auch die Außenkante des Ventilsitzes bestimmt.

Abb. 82: Ventilauflagewinkel und Fräswinkel (Kawasaki)

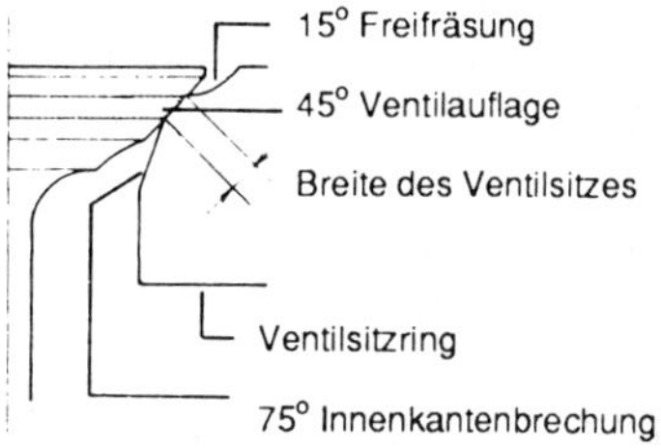

Ventile einschleifen

Nach dem Fräsen der Ventilsitze werden Ventilteller und Ventilsitz aufeinander eingeschliffen (auch Läppen genannt). Zu diesem Zweck wird ein Ventilhalter benötigt, der mit einem Gummisauger auf der Ventilfläche haftet. Er kostet etwa 10 DM und ist in fast jedem Werkzeugladen erhältlich. Dort gibt es auch grobe und feine Ventileinschleifpaste zu kaufen.

• Die grobe Schleifpaste wird an verschiedenen Stellen des Ventiltellers aufgetragen. Das einzuschleifende

Ventil ist am Ventilteller mit dem Gummisauger (etwas Wasser zugeben) des Ventilhalters verbunden.

Das Ventil wird zum Schleifen in die Führung geschoben (Es darf keine Schleifpaste in die Ventilführung gelangen!), bis der Ventilteller aufliegt. Mit beiden Handflächen drehen wir mit einer reibenden Bewegung den Ventilhalter mal links, mal rechts, bis auf beiden Teilen eine glatte, mattgraue, leicht streifige und undurchbrochene Oberfläche entsteht. Dann wird der Vorgang mit der feinen Schleifpaste wiederholt.

Die tragende, eingeschliffene Fläche am Ventilteller soll etwa in der Mitte der Ventilauflagefläche liegen, was im Groben bereits mittels der Fräsarbeiten geschah.

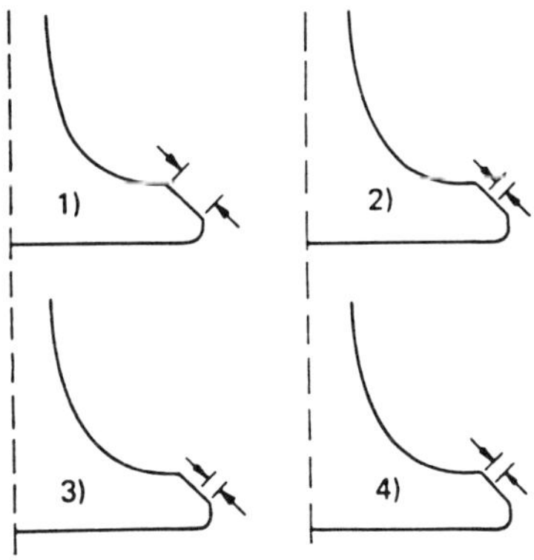

Abb. 83: Breite und Position der Ventilsitzauflage am Ventilteller
1 zu breit
2 korrekt
3 zu weit außen
4 zu weit innen
(Yamaha)

• Die Schleifpaste ist wasserlöslich, so daß der Zylinderkopf unter warmem Wasser gut gereinigt werden kann. Anschließend mit Preßluft trocknen.

Auf Dichtheit testet man bei geschlossenem Ventil. Zu diesem Zweck drückt man mit dem Daumen vom Verbrennungsraum her auf den Ventilteller und prüft, nach dem Einfüllen von Benzin in Ansaug- und Auslaßkanal, ob etwas von der Flüssigkeit zwischen Ventil und Ventilsitz durchsickert. Falls das geschieht, muß der Schleifprozeß wiederholt werden.

Ventilsitze *müssen* gefräst und eingeschliffen werden:
- nach dem Einbau einer neuen Ventilführung
- nach dem Einbau eines neuen Ventilsitzringes
- wenn die Ventilsitzauflagefläche durch hohe Kilometerleistung des Motors zu breit geworden ist.

Ventilsitze *können* (müssen nicht, wenn sie in Ordnung sind) gefräst und eingeschliffen werden:
- nach dem Einbau eines neuen Ventils

Ventilsitze müssen immer *eingeschliffen* werden:
- nach jedem Ventilausbau,
- wenn der Motor Leistungverluste aufweist und nach einer Messung Kompressionsverluste aufzeigt, für die eine undichte Zylinderkopfdichtung oder defekte Kolbenringe nicht in Frage kommen (Prüfungsschleifen)
- nach jedem Ventilsitzfräsen

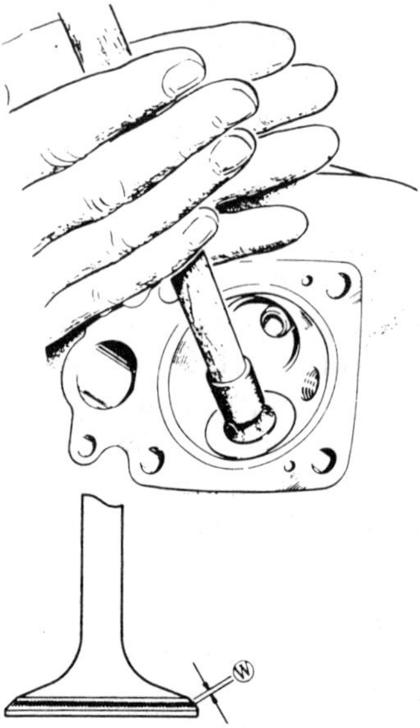

Abb. 84: Schleifen der Ventilsitze (Yamaha)

Wechseln der Ventilführung

Eine Ventilführung, die ihre Verschleißgrenze erreicht hat oder nicht mehr fest genug im Zylinderkopf steckt (Preßpassung), muß gewechselt werden.

Zum Ein- und Ausziehen der neuen Führung müssen wir uns zunächst einmal Werkzeuge besorgen bzw. anfertigen. Wir beschaffen uns deshalb einen passenden Dorn zum Austreiben und eine Holzauflage für den Zylinderkopf.

• Das Einziehwerkzeug für die Ventilführung besteht aus einer langen Schraube, einigen verschieden starken und großen Unterlegscheiben sowie einer passenden Mutter. Der Dorn muß etwas dünner als die Ventilführung sein, darf aber nicht durch die Innenbohrung der Führung rutschen.

• Die Ölkohle an dem Teil der Ventilführung, das in den Ansaug- bzw. Auslaßkanal hineinragt, muß sorgfältig entfernt werden. Andernfalls vergrößert die harte Kruste der anhaftenden Ölkohle beim Austreiben der Führung die weiche Bohrung im Zylinderkopf, in die die Ventilführung eingelassen ist. Die neue Ventilführung sitzt dann in der Folge nicht mehr so fest in ihrem Sitz wie ihre Vorgängerin. Im Extremfall wäre eine Ventilführung mit Übergröße notwendig, um den erforderlichen Preßsitz zu erhalten.

• Im Backofen wird der Zylinderkopf auf etwa 180° C erhitzt.

Achtung! Alle Gummi- und Plastikteile entfernen und den Zylinderkopf sorgfältig entölen. Sollen wieder Brötchen oder Kuchen in dem Ofen gebacken werden, besteht ansonsten Vergiftungsgefahr!

Liegt der Zylinderkopf erhitzt auf den Holzklötzen, werden die Füh-

Abb. 85: Austreiben einer Ventilführung (Yamaha)

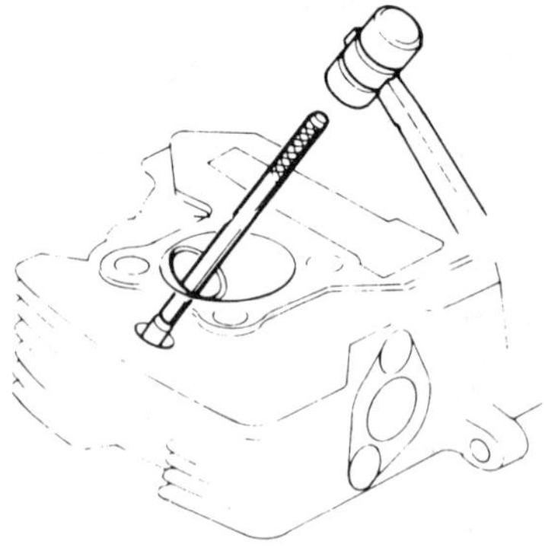

rungen nach unten, vom Brennraum weg, mit dem Dorn herausgeschlagen. Im gleichen Arbeitsgang (es soll schnell gehen, damit ein erneutes Erhitzen nicht notwendig wird), die neuen Ventilführungen einsetzen. Hierzu wird die lange Schraube mit der kleineren U-Scheibe am Kopfende in die neue Führung hineingesteckt und (nicht verkanten) auf die Bohrung der Führung im Zylinderkopf angesetzt. Vom Brennraum her wird eine Scheibe, die etwas größer als der Ventilsitz ist, auf das andere Ende der Schraube gesteckt. Eine Mutter mit einer kleinen U-Scheibe wird aufgeschraubt und mit Hilfe eines passenden Steckschlüssels plus Knarre angezogen. Auf diese Weise wird die Ventilführung langsam in ihren Sitz gezogen. Nachdem die Führung am Anschlagswulst angekommen ist (bei einigen Führungen begrenzt ein Sprengring die Eindringtiefe) kann das Werkzeug entfernt werden.

Der Zylinderkopf muß langsam erkalten. Wegen Verspannungsgefahr auf keinen Fall mit Wasser abschrecken!

• Eine andere, wesentlich elegantere Lösung (wenn man das passende Werkzeug dazu besitzt) um die alte Ventilführung zu entfernen, besteht darin, das Oberteil der Führung wegzufräsen. Der Rest wird in den Verbrennungsraum hinein ausgetrieben. Damit vermeidet man das Risiko, das die verkrustete Ölkohle mit sich bringt. Die Notwendigkeit, eine Ventilführung mit Übergröße einsetzen zu müssen, rückt damit in weite Ferne.

• Wenn die Führung abgekühlt ist und fest in ihrer Bohrung sitzt – hoffentlich auch gasdicht –, muß sie auf den Durchmesser des zugehörigen Ventilschaftes aufgerieben werden. Für diese Aufgabe wird eine passende Zylinderreibahle benötigt, am besten jedoch ist eine verstellbare Reibahle.

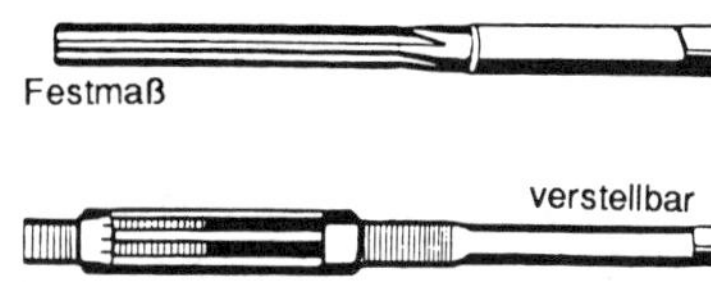

Abb. 86: Reibahlen zum Aufreiben von Ventilführungen

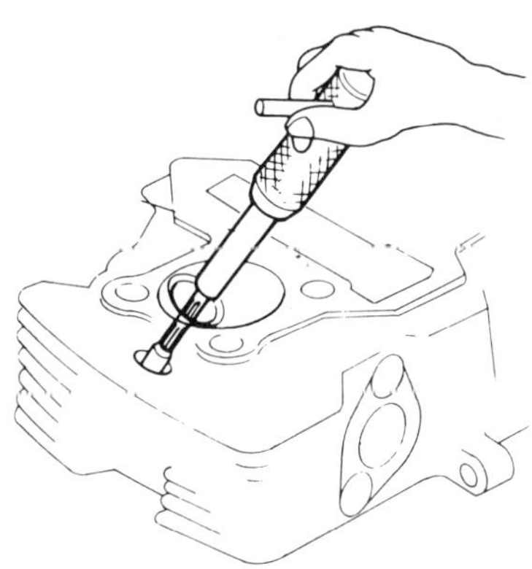

Abb. 87: Aufreiben einer Ventilführung (Yamaha)

Während des Aufreibvorganges muß die Reibahle genau mit dem Verlauf der Führungsbohrung fluchten, sonst geht's schief, was sich spätestens beim Einschleifen durch einen einseitig aufliegenden Ventilteller bemerkbar macht.

• Der Ventilschaft ist exakt in die Bohrung der Ventilführung eingepaßt, wenn das Ventil, leicht eingeölt, von selbst wieder langsam aus der Führung rutscht; nun dreht man den Zylinderkopf in seine natürliche Lage.

• Bevor die Ventilfedern aufgesetzt und die Ventilkeile eingelegt werden, müssen die zur Ventilschaftabdichtung verwendeten Teile, wie Käppchen, Ventilschaftdichtringe oder in die Führung eingelegte O-Ringe und anderes, aufgesetzt werden. Alle diese Teile sind recht empfindlich und müssen behutsam aufgebaut werden, rutschen aber, mit etwas Öl unterstützt, leicht in ihre Arbeitsposition. (Wiedereinbau der Ventile und Aufbau des Zylinderkopfes siehe Unterkapitel 2.3.)

2.2. Zylinder, Zylinderblock und Kolben demontieren/kontrollieren

Die Demontage von Einzelzylinder oder Zylinderblock sowie Kolben bietet normalerweise keine besonderen Probleme. Für das Abbauen des Zylinders oder des Zylinderblockes gilt dasselbe, was schon bei der Demontage des Zylinderkopfes gesagt wurde: Der Motor muß sauber sein; kein Schmutz, keine Ölkohle, keine Dichtungsreste dürfen in den Kurbelraum fallen!

Wenn der Motor über lange Zuganker verfügt, lösen wir den Zylinder oder den Zylinderblock nach Abnahme der Schrauben durch leichtes Rütteln vom Motorgehäuse und ziehen ihn langsam und vorsichtig nach oben weg. Eine Hilfsperson hält dabei die Nockenwellenkette fest (nur bei OHC- und DOHC-Motoren). Kurz vor dem Abziehen verlangsamen wir die Bewegung, damit die Kolben nicht plötzlich aus ihren Laufbuchsen rutschen und gegen die Zuganker prallen. Am besten schieben wir vor dem Abziehen zwei kurze, saubere Holzstücke dazwischen.

Hat der Zylinder Zylinderfußschrauben (oder Stehbolzen) statt Zuganker (wie bei den Harley-Davidson-Shovelhead-V-2-Motoren oder den Triumph-Twin-Motoren), so löst man sie kreuzweise in mindestens zwei Arbeitsgängen, um Verspannungen zu vermeiden. Wenn möglich, dabei einen Drehmomentschlüssel benutzen.

• Sind Zylinder bzw. Zylinderblock ausgebaut, waschen wir sie mit Petroleum (Pinsel und eine alte Zahnbürste für die Kühlrippen). Nach dem Trocknen nehmen wir sie unter die Lupe und prüfen auf Risse, Brüche oder ausgelaufene, verschlissene Kolbenlaufbahnen. Dabei prüft man genau jede einzelne Kolbenlauffläche im Zylinder. Besonders zu achten ist auf Längsriefen mit Aluminiumspuren. Das deutet auf klemmende, weil zu heiß gewordene Kolben hin. Aluminium dehnt sich bei Hitze vergleichsweise stark aus. Bei Längsriefen ohne Alu-Spuren kann ein kurzzeitiger Ölfilmriß aus Ölmangel oder ebenfalls Überhitzung die Ursache für das Klemmen gewesen sein. Die Längsriefen werden von den Kolbenringen produziert, weshalb es sich lohnt, auch diese genauer zu betrachten.

Wer glaubt, Riefenbildungen nicht so recht beurteilen zu können, geht am besten mit Zylinder und Kolben zu seiner Vertragswerkstatt, in eine Zylinderschleiferei oder fragt Personen mit entsprechender Erfahrung.

• Falls die Riefenbildung kritisch erscheint, die Kompression des Motors sinkt und der Motorölverbrauch steigt, empfiehlt es sich, den Zylinder vermessen und notfalls ausschleifen zu lassen, was neue Übermaßkolben nötig macht.

• Ist bei einem Vierzylindermotor eine Kolbenlauffläche beschädigt, müssen aus Gründen der Laufruhe und der gleichmäßigen Kraftentfaltung des Motors alle vier Zylinder ausgeschliffen werden.

• Befinden sich Aluminiumspuren auf der Zylinderlauffläche, müssen diese beseitigt werden. Mit Ätznatron oder Batteriesäure können die störenden Metallspuren entfernt werden. Die Riefen am betreffenden Kolben können mit einem Ölstein abgeschliffen werden. Kein Schleifpapier verwenden! Schleifmittelreste setzen sich im weichen Alu des Kolbens fest und verursachen erhöhten Verschleiß an Kolben und Kolbenlaufbahn).

• Natürlich muß man den Gründen für die Überhitzung auf die Spur kommen. Der Vorfall könnte sich ja wiederholen (siehe auch die Unterkapitel 1.4. und 1.5. »Der Verbrennungsmotor«!). Es empfiehlt sich als Sofortmaßnahme, den Ölvorrat im Motor zu überprüfen.

Bei Flüssigkeitskühlung des Motors sollte gleichfalls umgehend der Stand der Kühlflüssigkeit im Ausgleichsbehälter geprüft werden sowie die Funktion des Thermostaten.

An luftgekühlten Motoren sehen wir nach, ob die Kühlrippen verschmutzungsfrei im Fahrtwind liegen. Nicht zuletzt überprüfen wir unseren Fahrstil! Ich denke da an Autobahnheizereien bei geringem Ölstand oder auch an brutale Kaltstarts mit hohen Motordrehzahlen.

• Etliche Hersteller sind mittlerweile dazu übergegangen, auf den Kolbenlaufflächen verschiedener Motorenserien hauchdünne galvanische Schichten aufzutragen. Diese Schichten liegen direkt auf dem Aluminium der Zylinderbohrungen auf und sind hochfest mit ihnen verbunden (zwischen sechs und acht hundertstel Millimeter dick). Die Schichten enthalten Nickel, Karbid und Silizium und sind zu einer äußerst harten Verbindung oxydiert (z.B. Nicasil®). Die besonderen Vorteile dieser Schicht sind ihre Härte und Verschleißarmut (100.000 km sind in der Regel kein Problem) sowie ihre Feinporigkeit, die es ihr erlaubt, Motoröl quasi zu speichern. Das ergibt eine nahezu optimal geschmierte Kolbenlauffläche.

Treten leichte Kolbenklemmer auf, passiert wegen der Härte der Beschichtung damit in der Regel gar nichts. Bei größeren Schäden aber, verursacht durch starke Kolbenklemmer, Kolbenring- oder Kolbenbrüche und abgerissene Ventile, kann die Schicht stellenweise abplatzen. Das bedeutet in der Regel das »Aus« für den Zylinder. Bei Vierzylindermotoren eine ziemlich kostspielige Angelegenheit.

• Derzeit bietet die Firma Mahle-Kolben (Prager Straße 26-46, Stuttgart) als Alternative an, die Beschichtung zu erneuern. Die Kosten sind von der Größe der Zylinderbohrung abhängig und betragen etwa 150 DM (40 mm) bis 210 DM (70 mm) pro Zylinder. Ein neuer Zylinder bzw. ein neuer Zylinderblock sind dagegen wesentlich teurer. Die Motorteile müssen vor dem Versand von Stehbolzen oder Zuganker befreit sein!

• Herkömmliche Laufbuchsen aus Grauguß, in die Aluminiumzylinder eingeschrumpft oder eingegossen wurden (Schleudergußverfahren), lassen solche Probleme nicht aufkommen. Sie können bis zu dreimal ausgeschliffen werden, bevor sie schrottreif sind. Selbst dann lassen sich an etlichen Motoren noch die Laufbuchsen austauschen.

• Per Augenmaß können wir bei abgenommenem Zylinderkopf prüfen, ob die Zylinderlauffläche zu stark abgenutzt wurde. Am oberen Ende im Zylinder entsteht nämlich an der Kolbenlauffläche ein Absatz, der um so stärker wird, je größer die Zylinderlaufleistung ist. Dieser Absatz rührt daher, daß die Kompressionsringe (die oberen Kolbenringe) während der Hubbewegung des Kolbens nicht bis ganz oben gelangen. Es bleibt immer ein Rand übrig, der keinem Verschleiß unterliegt und der daher in seinen Abmessungen dem Originalausschleifmaß entspricht.

Wenn dieser Absatz deutlich fühlbar ist, kann damit gerechnet werden, daß der Zylinder bald ausgeschliffen werden muß, und damit auch ein Kolbenwechsel fällig ist. Im Fahrbetrieb macht sich solch ein Zylinder durch hohen Motorölverbrauch und Klappergeräusche (Kolbenkippen im Zylinder) bemerkbar.

• Hoher Motorölverbrauch kennzeichnet auch verschlissene Kolbenringe, was dann nicht notwendigerweise auch für den Zylinder zu gelten hat. Das kann nur durch Messungen an den betroffenen Teilen und, bezogen auf die Kolben, nur nach deren Demontage festgestellt werden.

• Eine einfache Methode der Verschleißmessung von Zylinderlaufflächen besteht darin, einen guten Kolben ohne Kolbenringe von unten in den ausgebauten Zylinder einzuführen. Etwa zwei Zentimeter von der oberen Zylinderkante entfernt wird dann eine Fühlerblattlehre zwischen Kolben und Zylinderwandung geschoben. Läßt sich ein Blatt der Stärke 0,1 mm zwischenschieben, ist die Zylinderverschleißgrenze erreicht.

• An Zweitaktmotoren muß geprüft werden, ob die Auslaßschlitze und

Abb. 88: Messen der Zylinder-Verschleißgrenze (Kawasaki)

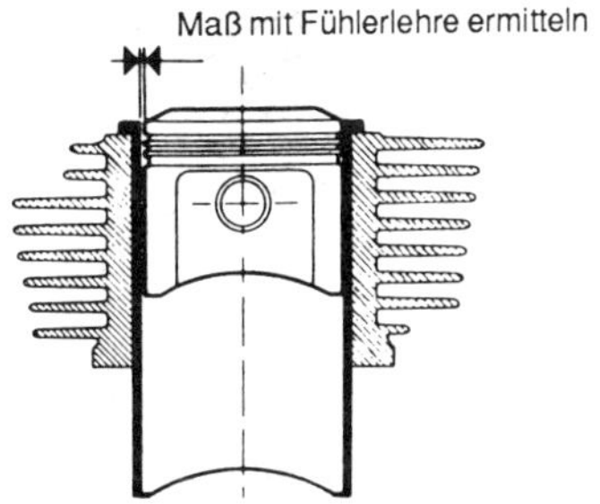

die Abgasaustrittsöffnungen am Zylinder mit Ölkohle zugesetzt sind. Verkrustete Stellen können gut mit einem stumpfen Schaber, einem breiten Schraubenzieher, einer Teppichmesserklinge oder ähnlichem gereinigt werden. Mit einer feinen Messingbürste werden die Stellen zum Schluß nachpoliert.

Der Steuerkettenspanner

An OHV- oder DOHC-Motoren werden im Kettenschacht des Zylinders die Steuerkettenspanner angebracht.

Es gibt automatische und halbautomatische Nockenwellenkettenspanner. Die automatischen brauchen keine Wartung und müssen, einmal eingestellt, nicht nachjustiert werden. Bei ihnen wird die Steuerkette mit Hilfe einer Nachstellvorrichtung und der Gleit- und Führungsschienen (teilweise mit Öldruck) stets straffgehalten. Werden die automatischen Kettenspanner aber demontiert oder muß eine neue Steuerkette aufgezogen werden, muß der Kettenspanner neu grundeingestellt werden (siehe hierzu das Werkstatthandbuch).

In diesem Kapitel beschränken wir uns auf Verschleißprüfungen an den Gleitteilen der Schienen und der Druckfeder.

• Halbautomatische Kettenspanner müssen periodisch nachgestellt werden. Dies kann nur dann geschehen, wenn Kurbelwelle und Nockenwelle eine bestimmte Konstellation einnehmen, bei der die Nocken der Nockenwelle den geringsten Druck auf die Ventile und damit auch auf die Steuerkette ausüben. Die Steuerkette erreicht so ihren stärksten Durchhang, der dann vom Kettenspanner ausgeglichen wird.

Einstellen eines halbautomatischen Steuerkettenspanners:

Wenn die Steuerkette ihren größten Durchhang erreicht hat, wird am Versteller der Einstellvorrichtung (meist hinten am Zylinder gelegen) die Kontermutter gelöst, die Einstellschraube etwas zurückgedreht, um Spielraum zu schaffen, und wieder festgezogen. Fertig! – Der Stößel des Steuerkettenspanners wurde so gelöst und gleicht mit Hilfe seiner Feder den neuen Kettendurchhang aus. Zieht man die Verstellschraube wieder fest, wird der Spannstößel in seiner neuen Position fixiert.

• Die Gleit- und Führungsschienen für die Steuerkette sind nach der Zylinderblockdemontage voll zugänglich und müssen auf Verschleiß geprüft werden. Der Gleitbelag der Schienen darf nicht zu tiefe Spuren oder gar Ausbrüche aus der Kunststoffschicht aufweisen. Sollte eine Schiene gewechselt werden müssen, empfiehlt es sich, gleich alle zu wechseln!

Kolben, Kolbenringe, Kolbenbolzen

Werden die Kolben abgebaut , müssen zuerst die Sicherungsclips zu beiden Seiten des Kolbenauges entfernt werden. Danach erhitzen wir den Kolben mit einer Lötlampe oder einer Heißluftpistole auf ca. 100° C. Vorsicht dabei: Mit der heißen Flamme aus der Lötlampe dürfen wir den Kolbenringen nicht zu nahe kommen. Sie erhitzen sich blitzartig, verlieren ihre Härte und werden unbrauchbar!

• Zum Ausdrücken des Kolbenbolzens benutzen wir, falls Fingerdruck nicht ausreicht, einen Kolbenbolzenausdrücker.

Falls keiner zur Hand sein sollte, wird ein Stück Hartholz (mit einem Lappen umwickelt, damit keine Späne in den Motor fallen) zwischen Pleuel und Zuganker geschoben. Mit einem passenden Dorn läßt sich dann der Bolzen in der Regel auspressen. Keine harten Hammerschläge, der Pleuel könnte verbiegen!

• Der ausgebaute Kolben wird durch vorsichtiges Unterschieben von Metallstreifen von seinen Kolbenringen befreit. Kolbenringe sind gehärtet und brechen leicht, also aufgepaßt!

Abb. 89: Auf- und Abziehen der Kolbenringe mit Hilfe von Blechstreifen (Triumph)

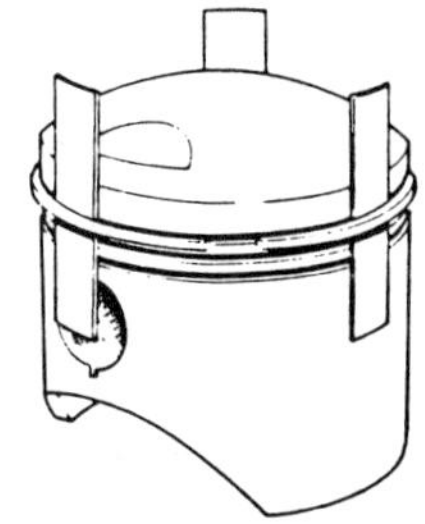

• Am Kolben selbst achte man auf Riefenbildung oder Klemmstreifen. Riefen können mit einem Ölstein beseitigt werden (grobe und feine Körnung). Danach den Kolbenboden von Ölkohle reinigen und mit einer Messingbürste polieren. Für die groben Arbeiten benutzen wir am besten den schon erwähnten stumpfen Schaber oder einen breiten, kantig geschliffenen Schraubendreher.

Verschleißerscheinungen an Kolben:
- Das Stoßspiel der Kolbenringe wird breiter, weil die Stärke der Kolbenringe abnimmt. Sie verschleißen mit der Zeit durch den Kontakt mit der Kolbenlaufbahn.
- Die Kolbenringe bekommen in ihrer Nut zuviel Seitenspiel. Die Nute weiten sich im Laufe eines Kolbenlebens.
- Kolben verschleißen vor allem am

Kolbenhemd; dort nimmt ihr Durchmesser ab.

- Verschleiß an den Nuten der Kolbenbolzensicherungsringe. Diese können sich weiten, und die Sicherungsringe könnten herausrutschen.

Daß die Kolbenringe an Stärke verlieren ist klar, sie haben den innigsten Kontakt zur Zylinderlauffläche und sind dem Verschleiß am extremsten ausgesetzt. Kolbenringe werden geprüft, indem sie von unten her einzeln in den Zylinder hineingeschoben werden. Man nutzt die untere Hälfte der Zylinderlauffläche, weil die obere stärker verschlissen ist. Die Messungen sind so exakter. Zu weit unten sollte man aber auch nicht messen. Dort ist der Zylinder leicht konisch, um das Hineingleiten des Kolbens beim Zusammenbau zu erleichtern.

Gemessen wird der Ringspalt zwischen den Kolbenringenden, das »Stoßspiel«. Wird dabei ein bestimmtes Maß (siehe Werkstatthandbuch) überschritten, sind die Ringe schrottreif!

Die Spannkraft der Ringe ist ohne Spezialgerät schwierig zu messen. Wir verlassen uns deshalb auf unser Gefühl und prüfen, ob die Ringe fest in der Zylinderbohrung anliegen (bei Zweifeln erfahrene SchrauberInnen zu Rate ziehen).

Erweist sich die Ringspannung als zu schwach, kann es trotz Maßhaltigkeit des Stoßspieles zu starken Ölverbräuchen kommen.

- Müssen Kolbenringe gewechselt werden, sollte dies in der Regel nur satzweise erfolgen. Unter normalen Umständen keine einzelnen Ringe ersetzen! Bei Mehrzylindermotoren sind dann leider nicht nur die Kolbenringe des betroffenen Zylinders zu erneuern, sondern auch alle anderen. Andernfalls wären Vibrationen und unrunder Motorlauf die Folge.
- Die Ringnuten für die Kolbenringe dürfen in ihrer Breite nur eine bestimmte Toleranz (Werkstatthandbuch) aufweisen. Andernfalls können die Kolbenringe in Schwingung geraten und brechen. Außerem bewirken diese Schwingungen einen Pumpeffekt, der Schleuderöl aus dem Motorsumpf in den Verbrennungsraum drückt. – Der Motorölverbrauch steigt an.

Abb. 90: Messen der Kolbenringnute mit einer Fühlerlehre (Kawasaki)

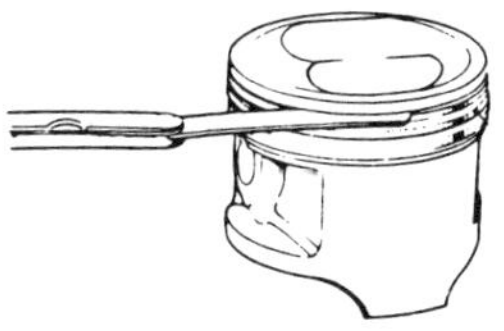

Kolben mit Kolbennuten außerhalb der angegebenen Toleranz müssen erneuert werden. In der Folge müssen dann, siehe oben, alle Kolben im Motor erneuert werden. Falls der Motor schon eine hohe Laufleistung hat, empfiehlt es sich, die Zylinder ausschleifen zu lassen und Übergrößenkolben einzusetzen.

- Nach bestandener Kontrolle müssen die Ringnuten sorgfältig gereinigt werden. Kolben von Zweitaktmotoren haben in ihren Ringnuten kleine Stifte zum Fixieren der Ringe. Diese Stifte verhindern das seitliche Verschieben der Ringe, deren Enden ansonsten von den Ein- und Auslaßschlitzen im Zylinder abgeschert würden. Diese Stifte müssen festsitzen und dürfen kein Seitenspiel haben. Bei losen Stiften muß der ganze Kolben erneuert werden.
- Den Durchmesser der Kolben mißt man allgemein mit einer guten Schieblehre, die mindestens auf Zehntelmillimeter genau sein muß. Gemessen wird am Kolbenhemd und oben zwischen den Kolbenringnuten. Werden die im Werkstatthandbuch angegebenen Toleranzwerte für den Außendurchmesser unterschritten, ist der Kolben schrottreif.
- Der Kolbenbolzen nutzt sich im Pleuellager ab. Seine Stärke und die Fläche der Härteschicht müssen in diesem Bereich kontrolliert werden. Einfach zu prüfen ist er durch Abtasten mit den Fingerspitzen. Man kann einen vom Verschleiß herrührenden Absatz im Material sehr gut erfühlen. Genauer geht es mit einer Mikrometerschraube. Einschnürungen, Absätze oder rauhe Unebenheiten auf der Kolbenbolzenoberfläche deuten auf starken Verschleiß oder gar auf Lagerschäden im Kolben oder im Pleuellager hin. Vermutet man Lagerschäden, müssen die Lagerung des Kolbenbolzens im Kolben sowie das Pleuellager begutachtet werden (siehe unten).

Abb. 91: Prüfen des Kolbendurchmessers Messen am Kolbenhemd (Abstand »a« = 10 mm). Das Maß kann am besten mit einem Werkstatt-Mikrometer gemessen werden. Zur Not tut es auch eine gute Schieblehre.
(Kawasaki)

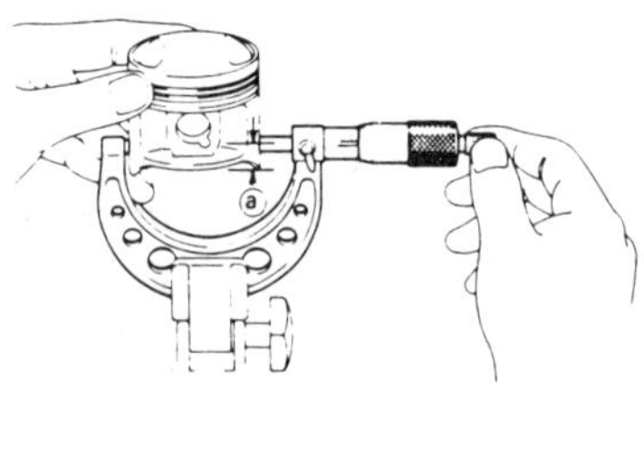

Abb. 92: Messen des Kolbenbolzens mit einem Werkstatt-Mikrometer
(Honda)

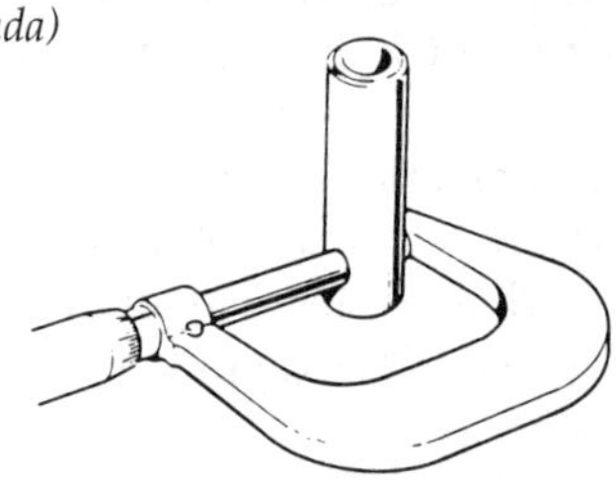

Bläuliche Flecken auf der Härteschicht des Kolbenbolzens deuten auf Überhitzung hin. Vielleicht war das Pleuellager im Neuzustand nicht weit genug aufgerieben worden? Vielleicht war nicht genug Motoröl im Motor? Sind die Flecken nur sporadisch, kann der Bolzen weiterverwendet werden. Andernfalls muß man ihn erneuern.

2.2.1. Kurbelwelle, Pleuel und Lager, einfach geprüft

Die Kurbelwelle

Sind im Zuge der Demontage unseres Motors der Zylinder bzw. der Zylinderblock erst einmal abgenommen, liegen Kurbelwelle und Pleuel frei vor den Augen des Betrachters. Doch ohne ein weitgehendes Zerlegen des Motorgehäuses können die Kurbelwelle und ihre Lagerstellen kaum ordentlich geprüft werden.

Durch Drehen an der Welle können wir lediglich einige Symptome eventueller Lagerschäden feststellen, z.B. wenn die Kurbelwelle schwer dreht (Gleitlager) oder, falls sie rollengelagert ist, der Rundlauf rumpelig oder hakelig ist. Auf- und Abbewegungen (Radiallagerspiel) quer zur Kurbelwelle weisen auf ausgelaufene Kurbelwellenlager hin. Gleiches gilt bei dumpfen rumpelnden Geräuschen während des Motorlaufs.

Dreht man die Welle dagegen glatt, leicht und geräuschlos durch, kann man davon ausgehen, daß alles noch in Ordnung ist.

• Jede Kurbelwelle muß sich seitlich bewegen lassen. Dieses Seitenspiel wird bei vielen Motoren durch Abstandsscheiben (Anlaufscheiben) begrenzt. Bei verschlissenen Abstandsscheiben bekommt die Kurbelwelle ein zu großes Seitenspiel, was den Verschleiß im Kurbeltrieb stark erhöht und die Lebenszeit des Motors herabsetzt. Die Anlaufscheiben an den Stirnseiten der Kubelwelle (nicht jeder Motor führt sie) können oft nur ersetzt werden, wenn zuvor die Kurbelwelle ausgebaut wurde.

Pleuel

Für das Pleuel gelten ähnliche Prüfungen. Da der Pleuelfuß am Hubzapfen der Kurbelwelle drehbar gelagert ist, jedoch vom Kurbelgehäuse verdeckt wird, kann man diese Stelle nur mangelhaft einsehen; doch es lassen sich zwei einfache Tests durchführen.

• Da wäre zunächst das Höhenspiel des Pleuelfußlagers zu prüfen. Hierzu drehen wir die Kurbelwelle so, daß der Hubzapfen der Kurbelwelle, auf der das betreffende Pleuel dreht, senkrecht nach oben weist. Das Pleuel schaut auf diese Weise weitestgehend nach oben aus dem Kurbelgehäuse hinaus. Zum Prüfen fassen wir das Pleuel mit drei Fingern der einen Hand und halten die Kurbelwelle mit der anderen fest. Dann versuchen wir mittels einer leichten Auf- und Abbewegung ein spürbares Lagerspiel festzustellen.

Sollte das der Fall sein, liegt ein Lagerschaden vor. Ist das Lagerspiel nur gering fühlbar, kann zwar weitergefahren werden, doch sollte man sich eine Neulagerung der Kurbelwelle innerhalb der nächsten 5-10.000 km vormerken. Wurde ein starkes Radialspiel festgestellt, sind die Pleuelager verschlissen (in dem Fall kann man es auch meist schon hören) und müssen sofort erneuert werden.

Im Fahrbetrieb macht sich ein Pleuellagerschaden durch Klopfgeräusche aus der Region des Zylinderfußes bemerkbar!

• Als nächstes testet man das Seitenspiel des Pleuelschaftes, eine Kippbeweglichkeit des Pleuels. Es sollte etwa zwei Millimeter, von der Senkrechten aus nach links oder rechts gemessen, nicht überschreiten. Ursache des Seitenspiels ist in den meisten Fällen ebenfalls ein ausgelaufenes Pleuelfußlager, das in diesem Fall allerdings seitlich verschlissen ist. Wenn dazu auch noch ein Höhenspiel meßbar wird, muß das Lager in jedem Fall ausgewechselt werden. Motoren, bei denen ein zu großes Seitenspiel am Pleuel meßbar wird, verschleißen an Kolben und Kolbenlaufbahn schneller. Die auftretenden Kräfte im Arbeitstakt verlaufen nicht mehr nur in eine Richtung, sondern auch seitlich. Dort richten sie dann Schaden an.

Daten über die Größe des zulässigen Seitenspiels variieren von Motor zu Motor. Hier hilft ein Blick ins Werkstatthandbuch.

• Während das oben erwähnte Seitenspiel aufgrund des Lagerverschleißes stattfindet, hat die seitliche Verschiebbarkeit des Pleuels auf dem Hubzapfen eine andere Ursache. Hierbei handelt es sich um ein Verschleißen des Pleuels, wobei ein Spalt zwischen Pleuelfuß und Kurbelwangen entsteht, der ein seitliches Axialspiel des Pleuels ermöglicht. Wird dieser seitliche Abstand zu groß, werden die Pleuellager durch verstärkte Kippbewegungen des Pleuels überlastet und verschleißen unnormal schnell. Außerdem entstehen Kräfte, die den Kolben an den Flanken stärker belasten. Wir empfehlen in diesen Fällen, das Pleuel auszutauschen. Um das betreffende Pleuel ersetzen zu können, muß die Kurbelwelle ausgebaut werden (vertikal teilbares Gehäuse), bei horizontal teilbaren Gehäusen lediglich das untere Gehäuseteil des Motors.

• Pleuel, deren Füße nicht teilbar sind, müssen von einer Werkstatt zur Motoreninstandsetzung ausgetauscht werden. Um das Pleuel zu entfernen, muß die Kurbelwelle zerlegt werden, was nur mit Maschinen zu bewerkstelligen ist. Bei dieser Gelegenheit sollten die Pleuelfußlager aller Pleuel ersetzt werden.

• Am einfachsten ist das Lager des Kolbenbolzens im Pleuelauge zu testen. Zu diesem Zweck wird ein neuwertiger, maßhaltiger Kolbenbolzen leicht eingeölt in das Pleuellager eingeführt.

Geprüft werden muß:
- Läßt sich der Kolbenbolzen leicht im Lager drehen (sehr wichtig!)?
- Wenn man den Bolzen verkantet, weist er ein deutlich fühlbares Lagerspiel auf (nicht zulässig)?

Abb. 93: Prüfen des Kolbenbolzenspiels zwischen Kolbenbolzen und Pleuelauge (oberes Pleuellager) (Honda)

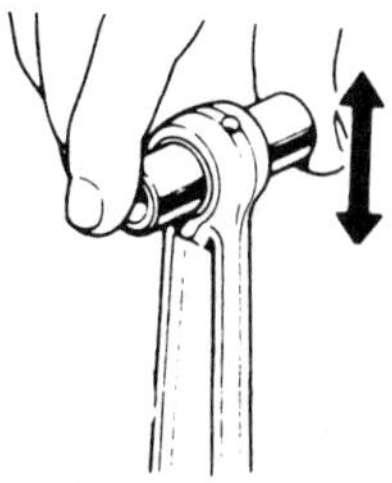

– Dreht sich das Pleuellager im Pleuelkopf (nicht zulässig)?

Manche der oberen Pleuellager (in einigen Zweitaktmotoren und auch in Hochleistungsviertaktern) sind mit teuren Nadellagern bestückt. Sie vereinen hohe Druckbelastbarkeit mit geringem Rollwiderstand. Geprüft werden sie auf Spiel (wie oben beschrieben) sowie auf leichte Drehbarkeit des Nadelkäfigs. Sie dürfen weder haken (verschmutzt oder Lagerkäfig beschädigt) noch rattern (die Härteschicht auf der Lauffläche der Nadeln ist dann abgenutzt).

Leider gibt es noch immer Pleuel, deren Kolbenbolzen ohne Lagerung direkt im Material des Pleuelkopfes laufen. Dies bedeutet im Falle von Verschleiß den kompletten Austausch des Pleuels mit den unangenehmen Folgen einer vollständigen Motorendemontage.

• Werden die oberen Pleuellager ersetzt, geschieht dies bei nadel- und gleitgelagerten Pleuellagern in etwa gleich. Zu diesem Zweck können wir uns ein Werkzeug anfertigen, wenn wir den Preis für ein teures Spezialwerkzeug nicht bezahlen wollen (oder können). Dieses Werkzeug besteht aus einem Rohr (siehe Abbildung 94 und 95), einer langen Schraube, ein paar U-Scheiben sowie einer Mutter.

Das Rohr ist so bemessen, daß es im Innendurchmesser das neue Pleuellager locker durchläßt. Es wird auf der einen Seite des Pleuelkopfes so angelegt, daß die Stirnseite des Rohres das Lager im Pleuelauge umschließt, ohne es an seinem Rand zu verdecken.

Abb. 94: Werkzeug zum gleichzeitigen Auspressen der alten und Einziehen einer neuen Pleuelaugenbuchse (Triumph)

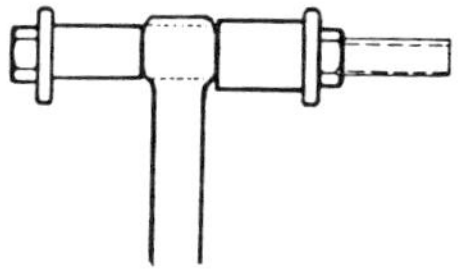

Zuvor werden die Körnerpunkte, deren Aufgabe darin besteht, das Pleuellager im Pleuelauge gegen Verdrehen zu fixieren, durch Anbohren oder mit Hilfe eines kleinen Meißels beseitigt.

Von der anderen Seite des Pleuelkopfes, dem Rohr gegenüber, wird die neue Pleuelbuchse bzw. das neue Nadellager angesetzt. Danach schiebt man die lange Schraube durch das neue und das alte Pleuellager sowie durch das anschließende Rohr hindurch. Die kräftige U-Scheibe (ca. 4 mm) am Schraubenkopf dient als Widerlager. Ans Ende kommen eine weitere dicke U-Scheibe, eine kleine U-Scheibe und die Sechskantmutter, die aufgeschraubt wird.

Falls Leichtmetallpleuel im Einsatz sind, erleichtert es den Austausch der Lagerbuchse oder des Nadellagers, wenn der betroffene Pleuelkopf auf etwa 180° C erhitzt wird (Lötlampe, Heißluftpistole).

Die Sechskantmutter am Ende wird nun langsam und gleichmäßig angezogen. Die Vorrichtung zieht nun in einem Zug das alte Lager heraus und das neue hinein.

Abb. 95: Werkzeug zum Auspressen bzw. zum Einziehen einer Pleuelaugenbuchse (Triumph)

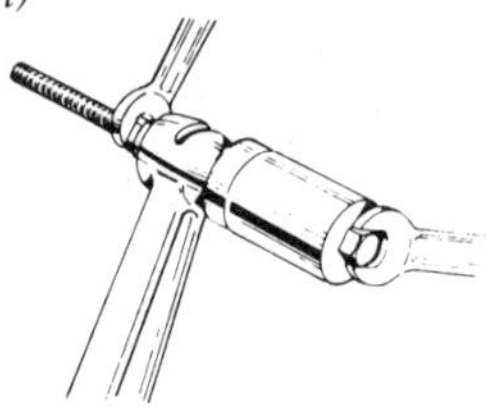

Durch Schläge mit Hammer und Körner (mit einem schweren Hammer auf der gegenüberliegenden Seite gegenhalten) in den Rand des Pleuelauges werden um das neu eingesetzte Lager herum einige Körnerpunkte in den Pleuelkopf gesetzt, um es zu fixieren.

Anschließend wird die Bohrung für die Schmierölversorgung, oben auf dem Pleuelkopf, erneuert (nicht bei Nadellagern). Zum Abschluß muß mit einer Reibahle (nicht bei Nadellagern) die neue Lagerbohrung für den Kolbenbolzen passend gemacht und nachgearbeitet werden.

Am wirksamsten ist erwiesenermaßen eine verstellbare Reibahle (sehr teuer, aber vielleicht ausleihbar?). Die neue Buchse wird vorsichtig so weit aufgerieben, daß sich der Kolbenbolzen, dünn eingeölt, saugend im Lager hin- und herbewegen läßt, kein fühlbares Diagonalspiel aufweist und sich im übrigen leicht drehen läßt.

Achtung: Die Reibahle muß unbedingt mit der Buchsenlaufrichtung fluchten. Es darf auf keinen Fall schief gerieben werden! Am besten mit leichtem Druck und geringer Spanabnahme das Werkzeug im Lager drehen.

2.3. Wiederaufbau: Kolben, Zylinder, Zylinderköpfe; Grundeinstellen von Nockenwellen und Steuerketten der OHC- und DOHC-Motoren

Kolben und Kolbenringe

• Der gereinigte Kolben wird vor der Montage mit den Kolbenringen versehen. Zum Einbau werden wieder die Metallstreifen benutzt, die verhindern, daß die Kolbenringe zu weit gespreizt werden.

Die Ringe müssen in der richtigen Reihenfolge montiert werden. Der Ölabstreifring kommt immer zu unterst, aber die beiden Kompressionsringe, wovon der eine als anpassungsfähiger Minutenring ausgebildet ist, können in der Reihenfolge unterschiedlich angeordnet sein. Falls man es sich nicht schon bei der Demontage gemerkt hat, steht es auch im Werkstatthandbuch.

Ein eingeätztes »Top« oder »Oben«, manchmal auch schlecht zu definierende Symbole, deuten an, daß diese Seite des Ringes nach oben gerichtet sein muß.

Kolben von Zweitaktmotoren haben in jeder Kolbennut einen kleinen Stift. An ihnen werden die Enden

Abb. 96: Richtige Einbaurichtung von Kolben
Die Winkelgrade geben, vor dem Aufsetzen des Zylinders, die Einbaulage der Kolbenringe an.

Kolbenring-Einbaulage

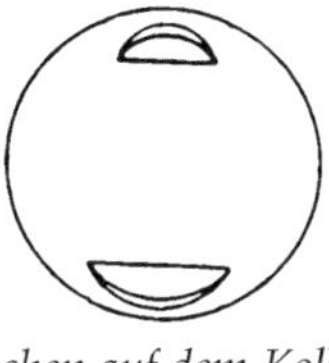

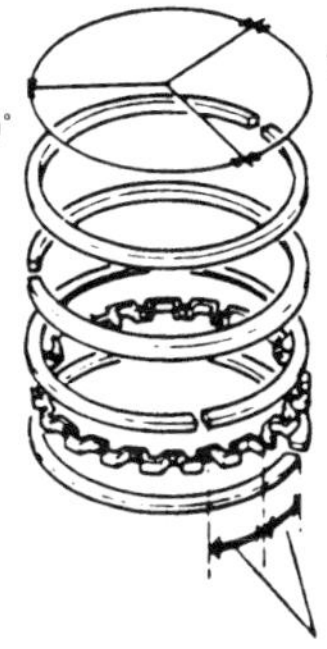

Ventiltaschen auf dem Kolbenboden:
Große Tasche = Einlaßventil;
kleine Tasche = Auslaßventil.
Die kleine Ventiltasche auf dem Kolbenboden muß gegenüber dem Zylinderkopf, vor dem Aufmontieren des Kolbens, immer in Richtung Auslaßsystem zeigen. (Kawasaki)

der Kolbenringe vor dem Wiederaufsetzen des Zylinders oder des Zylinderblockes angelegt. An den Kolbenringenden sind auf der Innenseite hierfür kleine Stufen eingelassen.

• Sind alle Kolbenringe auf den Kolben aufgeschoben, wird dieser auf etwa 100° C erwärmt.

Der Kolbenbolzen dagegen wurde schon eine Stunde zuvor in das Tiefkühlfach des Kühlschrankes zum »Kleinerwerden« gelegt.

Auf dem Kolbenboden beachten wir nun alle Zeichen und Hinweise, meist ein eingeprägter Pfeil oder die Beschriftung »front«, die uns die Einbaurichtung angeben. Der Pfeil deutet immer in Richtung Auslaß (Richtung Auspuffkrümmer). Sind keine Markierungen deutbar, gilt für Viertakter: Die größere Ventiltasche auf dem Kolbenboden zeigt immer in Richtung des Einlaßventiles am Zylinderkopf.

Bei Mehrzylindermotoren werden alle Kolben mit den dazugehörigen Kolbenbolzen ihrer jeweilig richtigen Zylinderöffnung zugeordnet. Sie dürfen nicht vertauscht werden!

Kolbenbolzen, Pleuellager und Kolbenauge werden mit Motoröl benetzt, dann der Kolben aufgesetzt und der Kolbenbolzen durchgeschoben. Da die Wärme den Kolben ausdehnt und somit auch das Kolbenauge geringfügig vergrößert hat, der Kolbenbolzen dagegen durch die Kälte etwas eingeschrumpft ist, müßte der Zusammenbau eigentlich mit leichtem Daumendruck vonstatten gehen.

Neue Kolbenbolzensicherungsringe

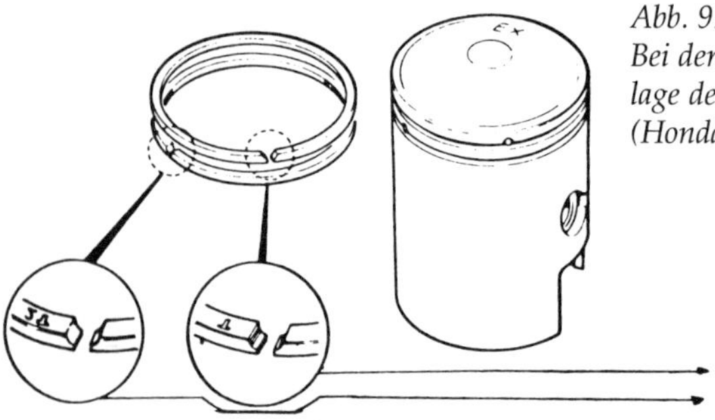

Abb. 97: Einbau von Zweitakter-Kolben Bei der Montage auf die richtige Einbaulage der Kolbenringe am Kolben achten! (Honda)

sorgfältig einlegen. Löst sich auch nur einer dieser Ringe während des Motorlaufs aus seiner Nut, so vermag er Zylinder, Kolben und, falls es einen bösen Kolbenfresser gibt, auch den ganzen Motor zu zerstören.

Der Zylinder

• Vor der Zylindermontage und dem Einführen der Kolben wird eine beidseitig gefettete neue Fußdichtung auf das Kurbelgehäuse gelegt. Das Fett dient der Feinabdichtung. Denselben Zweck haben O-Ringe, die an etlichen neuen Motoren um den Fuß der Zylinderlaufbuchsen, von Fall zu Fall auch um die Stehbolzen herum gelegt werden. Der oder die Kolben werden gut eingeölt, besonders im Bereich der Kolbenringe.

• Motoren mit OHV-Steuerung oder Königswellen (Ducati-OHC-Motoren) haben separate Dichtungen für Stößelrohre oder Königswellenabdeckungen. Sie müssen ersetzt werden. Das wird leicht übersehen!

• Die Kolbenlaufflächen im Zylinder werden nun satt eingeölt.

• Zylinder von OHC- und DOHC-Motoren werden in diesem Stadium des Zusammenbaus mit Teilen der Gleit- und Führungsschienen für die Nockenwellensteuerkette versehen. Bei manchen ist dafür auch eine Aufnahme im Kurbelgehäuse vorgesehen. Am besten ist es, sich für diese Arbeiten mit den ganz speziellen Eigenheiten des jeweiligen Motors mit Hilfe des Werkstatthandbuchs vertraut zu machen.

• Zum Aufsetzen des Zylinders ist es zweckmäßig, eine Hilfsperson dabei zu haben, weil die Aufgabe nun etwas kniffliger wird.
Auch sind Spannklammern oder Spannbänder zum Bändigen der Kolbenringe während des Einführens in den Zylinder eine hilfreiche Sache.

• Zunächst werden die Kolbenringe, wie in Abbildung 96 und 97 gezeigt, ausgerichtet. Das vermeidet bei Viertaktmotoren Kompressionsverluste, weil die Spalte an den Kolbenringen, wenn sie zufällig übereinanderliegen sollten, dem Inhalt des Verdichtungsraumes / Verbrennungs-

Abb. 98: Kolbeneinbauwerkzeuge

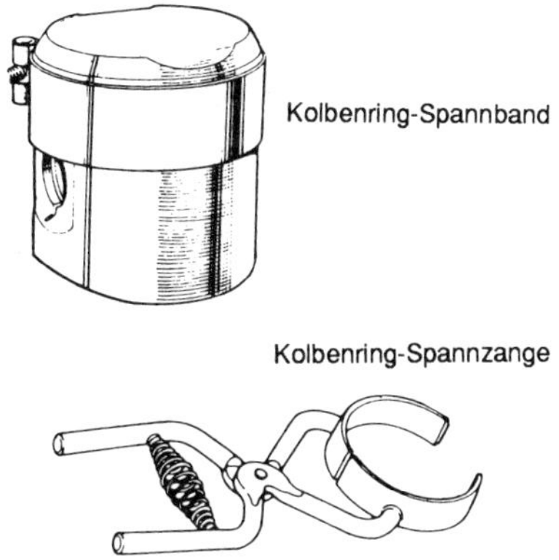

raumes einen gewissen Durchgang zum Kurbelraum bieten.

• Die Kurbelwelle wird nun so weit gedreht (auf die Nockenwellensteuerkette bei OHC/DOHC-Motoren achten!), daß der Kolben auf »O.T.« ausgerichtet wird. Bei Mehrzylindermotoren stehen diejenigen Kolben, die eingeführt werden sollen, oben, für die anderen wird ein weiterer Arbeitsgang notwendig.

• Während ein Helfer den Zylinder waagerecht über die Stehbolzen hält und dabei die Steuerkette, welche vorher durch den Kettenschacht im Zylinder geführt wurde, straff nach oben zieht, kippt man die mit Spannbändern umkleideten Kolben an die Öffnungen der konisch zulaufenden Zylinderbohrungen heran.

Bei Vierzylinder-Reihenmotoren, einigen Dreizylindern (abhängig von der Kröpfung der Kurbelwelle) und Zweizylinder-Parallelmotoren (Twin) werden die Kolben paarweise, ansonsten einzeln eingeführt (Einzylinder, Zweizylindermotoren mit um 180° versetzter Kurbelwelle und auch bei V2-Motoren).

Die Spannklammer preßt den einzelnen Kolbenring zusammen und erlaubt nur nach und nach die Einführung des Kolbens. Für Mehrzylindermotoren besser geeignet sind Spannbänder. Sie können an alle Kolben gleichzeitig angelegt werden und lassen sogar eine gleichzeitige Einführung aller Kolben zu.

• Die Hilfsperson läßt den Zylinder nach und nach ab und hält dabei die Steuerkette, damit sie sich nicht verheddert, schön straff. Der Spanner der Spannklammer bzw. das dünne, im Querschnitt kreisförmig gebogene Blech des Spannbandes stößt oben am unteren Ende der Zylinderbohrung an. Senkt sich der Zylinderblock weiter ab, rutscht der Kolben wie aus einem engen Futteral oben heraus und in die Zylinderöffnung hinein.

Während nun die Spannklammer auf dem nächsten Kolbenring angebracht werden muß, kann der Vorgang bei den mit Spannbändern umhüllten Kolben fortgesetzt werden, bis alle Kolbenringe im Zylinder verschwunden sind. Sind alle Kolbenringe eingeführt, und sind der oder die Kolben in der Zylinderbohrung verschwunden, können die Spannbänder gelöst werden. Der Zylinder wird nun sorgsam, ohne zu verkanten, endgültig aufgelegt. Er liegt jetzt auf dem Kurbelgehäuse auf.

• Stehen Spannbänder nicht zur Verfügung, kann man sich selbst welche anfertigen. Hierzu verwendet man Kistenspannbänder aus Stahlblech oder Kunststoff oder sucht sich dünne Blechstreifen (auch Kupfer, Messing oder Aluminium) aus der Abfallkiste eines metallverarbeitenden Betriebes. Der Vorteil von Kupfer, Messing oder Stahlblech ist ihre Lötbarkeit, wenn es darum geht, Halteschlaufen festzulöten (Weichlöten reicht).

Beim Auflegen von Spannbändern aus Stahlblech muß man vorsichtig sein, um Kratzer am Kolbenhemd zu vermeiden.

- An alten Motoren, deren Zylinder mit kurzen Stehbolzen am Kurbelgehäuse befestigt werden, schraubt man nun die Muttern auf und zieht sie, möglichst mit Hilfe eines Drehmomentschlüssels, kreuzweise und mit dem vorgeschriebenen Drehmoment an. Auch dies erfolgt stufenweise in zwei Durchgängen, um Verspannungen zu vermeiden.
- Liegt der Zylinder auf dem Kurbelgehäuse auf, drehen wir den Motor mit dem Kickstarter oder der Kurbelwelle durch und testen, ob die Kolben mühelos auf- und ablaufen. Motoren mit langen Stehbolzen, deren Zylinder noch nicht befestigt werden können, müssen derweil mit einem kräftigen Händedruck unten gehalten werden, sonst kommen die Zylinder mit hoch.
- Stehen weder Spannklammer noch Spannbänder zur Verfügung, müssen die Kolbenringe mit den Fingern zusammengedrückt werden, während das Eigengewicht des Zylinders den Kolben langsam in die Bohrung schiebt.

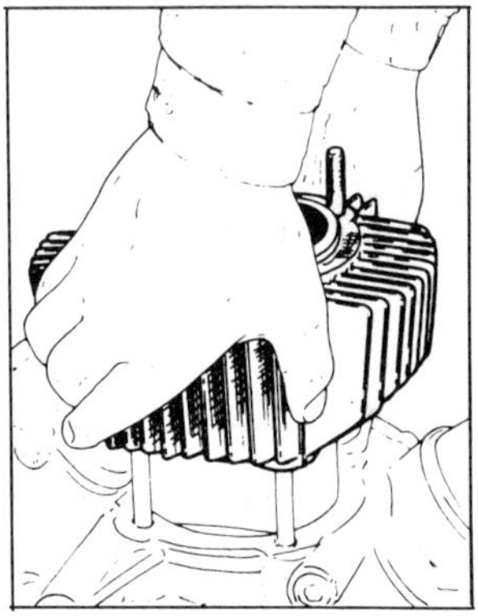

Abb. 99: Aufbau eines Zylinders Aufschieben des Zylinders nach dem Einführen des Kolbens. (Ducati 900 SS/SD)

Bei Mehrzylindermotoren kann versucht werden, mittels Verkanten des Zylinderblockes in der Längsrichtung, begleitet von einem stetigen Wechsel vom einen zum anderen Kolben, die Einfädelung trotz fehlenden Spezialwerkzeuges durchzuführen. Dabei muß die Kurbelwelle so gedreht werden, daß sich diejenigen Kolben, die gerade eingeführt werden sollen, möglichst noch herausheben, ohne daß die schon eingeschobenen wieder herausrutschen können.

Zylinderköpfe

Bevor der Zylinderkopf seinen Platz auf dem Zylinder wieder einnehmen kann, müssen alle Ventile nebst Zubehör eingebaut werden.

Das Aufsetzen des Zylinderkopfes

Abb. 100: Einführen des Kolbens ohne Hilfsmittel (Ducati 900 SS/SD)

sowie die Montage der Ventilbetätigungsmechanik wollen wir wieder an Hand unserer drei unterschiedlichen Motoren betrachten: Dem BMW-Boxer-Motor (OHV-), dem SR 500/ XT 500-Motor (OHC-) und dem Yamaha XJ 900 F-Motor (DOHC).
Mancher wird jetzt aufstöhnen und sagen: »Ich fahre aber 'ne andere Maschine!« – Dem können wir tröstend entgegenhalten: Die hier aufgeführten Techniken sind im großen und ganzen bei allen vergleichbaren Motoren ähnlich. Also keine Panik! Die angeführten Beispiele dienen beispielhaft der Darstellung komplizierter Vorgänge und sind übertragbar.

Beispiel BMW-Zweiventil-Boxermotoren

- Den Zusammenbau des Zylinderkopfes beginnen wir damit, daß der untere Ventilfederteller über die zugehörige Ventilführung gestülpt wird. Ihm folgt die Ventilfeder, deren grüne Markierung zum Zylinderkopf weisen muß. Oben drauf wird der obere Ventilfederteller mit seiner Kegelbohrung für die Ventilschaftkeile gesetzt.
Mit unserer schon beim Zerlegen des Zylinderkopfes benutzten Ventilfeder- Kompressionsvorrichtung wird die Ventilfeder zusammengedrückt. Die Ventilschaftkeile werden eingelegt, wobei genau darauf zu achten ist, daß sie sicher und fest sitzen. Nachdem die Ventilfeder entspannt wurde, führt man deswegen mit einem Plastikhammer noch mehrere Schläge gegen das Ventilschaftende. Der Ventilmechanismus soll sich dadurch setzen. Die Ventilkeile, stramm um den Ventilschaft gepreßt, rutschen so besser bis zum Anschlag in ihre konische Bohrung, und mit ihnen das Ventilschaftende mit dem späteren Auflagepunkt für den Kipphebel (des Schlepphebels, Schwinghebels oder des Tassenstößels bei anderen Motoren). Diese Prozedur gilt für alle Ventiltriebe mit Ventilfedern.
- Nachdem die beiden Zylinderköpfe mit all ihren Ventilen ausgestattet sind, führt man die neuen Zylinderkopfdichtungen über die Stehbolzen auf die Oberfläche der Zylinder. Die Öffnungen für die Stößel müssen richtigherum liegen. Die Zylinderköpfe werden nun aufgelegt.
Bevor die beiden seitlichen Bolzen, die den Kopf am Zylinder befestigen, angezogen werden (erstmal nur leicht), überprüft man zum letzten Mal sorgfältig, ob die Kopfdichtung noch richtig liegt.

• Nun werden die an den Enden gut geölten Stößelstangen eingesetzt. Sie müssen satt in ihren halbkugeligen Aufnahmen in den Stößeln, die auf der Nockenwelle reiten, sitzen.
• Unter die Distanzbuchsen der Kipphebellagerböcke werden neue O-Ringe eingelegt.
• An den Kipphebeln werden die Ventilspielverstellschrauben weit herausgeschraubt, damit bei dem nachfolgenden Aufsetzen der Kipphebeleinheiten die Stößelstangen so lange nicht belastet werden, wie der Zylinderkopf nicht festgeschraubt ist.
Die Kipphebel, drehbar in ihren Lagerböcken und genau nach Einlaß- und Auslaßventil sortiert, werden aufgesetzt und zuerst ebenfalls nur handfest angezogen.
• Sind alle Kipphebel aufgebaut, werden entsprechend der Reihenfolge laut Werkstatthandbuch (im Prinzip immer überkreuz und immer von innen nach außen) die Muttern der Zylinderkopfbefestigung angezogen. Dies geht in zwei oder drei Etappen vor sich. Also nicht gleich fest anziehen, sondern per Drehmomentschlüssel Zwischenwerte erreichen. Am Ende liegen Zylinder und Zylinderkopf zusammen und sind gemeinsam auf dem Motorgehäuse fest verschraubt.
Wenn danach die Einstellschrauben für das Ventilspiel an den Kipphebeln wieder an die Stößelstangenenden herangedreht werden, sollte ein letzter prüfender Blick zeigen, daß die Stangen zentrisch in ihrem Tunnel sitzen und sich durch die Aufbauprozedur nicht verschoben haben.
• Wir können davon ausgehen, daß OHV-Motoren verschiedener Hersteller auch unterschiedliche Bauprinzipien aufweisen. Mal sind die Stößelstangen kürzer, weil die Nockenwelle im Motorblock etwas höher liegt (Honda CX 500), mal sind es zwei Nockenwellen auf halber Höhe im Motorgehäuse (Triumph Paralleltwin-Zweizylindermotoren).

Wieder andere Motoren unterscheiden sich durch innenliegende, im Zylinder verlaufende Stößelstangenkanäle (Moto Guzzi V2-Motoren), im Gegensatz zu jenen mit außenliegenden Stößelrohren (BMW Zweiventil-Boxermotoren oder Harley-Davidson V2-Motoren).

Beispiel SR 500 / XT 500-Motor
• Den Zylinderkopf der OHC-gesteuerten SR 500/XT 500 Motoren setzen wir, was die Montage der Ventile angeht, in gleicher Weise zusammen wie den BMW-Zylinderkopf. Lediglich der Ventilschaftabdichtring, der auf das obere Ende jeder Ventilführung gehört und bei der Demontage erneuert werden sollte, darf hier nicht vergessen werden.
• Die Zylinderkopfdichtung wird über die Zuganker gestülpt und auf den gereinigten Zylinder aufgelegt. Die beiden Paßhülsen kommen an ihre Plätze. Sie sorgen dafür, daß die Zylinderkopfdichtung während der Montage nicht verrutschen kann.

• Nun wird der Zylinderkopf aufgelegt. Vorher die Steuerkette für die obenliegende Nockenwelle durch den Kettenschacht ziehen. Die Steuerkette muß danach hochgebunden und gesichert werden. Sie darf auf keinen Fall in den Kettenschacht hineinfallen.

Es werden nun die beiden Inbusschrauben links und rechts vom Zylinderkopfdeckel, deren Bohrungen durch die Kühlrippen geführt sind, eingeschraubt und handfest angezogen. Gleiches geschieht mit der dicken Hutmutter, die mit Unterlegscheibe auf den Bolzen geschraubt wird, der vor dem Kerzenloch herausschaut.

Keine Schraube und keine Mutter darf in diesem Stadium fest angezogen werden! Sitzt der Zylinderkopf wieder auf dem Zylinder, beginnt die nicht ganz einfache und hohe Konzentration erfordernde Abstimmung des Ventiltriebs. Das Abstimmen beginnt mit der korrekten Einstellung der Kurbelwelle, um die Ventilbewegungen auf die einzelnen Takte nach dem Viertaktprinzip einzurichten. Dann erfolgt das Einlegen der Nockenwelle, danach das Auflegen der Nockenwellensteuerkette, welche die Verbindung zur Kurbelwelle herstellt. Damit dies leicht und problemlos vonstatten gehen kann, bleibt der Steuerkettenspanner noch ausgebaut, die Gleit- und Führungsschienen hängen locker in ihren Halterungen.

• Der erste Schritt, am SR 500/XT 500-Motor die Ventilsteuerung einzustellen, besteht darin, die Kurbelwelle zu drehen.

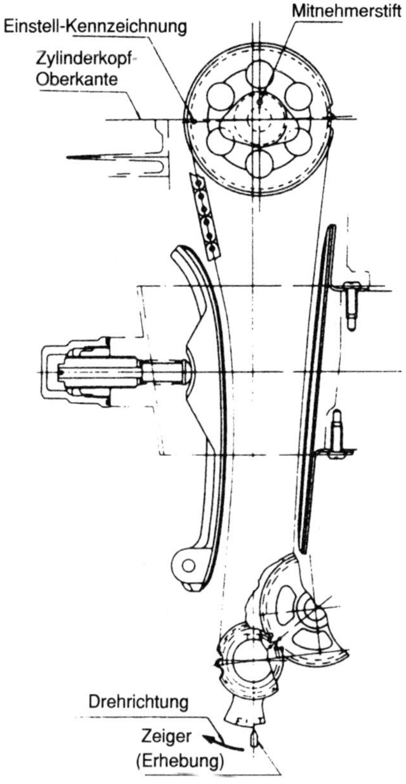

Abb. 101: Nockenwellenantrieb per Steuerkette (Yamaha SR/XT 500)

Hierzu öffnet man an der linken Gehäusehälfte des Motors den großen Lichtmaschinendeckel (es fließt etwas Motoröl heraus, deshalb ein Ölblech unterstellen) und dreht an der zentralen Mutter des Polrades (sitzt auf dem Kurbelwellenstumpf), bis die Gehäusemarkierung mit dem

Teilstrich »(O.)T.«, für »Totpunkt«, übereinstimmt, der sich auf dem Polrad selbst befindet. Die XT hat ihre »T«-Markierung auf der Kurbelwelle rechts, erreichbar unter dem runden Schraubdeckel auf der entsprechenden Motorseite. Die »T«-Markierung auf dem Steuerwinkelanzeigeblech muß mit dem Gehäusezeiger übereinstimmen (siehe hierzu auch Abbildung 101).

- Mit der Kurbelwelle muß auch die Steuerkette des Motors bewegt werden, um ein Verklemmen im Kettenschacht zu vermeiden.
- Die folgenden Angaben gehen bewußt nicht ins Detail, dies müssen wir dem Werkstatthandbuch der Yamaha vorbehalten. Uns geht es um eine prinzipielle Darstellung der Vorgänge, die bei OHC-Motoren alle vergleichbar ablaufen, soweit diese Rollen- oder Zahnketten zur Nockenwellensteuerung benutzen.
- Die Nockenwelle wird nun gedreht, bis das Steuerkettenritzel eingesetzt und mit der Nockenwelle verschraubt werden kann. Nicht vergessen, zuvor die Steuerkette aufzulegen! Dabei ist auf die Strichmarkierung zu achten, die an der Vorderseite des Ritzels die Stellung der Nockenwelle im Verhältnis zur Zylinderkopfoberkante bestimmt. Sie muß parallel zur Kante verlaufen.

Die Steuerkette wird zum Auflegen vorne hochgezogen und gestrafft (Kurbelwelle nicht bewegen!), dann über das Steuerkettenritzel gelegt. Dies, um auszuschließen, daß das Kettenritzel zu früh in ein Kettenglied eingreifen kann. Die lose hängende Kette wird später durch den hinten am Zylinder angesetzten Kettenspanner gestrafft.

Die ganze Einstellung wird nochmals kontrolliert, dabei darf die Kurbelwelle nicht bewegt werden. Die »T«-Markierung muß ebenso stimmen wie die Strichmarkierung des Steuerkettenritzels auf dem Zylinderkopf.

Grundeinstellung des Nockenwellen-Kettenspanners

Der halbautomatische Kettenspanner wird zusammengesetzt und in den Kettenschacht am hinteren Ende des Zylinders eingebaut. Unter Beobachtung der Kolbenstellung, der »T«-Markierung und des Einlaßventiles bringen wir den Motor auf »Zünd OT«.

- Hierzu beobachten wir unter gleichzeitigem Drehen der Kurbelwelle im Gegenuhrzeigersinn (vom Polrad aus) die Bewegungen des Einlaßventiles. Zuerst wird es geöffnet, dann wieder geschlossen. Jetzt ist der Einlaßtakt beendet, der Kolben kommt zum Verdichtungstakt wieder nach oben. Also tastet man mit einem Schraubendreher durch das Kerzenloch nach dem Kolbenboden und dreht die Kurbelwelle so weit, bis der Kolben in seinem Scheitelpunkt angekommen ist. Jetzt muß auch die O.T.-Markierung an der Kurbelwelle bzw. am Polrad mit der Gehäusemarkierung übereinstimmen.

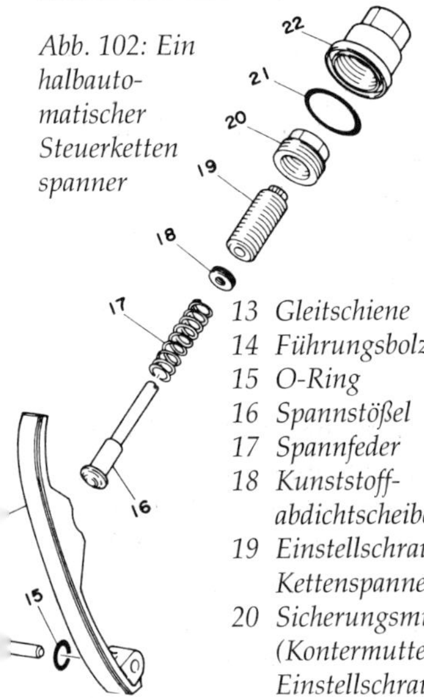

Abb. 102: Ein halbautomatischer Steuerkettenspanner

13 Gleitschiene
14 Führungsbolzen
15 O-Ring
16 Spannstößel
17 Spannfeder
18 Kunststoff-abdichtscheibe
19 Einstellschraube des Kettenspanners
20 Sicherungsmutter (Kontermutter) der Einstellschraube
21. O-Ring
22. Verschlußdrehdeckel (Yamaha SR/XT 500)

Nun ist die Nockenwellenkette völlig entspannt. Beide Ventile sind geschlossen.

Der kleine Sechskant der Nachstellschraube am Kettenspanner wird bewegbar, indem die große Sicherungsmutter gelöst wird. Durch Hinein- oder Herausschrauben der Nachstellschraube wird erreicht, daß der mit einem Halteschlitz versehene Stift im Zentrum der Sechskantschraube mit deren Oberfläche eben abschließt. Danach fixiert die Sechskantmutter diese Position.

Damit ist die Grundeinstellung beendet. Später, wenn der Motor im Leerlauf tuckert, bewegt sich dieser kleine Stift leicht hin und her. So soll es sein! Falls er keinerlei Bewegung zeigt, ist die Kettenspannung zu stramm eingestellt, dann muß die große Sechskantschraube wieder gelockert und der kleine Sechskant gedreht werden, bis nach einer erneuten Prüfung der gewünschte Effekt eintritt. Zum Schluß die Sicherungsmutter nachspannen und die Schutzkappe hinten auf den Kettenspanner aufschrauben.

- Eine sichere Methode, die Einstellung der Nockenwellensteuerung nochmal zu überprüfen, besteht darin, das Viertaktprinzip praktisch durchzuspielen. Hierzu drehen wir die Kurbelwelle ein paarmal vorsichtig durch. Ergibt sich kein mechanischer Widerstand, wissen wir schon im Groben, daß wir nichts falsch gemacht haben. Andernfalls wäre bereits einer der Ventilteller mit dem Kolbenboden kollidiert. Danach wird das Einlaßventil beobachtet, bis es wieder geschlossen ist. Durch das Kerzenloch prüfen wir dann, ob der Kolben oben steht. Ein Blick auf den Kurbelwellenstumpf zeigt uns dabei, ob die »T«-Markierung mit dem Gehäusezeiger übereinstimmt. Das tut er nur, wenn der Kolben seinen höchsten Scheitelpunkt erreicht hat. Sind beide Positionen gleichzeitig erreicht, kann angenommen werden, daß die Ventilsteuerung stimmt.
- Die Halteschraube am Steuerritzel wird nun auf 45 Nm angezogen. Die Dichtflächen oben auf dem Zylinderkopf sowie die des Kipphebelgehäuses werden gereinigt (Nitroverdünnung, Waschbenzin) und mit einer nicht aushärtenden Dichtmasse

(z.B. Hylomar) bestrichen. Nach kurzer Antrocknungszeit kann das Kipphebelgehäuse aufgesetzt und verschraubt werden. Natürlich kann man Originaldichtungen verwenden, doch Dichtmasse ist billiger und oft auch brauchbarer.

Entsprechend der Abbildung 103 können jetzt alle Schrauben und Muttern mit einem Drehmomentschlüssel in zwei Stufen endgültig angezogen werden.

• Zum Abschluß der Arbeiten am Zylinderkopf werden die Mechanik des Ventilaushebers sowie die Leitung der Kipphebel-Ölversorgung wieder angeschlossen. Dabei sind

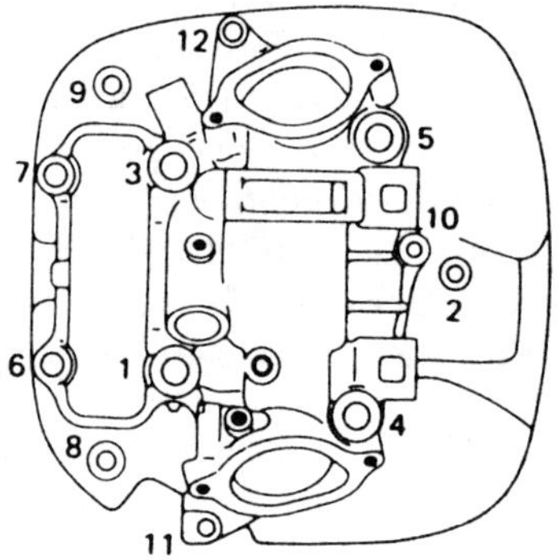

Abb. 103: Zylinderkopf der Yamaha SR/XT 500
Die Ziffern bezeichnen die Schrauben und Muttern in der Reihenfolge des Anziehens. Anzugswerte (in Newtonmeter = Nm):
Muttern Nr. 1 bis 5 (10 mm) = 35...40 Nm
Muttern Nr. 6; 7; 10; (8 mm) = 18...22 Nm
Inbusschrauben Nr. 8; 9; 11; 12; (6 mm) = 8...12 Nm

die Hohlschrauben der Anschlüsse mit neuen Kupferdichtscheiben zu versehen. Die Hohlschrauben dürfen nicht zu stramm angezogen werden, weil sie leicht abreißen.

• Die Einstellung des Ventilspieles wird im Unterkapitel 2.4. »Ventilsteuerung: Erhält Leistung und Gesundheit« behandelt.

Beispiel Yamaha XJ 900 F-Motor

Der Zusammenbau der Ventile am DOHC-gesteuerten XJ 900 Motor ist im Prinzip derselbe wie beim Zylinderkopf der Yamaha SR 500/XT 500. Auch hier dürfen die Ventilschaftabdichtringe vor dem Einsetzen der Ventilfedern nicht vergessen werden. Das Besondere an diesem Motor aber sind die Tassenstößel mit den heausnehmbaren Einstellscheiben (Chips).

• Sind alle Ventile eingebaut und mittels leichter Hammerschläge auf das Ventilschaftende (Plastikdorn o.ä. benutzen!) gesetzt, werden die Tassenstößel in ihre vorgesehenen Laufbahnen eingeschoben. Jetzt zahlt sich die vorsichtige Arbeitsweise an den Ventilen aus. Die Tassen rutschen, leicht eingeölt, wie von selbst in ihre Bohrungen.

»Achtung!«: Tassenstößel dürfen *nicht* vertauscht eingesetzt werden. Neben dem daraus folgenden erhöhten Verschleiß (weil die Tassenstößel ihre neue Bahn »passend schleifen«) wird das Ventilspiel (bestimmt durch die Stärke der Einstellscheiben) verfälscht!

• Vor dem Aufbau des Zylinderkopfes wird eine neue Zylinderkopfdichtung aufgelegt. Hinzu kommen die vorgeschriebenen Paßstifte und O-Ringe.

Der Zylinderkopf wird nun aufgesetzt; dabei muß die Steuerkette durch den Kettenschacht nach oben gezogen, dort straff gehalten und befestigt werden. Die oberen Zylinderkopfmuttern nebst U-Scheiben werden handfest aufgeschraubt.

• Prüfen, ob die Zylinderkopfdichtung überall sicher aufliegt. Dann die zwölf Zylinderkopfmuttern anziehen. Danach die vier Muttern auf der Rückseite, in der Mitte am Zylinderkopf, und zum Schluß die beiden Muttern auf der Vorderseite (siehe hierzu auch Abbildung 66).

Dies alles geschieht mit Hilfe eines Drehmomentschlüssels in zwei Schritten.

• Jetzt ist es Zeit, die vordere Steuerkettengleitschiene einzubauen. Dabei muß darauf geachtet werden, daß das untere Ende der Gleitschiene sorgsam im Kurbelgehäuse verankert wird.

• Zum Einbau der Motorsteuerung (Ventiltrieb) drehen wir die Kurbelwelle mit einem Schraubenschlüssel am linken Kurbelwellenstumpf im Gegenuhrzeigersinn, bis der Zeiger am Kurbelgehäuse und die »T«-Markierung auf der Zündzeitpunktplatte fluchten. Die Kolben der Zylinder 1 und 4 (man zählt am Zylinderblock in Fahrtrichtung von links nach rechts) müssen jetzt auf »O.T.« stehen. Die Nockenwellen mit den Kettenrädern daran werden eingelegt. Achtung: Einlaß- und Auslaßwelle nicht untereinander verwechseln!

Alle Lagerstellen sowie die Nockenwelle selbst und alle Nockenwellenlagerdeckel werden gut geölt bereitgelegt.

Über die beiden Steuerkettenritzel auf den Nockenwellen wird nun provisorisch die Steuerkette aufgelegt. Die Nockenwellenlagerdeckel auf die zugehörigen Lagerstellen legen (nicht vertauschen!) und die Schrauben handfest anziehen. Bei der Montage achte man auch auf die Einbaurichtung der Lagerdeckel, wie es in der Abbildung 66 dargestellt wird.

Sind alle Lagerdeckel aufgelegt, werden die Schrauben mit einem Drehmomentschlüssel angezogen (Anzugsschema wie oben, Drehmomentwerte: siehe Abbildung 66).

• Zur Grundeinstellung der Ventilsteuerung des XJ 900 Motors verdrehen wir vorsichtig beide Nockenwellen, bis Punkte in der Lagerdeckelöffnung sichtbar geworden sind. Beide Nockenwellen haben an ihrem Ende eine punktförmige Vertiefung. Am zugehörigen Lagerdeckel ist eine Bohrung, durch die man diesen Punkt sehen kann, wenn man die Nockenwellen verdreht.

Ein Sechskantansatz, etwa in der Mitte der Nockenwellen gelegen, erleichtert das Drehen (Gabelschlüssel verwenden).

Falls beim Drehen plötzlich ein unerwarteter Widerstand zu spüren ist, muß unbedingt die Kolbenstellung geprüft werden, bevor weitergedreht wird. Die Kolben könnten bei falscher Nockenwellenstellung sonst die Ventilteller verbiegen. Stehen die Kolben gefährlich hoch, dreht man die Wellen in entgegengesetzter Richtung und sucht dort die richtigen Markierungen. Dann klappt es bestimmt.

Die Steuerkette wird nun behutsam vom Auslaßkettenritzel abgehoben und nach oben straff gezogen, um jegliche Lose zwischen Nockenwellenritzel und Kurbelwellenritzel aufzuheben. Die gespannte Kette wird dann gleich wieder auf das Auslaßkettenritzel zurückgepackt und über das Einlaßritzel nach hinten gelegt.

Beide Kettenräder werden jetzt festgehalten und, während die Spannung der Kette beibehalten wird, passend zu den Schraubenlöchern leicht verdreht. Mit je zwei Schrauben werden sie in der erreichten Position an den Bünden der Nockenwellen handfest angeschraubt.

Abb. 104: Einstellen der Steuerkette (linke Motorseite) (Kawasaki GPZ 900 R)

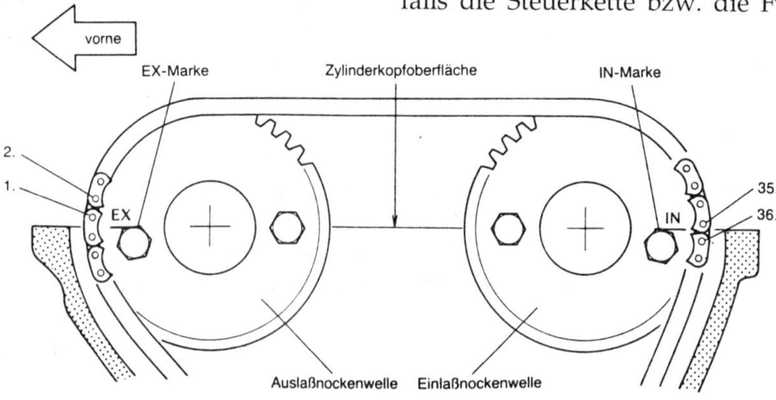

• Bei einigen anderen DOHC-Motoren, wie der GPZ 900 R und der GPZ 1000 RX von Kawasaki, muß in diesem Stadium der Einstellung die Anzahl der Kettenstifte gezählt werden. ☞ Siehe hierzu Abbildung 104.

• Am Motor der XJ 900 wird nun die mittlere Steuerkettenführungsschiene (zwischen den Kettenritzeln liegend) eingebaut.

Grundeinstellung des Steuerkettenspanners

• Die Kurbelwelle der XJ 900 wird nun aus der »T«-Position und im Gegenuhrzeigersinn (vom linken Kurbelwellenstumpf aus gesehen) gedreht, bis die Markierung »C« auf der Zündzeitpunktplatte zu sehen ist. Sie muß sich mit dem Gehäusezeiger decken.

• Der Steuerkettenspanner ist vollautomatisch und braucht nach der Grundeinstellung, die einer Rückstellung gleichkommt (siehe unten), nicht mehr nachgestellt zu werden. Grundeingestellt werden muß er, wenn der Motor zerlegt wurde oder falls die Steuerkette bzw. die Führungs- und Gleitschienen gewechselt werden müssen.

• Funktion des Steuerkettenspanners am XJ 900 Motor:
Der Kettenspanner arbeitet nach dem Prinzip der Nachführung mittels Federdruck und einer Rückwärtsblockierung (siehe hierzu auch Abbildung 105).

Wenn der Kettenspannerstößel (5), der an der Rückseite der Gleit- und Führungsschiene im Kettenschacht angreift, von der Druckfeder (1) nach vorne geschoben wird , um die Lose in der gelängten Kette auszugleichen, verhindert eine Nocke (4) durch eine Feder (3) unterstützt, ein Zurückgleiten des Stößels und fixiert so die neue Einstellung. Die Steuerkette ist dann stets straff gespannt und bedarf keiner Wartung.

Abb. 105: Automatischer Steuerkettenspanner (Schnittbild)

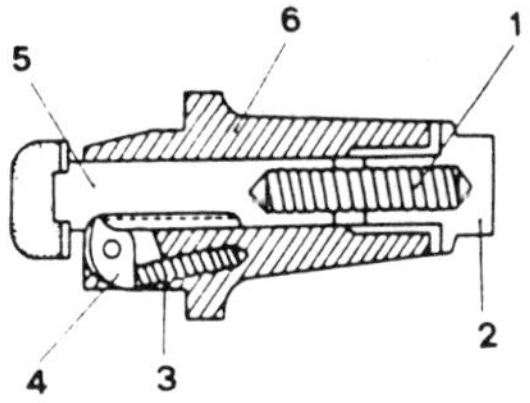

1 Druckfeder des Kettenspannstößels
2 Abschlußschraubkappe
3 Sperrnockenfeder
4 Sperrnocke mit Rasten (sperrt den Weg des Kettenspannstößels in die Rückwärtsrichtung)
5 Kettenspannstößel
6 Gehäuse des Steuerkettenspanners (Yamaha XJ 900)

• Zum Einbau des Steuerkettenspanners (siehe oben) muß der Mechanismus zurückgestellt werden, damit die Automatik später Gelegenheit hat, selbst die optimale Einstellung zu finden.

Zu diesem Zweck wird der Endverschluß (2) am Einsteller abgeschraubt und die Druckfeder (1) herausgenommen. Danach schiebt man den Kettenspannerstößel bis zum Anschlag in den Kettenspanner hinein, das löst die Einwegnocke (4) und bringt den Stößel in seine Ausgangslage zurück.
Jetzt wird der Kettenspanner mit einer Dichtung am Zylinderblock eingesetzt und festgeschraubt (10 Nm Anzugswert). Danach wieder Druckfeder (1), Dichtung und Endverschluß anbringen. Der Endverschluß wird mit 15 Nm angezogen.
Zur Kontrolle der Einstellung drehen wir die Kurbelwelle im Uhrzeigersinn um mehr als eine volle Umdrehung , bis die »T«-Markierung wieder auf den Gehäusezeiger ausgerichtet ist.
Auf beiden Nockenwellen müssen jetzt erneut die punktförmigen Vertiefungen in den Bohrungen der beiden Lagerdeckel zu sehen sein – dann ist die Einstellung beendet.
• Zum Prüfen den Motor an der Kurbelwelle langsam und vorsichtig durchdrehen. Zeigt sich kein Widerstand, ist kein gröberer Fehler geschehen, und man kann erwarten, daß die Einstellung der Nockenwellensteuerung ein Erfolg war.

Falls Widerstand fühlbar wird, können eine oder beide Nockenwellen falsch eingestellt sein, und ein Ventil versucht auszufahren, obwohl ihm der Kolben im falschen Moment entgegenkommt.

Dann muß die Prozedur wiederholt werden. Dabei nicht vergessen, den Kettenspanner wieder auszubauen!

• Am Vierzylinder der XJ 900 F können wir den gleichen Abschlußtest durchführen (Eine sichere Methode, die Einstellung der Nockenwellensteuerung nochmal zu überprüfen, besteht darin, das Viertaktprinzip praktisch durchzuspielen...), wie schon bei der Yamaha SR 500 weiter oben beschrieben. Hier wie dort zeigt ein korrekt justierter 1. Zylinder (erster von links in Fahrtrichtung) auch die korrekte Einstellung für alle anderen Zylinder auf.

• Zum Abschluß werden die vier Schrauben der Steuerkettenritzel mit 20 Nm angezogen. Danach können die Ventile eingestellt werden.

2.4. Ventileinstellung: »Erhält Leistung und Gesundheit«

Wir unterscheiden bei der Ventilspieleinstellung vier Einstellmechanismen:

1. Den Ventilspieleinsteller mit Einstellschraube und Kontermutter.

An Kipphebeln von Motoren mit Stößelstangen (OHV) und solchen mit einer obenliegenden Nockenwelle (OHC) eingesetzt.

2. Den Ventilspieleinsteller mit Einstellschraube und Kontermutter an Schlepphebeln von Motoren mit zwei obenliegenden Nockenwellen (DOHC).

3. Eine Ventilspieleinstellung mit Einstellscheiben (Chips) an Tassenstößeln bei Motoren mit zwei obenliegenden Nockenwellen (DOHC).

4. Eine Ventilspieleinstellung mit Einstellkappen und Hülsen für die Justierung einer desmodromisch betätigten Ventilsteuerung (Ducati).

• Jegliches Ventilspiel an Motorradmotoren wird grundsätzlich bei *kaltem* Motor eingestellt, was einer Temperatur von etwa 20° C entspricht.

• Die Einstellintervalle differieren zum Teil gewaltig und hängen von der Motorkonstruktion, der Härte der Ventilsitze, der Größe und dem Gewicht der verwendeten Ventile ab.

Yamaha beispielsweise empfiehlt für die SR 500/XT 500 die Ventilspieleinstellung alle 3.000 km; für die XJ 900 F alle 12.000 km und für die neuen Fünfventiler der FZ 750 bzw. FZR 1000 Serie 42.000 km-Abstände bis zum nächsten Einstelltermin.

• Am glücklichsten dran sind die Besitzer von Motorrädern mit Motoren, die mit Hydrostößeln ausgerüstet sind. Bei deren Motoren brauchen die Ventile überhaupt nicht mehr eingestellt zu werden. Beispiele: die VN 750 Twin, ein Softchopper von Kawasaki, die VS 1400 Intruder von Suzuki, alle Harley Davidson V2-Motoren (die von vielen Fans aber wieder umgebaut werden, weil ihnen der Motor leistungsmäßig zu behäbig reagiert).

- Die Ventilspieleinstellung soll nach jeder Demontage des Zylinderkopfes, nach allen Arbeiten am Ventiltrieb etc. überprüft werden.
- An OHV-Motoren ist spätestens 500 km nach dem Aufbau einer neuen Zylinderkopfdichtung, wenn die Zylinderkopfschrauben wegen der neuen Kopfdichtung nachgezogen werden müssen, die nächste Ventileinstellung fällig. Erst dann beginnt wieder der normale Einstellrhythmus.
- Außerplanmäßig müssen die Ventile überprüft werden, wenn ein mehr oder weniger lautes Tickern aus dem Zylinderkopf zu vernehmen ist. Dasselbe gilt, wenn die Motorleistung nachläßt, der Motor beim Gasgeben aus dem Vergaser knallt (Einlaßventile überprüfen) oder im Leerlauf zu unruhig läuft.

Das Bordbuch der Maschine sollte man stets mit sich führen, um über die wichtigsten Wartungstermine und -daten informiert zu sein.

- Drei der Ventilspiel-Einstellmechanismen und wie man daran arbeitet, stellen wir an unseren bekannten Motoren dar.

Die vierte Möglichkeit, sie bezieht sich exklusiv auf die Ducati V2-Motoren mit desmodromischer Ventilsteuerung, ist recht kompliziert. Da man dabei durch winzige Fehler große Schäden am Motor erreichen kann, empfehlen wir, zum Zwecke der Einstellung die Vertragswerkstatt aufzusuchen. Erfahrene Ducati-Schrauber und -Schrauberinnen sind eine andere geeignete Anlaufstelle. Für ganz Hartnäckige: Die Einstellung setzt den Besitz eines Schleifbockes mit unbedingt planer Schleifscheibe, geeignet für gehärtete Stahlteile, einer Mikrometerschraube (bis 25 mm Schenkelweite), eines Werkstatthandbuches wegen der Daten und Einstellungshinweise sowie viel Geduld und Geschick voraus (Die erste Einstellung der desmodromischen Ventilsteuerung an meiner Ducati SD 900 Damahr dauerte 4 Tage!).

2.4.1. Ventilspiel einstellen an der BMW R75/6 als Beispiel für OHV-Motoren

- Unter die einzustellenden Zylinder am Boxermotor wird ein Ölblech gestellt, weil nach dem Öffnen des Ventildeckels sofort ein Schwall Motoröl herausläuft.
- Den Lichtmaschinendeckel vorne am Motor abbauen; die Zündkerzen herausschrauben.
- Anschließend wird am Anker der Lichtmaschine, die auf dem vorderen Kurbelzapfen sitzt, die Kurbelwelle gedreht. Die Drehrichtung entspricht der Motorlaufrichtung

und ist in der Regel auf dem Fliehkraftregler mit einem Pfeil bezeichnet. Währenddessen beobachten wir den Kipphebel für das Einlaßventil. Er sitzt von uns aus gesehen dem Vergaser am nächsten. Nachdem das Einlaßventil betätigt wurde und wieder hochkommt (also schließt), stecken wir vorsichtig einen Schweißdraht oder einen langen Schraubendreher in die Zündkerzenöffnung und ertasten den Kolbenboden. Dreht man weiter an der Kurbelwelle, ist zu spüren, wie der Kolben nach oben wandert.

Wenn der Kolben seinen höchsten Punkt erreicht hat, können die Ventile dieses Zylinders geprüft und eingestellt werden.

• Mit einer Fühlerlehre, die man in den Spalt zwischen Ventilschaftende und Kipphebel schiebt, ermitteln wir das Ventilspiel. Die Lehre hierzu befindet sich bei einigen Motorrädern im Bordwerkzeug (BMW), ansonsten gibt es sie für wenig Geld im Werkzeugladen zu kaufen.

In unserem konkreten Falle beträgt das korrekte Ventilspiel:

– Einlaßventil 0,15 mm;
– Auslaßventil 0,20 mm.

Unter den verschieden starken Fühlerblättern der Lehre wird das passende herausgesucht. Die Stärke des Blattes ist auf einer Seite als ganze Zahl eingeätzt (z.B. »15« für 0,15 mm).

Das Fühlerlehrenblatt wird in den Spalt hineingeschoben. Läßt es sich nicht hineinschieben oder fällt es fast durch, muß die Einstellung des Ventilspieles korrigiert werden. Dazu hält man den Kopf der Einstellschraube fest – bei BMW gibt es einen Spezialschlüssel aus dem Bordwerkzeug, man kann aber auch einen kleinen Gabelschlüssel verwenden – und löst die Kontermutter.

Bei anderen Motorrädern ist häufig ein Schlitz für eine breite Schraubendreherklinge am Kopf der Einstellschraube vorgesehen.

Die Kontermutter wird nur wenige Umdrehungen gelöst, die Einstellschraube so weit, daß die Fühlerlehre gerade noch hineinpaßt.

Jetzt schraubt man die Kontermutter fest, zieht das Fühlerlehrenblatt heraus und schiebt es erneut durch den Spalt. Das Ventilspiel ist richtig justiert, wenn das Fühlerblatt eben noch »saugend« durchgezogen werden kann.

• Da beim Kontern das eingestellte Spiel oft wieder verstellt wird, ist es eine gute Methode, die Kontermutter vor dem Einstellen nicht ganz zu lösen und die Spielverstellung mit der etwas schwerer gängigen Einstellschraube vorzunehmen.

• Zur Kontrolle drehen wir im Anschluß an die Einstellarbeiten die Kurbelwelle zweimal durch, bis der »Zünd-O.T.« wieder erreicht ist. Dann prüfen wir das Ventilspiel aus Sicherheitsgründen erneut. Der Grund für diese Maßnahme liegt darin, daß sich in den Übertragungsteilen (Kurbelwelle, Nockenwelle, Stößel, Stößelstangen, Kipphebel) eine Differenz, bestehend aus der Summe aller Toleranzen, auf das

Ventilspiel auswirken kann, die vorher nicht einkalkuliert wurde. Vielleicht hat man die Kurbelwelle statt immer nur in Drehrichtung einmal ganz kurz zurückgedreht, weil der Kolben den Scheitelpunkt schon überschritten hatte.

Genau das aber war ein Fehler, weil durch das kurze Zurückdrehen im Laufspiel zwischen den Teilen wieder Lose entstand, die sich negativ auf das Ventilspiel auswirkte.

- Als nächstes machen wir uns an die Ventilspieleinstellung des anderen Zylinders.

Hierzu wird wieder die Kurbelwelle gedreht. Wenn der »Zünd-O.T.« erreicht ist, wird der Ventilspielabstand beider Ventile geprüft.

- Die Abschlußkontrolle erfolgt in gleicher Weise wie beim ersten Zylinder.
- Weisen beide Zylinder ein korrektes Ventilspiel auf, werden der Lichtmaschinendeckel sowie die Zylinderkopfdeckel montiert und die Zündkerzen eingeschraubt. Wegen des geringfügigen Ölverlustes bei den Vorbereitungen prüfen wir nach kurzer Fahrt den Motorölstand und füllen bei Bedarf auf.
- Eine Alternative zur oben geschilderten Ventilspieleinstellung bei total fremden Motoren (gilt übrigens für alle Viertaktmotoren) sieht folgendermaßen aus:

1. Die Kurbelwelle in Laufrichtung drehen (Anlasser oder Kickstarter als Richtungsweiser benutzen), bis sich Ein- und Auslaßventile des einzustellenden Zylinders *überschneiden*. Das ist der »Nicht-Zünd-O.T.«, wenn der Kolben den oberen Totpunkt im Ausstoßtakt durchläuft und das Auslaßventil schließt, während das Einlaßventil öffnet (Überschneidung).

2. Da der Zylinder eines jeden Viertaktmotors, unabhängig von Zylinderzahl und -stellung zueinander, alle zwei Kurbelwellenumdrehungen zündet, muß man jetzt nur noch in die bisherige Richtung weiterdrehen, um nach einer Kurbelwellenumdrehung den »Zünd-O.T.« für den Zylinder zu erhalten. Dann nämlich sind alle Ventile geschlossen, der Ventiltrieb entlastet und die Prüf- und Einstellarbeiten können in gewohnter Weise durchgeführt werden.

2.4.2. *Ventilspiel einstellen an der Yamaha SR 500/ XT500 als Beispiel für OHC-Motoren*

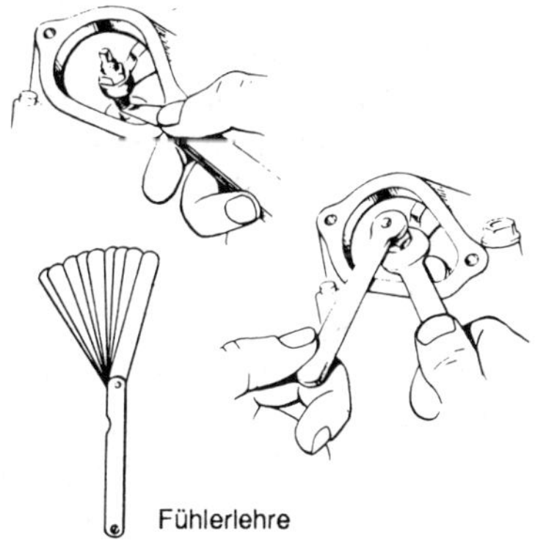

Abb. 106: Prüfen und Einstellen des Ventilspiels (Yamaha SR/XT 500)

• Falls das Ventilspiel routinemäßig und bei eingebautem Motor überprüft werden soll, muß der Kraftstofftank entfernt werden, außerdem die Zündkerze und ein Verschlußstopfen für die Zündeinstellung, der sich in Höhe der Kurbelwelle auf der rechten Motorseite befindet (XT 500). Hinter dem Verschlußstopfen wird das Steuerwinkelanzeigeblech sichtbar und der Gehäusezeiger. Beides kennen wir schon von der Montage und Einstellung der Steuerkette.
• Am SR 500-Motor wird der linke Motordeckel, er verbirgt die Lichtmaschine, abgenommen. Am Polrad, oben, befindet sich die »(O)T«-Markierung. Sie muß mit einem in der Nähe befindlichen Gehäusezeiger übereinstimmen, wenn der Kolben im oberen Totpunkt (O.T.) steht.
• Beide Kipphebelgehäusedeckel am Zylinderkopfdeckel werden abgenommen.

Der Motor wird mit dem Kickstarter durchgedreht. Während die Kurbelwelle sich langsam dreht, beobachtet man das Einlaßventil (es liegt dem Vergaser am nächsten). Wenn es betätigt wird, schauen wir sofort nach unten zum Steuerwinkelanzeigeblech beziehungsweise zum Polrad (SR 500) und drehen weiter, bis der Strich neben der »(O)T«-Markierung mit dem Gehäusezeiger übereinstimmt. In dieser Stellung ist der »Zünd-OT« erreicht. Beide Ventile sind geschlossen und können eingestellt werden.

Das Ventilspiel beträgt:
– Einlaßventil 0,10 mm;
– Auslaßventil 0,15 mm.
• Nach der Einstellerei wird die Kurbelwelle zweimal gedreht, bis der »Zünd-O.T.« wieder erreicht ist. Wenn das Ventilspiel dann immer noch stimmt, ist die Einstellung beendet.

2.4.3. Ventilspiel einstellen an Motoren mit Schlepphebeln und zwei obenliegenden Nockenwellen (DOHC)

Als Beispiel wählen wir den Motor der Kawasaki GPZ 1000 RX bzw. GPZ 900 R, einen Reihenvierzylinder mit vier Ventilen pro Zylinder (zwei Einlaß- und zwei Auslaßventile).
• An der Kawasaki, die eine Vollverkleidung besitzt, müssen alle die Ventilspieleinstellung störenden Teile abgebaut werden; zusätzlich der Kraftstofftank und die Zündspule. Das Motorrad soll auf dem Hauptständer stehen, wenn der Zylinderkopfdeckel abgeschraubt wird.
• Unter den linken Teil des Motors wird eine Ölauffangschale gestellt. Dann wird der untere Seitendeckel abgeschraubt, der den Kurbelwellenstumpf mit der Zündverstellplatte und den Impulsgebern verbirgt. Die vier Zündkerzen werden alle herausgeschraubt und mit einem Steckschlüssel der Motor an der Kurbelwellenmutter gedreht.
• Bei der Kawasaki werden die Zylinder in Fahrtrichtung von links (1.

Zylinder) nach rechts gezählt, was für alle quer eingebauten Mehrzylindermotoren gilt.
Das Ventilspiel wird eingestellt (wie bei allen Viertaktmotoren), wenn zu Beginn des Arbeits- und Verbrennungstaktes der Kolben im oberen Totpunkt (O.T.) steht.

• Wir beginnen unsere Einstellarbeiten mit dem 1. Zylinder. Hierzu drehen wir die Kurbelwelle im Gegenuhrzeigersinn und beobachten die beiden Einlaßventile des 1. Zylinders, die von ihren Schlepphebeln bewegt werden.

• Nachdem beide Einlaßventile betätigt wurden und wieder hochkommen, soll sich unser Blick auf die Zündverstellplatte am linken Kurbelwellenstumpf richten. Auf der Nase der Zündverstellplatte ist ein »T« (für »Totpunkt«) eingraviert, davor der Markierungsstrich. Er muß mit einem Gehäusezeiger, rechts über dem Impulsgeber, übereinstimmen. Jetzt steht der Kolben im Zünd-O.T. Alle vier Ventile sind geschlossen. Die Nocken der Nockenwellen sind seitlich weggedreht, die Schlepphebel entlastet. Das ist der Ausgangspunkt für die Einstellung, die dann, wie gehabt, mit der Fühlerlehre vorgenommen wird.

Die Sollwerte lauten:

- Einlaßventile zwischen 0,13 und 0,18 mm.
- Auslaßventile 0,18 bis 0,23 mm.

• Die nachfolgenden Einstellungsarbeiten an den restlichen Zylindern richten sich nach der Zündfolge des Motors: 1-2-4-3, wobei wichtig zu wissen ist, daß die »T«-Markierung am Kurbelwellenstumpf *nur* für den 1. Zylinder brauchbar ist, nicht aber für die folgenden drei!

• Vom 1. Zylinder geht es entsprechend der Zündfolge weiter zum 2. Zylinder. Dazu drehen wir an der Kurbelwelle im Gegenuhrzeigersinn etwa eine halbe Kurbelwellenumdrehung und beobachten dabei die Bewegung der beiden Einlaßventile und des Schlepphebels sowie die Stellung der Nocken.

• Mit einem Schweißdraht wird, mangels einer zutreffenden Markierung, die Kolbenstellung ertastet. Der Kolben muß, wie bei der ersten Einstellung auch, am höchsten Punkt (O.T.) stehen.
Sind diese Faktoren erfüllt, kann auch hier geprüft und eingestellt werden.

• Von Zylinder 2 geht es im Gegenuhrzeigersinn zu Zylinder 4, eine weitere halbe Kurbelwellenumdrehung entfernt. Wir erinnern uns: An einem Vierzylinder-Viertaktmotor erfolgt pro halbe Kurbelwellenumdrehung der Arbeitstakt an einem der vier Zylinder.

• Wir beenden die Ventilspieleinstellerei mit Zylinder 3.

• Sind alle Ventile justiert, drehen wir die Kurbelwelle wieder auf den 1. Zylinder (Zünd-O.T.) und prüfen die Einstellung aller vier Zylinder noch einmal der Reihe nach durch (Zündfolge beachten).
Wenn alles in Ordnung ist, kann das Motorrad wieder fahrfertig herge-

richtet werden. Zum Schluß überprüfen wir den Motorölstand, weil durch Abschrauben des linken Seitendeckels etwas Öl ausgelaufen war.

2.4.4. Ventilspiel einstellen an Motoren mit Tassenstößeln und zwei obenliegenden Nockenwellen (DOHC)

Als Beispiel dient wiederum die Yamaha XJ 900 F. Der Motor der XJ 900 F ist ein Reihenvierzylinder mit zwei Ventilen pro Zylinder.

• Zur Ventilspielkontrolle und Einstellung abgebaut werden müssen die Sitzbank und der Kraftstofftank. Weiterhin müssen der Choke-Seilzug und Zündkabel und Zündkerzen entfernt, der Zylinderkopfdeckel oben und der linke Kurbelgehäusedeckel unten abgeschraubt werden.

• Am linken Kurbelwellenstumpf befindet sich die Zündverstellplatte mit einem Vierkant in der Mitte, an dem die Kurbelwelle bewegt werden kann. Auf keinen Fall an der Inbusschraube im Zentrum des Vierkantes drehen, sie dient anderen Zwecken, ist außerdem zu schwach dimensioniert und würde abreißen!

• Das Ventilspiel-Prüfverfahren ist denkbar einfach, weil wir an der Stellung der einzelnen Nocken der Nockenwelle sofort klar erkennen können, wann ein Tassenstößel unbelastet und das Ventilspiel somit überprüfbar ist.

• Der Nocken des zu überprüfenden Ventils muß stets seitlich, um etwa 90°, nach links oder rechts gedreht sein, damit das entsprechende Ventil nicht betätigt wird. Dazu wird an der Kurbelwelle im Gegenuhrzeigersinn gedreht. Um nicht durcheinander zu kommen, empfiehlt es sich, die Ventile zylinderweise zu prüfen. Das Ergebnis wird in einen Plan eingetragen, in dem die Zuordnung der Ventiltassenstößel und die Stärke der zugehörigen Einstellscheiben genau vermerkt werden. Wir können auch hier vom 1. Zylinder ausgehen, der in Fahrtrichtung links zu finden ist.

Die Ventilspiel-Einstellwerte betragen (Sollwerte):

– Einlaßstößel 0,11 bis 0,15 mm;
– Auslaßstößel 0,16 bis 0,20 mm.

• Die Fühlerlehre wird in den Spalt zwischen Nockenwelle und Tassenstößel geführt.

Korrekturen erfolgen durch Austausch der Einstellscheiben (Chips), die bei der Yamaha in die Oberfläche der Tassenstößel eingelassen sind. Sie sind in vielen verschiedenen Stärken beim Yamaha-Händler erhältlich. Die Einstellscheiben tragen eine Nummer auf der Scheibenunterseite, die auf keinen Fall oben liegen darf, weil der Verschleiß sie dort schon nach kurzer Zeit unleserlich werden ließe.

Der Ausbau der Einstellscheiben geschieht folgendermaßen:

1. Die Schlitze am Rande der Tassenstößel werden bei unbelasteten Stößeln (Kurbelwelle drehen) zur Zylinderkopfmitte hin gedreht. Mit

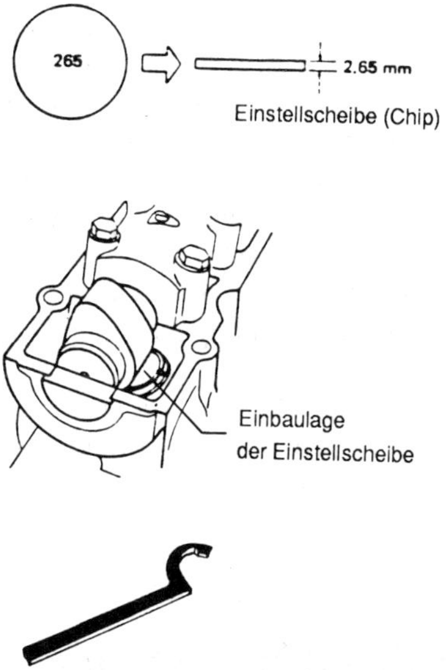

Abb. 107: Ventilspiel einstellen an DOHC-Motoren mit Tassenstößeln
Werkzeug zum Niederpressen des Tassenstößels
(Suzuki GS 750)

Abb. 108: Austausch der Einstellscheiben an DOHC-Motoren mit Tassenstößeln
1 Niederhaltewerkzeug
2 Einstellscheibe
(Pinzette benutzen)
(Yamaha XJ 900)

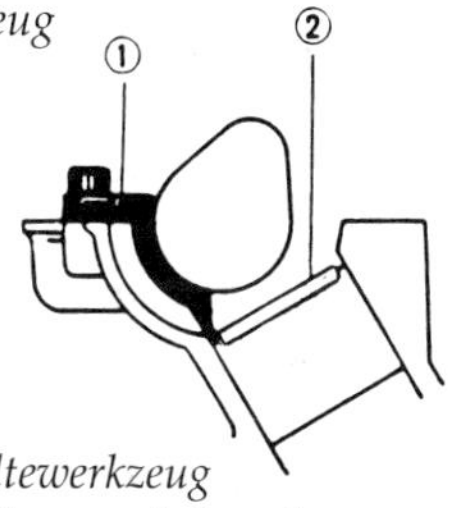

Abb. 109: Niederhaltewerkzeug
Das Niederhaltewerkzeug wird an den Löchern der Zylinderkopf-Deckelschrauben befestigt.
(Yamaha XJ 900)

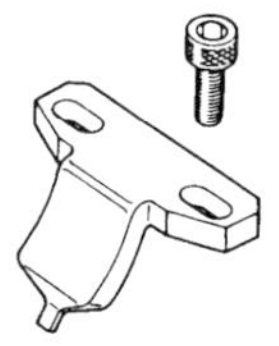

ihrer Hilfe werden später die Einstellscheiben herausgehebelt.

2. Die Kurbelwelle drehen, bis das Ventil vollständig geöffnet ist.

3. Das Ventilspiel-Einstellwerkzeug anbringen, ein einfaches gebogenes Blechteil, erhältlich im Zubehörhandel oder beim Händler (siehe Abbildung 109). Es dient dazu, den Tassenstößel für die Entnahme der Einstellscheibe unten zu halten. Das Haltewerkzeug wird mit einer Inbusschraube an den Gewindelöchern des Zylinderkopfdeckels befestigt (siehe Abbildung 108).

Zu beachten ist, daß das Werkzeug mit seiner Haltespitze nur den Rand des Stößels berühren, aber auf keinen Fall den Chip mit einklemmen darf.

4. Die Nockenwelle wird weitergedreht, bis die Einstellscheibe mit einer Pinzette aus dem Schlitz am Stößelrand herausgehebelt und dem Tassenstößel entnommen werden kann.

Die Abbildung 108 zeigt, wie herum die Nockenwelle gedreht werden muß, damit die Nocken das Einstellwerkzeug nicht berühren.

5. Die Nummer des herausgenommenen Chips wird dort in den Plan eingetragen, wo auch schon die Zugehörigkeit eingetragen wurde. Darauf basiert die Auswahl der neuen Einstellscheibe.

Wenn dünnere (Ventilspiel zu klein) oder dickere (Ventilspiel zu groß) Chips besorgt werden sollen, muß das Sollspiel mit einbezogen werden.

- Mit dem Plan gehen wir zum Händler und lassen uns an Hand der eingetragenen Daten die passenden Einstellscheiben heraussuchen.
- Ist man glücklicher Besitzer eines Werkstatthandbuches für die XJ 900, können aus der darin befindlichen Tabelle die Nummern der benötigten Chips herausgesucht werden.
- Sind die neuen Einstellscheiben eingebaut, ist die Einstellerei leider noch nicht am Ende, weil die Auswahl nur als Richtwert zu verstehen ist.
- Nach erneuter Ventilspielmessung mit frisch eingelegten Einstellscheiben (vorher die Kurbelwelle mehrmals drehen, damit die Chips sich setzen können), kann es durchaus nötig sein, weitere Chips auszutauschen. Das geht so lange, bis das Ventilspiel an allen vier Zylindern innerhalb der angegebenen Toleranzen liegt.

Sind die Einstellarbeiten beendet, können Motor und Fahrzeug wieder komplettiert werden.

2.5. »Was tun?« – ein paar nicht alltägliche Fälle

Argerlich sind folgende, glücklicherweise meist nicht ganz alltägliche Fälle:

- plötzlicher Leistungsverlust
- Geräusche aus dem Motor
- verstärkter Motorölverbrauch
- Motorausfall.

Jeder Motorradfahrer, jede Motorradfahrerin hofft, daß sie ausbleiben und ist stolz, wenn die Maschine ohne ernsthafte Motorschäden schon mehr als 50.000 km auf dem Buckel hat. Vorbeugend wirken sich da korrekt eingehaltene Wartungs- und Service-Intervalle aus. Die größte Bedeutung kommt dabei den Ölständen von Motor und Getriebe zu, die stets korrekt sein müssen.

Jeder Motor hat Grenzen der Haltbarkeit, was bedeutet, daß jeder Motor eine natürliche Lebensdauer hat, aber auch in kürzerer Zeit kaputtzukriegen ist, wenn der Fahrer es will oder es aus Unkenntnis herbeiführt.

Wir haben hier einige bemerkenswerte Fallbeispiele dieser Art herausgesucht.

2.5.1. Ausfall eines Zylinders an Mehrzylindermotoren

Die Ursache mag in einer defekten Zündkerze liegen, der Kerzenstecker kann kaputt sein oder irgend etwas anderes in der Elektrik (siehe hierzu auch Kapitel 7. »Die elektrische Anlage«).

Ein Loch im Kolben, gerne bei Zweitaktmotoren; ein verbranntes Ventil, welches den Aufbau einer zündfähigen Mischung verhindert, sowie ein defekter Vergaser (Mehrzylindermotoren) können Schuld am Ausfall des Zylinders haben.

• Als Sofortmaßnahme bietet sich an, den betreffenden Zylinder stillzulegen und mit den verbliebenen nach Hause zu fahren.

Zum Stillegen muß der Vergaser von der Spritzufuhr abgeklemmt werden, weil der Kraftstoff das Motoröl von der Zylinderlaufbahn des inaktiven Zylinders wäscht und der Motor in Gefahr gerät, später festzugehen. Zumindest aber nimmt er Schaden. Ein Problem, weil an modernen Mehrzylindermotoren die Vergaser mit kurzen Kraftstoffzuleitungen aus Metall verbunden sind, die man nicht einfach auftrennen kann. – Nebenbei gesagt: Es würden, falls es doch klappen sollte, die anderen Vergaser im Block ebenfalls ausfallen.

Um bei einem solchen Problem dennoch weiterfahren zu können, kann, wenn der Platz am Motorblock reicht, die Schwimmerkammer abgebaut und die Hauptdüse im Vergaser des betroffenen Zylinders verstopft werden, wodurch das Gemisch stark abmagert, was auch schon viel hilft.

Eine weitere Maßnahme wäre, den Gasschieber des Vergasers in der untersten Stellung zu blockieren. Zwar würde dann immer noch Kraftstoff über das Leerlaufsystem in den Zylinder gelangen, aber für die Kilometer nach Hause oder in eine Werkstatt wäre das vertretbar, wenn dazu noch vorsichtig am Gasgriff gedreht würde.

• Leichter tut man sich da mit Zweizylinder-Motoren, deren Vergaser über je eine Leitung versorgt werden. Hier kann der Kraftstoffschlauch abgeklemmt, abgezogen oder aufgetrennt werden, wobei man zur Abdichtung in den vom Kraftstoffhahn kommenden und zum Vergaser des ausgefallenen Zylinders führenden Schlauch eine Schraube oder zur Not ein Stück Holz hineinstecken kann.

Die zweite notwenige Maßnahme ist einfacher: Man schraubt das Zündkabel heraus, wodurch der Kompressionsdruck im defekten Zylinder wegfällt! Dann muß die Zündkerze geerdet werden, damit die Zündspule und eine eventuelle Elektronik nicht überbelastet und defekt werden. Das Erden geschieht über einen Draht am Kerzenstecker oder Zündkabelende, der an eine blanke Stelle an Motor oder Rahmen geführt wird. Übrigens: Kurze Strecken (5 - 10 km) kann man auch ohne die oben beschriebenen Maßnahmen zurücklegen, soweit dies der Defekt zuläßt. Allerdings muß das in ziemlich gemäßigter Fahrweise geschehen.

2.5.2. *Motorschäden*

• Fangen wir mit einem verbrannten Ventil an. Wie in 1.2.4 »Die Steuerung der Ventile beim Viertaktmotor« geschildert, liegt die Ursache oft in einem zu engen Ventilspiel.

Die Symptome zeigen sich im plötzlichen Leistungsverlust ohne irgendwelche alarmierenden mechanischen Geräusche.

Bei Einzylindermotoren geht die Maschine dann einfach aus, weiter nichts. Meist kommt dann schon eine Ahnung auf, woran es fehlt, die sich verstärkt, wenn die Daumenprobe gemacht wird. Hierzu wird mit dem Daumen die Kerzenöffnung im Zylinderkopf verschlossen und der Starter betätigt. Zeigt sich dabei nur eine schwache oder gar keine Kompression, ist alles klar...! Normalerweise gibt es bei der Druckprobe einen kräftigen Schnalzer, wenn bei einem gesunden Motor der Daumen vom Kompressionsdruck zur Seite gedrückt wird und der Zylinderinhalt aus der Kerzenöffnung entweicht.

• Eine Reparatur, wenn sich der Schaden später tatsächlich als Ventilschaden erweisen sollte, schlösse den Abbau des Zylinderkopfes, ein neues Ventil sowie Einfräs- und Ventilschleifarbeiten mit ein. Eine neue Zylinderkopfdichtung sowie ein Dichtsatz allgemeiner Art würde dazukommen.

• Nach Hause gelangt man mit den restlichen Zylindern, falls vorhanden (siehe Unterkapitel 2.5.1.), oder auf einem Hänger!

Kolbenklemmer / Kolbenfresser

Im Unterkapitel 1.2.1 »Motorgehäuse, Kurbeltrieb und Wellen« wird ausführlich geschildert, wie ein Kolbenklemmer oder ein Kolbenfresser entsteht und wie er sich auf den Motor auswirken kann.

Ein Klemmer macht sich durch einen Widerstand während der Fahrt bemerkbar, der plötzlich wie mit unsichtbarer Hand die Fahrzeuggeschwindigkeit abbremst. Keine Geräusche sind zunächst zu vernehmen. Natürlich kann dies auch ein Symptom für mangelnden Sprit sein. Also erstmal auf Reserve umschalten. Doch man sollte vorsichtshalber schon die Finger an den Kupplungshebel legen, falls der Verdacht auf einen Klemmer sich bewahrheiten sollte. In jedem Falle Gas weg!

Wenn die Spritversorgung nicht in Frage kommt, hält man vorsichtshalber an und prüft mit der Hand die Motortemperatur. Erscheint der Motor unnatürlich heiß (Spucke auf dem Zylinderkopf verdampft sofort), wartet man eine halbe Stunde und fährt dann mit verminderter Geschwindigkeit weiter. Läßt sich der Widerstand nicht mehr spüren, ist es wahrscheinlich tatsächlich ein Klemmer gewesen. Dem muß dann bei Gelegenheit auf den Grund gegangen werden.

• Der Kolbenfresser ist die logische Fortsetzung eines Klemmers. Er kann sich durch ein schrilles Kreischen bemerkbar machen, aber auch plötzlich und ohne Vorwarnung erfolgen. Die Klemmphase kann also extrem kurz sein und direkt in einen Kolbenfresser münden.

• Einen festgegangenen Kolben tritt man, wenn die Maschine sich abgekühlt hat, mit dem Kickstarter wieder los (wohl dem, der einen hat).

• Kolbenklemmer bzw. Kolbenfresser können normalerweise nicht an

Ort und Stelle repariert werden. Bei vielen Motoren ist es heute nicht mehr möglich, sie am Straßenrand einfach zu zerlegen. Doch dafür gehören Klemmer oder Fresser auch nicht mehr zu den gewöhnlichen Vorfällen.

Wenn es aber doch geschehen ist, wie kann man den Schaden begrenzen, wie nach Hause kommen?

• Bei Zweitaktmotoren ist das noch einfach. Mancher hat früher an seiner Maico oder Yamaha kurzentschlossen den Zylinderkopf abgeschraubt, den Zylinder abgenommen, den Kolben dazu und hat mit Feile und Schmirgelleinen begonnen (das hatte man damals alles dabei!), die Klemmspuren zu beseitigen. Und es funktionierte! Der Motor war anschließend wieder gebrauchsfähig, wenn auch nicht in Höchstform.

• Viertaktmotoren sind da schon deutlich komplizierter. Ein Klemmer deutet möglicherweise auf eine verstellte Zündung hin, darauf, daß die Vergaser Fremdluft ziehen. Der Wärmewert der Zündkerze kann falsch sein (Glühzündung). Die Zündanlage, die Zündkerzenwerte, die Vergaser müssen überprüft werden. Der Motor leidet womöglich an Motorölmangel oder an Überhitzung. Entsprechend muß sofort der Ölstand geprüft werden. Bei wassergekühlten Motoren ist es erforderlich, den Kühlflüssigkeitsstand im Ausgleichsbehälter und die Funktion des Thermostaten zu überprüfen.

• Der Thermostat kann nur aufwendig geprüft werden (siehe Kasten). Einfacher ist eine Prüfung der Kühlwasserschläuche und Leitungen. Dazu faßt man an die Zulaufleitung vom Motor zum Kühler hin und stellt fest, ob sie heiß ist. Der Thermostat öffnet erst, wenn die im Motor zirkulierende Kühlflüssigkeit eine Temperatur von mindestens 84° C. aufweist. Folglich müssen Zulauf- und Ablaufleitung bei warmem Motor und größerer Fahrtstrecke heiß sein (nicht unbedingt im Winter!).

• Bei Kolbenklemmern kann man meist noch mit verminderter Fahrt und Drehzahl nach Hause tuckern, nach vorheriger Abkühlphase, versteht sich!

Bei einem Kolbenfresser sieht's dagegen schon deutlich schlechter aus. Hat sich der Kolben wieder lösen lassen und ist nach dem Wiederanlassen keine große Geräuschentwicklung bemerkbar, kann man sich mit großer Vorsicht auf den Weg machen.

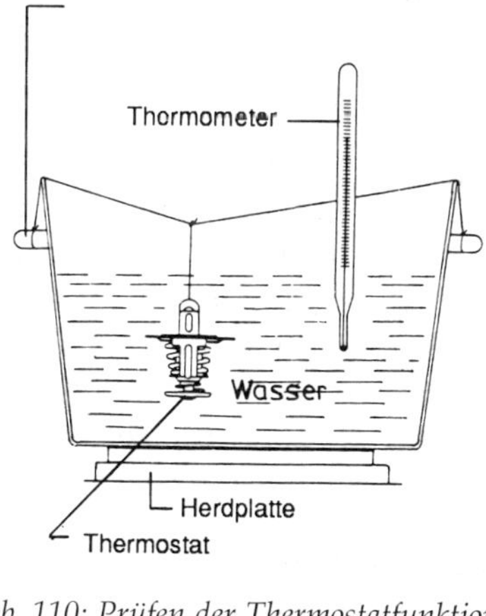

Abb. 110: Prüfen der Thermostatfunktion (Honda)

Prüfen des Thermostaten

Zum Prüfen muß der Thermostat ausgebaut werden. Zunächst testet man ihn bei Raumtemperatur (ca. 20° C.). Steht das Thermostatventil jetzt schon offen, ist es kaputt und muß ersetzt werden.

Ein Motor wird weniger durch ein offenes Thermostatventil geschädigt als vielmehr durch ein geschlossenes, das sich nicht mehr öffnet. Bei einem offenen Ventil muß die gesamte Wassermenge im Motor auf einmal aufgeheizt werden. Das verlängert die Kaltstartphase und bringt ungesund hohen mechanischen Verschleiß. Doch wenn der Motor einmal warm ist, kann weitergefahren werden wie immer. Dagegen ist ein geschlossenes Ventil gefährlich, weil der Motor einen Hitzekollaps erleidet, übersieht man das Warnsignal der Temperaturanzeige am Instrumentenbrett.

- Zur Überprüfung der Ventilöffnungstemperatur wird der Thermostat zusammen mit einem genau anzeigenden Thermometer in einen Kochtopf mit Wasser gehängt und auf die Herdplatte gestellt. Das Wasser wird ständig umgerührt, damit die Temperatur im Behälter überall gleich ist.

Sobald das Ventil öffnet, sieht man nach dem Thermometer. Zeigt es 80 bis 84° an, ist der Thermostat in Ordnung. Öffnet er später, muß man die Herstellerangaben überprüfen, weil manche Motoren anders abgestimmt sind. Öffnet er gar nicht, ist das Thermostatventil defekt!

- In einem Notfall kann auch ohne Thermostat gefahren werden. Das wirkt dann so, als wenn das Thermostatventil nicht mehr schließen könnte. Dann aber bitte der langen Kaltstartphase gerecht werden und das Motorrad schonend warmfahren!

- Andere Ursachen, die zu Kolbenklemmern und -fressern führen können, wie eine defekte Motorölpumpe, bei Zweitaktmotoren mit Frischölschmierung eine ausgefallene Förderpumpe oder ein kaputter Thermostat, sind am Straßenrand und mit Bordmitteln nicht zu beheben.

Loch im Kolben

Ein Loch im Kolben entsteht bei Zweitaktmotoren gerne infolge von Fremdluft zwischen Zylinder und Vergaser oder bei verstellter Ölförderpumpe für die Frischölschmierung, an Viertaktern zumeist nur, wenn die Zündung auf zu spät verstellt war, und der Motor dadurch überhitzt wurde. Ein anderer Fall ist die »Spardose«, ein Loch, welches durch einen abgerissenen Ventilteller entsteht.

- Bemerkenswerterweise kann man bei Mehrzylindermotoren ein Loch im Kolben vor allem am fettigen Qualm aus der Motorentlüftung erkennen und natürlich durch den Ausfall eines Zylinders. Bei Einzylindermotoren muß man den Kompressionstest mit dem Daumen machen, wie weiter oben geschildert, um den Defekt entdecken zu können.

- Endet die Motorentlüftung im Luftfiltergehäuse, muß man nachschauen, ob ein starker Ölnebel den Luftfilter verunreinigt hat. Der weist dann in jedem Falle auf unnormal hohe Druckverhältnisse im Kurbelgehäuse hin. Das kann aber auch bedeuten, daß das Kurbelgehäuse zum Zylinderraum hin in anderer Weise undicht geworden ist, sei es durch defekte Kolbenringe oder einen verschlissenen oder beschädigten Kolben.
- Ein weiteres Symptom liefert das Kerzenbild (siehe hierzu auch im Kapitel 7. das Unterkapitel 7.8. »Die Zündkerze«). Sind an der Kerze starke Ölspuren oder gar Aluminiumpartikel zu sehen, kann mit ziemlicher Sicherheit auf ein Loch im Kolben geschlossen werden. Dazu gehört aber noch, eine nicht vorhandene Kompression im betreffenden Zylinder diagnostizieren zu können.

- In keinem Fall aber weiterfahren (betrifft Mehrzylindermotoren), weil sich der Aluschlamm sonst über den ganzen Motor und das eventuell damit verbundene Getriebe verteilen würde. Eine Generalüberholung des Motors wäre fällig.

Krumme Pleuel und Stößelstangen
Das sind typische Schäden, die das Resultat eines überdrehten Motors sind. Beliebtes Spiel auf Parties: Angetrunkene Kerle stecken eine leere Bierdose in den hochragenden Auspuff, der Motor tuckert im Leerlauf. – Dann Vollgas! Die Bierdose fliegt in hohem Bogen durch die Luft. Wer am weitesten geschossen hat, ist Sieger! – Ganz klarer Verlierer ist in jedem Fall der Motor, so oder so. Typisch ist das verbogene Pleuel oder, bei den alten OHV-Motoren, die verbogenen Stößelstangen. Diese Schäden können aber auch im Normalbetrieb vorkommen, etwa wenn bei Vollgas ein Gang herausspringt oder der Motor bergab völlig überdreht wird. Da gibt's dann kein Weiterfahren mehr!

2.5.3. *Ungewöhnliche mechanische Geräusche aus dem Motor*

Kolbenklappern
Dieser Sound entsteht meist bei Motoren mit hoher Fahrtleistung, wenn der Kolben unter Last, beim Beschleunigen infolge allzu großen Laufspieles im Zylinder Kippbewegungen vollführt. Der Motor kann zwar noch weiterlaufen, doch gebietet die Betriebssicherheit, möglichst bald den Zylinder ausschleifen zu lassen (bei Mehrzylindermotoren betrifft es alle Zylinder) und neue Übermaßkolben einzubauen. Klappernde Kolben können irgendwann einmal ganz fürchterlich klemmen oder fressen.

Merklich lauter werdende Geräusche im Motor
Hier ist Vorsicht angesagt! Gleich den Motorölstand und bei separatem Getriebe auch dessen Ölstand überprüfen. Es klingt verdächtig nach zuwenig Öl.

Leise klickende Geräusche aus dem Zylinderkopf
Ein zu großes Ventilspiel kündigt sich an. – Bei nächster Gelegenheit überprüfen und einstellen.

Rattern aus dem Zylinderbereich
Das Kolbenbolzenlager könnte ausgeschlagen sein. Zum Auswechseln müssen der Zylinderkopf, der Zylinderblock sowie der betreffende Kolben runter (siehe hierzu auch das Unterkapitel 2.2.1. »Kurbelwelle, Pleuel und Lager, einfach geprüft«).

Klopfende Geräusche aus dem Zylinderbereich
Das Pleuelfußlager könnte der Übeltäter sein, es ist typisch, wenn ein solcher regelmäßig sich wiederholender Klang ertönt.
Hier sollte sicherheitshalber ein Fachmann oder eine Fachfrau ran, weil ein eventueller Schaden teuer werden kann. Erweist sich der Verdacht als berechtigt, muß der Motor ausgebaut und zerlegt werden (siehe hierzu auch das Unterkapitel 2.2.1. »Kurbelwelle, Pleuel und Lager, einfach geprüft«). Wird ein Pleuelfußlager ersetzt, sollten auch alle anderen (Mehrzylindermotoren) ausgewechselt werden, falls der Motor schon eine relativ hohe Kilometerleistung hinter sich hat. Und wenn man schon einmal dabei ist, dann ersetzt man am besten auch gleich alle Kurbelwellenlager und sonstige Kugel- oder Rollen- bzw. Nadellager, damit sich der Aufwand lohnt. Auf diese Weise ist der Motorblock komplett neu gelagert, gut für ein zweites langes Leben.

Rumpeln aus dem Kurbelgehäuse
Die Kurbelwellenlager lassen grüßen! Sie sind abgenutzt und wollen erneuert werden. Der Motor wird zum Zwecke einer Reparatur ausgebaut und zerlegt (siehe hierzu auch das Unterkapitel 2.2.1. »Kurbelwelle, Pleuel und Lager, einfach geprüft«).

Rasselnde Geräusche aus dem Zylinderblockbereich an OHC- bzw. DOHC-Motoren
Zunächst empfiehlt es sich, den Kettenspanner neu einzustellen, da wir es hier wahrscheinlich mit einer losen Nockenwelle zu tun haben (siehe auch das Unterkapitel 2.3. »Wiederaufbau: Kolben; Zylinder...«).
Bringt das keine Resultate, müssen der Zylinderkopfdeckel abgeschraubt und die Gleit- und Führungsschienen überprüft werden. Auch der Kettenspanner wird zerlegt und kontrolliert (siehe hierzu auch das Unterkapitel 2.3. »Wiederaufbau: Kolben; Zylinder...«).
Die Gleit- und Führungsschienen sollten mühelos beweglich in ihren Halterungen ruhen. Falls diese Teile

schlecht erreichbar sind, muß der Zylinderkopf abgenommen werden.
Am Kettenspanner müssen die Federn in Ordnung sein, und der Kettenspannstößel sollte sich leicht hin- und herbewegen lassen.
Auch muß die Rücklaufsperre funktionieren, weil erst dann die Nachspannautomatik (an vollautomatischen Kettenspannern) arbeitet.
Zu guter Letzt bleiben noch die Steuerkette sowie die Kettenritzel zu prüfen.
Die Steuerkette wird kontrolliert, wie in Unterkapitel 2.1.1. »Zylinderkopf, Ventile, Nockenwelle...« beschrieben. Ihr Auswechseln kann mitunter Probleme aufwerfen, wenn Zahnketten verbaut wurden, weil dazu an manchen Motorrädern der Motor zerlegt werden muß. Bei einfachen Rollenketten dagegen kann mit einem Kettentrenner die Rollenkette geöffnet, die neue Kette angehängt, durchgezogen (Achtung! Nockenwelle ausbauen und die Kurbelwelle vorsichtig drehen, damit die Kolben keinen Kontakt mit den Ventiltellern bekommen!) und schließlich mit einem Kettenschloß zusammengefügt werden.
Falls die Nockenwellensteuerung statt in der Mitte an der Seite des Motors liegt, macht das oft keine Probleme, weil hier die Nockenwellensteuerkette über den Seitendeckel erreichbar ist.
Abgenutzte Kettenritzel an OHC- bzw. DOHC-Motoren sind im Bereich des Zylinderkopfes leicht auszuwechseln, an der Kurbelwelle nur um den Preis, den Motor zerlegen zu müssen.

Rasselndes Geräusch während des Fahrbetriebes, verbunden mit starken Lastwechselreaktionen
Aus den Motordaten im Bordbuch kann herausgelesen werden, ob der Motor über eine Primärkette verfügt. Diese mehrgliedrige Rollen- oder Zahnkette nähert sich bei der beschriebenen Geräuschentwicklung dem Ende ihres Daseins (siehe hierzu auch im Unterkapitel 2.1.1. »Zylinderkopf, Ventile, Nockenwelle...«).

2.5.4. Nachlassen der Motorleistung

• Es drängt sich der Verdacht auf ein verbranntes Ventil oder undichte ausgeschlagene Ventilsitze auf (siehe hierzu auch im Unterkapitel 2.1.1. »Zylinderkopf, Ventile, Nockenwelle...«).
• Hat man den Eindruck, die Kolben oder die Kolbenringe seien abgenutzt (Symptome dafür sind relativ hoher Motorölverbrauch bzw. ein Nachlassen der Kompression), müssen Kolben, Kolbenringe und die Kolbenlaufbahnen überprüft werden (siehe hierzu auch im Unterkapitel 2.2. »Zylinder, Zylinderblock und Kolben, demontieren und kontrollieren«).
• Besteht Verdacht auf einen Haarriß im Zylinderkopf (hierdurch entweicht ein Teil des Verdichtungsdruckes, was auch im Falle einer

nach innen durchgeschlagenen Zylinderkopfdichtung geschieht), dann ist ein Kompressionstest durchzuführen (siehe hierzu auch im Unterkapitel 2.1.1. »Zylinderkopf, Ventile, Nockenwelle ...«).
Schlechte Motorleistung und unruhiger Motorlauf im Stand können auf eine Ventilspielveränderung oder veränderte Vergasereinstellung zurückzuführen sein (siehe hierzu aber auch im Unterkapitel 2.4 »Ventilspieleinstellung: Erhält Leistung und Gesundheit« und im Unterkapitel 3.4. »Einstellarbeiten am Vergaser«).

2.5.5. *Der Motor ist zu heiß*

Dafür kann es vier wichtige Gründe geben:

1. Die Motorschmierung ist ausgefallen.

Dann muß der Motor sofort gestoppt und der Ursache nachgegangen werden.

- Den Ausfall der Schmierstoffversorgung kann man an der im Fahrbetrieb jäh aufleuchtenden Öldruck-Kontrollampe erkennen. Sie leuchtet immer dann auf, wenn der Öldruck im Motor unter einen bestimmten Schwellenwert gefallen ist. Aus diesem Grunde brennt die Lampe immer, wenn die Zündung angeschaltet wird, der Motor aber noch nicht läuft.
- Motoren mit Trockensumpfschmierung haben eine Rücklaufleitung aus dem Motorsumpf, durch die das von der Ölpumpe kommende Motoröl in den Öltank zurückgefördert wird. Öffnet man den Öltankverschluß, kann man sehen, ob Motoröl tatsächlich zurückfließt.
- Motoren mit Naßsumpfschmierung können wir kontrollieren, indem wir einen Inspektionsdeckel am Zylinderkopf oder am Zylinderkopfdeckel abschrauben und nachschauen, ob tatsächlich Motoröl gefördert wird. Das kann eine Weile dauern, wenn der Motor kalt war.

2. Der Zündzeitpunkt ist auf Spätzündung oder auf eine zu große Frühzündung verstellt

- Abgesehen vom Leistungsverlust bei zu weit gehender Spätzündung wird der Motor ungesund heiß. Das kann zu Klemmneigungen der Kolben in den Zylindern, zu verbrannten Ventilen oder gar zu einem Loch im Kolben führen. Die Zündung erfolgt so spät, daß die brennenden Gase noch im Ausstoßtakt aktiv sind, wenn das Auslaßventil öffnet. Das heizt den Zylinder, den Zylinderkopf, den Kolben und auch den Auslaßtrakt gefährlich auf.
- Ähnlich bei zu großer Frühzündung. Dort verbleibt wie bei der Spätzündung das in diesem Falle allerdings zu früh entflammte Gemisch zu lange im Zylinderraum und heizt ihn über Gebühr auf.

Bevor der Zündzeitpunkt nicht einwandfrei eingestellt wurde, darf ein von Überhitzungserscheinungen betroffenes Motorrad nur mit reduzierter Drehzahl gefahren werden.

☞ Siehe Kapitel 7 »Die elektrische Anlage« und dort die entsprechenden Unterkapitel über die verschiedenen Zündanlagen.

Falsche Zündkerzenwahl
Zündkerzen, die zu niedrige Wärmewerte aufweisen, werden durch die hohen Temperaturen im Zylinder zu stark erhitzt und neigen zu Glühzünden, was eine vorzeitige Entzündung des Kraftstoff-Luft-Gemisches zur Folge hat, mit starkem Aufheizeffekt für den Motor.
☞ Siehe Kapitel 7.8. »Die Zündkerze«!

Zu magere Vergasereinstellung
Das Problem tritt unter normalen Umständen nur selten auf, es sei denn, die serienmäßige Düsenbestückung wurde geändert.
Ein mageres Gemisch ist zwar von der Leistungsentfaltung her gesehen optimal, weil es eine bessere Energieabgabe fördert, doch bedeutet dies auch eine höhere Hitzeentwicklung für den Motor. Aus Gründen der inneren Kühlung wird deshalb das Gemisch über den ganzen Drehzahlbereich immer etwas fetter gehalten, als eigentlich nötig wäre.
• Zieht ein Vergaser Fremdluft zwischen Vergaser und Zylinderkopf, entweder weil Dichtungen kaputt gingen oder weil die Vergaseransaugstutzen aus Kunststoff porös und rissig geworden sind, treten ähnliche Effekte auf wie bei einer zu mageren Vergasereinstellung.
Das bedeutet, daß vor einer Veränderung der Vergasereinstellung zuallererst das Problem Fremdluft beachtet werden muß.
• Mehr zum Thema Gemischabmagerung im Kapitel 3.5. »Wartungsarbeiten und Reparaturen an Vergasern«.

2.5.6. *Hoher Motorölverbrauch*

Blauer Qualm aus dem Auspuff, Zweitakter einmal ausgenommen, bedeutet: Es wird Motoröl verbrannt. Da gibt es mehrere Gründe:
• Die Kolbenringe haben ihre Verschleißgrenze erreicht.
• Die Kolben sind abgenutzt, die Zylinderwandung ist verschlissen und aufgeweitet.
• Defekte Ventilschaftdichtungen oder aufgeweitete Ventilführungen.
Um sicher zu sein, daß das Motoröl nicht duch einen Haarriß im Motorgehäuse oder einen defekten Simmerring (Wellendichtring) entweichen kann, soll unbedingt die Verdichtung im Zylinder gemessen werden.
Hoher Ölverbrauch muß durch häufiges Nachfüllen und ebenso häufiges Kontrollieren des Motorölstandes ausgeglichen werden. Nichts ruiniert einen Motor schneller als ein unter Minimum liegender Ölstand!

2.5.7. Motoröl entweicht aus der Motorentlüftung oder aus überraschend entstandenen Leckagen an den Gehäusedichtflächen

• Das könnte auf zuviel Motoröl im Motor schließen lassen. Der oberste Strich am Ölmeßstab darf nicht überschritten werden. Bei einer deutlichen Überschreitung kann das Motoröl andernfalls von den auf- und abgehenden und sich drehenden Massen des Kurbeltriebes Druck aufbauen, der im ungünstigen Falle (verstopfte oder zu klein dimensionierte Motorentlüftung) nach außen drängt. Die dabei verursachten Leckstellen an den Gehäusedichtungen können bleibend sein, falls die Dichtungen beschädigt wurden. – Ölablassen als Sofortmaßnahme tut not!

• Eine andere Ursache liegt in der Verwendung von Motoröl mit einem zu niedrigen Viskositätsgrad. Dieses Öl ist für die Jahreszeit oder für das Klima nicht geeignet und sollte entfernt werden. Der Ölwechsel sollte gleich stattfinden, weil Motorschäden zu befürchten sind.

☞ Siehe Kapitel 1.5.4. »Motoröle, Geheimnisse eines Lebenssaftes«!

• Gebrochene Kompressionsringe an einem oder mehreren Kolben lassen den Verbrennungsdruck in den Kurbelraum gelangen. Dort bewirkt er einen enormen Druckanstieg und läßt Motoröldämpfe mit relativ hohem Druck aus der Motorentlüftung austreten.

Siehe Kapitel 2.2. »Zylinder, Zylinderblock und Kolben, demontieren und kontrollieren«!

2.6. Regelmäßige Wartungsarbeiten am Motor

Warten heißt: Funktion des Motors auf bestmöglichem Stand halten.

Man mißt die Zeit zwischen den Wartungsarbeiten in gefahrenen Kilometern, manchmal sind zusätzlich Wochen, Monate oder Wartungsarbeiten pro Saison angegeben.

Man unterscheidet regelmäßige Wartungsarbeiten und solche aus einem bestimmten Anlaß, z.B. wenn im Frühjahr das Motorrad wieder in Betrieb genommen wird oder vor einer größeren Urlaubsreise.

Die Angaben in diesem Buch sind gemittelte Werte, da jeder Motorradhersteller seine eigenen Wartungsintervalle empfiehlt, die zum Teil um einige tausend Kilometer auseinanderliegen. Außerdem gibt es Motorräder, deren Mechanik in einzelnen Bereichen weitgehend oder gar völlig wartungsfrei arbeitet.

Als Beispiel mag die FZ 750 R von Yamaha gelten, deren Ventilspiel nach der Einfahrzeit lediglich alle 42.000 km geprüft werden muß, oder die Suzuki VS 1400 Intruder, deren V2-Zylinder mit 1400 ccm wartungsfrei von Hydrostößeln bedient wird. Wir haben übrigens auch darauf verzichtet, spezielle Maßnahmen für die Wartung von Oldtimer-Motorrädern zu nennen, weil deren Besitzer ohnehin meist über alle Daten ihrer Maschine Bescheid wissen.

Alle 500 km
(oder jede Woche einmal)

- Motorölstand kontrollieren; Peilstab oder Schauglas einiger Motoren haben Minimum- und Maximum-Markierungen. Der Ölstand sollte niemals unter Minimum fallen oder über Maximum ansteigen.
- Sichtprüfung auf Ölleckagen, festsitzende Kerzenstecker und Zündkabel.
- Seilzüge der Vergaser auf Beschädigung und Befestigung kontrollieren.
- War der Motor vor 500 km grundüberholt oder gar neu, müssen Motoröl und Ölfilter gewechselt werden, damit der Motor von Verunreinigungen feinster Art durch Herstellung oder Reparatur befreit wird.
- Außerdem müssen jetzt alle Zylinderkopfschrauben nachgespannt werden, weil sich die Zylinderkopfdichtung mittlerweile gesetzt hat.

Alle 2.000 Kilometer

- Nur bei Motoren mit manueller Nachspannvorrichtung für die Primärkette, wie bei Harley-Davidson oder Triumph: Die Primärkette muß geprüft und, falls nötig, nachgespannt werden.
- Auskunft erteilt das Bordbuch der Maschine.

Alle 5.000 km
(oder alle drei Monate)

- Motorölwechsel bei Motoren, bei denen nicht ausdrücklich längere Ölwechselintervalle angegeben sind (z.B. bei Motoren, die mit Vollsynthetiköl gefahren werden); Ölwechsel immer bei warmem Motor vornehmen! (Gebrauchtes Motoröl in einem Ölkanister sammeln und zur örtlichen Ölsammelstelle bringen!).
- Zündkerzen überprüfen und reinigen (siehe Unterkapitel 7.8. »Die Zündkerze«).
- Falls eine kontaktgesteuerte Batteriezündanlage im betreffenden Motorrad vorhanden ist: Überprüfen der Unterbrecherkontaktabstände (siehe Kapitel 7.).
- Unterbrechernocke mit Heißlagerfett geringfügig fetten.
- Zündzeitpunkt überprüfen (siehe Kapitel 7.).
- Vergasersynchronisation (Mehrzylinder) überprüfen; die Leerlaufeinstellung kontrollieren (siehe Unterkapitel 3.4. »Einstellarbeiten an Vergasern«).
- Luftfilter reinigen (siehe Kapitel 4.). Ventilspieleinstellung überprüfen (siehe Unterkapitel 2.4. »Ventileinstellung: Erhält Leistung und Gesundheit«).

Alle 10.000 km (oder alle sechs Monate)

- Die Kontroll- und Einstellarbeiten der 5.000 km-Inspektion durchführen und zusätzlich die folgenden Punkte:
- Zündkerzen austauschen! Sie kosten verhältnismäßig wenig, bringen aber Kraftstoffeinsparung und Leistungserhalt. Motoren, die ausschließlich bleifrei gefahren wurden, können Kerzen in der Regel noch weitere 5.000 Kilometer nutzen, weil unverbleiter Kraftstoff nicht so offensive Auswirkungen zeigt.
- Zusätzlich zum Motorölwechsel auch den Motorölfilter ersetzen. Dieser ist Sondermüll! Zur Altölsammelstelle bringen; nicht in die Mülltonne werfen!
- Falls der Motor vom OHC- oder DOHC-Typ ist und über einen nur halbautomatischen Kettenspanner verfügt, muß dieser jetzt eingestellt werden. Informationen darüber gibt das Bordbuch (siehe Unterkapitel 2.3. »Wiederaufbau: Kolben, Zylinder und ...«!
- Kraftstoff-Filter im Tank, am Vergaser und am Kraftstoffhahn reinigen.

☞ Siehe Kapitel 3.7. »Tankanlagen und Kraftstoffzuleitungen«!

Alle 15.000 km (oder alle 12 Monate)

- Die Kontroll- und Einstellarbeiten der 5.000 km-Inspektion durchführen und zusätzlich die folgenden Punkte:
- Schwimmerkammer des Vergasers abbauen und von Verunreinigungen befreien.
- Falls eine kontaktgesteuerte Batteriezündanlage im betreffenden Motorrad vorhanden ist: Ersetzen der Unterbrecherkontakte (siehe Kapitel 7).
- Arbeitspiel des Kupplungsseilzuges überprüfen
- Die Kupplung einem Verschleißtest unterziehen (siehe hierzu Kapitel 6.2.3. »Wann eine Kupplung verschlissen ist, wie man sie prüft und was man auswechselt«!).

3. Vergaser, Tankanlagen, Kraftstoffe

3.1. Frischgasaufbereitung – wie ein brennbares Gemisch entsteht

Daß Motorräder Verbrennungsmotoren besitzen und demzufolge ein brennbares Kraftstoff-Luftgemisch benötigen, ist uns bei der Lektüre des ersten Kapitels deutlich geworden. Das hierzu notwendige Instrument, den Vergaser, kennen wir aber bisher nur dem Namen nach. Um so interessanter wird es sein, die Geheimnisse der Frischgasaufbereitung zu enthüllen.

• Die Verbrennung des Gemisches im Motor, die Krafterzeugung, kann nur bei einer feinen Zerstäubung und Vernebelung des Kraftstoffes optimal erfolgen. Dies muß mit der gleichzeitigen Verwirbelung und Durchmischung mit Luft (dem Sauerstoffträger) einhergehen, die im Saugrohr durch den Vergaser rauscht.

Von »Vergasen« zu sprechen, ist physikalisch gesehen falsch. Die feinen Kraftstofftröpfchen gehen keine Verbindung mit der zugeführten Luft ein, sie bilden nur ein Gemenge. Aufgabe des Vergasers ist es, bei allen Betriebsbedingungen des Motors, also im gesamten Drehzahl- und Lastbereich, die richtige Kraftstoff-Luftmischung bereitzustellen.

• Die größte Power holt man aus dem Kraftstoff heraus, wenn das Mischungsverhältnis genau stimmt. Ideal ist eine Mischung von 14,8 Gewichtsteilen Luft zu einen Gewichtsteil Kraftstoff (14,8:1). An der Verbrennung tatsächlich beteiligt ist der aus der Außenluft entnommene Sauerstoff. Er geht eine Verbindung mit den Kohlenstoffmolekülen im Kraftstoff ein. Die chemische Umwandlung durch die Verbrennung setzt dann die gewünschte Energiemenge frei.

Ein Beispiel:

Wenn ein Motorrad auf 100 km Fahrtstrecke 5 Liter Benzin verbraucht, dann saugt der Motor in dieser Zeit 42.700 Liter Luft durch den Vergaser. Das entspricht einer Menge von 8.540 Liter Sauerstoff.

• Das ideale Mischungsverhältnis wird in der Praxis so gut wie nie erreicht. Je nach Drehzahl, zur Verfügung stehender Luftmenge, Belastung des Motors und Güte der Motorenkonstruktion sowie der Art der Gemischaufbereitung kann es Abweichungen geben. Deren Größenordnung schwankt zwischen einem Mischungsverhältns von 12:1 und 18:1.

Die Dichte der Außenluft spielt neben der korrekten Vermischung der beiden Komponenten eine weitere wichtige Rolle. Auf Meeresniveau ist sie am höchsten (relativ hoher Luftdruck). Im Gebirge, auf den Paßstraßen, am niedrigsten (relativ niedriger Luftdruck). Je weniger Sauerstoff in der Luft enthalten ist (das trifft auf die Regionen niedrigen Luftdruckes zu), desto weniger Kraftstoff kann er binden und desto fetter wird das Gemisch. Der Kraftstoffanteil im Gemisch nimmt zu, und die Motorleistung entsprechend rasch ab. Fühlbar wird die Leistungsreduzierung aber erst ab etwa 1.000 Meter Höhe aufwärts. Bis dahin arbeiten Verbrennungsmotoren noch weitgehend normal. Ab dann sinkt die Motorleistung kontinuierlich. Nicht weiter schlimm für den Motor, doch man sollte folgende Problematik dabei im Auge behalten:

- Ein *fettes* Gemisch, damit meint man immer einen Kraftstoffüberschuß, läßt im Innern des Motors unverbrannte Überreste des Kraftstoffes, die Ölkohle, entstehen, unter der besonders die Zündkerzen zu leiden haben. In extremen Fällen kondensiert überschüssiger unverbrannter Kraftstoff an den Zylinderwandungen, wäscht den Ölfilm ab und beeinträchtigt die Kolbenschmierung in gefährlicher Weise. Schlecht verbrannte Gase gelangen auch in weniger dramatischen Fällen durch den Auspuff ins Freie. Da sie giftigere Bestandteile enthalten als bei einer guten Verbrennung, schädigen sie Mensch und Umwelt. Natürlich verbraucht der Motor dabei auch erheblich mehr Kraftstoff!

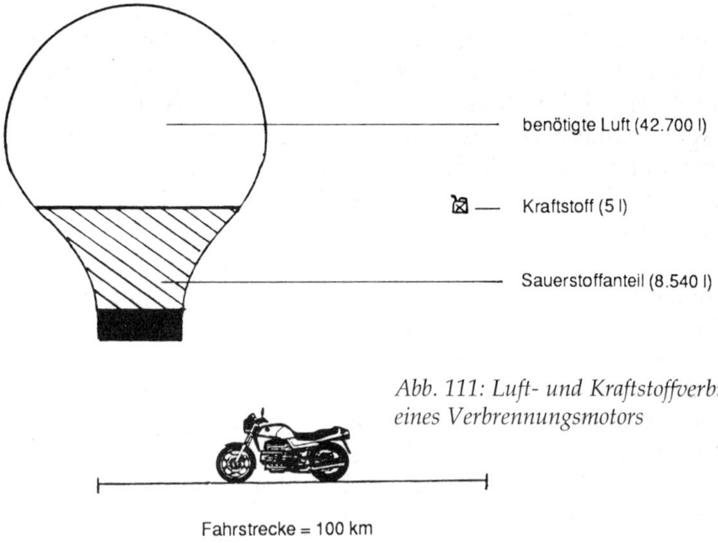

Abb. 111: Luft- und Kraftstoffverbrauch eines Verbrennungsmotors

• Anders herum leiden Motoren, die ein zu *mageres* Gemisch erhalten, an Kraftstoffmangel und Luftüberschuß. Die Auswirkungen für den Motor sind nicht minder schädlich, wenn auch in ihrem Charakter anders geartet. Während der Verbrennung eines mageren Gemisches muß sich die Flammenfront mühsam von einem Kraftstoff-Luftteilchen zum nächsten hangeln. Das kostet Zeit. Es kann vorkommen, daß die Verbrennung im Motor immer noch anhält, obwohl der Kolben U.T. schon erreicht hat. Gefährlich, denn der Motor heizt sich so unnötig auf. Das könnte ein möglicher Anlaß für verbrannte Ventile beim Viertakter und Löcher im Kolbenboden bei Zweitaktmotoren sein. Gerade letztere reagieren sehr empfindlich auf eine Gemischabmagerung. Das in den Zylinderraum einströmende Gemisch kühlt nämlich im Normalfall auch den Zylinderraum, die Kolben und Ventile, weil das verdampfende Benzin in der Mischung der Umgebung Wärme entzieht. Ein physikalischer Vorgang, den die Konstrukteure bei der Motorenkonstruktion gezielt ausnutzen und der bei zu magerer Vergasereinstellung wegfällt.

• Nehmen wir aber einmal an, das vom Vergaser produzierte Gemisch sei in Ordnung und gelangt nun bei betriebswarmem Motor in den Zylinderraum. Dann passiert folgendes: Die im Gemisch enthaltenen Kraftstofftröpfchen ändern blitzschnell ihren Aggregatzustand, sie verdampfen. – Jetzt kann man schon eher von einem Vergasen sprechen, weil Kraftstoff und Luft nun ähnliche physikalische Zustände einnehmen, die einer maximalen Vermischung nichts mehr in den Weg stellen.

• Das Gegenteil findet bei einem kalten Motor statt, nachts oder frühmorgens, wenn die Außentemperatur besonders niedrig ist. Dann vergast der Kraftstoff während des Startvorganges nur sehr mangelhaft. Hinzu kommt, daß er bei niedriger Motordrehzahl nur schlecht zerstäubt in den Zylinderraum gelangt. Ein Teil des Kraftstoffes aus dem Gemisch schlägt sich nämlich im Innern des kalten Ansaugrohres oder an der Zylinderinnenwandung nieder. Resultat: Das Kraftstoff-Luftgemisch ist zu mager, es reicht zum Starten der Maschine nicht aus.

Um nun das Starten des Motors in jedem Falle zu gewährleisten, muß man den Vergaser oder die Einspritzanlage dazu bringen, ein um so fetteres Gemisch zu produzieren, je kälter der Motor und je niedriger die Drehzahl ist. Deshalb wird das Gemisch in der Kaltstartphase mit dem dreifachen Gehalt an Kraftstoff angereichert. Hilfsmttel dazu sind der Choke (Starterklappe) oder der Startvergaser im eigentlichen Vergaser und bei Einspritzmotoren die Gemischanreicherung durch längere Öffnungszeiten der Einspritzventile.

• Im mittleren Teillastbereich und bei betriebswarmem Motor ist ein mageres Gemisch, auch wegen der günstigeren Verbrauchswerte erstrebenswert. Das Mischungsverhältnis nähert sich dann dem Idealwert von 14,8:1. Im Leerlauf und im Vollastbereich wird das Gemisch dann wieder angereichert, um Motorschäden durch Gemischabmagerung (Überhitzung!) vorzubeugen.

• Unter »Vollast« oder »Vollgas« versteht man die volle Ausnutzung der Gemischproduktion eines Vergasers. Der Öffnungsquerschnitt seines Saugrohres steht dem Motor uneingeschränkt zur Verfügung.

• Teillast bedeutet: Den Fahrsituationen angepaßte Regulierung des Lufteintrittes in den Vergaser. Der Motor erhält seine Kraftstoff-Luftmischung, wie es dem Fahrer paßt. Er reguliert so die Motordrehzahl und damit die Motorleistung.

• So langsam wird klar, daß wir mit einem einzigen Vergaser nicht auskommen. Denn es gibt vier Betriebsbedingungen für unsere Motoren:

1. Kaltstart
2. Leerlauf
3. Teillast
4. Vollast

Ein einzelner Vergaser besteht deshalb eigentlich aus mehreren miteinander arbeitenden Vergasersystemen. Er besitzt aus diesem Grund zahllose, scheinbar völlig wirr im Gehäuse liegende Bohrungen und Düsensysteme, die untereinander nur teilweise verbunden sind.

Abb. 112: Venturi-Rohr

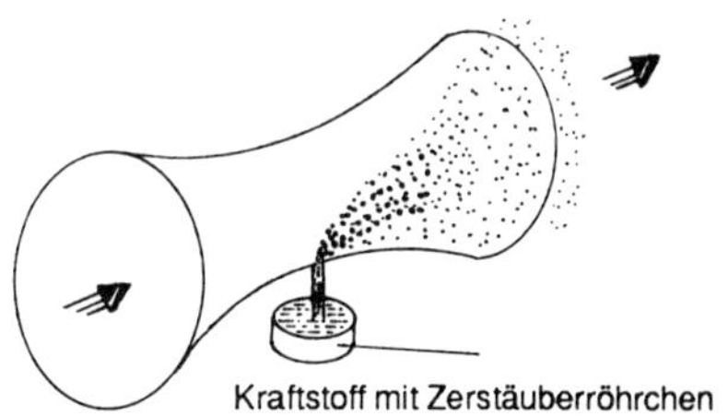

Jeder Vergaser macht sich ein physikalisches Grundgesetz aus der Strömungslehre zunutze, das man mit Hilfe des »Venturi-Rohres« einleuchtend erklären kann

Wir stellen fest (siehe Abbildung 112), daß an der engsten Stelle des Venturi-Rohres die Luftgeschwindigkeit am höchsten und der Luftdruck, gemessen an der gesamten Rohrlänge, am niedrigsten ist. Mit zunehmender Luftgeschwindigkeit nimmt also der Luftdruck im selben Maße ab. Man kann auch sagen: Der Unterdruck nimmt zu.

Wenn man an dieser Stelle in die Rohrwandung ein Röhrchen steckte, das mit einem Kraftstoffbehälter verbunden wäre, so würde durch das Druckgefälle zwischen Außenluft und Venturi-Rohr Druck auf den Kraftstoffspiegel im Tank ausgeübt. Der Unterdruck im Venturi-Rohr saugt am Röhrchen. Folglich würde an der Einmündung des Röhrchens im Venturi-Rohr Kraftstoff austreten.

Dieser Kraftstoff würde vom Luftstrom mitgerissen, verwirbelt und zerstäubt. Eine Kraftstoff-Luftmischung wäre entstanden, und wir hätten die Geburt eines Vergasers er lebt! Eine Klappe am Eingang des Venturi-Rohres ließe uns den Luftstrom regulieren, und wir hätten mit Hilfe dieser Drosselwirkung die Aussicht, die Gesamtmenge des erzeugten Gemisches zu bestimmen.

Doch halt! – Wir haben es hier nur mit einem theoretischen Modellvergaser zu tun. In der Praxis würden sich höchst komplizierte Wechselbeziehungen ergeben, die eine so einfache Lösung nicht zuließen.

3.2. Verschiedene Vergasertypen und ihre grundsätzliche Arbeitsweise

Je nach Anordnung des Ansaugrohres am Motor und der Richtung des Saugstromes unterscheidet man Flachstrom-, Schrägstrom- und Fallstromvergaser. Für Motorradmotoren werden letztere nur selten verwendet, weil sie die Bauhöhe des Motors unnötig vergrößern.

Bauartlich unterscheiden wir die Vergaser untereinander hauptsächlich nach der Weise, wie sie den Luftstrom durch die Mischkammer regulieren. Das geschieht:

1. im Schiebervergaser anders

2. als im Gleichdruckvergaser

3. oder gar im Drosselklappenvergaser, der zwar bei Harley Davidson seit Jahren zu Ehren kommt, aber sonst kaum verwendet wird, und den wir deshalb auch außen vorlassen.

- Allen Vergasern gemeinsam ist die venturiartige Form der Mischkammer im Saugrohr des Vergasers, in der das Kraftstoff-Luftgemisch für den Fahrbetrieb entsteht.
- Anders als Autos besitzen Motorräder meist pro Zylinder einen Vergaser.

Begründen kann man das damit, daß kurze, möglichst gerade Ansaugwege eine optimale Gemischbildung hervorbringen. Es gibt keine störenden Verwirbelungen und keine unterschiedlich langen Ansaugwege mehr im Ansaugrohr. Jeder Zylinder bekommt sein individuelles Gemisch präsentiert. Das sind, neben einer entsprechenden Auspuffanlage, Vorbedingungen für Hochleistungsmotoren mit einer optimierten Leistungsausbeute.

Der Schiebervergaser

- Der Schiebervergaser gehört zu den Vergasermodellen, die den Venturieffekt im Saugrohr aktiv steuern. Eine am Schieber befestigte Nadel sorgt zusammen mit der entsprechenden Düse für eine brauchbare Kraftstoffversorgung. Über den Gasdrehgriff am Lenker steuert der Fahrer den Schieber. Im Ruhezustand sperrt der Schieber die Mischkammer von der Außenluft ab. Der Motor läuft dann über ein im selben Vergaser befindliches Leerlaufdüsensystem.

Je weiter der Schieber geöffnet wird, desto größer ist das Gemischangebot des Vergasers an den Motor, und desto mehr Leistung kann er entwikkeln. Ein Schiebervergaser benötigt für seinen Aufbau:

a. eine *Schwimmereinrichtung*. Sie regelt den Kraftstoffzufluß aus dem Tank und hält das Flüssigkeitsniveau im Vergaser konstant. Sie besteht aus Schwimmergehäuse und Schwimmer, Schwimmernadel und Schwimmernadelventil.

b. die Starteinrichtung für den *Kaltstart* (Choke und Startvergaser). Sie wird im Unterkapitel 3.3. »Die Kaltstart-Einrichtung (Choke und Startvergaser): Zusammenarbeit mit dem Vergaser« beschrieben.

(AMAL Carburator)

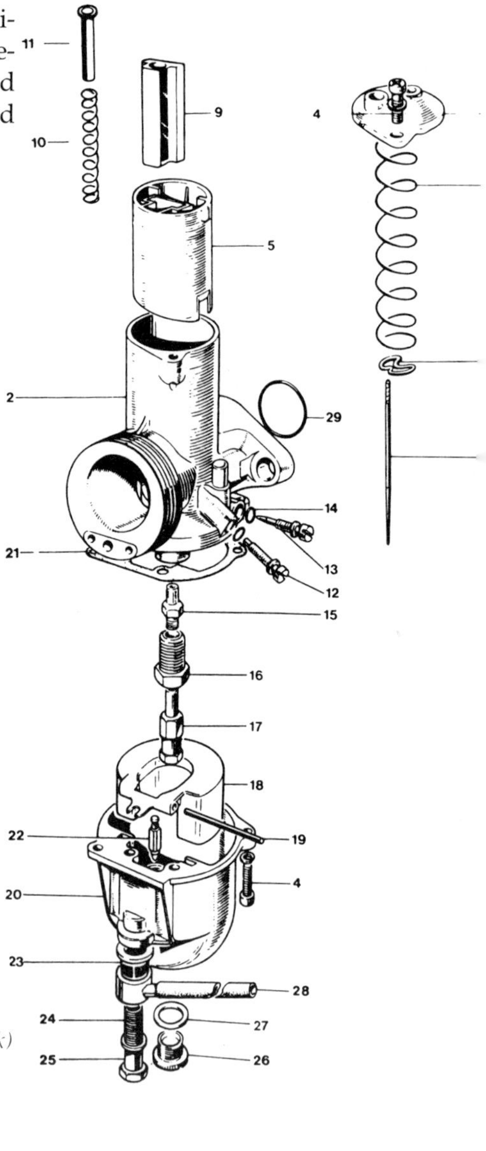

Abb. 113: Schiebervergaser mit Choke-Innenschieber

1 (nicht abgebildet)
2 Vergasergehäuse (Mischkammer)
3 Mischkammerdeckel
4 Befestigungsschraube (4 Stück)
5 Vergaserschieber (Rundschieber)
6 Schieberrückholfeder
7 Federklammer
9 Luftschieber (Choke)
10 Luftschieberdruckfeder
11 Luftschieberfeder-Führungsrohr
12 Gasschieberanschlagschraube (Leerlaufdrehzahl-Verstellschraube)
13 Luftschraube (Leerlaufgemisch-Verstellschraube)
14 Abdicht-O-Ring
15 Nadeldüse
16 Düsenhalter (Düsenstock)
17 Hauptdüse
18 Schwimmer komplett
19 Schwimmer-Lagerstift
20 Schwimmerkammer
21 Schwimmerkammer-Dichtung
22 Schwimmerventilnadel
23 Kraftstoff-Grobsiebfilter
24 Hohlschraube
25 Dichtscheibe
26 Schwimmerkammer-Ablaßschraube
27 Dichtscheibe
28 Kraftstoffzuleitung (vom Kraftstofftank)

c. das *Leerlaufsystem* mit Übergangseinrichtung zum Teillastbereich. Dazu gehören: Leerlaufdüse, Kanäle im Vergaser für die Luftversorgung, die Kraftstoffzufuhr sowie die Reguliereinrichtung für Leerlaufveränderung und Gemischbildung. Die Übergangseinrichtung arbeitet mit einem Schieberausschnitt auf der dem Luftfilter zugewandten Seite. Hinzu kommt eine Bypassleitung (engl.: Umgehung).

d. das *Hauptdüsensystem*, dessen Bestandteile Hauptdüse, Nadeldüse, Düsennadel und Gasschieber für den Übergang von der Teillast zur Vollast verantwortlich zeichnen. Bei Vollast leistet die Hauptdüse die alleinige Arbeit. Alle anderen Systeme für Leerlauf oder Teillast sind dann nicht mehr in Betrieb.

e. die Beschleunigungseinrichtung (Beschleunigerpumpe), die als Zusatzeinrichtung mittels Kraftstoffeinspritzung den Übergang vom Teil- zum Vollastbereich optimal und ruckfrei gestaltet. Wirklich nötig ist sie aber nur bei Motoren mit großen Einzelbrennräumen.

- Die Höhe des Schwimmerstandes im Schwimmergehäuse ist für die Funktion des Vergasers ein sehr wichtiges Maß. Sie wird vom Hersteller festgelegt und sollte bei einer Vergaserüberholung stets mit überprüft werden.

Der Kraftstoffspiegel im Schwimmergehäuse wird reguliert über den Schwimmer, dessen Schwimmernadel den Flüssigkeitsstand im Schwimmergehäuse steuert. Wird Sprit ver-

Abb. 114: Membran-Gleichdruck-Vergaser
1 Düsennadel
2 Luftschraube
(Leerlaufgemisch-Verstellschraube)
3 Verschlußkappe
4 Leerlaufdüse
5 Nadeldüse
6 Düsenhalter (Düsenstock)
7 Hauptdüse
(Kawasaki GPZ 900 R)

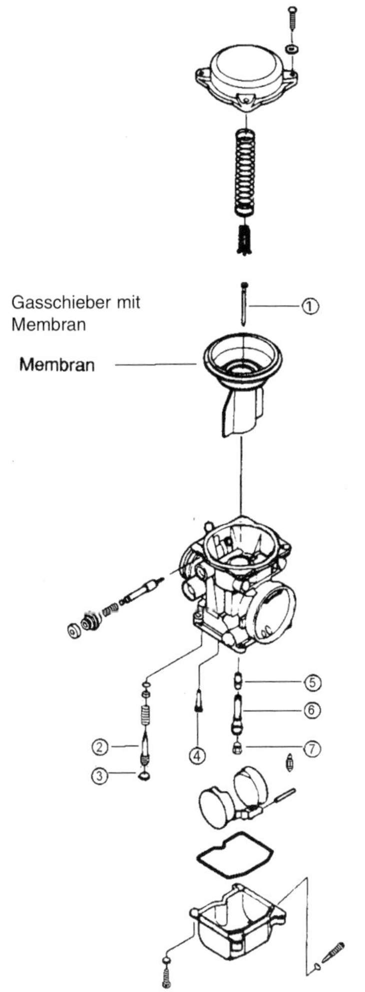

braucht, fließt so lange frischer Kraftstoff aus dem Tank nach, bis der alte Stand wieder erreicht ist.

- Die Leerlaufdüse, die Kaltstartdüse und die Hauptdüse tauchen unterschiedlich tief in den Flüssigkeitsspiegel der Schwimmerkammer ein. Über ihre Düsenbohrungen dosiert, werden so die notwendigen Mengen Kraftstoff für die unterschiedlichsten Lastzustände des Motors angesaugt. Verändert sich infolge eines Fehlers im System der Flüssigkeitsstand im Schwimmergehäuse, verändert sich auch der Kraftstoffanteil der den Vergaser durchstömenden Luft:
  - Sinkt der Flüssigkeitsspiegel, steht weniger Kraftstoff für das Gemisch bereit. Es wird magerer.
  - Steigt er dagegen an, wird die Kraftstoff-Luftmischung überproportional fett.

☞ Das Überprüfen und Einstellen von Vergaseranlagen wird in den Unterkapiteln 3.4. »Einstellarbeiten an Vergasern« und 3.5. »Wartungsarbeiten und Reparaturen an Vergasern« dargestellt!

- Das *Leerlaufsystem* bereitet das notwendige Kraftstoff-Luftgemisch im Bereich der Leerlaufdrehzahl auf. Der Gasschieber bleibt derweil fast ganz geschlossen. Es sorgt auch, bis zu einem Achtel des Schieberweges, für ein Übergangsgemisch vom Leerlauf zur Teillast.
- Der Übergang zur Teillast wird durch die Höhe des Ausschnittes am hinteren Ende des Gasschiebers beeinflußt.

Abb. 115: Schieberausschnitt

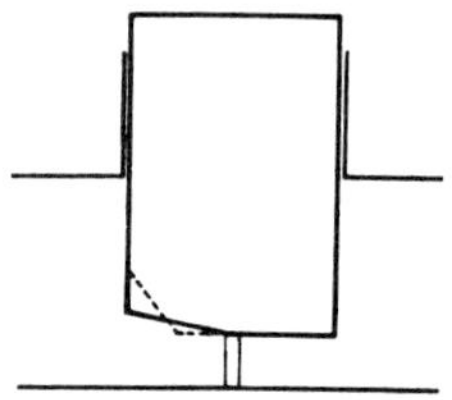

Der Schieberausschnitt ist von einem Achtel bis zu einem Viertel des Schieberweges für die Teillastgemischaufbereitung verantwortlich. Je größer der Ausschnitt, desto stärker steigt der Luftanteil der Teillastmischung.

Weil der Schieber aber im Moment des Überganges noch nicht so weit hochgezogen ist, als daß Haupt-, Nadeldüse und Düsennadel ihre Arbeit aufnehmen könnten, müssen Leerlaufsystem und Schieberausschnitt zusammenarbeiten. Wie beim Staffellauf der Stab von Läufer zu Läufer weitergereicht wird, muß eine Baugruppe des Vergasers nach der anderen die Produktion des Gemisches an die nächste weiterreichen. Dabei überschneiden sich die Handreichungen bewußt, um keine Übergangsprobleme entstehen zu lassen.

In unserem Fall unterstützt das Düsensystem des Leerlaufes den Schieberausschnitt, und beide zusammen bilden einen Bestandteil der Teillastgemischbildung.

Merken können wir uns, daß ein gut eingestellter Leerlauf fühlbare Auswirkungen auf die Qualität der Beschleunigungsphase unseres Motorrads hat.

Das Leerlaufsystem

Typisches Leerlaufsystem

Bei Leerlaufdrehzahl und im niedrigen Drehzahlbereich ist der Vergaserschieber fast geschlossen oder nur leicht geöffnet. An der dem Motor zugewandten Seite herrscht ein hoher Unterdruck. Die dem Luftfilter gegenüberliegende Seite ist den normalen Druckverhältnissen der Außenluft ausgesetzt. Auf diese Weise saugt (nuckelt) der Motor am Vergaser. Kraftstoff wird so über die Leerlaufdüse aus der Schwimmerkammer angesaugt. Dabei begrenzt die Düsenöffnung den Kraftstoffdurchfluß.

Durch die Leerlauf-Luftdüse wird gleichzeitig aus dem Eingangsbereich des Vergasers Luft angesaugt, die sich mit dem Kraftstoff aus der Leerlaufdüse vermischt. Das fertige Gemisch teilt sich in zwei Ströme auf:

- Der erste Strom des Leerlauf-Gemisches fließt vor dem Schieber über die Bypass-Austrittsbohrung in die Mischkammer des Saugrohres und bildet dort den Grundstock für die Leerlaufmischung. Mittels einer Lufteinstellschraube im Gehäuse wird die Möglichkeit geboten, diesen zweiten Strom mengenmäßig (das Gemisch ist in seiner Zusammensetzung durch die Luft und die Leerlaufdüse fest eingestellt) zu regulieren. Das hat Auswirkungen auf die Gesamtmenge des Leerlaufgemisches und erlaubt es, die Drehzahl zu senken oder zu erhöhen. Außerdem speist dieses System beim Kaltstart den Motor in erhöhtem Maße mit Kraftstoff.
- Der zweite Strom fließt aus der Bohrung der Nadeldüse im Zentrum des Saugrohres. Eine Gasschieberanschlagschraube bestimmt die Höhe des Schieberanschlages. Auf diese Weise wird die Luftmenge reguliert, die zusätzlichen Kraftstoff für den Leerlauf und den *Übergang* vom Leerlauf zur Teillast transportiert.

Vergaser im Übergang zum Teillastbereich

Der Schieber hat (vom Gasdrehgriff reguliert) eine Stellung zwischen einem Achtel und einem Viertel seines Hubes eingenommen. Eine bescheidene Luftmenge quillt unter ihm hindurch und durchströmt die Mischkammer. Die Wirkung der Leerlaufaustrittsbohrung (die Bypass-Austrittsöffnung) im Saugrohr vor dem Schieber verringert sich, weil der Unterdruck infolge des stärker geöffneten Schiebers stark nachgelassen hat. Lediglich die unterhalb des Schiebers befindliche Bohrung der Nadeldüse liegt noch in der Zone des Unterdruckes. Durch die Größe des Schieberausschnittes bestimmt, veranlaßt dieser Unterdruck die Nadeldüse zu einer verstärkten Kraftstofförderung, um der gestiegenen Luftmenge zu entsprechen. Es entsteht das wichtige Übergangsgemisch zur Teillast. Der Motor dreht über den Leerlaufdrehzahlbereich hinaus.

Abb. 116: Funktionsprinzip des Schiebervergasers

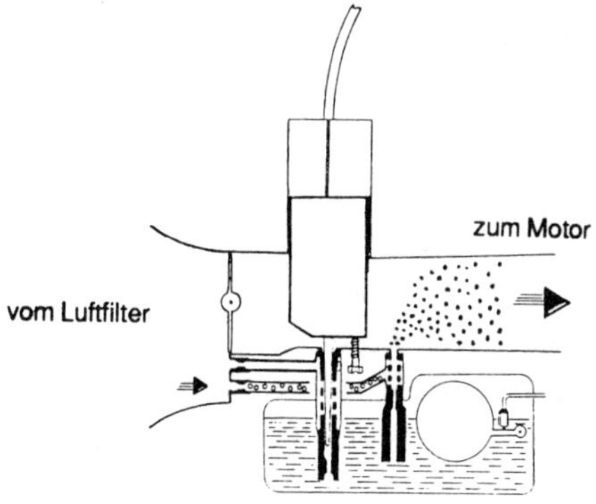

Schiebervergaser beim Kaltstart Starterklappe geschlossen (wenig Luft, viel Kraftstoff).

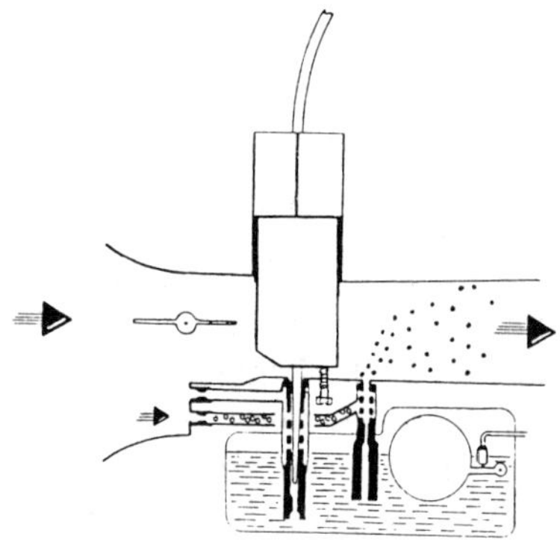

Schiebervergaser im Leerlauf (Leerlaufsystem in Funktion).

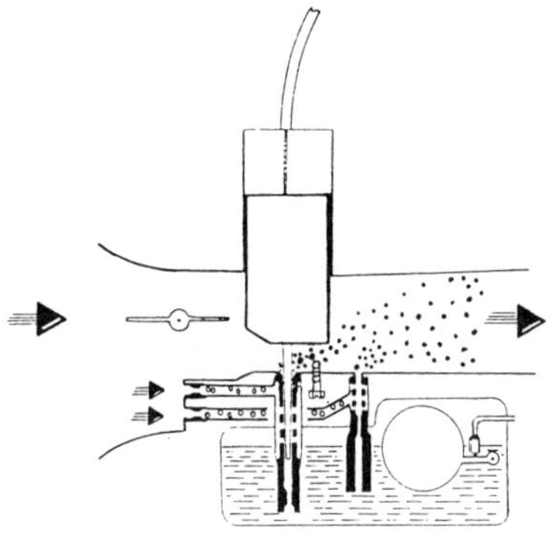

Schiebervergaser im Übergang vom Leerlauf- zum Teillastbereich (der Schieberausschnitt wirkt sich aus).

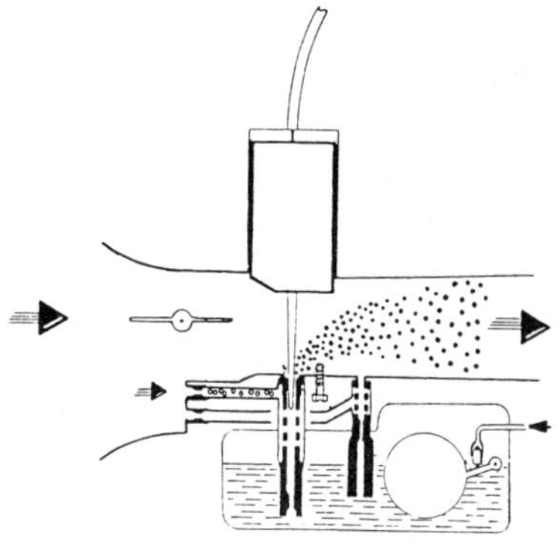

Schiebervergaser im Vollastbereich (Vollgas). Das Schwimmerkammerventil läßt Kraftstoff nachfließen.

Das Hauptdüsensystem für den Teillast- bis Vollastbereich

Die Nadeldüse mündet an der engsten Stelle des Venturi-Rohres in die Mischkammer des Vergasers. Der Gasschieber trägt eine konische Nadel, deren unteres Ende in der Nadeldüse gleitet. Die Nadeldüse selbst sitzt über der Hauptdüse, die bis an die tiefste Stelle der Schwimmerkammer hineinragt. Mehrere Querbohrungen durchdringen die hülsenförmige Hülle der Nadeldüse.

• Die Wirkung der Nadeldüse mit Düsennadel setzt ein, wenn der Schieber über ein Viertel seines Weges angehoben wird. Der Druckabfall unter dem Schieber läßt das Übergangsgemisch aus der Bypassöffnung des Leerlaufsytems versiegen. Der Grund ist, daß der Luftdruckunterschied, auf dem die Saugwirkung an der Bypass- Austrittsöffnung beruht, sich durch das Heben des Schiebers an dieser Stelle so weit abschwächt, daß keine Kraftstoff-Luft-Emulsion mehr durch das Leerlaufsystem geschleust werden kann. Der Motor tritt dadurch in den Teillastbereich ein (Teilgas). Ab diesem Zeitpunkt erhält der Motor sein Gemisch aus der Nadeldüse. Er dreht jetzt voll im Teillastbereich.

Vergaser im Teillastbereich

Zwischen einem Viertel und drei Viertel seines Weges hebt der Schieber die an seinem Boden befestigte Düsennadel so weit an, daß deren konische Spitze die durch Haupt- und Nadeldüse angesaugte Kraftstoffmenge bestimmen kann. Das geschieht durch den zwischen Nadeldüse und Düsennadel entstandenen Ringspalt, der sich in diesem Bereich je nach Nadelstellung weitet oder verengt.

Die Nadeldüse, durch die der Kraftstoff nach oben steigt, läßt durch ihre Querbohrungen Luft aus der Luftdüse (sie versorgt auch das Leerlaufsystem) eindringen, die den Kraftstoff in eine Kraftstoff-Luft-Emulsion verwandelt. Diese Technik fördert die Versprühung, erzeugt feinere Kraftstofftröpfchen in der Mischkammer und verbessert vor allem bei Viertaktmotoren die Gemischaufbereitung. Dieser Teil der Nadeldüse mit ihren Querbohrungen wird Mischrohr genannt.

• *Vergaser von Zweitaktmotoren* besitzen kein Mischrohr. Da ihr Kraftstoff-Luftgemisch im Kurbelraum kräftig nachgemischt und vorverdichtet wird, ist dieser Aufwand unnötig.

• Die Hauptdüse tritt in Aktion, wenn der Schieber drei Viertel seines Weges zurückgelegt hat. Bis dahin hat sich die Nadel kontinuierlich aus der Nadeldüse herausgehoben und dabei den freien Spalt zwischen Nadel und Bohrung stetig vergrößert. Da gleichzeitig der Schieber immer größeren Mengen Luft den Eintritt in die Mischkammer gestattete, wurde bei gleichbleibender Kraftstoff-Luftmischung das Volumen des in Richtung Zylinderraum eilenden Gemisches vergrößert. Der Motor dreht nun im oberen Drehzahlbereich. Steht der Schieber endlich am oberen Anschlag, ist der Gasdrehgriff gänzlich aufgezogen, dann strömt durch den voll geöffneten Querschnitt des Saugrohrs die maximale Kraftstoff-Luftmischung. Der Motor dreht mit Vollgas und entfaltet seine höchste Kraft.

Hauptdüse und Schieber in Aktion

Von drei Viertel bis Vollgas wird die Motordrehzahl und die Gemischzusammenstellung *ausschließlich* durch Schieberstellung und Hauptdüsengröße bestimmt. Ist der Schieber ganz oben, hat die Düsennadel keine regulierende Funktion mehr, obwohl ihre Spitze noch in der Nadeldüse steckt. Der Kraftstoffdurchfluß wird nur noch durch die Hauptdüsengröße bestimmt, die im Vollgasbereich ein etwas fetteres Gemisch produziert, um ein Überhitzen von Kolben und Kolbenlaufbahn sowie der Ventile zu vermeiden.

Die Beschleunigungseinrichtung

Beim Automobil ist die Beschleunigerpumpe eine Selbstverständlichkeit. Bei großvolumigen Motorrad-Viertaktmotoren mit zwei Zylindern und Schiebervergasern hat sie sich als notwendige Einrichtung erwiesen.

Schiebervergaser haben hier nämlich einen großen Mangel: Bei plötzlichem Aufziehen des Gasdrehgriffes auf Vollgas, aus niedrigen Motordrehzahlen heraus, bricht unterhalb des Schiebers der Unterdruck so weit zusammen, daß nicht genügend Kraftstoff angesaugt werden kann. Die Bypass-Bohrung zusammen mit dem Schieberausschnitt ist in diesem Moment überfordert. Der Motor verschluckt sich und droht auszugehen. Man ist gezwungen, langsam Gas zu geben, worunter das Beschleunigungsvermögen der Maschine leidet. Eine Pumpe, die in diesem Augenblick Kraftstoff einspritzt, könnte diesen Mangel überbrücken.

Das führte in der Praxis zum Einsatz von Beschleunigerpumpen, die vorwiegend außen am Vergaser angebaut werden und eine wohldosierte Menge Kraftstoff für solche Zwecke bereithalten.

Der Gleichstrom-Gleichdruckvergaser

Er stellt eine Ergänzung und Weiterentwicklung des Schiebervergasers dar. Während der Fahrer beim Schiebervergaser dem Motor seine Leistungsvorstellungen durch Drehen am Gasdrehgriff aufzwingt, obwohl der Motor auf Grund seiner momentanen Drehzahl womöglich nicht dazu in der Lage ist, liegt die Sache beim Gleichdruckvergaser umgekehrt. Der Fahrer bestimmt mit dem Öffnen oder Schließen der Drosselklappe lediglich die Menge der Luft, die in den Motor gelangen soll. Der Motor holt sich seine notwendige Dosis Kraftstoff-Luftgemisch selbständig und pegelt sich auf Grund der Luftmengenregulierung auf eine bestimmte Drehzahl ein. Da der Motor nur so viel Gemisch ansaugt, wie er gerade braucht, arbeitet er in jedem Drehzahlbereich sparsam, glatt und ohne zu stottern.

Sogar bei großvolumigen Zweizylindermotoren kann kann man in der Regel auf die ansonsten notwendige Beschleunigerpumpe verzichten.

Die Vorteile des Gleichstromvergasers

• Der Gleichstrom-Gleichdruckvergaser zeigt zwei auf den ersten Blick wichtige Unterschiede zum Schiebervergaser:

1. Der Gasschieber ist *nicht* mit dem Gasdrehgriff verbunden.

2. Auf der Motorseite, im Saugrohr des Vergasers, befindet sich eine drehbare Drosselklappe. Sie ist zusätzlich zum Vergaserschieber ein-

Abb. 117: Membran-Gleichdruckvergaser der Kawasaki KZ 250 D

1 Nadeldüsenhalter
2 Gummistöpsel
3 Schwimmerventilnadel
4 Nocken für schnellen Leerlauf
5 Starterklappe (Choke)
6 Nadeldüse
7 Choke-Betätigungshebel
8 Düsennadel
9 Vergasergehäuse
10 Abschlußdeckel des Membrangehäuses
11 Schieber-Dämpferfeder
12 Rundschieber
13 Membran
14 Leerlaufeinstellschraube
15 Rückholfeder der Drosselklappe
16 Seilzughalterung (Gaszug)
17 Nadeldüse
18 Seilrolle für den Gaszug
19 Primärhauptdüse
20 Schwimmer (Doppelschwimmer)
21 Schwimmerkammer
22 Sekundärhauptdüse
23 Schwimmerkammerüberlauf mit Ablaßhahn

(Kawasaki KZ 250 D)

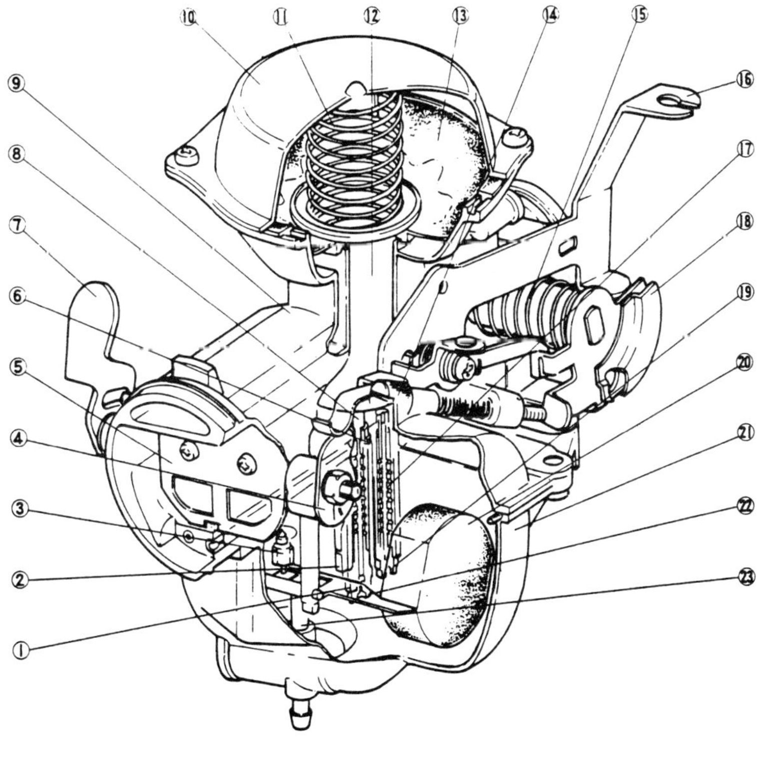

gebaut. Sie erlaubt dem Fahrer, die Luftmenge zu bestimmen, die der Motor verarbeiten soll.

• Wir wollen nun zwei prinzipielle Arten von Gleichstromvergasern, die auch die wichtigsten sind, vorstellen:

1. der membrangesteuerte Gleichstromvergaser

2. der kolbengesteuerte Gleichstromvergaser

Funktion des membrangesteuerten Gleichstrom-(Gleichdruck-) vergasers

• Die Betätigung des Gasschiebers im Gleichstromvergaser erfolgt automatisch und wird alleine über den Unterdruck im Saugrohr gesteuert. Der Saugdruck des Motors bestimmt auch, wie weit sich der Schieber im Saugrohr öffnen darf. Der Schieber folgt somit dem Motor und nicht umgekehrt. Das steht im Gegensatz zum Schiebervergaser, bei dem der Fahrer über den Gasgriff die Schieberhöhe bestimmt. Der Gasschieber im membrangesteuerten Gleichstromvergaser hängt an einer Gummimembran und wird durch die Kolbenfeder, die *keine* Rückholfeder ist, sondern das Schiebergewicht künstlich erhöht, bei Motorstillstand in der untersten Stellung gehalten.

• Beim Öffnen der Drosselklappe wirkt sich der entstehende Unterdruck aus dem Motor maßvoll über die Unterdruckkammer und die Membran auf den Gasschieber aus. Er wird entsprechend der Höhe des Unterdruckes angehoben. Die Schieberfeder arbeitet jetzt zusätzlich als Dämpferelement. Gleichzeitig mit dem Schieber hebt sich die an ihm befestigte Düsennadel. Durch den Ringspalt zwischen Düsennadel und Nadeldüse kann der Motor nun die erforderliche Kraftstoffmenge ansaugen.

• Der Fahrer regelt die Motordrehzahl, indem er die Menge des Kraftstoff-Luftgemisches, das in den Motor angesaugt wird, mittels der Drosselklappe beschränkt. Aber auch wenn er die Drosselklappe plötzlich weit öffnet, wird der Motor das Angebot auf Drehzahlerhöhung erst annehmen, wenn der Motorlastzustand (über die Kombination: Unterdruckkammer/Gasschieber) es erlaubt.

• Der Begriff »Gleichstrom-« bzw. »Gleichdruckvergaser« rührt daher, daß der Motor immer bemüht ist, vor und hinter dem Gasschieber einen Druckausgleich herbeizuführen. Er strebt einen Gleichstrom bzw. einen Gleichdruck des Kraftstoff- Luftgemisches an. Sinkt die Motordrehzahl auf Grund des Fahrtwiderstandes ab, sinkt auch der Unterdruck motorseitig. Der Schieber senkt sich ab. Die Gemischmenge wird angepaßt. Umgekehrt: Öffnet die Drosselklappe, so steigt der Unterdruck stark an. Der Schieber hebt sich entsprechend, und eine größere Menge des Kraftstoff-Luftgemisches gelangt zum Motor. Wenn der Schieber sich bei gleichbleibender Stellung des Gasgriffes in einer bestimmten Höhe eingepegelt hat, ist

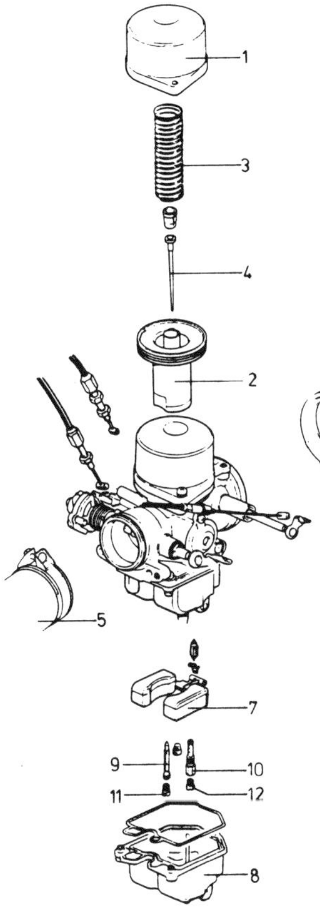

Abb. 118: Keihin-Kolben-Gleichdruckvergaser (SU-Typ)
1 Unterdruckglocke
2 Unterdruckkolben mit Gasschieber (Rundschieber)
3 Kolbenschieber-Dämpferfeder
4 Düsennadel
5 Ansaugstutzen zum Zylinderkopf
6 Ansaugstutzen vom Luftfilterkasten
7 Schwimmer (Doppelschwimmer)
8 Schwimmerkammer
9 Hauptdüsenstock
10 Nadeldüsenhalter
11 Primärhauptdüse
12 Sekundärhauptdüse

Funktion:
In der zylindrischen Unterdruckglocke läuft ein runder flacher Kolben, an dessen Unterseite ein Rundschieber integriert ist.
Eine Feder dämpft den Kolben während des Betriebes, wie es auch beim Membran-Gleichdruckvergaser der Fall ist.
Setzt der Unterdruck vom Motor her ein und wird die Drosselklappe geöffnet, zieht der Sog den Kolbenschieber nach oben.
Der Schieber zieht die Düsennadel mit und gibt den Vergaserquerschnitt für die Ansaugluft frei.
Kraftstoff und Luft können sich vermischen und gelangen in den Zylinderraum des Motors.
(Honda)

der Druck wieder ausgeglichen. Wird die Drosselklappe erneut verstellt, ändern sich die Druckverhältnisse im Ansaugrohr, und der Schieber muß sich eine neue Position suchen.

- Der Leerlauf beim Gleichdruckvergaser funktioniert über ein Düsensystem wie beim Schiebervergaser. Wesentliche Unterschiede zum Schiebervergaser in der Funktionsweise treten erst auf, wenn vom Leerlauf zum Teillastbereich übergegangen wird. Dem Rand der Drosselklappe im Vergasergehäuse gegenüber liegt eine Bohrung, die über einen Kanal mit dem Leerlaufsystem verbunden ist. Diese Nebenaustrittsöffnung wird »Bypass« genannt. Bei geschlossener Drosselklappe tritt an dieser Stelle überhaupt nichts aus. Bei geringfügig geöffneter Klappe dagegen, sie besitzt eine verstellbare Gasschieber-Anschlagschraube, bildet die Bypass-Bohrung zusammen mit der spaltweise geöffneten Drosselklappe die Möglichkeit, eine bestimmte Gemischmenge in den Zylinder zu saugen. Das ist dann das Leerlaufgemisch, welches den Motorleerlauf ermöglicht.

- Wird die Drosselklappe über den Gasgriff etwas weiter geöffnet, entsteht ein stärkerer Sog. Der Kraftstoffausstoß aus der Bypassöffnung verstärkt sich. Wir befinden uns im Übergang vom Leerlauf zum Teillastbereich. Öffnet sich die Klappe jedoch noch weiter, versiegt mangels Unterdruck die Kraftstoffquelle des Leerlaufsystems, weil der verstärkte Sog des Motors den Schieber (über die Unterdruckkammer) noch höher ansteigen läßt. Das Bypass-System des Leerlaufs versiegt.

Der Vergaser arbeitet jetzt nur noch, wie oben geschildert, als Gleichdruckinstrument.

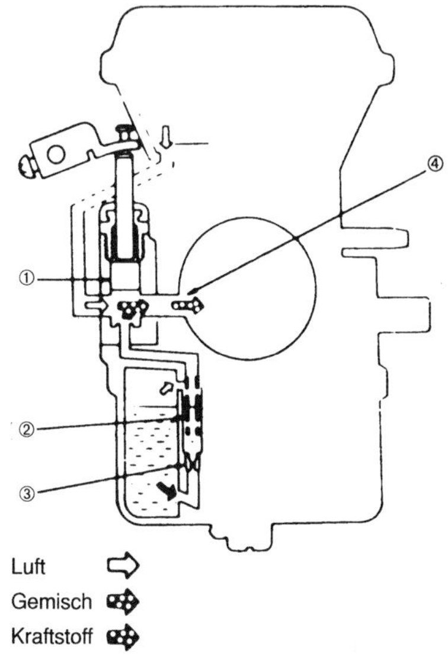

Abb. 119: Startvergaser eines Membran-Gleichdruckvergasers
Dieser Vergaserquerschnitt zeigt eine typische Kaltstarteinrichtung zur Gemischanreicherung während des Kaltstartes. Kraftstoff aus der Schwimmerkammer wird durch die Starterdüse (3) gesaugt und gelangt in ein Emulsionsrohr (2). Der dabei entstehende Kraftstoffschaum (Kraftstoff wird mit Luft vorvermischt) kommt mit dem Luftstrom in Kontakt, der durch die Kaltstart-Bohrung (4) ins Saugrohr fließt. Dabei entsteht ein fettes Kraftstoff-Luftgemisch, welches das Kaltstartgemisch bildet.
Die Kaltstartvorrichtung wird durch einen einfachen Rundschieberkolben betätigt (1).
(Kawasaki)

Der kolbengesteuerte Gleichstromvergaser

Er funktioniert vom Prinzip her in nahezu gleicher Weise wie der membrangesteuerte Gleichstromvergaser. Der einzige Unterschied besteht in der verwendeten Technik der Schieberanhebung. Der Schieber beim kolbengesteuerten Gleichstromvergaser wird nach oben hin durch einen Kolben ergänzt, der in einer zylinderförmigen Glocke läuft. Eine weiche Feder hält, wie beim membrangesteuerten Gasschieber beschrieben, den Kolben inklusive Schieber unten und wirkt während des Motorlaufes wie bei diesem als Dämpfer.

Der membrangesteuerte Gleichdruckvergaser hat sich im modernen Motorradbau weitgehend durchgesetzt, was mit ziemlicher Sicherheit an der vergleichsweise geringeren Massenträgheit des Schiebers, aber auch an der niedrigen Bauhöhe des Vergasers liegt.

3.3. Die Kaltstart-Einrichtung: Zusammenarbeit mit dem Vergaser

Jeder von uns kennt es: raus aus dem Haus, Motorrad aus der Garage holen, starten. – Doch nichts tut sich! Was nun? Oh! Vergessen, den Choke zu ziehen! Also Choke betätigen und einen erneuten Versuch wagen. – Brumm! Die Maschine läuft, als ob sie nie etwas anderes getan hätte.

Wie kommt's? – Bei einem kalten Motor vergast der Kraftstoff, wenn er in das Saugrohr eintritt, nur sehr schlecht. Das Metall des Rohres ist nämlich kälter als die Luft. Der Kraftstoff aus dem angesaugten Gemisch kondensiert und läuft innen die Rohrwand hinunter. Ähnliche Verhältnisse herrschen im Zylinderraum. Das Gemisch muß also mit zusätzlichem Kraftstoff angereichert werden, damit trotz dieser Verluste dem Motor noch ein zündfähiges Gemisch angeboten werden kann.

• Die einfachste Methode, bei einem Vergaser den Kraftstoffanteil heraufzusetzen, besteht darin, der einströmenden Luft einen Widerstand entgegenzusetzen, um den Luftanteil im Gemisch zu reduzieren. Das geschieht mit einem Schieber oder einer Klappe. Der Begriff **Choke** (englisch: würgen) hat sich als Bezeichnung für alle Formen der Kaltstart-Gemischanreicherung durchgesetzt, obwohl er sich eigentlich nur auf diese eine Methode bezieht.

• Die zweite Methode besteht darin, einen Vergaser im Vergaser zu installieren, der lediglich für den Kaltstart zugeschaltet wird. Dieser **Startvergaser** funktioniert mit Hilfe eines Kolbenschiebers, der eine Bohrung im Vergasergehäuse freigibt und über ein eigenes Düsensystem verfügt. Dieses leitet zusätzlichen Kraftstoff und Luft in die Mischkammer des Saugrohrs. Die Luft dient hierbei ausschließlich dazu, eine Kraftstoffemulsion zu erzeugen, die im Saugrohr, beim Kaltstart, eine bessere Vermischung mit der einströmenden Luft erbringt.

• Der Betätigungshebel für den Choke wie für den Startvergaser befindet sich entweder am Lenker oder an der Vergaserbatterie selbst.

• Erwärmt sich der Motor nach dem Kaltstart, was schon nach dreißig Sekunden der Fall sein kann, erwärmt sich auch das Ansaugsystem. Hierdurch kondensiert weniger Kraftstoff aus, und das Gemisch reichert sich zunehmend und unliebsam an. Es wird fetter und fetter. Das basiert auf dem einfachen physikalischen Prinzip, daß erwärmte Luft mehr Flüssigkeit aufnehmen kann als kalte. Der Motor quittiert das mit einem immer unruhiger werdenden Lauf, so daß es bald Zeit wird, den Choke etwas hineinzuschieben.

Der Motor beruhigt sich dann gleich wieder und brummt noch eine Weile gleichmäßig vor sich hin, bis das Ganze wieder von vorne losgeht. Am Ende muß man den Hebel ganz auf Null stellen, dann ist der Choke abgestellt.

Vergißt man das aber, bekommt der Motor Magenbeschwerden und beginnt wieder, unrund zu laufen. Am Ende bleibt er stehen und springt nur schlecht wieder an. Anspringen tut er nur noch bei abgeschaltetem Choke und auf Vollgas gedrehtem Gasgriff. Eventuell muß man die Zündkerzen reinigen oder sogar austauschen.

Schiebt man den Choke während der Fahrt aus Versehen in seine Arbeitsposition, stirbt der Motor sofort ab. Er kollabiert auf Grund von Gemischverfettung und springt, wenn die Ursache nicht gleich bemerkt wird, auch erstmal nicht wieder an.

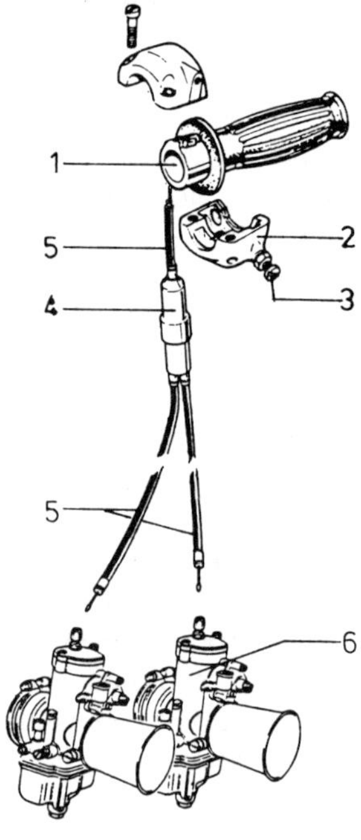

Abb. 120: Gasdrehgriff mit Seilzugverteiler
1 Gasdrehgriff
2 Gehäuse
3 Verstellbarer Anschlag für den Gasdrehgriff
4 Seilzugverteiler (zwei in eins)
5 Seilzüge
6 Doppelvergaseranlage (Rundschiebervergaser)
(Triumph 650 Bonneville/Tiger der 60er Jahre)

3.4. Einstellarbeiten am Vergaser

Der Vergaser beeinflußt den Lauf eines Motors mindestens so stark, wie es die Zündanlage tut. Seine korrekte Justierung, seine Wartung und Instandhaltung sind deshalb außerordentlich wichtig.

Zur genauen Vergasereinstellung gehört, daß der Motor sich in einem mechanisch einwandfreien Zustand befindet. Bevor man also Fehler in der Vergaseranlage sucht, sollte man sein Augenmerk zuerst auf eventuelle Defekte oder abgelaufene Wartungsintervalle am Motor richten.

☞ Siehe hierzu die Kapitel 2. und 7.!

Ein Vergaser läßt sich darüber hinaus nur dann korrekt einstellen, wenn er selber in Ordnung ist. Seine Verschleißteile, wie Vergaserschieber, Düsennadel, Nadeldüse, Schwimmernadelventil und zusätzlich bei Gleichstromvergasern die Membran oder der Kolbenschieber und (selten) die Dämpferfeder, müssen einen abnutzungsfreien Eindruck machen.

Es ist oft versucht worden, alte, abgenutzte Vergaser einzustellen, bei denen kein einziges Teil ausgewechselt wurde. – Vergeblich! Ohne Neuteile geht da nichts!

Vorbemerkungen zu Einstellarbeiten an Schieber- und Gleichstrom-/ Gleichdruckvergasern

• Grundsätzlich muß ein Motor, dessen Vergaser dynamisch, also während des Laufes eingestellt wird, *betriebswarm* sein!

• Für rein statische Einstellarbeiten, etwa das Synchronisieren der Gasschieber, ist dies dagegen nicht erforderlich.

• Der *Luftfilter* sollte bei der dynamischen Einstellung unbedingt *montiert* bleiben. Das Filterelement muß sauber oder zumindest frisch gereinigt sein.

Läßt man den Luftfilter ganz weg, bekommt der Motor eine größere Luftmenge, als ihm gut tut. Außerdem stimmt die ganze Einstellerei nicht mehr, wenn am Ende der Luftfilter doch wieder aufmontiert werden muß! Nicht zuletzt kann die Flamme einer Fehlzündung aus dem Saugrohr in den Vergaser zurückschlagen, was verheerende Folgen haben kann.

• Eine saubere, knickfreie Verlegung der Vergaserseilzüge hat sich als wichtig für eine einwandfreie Vergasersynchronisation erwiesen. Dies trifft in besonderem Maße zu für Mehrvergaseranlagen, deren einzelne Vergaser über jeweils einen einzigen Seilzug betätigt werden.

• Zur Beurteilung der Vergasereinstellung kann auch das *Kerzenbild* der Zündkerzen herangezogen werden. Allerdings ist hierzu ein korrekter Zustand der Zündanlage Voraussetzung (siehe Kapitel 7).

Beispiel: Tritt beim Fahren das Gefühl auf, daß der Motor beim Hochdrehen ein Loch im unteren Drehzahlbereich hat, also recht unwillig Gas annimmt, dann braucht es nicht unbedingt am Vergaser zu liegen. Zuerst empfiehlt es sich, den mechanischen Fliehkraftregler der Zündanlage zu überprüfen (siehe Kapitel 7.).

A. Einstellarbeiten an Schiebervergasern

1. Prüfen und Einstellen des Seilzuges bei einem einzelnen Schiebervergaser mit Rückholfeder.
2. Synchronisieren zweier Schiebervergaser mit Rückholfeder am Beispiel von Zweizylindermotoren (ohne Desmodromik der Gaszüge).
3. Die Synchronisation von drei und mehr Vergasern, die zu einer Vergaserbatterie vereint wurden.
4. Prüfen und Einstellen der Seilzüge. Dynamisches Synchronisieren der Gasschieber von »desmodromisch« (zwangsweise) betätigten Schiebervergasern ohne Rückholfeder (Gelenkhebelschiebervergaser und gestängebetätigte Schiebervergaser).
5. Die Leerlaufeinstellung eines einzelnen Schiebervergasers.
6. Die Leerlaufeinstellung von Zweivergaseranlagen (Schiebervergaser).
7. Die Leerlaufeinstellung von mehr als zwei Schiebervergasern.

B. Einstellarbeiten an Gleichstromvergasern

1. Prüfen und Einstellen des Seilzuges und der Drosselklappen-Anschlagschraube (desmodromische Drosselklappenbetätigung).
2. Dynamische Synchronisation von mehreren Gleichstrom-/Gleichdruckvergasern.
3. Die Leerlaufeinstellung eines einzelnen Gleichstromvergasers.
4. Leerlaufeinstellnug der Zweivergaseranlage mit Gleichstromvergasern.
5. Die Leerlaufeinstellung von mehr als zwei Gleichstromvergasern.

C. Gemeinsame Einstellarbeiten an Schieber- und Gleichstrom-/Gleichdruckvergasern

1. Prüfen und Einstellen des Schwimmerstandes.

A.1. Prüfen und Einstellen des Seilzuges bei einem einzigen Schiebervergaser mit Rückholfeder.

Seilzüge, auch Bowdenzüge genannt (nach ihrem Erfinder), werden unter anderem auch an Motorradvergasern benutzt. In unterschiedlicher Ausführung dienen sie an Motorrädern zur Betätigung der Kupplung, der Hinterradbremse, seltener der Vorderradbremse und des Ventilaushebers (Starthilfe für großvolumige Einzylinder). Bei neueren Motorrädern verschwinden sie nach und nach und werden vor allem an teuren Modellen, bis auf wenige Funktionen, durch hydrauli-

Abb. 121: Seilzugeinsteller am Gasdrehgriff
1 Kontermutter am Gaszugversteller
2 Einstellschraube für die Spielverstellung des Seilzuges
(Honda)

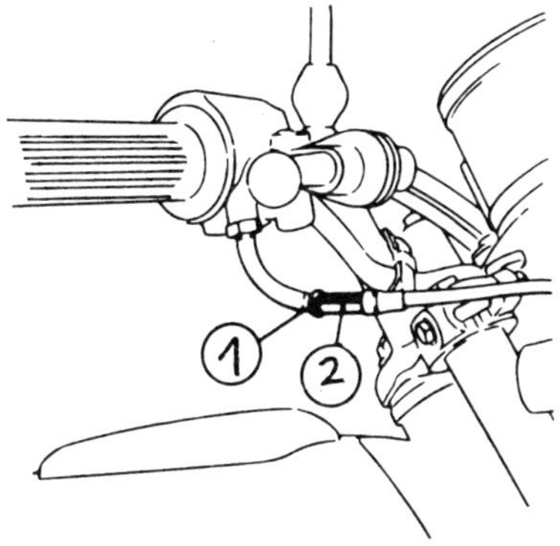

sche Systeme ersetzt. Dennoch bliebt uns der Seilzug besonders bei kleineren Maschinen wegen seiner Einfachheit, seines günstigen Preises und seiner Funktionssicherheit noch lange erhalten.

• Das Bowdenzug-Prinzip funktioniert folgendermaßen: In einer Hülle aus gedrehtem Federstahl, die zum Schutz gegen Staub, Schmutz und Wasser mit einem Kunststoffmantel umgeben ist, bewegt sich ein Drahtseil, die Seele, hin und her. Diese Seele besteht aus vielen, dünnen, flexiblen Einzelstahldrähten. Das macht das Seil insgesamt biegsam, bruchsicherer und langlebig. Zieht man am Seil, z.B. mit dem Kupplungshandhebel, stützt sich die Seilzughülle an ihrer Aufnahme oben am Kupplungshebel und unten, an ihrem Widerlager an der Kupplungsbetätigung ab. Ganz einfach: Die Hülle trägt, die Seele zieht. Das ganze System bleibt in sich flexibel und ist eine vernünftige Alternative zur starren Gestängesteuerung, die bei einem Motorrad in den meisten Fällen sowieso nicht zu gebrauchen wäre.

• Vergaserseilzüge, die der Betätigung des Gasschiebers dienen, haben oben am Seilzug, zum Gasdrehgriff hin, einen angelöteten oder gepreßten Nippel. Dieser wird in die Trommel des Gasdrehgriffes eingehängt, und das Seil daran wickelt sich auf, wenn man am Griff dreht. Dann wird unten am Vergaser der Schieber gehoben bzw. am Starterhebel der Choke verstellt.

Dreht man am Gasdrehgriff, ist die Vollgasstellung meist bereits nach einer Dreivierteldrehung erreicht.

Manche Vergaserseilzüge sind mit einem Seilzugverteiler ausgerüstet. Das spart Platz, Gewicht und verringert den Reibwiderstand im Seilzugsystem, ist aber nur einsetzbar, wenn die Vergaser dicht beieinander oder als Vergaserblock installiiert sind.

• Der BMW-Gasdrehgriff von Magura dokumentiert eine intelligente Lösung in der Führung des Seilzuges. Statt des Zuges selbst wickelt sich eine kleine Kette auf, die vom Gasdrehgriff über ein Umlenkgetriebe bewegt wird. Den Seilzug hängt man an den Anfang der Kette. – Großer Vorteil: Der Zug wird nur geradlinig bewegt, Nippel und Stahldrähte brechen nicht so leicht, sie leben länger.

• Der untere Nippel am Seilzug von Schiebervergasern mit Rückholfeder ist in der Regel kleiner und wird im Gasschieber unten eingehängt. Am Mischkammerdeckel wie auch am Gasdrehgriff sind Seilzugeinsteller befestigt. Durch Verkürzen oder Verlängern der Einsteller (hereinoder herausschrauben) wird der Arbeitshub des Seilzuges eingestellt. Hierzu löst man erst die Kontermutter, die den Einsteller fixiert. Nach dem Einstellen unbedingt wieder festschrauben!

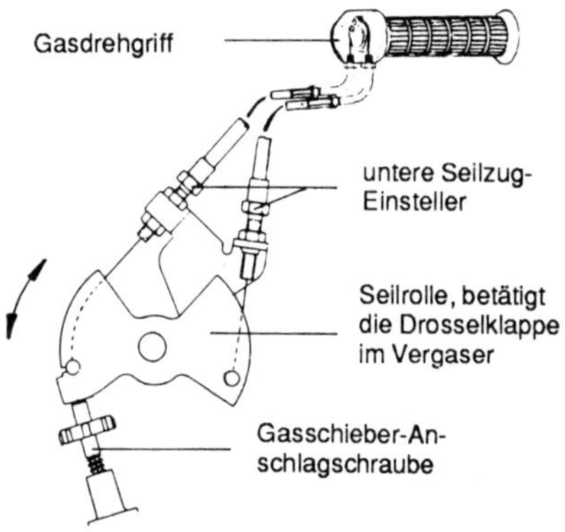

Abb. 122: Desmodromische Vergaserbetätigung (Seilzug) (Honda)

Am oberen Ende des Seilzuges für den Gasdrehgriff befindet sich oft ein weiterer Seilzugeinsteller, bei Doppelvergaser oder desmodromischer Vergaserbetätigung auch zwei. An diesen zusätzlichen Einstellern können ergänzend Synchronisiermaßnahmen durchgeführt werden.
Jeder Seilzug soll eine Lose von etwa drei Millimetern haben. Diese Lose mißt man am besten zwischen Seilzugeinsteller und der Seilzugendkappe. Die Lose gleicht temperaturbedingte Materialausdehnungen aus.
Das Seil des Gaszuges ist so bemessen, daß inklusive der Lose von drei Millimetern der Gasschieber im Vergaser den vollen Querschnitt der Mischkammer (Saugrohr) freigibt. Bei geschlossenem Gasdrehgriff muß der Gasschieber mit einem satten »Klack« auf den unteren Anschlag aufschlagen.
Ein Gasschieber, der den Mischkammerquerschnitt des Vergasers nicht vollkommen freigibt, reduziert die Motorleistung! Liegt er am unteren Anschlag nicht auf, hat der Motor immer einen unruhigen, stets überhöhten Leerlauf, weil durch den Spalt unter dem freischwebend hängenden Schieber zusätzlich Luft eintritt.

A.2. Synchronisieren zweier Schiebervergaser mit Rückholfeder am Beispiel von Zweizylindermotoren (ohne Desmodromik der Gaszüge)

Schiebervergaser mit Rückholfeder und Seilzugbetätigung werden, wenn es mehr als einen einzigen Vergaser betrifft, über ein Seilzugverteilersystem oder über einen Doppelgasgriff mit zwei Seilzügen bedient.
Bei der Verteilervariante gelangt ein einziger Seilzug, vom Gasdrehgriff kommend, in einen Verteiler. Je nach Vergaseranzahl führen dann zwei bis vier Seilzüge wieder hinaus.

Der Doppelgasgriff hingegen bedient zwei einzelne Seilzüge, die beide gemeinsam vom Gasgriff aus zu je einem Vergaser laufen.

- Einen Zweierverteiler besitzt beispielsweise die Ducati 900 SS. Die BMW R 80 ist wie alle Boxermodelle und auch die Moto-Guzzi 850 T5 mit einem Doppelgasgriff ausgerüstet.

Schreiten wir jetzt zu den notwendigen Vorbereitungsarbeiten zur Synchronisation von Zweivergaseranlagen. Bei diesen Anlagen läßt sich die Einstellerei noch ohne Spezialwerkzeug recht effektiv vornehmen. Der Motor muß hierzu abgestellt sein.

Zunächst drehen wir die Gasschieber-Anschlagschraube beider Vergaser so weit heraus, daß beide Gasschieber in ihrer untersten Stellung gerade noch von der Schraubenspitze berührt werden. Nun bringen wir die Lose (mittels der Seilzugeinsteller) zwischen Hülle und Seele, wie oben beschrieben, an jedem Seilzug auf drei Millimeter. Die Gasschieber beider Vergaser liegen am Anschlag unten auf.

Jetzt bauen wir den Luftfilter bzw. den Luftfilterkasten der Maschine ab. Manchmal genügt auch die Beseitigung der Gummiansaugstutzen zum Luftfilterkasten hin. Ziel ist es, die Gasschieber zu beobachten.

Ein Helfer dreht den Gasgriff auf Vollgas. Während er den Drehgriff festhält, beobachtet man, ob die beiden Gasschieber den Mischkammerquerschnitt der Vergaser auch vollkommen freigeben. Tun sie dies nicht, so gibt es drei Möglichkeiten:

1. Der obere Anschlag ist falsch justiert; das macht sich bemerkbar durch ein zu großes Spiel an den Seilzügen.

Lösung: Den (oder die) oberen Seilzugeinsteller justieren, bis drei Millimeter Spiel zwischen Seilzug und Hüllenendkappe eingestellt sind.

2. Beide Seilzugseelen sind zu lang. Trotz Aufdrehen der Einsteller bleibt eine zu große Lose in den Seilzügen. Die Schieber geben daraufhin den Ansaugquerschnitt nicht frei.

Lösung: Die beiden Seilzugseelen müssen etwas gekürzt werden. Dazu ist es erforderlich, die Nippel neu zu löten. Am zweckmäßigsten tut man dies mit den kleinen Nippeln unten am Seilzug, das ist unproblematischer.

3. Beide Seilzugseelen sind zu kurz. Trotz Zusammendrehen der Einsteller bleibt eine zu geringe oder gar keine Lose in den Seilzügen. Die Schieber reichen nicht bis zum Gasschieberanschlag im Schiebergehäuse hinab.

Lösung: Die beiden Seilzugseelen müssen gegen längere ausgetauscht werden. Zu kurze Seilzüge kommen eigentlich lediglich bei selbstgemachten Zügen oder bei defekten und willkürlich gekürzten Seilzügen vor.

4. Der eine oder andere Seilzug hat sich verklemmt oder ist geknickt, der Gasgriff kann nicht voll aufgedreht werden.

Lösung: Ein stark genickter Seilzug muß erneuert werden. Der Knick läßt sich sowohl an der Hülle als auch der Seele nicht mehr gänzlich entfernen. Das bringt hohe Reibwiderstände und ermüdet die Hand beim Gasgeben. Außerdem könnte die Seele beschädigt sein und über kurz oder lang reißen.
Leicht geknickte Züge können geradegebogen werden.

- Nachdem die Gasschieber befriedigend arbeiten, schließt der Helfer den Gasgriff, und beide Vergaserschieber müssen mit einem leisen Klicken auf den Gasschieberanschlag im Schiebergehäuse auftreffen. Ist das nicht so, muß mit Hilfe des Seilzugverstellers jeder einzelne Zug nochmal nachgestellt werden. Läßt sich der untere Anschlag unter gar keinen Umständen einstellen, ist mit ziemlicher Sicherheit der betreffende Seilzug zu kurz oder geknickt (siehe oben).
- Nachdem die Grundeinstellung der beiden Gasschieber stimmt, kommen wir zur eigentlichen Synchronisation:

Aus der Leerlaufstellung heraus dreht der Helfer rhythmisch und langsam mit leichter Hand am Gasgriff. Eine geringe Drehbewegung genügt. Man selbst beobachtet das Auf und Ab der Gasschieber. Da beide schwerlich zur gleichen Zeit zu sehen sind, benutzt man besser beide Fingerspitzen zum Erfühlen der Schieberbewegungen. Zeigen sich Unterschiede, wird einer der Schieber zu früh hochgezogen oder zu spät heruntergelassen, muß am Seilzugversteller nachgestellt werden. Die Justierung ist dann einfach. Man verlängert oder verkürzt am Seilzugeinsteller, bis beide Gasschieber gleichmäßig abheben.
Eine andere Methode besteht darin, Papierschnitzel unter die Schieber zu klemmen und durch feines Anheben der Schieber über den Gasgriff zu ertasten, welches Papier sich zuerst herausziehen läßt.

A.3. Die Synchronisation von drei und mehr Vergasern, die zu einer

- Vergaserbatterie vereint wurden.

Die Synchronisation der Seilzüge und Gasschieber von mehr als zwei Schiebervergasern kann optimal nur mit sogenannten Unterdruckmeßvorrichtungen, Quecksilbermeßsäulen oder Unterdruckmeßuhren (Manometern) erfolgen. Diese Instrumente sind mittlerweile bezahlbar und mit einer gescheiten Bedienungsanleitung auch einfach zu bedienen.
Die eigentliche Einstellung erfolgt an den jeweiligen Seilzugeinstellern der Mischkammerdeckel und richtet sich nach den Werten der Unterdruckmeßeinrichtungen (siehe hierzu A.4. »Dynamisches Synchronisieren der Gasschieber von desmodromisch betätigten Schiebervergasern ohne Rückholfeder«).

A.4. Prüfen und Einstellen der Seilzüge. Dynamisches Synchronisieren der Gasschieber von »desmodromisch« (zwangsweise) betätigten Schiebervergasern ohne Rückholfeder (Gelenkhebelschiebervergaser und gestängebetätigte Schiebervergaser)

Desmodromisch bedeutet in unserem Beispiel, daß mittels eines Gestänges das Öffnen und Schließen der Gasschieber über zwei sich ergänzende Seilzüge zwangsgesteuert vorgenommen wird. Damit kann auf die Rückholfedern in den Schiebervergasern verzichtet werden (siehe Abbildung 123).

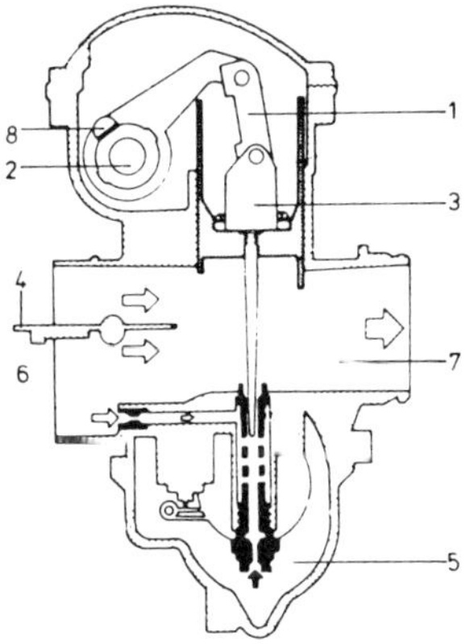

Abb. 123: Gelenkschieber-Vergaser
1 Gelenk
2 Vergaserbetätigungswelle
3 Gasschieber (Rundschieber)
4 Starterklappe (Choke)
5 Schwimmerkammer
6 vom Luftfiltergehäuse
7 zum Motor
8 Klemmschraube zur Schiebereinstellung (Suzuki)

Das Verfahren ist verblüffend einfach, sicher und genau, und es erleichtert die routinemäßige Wartung der Vergaseranlage.

Die Synchronisation der beiden Seilzüge einer desmodromischen Vergasersteuerung ist einfach.

- Zum Einstellen der beiden Seilzüge prüft man den Durchhang der Drahtseele zwischen Seilrolle und Seilzugeinsteller (ca. 3 bis 5 mm, siehe hierzu auch Position B.1. »Prüfen und Einstellen des Seilzuges und der Drosselklappen-Anschlagschraube« sowie die Abb. 128 und 129.)
- Betätigt man den Gasdrehgriff von Anschlag zu Anschlag, muß der Schieber den Mischkammerquerschnitt vollkommen freigeben bzw. auf dem Anschlag der gemeinsamen Leerlauf-Anschlagschraube aufliegen.

Zur Einstellung dienen die beiden Seilzugeinsteller. Der im Bereich des Gasdrehgriffes befindliche Einsteller trägt manchmal einen eingeschlagenen Buchstaben, zur Identifizierung des gesuchten Seilzuges. »R« bedeutet dann: »Return« und meint den Schließer- oder Rückholseilzug.

- Die Mechanik der desmodromischen Vergaserbedienung besitzt eine Hilfsfeder, welche die Seilrolle mit dem daran befindlichen Schließer-Seilzug und dem Gasdrehgriff in die Vergaserleerlaufposition zieht. So ist beim Loslassen des Gasdrehgriffes im Unglücksfalle gewährleistet, daß die Maschine nicht mit Vollast weiter läuft (siehe Abbildung 129).

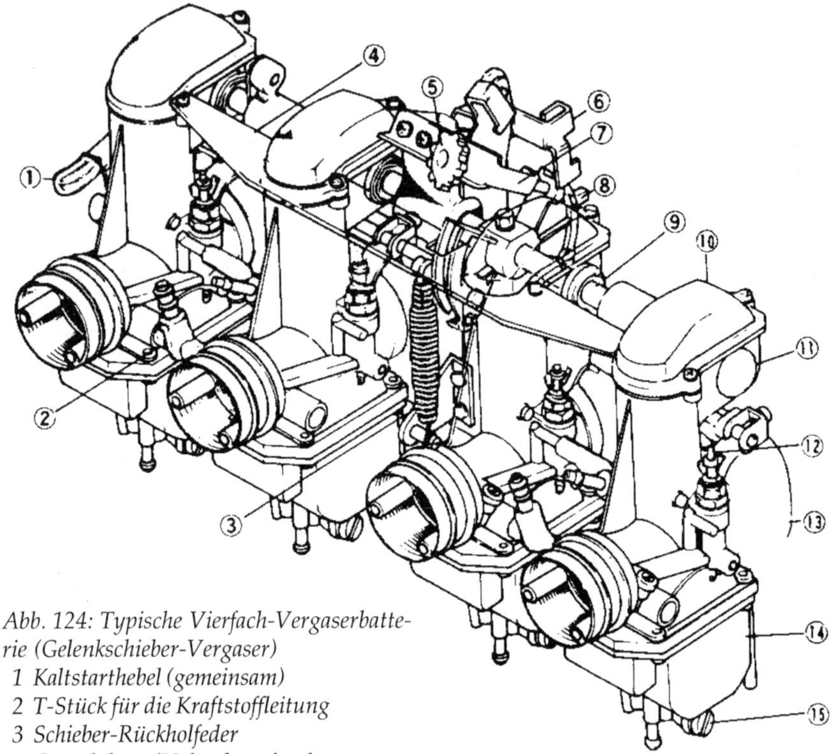

Abb. 124: Typische Vierfach-Vergaserbatterie (Gelenkschieber-Vergaser)
1 Kaltstarthebel (gemeinsam)
2 T-Stück für die Kraftstoffleitung
3 Schieber-Rückholfeder
4 Grundplatte (Halteplatte für den Blockverbund der Vergaser)
5 Zentrale Gasschieber-Anschlagschraube für die Leerlaufverstellung
6 Halterung für die desmodromische Seilzugbetätigung (2 Seilzüge)
7 Anschlagplatte für die Gasschieber-Anschlagschraube
8 Seilzugrolle
9 Schiebergestänge
10 Mischkammerdeckel eines Gelenkschieber-Vergasers
11 Gummistopfen
12 Kaltstartkolben (Kaltstartvergaser)
13 Kraftstoffverbindungsschlauch
14 Schwimmerkammer
15 Ablaßschraube für die Schwimmerkammer (Ablaßhahn)
(Kawasaki Z 900)

• Da wir nicht nicht in der Lage sind, alle Gelenkschiebervergasermodelle zu besprechen, beschränken wir uns auf zwei häufig verwendete Musterexemplare (siehe Abbildung 123 und 124).

• Der Gelenkschiebervergaser besitzt zur Schiebergrundeinstellung entweder eine Schraube mit Gegenmutter am Gelenkhebel, verdeckt unter dem Mischkammerdeckel, oder einen außenliegenden Schieberanschlag mit Justierschraube.

Bei einer Aneinanderreihung der einzelnen Vergaser zu einer Vergaserbatterie dienen die Schrauben zur Schiebergrundeinstellung zusätzlich noch der Synchronisation der Instrumente untereinander.

• Die Bedienung des Schiebers eines Gelenkschiebervergasers vom Gasdrehgriff aus wird durch die desmodromische Seilzugbetätigung erleichtert. Die Seilzugrolle am Vergaser ist mit dem Gelenkschieber über eine Welle gekoppelt. Jede Drehung am Gasgriff wird auf die Seilzugrolle weitergegeben und verändert die Stellung des Schiebers. Eine Gasschieber-Anschlagschraube dient als unterer Anschlag, wirkt auf die Stellung der Seilzugrolle und erlaubt mit ihrer großen Rändelschraube eine einfache Verstellung der Leerlaufdrehzahl (siehe Abbildung 122).

• Sind mehrere Gelenkschiebervergaser zu einer Batterie zusammengebaut, so sitzt die Seilrolle der Desmodromik auf der gemeinsamen Betätigungswelle, meist irgendwo in der Mitte zwischen den Vergasern. Auch hier dient eine Anschlagschraube als unterer Anschlag für alle Gasschieber und ist wie beim Einzelvergaser für die Leerlaufregulierung verantwortlich. Die große Rändelschraube zu ihrer Bedienung ist in der Regel von unten, zwischen den Vergasern liegend, erreichbar.

• Für die dynamische Synchronisation mehrerer Gelenkschieber- bzw. gestängegesteuerter Schiebervergaser, die zu einer Vergaserbatterie zusammengesetzt sind, werden Unterdruckmeßeinrichtungen benötigt. Es handelt sich dabei um Quecksilbermeßsäulen oder Unterdruckmeßuhren (Manometer). Zum Glück sind Einstellarbeiten dieser Art nicht sehr häufig notwendig. Bei unruhigem Leerlauf, schlechter Motorleistung oder nach dem Ersetzen von Vergaserinnereien etc. ist diese Neujustierung aber unumgänglich.

• Unterdruckschläuche, die an mit einem Gewinde versehene Metallstutzen angeschlossen werden (sie gehören zum Lieferumfang der Unterdruckmeßenrichtungen), werden in entsprechende Öffnungen an den Ansaugstutzen zwischen Motor und Vergaser eingeschraubt. Dann wird der Motor gestartet. Der zur Einstellung der Vergaser abgenommene Kraftstofftank wird durch eine kleinen Metallflasche oder einen alten Mopedtank ersetzt. Wenn der Motor

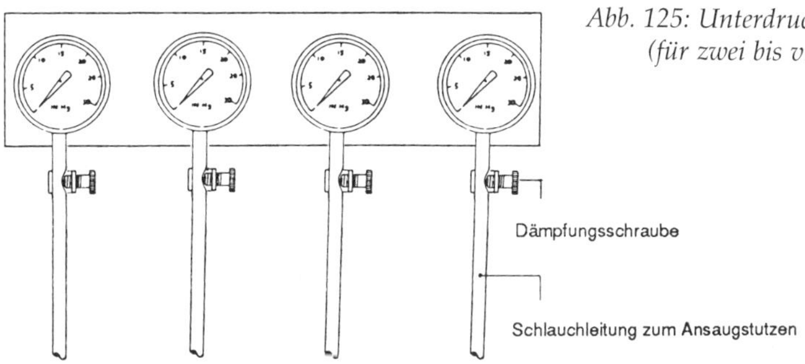

Abb. 125: Unterdruck-Meßuhren (für zwei bis vier Vergaser)

warm geworden ist, kann es losgehen.

• Der Motor rumort im Leerlauf und erzeugt durch seine Arbeitstakte auf den Skalen der Unterdruckinstrumente eine flattrig-pulsierende Anzeige. Die Zahlen geben den erreichten Unterdruck in HG = Quecksilbersäule an. Die Dämpfung der Anzeige muß so eingestellt werden, daß eine relativ ruhige Anzeige zustande kommt. Teure Meßuhren haben ein eingebautes Dämpfungsglied. Einfacheres Gerät wird mittels unterschiedlich starkem Einklemmen der Unterdruckschläuche gedämpft.

• Wenn die Dämpfung stimmt, wird die Drehzahl des Motors mittels der Gasschieber-Anschlagschraube auf etwa 1500 UPM (1/min) erhöht. Zeigt sich, daß die Unterdruckmeßeinrichtungen unterschiedliche Werte angeben, die in etwa 40 HG betragen, müssen die Vergaser neu synchronisiert werden.

• Als Vergleichsmaßstab für die kommende Synchronisation nehmen wir den Vergaser, der gegenüber den anderen einen eher *mittleren Wert* auf der Skala anzeigt. Wir synchronisieren alle anderen Vergaser danach!

Die weiter oben aufgezeigten Gasschieberverstellmöglichkeiten nutzend, heben oder senken wir die Grundeinstellung der Gasschieber so lange, bis alle Anzeigen auf den Meßeinrichtungen einen in etwa gleich großen Wert aufweisen.

Wir sollten uns dabei nicht verwirren lassen. Eine schwankungsfreie Anzeige während der Einstellarbeiten ist schwierig, da die Unterdrücke in den Saugrohren stark pulsieren. Weil sich während der Justierarbeiten an einem Vergaser auch automatisch die Drehzahlen und somit auch die Unterdruckwerte für alle anderen Vergaser ändern, muß das Einstellen insgesamt so lange wiederholt werden, bis alle Vergaser in etwa gleiche Werte aufweisen.

• Die von den Motorradherstellern im Werkstatthandbuch angegebenen minimalen und maximalen HG-Werte sollte man wenn möglich beachten und die Einstellungen darauf abstimmen. Oft aber sind keine Werte vorhanden. Dann verfährt man am besten wie oben geschildert – mit erfahrungsgemäß guten Ergebnissen!

• Nach der Einstellung wird der Leerlauf mittels der gemeinsamen Gasschieber-Anschlagschraube auf die vorgeschriebene Leerlaufdrehzahl reguliert.

Nachdem der Motor abgestellt wurde, können die Schläuche entfernt und die Meßöffnungen in den Ansaugstutzen wieder sorgfältig verschlossen werden. Achtung! Fremdluft, durch defekte Meßöffnungsdichtungen angesaugt, kann zu Motorschäden führen!

A.5. Die Leerlaufeinstellung eines einzelnen Schiebervergasers

Bei laufendem Motor (der Motor muß warmgefahren sein) drehen wir die Gasschieber-Anschlagschraube so weit hinein, bis der Motor mit er-

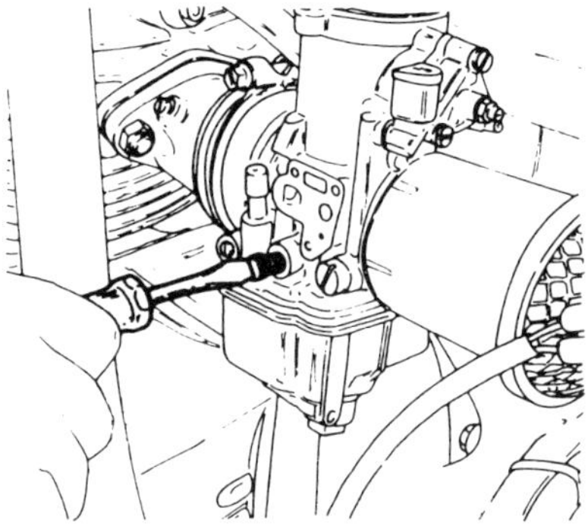

Abb. 126: Einstellen der Gasschieber-Anschlagschraube (Leerlaufeinstellung am Del-Orto-Vergaser) (Ducati 900 SS)

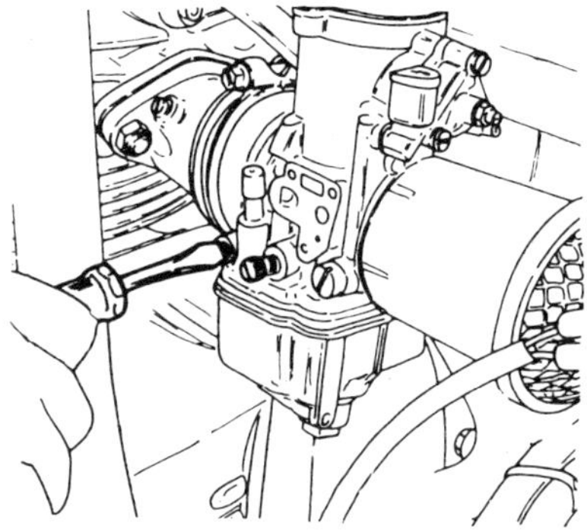

Abb. 127: Einstellen des Leerlaufgemisches an der Luftverstellschraube (Del-Orto-Vergaser) (Ducati 900 SS)

höhter Leerlaufdrehzahl läuft (auf Seilzuglose achten).

Wenn der Motor mit einem Gelenkschiebervergaser ausgerüstet ist, drehen wir zur Leerlauferhöhung an der Rändelschraube der desmodromischen Vergaserbetätigung. Sie befindet sich gleich neben dem Vergaser.

Im Anschluß daran stellen wir den Motor erstmal ab.

• Wir beginnen das Einstellen damit, daß wir die Leerlaufgemischschraube (bzw. die Luftschraube bei neueren Modellen) des Vergasers vorsichtig bis zum Anschlag hinein- und anschließend, entsprechend den Daten des Werkstatthandbuches, wieder um die darin angegebenen Umdrehungen herausdrehen. Sind keine Daten vorhanden, drehen wir die Leerlaufgemischschraube *eineinhalb* Umdrehungen heraus. Jetzt haben wir die Grundeinstellung erreicht.

• Wir starten den Motor erneut. Nachdem der Leerlauf sich stabilisiert hat, drehen wir an der Leerlaufgemischschraube und zwar viertelumdrehungsweise. Zuerst drehen wir die Einstellschraube heraus, bis der Motor zu holpern anfängt und an Drehzahl verliert. Dann drehen wir sie wieder hinein, bis der Motor erneut unruhig läuft und die Drehzahl absinkt. Jetzt suchen wir den Punkt zwischen den beiden Extremen, an dem der Motor am schnellsten dreht. Nachdem wir ihn gefunden haben, senken wir die Leerlaufdrehzahl mit der Gasschieber-Anschlagschraube ein wenig ab und suchen, indem wir den Vorgang wiederholen, auf dem niedrigeren Drehzahlniveau wieder den Punkt, an dem die Leerlaufdrehzahl am höchsten ist.

Haben wir nach mehrmaligem Justieren endlich die Motorumdrehung erreicht, die laut Bordbuch der Leerlaufdrehzahl entspricht, können wir die Einstellung als abgeschlossen betrachten.

- Es gibt Motoren, bei denen sich der Leerlauf, wenn man an der Leerlaufgemischschraube bzw. an der Luftschraube dreht, nicht in der oben geschilderten Weise verändert. Ab einer bestimmten Umdrehungszahl verändert sich die Motordrehzahl dann gar nicht mehr. In einem solchen Fall drehen wir die Abstimmschraube erstmal ganz hinein und nach Handbuchwerten wieder heraus. In einem Bereich von einer halben Umdrehung suchen wir dann die maximale Leerlaufdrehzahl.
- Die Einstellung des Leerlaufgemisches bei Zweitaktmotoren unterscheidet sich in keiner Weise von der bei Viertaktern üblichen. Mit Ausnahme der etwas höheren Leerlaufdrehzahl im Stand, die bei Zweitaktern notwendig ist, um ein Absterben des holprig laufenden Motors (Grund: die Gasführung im Zweitaktmotor) zu verhindern.

A.6. Die Leerlaufeinstellung von Zweivergaseranlagen (Schiebervergaser)

Bei der Abstimmung von Zweizylindermotoren muß sehr genau vorgegangen werden. Schon geringe Abweichungen beim Einstellen der einzelnen Zylinder haben Leistungsverluste, gröbere Vibrationen, erhöhten Kraftstoffverbrauch und schlechten Leerlauf zur Folge. Die Ursache liegt im erhöhten Widerstand, den der schlechter eingestellte Zylinder bildet. Läuft nämlich einer der Zylinder schneller, so muß er den anderen mitschleppen. Dieser Widerstand vermindert die Motordrehzahlen und verschlechtert allgemein die Motorleistung.

- Die in A.6. behandelten Einstellungen beziehen sich auf Vergaser, die nicht im Block zusammengeschaltet wurden, sondern über separate Seilzüge bedient werden.
- Selbstverständliche Voraussetzungen für jede Leerlaufeinstellung ist das Justieren der Seilzüge sowie das Synchronisieren der Gasschieber (siehe hierzu oben: A.1. und A.2.).
- Der Motor muß, wie bei allen dynamischen Einstellarbeiten an Vergasern, warmgefahren werden. Nach dem Aufbocken der Maschine auf den Hauptständer erhöhen wir zuerst einmal die Leerlaufdrehzahl beider Zylinder. Dann stellen wir den Motor kurz ab, ziehen den Stecker von der Zündkerze eines Zylinders, drehen die Kerze ganz heraus und stecken den Kerzenstecker auf ein Drahtende. Dieser Draht muß eine elektrisch leitende Verbindung (Masseverbindung) zum Metall des Motors besitzen. Für die elektronische Zündanlage vor allem bei älteren Typen hat das eine wichtige Funktion. Etliche Anlagen und Zündspulen vertragen es nicht, wenn der Kerzenstecker frei in der Luft hängt, da die Zündhochspannung während

der folgenden Einstellarbeiten nicht an Masse abgeleitet werden kann.

• Wir starten danach den Motor, der jetzt nur noch auf einem Zylinder läuft. Dann stellen wir mit einem Schraubenzieher an der Leerlaufgemischschraube bzw. an der Luftschraube des betreffenden Vergasers den Leerlauf ein, wie in Position A.5. beschrieben. Allerdings senken wir nach Abschluß der Einstellarbeiten die Leerlaufdrehzahl viertelumdrehungsweise so weit ab, bis der Motor gerade *abstirbt*, weil erfahrungsgemäß der Motor nach dem Ende der Einstellarbeiten, wenn beide Zylinder wieder laufen, im Leerlauf viel zu hoch drehen würde.

Ein Zylinder des Motors ist nun eingestellt. Wir drehen die betreffende Zündkerze wieder hinein und stekken den Kerzenstecker auf. Dann wiederholen wir die gleiche Prozedur mit dem anderen Zylinder.

• Falls der einzustellende Motor zwei Gelenkschiebervergaser mit einer gemeinsamen Gasschieber-Anschlagschraube besitzt, haben wir es ein bißchen leichter. Sie kann zur Leerlaufregulierung beider Zylinder benutzt werden.

• War unsere Leerlaufeinstellung erfolgreich und laufen beide Zylinder synchron, so kann es dennoch vorkommen, daß die Leerlaufdrehzahl noch zu hoch ist. Wir müssen sie dann herunterregulieren. Bei Vergasern mit je einer Gasschieber-Anschlagschraube ist zu beachten, daß wir immer beide Einstellschrauben verändern und immer um *das gleiche Maß* (am besten viertelumdrehungsweise), um die Synchronisation nicht zu gefährden.

Besonders Geübte stellen sich dann hinter das Motorrad und können, falls keine überkreuzte oder anderweitig komplizierte Auspuffführung vorliegt, durch vorhalten der Hände dem Druck der Abgase entnehmen, welcher Zylinder zu niedrig und welcher zu hoch läuft.

• Kommt es vor, daß trotz wiederholter sorgfältiger Einstellerei der eine Zylinder schlechter läuft als der andere, können unterschiedliche Druckverhältnisse im Motor die Ursache sein (verschlissene Kolbenringe und Kolben oder ausgelaufene Kolbenlaufbahnen im Zylinder. Manchmal lohnt es sich, die Synchronisation sicherheitshalber noch einmal zu überprüfen.

A.7. Die Leerlaufeinstellung von mehr als zwei Schiebervergasern

Das ist eine einfache Aufgabe, wenn die Vergaser nicht einzeln über Seilzüge gesteuert werden, sondern über eine gemeinsame Gasschieber-Anschlagschraube verfügen. Schwieriger wird es erst, wenn wir die Leerlaufgemischeinstellung korrigieren wollen.

Als Beispiel für unsere Einstellungen nehmen wir uns die häufig eingesetzten Gelenkschiebervergasern an einem Vierzylindermotor vor, so wie wir sie in Abbildung 124 sehen.

• Die vier Leerlaufgemisch-Einstellschrauben (pro Vergaser eine) bewirken an einem Vierzylindermotor so wenig Leistungsänderung, daß es sich kaum auf die Motordrehzahl auswirkt. Selbst angeschlossene Unterdruckmeßuhren versagen hier ihren Dienst. Warum? Läuft einer von den vier Zylindern etwas besser oder etwas schlechter als die anderen, wird er von diesen in seiner Vitalität so stark beeinflußt, daß wir mit unseren Geräten kaum herausfinden können, welcher der Zylinder der Vorreiter oder Bremser ist. Die Zweizylinder-Methode wie oben schließt sich aus, weil ein einziger Zylinder nicht drei weitere antreiben kann. Der Schwung (Viertaktprinzip) reicht nicht aus.

Willkürliche Drehereien an den Einstellschrauben sollten wir tunlichst unterlassen. Es bleibt uns also nichts anderes übrig, als den im Bordbuch angegebenen Werten zu vertrauen und die Einstellschrauben entsprechend zu justieren.

Die kleine Plastikkappe, die häufig über manchen Einstellschrauben sitzt, nehmen wir zur Grundeinstellung ab. Später setzen wir sie wieder auf. Ihre Aufgabe ist es, ein Verdrehen der Einstellschraube nur in minimalen Bereichen zu erlauben und grobes Verstellen unmöglich zu machen.

B. Einstellarbeiten an Gleichstromvergasern

Schieber- und Gleichstromvergaser sind sich in vielen Dingen ähnlich. Zwar wird beim Gleichstrom-/Gleichdruckvergaser die Gemischaufbereitung oberhalb der Leerlaufdrehzahl automatisch vom Motor vorgenommen und das Leerlaufsytem funktioniert auch etwas anders, doch gibt es immer noch genügend Gemeinsamkeiten, die das Einstellen erleichtern. Falls vor den geplanten Einstellarbeiten am Vergaser Zweifel am richtigen Stand des Schwimmers in der Schwimmerkammer aufkommen sollten, muß er überprüft werden. Siehe hierzu die Position C.1. »Prüfen und Einstellen des Schwimmerstandes«!

B.1. Prüfen und Einstellen des Seilzuges und der Drosselklappen-Anschlagschraube

Jeder Gleichstromvergaser, wir erinnern uns, besitzt eine Drosselklappe, die den Luftstrom durch den Vergaser steuert.

Die Drosselklappe wird mittels desmodromischer Seilzugsteuerung (Zwangssteuerung) vom Gasdrehgriff aus bedient.

- Zur Desmodromik gehören, wie bei den Schiebervergasern erwähnt, zwei Seilzüge. Der eine, der »Return-Seilzug«, läßt sich über eine Hilfsfeder an der Seilzugrolle unten am Vergaser immer auf Spannung halten. Das dient der Unfallverhütung, um die Drosselklappe auf Null stellen zu können, falls der Seilzug einmal gerissen oder von der Rolle gesprungen sein sollte.

Die notwendige Lose in beiden Seilzügen macht sich im Durchhang an der Seilzugrolle bemerkbar. Sie sollte zwischen drei und fünf Millimetern liegen (siehe Abbildung 128). Die Einsteller hierzu liegen an den unteren Enden der Seilzüge.

Die Drosselklappen-Anschlagschraube kontrolliert den Öffnungsspalt an der Drosselklappe des Vergasers und reguliert die Höhe der Leerlaufdrehzahl. Wir bedienen sie zur Leerlaufeinstellung in der gleichen Weise wie diejenige am Gelenkschiebervergaser.

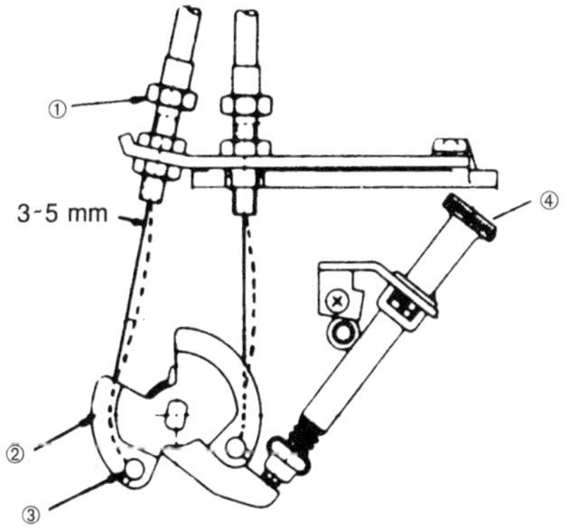

Abb. 128: Einstellen der Seilzüge und der Drosselklappen-Anschlagschraube (Desmodromische Seilzugbetätigung)
1 Seilzugeinsteller
2 Seilzugrolle
3 Seilzugnippel
4 Drosselklappen-Anschlagschraube

Abb. 129: Typische Anordnung der Seilzugeinsteller (Desmodromische Seilzugbetätigung)
1 Seilzugeinsteller
2 Gegen(Konter-)mutter
(Honda CB 750 K 4)

B.2. Dynamische Synchronisation von mehreren Gleichstrom-/ Gleichdruckvergasern

Sind mehrere Gleichstromvergaser zusammengekoppelt, müssen sie von Zeit zu Zeit (Wartungstabelle) oder bei nicht korrektem Motorlauf synchronisiert werden. Optimal kann diese Arbeit bei angebauten Vergasern nur mit Hilfe von Unterdruckmeßeinrichtungen erfolgen.

- Zu einem Block verbundene Gleichstromvergaser führen ein Gestänge oder Kupplungsklappen mit Synchronisierschrauben daran, um die Drosselklappen der einzelnen Vergaser untereinander zu verbinden und gegeneinander verstellen zu können. Schraubenfedern an den Enden des Gestänges sorgen für eine sichere Rückstellung der Drosselklappen.

Wir sollten bei so vielen Schrauben ungemein vorsichtig sein und uns sorgfältig die absolut richtige Einstellschraube heraussuchen. Ein fal-

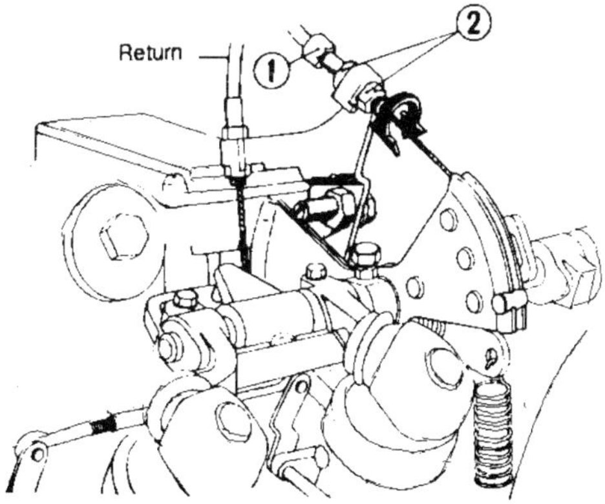

scher Dreher, und die Anlage ist unkalkulierbar verstellt.

• Zuerst aber bauen wir den Kraftstofftank ab, um die Vergaserbatterie besser erreichen zu können. Dann suchen wir, am besten mit Hilfe des Werkstatthandbuches, die besagten Synchronisierschrauben heraus.

• Eine Zweivergaseranlage hat eine, eine Dreivergaseranlage zwei, eine Viervergaseranlage drei Synchronisierschrauben. Ist man unsicher, welche der Synchronisierschrauben in welcher Reihenfolge zu bedienen sind, gibt eine Drehung am Gasgriff darüber Auskunft, welche der Schrauben am Drosselklappengestänge die gesuchten sind.

• Klar, daß wir zum jetzigen Zeitpunkt den Motor starten müssen, um ihn auf die zur Vergasereinstellung notwendige Betriebstemperatur zu bringen.

Danach stellen wir ihn wieder ab und schließen das Unterdruckmeßgerät an (siehe hierzu Position A.4. weiter oben).

• Dann starten wir den Motor erneut und achten bei geschlossenem Gasdrehgriff auf die Anzeigen der Meßeinrichtung.

Der im Leerlauf tuckernde Motor wird jetzt bei verstellten Vergasern jeweils unterschiedliche HG-Werte auf die Skalen zaubern.

• Als Bezugswert für die Einstellung benutzen wir die Anzeige desjenigen Vergasers, dessen Gestänge Ausgangspunkt für die Synchronisation ist, und über dessen Drosselklappenwelle alle anderen Drosselklappenwellen bewegt werden.

Das klingt kompliziert, ist aber relativ einfach, da man durch Bewegen des Drosselklappengestänges rasch herausfinden kann, welcher Vergaser in welcher Reihenfolge mitgesteuert wird!

• Mit Hilfe der Synchronisierschrauben verstellen wir dann so lange die Positionen der Drosselklappen, bis wir beobachten können, daß alle Anzeigen den gleichen Wert erreichen. Geringfügige Toleranzen sind erlaubt.

Nahezu identische Werte zeigen uns an, daß die angesaugte Luftmenge an jedem einzelnen Vergaser im Leerlauf nahezu gleich ist. So soll es sein!

Im Anschluß regulieren wir den Leerlauf entsprechend den Bordbuchangaben. Hierzu benutzen wir die für alle Vergaser gemeinsame Drosselklappen-Anschlagschraube.

• Zu Testzwecken drehen wir ein paarmal schnell am Gasgriff, lassen den Motor kurz hochdrehen und beobachten, ob die Zeiger der Meßuhren gleichmäßig ausschlagen. Wenn das der Fall ist, können wir die Synchronisation der Vergaser beenden.

B.3. Die Leerlaufeinstellung eines einzelnen Gleichstromvergasers

Zu Beginn der Aktion fahren wir den Motor betriebswarm.

Die Gemischregulierschraube für die Leerlaufeinstellung sitzt meistens auf der Motorseite der Vergasermischkammer. Man kann sie von unten, vor dem Schwimmerkammergehäuse liegend, deutlich erkennen. Die Einstellschraube ist mit einer Kunststoffhaube abgedeckt.

• Zur Voreinstellung nehmen wir die Kappe ab und drehen die Gemischregulierschraube vorsichtig bis zum Anschlag hinein. Den Bordbuchangaben entsprechend drehen wir sie anschließend wieder heraus. Meist liegen die Angaben zwischen einer halben und eineinhalb Umdrehungen. Danach stecken wir die Kunststoffhaube wieder auf.

• Nun starten wir den Motor erneut und stellen den Leerlauf an der Drosselklappen-Anschlagschraube so *niedrig* wie möglich ein.

• Die Leerlaufgemischschraube, deren Drehvermögen durch die Plastikkappe begrenzt ist, verstellen wir nun achtelumdrehungsweise so weit nach beiden Richtungen, bis der Motor im Leerlauf regelmäßig und rund läuft. Besser geht es kaum!

Die Einstellung ist beendet, und wir drehen den Leerlauf wieder auf seinen normalen Wert.

• An einigen Gleichstromvergasern wird der Leerlauf nicht durch die Verstellung der Drosselklappenanschlagsschraube eingestellt, sondern mittels einer Umluftschraube. Diese reguliert die Menge der Leerlaufmischung, die bei geschlossener Drosselklappe aus der Bypassbohrung im Saugrohr den Motor im Leerlauf versorgt.

B.4. Die Leerlaufeinstellung einer Zweivergaseranlage mit Gleichstromvergasern

• Zu Beginn überprüfen wir wie üblich die Synchronisation der beiden Vergaser (siehe Position B.1.).

• Bei der anschließenden Leerlaufeinstellung können wir ähnlich verfahren, wie bei der Leerlaufeinstellung zweier Schiebervergaser in Position A.6. beschrieben.

• Es gibt da allerdings ein paar wichtige Unterschiede: Haben wir es mit einer Zweivergaserbatterie zu tun und wurde der erste Zylinder justiert (siehe Position B.2. »Dynamische Synchronisation von mehreren Gleichstrom-/Gleichdruckvergasern«), dürfen wir die Drosselklappen-Anschlagschraube nicht mehr verstellen. Statt dessen regeln wir den Leerlauf des anderen Zylinders dann mit der Synchronisierschraube am Gestänge zwischen beiden Vergasern. Erst wenn diese Schraube wieder fixiert ist und beide Zylinder gleichmäßig laufen, kann die gemeinsame Drosselklappen-Anschlagschraube zur Regulierung des Leerlaufes benutzt werden. Mit ihr regeln wir die Leerlaufdrehzahl auf die Normalposition laut Bordbuch.

• Übrigens können wir minimale Unterschiede zwischen dem Leerlauf der einzelnen Zylinder, die auf unterschiedlichem Verschleiß der beiden Vergaser beruhen, ebenfalls mit Hilfe der Synchronisierschraube ausgleichen, achten aber darauf, die allgemeine Synchronisation nicht zu gefährden.

• Bei Gleichstromvergasern, die an Zweizylindermotoren nicht als Block, sondern einzeln angebaut sind (z.B. an BMW-Zweiventil-Boxermotoren), können wir bei der Leerlaufeinstellung so verfahren, wie es in Position A.6. geschildert wurde. Im Gegensatz zu dort stellen wir die Höhe des Leerlaufes allerdings an der Drosselklappenverstellschraube oder an einer Umluftschraube ein.

B.5. Die Leerlaufeinstellung von mehr als zwei Gleichstromvergasern

Die Leerlaufeinstellung an sich ist einfach, weil auch bei Gleichstromvergasern, die zu einem Block zusammengeschaltet sind, eine einzige Drosselklappen-Anschlagschraube über synchronisierte Wellen den Leerlauf für alle Vergaser regelt.

• Die Einstellung des Leerlaufgemisches von mehr als zwei Vergasern bringt demgegenüber auch bei Gleichdruckvergasern große Schwierigkeiten mit sich. Was auf die Gelenkschiebervergaser zutrifft, und unter Position A.7. geschildert wurde, gilt auch hier. Falls man keine Verbindungen zu einer wirklich guten Werkstatt hat, sollte man sich auf die Grundeinstellung der Leerlaufgemischschrauben beschränken. Die Daten hierfür stehen im Bordbuch oder im Werkstatthandbuch.

• Vielleicht wird mancher Leser Angaben über Manipulationen im Teillast- und Vollastbereich vermissen. Etwa: Welche Düsennadel soll wie hoch in welchen Schieber eingefügt werden? Oder: Welchen Schieberausschnitt wähle ich? Dieses Thema überschreitet den für unser Buch gewählten Rahmen bei weitem. Derartige Arbeiten an Vergasern sind Spezialistenarbeit. Man kann dabei vieles falsch machen und ruinieren. Wer damit experimentieren will, sollte sich nach Fachliteratur umsehen. In diesem Zusammenhang verweisen wir auf unsere Quellenangaben und die Literaturliste am Ende des Buches.

C.1. Prüfen und Einstellen des Schwimmerstandes

• Die Wichtigkeit des Schwimmerstandes wurde in den vorangegangenen Unterkapiteln mehrfach erwähnt. Er kann bei den meisten modernen Vergasern eingestellt werden. Bei einigen alten Modellen ist dies aber leider unmöglich. Dort werden zur Regulierung unterschiedlich schwere Schwimmer eingesetzt.

Es gibt zwei Methoden, den Schwimmerstand zu messen. Bei der einen bleibt der Vergaser eingebaut, bei der anderen muß man ihn ausbauen. Für Mehrzylindermotoren bedeutet das: Die ganze Vergaserbatterie muß abgeschraubt werden.

• Den Schwimmerstand stets nach Angaben des Bordbuches oder des Werkstatthandbuches überprüfen und einstellen.

Den Montageanweisungen einiger Hersteller entsprechend, muß zum Prüfen des Kraftstoffpegels in der Schwimmerkammer häufig der Vergaser ausgebaut werden!

Zwei Prüfmethoden zum Schwimmerstand

1. Der Kraftstoffstandmesser:

• Das Motorrad auf ebenem Boden auf den Mittelständer stellen. Falls kein Mittelständer vorhanden ist, die Maschine entsprechend abstützen.

• Die Schwimmerkammer-Ablaßschraube ausbauen und einen Adapter hineinschrauben, an den ein Plastikschlauch angeschlossen werden kann.

Der Plastikschlauch kann auch anstelle des Ablaufschlauches angeschlossen werden, der sich normalerweise am Stutzen des Ablaufventils der Schwimmerkammer befindet.

• Der angeschlossene Schlauch wird dann an der Schwimmerkammer hochgehalten. Damit stets an der gleichen Stelle gemessen wird, markiert man den Schlauch drei Zentimeter vor dem Schlauchende und legt diese Markierung immer an dieselbe Stelle eines jeden Vergasers. Das ist in der Regel die Trennfuge zur Schwimmerkammer.

• Der Kraftstoffhahn wird geöffnet (bei Membran-Kraftstoffhähnen auf »PRI« stellen, bei solchen mit elektrischem Magnetventil die Zündung anschalten!), und der Kraftstoff steigt im Plastikschlauch an. Nach dem Prinzip der kommunizierenden Röhren steigt der Kraftstoffpegel im Schlauch jetzt genauso hoch wie der in der Schwimmerkammer.

• Jetzt kann von der Markierung am Schlauch, die mit der Trennfuge übereinstimmt, abgelesen werden, um wieviel Millimeter der Pegel unter oder über der Markierung steht. Diesen Wert mit den Angaben des Bordbuches / Werkstatthandbuches vergleichen!

• Bei den neuen Triumph Drei- und Vierzylindermotoren (z.B. die 900er Sprint und die 1200er Daytona 3) gilt beispielsweise folgender, richtiger Kraftstoffstand über der Gehäusekante (Trennfuge): 1,5 mm +/- 1 mm!

• Beim Messen an Mehrfachvergaseranlagen unbedingt darauf achten, daß stets an der gleichen Stelle angehalten wird, um Fehlmessungen zu vermeiden.

2. Die Vergaser-Umkehrmethode:

• Bei Mehrzylindermotoren mit einer Vergaserbatterie müssen die Vergaser voneinander getrennt werden. Dabei darauf achten, daß die

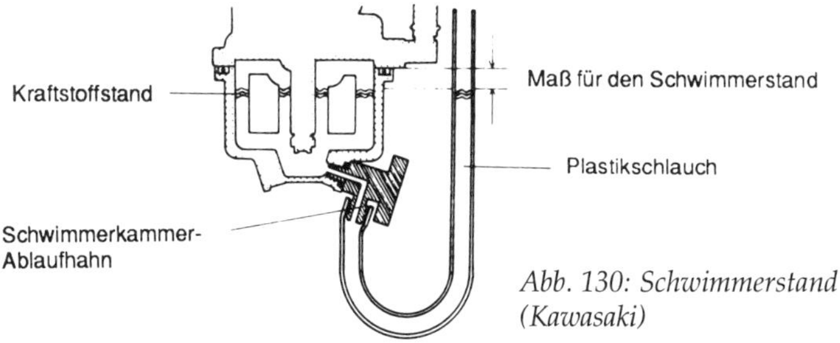

Abb. 130: Schwimmerstand prüfen (Kawasaki)

Synchroneinstellung für die miteinander verbundenen Drosselklappen nicht verstellt wird!

- Den Vergaser ausbauen, die Schwimmerkammer abbauen und das Vergasergehäuse umdrehen.
- Das Schwimmernadelventil wird so durch das Gewicht des Schwimmers geschlossen.
- Jetzt muß der Abstand zwischen Schwimmeroberkante und Dichtfläche des Vergasergehäuses (zur Schwimmerkammer hin) ermittelt

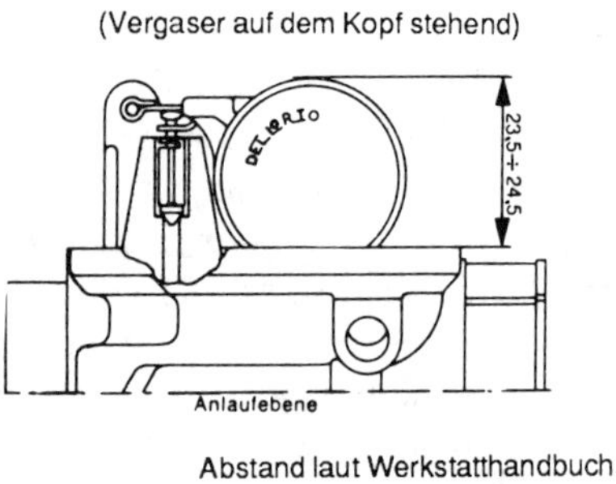

Abb. 131: Prüfen des Schwimmerstandes (Ducati)

werden. Dazu verwendet man am besten ein Tiefenmaß oder eine Schieblehre.

Die Werte hierfür sind dem Werkstatthandbuch zu entnehmen!

Justieren des Schwimmerstandes:

- Wenn Schwimmernadel-Ventilsitz und Schwimmernadel in Ordnung sind, wird die Schwimmerhöhe für den korrekten Kraftstoffpegel eingestellt.

Das geschieht durch das Biegen der Schwimmerlasche am Schwimmer bzw. zwischen zwei Schwimmerhälften, wenn der Schwimmer geteilt ist.

Der Schwimmer wird dann wieder eingebaut und der Schwimmerstand bzw. Kraftstoffpegel nach Methode eins oder zwei geprüft und notfalls noch einmal verstellt. Diese Prozedur wird so lange wiederholt, bis der Kraftstoffspiegel korrekt eingestellt ist.

- Bei einigen älteren Motorrädern gibt es keine Möglichkeit, den Schwimmerstand einzustellen. Dort wird der Kraftstoffpegel in der Schwimmerkammer durch unterschiedlich schwere Schwimmer geregelt, wobei man bei alten Messingschwimmern mit einem Tropfen Lötzinn das Gewicht erhöhen kann!

Zum Problemkreis »alte Schwimmer« sollte man erfahrene Oldtimerfahrer konsultieren!

Achtung! Bereits geringfügige Verbiegungen an der Schwimmerlasche führen zu einer erheblichen Änderung des Schwimmerstandes.

- Bei Mehrvergasermotoren muß außerdem der Schwimmerstand eines jeden Vergasers so lange geprüft werden, bis alle Schwimmerstände gleich hoch sind!

3.5. Wartungsarbeiten und Reparaturen an Vergasern

Vergaser und ihre Betätigungsorgane sind in der Regel ziemlich wartungs- und reparaturunanfällig.
Erst wenn Motorräder die ersten 10.000 km überschritten haben, werden Kontrollen notwendig. Das gilt allerdings auch für Motorräder, die einige Monate ungenutzt in der Garage standen.

- Wir sollten Wartungsarbeiten damit beginnen, mindestens einmal im Jahr (am besten vor der Sommersaison) die Schwimmerkammer zu entleeren und kräftig durchzuspülen. Dazu wird die Ablaßschraube unten an der Schwimmerkammer geöffnet (mit einem Schraubendreher meist seitlich zu erreichen), nachdem vorweg ein Gefäß unter den Ablauf bzw. unter die meist vorhandenen Ablaufschläuche gestellt wurde.

Bei offenem Benzinhahn lassen wir dann eine halbe Minute lang den Kraftstoff fließen. Danach verschließen wir die Ablaßöffnung wieder sorgfältig.
Optimal ist es, die Schwimmerkammer gleich abzubauen. So kann sie sorgfältig von allgemeinen Verschmutzungen sowie von feinen Ablagerungen gereinigt werden, den unvermeidlichen Sinkstoffen aus dem Kraftstoff.

- In einem Arbeitsgang ist dann auch der Kraftstoffilter zu säubern, der bei einigen Vergasertypen im Kraftstoffzulauf eingebaut ist.
- Bei dieser Gelegenheit ließe sich auch der Kraftstoffhahnfilter im Kraftstofftank säubern. Allerdings muß hierzu der Kraftstofftank geleert werden.
- Am Ende der Saison, bevor die Maschine in der Garage verschwindet, ist es wichtig, die Schwimmerkammern zu entleeren. Sonst hinterläßt bei langer Standzeit das eingetrocknete Benzin in der Schwimmerkammer und an den Düsen einen lackähnlichen Film, der sich nur schwer beseitigen läßt. Er kann Düsen und Kanäle in der Schwimmerkammer und im Vergaser verstopfen oder in ihrer Funktion einschränken.
- Bleibt wegen mangelnder Verdunstung infolge eines kühlen und feuchten Unterstandes während langer Standzeit ein Großteil der Spritmenge in der Schwimmerkammer, so gerät mit Sicherheit Kondenswasser in diesen Kraftstofftümpel.

Kondenswasser entsteht in der Schwimmerkammer wie auch in einem halbvollen Kraftstofftank, wenn nach kaltem Wetter plötzlich eine wärmere Periode einsetzt. Am kalten Metall kondensiert dann das Wasser, das in der feuchten Luft enthalten ist. Ein Vorgang, der für unsere Motorräder folgenschwere Probleme mit sich bringen kann. Dieses Wasser vermengt sich nämlich mit dem eingedickten Sprit, in dem auch Ölanteile enthalten sind, und ergibt

zusammen mit dem Bodensatz eine schmierige Emulsion.
Da Wasser schwerer ist als Benzin, liegt diese Soße dann träge ganz unten in der Schwimmerkammer, direkt vor den Öffnungen der Düsen und Kanäle.

Wer dann im Frühjahr sein Motorrad herausholt, den Benzinhahn öffnet und den Motor anwerfen möchte, wird oft genug sein blaues Wunder erleben: Nach einigen Hustern steht erfahrungsgemäß das Triebwerk wieder und sagt dann gar nichts mehr. Jedenfalls nicht, bis die Schwimmerkammer gereinigt und alle Düsen saubergeblasen sind.

- Routinemäßig sollten wir auch einen Blick auf die Gummistutzen zwischen Vergaser und Zylinderkopf werfen sowie auf diejenigen, die zum Luftfilter hinführen. Sie alle müssen einen festen Sitz haben, die Schraub- oder Klemmverbindungen sollen gut angezogen sein, und das Material der Stutzen muß frei von Rissen sein.
- Altersrisse in den Ansaugstutzen zwischen Motor und Vergaser sind für den Motor richtiggehend gefährlich. Hier kann er Fremdluft ansaugen und durch Gemischabmagerung schwere Schäden erleiden. Auch die Verschlußschrauben der Öffnungen in den Ansaugrohren (zum Anschluß der Unterdruckmeßschläuche bei Synchronisierarbeiten) müssen auf festen Sitz und unbedingte Dichtigkeit kontrolliert werden.

Vor Fahrtantritt im Frühjahr sind folgende weitergehenden Wartungsschritte an jeder Motorrad-Vergaseranlage ratsam:

- Alle beweglichen Teile am Vergasergestänge ölen oder fetten.
- Die Beweglichkeit der Gaszüge und des Chokezuges prüfen. Auch der Gasgriff sollte sich leicht drehen lassen und locker in die Ausgangsstellung zurückschnappen.
- Die Leichtgängigkeit der Gasschieber bzw. der Drosselklappen sicherstellen.

- Es kann nicht schaden nachzusehen, ob die Starterklappe des Choke in der Kaltstartstellung auch wirklich geschlossen ist und dem Vergaser damit ein ausreichendes Startgemisch ermöglichen kann!

Bei Vergasern mit Startvergaser sollte man nachsehen, ob der Schieber des Minivergasers beim Kaltstart auch wirklich ganz oben ist. Andernfalls erhält der Motor bei tiefen Temperaturen keine ausreichende Startmischung.

- Umgekehrt gilt aber auch: Soll der Choke abgestellt sein, muß der Absperrmechanismus für die Klappe wieder ganz hineingeschoben sein. Die Klappe muß im Saugrohr waagerecht stehen und darf der anströmenden Luft nur einen geringen Widerstand bieten. Jede Abweichung reichert das Kraftstoff-Luftgemisch unzulässig an und verursacht eine Überfettung des Motors, was einhergeht mit hohen Kraftstoffverbräuchen, die sich dann häufig keiner erklären kann.

An Startvergasern ist aus diesem Grund zu beachten, daß der Schieber wieder ganz unten auf seinem Anschlag zu Ruhen kommt!

• Vor allem bei älteren Motorrädern mit mehr als einem Zylinder ist es jetzt an der Zeit, die Vergasersynchronisation und den Leerlauf zu überprüfen und notfalls einzustellen.

• Unbedingt alle Seilzüge überprüfen! Schadhafte Züge machen sich bemerkbar:

1. durch gebrochene Drähte an den Enden der Seilzüge, dort, wo die Hebel ansetzen. Solche Züge wollen ausgetauscht werden.

2. durch stark geknickte Hüllen oder Hüllen an denen die Ummantelung beschädigt wurde. Sie wollen ebenfalls ausgewechselt werden.

3. durch abgenutzte oder halb herausgerissene Nippel.

Die müssen erneuert und sorgfältig gelötet werden.

4. durch Schraubnippel, als Provisorium eingesetzt, die darauf warten, gegen richtige Nippel ersetzt zu werden. Sie warten schon sehr lange auf ihre Ablösung und waren oft genug in Gefahr, nachzugeben.

5. Schwergängige Seilzüge muß man ölen. – Aber Vorsicht! Wenn nämlich der Seilzug ein Nyloninlet besitzt, wird er besser ausgewechselt, denn Nylon quillt durch Öl oder Fett auf, und der beabsichtigte Effekt kehrt sich um. Nur Teflon, ein Kunststoff aus der »Bratpfannen-Weltraumforschung« (mittlerweile überwiegend verwendet), kann als Ummantelung der Seilzüge mineralische Schmiermittel gut vertragen. Zwar tönen die Hersteller, Teflonzüge bräuchten überhaupt nicht mehr geschmiert zu werden, doch ältere Züge, durch Staub und Schmutz rauh geworden, reagieren dankbar auf Schmiermittel und versehen ihren Dienst danach mit deutlich größerem Elan.

Den Vergaser demontieren

Wurde der Vergaser abgebaut, muß er vor dem Zerlegen außen von Staub, Schmutz und Öl befreit werden. Ein einziges Sandkorn genügt, um das empfindliche Instrument in seiner Funktion stark zu beeinträchtigen.

Handelt es sich um eine Mehrfachvergaseranlage, ist es vor dem Zerlegen notwendig, die einzelnen Vergaser von der Grundplatte und dem Betätigungsmechanismus zu trennen. Das sollten wir aber nur tun, wenn sich nicht anders verfahren läßt. Es ist dabei notwendig, sorgfältig die Lage der einzelnen Vergaser auf ihrer Grundplatte zu markieren und die Zugehörigkeit der Verbindungsteile festzuhalten. Die Innereien eines jeden Vergasers sollten gewissenhaft auf einem sauberen Tuch ausgebreitet werden. Die Teile auf keinen Fall untereinander tauschen! Alle Element sind aufeinander eingespielt.

Komplizierte Zusammenhänge hält man fotographisch fest oder fertigt eine Lageskizze an. Wegen der Vielfalt der verschiedenen Vergaser verzichten wir auf die Demontageanleitung der unterschiedlichen Modelle und verweisen stattdessen auf die hierfür unentbehrlichen Werkstatthandbücher.

Einige zusätzliche Tips:

- Düsen bestehen aus Messing und sind relativ weich. Der Schraubendreher für die Schlitze an den kleinen Düsen muß genau passen. Verrutscht er, entsteht ein Grat an der Düse und der Kraftstoffdurchfluß kann gestört werden.
- Abrutschende Schraubenschlüssel machen den Sechskant der betroffenen Düse unbrauchbar.
- Aufgeweitete oder beschädigte Düsen müssen ebenso wie stark mit Ablagerungen verkrustete ausgewechselt werden. Andernfalls kann für eine genaue Durchflußmenge nicht mehr garantiert werden!
- Einige Düsen lassen sich schon demontieren, wenn der Vergaser noch am Motor angebaut ist. Das erleichtert einfache Prüf- und Reinigungsarbeiten ungemein.
- Schwimmernadelventile alter Vergaser schleift man, wenn sie undicht geworden sind, mit feiner Ventilschleifpaste ein. Die Schwimmernadel besteht aus Messing oder Stahl, der Ventilsitz aus Messing.

Neue Vergaser sind aus Dichtungsgründen mit Schwimmernadelspitzen aus Kunststoff ausgerüstet. Die sind nicht einschleifbar und müssen im Zweifelsfall als Ganzes getauscht werden.

- Gleichdruckvergaser, die kolbengesteuert arbeiten, (SU-Typ) streichen wir auf der Kolbengleitfläche mit ATF-Öl (Automatic Transmission Fluid) ein, wenn wir diesen Teil des Vergasers zerlegen oder der Eindruck entstanden ist, die Lauffläche könnte ein wenig geschmiert werden. Das erhöht die Gleitfähigkeit des Kolbenschiebers und vermindert die Korrosionsanfälligkeit in der Saugglocke.

Wenn ein Motor nicht korrekt läuft, Startschwierigkeiten hat, zuviel Kraftstoff verbraucht oder unregelmäßig dreht, sollten wir uns auch fragen, ob Ursachen vorliegen, die nichts mit dem Vergaser zu tun haben:

- Bei ungleichmäßigem Leerlauf sollten wir beispielsweise die Ventilspieleinstellung sowie den Zündzeitpunkt des Motors überprüfen.
- Wenn ein Motor ungern anspringt, könnten die Zündkerzen verbraucht sein (Lebensdauer 10 - 15.000 km).
- Wird der Motor sehr heiß und dieselt dann nach, haben die Zündkerzen vielleicht einen falschen Wärmewert (Zündkerze ständig verrußt = zu kalte Kerze; Zündkerzengesicht weiß mit Schmelzperlen = zu warme Kerze – Glühzündung droht).
- Wenn der Motor unter Last klopft und klingelt, ist die Oktanzahl des Kraftstoffes zu niedrig. Wir empfehlen, Super oder Super Plus Kraftstoffe zu fahren.

- Falls der Motor einmal allmählich und ohne erkennbare Gründe absterben sollte, könnte die Tankentlüftung verstopft oder abgedeckt sein. Vielleicht ist auch kein Kraftstoff mehr im Tank!?
- Bei Zweitaktmotoren mit Mischungsschmierung gibt es Probleme, wenn das Mischungsverhältnis Öl-Kraftstoff nicht eingehalten wird.
- Bei Zweitaktern mit Getrenntschmierung empfiehlt es sich, die Ölpumpe daraufhin zu kontrollieren, ob die Förderleistung noch in Ordnung ist. Wie das funktioniert, geht aus dem Werkstatthandbuch hervor.
- Wenn die Leistung von Zweitaktmotoren nachläßt, sind wahrscheinlich Auspuff und Auslaßtrakt mit Ölkohle zugesetzt. Sie müssen dann gereingt werden (siehe Werkstatthandbuch).

3.6. Elektronisch gesteuerte Benzin-Einspritzsysteme

Der Vergaser

Ist im Grunde genommen nicht mehr als die ausgeklügelte Verbesserung einer unbeholfenen Blumenspritze oder eines simplen Parfümzerstäubers von Muttis Friseurkommode. Der komplizierte Aufbau und die Finessen seiner mechanischen und elektrischen Komponenten (»elektronischer« Vergaser) können daruber nicht hinwegtäuschen.

Eine Auswahl dessen, was ein Vergaser alles *nicht* kann, zu einer optimalen Gemischbildung aber unbedingt gehört, gibt folgende Übersicht:

- Im Übergang vom Leerlauf zum Teillastbereich und von der Teillast zur Vollast (Vollgas) kann der Vergaser die Bedürfnisse des Motors nach dem rechten Gemisch (wir erinnern uns: 14,8 Gewichtsteile Luft auf ein Gewichtsteil Kraftstoff) nur befriedigend lösen.
- Die richtige Kaltstartmischung, die Verringerung des Kraftstoffanteils während der Warmlaufphase, die Einwirkung unterschiedlich warmer Außenluft (mit unterschiedlichem Sauerstoffgehalt) etc. werden durch den Vergaser nur wenig effektiv bewältigt.
- Der normale Motorrad-Vergaser ist nicht imstande, die Dichte der Luft in seine Arbeitsprozesse mit einzubeziehen. Je dichter die Luft, z.B. in Meereshöhe, desto größer ist ihr Sauerstoffgehalt. Im Hochgebirge ist sie andererseits relativ sauerstoffarm.
- Die Honda GL 1500 mit ihrem Sechszylinder-Boxermotor bildet da, mit Einschränkung, eine Ausnahme. Dieser Motor besitzt neben einer rechnergesteuerten Vorrichtung, die für eine Optimierung des Primär-(Haupt-)düsensystems in

den Vergasern sorgt, auch noch ein Einrichtung zur Höhenkompensierung des Leerlauf- und Primärdüsensystems.

- Doch auch diese Einrichtung zur Kalkulation und Einbeziehung der Luftdichte kann nur pauschal sein. Der Vergaser ist am Ende seiner Entwicklung angelangt!
- Der Vergaser ist Verursacher von Schadstoffen. Über weite Teile des Drehzahlspektrums gelingt es ihm nicht, die Verbrennung im Motor optimal zu halten. Für eine moderne, effektive Schadstoffbegrenzung ist er nicht geeignet.

Die elektronische Kraftstoffeinspritzung

Ganz anders die elektronische Kraftstoff-Einspritzanlage. Verbunden mit einem mikrocomputerbestückten Steuergerät (bei dem weiterentwickelten »Motronic«-System von Bosch sind die elektronische Zündanlage, die Zündendstufe und das Steuergerät für die Einspritzanlage integraler Bestandteil eines Systems), bildet sie einen Höhepunkt in der Entwicklung der Gemischaufbereitung. Sie befördert den Vergaser mit einem Fußtritt ins technologische Abseits.

• Die Technik der Kraftstoff-Einspritzung an Motorrädern ist effektiv, langlebig, simpel in der Wartung, aber nicht einfach in der Fehlersuche (neuere Anlagen besitzen einen Fehlermeldespeicher, der von der Werkstatt abgefragt werden kann) und hochkompliziert in der Technik.

• Anders als beim Vergaser entsteht das Kraftstoff-Luftgemisch im Ansaugrohr des Motors, kurz vor seinem Eintritt in den Zylinderraum. Eine genau bemessene, auf den augenblicklichen Belastungszustand des Motors abgestimmte Kraftstoffmenge wird eingespritzt und vermischt sich (verwirbelt) mit der Luft. Die Einspritzung erfolgt mittels elektromechanischer Einspritzventile (mechanische Kraftstoff-Einspritzanlagen gibt es im Motorrad-Motorenbau nicht mehr). Den notwendigen Einspritzdruck (Systemdruck) erzeugt eine elektrische Förderpumpe im Kraftstofftank.

3.6.1. Die digitale Motor-Elektronik (Motronic) von Bosch am Beispiel der BMW R 1100 RS

Das mittlerweile bei nahezu allen neu entwickelten BMW-Motorrädern (bis auf die F 650) eingeführte Bosch Motronic Motormanagement-System MA 2.2 regelt Zündung und Einspritzung genau abgestimmt auf die verschiedenen Betriebszustände des Motors.

Das Steuergerät

Ein Steuergerät, die »Black Box«, in der die Elektronik mit dem Microchip untergebracht ist, verarbeitet die Eingangssignale, die von den verschiedenen Signalgebern im System erfaßt werden. Das macht es möglich, sämtliche wichtigen Betriebszustände des Motors zu erfas-

Abb. 132: Motor-Management Bosch Motronic MA 2.2
1 Motronic-Steuergerät
2 Zündschalter
3 CO-Potentiometer (nur Fahrzeuge ohne KAT)
4 NTC-Luftgeber (Ansauglufttemperatur)
5 Zündspule
6 Kraftstoffpumpe
7 NTC-Ölgeber (Motoröltemperatur)
8 Einspritzventil (R 1100 RS, zwei Stück)
9 Drosselklappengeber (Winkelstellung der Drosselklappe)
10 Hallgeber (Drehzahlgeber und OT-Stellung der Kolben)
11 Zündkerze (R 1100 RS, zwei Stück)
12 Lambdasonde (nur Fahrzeuge mit KAT)

(BMW R 1100 RS)

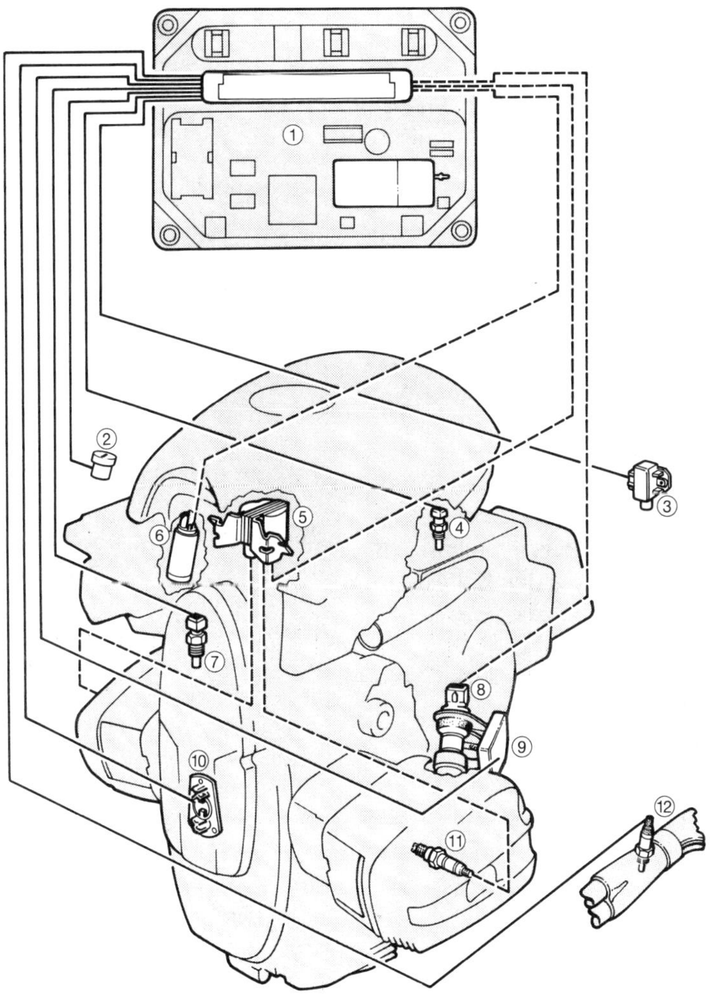

sen. Der Microcomputer im Steuergerät errechnet daraus und mit Hilfe seines umfangreichen Informationsspeichers die notwendige Kraftstoffeinspritzmenge sowie den optimalen Zündzeitpunkt (Kennfeldzündung). Über seine Ausgangssignalgeber erfolgt dann auf Grund der Rechenergebnisse die Steuerung des Motors.

Die Eingangssignalgeber

1. Der *Zündschalter* (Zünd-/Lenkschloßkombination) verbindet die Anlage mit dem Bordnetz und sichert die Stromversorgung.

2. Ein *CO-Potentiometer* (ein von der Vertragswerkstatt bei Bedarf einzustellender regelbarer Widerstand an der Drosselklappenmechanik) gibt seine elektrischen Signale zum Steuergerät und ermöglicht die Regulierung des Kohlendioxydausstoßes des Motors.

• Bei den mit einem Dreiwege-Katalysator ausgerüsteten Modellen wird seine Funktion von einer *Lambdasonde* übernommen. Ihre Signale ans Steuergerät machen den Katalysator zu einer hochwirksamen, geregelten Abgasreinigungsanlage.

☞ Siehe Kapitel 5.3 »Der Katalysator am Motorrad«

3. Ein *NTC-Temperaturfühler* (NTC = **N**egativer **T**emperatur **C**oefficient), ein Widerstand, der bei steigender Temperatur einen stärkeren Stromfluß erlaubt, vermittelt dem Steuergerät Informationen über die Wärme der Außenluft.

4. Ein weiterer *NTC-Temperaturfühler* im Motorölkreislauf ist Indikator für die Motortemperatur.

5. Der *Drosselklappengeber*, der dem Steuergerät den Öffnungswinkel der von der Gashand regulierten Drosselklappe vermittelt.

6. Impulse vom *Hallgeber*, dessen Signale die Motordrehzahl sowie den Moment der Kolbenposition im O.T. mitteilen.

7. Eine im Steuergerät integrierte *Höhenkorrektureinrichtung*, welche die Luftdruckverhältnisse und damit die Sauerstoffdichte der Ansaugluft berücksichtigt, gibt dem Rechner die Möglichkeit, das Kraftstoff-Luftgemisch immer im optimalen Bereich zu halten. So »weiß« er beispielsweise, daß der Sauerstoffanteil in hohen Lagen (Gebirge) geringer ist als in Meereshöhe. Er muß demnach den Kraftstoffanteil im Gemisch verringern, um die ideale Verbrennung im Interesse einer größtmöglichen Kraftentfaltung einhalten zu können.

Die Ausgangssignalgeber

1. Die im Steuergerät integrierte Zünd-Endstufe steuert über einen Ausgang die *Zündspule* direkt an. Sie tut dies zum errechneten Zündzeitpunkt. Die Zündspule gibt ihre Zündenergie an die beiden *Zündkerzen* weiter.

2. Ein weiterer Ausgang steuert die *Förderpumpe* im Kraftstofftank an, die mit 3 bar auch den Systemdruck für die Einspritzung produziert.

3. Die beiden *Einspritzventile* werden vom Steuergerät zum richtigen Zeitpunkt über das Massesignal zweier

Ausgänge angesteuert (nach dem Einschalten der Zündung liegen die Einspritzventile pluseitig auf 12 V). Dabei begrenzt das Steuergerät die Öffungszeit entsprechend den verschiedenen Betriebszuständen.

Funktion der Bosch Motronic-Einspritzanlage

Nach dem Einschalten des Zündschalters wird die Motronic an Spannung gelegt. Die im Kraftstofftank gelegene Kraftstoffpumpe beginnt zu arbeiten und baut den für die Einspritzanlage notwendigen Systemdruck auf. Die Kraftstoffpumpe besitzt einen nachgeschalteten Filter (dessen Elemente von außen ausgetauscht werden können).

- Der Kraftstoff fließt über den Vorlaufschlauch zum Kraftstoffverteiler, wo ein Druckregelventil den Systemdruck auf konstant 3 bar hält. Überschüssiger Kraftstoff wird wieder in den Tank zurückbefördert.
- Vom Kraftstoffverteiler gelangt der Kraftstoff über Schlauchleitungen direkt zu den Einspritzventilen. Jeweils ein Einspritzventil pro Zylinder ist in den beiden Drosselklappenstutzen montiert.
- Im Bereich unter dem Kraftstofftank wird Frischluft über einen Ansaugschnorchel in den Luftfilterkasten gesaugt. Anschließend durchströmt sie den Papierluftilter und wird über leistungs- und drehmomentoptimierte (in Länge und Durchmesser abgestimmte) Saugrohre den Brennräumen zugeführt.
- Wird der Motor gestartet, erhält die Steuereinheit Eingangssignale von ihren Gebern, die ihr Aufschluß über den augenblicklichen Betriebszustand geben. Über den Drosselklappenwinkel und die Motordrehzahl wird die angesaugte Luftmenge berechnet. Die Feinabstimmung erfolgt über den NTC-Luft (Ansauglufttemperatur), den NTC-Öl (Motortemperatur) und eine im Steuergerät integrierte Höhenkorrektureinrichtung zur Erfassung des Luftdrucks. Der Rechner in der Steuereinheit vergleicht die Informationen mit gespeicherten Kennlinien (»Programme« für die Gemischzusammensetzung in den verschiedenen Fahrzuständen, die bei vielen Testläufen erarbeitet wurden) und löst dann die entsprechenden Ausgangssignale aus. Die Zündimpulse werden von einer im Steuergerät integrierten Zündendstufe in Form eines Primärstromes direkt an die Zündspule weitergegeben.

Die von ihren Ausgängen angesteuerten Einspritzventile spritzen pro Kurbelwellenumdrehung die Hälfte der Kraftstoffmenge ein. Während des Startvorgangs geschieht dies (Kaltstartanreicherung) zweimal.

- Weil der Rechner stets genauestens über Luftdichte, Außentemperatur, Motortemperatur, Abgaszusammensetzung (Lambdasonde), Gasgriffposition, Kolbenstellung und Motordrehzahl informiert ist, ist er auch während der Kaltstartphase in der Lage, ein nahezu optimales Gemisch herzustellen, das auch den strengen Umweltauflagen gerecht werden kann. Wer einmal in der kälteren Jahreszeit aufmerksam hinter einem älteren Auto hergefahren ist, kennt den üblen Gestank schlecht verbrannten Sprits, wenn über Choke oder Startvergaser dem Motor ein pauschales Startgemisch verordnet wird.

- Damit Umwelt und Katalysator nicht mit unverbranntem Kraftstoff belastet werden und um Kraftstoff zu sparen, wird bei geschlossener Drosselklappe (»Gashahn« zu) und *oberhalb* von 2.000 UPM eine *Schubabschaltung* erwirkt. Dabei wird die Kraftstoffzufuhr durch Abschalten der Einspritzimpulse an die Einspritzventile unterbunden. Der Motor saugt dann nur noch Luft an.
Um den Motor nicht absterben zu lassen, wird die Schubabschaltung unter 2.000 Touren wieder deaktiviert.
- Falls eines oder mehrere der Eingangssignale ausbleiben, weil beispielsweise der oder die entsprechenden Geber defekt sind, wird dies vom Steuergerät erkannt. Ein gespeicherter Ersatzwert im Notlaufprogramm wird dann zur Berechnung von Zündung und Einspritzung herangezogen. Ein eingeschränkter Motorbetrieb ist möglich. Fehlende Eingangssignale werden im Fehlerspeicher notiert. Für ein fehlendes Motordrehzahlsignal, wenn der Hallgeber einmal ausfallen sollte oder die Zuleitung die Signale nicht mehr weitergeben kann, gibt es allerdings keinen Ersatzwert. Dann steht der Motor! Der Fehlerspeicher kann mit einem BMW-Diagnosegerät gelesen werden.
- Das Motronic-Steuergerät wurde weitgehend gegen elektromagnetische Impulse resistent gemacht. So können Störungen durch den in unserer urbanen Umwelt vorhandenen »Elektromagnetischen Smog« den Funktionen der elektronischen Motorsteuerung nichts anhaben.

Vorteile der Motronic gegenüber älteren oder vergleichbaren Einspritzanlagen

- Verbesserung des Leistungsverhaltens des Motors durch eine leistungsoptimierte Gestaltung der Ansauganlage.
- Besseres Ansprechverhalten des Motors durch geringere Widerstände im Ansaugtrakt.
- Höhere Wirtschaftlichkeit vor allem im Teillastbereich durch die neue Kennfeldsteuerung der Zündung im Gegensatz zur herkömmlichen Zündwinkelkennlinie der elektronischen Zündanlage.
- Hohe Servicefreundlichkeit durch eine Diagnosemöglichkeit mittels eines integrierten Fehlerspeichers, der von der Vertragswerkstatt ausgewertet werden kann.
- Höhere Betriebssicherheit durch integrierte Notlauffunktionen, die bei Ausfall von Komponenten einen eingeschränkten Motorbetrieb ermöglichen.
- Eine Schubabschaltung zur Reduzierung der umweltbelastenden unverbrannten Kraftstoffe und des Kraftstoffverbrauches.

3.7. Tankanlagen und Kraftstoffzuleitung

Stellen wir erstmal fest, was so alles dazugehört:

1. der Kraftstofftank
2. Tankverschluß und Tankentlüftung
3. Kraftstoffhahn (evtl. zwei)
4. Kraftstoffilter
5. Eventuell eine Benzinpumpe
6. Kraftstoffzuleitungen

Der Kraftstofftank

• Er ist ein wesentlicher Faktor für die Reichweite des Zweirades. Es gibt ihn mit kleinem (z.B. 9 Liter) oder mit großem Inhalt (z.B. 22 Liter).
Ein weiterer Faktor für die Reichweite ist der spezifische Kraftstoffverbrauch des Motorrades. Er wird angegeben in Liter pro 100 Kilometer.
Ein großer Tank vergrößert zwar die Reichweite, aber er trägt mit seinem Gewicht auch zu einem erhöhten Leergewicht der Maschine bei.

> **Leergewicht** = Trockengewicht des Fahrzeuges plus alle einzufüllenden Öle plus voller Tank und Bordwerkzeug.

Daher besitzen geländegängige Motorräder, also Enduros oder Moto-Cross-Maschinen, meist kleinere Tanks.
Das trifft mittlerweile nicht mehr für alle Enduros zu, weil sogenannte Reiseenduros, die für Ferntouren gebaut werden, Kraftstofftanks mit hoher Literzahl besitzen.

• Kraftstofftanks bestehen aus Stahlblech, Aluminium oder aus besonderen Kunststoffen. Jeder Tank muß natürlich dicht sein und auch bei hoher Sonneneinstrahlung dem Druck der verdunstenden Kraftstoffgase standhalten, die nur langsam durch die Entlüftung entweichen können. Auch muß die Stabilität groß sein, damit er bei einem Aufprall möglichst lange dicht bleibt, um die Feuergefahr zu mindern.

• Weil er ein wichtiger Bestandteil jedes Motorrades ist und mit diesem zusammen zugelassen wird, unterliegt der Kraftstofftanks der ABE (Allgemeine Betriebs-Erlaubnis) und darf nicht einfach ausgewechselt werden. Kraftstofftank aus dem Zubehörhandel müssen demnach eine ABE besitzen, damit sie auf öffentlichen Straßen zugelassen sind. Tanks ohne ein solches Papier sollte man nicht kaufen.

• Der Tankdeckel verschließt die Einfüllöffnung. Er ist in der Regel abschließbar ausgeführt, um Diebstahl von Kraftstoff sowie provozierte Verunreinigungen zu verhindern. Im Tankdeckel integriert ist meist die Tankentlüftung für den Druckausgleich. Notwendig, weil sich der Tankinhalt bei gänzlich luftdicht abgeschlossenem Tank wegen des entstehenden Unterdruckes nur unvollkommen und zögernd Richtung

Vergaser bewegen würde. Deshalb bei der Verwendung von Tankrucksäcken darauf achten, den Tankdeckel nicht luftdicht abzudecken!

Der Kraftstoffhahn

Kraftstoffhähne sind unterschiedlich und teilweise raffiniert ausgeführt:

1. Der normale **Dreiwege-Kraftstoffhahn**: Hebel quer bedeutet, kein Kraftstoff gelangt zum Vergaser. Der Hebel nach unten gibt den Sprit frei. Hebel nach oben bedeutet Reserve.

2. Der normale **Dreiwege-Kraftstoffhahn mit angebautem Filter** und mit oder ohne Wasserabscheider. Der Filter siebt, zusätzlich zum groben Filtersieb im Tank, die feineren Partikel aus, bevor sie in den Vergaser gelangen können. Der Wasserabscheider scheidet aus dem gleichen Grund Wasser ab, das in den Kraftstofftank gelangt ist (Wasser ist schwerer als Kraftstoff und liegt deshalb im Tank immer unten).

3. **Unterdruck-Dreiwege-Kraftstoffhahn**: Nun wird's komplizierter! Der Benzinfluß durch den Kraftstoffhahn wird von einer Membran gesteuert. Diese wird über einen Schlauch vom Unterdruck des Motors betätigt. Sie zieht an, wenn der Motor läuft. Wird der Motor abgestellt, setzt der Unterdruck aus, und die Membran verschließt mit Federhilfe den Durchgang zum Tank. Kein Tröpfchen Sprit kann mehr zum Verbraucher gelangen. Ein Stutzen am Ansaugtrakt des Motors verbindet Unterdruckschlauch und Kraftstoffhahn.

Der unterdruckgesteuerte Dreiwege-Kraftstoffhahn hat vier Hebelstellungen:

1. »ON«, das ist die normale Betriebsstellung. In dieser Stellung fließt der Kraftstoff nur, wenn der Motor läuft und die Membran den Durchlaß freigegeben hat.

2. »OFF«: der Hahn sperrt zusätzlich mechanisch den Durchgang.

3. Bei »RES« wird die Reservekraftstoffmenge im Tank angezapft. Die Membran verschließt auch hier den Durchlauf, wenn der Motor steht.

4. Die Stellung »PRI« (Priming) erlaubt eine Umgehung (Bypass) der von der Membran kontrollierten Durchläufe. Dies ist wichtig für den Fall, daß der Kraftstofftank leer ist, die Membran oder der Unterdruckschlauch defekt sind, nach langer Standzeit der Kraftstoff aus der Schwimmerkammer verdunstet ist oder wenn der Motor winterfest gemacht und hierzu die Schwimmerkammer geleert worden ist. Die PRI-Stellung sichert somit im Problemfall den direkten Durchfluß vom Tank zum Vergaser.

• Der Sinn des unterdruckgesteuerten Dreiwege-Kraftstoffhahns liegt darin, ein Überlaufen des Vergasers und ein damit verbundenes Leerlaufen des Kraftstofftankes zu verhindern. Es kann nicht ausgeschlossen werden, daß einmal das Schwimmernadelventil klemmt oder der Schwimmer. In beiden Fällen fließt ungeniert Sprit so lange er kann.

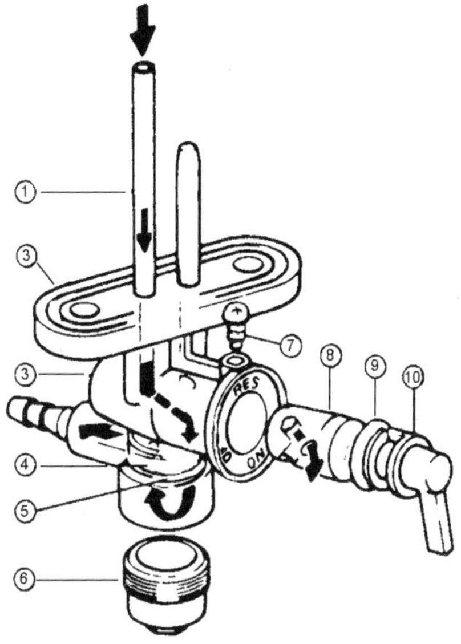

Funktionsprinzip des Dreiwege-Kraftstoffhahns

Abb. 133: Dreiwege-Kraftstoffhahn mit Wasserabscheider
1 Hauptzuleitungsrohr im Kraftstofftank
2 O-Ring
3 Gehäuse
4 Grobsiebfilter
5 Dichtung
6 Kondenswasser-Auffangbehälter
7 Befestigungsschraube des Walzenschiebereinsatztes
8 Walzenschieber-Ventil
9 Dichtring
10 Hebel
(Yamaha SR 500)

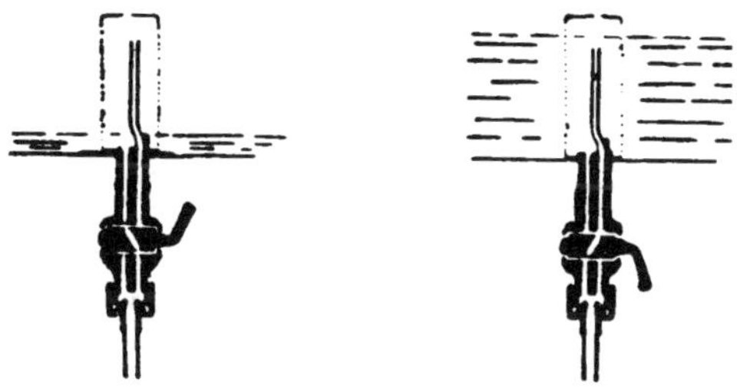

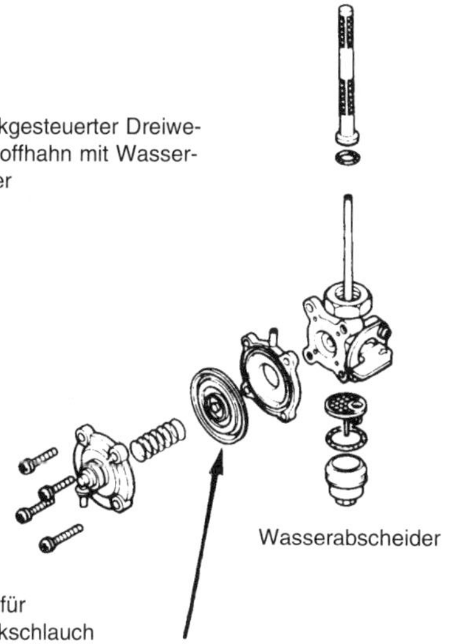

Abb. 134: Dreiwege-Kraftstoffhähne

• Die Reservemenge im Kraftstofftank wird sichergestellt durch ein dünnes Röhrchen, das vom Hahn ausgehend senkrecht im Tank emporragt. In der »ON«-Stellung des Kraftstofftanks fließt nur solange Kraftstoff zum Vergaser, wie der Kraftstoffspiegel im Tank höher als die Einmündung des Röhrchens liegt. So wird eine bestimmte Menge Kraftstoff als Reserve bewahrt. In der Regel handelt es sich um etwa drei Liter.

Wird auf Reserve geschaltet, läuft der Kraftstoff durch eine Öffnung am Fuße des Kraftstoffhahns, dicht neben dem Reserveröhrchen, von dort aus in den Reservekanal des Hahngehäuses zum Ablaufstutzen und weiter über die Kraftstoffleitung zum Vergaser.

Kraftstoffilter

Normalerweise sind es drei Kraftstoffilterarten, die an Motorrädern verwendet werden:

1. das Kraftstoffsieb im Kraftstofftank
2. ein Siebfilter im Kraftstoffhahn
3. der extern angebaute Feinfilter.

1. Das Kraftstoffsieb im Tank umschließt den oberen, in den Tank hineinragenden Teil des Kraftstoffhahnes. Es verhindert das Eindringen von Lacksplittern, Rostpartikeln und anderen gröberen Fremdkörpern in das Kraftstoffzuleitungssystem.

2. Der Siebfilter im Kraftstoffhahn, außerhalb des Tankes am Hahnkörper integriert, bildet eine zusätzliche Schmutzsperre, die vor allem feinere Partikel wie Staub und Sandkörner fernhalten soll. Seine Becherform dient als Wasserabscheider, das zumeist als Kondenswasser oder beim Tanken in den Kraftstoff gelangt ist.

3. Der extern angebaute Kraftstoffilter wird zwischen Kraftstoffhahn und Vergaser eingebaut. Er ist meistens hinzugekauft, hat einen eingesetzten Papierfilter, der recht effektiv filtert und ist ein Ex-und-Hopp-Produkt.

Achtung! Auf den Pfeil der Einbaurichtung achten! Der Filter muß mit dem Pfeil immer in Fließrichtung des Kraftstoffes eingesetzt werden.

Die Kraftstoffpumpe

Benzinpumpen werden an Motorrädern immer häufiger verwandt. Sie werden vor allem dann eingesetzt, wenn der Kraftstoffspiegel im Tank niedriger liegt als der Vergaser, wenn der Vergaser ungefähr auf Höhe des Tankspiegels eingebaut wurde, oder als Hilfpumpe, um den unter dem Fahrersitz liegenden Reservetank zu aktvieren. Außerdem besitzen alle Kraftstoff-Einspritzanlagen eine Kraftstoffpumpe.

• Während für den reinen Transport der Flüssigkeit zum Vergaser eine einfache Membranpumpe völlig genügt, muß für Kraftstoff-Einspritzanlagen ein höheres Maß an technischem Know-how eingesetzt werden. Hier ist es wichtig, daß die Kraftstoffpumpe imstande ist, einen gewissen Arbeitsdruck aufzubauen, und das dauerhaft.

• Die elektrische Rollenzellenpumpe der BMW K 100 und K 75 soll uns als Beispiel dienen. Sie ist zusammen mit einem Kraftstoffilter in den Tank integriert und besitzt eine Förderleistung von 45 Litern pro Stunde. Sie wird bei gefülltem Tank vollkommen vom Kraftstoff umspült und dadurch auch gekühlt.

Den Pumpendruck reguliert ein separater Druckregler. Sobald die Zündung eingeschaltet wird, kündet ein leises Summen von der Arbeitsaufnahme der Pumpe. Ist der Arbeitsdruck erreicht, aber der Motor noch nicht gestartet, wird die Pumpe wieder abgeschaltet.

Kraftstoffleitungen

Die Kraftstoffleitungen am Motorrad bestehen aus einem gummiartigen Kunststoff und sind innen, gelegentlich auch außen, zusätzlich gewebearmiert. Man sollte die Anschlüsse der Kraftstoffschläuche an Vergaser und Kraftstoffhahn hin und wieder auf Rißbildung und poröse Stellen kontrollieren (Alterungserscheinungen, durch UV-Strahlen ausgelöst). Klarsichtschläuche aus Kunststoff, die ersatzweise gerne verwendet werden und mit denen man den Kraftstoffdurchfluß optisch bestens kontrollieren kann, müssen aus benzinfestem Material bestehen.

3.7.1. *Wartung und Instandsetzung*

Wartungsaufgaben an Tankanlagen und Kraftstoffzuleitungen beschränken sich im wesentlichen auf:

- Prüfen des Kraftstofftankes auf Dichtigkeit an den Verbindungsnähten. Reinigen von Lacksplittern, Rost und Fremdkörpern, Überprüfung der Tankentlüftung.
- Prüfen des Tankverschlusses auf gute Schließbarkeit. Prüfen der Abschließfunktion. Falls die Tankentlüftung im Tankverschluß liegt, dreht man den Tank um. Fließt Kraftstoff aus, nicht zu viel, funktioniert die Entlüftung!

Abb. 135: Kraftstofftank mit Geber für Kraftstoffrestanzeige (Tankuhr)

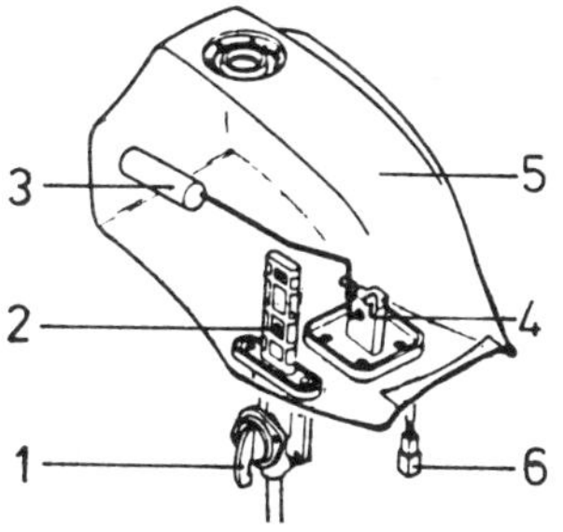

1 Kraftstoffhahn
2 Kraftstoffhahn-Grobsiebfilter
3 Schwimmer für den Geber der Tankuhr
4 Geber der Tankuhr
5 Kraftstofftank
6 Elektrische Anschlüsse
(Kawasaki GPZ 900 R)

Alte Tankdeckeldichtungen, die abgenutzt und undicht geworden sind, müssen ersetzt werden. Verwendete Tankentlüftungsschläuche müssen auf Durchgängigkeit, poröse Stellen und Verletzungen geprüft werden.

- Etwa einmal im Jahr den Kraftstoffhahn abbauen und das angebaute Tanksieb reinigen. Besitzt der Hahn einen zusätzlichen Filter, diesen ebenfalls sorgfältig säubern. Den Kraftstoffhahn mit einer neuen Dichtung versehen und wieder anbauen.
- Besitzt der Kraftstofftank eine Kraftstoffmengenmeßeinrichtung, man kann es am eingebauten Anzeigeinstrument oder an der Kontrolleuchte auf dem Instrumentenbrett sehen, sollte man vor Tankreinigungsarbeiten die meist im Tankboden befindliche Kraftstoffmengenmeßeinrich-

tung (von unten) abschrauben. Sie ist empfindlich und könnte beschädigt werden.

- Alle Kraftstoff-Zuleitungen, bei membrangesteuerten Kraftstoffhähnen auch die Unterdruckleitung, auf festen Sitz, Dichtigkeit und Alterung kontrollieren. Die Schläuche dürfen auf keinen Fall rissig oder hart geworden sein. Andernfalls müssen sie ausgewechselt werden!

Kraftstoffschläuche müssen an beiden Enden gekürzt werden, wenn diese rissig und ausgefranst wirken. Damit werden zukünftige Quellen eventueller Leckagen beseitigt.

Die Schlauchklemmschellen der Kraftstoffleitungen sollen in einem guten Zustand sein. Billige Drahtklemmer ersetze man durch gute Schlauchschellen aus Nirosta (in jeder Eisenwarenhandlung erhältlich).

Schlauchschellen nicht zu brutal anziehen, das Schlauchmaterial leidet darunter und später auch die Dichtigkeit.

Ein paar Informationen über Instandsetzungsarbeiten

- Schweißen von Kraftstofftanks nur, wenn der Tank zuvor mit Wasser ausgespült und sorgfältig getrocknet wurde. Explosionsgefahr durch Kraftstoffdämpfe!
- Große, nicht scharfkantige Beulen im Tank lassen sich gut durch »Ausblasen« mit Preßluft beseitigen (Schlauch an den Kraftstoffhahn, Tankdeckel zu). Aber nicht zu doll, sonst wird's ein Ballon!

Beulen, die nicht herausgehen, spachtelt man zu oder zieht sie mit dem Brenner warm heraus. Eine andere Methode ist das Auszinnen der Beule mit Lötlampe, Stangenzinn und Lötflußmittel (Kolophonium)

- Quellende Dichtungen im Innern von Kraftstoffhähnen bilden ein Hindernis für den Kraftstoffdurchfluß und sollten ausgewechselt werden. Schon manch unerklärliches Motorengestotter im Hochgeschwindigkeitsbereich fand so eine recht irdische Erklärung.

3.8. Benzin und seine Eigenschaften

• Erdöl ist die Grundlage für unsere Kraftstoffe. Durch schrittweises Destillieren in den Raffinerien wird es in seine Bestandteile zerlegt: Heizgas, Schweröle und Kraftstoffe verschiedener Siedepunkte.

• Am Ende zahlreicher komplizierter Arbeitsgänge entsteht das uns vertraute Normal-, Super- und Super Plus-Benzin, in überwiegend bleifreier Ausführung.

Kraftstoff sollte folgende Eigenschaften haben:

1. Er muß leicht und vollständig vergasen.

2. Er soll eine hohe Klopffestigkeit besitzen.

3. Er soll Korrosion von Tank, Vergaser und Einspritzanlage verhindern.

• Leicht vergasen soll das Benzin, damit der Motor auch beim Kaltstart noch bequem anspringt. Diese Aufgabe übernehmen bestimmte Kraftstoff-Komponenten. Sie vergasen bei höchstens 70° C vollständig. Ihr Anteil darf aber nicht zu groß ausfallen, um bei betriebswarmem Motor nicht die Neigung zum Sieden in den Kraftstoffzuleitungen (Dampfblasenbildung), oder im Vergaser zu provozieren.

Ab 180° C im Zylinderraum sollten 90% der Kraftstoffbestandteile vergast sein!

• Die Klopffestigkeit, angegeben durch die Oktanzahl, ist ein bedeutendes Kriterium für die Qualität von Benzin. »Klopfen« ist eine vorzeitige Selbstentzündung. Dabei entflammt das Gemisch schon während des Verdichtungstaktes. Die Kraft des explosionsartig verbrennenden Gemisches übt einen harten Schlag auf den Kolbenboden aus, während der Kolben noch in der Aufwärtsbewegung ist. Nach außen klingt das Ereignis im Zylinder wie das leise Klopfen eines Hammers auf eine Stahlplatte. Für den Fahrer sollte es ein Alarmzeichen sein.

• Bekämpfen läßt sich das Klopfen nur auf zwei Arten: Entweder steigt man sofort auf höheroktaniges Benzin um, oder man setzt die Verdichtung des Motors drastisch herunter und akzeptiert die daraus entstehende Leistungsreduzierung.

• Mit dem Problem des Klopfens werden wir in Europa nur noch selten konfrontiert, solange wir uns an die für unser Motorrad vorgeschriebene Kraftstoffsorte halten. Die Oktanzahlen des handelsüblichen Benzins liegen hierfür schon zu hoch.

• Sollte man dennoch einmal (etwa auf Reisen) niederoktaniges Benzin tanken müssen, ist es angebracht, die Motorverdichtung zu verringern, indem man eine stärkere Zylinderfußdichtung oder eine dickere Zylinderkopfdichtung verwendet. So etwas lohnt sich natürlich nur, wenn über längere Zeit niederoktaniges Benzin gefahren werden soll.

• Klingeln ist etwas weniger schädlich als das Klopfen. Es klingt wie leises Klingeln oder Zirpen aus dem Zylinderkopf. Das Geräusch entsteht, wenn als Folge der Zündung des Kraftstoff-Luftgemisches im Arbeitstakt der Druck im Zylinder plötzlich ansteigt, und dadurch in einer anderen Ecke des Verdichtungsraumes ein Teil der hochverdichteten Gase von selbst zu brennen beginnt. Diese beiden Zündungen, die eine gewollt, die andere von selbst (Initial) entstanden, verursachen Druck und Schallwellen, die als Klingeln nach draußen dringen. Das Klingeln im niedertourigen Bereich ist relativ harmlos, das Hochgeschwindigkeitsklingeln dagegen gefährdet den Motor.

• Klopfen und Klingeln lassen im Motor einen hohen Druck entstehen und die Motortemperatur ansteigen. Leistungsabfall und Überhitzung drohen. Kolben, Ventile und Zylinderkopfdichtung sind gefährdet, die Lager der Kurbelwelle hoch belastet.

• Klingeln und Klopfen kann ein Motor auch, wenn die Zündanlage verstellt oder der Motor technisch nicht mehr in Ordnung ist.

• Weil der beim Klopfen empfohlene Einsatz von höheroktanigem Sprit sich auch beim Klingeln anbietet, ist bei Klingelneigung auf Dauer kein Umbau nötig. Daß ein für Normalbenzin ausgelegter Motor plötzlich klingelt und Superbenzin braucht, kann z.B. durch Änderungen in der Zusammensetzung des Kraftstoffes verursacht worden sein. Auslöser hierfür können eine Empfehlung der Kraftfahrzeug-Hersteller oder gesetzliche Maßnahmen zur Schadstoffminimierung sein, die auch die Kraftstoffzusammensetzung betreffen können. Während die Fahrzeughersteller solche Vorgaben recht bald in die Motorenproduktion einfließen lassen, steht der gelackmeierte Altteilbesitzer vor einem Problem: Wenn seine Maschine, die vorher mit Normalbenzin auskam, sich dann mit Super zufriedengibt, ist er relativ fein raus. – Bei ohnehin schon superabhängigen Motoren ist guter Rat teuer. Gute Tips sind dann: Die Zündung einige Grad auf Früh verstellen und eine Zündkerze mit einem niedrigeren Wärmewert wählen.

Die Oktanzahl

Die Oktanzahlen (für Normal und Super) sind ein Maß für die Klopffestigkeit der Kraftstoffe.

Wie wird die Oktanzahl bestimmt?

In einem Prüfmotor werden zwei in ihren Eigenschaften entgegengesetzte Kraftstoffe verbrannt. Es sind »Oktan« und »Heptan«.

Oktan ist ein besonders klopffester Kraftstoff und wird mit 100 Einheiten gleichgesetzt. Heptan hat die Klopffestigkeit Null. Als Meßkraftstoff werden beide zusammengemischt. Im Prüfmotor werden dann beide Kraftstoffe so lange in unterschiedlicher Mischung gefahren, bis diese in ihrer Zusammensetzung die gleichen Klopfeigenschaften besitzen wie das zu prüfende Benzin.

OZ 60 bedeutet dann, daß für das betreffende Benzin eine Klopffestigkeit ermittelt wurde, die dem einer Mi-

schung von 60% Oktan und 40% Heptan entspricht.
Die Abkürzungen ROZ und MOZ bedeuten: Research-Oktanzahl und Motor-Oktanzahl. Sie geben lediglich an, welche Oktanzahl bei welchem standardisierten Prüfmotor ermittelt wurde. Für den MOZ-Wert sind die Prüfverfahren besonders scharf.
Dem an jeder Tankstelle erhältlichen Benzin werden als Klopfbremse Alkohol, Benzol und Bleialkyle beigemischt. Wegen ihrer schon in geringen Mengen giftigen Wirkung werden Bleialkyle und Benzol nach und nach aus dem Verkehr gezogen!
Deshalb ist es auch wichtig, daß man seinen Mund sorgfältig ausspült, falls auch nur geringe Spuren Kraftstoff ihren Weg dahin gefunden haben. Egal, ob beim Vergaserdüsen-Ausblasen oder beim Ansaugen von Kraftstoff.

- Zum Problem des bleifreien Benzins läßt sich sagen: Schädlich ist es für Ventilteller und Ventilsitze in noch nicht umgestellten Motoren nur, wenn Auslaßventile und Ventilsitze in ihrem Material noch nicht entsprechend aufeinander abgestimmt wurden. Das Blei dient nämlich, neben seiner wichtigen Aufgabe als Klopfbremse, auch als Schmiermittel zwischen Ventilsitz und Ventilteller. – Was aber geschieht nun in Motoren, die nicht für »bleifrei« ausgelegt sind?
- Wenn ein Motor lange Zeit ohne Bleizusatz läuft, verschweißen Ventilteller und Ventilsitzmaterial der Auslaßventile punktuell und kurzzeitig miteinander, wenn das Ventil geschlossen ist. Öffnet es, werden die Teile wieder auseinandergerissen. Das hat einen starken Materialverschleiß zur Folge. Dabei ist die Bleiabhängigkeit eines Motors um so größer, je weicher die Sitzringe und je höher die Nenndrehzahl des Motors ist (Nenndrehzahl = Drehzahl der maximalen Motorleistung).
- Für die wenigen noch verbleit zu fahrenden Motoren genügt es, wenn jede vierte Tankfüllung verbleites Benzin enthält.
- Motorräder bis Ende der fünfziger Jahre und wieder ab 1977 sind fast alle bleifrei zu fahren. Im Zweifel beim Vertragshändler nachfragen!

4. Luftfilter und Ansauggeräuschdämpfung

4.1. Warum Luft gefiltert werden sollte

Offene Lufttrichter sind ästhetisch etwas Schönes, zugegeben. Die trompetenförmig geschwungene Einlaßöffnung vor dem Vergasereinlaß wirkt bestechend sportlich. Der hechelnde Ton der Ansauggeräusche vermittelt etwas von der Dynamik eines Renntriebwerkes. Der Sound suggeriert Leistung. Ein offener Motor – das klingt nach der Freiheit des Motorradfahrens. Und doch ist es bei nicht serienmäßigem Einbau ein schmerzlicher Irrtum. Schmerzlich, weil es auf Dauer an den Geldbeutel geht. Generell gesehen ist es bei modernen Motorrädern unnötig und oft sogar schädlich, den Luftfilter abzubauen und ihn durch einen anderen oder gar durch einen offenen Ansaugtrichter zu ersetzen.

Wie in Kapitel 1 »Der Verbrennungsmotor« dargelegt, sind moderne Motoren vom Luftfilter bis zum Endschalldämpfer leistungsmäßig optimal abgestimmt. Man muß schon eine Menge Ahnung haben, um sich Eingriffe in dieses Regelungssystem erlauben zu können.

Meist endet der Versuch in der Vertragswerkstatt; in besonders schlimmen Fällen kann daraus durch Gemischabmagerung ein Motorschaden entstehen.

Aber ganz abgesehen von solchen drastischen Vorgängen: Bei offenen Ansaugwegen verschleißen Motor und Vergaser ungeheuer schnell.

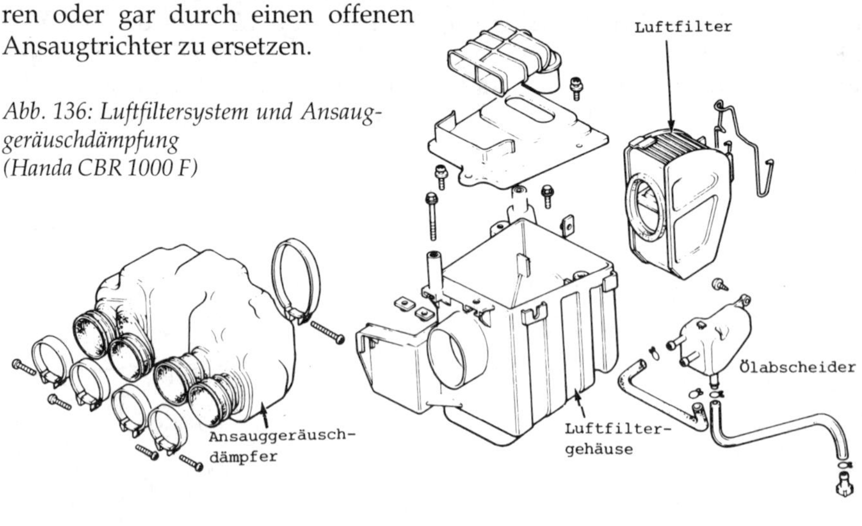

Abb. 136: Luftfiltersystem und Ansauggeräuschdämpfung (Handa CBR 1000 F)

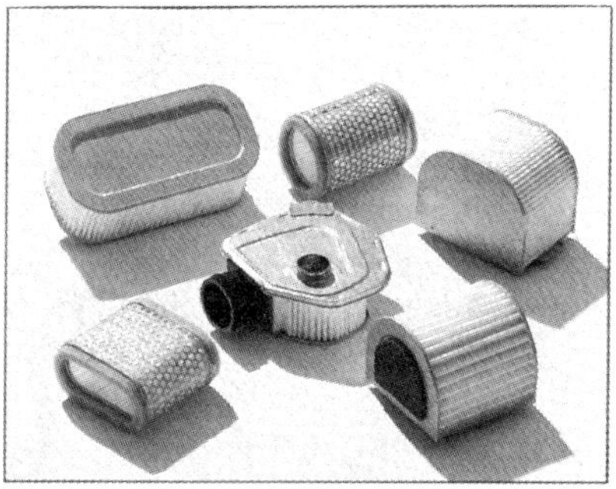

*Abb 137: Papier-Luftfiltereinsätze
Quelle: Hein Gericke*

Alle festen und flüssigen Partikel wie angesaugte Schmutzteilchen, Staub, Sand, kleine Steinchen, Insekten, Blätter, Straßenmüll und Wasser wirken im Luftstrom auf Vergaserteile und Motorinnereien wie ein Sandstrahlgebläse. Vor allem Kolben und Kolbenringe, Kolbenlaufbahnen, Ventile sowie Vergaserschieber und Düsen sind davon betroffen.

Die Geräuschdämpfung ist eine weitere Aufgabe des Luftfilters. Sie ist vom Gesetzgeber vorgeschrieben und hat auch eine umweltschützende Funktion. Eine größtmögliche Ansauggeräuschdämpfung wird erreicht wenn das Volumen des Luftfilterkastens dem Hubraum des jeweiligen Motorrad es angepaßt wird.

4.1.1. Die Arten der Luftfilter und worauf es ankommt

Um eine große Standzeit (Nutzdauer) des Filtereinsatzes zu erreichen, werden moderne Filter mit einer möglichst großen Oberfläche und ausreichendem Staubspeichervermögen ausgestattet.

An den Motoren alter und neuer Motorräder werden vier Filterarten verwendet.

1. Trockenluftfilter mit Filtereinsätzen (Patronen) aus gefaltetem Papier:

Der Trockenluftfilter mit Papierpatrone hat ein eng gefaltetes Papierelement mit einer genau berechneten Luftdurchlässigkeit. Der Staub sammelt sich an der Außenseite in den Poren des Filterelementes. Ist der Filtereinsatz zugesetzt, kann er zwar noch mehrmals ausgeschlagen oder ausgeblasen werden (mit Preßluft immer von innen nach außen blasen!), muß aber irgendwann ausgewechselt werden.

2. Trockenluftfilter mit Draht-Stoffgebilden:

Der Trockenluftfilter mit Draht-Stoffgebilde ist dagegen ein Permanentfilter und kann immer wieder gereinigt werden.

Abb. 138: Naßluftfilter mit Drahtgeflecht und Ansauggeräuschdämpfer (Knecht GmbH)

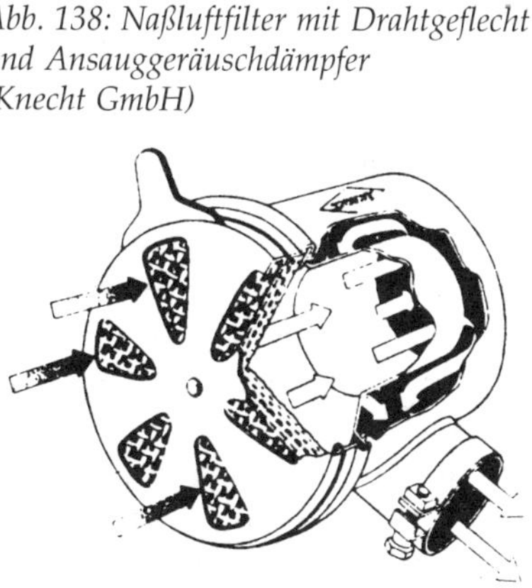

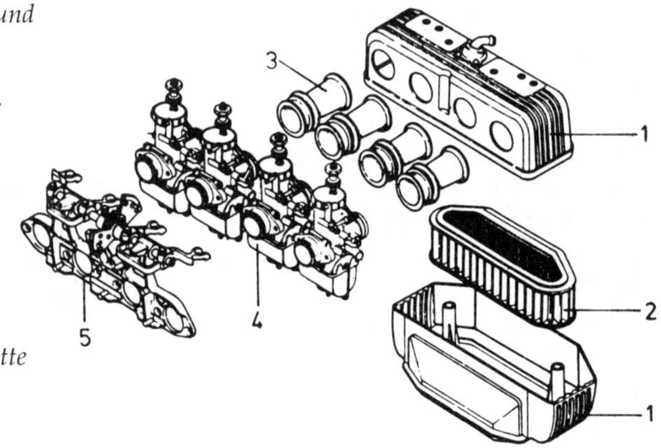

Abb. 139: Vergaseranlage und Luftfiltersystem eines Vierzylinder-Motors
1 Ansauggeräuschdämpfer und Luftfilterkasten
2 Papier-Luftfiltereinsatz
3 Vergaseransaugstutzen (4 Stück)
4 Vergaserbatterie (zusammengesetzt aus 4 Einzelvergasern)
5 Vergaserbefestigungsplatte
(Honda CB 750 Four)

3. Naßluftfilter mit Schaumstoffeinsatz:
Naßluftfilter mit Schaumstoffeinsätzen haben ein Filterelement aus Polyurethan, das um ein grobes Sieb herum befestigt ist. Das grobe Sieb ist der Außenluft zugewandt. Der Schaumstoff wird mit dünnem Einbereichsöl SAE 30 getränkt.
Die einströmende Luft läßt alle groben mitgeführten Teilchen am Sieb zurück. Die kleineren Partikel bleiben an den Öltröpfchen in den Poren des Schaumstoffes kleben. Natürlich kann für das Filterelement nicht jeder x-beliebige Schaumstoff verwendet werden. Er muß öl- und benzinfest und luftdurchlässig sein.
4. Naßluftfilter mit Drahtgeflecht:
Der Naßluftfilter mit Drahtgeflecht stellt die älteste Filterversion überhaupt dar. Auf diese Weise wurden schon die Urahnen unserer heutigen Motorräder luftgefiltert. Der Filter besteht aus einer kleinen runden oder viereckigen Dose. Ein Schieber als Maske, verdrehbar außen oder innen aufgelegt, dient zur Luftabsperrung für den Kaltstart. Der Filter ist relativ klein und wird am hinteren Saugrohrende des Vergasers befestigt. Die anströmende Außenluft passiert ein Geflecht aus Metallstreifen oder Draht, das mit Motorenöl (siehe oben) getränkt wurde. Im Labyrinth des Metallgeflechtes fangen sich grobe und feine Partikel gleichermaßen. Die Filterung ist nicht sehr effektiv, der Filter aber immer einsatzbereit und einfach zu reinigen.

• Sind Luftfiltereinsätze zugesetzt, kann nicht mehr genügend Luft zum Vergaser gelangen. Das Gemisch wird zu fett, der Motor läuft schlecht und verbraucht erheblich mehr Kraftstoff als zuvor. Es wird dann höchste Zeit, das Filterelement zu ersetzen oder, soweit möglich, zu reinigen.
Steht bei einem Austauschelement kein Ersatzfilter zur Verfügung, kann für ganz kurze Zeit, aber auch nur auf unseren Asphaltstraßen, ganz

ohne Luftfilter gefahren werden. Grundbedingung: Der Motor darf wegen der eintretenden Gemischabmagerung nicht zu hoch gedreht werden.

4.1.2. Wartung und Pflege von Luftfiltern

• *Trockenluftfilter mit Papierpatrone* haben eine Lebensdauer von 10.000 bis 20.000 km. Das hängt aber stark davon ab, wie staubig die Region ist. Bei einer Sahara-Durchquerung muß ein Filter täglich mehrmals gereinigt werden. Reinigen kann man Luftfiltereinsätze aus Papier nur begrenzt. Die beste Möglichkeit besteht darin, den Einsatz auszuklopfen und anschließend vorsichtig von innen nach außen mit Preßluft auszublasen. Keine mechanische Reinigung mit Bürste oder Schraubendreher! Der Luftfilter ist aus Papier und würde die Prozedur nicht überleben. Wurde das Papier-Filterelement durch Öldämpfe verklebt oder durch mechanische Einflüsse beschädigt, muß es unbedingt ersetzt werden.

• *Trockenluftfilter mit Draht-Stoffgebilde* sollen etwa alle 10.000 km gereinigt werden. Näheres sagt das Bordbuch des betreffenden Motorrades. Gesäubert werden sie durch vorsichtiges Abbürsten von außen und Ausblasen mit Preßluft von innen. – Kein Wasser verwenden!

Ölgetränkte und beschädigte Elemente sind auch bei dieser Filterart zu ersetzen. Falls kein Ersatzfilter zur Verfügung steht, kann man das Element vorsichtig mit Benzin auswaschen. Vor dem Einbau gut trocknen lassen!

• *Naßluftfilter mit Schaumstoffeinsätzen* sind in der Regel alle 5.000 km zu reinigen. Das Schaumstoffelement wird in Benzin gewaschen und leicht ausgepreßt. An der Luft läßt man es dann trocknen. Es sollte nicht ausgewrungen werden, da das Material sich leicht überdehnt. Im trockenen Zustand wird es dann leicht mit SAE 30 getränkt. Wird das Filterelement danach mit der Hand vorsichtig ausgepreßt, darf kein Öl mehr zwischen den Fingern erscheinen.

• *Naßluftfilter mit einem Geflecht aus Draht oder Blechstreifen* sind alle 500 bis 1.000 km reinigungsbedürftig. Ihre Filteroberfläche ist so gering, daß ihre Standzeit extrem kurz ist. Die Filterwirkung ist schnell verbraucht.

Man wäscht den kompletten Filter in Petroleum aus und trocknet ihn mit Preßluft. Zehn Minuten in der Sonne tun es auch. Anschließend benetzt man ihn mit SAE 30. Abtropfen lassen – fertig!

5. Auspuffsysteme und Schalldämpfung

Am Anfang der Motorrad-Ära stand das Rohr immer schön weit offen! Wäre man in der Lage gewesen, um die Ecke zu gucken, hätte einem wohl das Auslaßventil aus der Abgasöffnung im Zylinderkopf entgegengeblinzelt.
Motorräder in jener Zeit knatterten und ballerten mit entsprechender Lautstärke über Straßen, die vielleicht mit Kopfsteinen gepflastert waren, ansonsten aber aus Schotter bestanden.
Erst als der Krach den Menschen zuviel wurde, wurden Schalldämpfer angebaut. Das war ein Extrateil, welches hinten auf das Auspuffrohr aufgesteckt wurde, von einer Klemmschelle gehalten. Damals herrschten auf den Straßen noch Motorräder mit Einzylindermotoren vor.
Die Maßnahmen zur Lärmbekämpfung wurden zunächst nur unwillig geschluckt, weil durch diesen Eingriff die Motorleistung natürlich abnahm. Doch glichen die Hersteller dies bald durch stärkere Motoren wieder aus. Schließlich blieb die Entwicklung ja nicht stehen!
Aber sobald damals irgendwo eine Motorsportveranstaltung lief, wurden zuallererst die Dämpfer entfernt; was auf die Schnelle garantiert einen Leistungszuwachs erbrachte. Nicht aber, wenn es Zweitaktmotoren betraf. Diese waren nämlich auch damals schon auf den Rückstau ihrer Abgase angewiesen. Teilmengen des schönen, frischen Kraftstoff-Öl-Luftgemisches im Verdichtungsraum wären ohne diesen dämmenden dynamischen Effekt hinter den verbrannten Abgasen her mit durch die Auslaßschlitze verschwunden. Das brachte nicht nur keinen Leistungszuwachs, sondern sogar eine nicht unerhebliche Leistungsminderung für den auf diese Weise »getunten« Zweitaktmotor mit sich.
Im Laufe der Jahre kamen die Techniker allmählich darauf, daß ein Hochleistungsmotor eher wie eine Strömungsmaschine funktioniert. Der Gasdurchsatz von Einlaß zu Auslaß soll, so ist es heute technischer Standard, möglichst ungestört vonstatten gehen (siehe Kapitel 1.2.).
Wenn man demnach heute von »Abstimmung (tuning)« einer Auspuffanlage spricht, hat man neben der Lärmdämmung besonders die Motorleistung im Auge. Denn um eine bestimmte Motorleistung zu erbringen, müssen die Ansaug- und Abgaswiderstände genau in Einklang miteinander gebracht werden. Erst das richtige Zusammenwirken beider Schwingungsvorgänge erbringt den gewünschten Erfolg.
Wer demnach seine Auspuffanlage eigenmächtig verändert, stört die oben beschriebenen Einlaß-Auslaß-

zyklen empfindlich. Das führt fast immer zu Leistungsverlusten, auch wenn es nur die Endtüte ist, die abgeschraubt oder gegen eine andere aus dem Zubehörladen ausgetauscht wird.

Nur Experten oder erfahrene Schrauber oder Schrauberinnen können gezielt Leistungssteigerungen oder -reduzierungen erwirken. Maßnahmen, mit denen Fachleute arbeiten, sind beispielsweise größere Saugrohrquerschnitte an Vergasern. Oder entsprechend abgestimmte Düsen, die aber einhergehen müssen mit abgestimmten Nockenformen an der Nockenwelle. Veränderte Ventildurchmesser und größere Kanalquerschnitte kommen je nach Grad der Leistungsteigerung hinzu. Maßgeschneiderte Auspuffanlagen und Luftfilterkästen sind unabdingbar und nicht zuletzt rechnergesteuerte Zündanlagen mit auswechselbaren Speicherelementen oder gar externen Programmiermöglichkeiten.

Das Geräusch

Das Auspuffgeräusch, dieser allen Verbrennungsmotoren eigentümliche Ton, entsteht durch den hohen Druck der Abgase, die, nach Öffnen des Auslaßventiles bzw. des Auslaßschlitzes (Zweitaktmotor), den Zylinder explosionsartig mit etlichen bar Druck verlassen und sich dabei entspannen. Diese Gase schieben eine Luftsäule vor sich her, die eine große kinetische Energie enthält und beim Austritt aus dem Auspuff weitere Schallwellen produziert, die im Verein die so typischen Auspuffgeräusch in die Umgebung entlassen. Der Lärmpegel ohne Schalldämpfung kann im Auspuffkrümmer weit über 100 dB (A), je nach Motordrehzahl, erzeugen. Die Aufgabe einer Auspuffanlage besteht demnach neben der Abgasbeseitigung aus einer Reduzierung des Lärmpegels. Die Abgase sollen ihr schlagartiges An- und Abschwellen (Schallfrequenz) verlieren, sich abschwächen, sich mittels sinnvoller Anordnung von Prallblechen, Röhren und Absorptionsmaterialien entspannen und am Auspuffende deutlich leiser austreten. Dies im Stand wie auch während der Fahrt.

Der Schallpegel wird in **Dezibel gemessen (dB(A)).**

Der Mensch empfindet mit dem Ohr Schallwellen, die zwar gleichen Schalldruck, aber unterschiedliche Frequenz aufweisen, unterschiedlich laut.

- Frequenz bedeutet in diesem Zusammenhang: die Häufigkeit der Abgasdruckstöße pro Sekunde.

Niedrige Frequenzen (tiefe Töne) wirken angenehmer als hohe Frequenzen (hohe Töne). Die menschliche Hörschwelle liegt bei 0 Dezibel (A). Die Schmerzgrenze liegt bei 130 dB(A). Anhaltender Krach mit mehr als 130 db(A) führt zu schweren körperlichen Schäden oder gar zum Tode!

- Grenzwerte (EG-Richtlinien) von Auspuff- und Fahrgeräuschen:

a. PKW und Kombi – 80 dB(A) bis 84 dB(A)
b. LKW, Omnibusse und Zugmaschinen – 84 dB(A) bis 91 dB(A)
c. Motorräder – 84 dB(A)
d. Kleinkrafträder – 73 dB(A) bis 79 dB(A)
e. Mopeds, Mofas und Mokicks – 70 dB(A) bis 73 dB(A)

Diese Werte werden einheitlich mit einem bestimmten seitlichen Abstand zur Geräuschquelle gemessen. Im Vergleich dazu:

a. D-Zug (5 m Abstand) etwa 110 dB(A)
b. Preßluftbohrer (5 m Abstand) etwa 90 dB(A)
c. Lautes Rufen (1 m Abstand) etwa 80 dB(A)
d. Normale Unterhaltung etwa 50 dB(A)
e. Taschenuhrticken (keine Quarzuhr) etwa 10 dB(A)

Die Schalldämpfung

• Ein Zweitaktmotor hat eine andere Ausstoßfrequenz als ein Viertakter. Ein großvolumiger Motor entwikkelt einen anderen Sound, viel dumpfer, grollender als ein kleinvolumiger; besonders dann, wenn er »auf Drehzahl« geht. Ein Vierzylindermotor klingt ganz anders als ein Ein- oder ein Zweizylindermotor.

• Der Auspuffkrümmer soll stromlinienförmig sein, um ein rasches Abführen der Abgase zu bewerkstelligen. Dies hat auch den nicht unerheblichen Nebeneffekt, ein Aufheizen des Zylinderkopfes in Grenzen zu halten.

• In den Endschalldämpfern, mehr aber noch in den bei vielen Motorrädern vorhandenen Vorschalldämpfern, findet die Anpassung der Abgasfrequenz sowie die Dämpfung der Geräusche statt.

Die Dämpfung der Schallwellen sowie die Anpassung der Abgasfrequenzen wird durch eine Kombination einzelner Dämfpungssysteme im Innern der Vor- und Endschalldämpfer bewirkt. Der Vorschalldämpfer hat die Aufgabe der Leistungsabstimmung des Motors. Er erzeugt den erforderlichen »Rückstau«. Der Endschalldämpfer, »die Tüte«, dient ausschließlich der Schalldämpfung, als Anpassung der Druckwellen an die Außenluft. Ist kein

Abb. 140: Schalldämpfersysteme

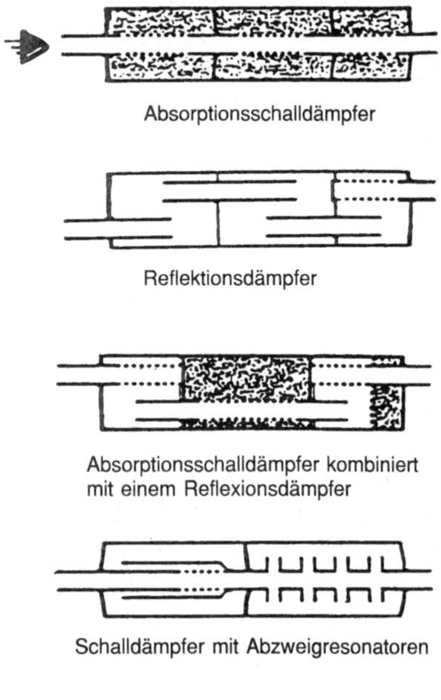

Vorschalldämpfer vorgesehen, spielen sich alle diese Vorgänge in Krümmer und Endschalldämpfer ab.
Es gibt unterschiedliche Dämpfungssysteme, die je nach Bedarf auch in einer einzigen Auspuffanlage kombiniert werden können:

1. *Reflexionsdämpfer*
Sie sind als Hochpaß- oder Tiefpaßdämpfer in geschickter Kombination miteinander vereint.

- Im Tiefpaßdämpfer müssen die Abgase mehrere hintereinander liegende Kammern durcheilen. In jeder Kammer erfolgt eine Entspannung, eine Ausdehnung der Gase, und das ergibt eine Verminderung der Ausstoßenergie.
»Tiefpaßdämpfer« heißt er, weil er die tiefen Frequenzen durchläßt und nur die hohen bekämpft. Er ist vor allem für Zweitaktmotoren sowie für kleinvolumige, hochdrehende Viertakter geeignet.
- Im Hochpaßdämpfer befindet sich, umschlossen vom Auspufftopf, ein Rohr mit vielen Öffnungen. Durch diese hindurch treten die Abgase in einen einzigen großen Raum und von da aus ins Freie. Durch diese Anlage lassen sich tiefe Frequenzen gut dämpfen, hohe jedoch nur schwach.
Der Hochpaßdämpfer ist für Viertaktmotoren mit großem Hubraum geeignet, welche nicht zu hoch drehen dürfen.

2. *Der Interferenzschalldämpfer*
Hier wird ein Rohr, in der Mitte des Schalldämpfers gelegen, mit einer großen Anzahl von Bohrungen versehen, die in genau bemessenem Abstand zueinander stehen. Der Abstand zwischen diesem Rohr und der Außenhülle des Dämpfers erzeugt im Betrieb Frequenzverschiebungen der Resonanzen, also der

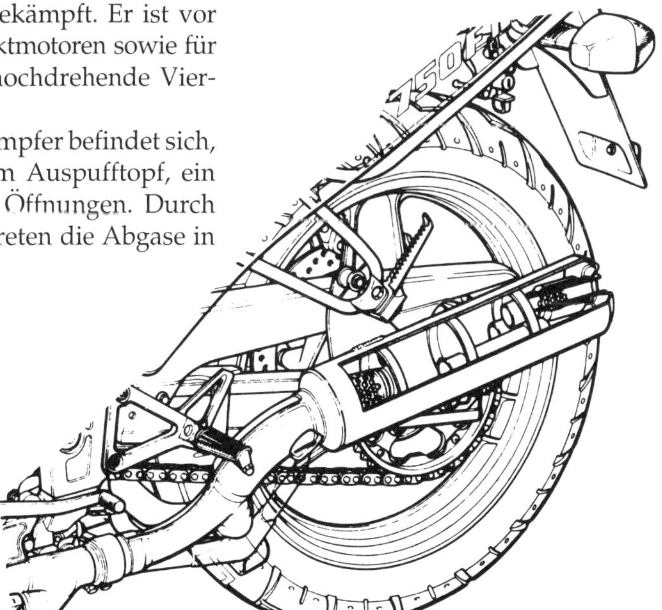

Abb. 141: Endschalldämpfer der Honda VFR 750 F

Schallschwingungen. Es treffen hohe Schallspitzen positiver Frequenz auf solche negativer Frequenz. Im Idealfall, wenn sie einander absolut gleich sind, löschen sie sich gegenseitig. In der Praxis werden damit in der Tat erstaunliche Ergebnisse erziehlt. Das Interferenzprinzip wird meist mit dem Reflexionsverfahren verknüpft.

3. *Schalldämpfer mit Abzweigresonatoren*
Dieser Aufbau kann besonders laute Töne ohne nennenswerte Strömungswiderstände dämpfen.
Geringe Strömungswiderstände sind bei hohem Gasdurchsatz bei entsprechend hohen Drehzahlen notwendig, weil sich nur auf diese Weise Spitzenleistung einstellen kann.

4. *Absorptionsschalldämpfer*
Ein geringer Strömungswiderstand zeichnet diese Bauart aus. Sie wird, ähnlich den Abzweigresonatoren, bei Auspuffanlagen eingesetzt, die nur einen schwachen Gegendruck verursachen dürfen. Schalldämpfer dieser Art besitzen mehrere Kammern, mit einem hitzebeständigen, porösen, schallschluckenden Stoff auf Siliziumbasis gefüllt. Darin läuft in der Längsrichtung ein Rohr. Durch die kräftige Lochung darin dringen die Auspuffgase in die Kammern. Hier reiben sie sich am schallschluckenden Material und verlieren an Schwingungsenergie. Sie verlassen danach deutlich geschwächt, fast stoßfrei, den Dämpfer.

Absorptionsschalldämpfer werden gerne mit Reflexionsschalldämpfern verbunden.

Für eine wirksame Schalldämpfung wird ein bestimmtes, möglichst großes Volumen benötigt. Das Material der Schalldämpfer, von der Füllung einmal abgesehen, muß kräftig und gut verarbeitet sein, weil dünne Bleche und lose Teile ein Eigenleben entwickeln und selbst Geräusche hervorbringen können, die nicht wegzudämpfen sind (Eigenresonanz). Aus diesem Grund werden mittlerweile bei teuren Endschalldämpfern sehr gerne Kevlar- oder andere Kohlefaserverbindungen verwendet.
Die Kunst der Geräuschdämpfung hat es heute mit sich gebracht, daß viele Motorräder flüsternd durch die Lande ziehen und dennoch traumhafte Motorleistungen anbieten können. Wer hätte das gedacht, damals im Zeitalter der ersten Motorräder!

5.1. Die Auspuffanlage des Viertaktmotors

• Viertakt-Motorradmotoren besitzen grundsätzlich pro Zylinder mindestens einen Auspuffkrümmer. Viele Einzylinder-Viertaktmotoren, vorwiegend Enduros (z.B. Honda XL 600 R oder Suzuki DR 600 S), führen mittlerweile auch zwei Krümmer am Zylinderkopf. Diese Motoren haben große Einzelbrennräume (jeder ca. 600 ccm) mit je zwei Auslaßventilen. Die beiden Auspuffkrümmer haben einen positiven Effekt auf das Schwingen der Abgassäule und halten die Zylinderkopftemperatur auf einem erträglichen Maß.

• Zwischen Auspuffkrümmer und Endschalldämpfer werden mittlerweile bei nahezu allen neueren Motorrädern Vorschalldämpfer eingesetzt. Diese Vorschalldämpfer werden in ihrer Form und Anordnung geschickt dem Platzangebot zwischen Motorradrahmen und Endschalldämpfer angepaßt. Manchmal muß man sich unter die Maschine legen, um zu erkennen, daß ein Vorschalldämpfer angebaut ist.

• »Sammler« werden Auspuffteile benannt, in denen die Krümmer von Mehrzylindermotoren münden. Ihre Aufgabe ist es, die Abgase auf die vorhandene Anzahl Endschalldämpfer zu verteilen. Sammler werden auch als Vorschalldämpfer konstruiert. Sie liegen zumeist quer unter dem Rahmen und sind an jedem Ende mit dem betreffenden Teil der Auspuffanlage verbunden. Die Abgasführung im Sammler ist häufig sehr trickreich geführt. Es kann vorkommen, daß die Abgase des rechten Zylinders aus dem linken Endschalldämpfer entweichen, weil sie im Sammler, der hier als Vorschalldämpfer fungiert, entsprechend geführt werden. Deshalb darf man, wenn man die Funktion eines Zylinders überprüfen will, nicht nur hinten am Auspuffende die Hand ranhalten, sondern muß auch prüfen, wie die Auspuffanlage verlegt ist.
Einen Überblick über die Vielfalt der Auspuffanlagen und ihre Anordnung, geben die auf den folgenden Seiten aufgeführten Illustrationen.

• Mehrzylindermotoren führen zwischen den Auspuffkrümmern, oft unsichtbar unter Motor und Rahmen gelegen, ein Verbindungsrohr (Interferenzrohr), das die Abgasschwingungen beeinflußt und sich drehmoment- und leistungssteigernd auswirkt. Diese Aufgabe wird auch vorzüglich von Sammlern ausgeführt, die das Verbindungsrohr an einigen Motorrädern ersetzen.

• Endschalldämpfer von Viertaktmotoren sind in vielen Fällen nicht zerlegbar, was bei Zweitaktmotoren wegen der Ölkohlebeseitigung notwendig ist (siehe Unterkapitel 5.2. »Die Auspuffanlage des Zweitaktmotors«).

• Die Trennstellen der Auspuffanlagen sind sorgfältig abgedichtet, um

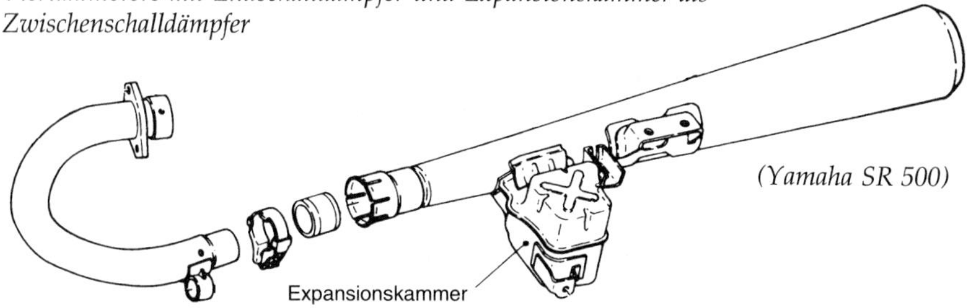

Abb. 142: Einrohrauspuff- und Schalldämpferanlage eines Einzylinder-Viertaktmotors mit Endschalldämpfer und Expansionskammer als Zwischenschalldämpfer

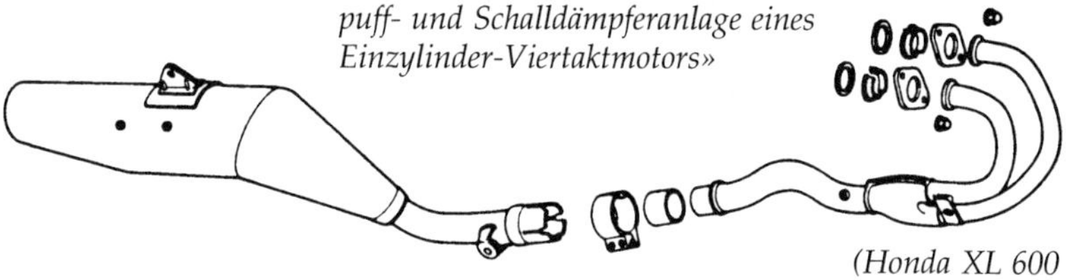

Abb. 143: Die »Zwei in Eins« Auspuff- und Schalldämpferanlage eines Einzylinder-Viertaktmotors»

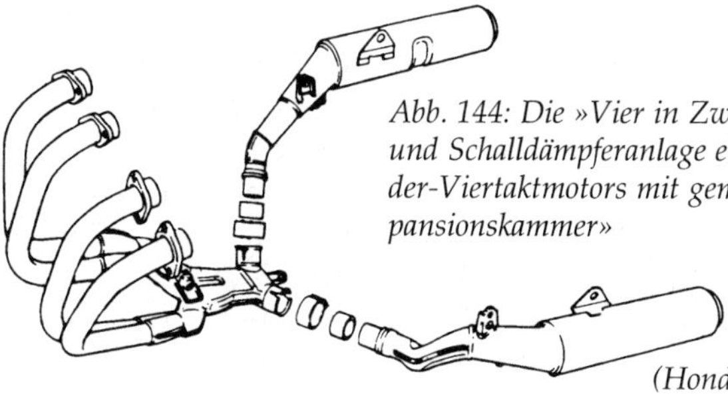

Abb. 144: Die »Vier in Zwei« Auspuff- und Schalldämpferanlage eines Vierzylinder-Viertaktmotors mit gemeinsamer Expansionskammer»

Nebenluft (beim Gaswegnehmen) oder Druckverluste (während des Gasgebens) zu vermeiden. Es werden sogenannte Feuerbuchsen eingesetzt, die aus einem Asbest-Ersatzstoff bestehen. Nebenluft zwischen Zylinderkopf und Krümmer erzeugt das lästige Auspuffknallen, welches auf die Dauer die Innereien der Endschalldämpfer zerstört. Undichtigkeiten führen während des Betriebes zu erhöhter Geräuschbelästigung oder Leistungseinbußen, vor allem im unteren Drehzahlbereich.

Im übrigen steigt bei einer stark undichten Auspuffanlage (mit seitlichen Rostlöchern und stark undichten Übergangsstellen zwischen Krümmern und Endschalldämpfern) der Kraftstoffverbrauch. Der

Abb. 145: Die »Vier in Eins«-Auspuff- und Schalldämpferanlage eines Vierzylinder-Viertaktmotors (Honda CBR 600 F)

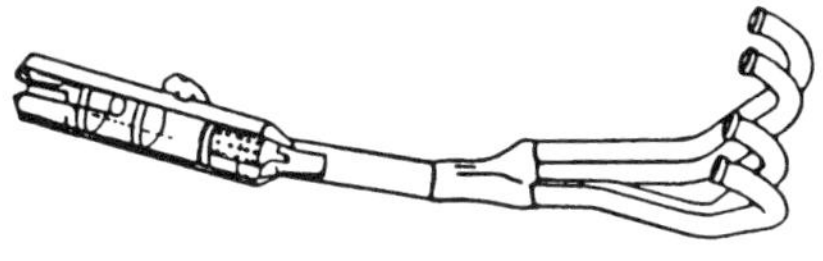

Abb. 146: Die »Vier in Zwei in Zwei«-Auspuff- und Schalldämpferanlage mit Interferenzrohr (Verbindungsrohr) eines englischen »Square Four« Vierzylinder-Viertaktmotors (Ariel 997 ccm Square Four von 1949)

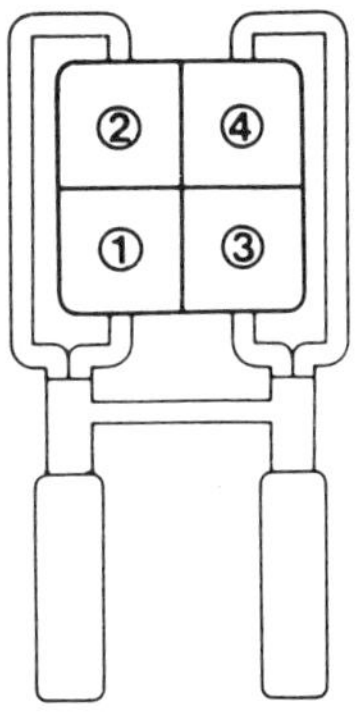

mangelnde Rückstau durch die Druckverluste an der undichten Anlage bewirkt Veränderung am Schwingverhalten der Abgassäule. Das bedeutet auch Leistungseinbußen in der Größenordnung von einigen PS bzw. kW und eine Verlagerung des Drehmomenteinflusses in den höheren Drehzahlbereich. Der Motor zieht unten nicht mehr so gut durch!

Abb. 147: Die »Vier in Zwei«-Auspuff- und Schalldämpferanlage eines Vierzylinder-Viertaktmotors mit Interferenzrohr (Kawasaki GPZ 900 R)

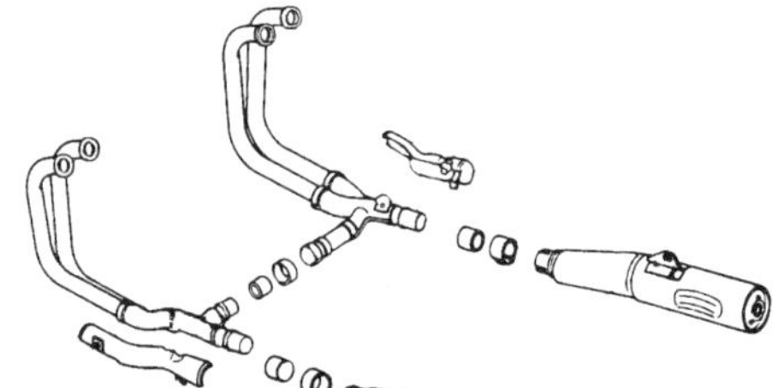

5.2. Die Auspuffanlage des Zweitaktmotors

Schwingungsmäßig ist der Zweitaktmotor noch wesentlich stärker auf eine gesunde Abstimmung der Auspuffanlage angewiesen als der Viertakter. Die Erforschung des Schwingverhaltens der »schwingenden Gassäule« im Motor hat auch hier große Früchte getragen. Beteiligt daran sind, neben einer gezielten Steuerung von Ein- und Auslaßvorgängen, die außerordentlich ausgefeilten Auspuffanlagen.

Doch immer noch ist es der Ölbedarf, durch den das ganze Zweitaktprinzip ökologisch in Mißkredit gerät, da kein Zweitaktmotor gänzlich ohne Öl funktionieren kann. Fast jede Technik der Abgasentgiftung, sei es der Katalysator, die Magermotortechnik oder die thermische Nachverbrennung, reagiert auf Ölreste allergisch. Diese Ölreste machen sich in Form von Ölkohle überall breit. Ölkohle klebt als immer dicker werdende Schicht auf allem, was im Wege liegt. Ganz abgesehen davon, daß die verbrannten Ölrückstände sehr umweltschädlich sind. So sind es die immer schärfer werdenden, allerdings auch erforderlichen Abgasgesetze, die dem Zweitaktmotor schier unüberwindbare Schranken in den Weg stellen. Da hilft zur Zeit leider auch kein noch so ausgefuchstes Auspuffsystem.

Die meisten Zweitaktmotoren sind auch heute noch Einzylinder, denken wir nur an die vielen Mofa-, Moped-, und Kleinkraftradmotoren. Auch ein Großteil der 80 ccm-Motorräder und die allermeisten Straßenroller setzen den Einzylinderzweitaktmotor ein. Viele ältere Straßenmotorräder besaßen ihn ebenfalls (von den Veteranen gar nicht zu reden), wie etwa die bekannte und gerne gefahrene Suzuki GT 250 aus den siebziger Jahren, mit ihrer effektiven RAM AIR-Kopfkühlung. Aber auch Enduros und Moto-Cross-Motorräder nutzten und nutzen den Einzylinder-Zweitaktmotor.

• Einzylinder-Zweitaktmotoren führen einen Krümmer am Zylinder (nicht im Zylinderkopf – der ist nur als Deckel ausgeformt!) und einen Endschalldämpfer. Zweizylinder-Zweitaktmotoren besitzen entsprechend, je Zylinder, einen Krümmer und einen Auspufftopf. Verbindungsrohre gibt es nicht. Allerdings sind die Krümmer den Erfordernissen der »schwingenden Gassäule« im Motor so angepaßt, das sie bei Mehrzylindermotoren in verwirrenden Schwüngen zum jeweiligen Endtopf ziehen. Dieser Wirrwar dient der Frequenzanpassung der Abgase und hat entscheidende Bedeutung für Drehmoment und Leistungsausbeute. Die Biegungen und Längen der einzelnen Rohre sind genauestens aufeinander abgestimmt. Daran kann man als normaler Schrauber/Schrauberin nun wirklich nichts mehr ändern oder »verbessern«!

• Selbst an Mehrzylinder-Viertaktmotoren kommen vermehrt verwundene und frequenzangepaßte Auspuffkrümmer zum Einsatz (z.B. BMW R 850 R bis R 1100 RS Boxermotoren neuer Generation). Im Automobilbau ist so etwas bei besseren Motoren schon relativ lange üblich.

Auspuffanlagen von Zweitaktmotoren müssen zerlegbar sein. Die Ölkohle, die entsprechend der Motorlaufzeit immer dickere Schichten bildet, schnürt dem Motor langsam aber sicher die Kraft ab, so daß eine stolze, leichte und schnelle 350er mit fast 50 PS/44 kW (Yamaha RD 350 aus den siebziger/achtziger Jahren) am Ende wie ein Moped mit vierzig um die Ecken kriecht.

5.3. Der Katalysator am Motorrad

Katalysatoren zur Abgasreinigung gehören in Deutschland nun schon seit einigen Jahren zum festen Bestandteil der Auspuffanlagen von Automobil-Verbrennungsmotoren mit Benzin-Kraftstoffversorgung.
Nachdem auch für Motorräder Zubehör-Katalysatoren zum nachträglichen Einbau angeboten wurden und einige Hersteller begannen, serienmäßig Katalysatoren einzubauen, bahnt sich nun im Motorradbau ein allgemeiner Trend in Richtung Katalysator an. Obwohl Motorräder im Vergleich zur vierrädrigen Konkurrenz sehr gute, umweltschonende Abgaswerte auch ohne Katalysator liefern, wird er bei neuen Motorrädern zunehmend Einzug halten.
Kritikern der Umweltverträglichkeit von Verbrennungsmotoren scheint der Katalysator auch in seiner modernsten Form, dem elektronisch gesteuerten Dreiwege-Katalysator mit beheizter Lambdasonde, dennoch nicht geheuer zu sein. Das hat seine Gründe:

1. Auch der beste Katalysator kann nicht verhindern, daß Schadstoffe austreten. Die Schadstoffe werden nur reduziert.

2. Das Abgasprodukt, das hinter dem Katalysator entsteht und den Auspuff verläßt, besteht (neben kleineren Mengen ungereinigt austretender Schadstoffe) aus Kohlendioxydgas (CO_2), Stickstoff (N_2) und Wasser (H_2O). Während Stickstoff und Wasser für die Umwelt ungefährliche Substanzen darstellen, gehört das Kohlendioxyd zu den Stoffen, welche den Treibhauseffekt auf der Erde verstärken. Seine künstliche Produktion läßt sich nicht vermeiden, solange Verbrennungsmotoren mit Erdölprodukten angetrieben werden.

3. Ein Altern des Katalysators (dazu gehören auch Vibrationsbrüche im Inneren), Defekte am Katalysator (die auch durch alte, schadhafte, Öl verbrennende Motoren entstehen können) oder an der mit ihm verbundenen Elektronik, sowie Behandlungsfehler (verbleiten Kraftstoff tanken) können die Funktion vieler Katalysatoren beenden oder zumindest herabsetzten. Wenn man bedenkt, daß viele Länder der Erde keine technischen Überwachungsinstitutionen besitzen, kann man sich denken, das eine *effektiver* weltweiter Einsatz des Katalysators auf lange Zeit nur ein Traum bleiben kann.

• Der richtigere Weg, solange alternative Antriebsstoffe oder Motoren nicht oder nur in geringem Maße zur Verfügung stehen, wäre einzig die Reduzierung der Verbrennungen insgesamt. Das kann geschehen entweder durch eine dramatische Verkleinerung der Gesamtzahl der mit einem Verbrennungsmotor herkömmlicher Art angetriebenen Kraftfahrzeuge auf der Erde (sehr unrealistisch) oder einer Verringerung des

Kraftstoffverbrauchs der einzelnen Kraftfahrzeuge. Verschiedene Arten des Magermotorprinzips, das Kraftstoffverbräuche von drei Litern und weniger zuließe, aber auch (trotz Katalysator) einen sehr hohen Anteil von schädlichen Stickoxyden (NO_X) erzeugen würde, sind momentan sehr im Gespräch sowie andere Kraftstoff-Sparkonzepte.

- Solange jedoch neue, umweltverträglichere Kraftstoffarten oder Motorentechniken nicht zur Verfügung stehen, ist einzig der Katalysator ein Schadstoffreduzierungselement, auf das wir uns einstellen müssen.

Der elektronisch gesteuerte Dreiwege-Katalysator

Ein elektronisch gesteuerter Dreiwege-Katalysator in Verbindung mit einer Kraftstoffeinspritzanlage und einer damit gekoppelten elektronischen Zündanlage erlaubt die zur Zeit bestmögliche Schadstoffreduzierung. Die Alternative hierzu, der elektronische Vergaser, bei dem mit Hilfe eines pneumatischen Prinzips, von der Lambdasonde geregelt, der Luftanteil im Kraftstoff-Luftgemisch erhöht oder abgesenkt werden kann, stellt nur die zweitbeste Lösung dar.

Motorräder mit normalen Vergasern und einem ungeregelten Katalysator sind neben dem Motorrad ganz ohne Katalysator die schlechteste Antwort auf die Frage nach einer wirkungsvollen Reduzierung der Abgase.

Die Effektivität und Lebensdauer der Katalysatoren von Vergasermotoren, ob mit oder ohne elektronischer Steuerung, hängt sehr stark von der guten Wartung der Vergaseranlage, der Zündanlage sowie vom Umgang des Fahrers mit seiner Maschine ab.

- Motorrad-Motoren, die mit einem Motronic-Einspritzsystem von Bosch (alle neuen BMW-Motorradmotoren mit Ausnahme der F 650 besitzen sie) oder einer EFI-Anlage (**E**lektronic **F**uel **I**njection) von Nippon Denso (Yamaha GTS 1000/1000 A) ausgerüstet sind, haben technisch gesehen die besten Voraussetzungen zum Einsatz eines geregelten Dreiwege-Katalysators.

Hauptvorteile gegenüber einem ungeregelten Katalysator sind:

- Eine Kraftstoff-Einspritzanlage in Verbindung mit einer Kennfeldzündanlage, von einem gemeinsamen Microchip kontrolliert, welcher über alle wichtigen Motorzustände informiert wird, ist mit Hilfe eines elektronisch geregelten Katalysators in der Lage, eine sehr effektive Abgasreinigung vorzunehmen.
- Durch die exakte Einhaltung des Kraftstoff-Luftgemisches von Lambda =1 mit Hilfe von Motronic oder EFI ist eine hohe Wirksamkeit der Umwandlung der Abgase im Katalysator gewährleistet.
- Die effektive Aufbereitung und Abstimmung des Kraftstoff-Luftgemisches in Kombination mit einem geregelten Kat lassen die Kraftstoffverbrauchswerte über die gesamte Kat-Lebensdauer nahezu gleich bleiben.

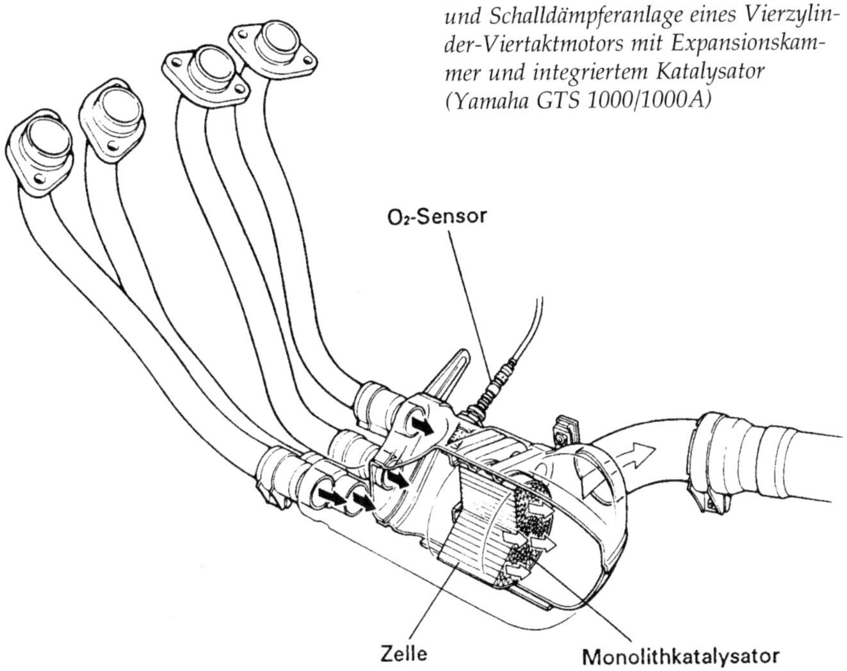

Abb. 148: Die »Vier in Eins«-Auspuff- und Schalldämpferanlage eines Vierzylinder-Viertaktmotors mit Expansionskammer und integriertem Katalysator (Yamaha GTS 1000/1000A)

- Mit Hilfe der Informationsquelle »Lambdasonde« (O_2-Sensor) kann das Steuergerät von Motronic und EFI zusätzlich auftretende Alterungseffekte (z.B. Motorverschleiß) erkennen und über die Gemischsteuerung umweltschonend ausgleichen (der ungeregelte Kat besitzt *keine* Lambdasonde).

Funktion des elektronisch gesteuerten Dreiwege-Katalysators mit Lambdasonde

Die hochentwickelte Abgasreinigungsanlage des elektronisch gesteuerten Dreiwege-Katalysators mit Lambdasonde reduziert die Abgassubstanzen CO (Kohlenmonoxyd), HC (unverbrannte Kohlenwasserstoffe), und NO_x (Sammelbezeichnung für Stickoxyde) drastisch.

Die drei Wege des Katalysators

Die Bezeichnung »Dreiwege-Katalysator« ist eigentlich irreführend. Es gibt im Katalysator keine drei Wege. Damit sind vielmehr die drei Umwandlungsprozesse gemeint, mit denen die Schadstoffe im Abgas verändert werden. Die drei Edelmetalle Platin, Palladium und Rhodium im wabenförmigen Monolithkatalysator sind in der Lage, an ihrer Oberfläche Sauerstoff bzw. Wasserstoff zu binden und in einer chemischen Reaktion an die Schadstoffe abzugeben. Auf diese Weise werden sie in umweltverträgliche Substanzen umgewandelt.

1. Weg: Das im Abgas enthaltene Kohlenmonoxyd (CO) sowie die unverbrannten Kohlenwasserstoffe (HC) werden in unschädliches Kohlendioxidgas (CO_2) und Wasser (H_2O) umgewandelt.

2. Weg: Schwefeldioxid (SO_2) verwandelt sich in Schwefel und Wasserdampf.

3. Weg: Die Stickoxide NOx verwandeln sich in unschädlichen Stickstoff (N_2) und in Sauerstoff (O_2).

Diese Umwandlungsprozesse verlaufen, während die Abgase durch den Katalysator streichen, nahezu gleichzeitig.

• Die Steuereinheit in der Motronic oder EFI gewährleistet eine präzise Anpassung des Luft-Kraftstoff-Verhältnisses an die jeweiligen Betriebsbedingungen des Motors und sorgt so für eine nahezu optimale Kraftstoffverbrennung.

• Im zumeist zwischen Auspuffkrümmer und Endschalldämpfer eingebauten Katalysatortopf befindet sich eine von außen eingeschraubte Lambdasonde. Diese Sonde erkennt unverbrannte Sauerstoffreste in den Abgasen und gibt ihren prozentualen Anteil an die Steuereinheit weiter.

• Diese errechnet mit Hilfe dieser Daten sowie den Ergebnissen der anderen Eingangssignale als Augenblickswert die ideale Gemischzusammensetzung (14,7 : 1 Gewichtsanteile). Über ihre Ausgänge regelt die Steuereinheit dann Zündanlage und Einspritzdüsen und sorgt neben einer optimalen Leistung und einem geringen Verbrauch auch für eine hochwirksame Reinigung der Abgase von schädlichen Substanzen.

• Die giftigen Abgase CO und HC und die Bedingungen, unter denen NO_x erzeugt werden, weisen widersprüchliche Eigenschaften auf. Deshalb kann die gleichzeitig Reduzierung der Konzentration aller Abgas-Substanzen nicht hundertprozentig funktionieren. So sind der Reinigung von vorneherein Grenzen gesetzt!

• Im Gehäusetopf des Katalysators sitzt ein Monolithkatalysator mit Wabenkörperstruktur. Auf Grund seiner Wabenzellen, die eine relativ große Oberfläche aufweisen, besitzt der Katalysator eine hohe Reinigungswirkung und einen geringen Widerstand gegenüber den im Betrieb anströmenden Abgasen.

Die Innenwände des Wabenkörpers sind mit den katalysierenden Metallen Platin, Palladium und (ein geringer Teil) Rhodium beschichtet. Wenn die Abgase mit der katalysierenden Substanz in Berührung kommen, läuft eine chemische Reaktion ab. Die katalysierenden Substanzen Platin, Palladium und Rhodium bleiben dabei unverändert.

• Um eine maximale Leistung des Katalysators und eine hochwirksame Abgasreinigung zu erreichen,

muß das Kraftstoff-Luftverhältnis beim Einströmen in den Motor ständig überwacht und seinem theoretischen Wert von 14,7 : 1 möglichst nahe gebracht werden.
Diese Überwachungsaufgabe übernimmt die Lambdasonde (O_2-Sensor). Der Sensor erkennt die Konzentration des unverbrannten Sauerstoffes in den Abgasen. Bei einer hohen Konzentration des verbleibenden Sauerstoffgehaltes im Abgas ist das Kraftstoff-Luftgemisch zu mager: zuwenig Kraftstoff im Vergleich zum Luftanteil. Der Sensor gibt daraufhin ein entsprechendes Signal an die Steuereinheit, die eine geringfügige Korrektur in der Regelung der Kraftstoffeinspritzmenge vornimmt (das heißt eine Änderung der Einspritzdauer im Zyklus des Motorlaufs).

• Bei einer niedrigen Konzentration des verbleibenden Sauerstoffgehaltes ist das Kraftstoff-Luftgemisch zu fett: zuviel Kraftstoff im Vergleich zum Luftanteil. Der Sensor gibt ein »fett«-Signal an die Steuereinheit, die eine entsprechende Korrektur veranlaßt. Die Kraftstoffeinspritzmenge im laufenden Zyklus wird reduziert.

Schadstofferzeugung in den Abgasen herkömmlicher Verbrennungsmotoren

• Bei einem zu fetten Kraftstoff-Luftgemisch (mangelnder O_2-Gehalt) werden bei der Verbrennung im Zylinderraum große Mengen von CO und HC erzeugt.

• Im umgekehrten Fall erzeugt ein zu mageres Kraftstoff-Luftgemisch (relativ hoher O_2-Anteil) große Mengen von NO_x.

• Schwefel ist mehr oder weniger Bestandteil des Erdöls und als solches in geringen Mengen auch im Kraftstoff vorhanden.

• Bei hohen Motordrehzahlen (oberhalb etwa 2.000 UPM) und geschlossener Drosselklappe (Gashahn geschlossen) werden die Einspritzdüsen stillgelegt (Schubabschaltung). Da hierdurch nur Luft in die Brennräume gelangen kann, wird eine Überfettung des Gemisches vermieden und ein dramatischer Anstieg großer Mengen CO und HC verhindert.

• Dabei wird auch eine Überhitzung des Katalysators verhindert und als Nebeneffekt Kraftstoff gespart.

• Ein liegengebliebenes Motorrad mit Katalysator sollte man nach Möglichkeit *nicht* anschieben! Der Katalysator könnte beschädigt werden, wenn sich eine unverbrannte Kraftstoff-Luftmischung nach dem Anspringen des Motors explosionsartig entzündet.

5.4. Zubehöranlagen: Leistung oder Show?

Wer hat nicht schon einmal kritisch die Auspuffanlage seines Motorrades betrachtet und festgestellt: »Schön ist sie ja nicht!« und sich dann umgesehen, ob es nicht etwas Besseres gibt. Und da gibt es noch diejenigen, die den Ehrgeiz haben, aus ihrer Serienmaschine ein Sportgerät zu bauen. Doch weil in den Entwicklungslabors der Motorradfirmen ausgebuffte Spezialisten arbeiten und die heutigen Motorradmotoren sowieso Hochleistungsantriebe sind, wurde schon eine Menge Geld umsonst ausgegeben. Trotzdem schauen immer wieder einige in Sachen Schalldämpferanlage nach, was die Zubehörindustrie in den Motorradläden (neudeutsch: Surplus-Läden) so anzubieten hat. Das ist in einigen Fällen nicht wenig. Doch auch Fabrikanten von Zubehör-Auspuffanlagen können oft genug nur träumen vom Etat, dem Personal und dem Entwicklungsaufwand der großen Motorradhersteller. Entsprechend sind viele ihrer Produkte vorwiegend kosmetischer Natur. Liegen sie mit ihrem Leistungsangebot doch einmal höher, ist es fraglich, ob die paar PS/kW Mehrleistung soviel Geld wert sind. Klar, es gibt wunderschöne Carbon-Endschalldämpfer, doch man sollte sich eingehend erkundigen, ob das wirklich soviel an Leichtgewicht und Mehrleistung bringt; ganz zu schweigen von der Geräuschdämpfung.

Chancen haben Surplus-Hersteller dort, wo es um Auspuffteile für alte Motorräder geht, für die es beim Originalhersteller keine oder nur extrem teure Ersatzteile gibt. Design-Gründe sind ein weiteres wichtiges und auch verständliches Kaufargument.

Außerdem: Auspuff-anlagen für Motoren, die vom Hersteller aus den unterschiedlichsten Gründen nicht mit maximaler Leistungsausbeute ausgeliefert werden, und bei denen ein Gutteil der Drosselung über die Auspuffanlage läuft.

- Tuningfirmen nehmen sich gerne Serienmotoren (und auch ganze Motorräder) und verwandeln sie mit allerlei technischen Tricks in Renntriebwerke mit entsprechend abgestimmten Auspuffanlagen. Da sind dann allerdings am Motor nur noch das Gehäuse und ein paar Innereien original. Der Rest ist Sonderanfertigung, mit einem entsprechenden Preis. – Für den normalen Motorradfahrer meist unerschwinglich.

Eine Auspuffanlage zur Leistungsmaximierung verlangt, wenn dabei mehr als 5 PS/3,7 kW herauskommen sollen, eine gründliche Änderung der Motorabstimmung: neue Vergaser, andere Nockenwellen, größere Ventile, erleichterte Teile am Kurbeltrieb, andere Kolben etc. und eine zusätzliche Ölkühlung. Von Fahrwerksverbesserungen gar nicht zu reden.

Hier spätestens sollte jedem Interessierten klar sein, daß eine Hochleistungsauspuffanlage Bestandteil eines Gesamtkonzeptes sein muß. Sie kann alleine so gut wie nichts ausrichten, wenn am Motor sonst nichts anderes auf Hochleistung getrimmt wurde!

• Jede neue Auspuffanlage muß eine ABE (Allgemeine-Betriebs-Erlaubnis) besitzen (Typenabnahme durch den TÜV), sobald es sich nicht mehr um die Originalanlage handelt. Die Typennummer im Schein muß dann auf den Auspuffteilen eingeschlagen sein.

Wer ohne ABE und Eintragung in die Fahrzeugpapiere (nicht bei Originalauspuffanlage) auf der Straße fährt, gerät in Schwierigkeiten:

- Das Fahrzeug verliert seine Straßenverkehrszulassung.
- Nach einem Unfall kann die Versicherung einen Teil, wenn nicht die ganze Schadenssumme vom Fahrzeughalter zurückfordern.
- Bußgelder und Punkte drohen.

• Es gibt eine Unmenge zugelassene und nicht zugelassene Zubehör-, Anbau- und Ersatzteile auf dem Markt, so daß es selbst dem Experten oft schwerfällt, herauszufinden, ob eine ABE vorhanden ist oder nicht. Auch Lenker oder Sitzbänke, Lampen und selbst Bremsbeläge unterliegen der Zulassungspflicht durch eine ABE. Mittlerweile hat sich aber weitgehend durchgesetzt, daß Zubehörläden oder Versender viele solcher Teile nur noch mit ABE anbieten.

5.5. Wartung und Pflege der Auspuffanlage

Wartung und Pflege an Auspuffanlagen reduzieren sich in der Regel auf

1. Innenreinigung von Zweitaktauspuffanlagen (Ölkohle)
2. Bekämpfung von Korrosion
3. Prüfen auf Dichtigkeit und festen Sitz der Anlage
4. Austausch defekter Teile

Zu 1. Die Reinigung von Ölkohleablagerungen an der Auspuffanlage von Zweitaktmotoren hängt von der Kilometerleistung und vom Prozentsatz des Ölanteiles im Kraftstoff ab. Je niedriger, desto größer sind die Reinigungsintervalle.

• Eine Überprüfung erscheint schon nach 10.000 km empfehlenswert. Nach 20.000 km spätestens sind Leistungseinbußen zu erwarten. Gereinigt wird die Auspuffanlage, indem Krümmer und Enddämpfer abgenommen werden. Danach zerlegt man den Endschalldämpfer. Meistens kann der Einsatz nach dem Lösen einer oder mehrerer Schrauben herausgezogen werden.

• Für die Reinigung selbst, eine ziemlich schmierige Angelegenheit, wird eine Petroleum-Benzinmischung 1:1 empfohlen.

Festsitzende Ölkohle wird mit einem Schaber oder einer Bohrmaschine mit Drahtaufsatz bekämpft.

Wenn das nicht hilft, muß eine Lötlampe oder ein Schweißbrenner her, mit der die Ölkohle abgebrannt wird (umweltbelastend, aber erforderlich, falls es nicht gelingt, die Kohle mechanisch zu entfernen). – Vorsicht! Beim Ausbrennen die Rohre und Endschalldämpfer nicht zu heiß werden lassen, weil Chrom- oder Farbbeschichtungen darunter leiden könnten.

• Zu diesen Reinigungsarbeiten gehört auch die Bearbeitung der Auslaßöffnungen im Zylinder. Notfalls muß der Zylinder dazu abgebaut werden.

Zu 2. Verrostete bzw. korrodierte Auspuffanlagen sind nicht selten. Während man gegen den inneren Säureangriff schlecht etwas machen kann, gibt es von außen einige Schutzmaßnahmen.

• Rostpickel auf verchromten Flächen, an Krümmern oder Endschalldämpfern sind vor allem den Sparmaßnahmen der Hersteller zu verdanken. Eine gute, sorgfältig aufgetragene Chromschicht, mit Unterschichten aus Kupfer und Nickel, hält ewig! Abhilfe gibt es nicht, außer man läßt neu verchromen. Zumindest muß man solche Oberflächen schützen (dünn einölen), sobald die Maschine länger steht.

• Blättert das Chrom in größeren Stücken ab, bringt man die Teile zur nächsten Oberflächenveredelungsfirma. Das kostet einiges und muß, wenn es halten soll, ordentlich (siehe oben) gemacht werden.

Die zweite Möglichkeit ist das Aluminium-Flammspritzverfahren, bei dem nach dem Sandstrahlen eine beliebig eingefärbte Aluminiumschicht auf die Anlage gespritzt wird. – Sehr effektiv, aber glanzlos – matt und dazu nicht eben billig.

• In Schwarz verchromen lassen ist eine gute Möglichkeit, für den der so etwas mag. Das Verfahren ist recht teuer, und nicht jeder Galvanikbetrieb kann es.

• Bei Fahrern von Enduros mit schwarz lackierten Auspuffteilen hat sich, weil der Lack schon nach kurzer Dauer abbrennt, herumgesprochen, daß Leinöl, auf die gereinigten, lacklosen Flächen gestrichen und anschließend mit der Lötlampe, bzw. am Krümmer durch die Hitze der Abgase, schwarz eingebrannt, die billigste Lösung ist. Sie kann beliebig oft wiederholt werden und gibt einen gewissen Rostschutz, der auch einige Zeit anhält.

• Es gibt mittlerweile auch sehr hitzebeständige Lacke, die auf Auspuffendtöpfen gut halten (bei sorgfältiger Vorarbeit, sonst blättert's wieder ab). Für Auspuffkrümmer, vor allem im vorderen Flammbereich, gibt es unseres Wissen nach noch keinen

Farbstoff, der länger hält als von morgens bis mittags.

Zu 3. Die Dichtheit der Anlage sollte alle 10.000 km eingehend geprüft werden. Notfalls müssen die Feuerbuchsen zwischen den Rohren und am Endschalldämpfer sowie die Kupferdichtringe im Zylinderkopf (Viertakter) bzw. im Zylinder (Zweitakter) erneuert werden. Der feste Sitz der Auspuffkrümmer, besonders aber der Endschalldämfer, sollte vor jeder größeren Tour, vor Autobahnfahrten, aber auch mindestens einmal im Monat kontrolliert werden. Je vibrationsreicher der Motor, desto häufiger!

Zu 4. Verrostete Schellen, alte Dichtungen, unsichere Schrauben und Muttern, löchrige Endschalldämpfer müssen ersetzt werden. Die Auspuffhalter sollten öfter geprüft werden. Sie sind wegen der Vibrationen stark bruchgefährdet. Auspuffkrümmer können Risse bekommen, wenn die Halterungen gebrochen sind. Endschalldämpfer machen sich gerne selbständig, nachdem die Halterungen abvibriert sind. Das merkt man bei schneller Fahrt oft nicht und muß sich dann später auf eine frustrierende Suche einstellen.

• Über die Behandlung festsitzender Schrauben und Muttern kann in Kapitel 2.0. »Motorinstandsetzungs- und Wartungsarbeiten« nachgelesen werden.

Schraubengewinde an den heißen Zonen des Motors oder der Auspuffanlage streicht man mit Kupferpaste ein (in jedem guten Werkzeugladen erhältlich). Die ist hitzefest und macht das spätere Lösen wesentlich einfacher.

6. Die Kraftübertragung

Motorradmotoren haben den Nachteil aller Verbrennungsmaschinen: Sie können nicht unter Last anlaufen. Erst wenn solch ein Motor eine gewisse Drehzahl erreicht hat, ist genügend Kraft vorhanden, damit sich das Fahrzeug in Bewegung setzen kann. Doch wie bringt man die Kraft einer drehenden Motorwelle auf die (noch) stehenden Antriebsräder eines Fahrzeugs?
Zwischen Motor und Antriebsrad wird also ein Bindeglied, eine Kupplung, gebraucht, die es dem Motor ermöglicht, seine Leistung auf den Antrieb zu übertragen.

Abb. 149: Kraftübertragung von der Kurbelwelle bis zum Hinterrad (BMW-Zweiventil-Boxermotor)
1 Kurbeltrieb des Motors
2 Einscheiben-Trockenkupplung
3 Antriebsruckdämpfer im Getriebeeingang
4 Schaltgetriebe (Viergang)
5 Kardangelenk (Kreuzgelenk)
6 Kardanwelle
7 Umlenkgetriebe (Hinterachsgetriebe)
8 Hinterrad
(BMW)

Dies muß zudem allmählich geschehen, damit der Motor seine Kraft behalten kann, weil der hohe Widerstand der Antriebsräder die Drehzahlen des Motors in den Keller zwingen würde. Erst wenn die Antriebsräder sich drehen, darf die Kupplung die volle Verbindung herstellen. Motor und Antrieb sind dann starr miteinander verbunden. Jede Änderung der Motordrehzahlen ändert auch die Drehzahlen der Antriebsräder.
Auch beim Motorrad wird eine solche Kupplung verwendet, die es ermöglicht, die Leistungsübertragung in einer sanften, materialschonenden Weise auszuführen. Wird ausgekuppelt, sind Motor und Antrieb getrennt. Der Motor kann gestartet und auf Drehzahl gebracht werden. Kuppelt man wieder ein, verbinden sich Motor und Antriebstrang wieder. Die Stahl- und Reibscheiben der Kupplung übertragen dabei mit fließendem Übergang die anfallenden Kräfte. Das Fahrzeug setzt sich in Bewegung.

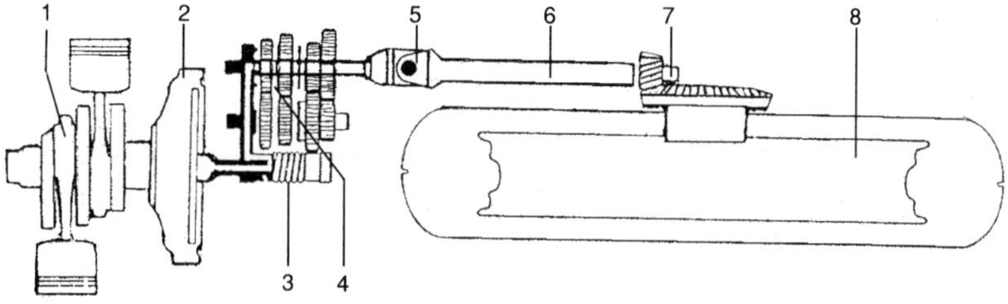

Erhöht sich der Fahrwiderstand, z.B. durch eine Steigung, muß die Umdrehungszahl der Kurbelwelle stabil gehalten werden, will man die Leistungsfähigkeit des Motors erhalten. Dann heißt es Gas geben, bis die Drehzahlgrenze des Motors erreicht ist. Ab dann muß ein anderer Weg gefunden werden, um die Geschwindigkeit der Wegstrecke anzupassen. Die Koordination dieser Aufgabe übernimmt beim Motorrad ein Schaltgetriebe.

6.1. Der Primärantrieb: Kraftweg von der Kurbelwelle zur Kupplung

Unter »Motor« versteht der Techniker eigentlich nur das nackte Antriebsaggregat bis zum Kurbelwellenstumpf, doch landläufig zählt man noch Primärantrieb und Kupplung hinzu. Die Art des Primärantriebes und sein Übersetzungsverhältnis hat einen nicht unwesentlichen Anteil am Charakter eines Motors. Die Primäruntersetzung der Yamaha SRX 600 beispielsweise, beträgt 2,387:1. Hier bietet der Motor die erste Gelegenheit, durch Verwendung unterschiedlich großer Zahnkränze die Drehzahl und Drehmomentverhältnisse in Richtung Hin terrad zu beeinflussen.
Das Verhältnis 2,387:1 bedeutet: Die Kurbelwelle macht 2,387 Umdrehungen, während die Kupplung, die auf der Getriebeeingangswelle sitzt, nur eine einzige tätigt. So dreht die Kupplung zwar jetzt langsamer, verfügt aber über wesentlich mehr Kraft, um kommende Hindernisse in Form von Fahrwiderständen via Getriebe und Hinterrad zu überwinden. Der Motor kann bei einer gelungenen Primärübersetzung in dem für ihn günstigen Drehzahlbereich gefahren werden (nahe dem höchsten Drehmoment). Die Auslegung des Getriebes und der Hinterradübersetzung bestimmen dann seine endgültige Aufgabe.
Eine Primäruntersetzung gibt es bei allen Motorrädern. Bei einigen wenigen (Moto Guzzi V2-Motoren; BMW-Boxer) mündet die Kurbelwelle unmittelbar in der Kupplung, während der Primärantrieb sich dann unüblicherweise im Schaltgetriebegehäuse wiederfindet.

6.1.1. Primärantrieb über Zahnräder

Zahnräder zwischen Kurbelwelle und Kupplung sind die optimale Verbindung für einen Primärantrieb. Sie arbeiten nahezu spielfrei, benötigen keine Wartung und laufen vom Motoröl ideal geschmiert.
Die Zahnräder für den Primärantrieb werden aus hochlegiertem, gehärtetem Stahl hergestellt.

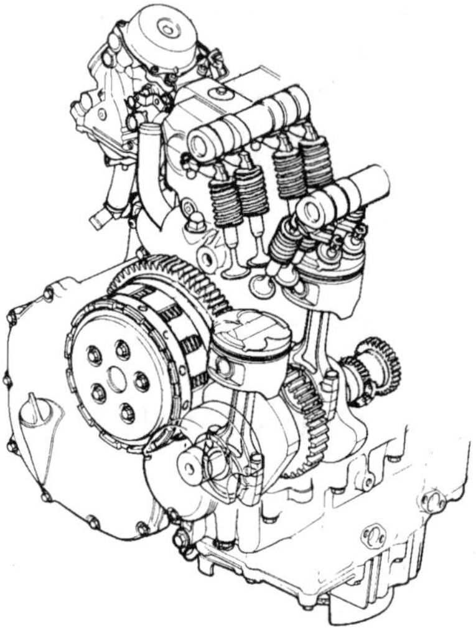

Abb. 150: Primärantrieb mit gerade verzahnten Zahnrädern (Honda CBR 1000 F)

Man unterscheidet Primärantriebe mit schräg verzahnten Zahnrädern und solche mit gerade verzahnten.

- Erstere sind zwar deutlich leiser, erzeugen aber einen axialen Druck auf die Kurbelwellen- bzw. auf die Getriebelager. Deswegen müssen bei schräg verzahntem Primärantrieb die Wälzlager seitlich geführt werden. In einigen Fällen werden doppelte Lager verwendet. Kurbelwellen- und Getriebelager normaler Bauweise sind nicht dazu geeignet, große seitliche Lagerdrücke auszuhalten.
- Gerade verzahnte Zahnräder verursachen wohl eine deutlich höhere Geräuschkulisse, jedoch kann die axiale Führung unterbleiben. Man spart zusätzliche Lager bzw. teure Speziallager.

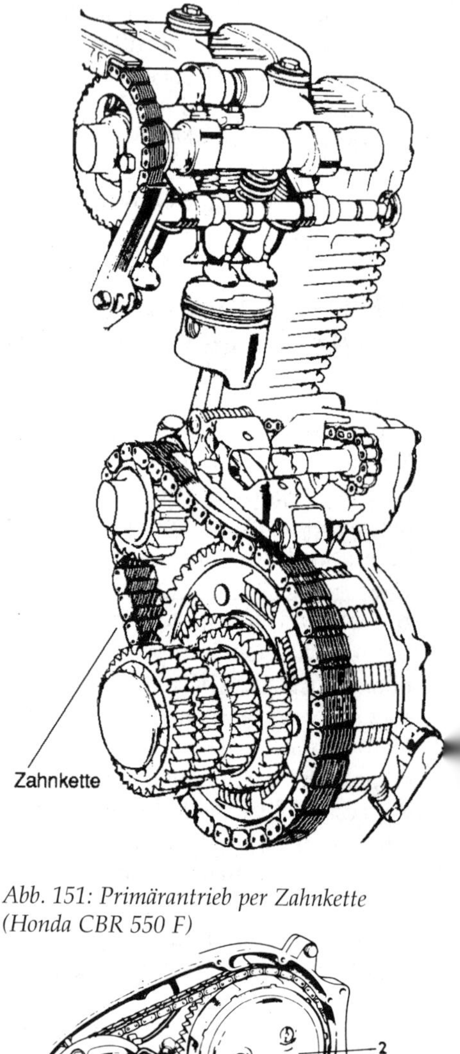

Abb. 151: Primärantrieb per Zahnkette (Honda CBR 550 F)

1 Kurbelwelle, 2 Kupplung

Abb. 152: Primärantrieb mit Duplex-Hülsenkette (Triumph 650/750 Twin)

6.1.2. Primärantrieb über Hülsenketten oder Zahnketten

Der Primärantrieb mittels Kette ist im Gegensatz zu Zahnrädern billiger und flexibler. Zwei Kettenräder, mit einer Zahnreihe einfach, mit zwei Zahnreihen nebeneinander doppelt oder mit drei Zahnreihen dreifach ausgelegt, je nach Konstruktionsweise und Motorkraft, werden von einer Gliederkette angetrieben. Das kleinere Kettenrad (das Ritzel) ist auf der Kurbelwelle befestigt, das größere (das Kettenrad) ist Bestandteil des Kupplungskorbes. Die Flexibilität der Kette unterstützt den im Kupplungskorb und/oder Getriebe sowie am Hinterrad befindlichen Antriebsruckdämpfer, falls der nicht bereits mit auf dem Kurbelwellenstumpf angebaut wurde.

• Die Aufgabe des Antriebsruckdämpfers besteht darin (vor allem bei mit Kardanwelle angetriebenen Motorrädern), bei Lastwechsel (gasgeben, gaswegnehmen) Motor- und Getriebelager sowie die betroffenen Wellen im Motor vor Spitzenbelastungen zu schützen.

• Da die Übertragung großer Kräfte vorgenommen wird, muß die Primärkette solide dimensioniert sein. Wenn sie als Hülsenkette gearbeitet ist, benutzen die Konstrukteure mehrreihige, sogenannte Duplex- oder sogar Triplexketten.

• Hülsenketten unterscheiden sich von der Rollenkette durch das Fehlen der Außenrolle auf den einzelnen Gliedern der Kette. Diese Rolle hat die Aufgabe, den Reibwiderstand zwischen Kettenrad und Kette zu mindern. Eingesetzt am wesentlich schneller und härter laufenden aber gut geschmierten Primärkettenantriebe ist sie höchst bruchgefährdet. Deshalb läßt man die Rolle weg. Hülsenketten werden an modernen Motorrädern nicht mehr verwendet. Man findet sie nur noch an älteren Motorrädern (z.B. Triumph 500/650/750 Paralleltwin).

• Rollenketten wurden an Primärantrieben seltener verwendet, und wenn, dann in kleineren Motorrädern. Bei schweren Maschinen, wo wesentlich höhere Kräfte wirksam werden, kann man sie in dieser Funktion nicht gebrauchen.

• Die Primärkette ist überwiegend als Endloskette gefertigt (Ausnahmen gibt es, wie z.B. an einigen alten Harley-Davidson-Motoren), weil ein Kettenschloß als schwächstes Glied eine Gefährdung für den Motor darstellt. Wenn eine solche Kette zerreißt, dann garantiert an dieser Stelle. Die Beschädigung bei voller Kraftentfaltung läßt den Motorblock im Primärbereich dann wie mit einer Kettensäge bearbeitet aussehen.

• Zahnketten sind für leistungsstarke Motorradmotoren am besten geeignet. Sie werden in beliebiger Länge und Breite hergestellt. Während sie für Primärantriebe immer weniger eingesetzt werden (fast alle neu konstruierte Motoren nutzen Zahnräder als Primärantrieb), sind sie bei der Nockenwellensteuerung nicht mehr wegzudenken.

Zahnketten bestehen aus Stahllamellen, die auf einem Stift drehbar nebeneinander aufgereiht sind. Viele Lamellen und Stifte bilden eine Kette. Die Zahnkette führt in der Regel kein Kettenschloß. Die Zahnkette hat auf ihrer Unterseite wellenförmige, an ihrer Spitze abgerundete Vertiefungen. Das passende Kettenritzel bzw. Kettenrad dazu besitzt entsprechend geformte Zähne. Die Zahnkränze darauf sehen mehr nach Zahnrad als nach Kettenrad aus.

• Jede Primärkette ist einem größeren Verschleiß ausgesetzt als ein vergleichbarer Primärantrieb mit Zahnrädern. Das macht sich nach hoher Kilometerleistung trotz Kettenspanneinrichtung und optimaler Schmierung als Kettenrasseln und verstärkte Lastwechselreaktion bemerkbar. Die Kette hat sich dann zu stark gelängt.

Bei einer Zahnkette als Primärkette sind dann die Bohrungen an den Laschen aufgeweitet oder die Stifte verschlissen. Die Primärkette sollte, weil die Bruchgefahr rapide angestiegen ist, gewechselt werden.

An der Hülsenkette bzw. an der Rollenkette sind nach langer Laufzeit die Gelenke der Kettenglieder ausgeschlagen, und der Drehbolzen hat zuviel Spiel gewonnen.

6.1.3. Primärantrieb über Zahnriemen

Den Zahnriemen gibt es zwar schon eine Reihe von Jahren, im Motorradbau setzte er sich aber nur zögernd durch.

Im Grunde ist der Zahnriemen die Kunststoffversion der Zahnkette, aber ungleich flexibler, dennoch langlebig und geräuscharm. Motoröl oder Fett mag er allerdings gar nicht. Hitze und hermetisch verschlossene Gehäuse sind ihm ein Greuel. Er beginnt dann, sich unter Last aufzulösen. Besser ist es, wenn er gut belüftet und nur mäßig erwärmt arbeiten kann.

• Zahnriemen bestehen aus einem komplizierten Gewebe unterschiedlicher Materialien. Vorherrschend sind Kohlefasern und hochelastische öl- und weitgehend hitzefeste Kunststoffe. Gelegentlich wird er als Bestandteil eines Sekundärantriebes eingesetzt. Auch als Zubehörteil wird er von Harley-Bikern, Engländer-Fahrern und anderen wegen seiner Geräuscharmut, der Wartungsfreiheit und der Gewichtsreduzierung sehr geschätzt.

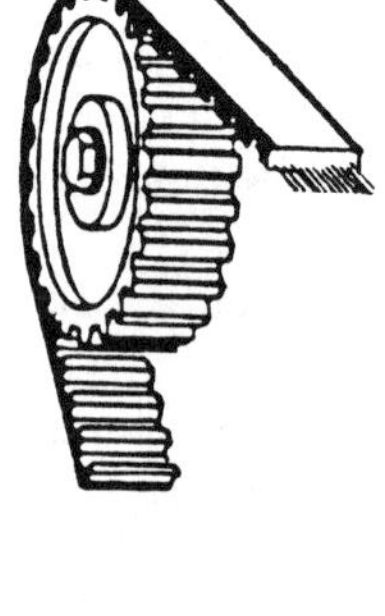

Abb. 153: Zahnriemenantrieb

• Zahnriemenantrieb zum Hinterrad haben serienmäßig zur Zeit alle neuen Motorräder von Harley Davidson sowie die EN 500 von Kawasaki (Softshopper)
• Der Zahnriemenantrieb wird serienmäßig auch zum Antrieb der Nokkenwellen in Ducati-, Honda-(Gold-Wing) und Rotax- Motoren verwendet.

6.1.4. Hinweise zur Wartung, Pflege und Reparatur

Zahnkettenantrieb

Die Zahnkette läuft wartungsfrei bis Geräuschbildung und starke Lastwechseländerungen daran erinnern, daß sie sich gelängt hat, oder daß die Steuerkettengleitschienen abgenutzt sind. Die Laufleistung der Zahnkette ist hoch. Die Stahllamellen ihrer Glieder sind gehärtet und von gutem Material.

Zahnketten haben in keinem Fall ein Kettenschloß, sie sind stets als Endloskette eingefügt. Die Zahnkette ist in modernen Motoren nur noch selten als Primärkette in Betrieb. Der Zahnradantrieb hat sich an dieser Stelle als das bessere Prinzip durchgesetzt.

Hülsenkettenantrieb

Vor allem ältere Motorräder oder solche, die im alten Stil gebaut werden, sind mit Hülsenketten in der Duplex- oder Triplexversion ausgerüstet. Diese Ketten dehnen sich im Vergleich zur Zahnkette sehr stark, weshalb immer ein effektiver Kettenspanner eingebaut sein muß.

• Wartung bei eingebauter Hülsenkette bedeutet vor allem, häufiger eine Ölstandskontrolle im separaten Primärkettenkasten vorzunehmen. In der Regel muß außerdem alle drei- bis fünftausend Kilometer die Kettenspannung überprüft und gegebenenfalls nachgespannt werden.

Zahnriemen

Wer an seinem Motorrad einen Primärantrieb mit Zahnriemen im Motor besitzt, wird die Geräuscharmut, die elastische, aber feste Kraftübertragung, die Wartungsarmut und die Haltbarkeit des Zahnriemenantriebes zu schätzen wissen. Schädlich sind Motorölreste (Lecks), durch die der Zahnriemen ins Rutschen kommen könnte, was zu Ventil- und Kolbenschäden und damit zu einer ernsthaften Motorhavarie führen könnte. Schädlich sind auch überhöhte Temperaturen, die den Zahnriemen zersetzen. Dabei werden die Kanten der Zähne beschädigt, was übrigens auch als Alterserscheinung eines Zahnriemens auftritt.

Austauschen sollte man den Zahnriemen alle 80.000 Kilometer oder alle 5 Jahre. Ersetzen läßt sich jeder Zahnriemen problemlos. Als Nokkenwellensteuerriemen eingesetzt, finden wir ihn geschützt hinter einem Seitendeckel am Zylinder des Motors.

6.2. Die Kupplung

Die Kupplung ist Trenn- und Bindeglied zwischen Motor und Getriebe.

Die Aufgaben der Kupplung am Motorrad:

1. Sie trennt, etwa zum Zwecke des Startens, den Motor vom Schaltgetriebe und damit vom Hinterradantrieb.

2. Die Kupplung überträgt das zum Anfahren notwendige Drehmoment auf das Schaltgetriebe.

3. Sie trennt im Fahrbetrieb den Kraftfluß zwischen Motor und Schaltgetriebe, um ein sauberes, geräuschloses Wechseln der Gänge zu ermöglichen.

In Motorrädern werden vorwiegend Reibkupplungen verwendet. Hydrodynamische Kupplungen (Drehmomentwandler) werden nicht mehr gebaut. Der letzte Versuch war der von Moto Guzzi mit der V 1000 I-Convert, die einen Drehmomentwandler mit einem Zweiganggetriebe kombinierte.

Kupplungsfunktion

Die Kupplung überträgt das Motor-Drehmoment (die Motorkraft) beim Einkuppeln mittels der Gleitreibung der Kupplungsbeläge auf die Eingangswelle des Schaltgetriebes. Die schleifende Kupplung, über den Handhebel kontrolliert, wirkt dabei abbremsend auf den Motor und antreibend auf das Getriebe und damit auf das Hinterrad. Das Absinken der Motordrehzahl korrigiert der Fahrer mit dem Gasdrehgriff am Lenker.

• Übertragen wird auch der umgekehrte Weg, wenn etwa nach dem Gaswegnehmen die Masse des Motorrades, nach dem Gesetz der Massenträgheit, weiter vorwärts stürmt und der Hinterradantrieb dann über das Schaltgetriebe und die Kupplung den Motor antreibt.

• Zum Schalten der Getriebegänge wird ebenfalls die Kupplung benötigt, weil die Getriebezahnräder bzw. die Schaltgabeln während des Schaltvorganges nicht belastet werden dürfen.

• Die Kupplung wirkt als Sicherheitseinrichtung, wenn der Motor einmal blockieren sollte.

Beispiel: Ein Motorrad bewegt sich mit relativ hoher Geschwindigkeit, sagen wir mit 180 km/h. Plötzlich blockiert die Kurbelwelle, weil ein Pleuel abgerissen ist. Der Motor steht abrupt still. Die Geschwindigkeit des Fahrzeuges, die kinetische Energie seiner Masse, wirkt dem entgegen. Hatte vorher der Motor das Fahrzeug angetrieben, treibt nun das Motorrad den Motor an!

Die Kupplung reagiert jetzt blitzschnell und dreht durch, weil die Haftreibung ihrer Beläge überschritten wurde und der Federdruck der Kupplungsfeder(n) den Reibwiderstand der Scheibe nicht mehr erhalten kann. Das Hinterrad blockiert somit in den ersten wichtigen Sekunden nicht, was zur Katastrophe führen könnte. – Das gibt dem Fahrer die Gelegenheit, die Kupplung zu ziehen, um die Verbindung Motor-Getriebe dauerhaft zu unterbrechen.

6.2.1. *Einscheiben- oder Mehrscheibenkupplung und deren Wirkungsweise*

Die Größe der Kupplungsfläche(n) bestimmt die Fähigkeit der Reibkupplung, Motorkräfte zu übertragen. Je größer die Reibfläche einer Kupplung bei einem bestimmten Anpreßdruck ist, desto größer kann die Kraft sein, die übertragen werden soll.

Einscheibentrockenkupplung
Funktionsweise der *Einscheibentrokkenkupplung* (siehe Abb. Nr. 154):

Die Einscheibentrockenkupplung ist in der Schwungscheibe untergebracht, die zwischen Motorblock und Getriebeeingangswelle liegt. Sie ist an einem Ende mit dem Kurbelwellenstumpf verbunden. Eine zwischen Druckplatte und Schwungscheibe auf der Getriebeeingangswelle axial frei bewegliche Kupplungsbelagscheibe wird von Schraubenfedern mittels der Druckplatte auf die Schwungscheibe gepreßt. Die Kupplungsbelagscheibe ist dadurch mittels Reibungskraft mit dem Schwungrad verbunden und so mit dem Motor. Die Belagscheibe ist

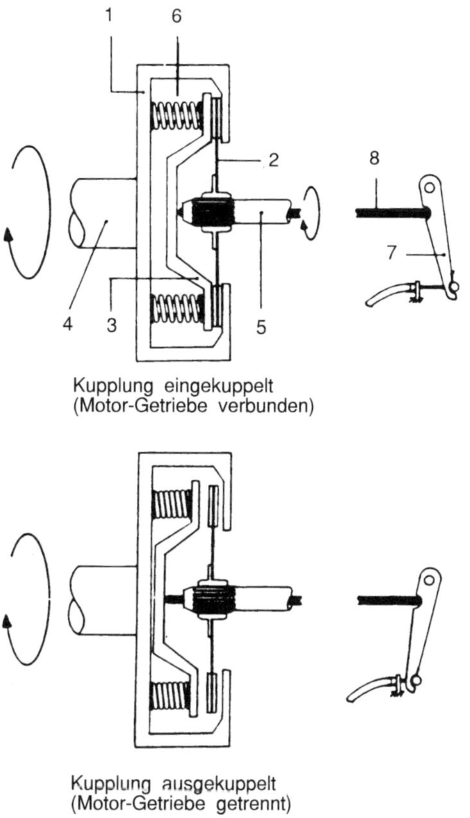

Abb. 154: Funktionsweise einer Einscheiben-Trockenkupplung
1 Schwungscheibe (mit dem Motor verbunden)
2 Kupplungsreibscheibe (mit dem Getriebe verbunden)
3 Druckplatte
4 Kurbelwellenstumpf
5 Getriebeeingangswelle
6 Kupplungsdruckfedern (Schraubenfedern)
7 Kupplungsausrückhebel (über Seilzug mit dem Handhebel verbunden)
8 Kupplungsausrück-Druckstange

über ihre Längsverzahnung mit dem Schaltgetriebe verbunden. Der Zustand der Kupplung ist jetzt eingekuppelt!

• Zustand ausgekuppelt: Zum Auskuppeln wird über eine Druckstange, die mit einem Hebel verbunden ist, die Druckplatte belastet, welche daraufhin die Schraubenfedern zusammenpreßt. Ein Seilzug überträgt die Handkraft vom Kupplungshebel. Die vorher zwischen Schwungscheibe und Druckplatte eingeklemmte Kupplungsreibscheibe kann sich jetzt frei bewegen. Motor und Schaltgetriebe sind so getrennt. Damit die Druckstange nicht so rasch verschleißt, endet sie am Kupplungsausrückhebel im Kupplungsausrücklager.

• Nach den Bedingungen, unter denen sie arbeiten, unterscheidet man Trocken- oder Naßkupplungen (Ölbadkupplungen). Die in heutigen Mo-

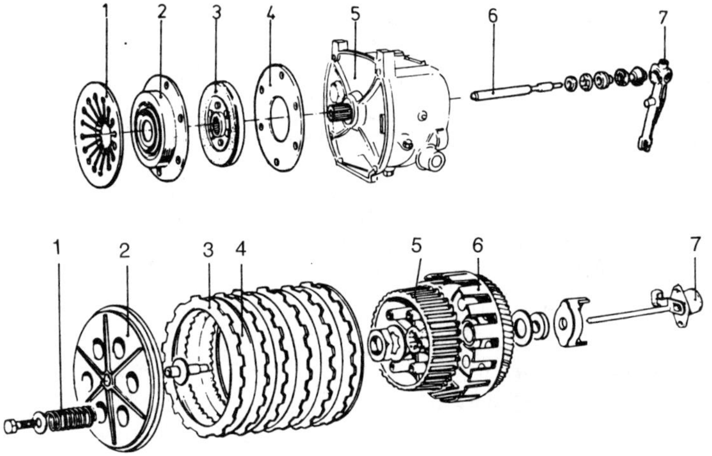

Abb. 155: Trocken- und Naßkupplungen

(oben)
Einscheiben-Trockenkupplung
1 Membranfeder
2 Schwungscheibe
3 Kupplungsreibscheibe
4 Druckplatte
5 Schaltgetriebe
6 Druckstange mit Ausrücklager und Dichtringen
7 Kupplungsausrückhebel
(BMW-Zweiventil-Boxermotor)

(unten)
Mehrscheiben-Naßkupplung
1 Kupplungsfedern (6 Schraubenfedern)
2 Druckplatte
3 Reiblamellen (Belagscheiben)
4 Stahllamellen
5 Kupplungsnabe (mit der Getriebeeingangswelle verbunden)
6 Kupplungskorb (mit dem Kurbeltrieb verbunden)
7 Kupplungsbetätigung mit Druckstange

torrädern verwendeten Einscheiben- oder Zweischeibenkupplungen arbeiten als Trockenkupplung (BMW-Boxermotoren z.B. , auch die neuen RS-Modelle und alle K-Modelle, besitzen Einscheibentrockenkupplungen; die Moto Guzzi V2- Modelle in der Regel Zweischeiben-Trockenkupplungen). Die meisten anderen Motorräder jedoch benutzen Mehrscheibennaßkupplungen im Ölbad. Einige Sportmodelle Trockenkupplungen in Mehrscheibenbauweise (z.B. alle neueren Ducati-Motorräder).

Zweischeiben-Trockenkupplung

Die Zweischeiben-Trockenkupplung wird überwiegend, wie die Einscheibentrockenkupplung, bei direktem Antrieb von der Kurbelwelle zum Getriebe verwendet und sitzt dann als Trenn- und Bindeglied unmittelbar auf der Schwungscheibe.

Eine Mehrscheibenkupplung dagegen wird dort eingesetzt, wo entweder eine Einscheibenversion nicht ausreicht, weil ein starkes Drehmoment die Kupplung zu überfordern scheint (sie neigt dann zum Rutschen) oder weil die Baugröße für eine Einscheibenkupplung, die einen größeren Durchmesser besitzt, nicht gegeben ist.

Die Zweischeibenkupplung führt zwei Stahlscheiben (ersetzt die Druckplatte bei der Einscheibenkupplung) und eine zweite Belagscheibe.

Die Mehrscheiben-Trockenkupplung und die Mehrscheiben-Naßkupplung (Ölbadkupplung)

Die Mehrscheiben-Trockenkupplung wurde vorwiegend für Rennsportzwecke gebaut. In den letzten Jahren taucht sie jedoch immer häufiger auch bei den sportlichen Motorrädern mit Straßenzulassung auf. Im Gegensatz zur Ölbadkupplung hat die Trockenkupplung eine höhere Reibkraftübertragungsfähigkeit. Mit verringertem Kupplungsfederdruck läßt sich eine höhere Haftreibung erzeugen. Damit kann die gewaltige Leistung starker Motorradtriebwerke trotz relativ kleiner Kupplungsbaugrößen sicher auf die Straße gebracht werden.

• Wirkungsweise der Mehrscheibenkupplung:

Die Kurbelwelle ist über den Primärantrieb (siehe Unterkapitel 6.1.) mit dem Kupplungskorb verbunden, das Schaltgetriebe und damit der ganze Antriebsstrang über die innenliegende Kupplungsnabe.

Die Kupplungsdruckplatte drückt mit Hilfe der an der Nabe befestigten Kupplungsfedern (sie sind kreisförmig auf der Kupplungsdruckplatte angeordnet) auf das Paket der Kupplungsreib- und Stahllamellenscheiben. Während die Stahllamellen über eine Innenverzahnung mit der Kupplungsnabe, der Getriebeeingangswelle und damit dem Hinterradantrieb verbunden sind, greifen die Belaglamellen mit einer Außenverzahnung im Kupplungskorb ein und sind darüber mit dem Motor verbunden (das ist der Primärantrieb).

Ausgekuppelt wird über einen Druckbolzen, der durch die Kupplungsnabe an der Innenseite der Druckplatte zentrisch angreift. Die Druckplatte hebt sich bei Betätigung der Kupplung und zieht dabei die Kupplungsfedern zurück. Die Reib- und Stahllamellen erhalten ein leichtes axiales Spiel und können sich daraufhin unabhängig voneinander bewegen. Motor und Antrieb sind getrennt!

- Der Druckbolzen in der Kupplungsnabe wird von einem Ausrückhebel, seitlich am Motorgehäuse gelegen, betätigt. Dieser wird über den Handhebel am Lenker via Seilzug bedient.
- Die Lamellen der Naßkupplung sind mit Nuten versehen, die den Reibbelag in Felder aufteilen. Dies soll den Ölaustausch fördern. Das Öl in der Naßkupplung ermöglicht ein sanfteres Greifen der Kupplung und damit ein, im Gegensatz zu den sportlicheren Motorrädern, zivileres Anfahren. Das Motoröl wirkt dämpfend. Der Vorgang läuft elastischer ab, die Kupplung reagiert nicht so »giftig« wie eine Trockenkupplung. Die Mehrzahl der Hersteller verwendet deshalb Ölbadkupplungen. Hinzu kommt, daß Kupplungsbeläge für Trockenkupplungen teurer sind als solche für Naßkupplungen, müssen sie doch mehr Wärme aushalten, die im anderen Falle vom Motoröl abtransportiert wird.

6.2.2. Arbeitsweise der hydraulischen und der mechanischen Kupplungsbetätigung

Es gibt die Kupplungsbetätigung mit der Hand und, selten, die mit dem Fuß. Dazu unterscheiden wir die Seilzug- und die hydraulische Betätigung.

Die hydraulische Handkupplung
Sie arbeitet mit einem Geberzylinder (Hauptkupplungszylinder am linken Lenkerende), einer Rohrleitung mit flexiblen Schläuchen an den Enden sowie einem Nehmerzylinder.

Die Betätigung des Handhebels aktiviert einen Kolben im Geberzylinder, der Hydraulikflüssigkeit aus einem kleinen Tank durch die Leitung drückt (in diesem Falle identisch mit der Bremsflüssigkeit; siehe hierzu das Unterkapitel 8.8. »Die Bremsanlage«). Der Druck der Flüssigkeit motiviert einen zweiten Kolben im Nehmerzylinder unten an der Kupplung, sich synchron zum Geberkolben zu bewegen. Die dadurch übertragene Kraft und Wegstrecke betätigen den vom Nehmerzylinder bewegten Kupplungsausrückhebel.

- Die Reiblamellenscheibe(n) bekommen im Laufe der Zeit Spiel durch Abnutzung. Der Anpreßdruck läßt nach, und die Kupplung beginnt durchzurutschen. Bemerkbar macht sich dieser Effekt besonders am Berg oder bei Beschleunigungsmanövern, wenn trotz gleichbleibender oder sogar steigender

Drehzahlen die Tachonadel nach unten zu wandern beginnt. Dann wird es Zeit, die Reiblamellenscheibe(n) zu wechseln.
Die hydraulische Handkupplung wird dabei in keinem Fall berührt und braucht *nicht* nachgestellt zu werden! Jedes entstehende Kupplungsspiel wird stets sofort und automatisch ausgeglichen. Wenn also eine hydraulische Kupplung durchzurutschen beginnt, sind verschlissene Reiblamellenscheibe(n) mit Sicherheit die Ursache.

• Im Gegensatz zur Seilzugbetätigung, wo die Länge des Kupplungsausrückhebels die Handkraft zur Kupplungsbedienung bestimmt (Hebelgesetz), bestimmen die Größe und die Oberfläche der Druckkolben von Geber- und Nehmerzylinder die aufzuwendende Handkraft. Als Standard nimmt man heute etwa 75 Newton in Kauf.

Die seilzugbetätigte Handkupplung

Sie arbeitet mit einem Seilzug (Bowdenzug), der einerseits am Lenker, andererseits am Getriebegehäuse endet. Dieser Seilzug, mit einer Rolle im Handhebel gelagert, zieht sich durch die Hülle bis zum Ausrückhebel, wo er eingehakt wird.
Betätigt man den Handhebel, stützt sich der Seilzug auf den Endkappen der Hülle ab und vermag so, trotz etlicher Biegungen zwischen Lenker und Motorblock, den Ausrückhebel der Kupplung zu bedienen.

• Die seilzugbetätigte Handkupplung ist nach wie vor die am weitesten verbreitete Art der Kupplungsbetätigung an Motorrädern. Sie vereint Einfachheit mit Effizienz. Ihre großen Nachteile sind Nachstellprobleme infolge der Längung der Seilzugseele sowie dem Verschleißen der Kupplungsreibscheibe(n). Außerdem muß sie regelmäßig gewartet werden und ist im Winter bei Minustemperaturen nur bei sorgfältiger Pflege einsatzbereit (Einfrieren durch eindringendes Wasser).

Das Kupplungsspiel an seilzugbetätigten Kupplungen

Das Kupplungsspiel sollte periodisch überprüft werden. Wichtige Faktoren sind temperaturbedingte Längenänderungen der stählernen Seilzugseele sowie die Abnutzung der Kupplungsreiblamellenscheibe(n).

Abb. 156: Kupplungs-Seilzugversteller
1 Konter-Rändelmutter
2 Seilzugverstellschraube
(Honda)

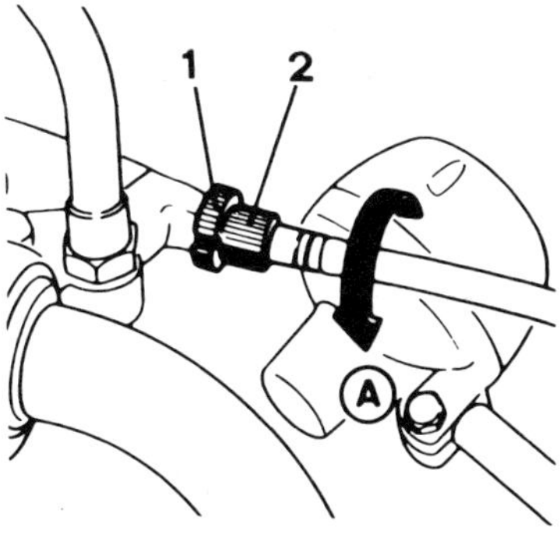

Das Kupplungsspiel wird über einen Seilzugeinsteller kontrolliert. Er befindet sich am Handhebel. Dort soll der Spalt zwischen Handhebel und Widerlager etwa drei Millimeter ausmachen. Bei etlichen Maschinen befindet sich ein zweiter Einsteller am Widerlager des Bowdenzuges, am Ausrückhebel der Kupplung, unten am Motorblock. Eingestellt werden sollte oben am Handhebel. Erst wenn die Verstellmöglichkeit dort erschöpft ist, wird am unteren Seilzugversteller die Seelenlänge reguliert; doch sollten die Kupplungseinsteller nicht so weit herausgedreht sein, daß sie aus dem Gewinde des Widerlagers herausbrechen könnten. Läßt sich nichts mehr einstellen, muß die Seilzugseele gekürzt oder ausgetauscht werden.

Die Fußkupplung

Dieses Relikt aus den Anfängen der Motorradfahrerei erfreut sich bei Chopperfahrern, speziell bei Harley-Freaks, wieder einer wachsenden Beliebtheit. Es verleiht ein uriges Gefühl. Die Funktion ist dieselbe wie bei der Seilzug- oder hydraulischen Kupplung, nur daß diese statt mit der Hand mit dem linken Fuß betätigt wird. Eine besondere Vorrichtung gestattet das Feststellen des Kupplungspedales im ausgekuppelten Zustand, um Stand- oder Gangwechselprobleme zu verhindern. Archaisch und ungewohnt wie sie ist, verlangt die Fußkupplung einiges an Eingewöhnungszeit.

6.2.3. Wann eine Kupplung verschlissen ist, wie man sie prüft und was man auswechselt

Verschlissen ist eine Kupplung, wenn das Kupplungsspiel am Seilzug stimmt, aber der Motor dennoch Schlupf aufweist.

Ein ähnliches Symptom bietet eine verölte Trockenkupplung, doch rupft sie zusätzlich gehörig und zeigt Ölspuren aus der Kupplungsregion.

In beiden Fällen müssen die Kupplungsreibscheibe(n) ausgewechselt werden.

• Eine etwas brutale Methode, um einer halbseidenen Kupplung, bei der man sich nicht sicher ist, auf den Zahn zu fühlen, ist die Abbremsmethode. Hierzu stellt man die Maschine mit dem Vorderrad gegen die Garagenwand, legt den ersten Gang ein und gibt Gas. Gleichzeitig läßt man die Kupplung kommen. Würgt man nun trotz kräftigen Gasgebens den Motor ab, oder dreht der Hinterreifen durch (PS/kW-starke Maschinen), hat die Kupplung den Test *bestanden*.

Im anderen Fall, wenn die Belagstärke der Kupplungsreibscheibe(n) schwach oder die Scheibe(n) verölt (Trockenkupplung) sind, kommt der Motor zwar auf Drehzahl, aber der Hinterradreifen dreht nicht mit. Die Kupplung rutscht durch!

Natürlich sollte dieser Test nur kurz durchgeführt werden, um einen noch guten Reibbelag nicht zu überhitzen. Eine überhitzte Kupplung nennt man auch »verbrannt«, weil die Beläge so heiß geworden sind, daß sie verglasten und nun so hart und glatt sind, daß die Kupplung nur noch durchrutscht.

• Richtig prüfen (und mit einem Werkstatthandbuch vergleichen) sollte man bei Problemen mit der Kupplung die Stärke der Belagscheibe(n) sowie die Länge der Kupplungsfedern, soweit es Schraubenfedern sind. Membranfedern (Einscheibentrokkenkupplung) werden flach aufgelegt und mit dem Tiefenmaß der Schieblehre oder einem Bandmaß auf Höhe geprüft. Verölte Belagscheiben von Trockenkupplungen müssen ersetzt werden, egal, wie stark die Beläge messen.

• Wer diese Ausgabe scheut, kann zwar versuchen, die Reibeigenschaften der verölten Kupplungsbeläge zu verbessern, indem er das eingedrungene Öl mit einem Bremsbelagreiniger oder einem Lösungsmittel (Nitroverdünnung) auflöst, um es auf dem Belag zu verreiben. Doch werden diese Bemühungen nur kurzfristig Erfolg haben, da das in den Belag eingesickerte Öl nur mangelhaft zu beseitigen ist.

• Eine beim Anfahren rupfende Kupplung sowie schlechtes Trennen beim Gangwechsel (Schaltgeräusche!) stellen sich ein, wenn an Mehrscheiben-Naß- bzw. Trockenkupplungen die Führungsschlitze für die Außenverzahnung der Kupplungsreiblamellen am Kupplungskorb eingeschlagen sind – wenn also statt einer glatten eine zersägte Schlitzkante zu sehen ist. Das Rupfen entsteht, wenn die zahnförmigen Enden der Belaglamellen beim Kupplungsvorgang in den Führungsschlitzen hinauf- und hinunterwandern, wobei sie an den Unebenheiten ruckeln.

Nun können zwar die Kanten in den Führungsschlitzen wieder geglättet werden (im ausgebauten Zustand mit der Feile bearbeiten), doch wegen der Materialabnahme haben sich die Schlitze verbreitert. Das sind möglicherweise nur Millimeter, aber das vergrößerte Spiel führt dennoch zu einer verstärkten Lastwechselreaktion der ganzen Maschine. Deshalb den Kupplungskorb am besten auswechseln. Ähnliche Probleme kann es am Gegenstück, der Kupplungsnabe, geben, wenn die Stahllamellenscheiben hier ihre Spuren in den Längsnuten hinterlassen haben. An den Stahllamellen selbst dürfen sich keine Unebenheiten oder Überhitzungsspuren zeigen (blau angelaufene Stellen). Herausfinden können wir die Unebenheiten, indem die Lamellen auf eine Glasplatte gelegt werden. Kann eine Fühlerlehre von 0,06 mm zwischen Spalt und Glasplatte gezwängt werden, muß die Lamelle ausgewechselt werden.

• Etliche Kupplungen, vor allem an leistungsstarken Motoren, haben Ruckdämpfer in Form von radial im Kupplungskorb eingesetzten Schraubenfedern, die recht lange halten und auch wartungsfrei arbeiten. Doch sollte man sie im Auge behalten und bei unklarem Lastwechsel mit Klötergeräuschbildung oder Anfahrreaktionen dort einmal nachschauen.

- Ruckdämpfer gibt es oft auch in der Kupplungsnabe, wo eingesetzte Gummielemente Belastungsspitzen auf der Kupplungswelle (Getriebeeingangswelle) wegdämpfen. Falls sich hier ein radiales Spiel zeigen sollte, müssen die Dämpferelemente ausgetauscht werden.

6.2.4. Wartung von Kupplungsseilzügen, Entlüften der Kupplungshydraulik

Kupplungsseilzüge müssen, wenn sie kein Nyloninlet haben, geölt werden. Teflonrohr als Inlet darf und muß, im Gegensatz zum Nyloninlet, geölt werden. Dazu wickelt man einen Trichter aus Plastik oder Papier um die Einmündung des Seilzuges, gießt ihn mit dünnem Öl (Nähmaschinenöl) voll und wartet, bis es unten am Zug wieder austritt.

Beschädigte Hüllen, Endkappen oder Seilzugseelen werden ersetzt.

Eine abgebaute hydraulische Kupplungsbetätigung muß nach der Montage wieder entlüftet werden. Der Ablauf ist vergleichbar dem Entlüften der hydraulischen Bremsanlage

☞ Siehe Unterkapitel 8.8.5. »Hydraulische Scheibenbremsen: Entlüften der Anlage«.

6.3. Schaltgetriebe: Anpassung der Motorkraft an Fahrwiderstände

Das Schaltgetriebe, auch Wechselgetriebe genannt, versucht die Fahrgeschwindigkeit am Motorrad den Bedingungen des Fahrbetriebes anzupassen. Dazu gehören die Motorleistung und die Motordrehzahl. Das Getriebe nutzt dabei vier bis sechs Untersetzungen (je nach Motortyp), die »Gänge« genannt werden, um die zur Motorleistung notwendige Drehzahl trotz Ansteigen der Fahrwiderstände (Bergauffahrten, schlechte Wegstrecke etc.) zu erhalten.

Auf eine Formel gebracht: Die zur Fortbewegung des Motorrades ausnutzbare Kraft ist um so größer, je größer die Motorleistung und je kleiner die Fahrgeschwindigkeit ist.

$$Kraft = \frac{Motorleistung}{Geschwindigkeit}$$

Möchte man also bei gleichbleibender Motorleistung eine höhere Durchzugskraft (z.B. für beschleunigtes Anfahren oder an Steigungen) entwickeln, so muß die Geschwindigkeit des Fahrzeuges, d.h. die Drehzahl des angetriebenen Hinterrades, herabgesetzt werden.

Umgekehrt: Die gegebene Leistung in PS ermöglicht dem Fahrzeug eine Geschwindigkeit, die um so höher liegt, je geringer die zu überwindenden Fahrwiderstände sind. Beispielsweise eine gut ausgebaute Schnellstraße in der Ebene.

$$Geschwindigkeit = \frac{Motorleistung}{Kraft}$$

Die Aufgabe des Schaltgetriebes ist es, die Motorleistung, je nach den Fahrwiderständen, entweder in mehr Durchzugskraft oder in höhere Geschwindigkeit umzusetzen. Je mehr Gänge ein Schaltgetriebe aufweist, desto günstiger kann die Leistung ausgenutzt und auf die Straße gebracht werden.

Besonders nötig haben das Motoren mit einer relativ geringen Leistung oder aber einer spitzen Drehmomentkurve. Das bedeutet:

- Die Motorcharakteristik bestimmt die Anordnung der Getriebeabstufungen, die Größe der Zahnräder sowie die Anzahl der Gänge!
- Als Schaltgetriebe werden Zahnradgetriebe eingesetzt. Während noch vor 25 Jahren Vierganggetriebe gang und gäbe waren, sind es heute die Fünfganggetriebe. Sechsganggetriebe bilden aber auch keine Ausnahme mehr und werden nicht nur in hochdrehende Seriensportmaschinen eingebaut. Alle Motoren, deren Leistungscharakteristik im oberen Drehzahlbereich am stärksten ausgeprägt ist, benötigen ein Sechsganggetriebe.
- Man spricht von einem »eng gestuften Getriebe«, wenn die Schaltstufen in ihrer Untersetzung so nahe beieinander liegen, daß die Nadel des Drehzahlmessers beim Wechsel von einer Schaltstufe zur nächsten nur einen kleinen Sprung auf dem Ziffernblatt macht, was etwa 500 bis 1.000 UPM (UPM = Umdrehungen pro Minute) entsprechen kann.
- Schaltgetriebe können auch unten »enger« und oben »weiter« gestuft sein, wie dies bei Enduro-Motorrädern seltener, bei Trial-Maschinen und einigen Militärmotorradtypen immer der Fall ist.
- Vollautomatische Getriebe sind rare Erscheinungen im Motorradbau. Es gab 1978 die Honda CB 400, um die viel Aufheben gemacht wurde. Doch das war zu der Zeit, als Motorräder von der Fachpresse noch unter der Rubrik Nutzfahrzeuge geführt wurden und eine Harley-Davidson als veraltetes Unikum mitleidig belächelt wurde. Auch eine Neuauflage in Gestalt einer Honda CB 400T wurde 1981 nicht vom Markt angenommen.

Richtig fortschrittlich war eine neu konstruierte Husqvarna (Schweden), die vor Jahren als Militärmodell mit Automatik eingeführt wurde, doch blieb ihr Erfolg auf die schwedische Armee beschränkt.

Bei der Moto Guzzi Convert 1000, Anfang der achtziger Jahre auf dem Markt, hat man Zweigang-Automatik bald wieder eingestellt, weil kaum jemand sie haben wollte. Ein Motorrad mit Automatik verliert viel von seinem fahrtechnischen Reiz, und darauf kommt es bei unseren Freizeit-Abenteuer-Gefährten eben besonders an.

6.3.1. Wie ein Schaltgetriebe funktioniert

Schaltgetriebe mit Zahnrädern besitzen einen hohen Wirkungsgrad und sind in Punkto Betriebssicherheit bestens bewährt.

- Die erste Untersetzung zwischen Kurbelwelle und Hinterradantrieb findet im Primärantrieb statt. Nehmen wir als Beispiel die Yamaha XJ 900 F (siehe Abbildung), die mit Fünfganggetriebe und Hinterradantrieb über Kardanwelle ausgeliefert wurde.

Die Primäruntersetzung Kurbelwelle-Kupplung beträgt bei dieser Maschine das 1,672-fache. Das bedeutet, daß die Kurbelwelle 1,672 Umdrehungen macht, wenn der Kupplungskorb (Getriebeeingangswelle) sich einmal dreht. Das Primärzahnrad auf der Kurbelwelle sitzt zwischen dem dritten und vierten Zylinder. Es kämmt geradeverzahnt im Zahnkreuz des größeren, welches Bestandteil des Kupplungskorbes ist. Das kleinere Zahnrad muß sich 1,6mal drehen, bevor der Kupplungskorb sich auch nur einmal um seine Achse bewegt hat.

- Der Kupplungskorb ist mit der Getriebeeingangswelle verbunden, und das nachfolgende Getrieberäderwerk untersetzt im ersten Gang nochmals um das 2,187-fache; im zweiten Gang um das 1,500-fache; im dritten Gang 1,153-fach; im vierten Gang 0,933-fach. Letzteres ist eine leichte Übersetzung, schonend ausgelegt für Motor und Getriebe. Im fünften Gang nochmals übersetzt 0,812-fach. Dieser letzte Gang ist als kraftstoffsparender Schongang gedacht und doch ausreichend für über 200 km/h.

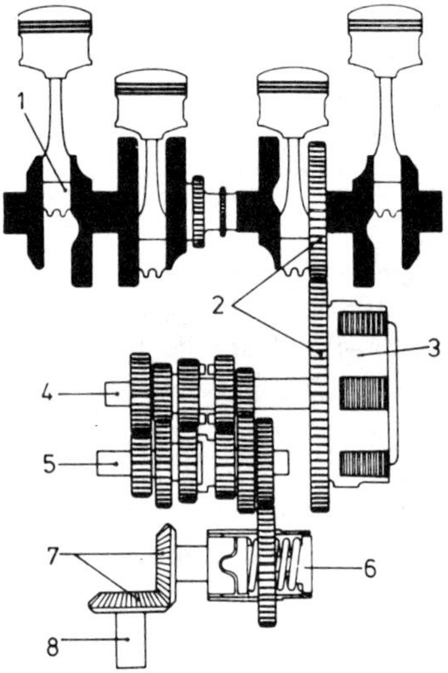

Abb. 157: Antriebseinheit Motor-Getriebe-Hinterradantrieb
1 Kurbeltrieb mit Pleuel und Kolben
2 Primärantrieb über Zahnräder (gerade verzahnt)
3 Mehrscheiben-Naßkupplung
4 Getriebeeingangswelle (Getriebeantriebswelle)
5 Getriebeausgangswelle (Getriebeabtriebswelle)
6 Anruckdämpfer
7 Umlenkgetriebe 90° (Zwischengetriebe)
8 Getriebeausgang zum Hinterrad (Kardanwelle)
(Yamaha XJ 900)

Im 4. und 5. Gang dreht die Getriebeausgangswelle demnach langsamer als die Geriebeeingangswelle. Dennoch bleibt eine Gesamtuntersetzung gegenüber dem Primärbetrieb bestehen.

Abb. 158: Kraftfluß in einem Vierganggetriebe

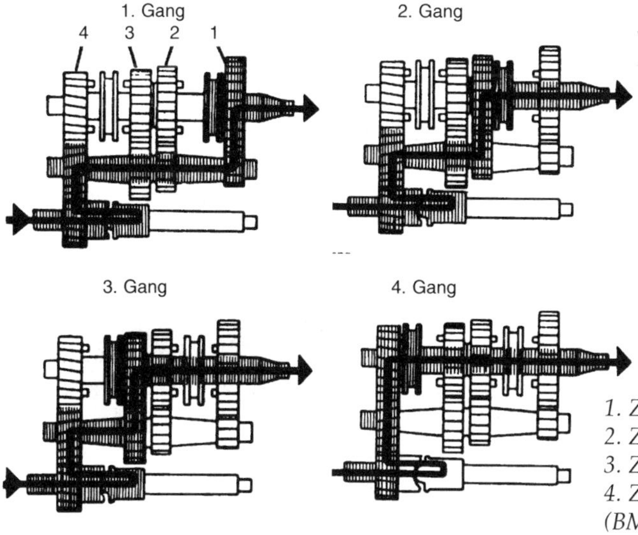

1. Zahnradpaar 1. Gang
2. Zahnradpaar 2. Gang
3. Zahnradpaar 3. Gang
4. Zahnradpaar 4. Gang
(BMW R 75/5)

Den letzten Gang bezeichnet man oft fälschlicherweise als den »direkten« Gang, womit gemeint ist, daß Kurbelwelle und Getriebeausgangswelle mit gleicher Drehzahl laufen. In Wirklichkeit läuft die Kurbelwelle immer schneller als die Getriebeausgangswelle. Selbst die BMW-Boxermotoren oder das Moto-Guzzi-V2-Triebwerk bilden da keine Ausnahme, obwohl deren Primäruntersetzung ins Schaltgetriebe verpflanzt wurde.

In der anschließenden Endantriebsuntersetzung der Yamaha von 3,98 wird die Drehzahl der Getriebeausgangswelle nochmals untersetzt. Sie dreht damit fast viermal so schnell wie das Hinterrad.

Das bei der XJ 900 F notwendige Umlenkgetriebe (Zwischengetriebe) zwischen Getriebeausgangswelle und Kardanantrieb (die Kurbelwelle läuft

Abb. 159: Separater Getriebeblock (5-Ganggetriebe)
1 Schaltgabeln
2 Antriebswelle (Getriebeeingangswelle)
3 Getriebeabtriebswelle mit Ruckdämpfer und Flansch zum Kreuzgelenk
4 Getriebeschalthebel mit Umlenkkonstruktion
5 Getriebegehäuse mit Getriebeölsumpf (separate Schmierölversorgung)
(BMW R 65)

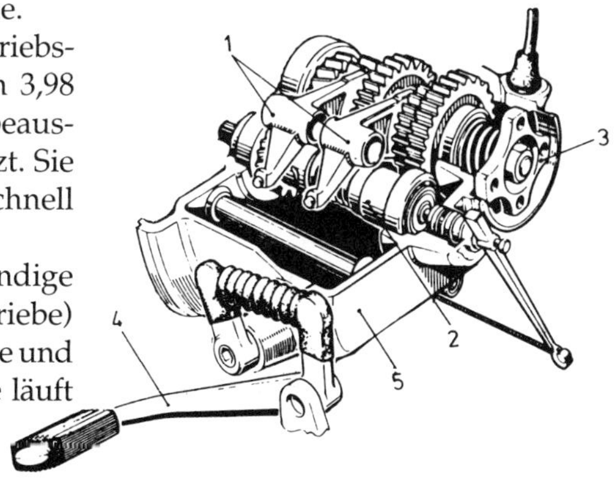

quer zur Fahrtrichtung, die Kardanwelle aber längs) übersetzt 1:1 im Winkel von 90°. Das bedeutet, die ineinandergreifenden Kegelzahnräder haben beide die gleiche Zähnezahl. Man spricht von einer Gesamtübersetzung, wenn alle Unter- bzw. Übersetzungsverhältnisse von der Kurbelwelle bis zum Hinterrad multipliziert werden.

Die Getriebewellen

Moderne Motorradgetriebe kommen mit zwei, höchsten drei Wellen aus, auf denen die Zahnradpaare laufen und die zum Gangwechsel seitlich verschiebbar sind.

Man spricht von der Getriebeeingangswelle und der Getriebeausgangswelle. Kommt eine dritte Welle hinzu, dient sie als Nebenwelle und heißt Vorgelegewelle. Etliche kompakte Schaltgetriebe benutzen die Getriebeeingangswelle mittels einer übergeschobenen Hohlwelle als Ausgangswelle, so daß die Getriebeausgangswelle auch als Nebenwelle läuft. Eine dritte Welle gibt es dann nicht.

Wechsel der Getriebegänge

Geschaltet, besser gesagt, geschoben, werden die Zahnräder im Getriebe mittels Schaltgabeln, die an bestimmten Zahnrädern mit ihren Klauen in umlaufende Nute fassen und Zahnradgruppen bewegen. Diese Zahnradgruppen sind so geschickt angeordnet und mit Zapfen, Anlaufscheiben, Begrenzungsringen, kleinen und großen Zahnrädern unterschiedlicher Breite versehen, daß sie immer nur zwei Zahnrädern gestatten, Kraft zu untersetzen, während die anderen derweil leer mitlaufen.

Sichtbar wird dies in der Abbildung 158, die ein Viergangschaltgetriebe der BMW R 75/5 zeigt, zweiwellig, mit Vorlegewelle.

Die Schaltgabeln

Die Schaltgabeln, auch Schaltklauen genannt, werden über Schaltkulissen geführt oder durch eine platzsparendere Vorrichtung, die Schaltwalzen. Schaltwalzen sind in den Getrieben des modernen Motorradbaus vorherrschend.

- Die Schaltkulisse führt die Zapfen der Schaltgabeln, in der Regel zwei, seltener drei, die entsprechend dieser einfachen »Programmsteuerung« die Zahnradpaare passend für den jeweiligen Gang zusammenschieben.

Die Schaltkulisse wird vom Schaltautomaten in Drehung versetzt und dieser vom Schalthebel.

- Die Schaltwalze dreht sich um ihre eigene Achse und kann auf Grund ihrer schlanken Form nahe an den Getriebewellen untergebracht werden. Sie besitzt nutförmige Gräben auf ihrer Oberfläche. Die Zapfen der Schaltgabeln laufen in ihnen und werden während der Walzendrehung entsprechend verschoben. Daraus ergibt sich die Zähnepaarung des jeweiligen Ganges. Die Drehung der Schaltwalze wird vom Schaltautomaten vorgenommen, der vom Schalthebel bedient wird.

Der Schaltautomat (Schaltquadrant)

Der Schaltautomat, mit dem Schalthebel über eine Welle unmittelbar verbunden, greift an der Schaltkulisse bzw. in die Schaltwalze ein und bestimmt den Gangwechsel.

Die Gänge von Motorradgetrieben können nur durchlaufend, der Reihe

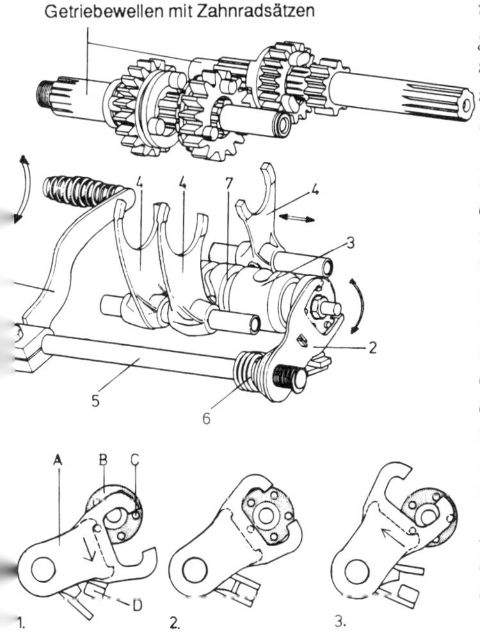

Abb. 160: Funktion der Gangwechselmechanik und des Schaltautomaten
1 Schalthebel
2 Schaltautomat
3 Schaltwalze
4 Schaltklauen (3 Stück)
5 Schaltwelle
6 Rückholfeder für Schalthebel und Schaltautomat
7 Führungsnuten für die Schaltgabeln (pro Schaltgabel eine)

Funktion des Schaltautomaten
A Schaltarm (mit Schaltklaue)
B Stiftplatte der Schaltwalze (an der Stirnseite)
C Schaltstifte (5 Stück zum Drehen der Schaltwalze)
D Schaltfeder-Widerlager (begrenzt außerdem die Bewegungen des Schaltarmes nach oben und unten)

Durch das Drehen der Schaltwalze (3) werden die Zahnradpaare mit den Schaltgabeln (4) gegeneinander verschoben und so durch unterschiedliche Paarungen verschiedene Gänge geschaltet. Pro Gang ist immer nur ein Zahnradpaar aktiv!

Der Schaltarm (A) des Schaltautomaten drückt beim Herunterschalten mit der oberen Klaue (Illustration 1. in der Abb. 160 unten) auf einen der Stifte an der Stirnseite der Schaltwalze. Dadurch dreht sich die Schaltwalze, wobei durch die Nuten im zylindrischen Mantel der Walze die Nocken der drei Schaltgabeln bewegt werden. Auf diese Weise verändert sich auch deren Position. Eine andere Zahnradpaarung im Getriebe kommt in Eingriff, und ein niedrigerer Gang ist eingelegt.

Abbildung 2. zeigt die Mittelstellung (Ruhestellung), wenn der Schalthebel losgelassen wird.

Zum Heraufschalten (Illustration 3. in der Abb. 160 unten) der Gänge drückt der Schaltarm (A) über die Stiftplatte die Schaltwalze in die Gegenrichtung. Dadurch wird ein höherer Gang eingelegt. Beständiges Drehen der Stiftplatte verändert mittels der Schaltgabeln im Getriebe, auf immer neue Weise die Konstellation der im Eingriff befindlichen Zahnradpaare. Auf diese Weise sind in der Regel bis zu sechs Untersetzungskombinationen oder »Gänge« möglich.(Kawasaki) nach (linear) geschaltet werden. Man kann also nicht wie beim Auto einen Gang überspringen. Der Fußschalthebel wird heute international auf der linken Motorseite (in Fahrtrichtung gesehen) montiert.

• Zum Schalten tritt man mit dem Fuß auf den Schalthebel und legt den ersten Gang ein. Der erste Gang liegt immer ganz unten. Mit der Fußspitze zieht man dann den Schalthebel hoch und gelangt als nächstes in den Leerlauf. Will man in den zweiten Gang schalten, muß nach oben weitergezogen werden, bis der Leerlauf übersprungen und der zweite Gang eingelegt ist. Alle weiteren Gänge werden durch wiederholtes Ziehen geschaltet. Vor jedem Schaltversuch muß man den Schalthebel loslassen, damit der Schaltautomat den nächsten Gang schalten kann. Wenn es nicht mehr weiter geht, ist der letzte Gang erreicht. Wer mitgezählt hat, kann jetzt sagen, wie viele Gänge sein Motorrad besitzt.

Zum Herunterschalten müssen alle Gänge wieder der Reihe nach passiert werden.

• Alte Motorräder haben den Schalthebel eventuell noch rechts. Dazu läuft der Gangwechsel dann auch noch anders herum. Der erste Gang liegt oben und alle anderen, einschließlich des Leerlaufs, unten. Da bei modernen Motorrädern der Schalthebel links liegt, kann so manches Malheur geschehen, wenn man das vergißt und auf der rechten Seite die Fußbremse sucht.

6.3.2 Schmierölversorgung von Motorradgetrieben und Hinterachsantrieben

• Getriebe, soweit sie in den Motorölkreislauf eingebunden sind, werden vom Motorschmiersystem mitversorgt. Dabei übernimmt das Motoröl, ein hochlegiertes Mehrbereichsöl, die schwierige Aufgabe, Getriebezahnräder, Gleitflächen und Lager zu schmieren. Seine Aufgaben:

1. Verhindern, daß die Flanken der Zahnräder einander berühren. Das Motoröl muß deshalb jederzeit schmier- und druckstabil sein.

2. Ein Getriebeöl, in diesem Fall das Motoröl, dient auch als Kühlmittel. Es nimmt Wärme auf und transportiert sie in kühlere Regionen. Wärme entsteht durch den Zahnflankendruck sowie durch Gleit- und Lagerreibung. Getrieböl/Motoröl muß hochtemperatur- und kältebeständig sein.

• Mehrbereichsöle, zur Schmierung von gemeinsamen Motor-/Getriebeeinheiten verwendet, werden besonders stark auf Druck und Abscherung belastet. Abscherung ist das Bestreben der ineinanderkämmenden Zahnräder, die Molekülketten des Mehrbereichöles zu zerschneiden. Gelingt dies, wird Einbereichsöl daraus, was den Verlust vieler nützlicher Eigenschaften bedeutet. Genau das ist der Grund, weshalb auch heute noch etliche Motorradhersteller einen häufigen Motorölwechsel empfehlen, wenn ihre Motoren vermehrt Zahnräder und

Kugellager enthalten (Ducati V 2-Königswellen-Motoren).

• Die heutigen HD-Mehrbereichsöle der API-Klasse SE, SF, SG und SH sowie der europäischen CCMC-(ACEA) Klassifikationen G4 und G5 für Ottomotoren werden mit der Schmierung von Zahnrädern aber recht gut fertig, was sich auch positiv auf die Wechselintervalle des Motoröles auswirkt (siehe hierzu auch 1.5.4. »Motorenöle, Geheimnisse eines Lebenssaftes«). Dennoch kommen diese Motoröle bei weitem nicht an die Lebensdauer und Qualität reiner, echter Getriebeöle heran.

• Motorräder mit separaten Schaltgetrieben und solche mit Kardanwelle und Hinterachsgetrieben statt Kettenantrieb (z.B. Moto Guzzi V2; BMW-Boxer-Motoren; BMW K 100/75 Reihenmotoren etc.) verwenden deshalb spezielle Getriebeöle.

Man unterscheidet:

a) *Mehrzweckgetriebeöle* in Wechselgetrieben und Achsantrieben.

b) *Hypoidöle* in speziellen Getrieben und Achsantrieben. Sie haben Hochdruckzusätze im Öl und finden in Motorrädern vornehmlich in Hinterachsantrieben Verwendung.

• Hypoidöle dürfen in normalen, nicht dafür zugelassenen Getrieben *nicht* verwendet werden! Die Zusätze greifen die Dichtungen im Getriebe an.

• Man sollte in Hypoidgetrieben auch *niemals* normales Getriebeöl fahren. Die Zahnflanken der Zahnräder in Hypoidgetrieben werden mit einem sehr hohen Arbeitsdruck belastet, die Zähne pressen sich sehr stark gegeneinander. Jedes normale Getriebeöl wäre überfordert.

• Die Viskosität von Getriebeölen wird wie diejenige der Motorenöle bestimmt und ist ebenfalls in SAE-Klassen eingeteilt bzw. unterliegt den Klssifikationen der CCMC(ACEA).

• Getriebeöle der SAE-Klasse 80 sollten unter 5° C Außentemperatur verwendet werden; solche der Klasse SAE 90 über 5° C!

• Mehrbereichsgetriebeöle z.B. SAE 80 W 90 verbinden beide Bereiche miteinander.

6.3.3. *Wartungs- und Reparaturmöglichkeiten an Schaltgetrieben*

Getriebe sind langlebige, wartungsarme Baugruppen. Wir unterscheiden zwischen Motoren mit integrierten und solchen mit getrennten Motor-Getriebeeinheiten. Während letztere einen eigenen Schmierstoffkreislauf besitzen mit ureigenen Ölsorten, verfügen Motor-/Getriebeeinheiten über einen gemeinsamen Schmierstoffhaushalt.

Bei separaten Schaltgetrieben dürfen die Getriebeölwechselperioden, die wesentlich länger sind als diejenigen für das Motoröl, nicht übergangen werden.

• Im allgemeinen liegen die Getriebeölwechselintervalle bei separaten Schaltgetrieben zwischen 10.000 und 12.000 km oder einmal im Jahr (z B. BMW K 75: alle 15.000 km oder einmal im Jahr).

• Das Getriebeöl an separaten Schaltgetrieben sollte man alle 5.000 km prüfen.
• An Getrieben, die in Motoren integriert sind, erfolgt der Ölwechsel automatisch mit dem Motorölwechsel.

Reparaturarbeiten an Getrieben können aus Platzgründen hier nicht behandelt werden, wohl aber die Beseitigung kleinerer Probleme.
• Da ist in erster Linie das ärgerliche Schalthebelspiel. Es entsteht durch Verschleiß in den Übertragungsteilen und betrifft ausschließlich Schalthebel, die durch Umlenkung mittels Kugelgelenkgestänge oder einfachen Gelenkstangen die Schaltwelle zum Schaltautomaten bedienen. Dieses Spiel kann am Betätigungsgestänge nachgestellt werden, sobald es fühlbar geworden ist. Für diesen Zweck sind dort Verstellschrauben mit Kontermuttern vorgesehen. Ausgeschlagene Gestängeköpfe lassen sich nicht reparieren. Eine Erneuerung der verschlissenen Teile ist unumgänglich.

Entsteht Lose am Schalthebel, der unmittelbar am Getriebe (separate Getriebe) oder auf der Schaltwelle am Motorblock sitzt (integrierte Getriebe), ist mit Sicherheit die Lagerbuchse im Gehäuse ausgeschlagen. Falls sich dann der Schaltautomat nicht direkt hinter dem zugehörigen Motorseitendeckel verbirgt, von wo aus das Lager bequem zu ersetzen wäre, ist eine größere Reparatur fällig. Man kann sie nur so lange verschieben, wie die Schaltbarkeit erträglich ist und nicht zuviel Getriebeöl respektive Motoröl herausfließt. Danach bleibt nur, im Winter den Motor bzw. das Getriebe zu öffnen, um mit Hilfe eines Werkstatthandbuches den Schaden zu beseitigen.
• Ein schwer zu schaltendes Getriebe deutet auf verbogene Schaltgabeln hin und muß deshalb zerlegt werden.
• Herausspringende Gänge zeigen abgenutzte, gerundete Schaltgabeln oder Schaltmuffen an. Eine defekte Schaltwalze wäre eine andere Möglichkeit. Hier hilft nach eingehender Diagnose am zerlegten Getriebe nur das Auswechseln der verschlissenen Teile.
• Kehrt der Schalthebel nicht in seine Ausgangsposition zurück und muß man mit der Hand oder dem Fuß nachhelfen, so ist mit Sicherheit die Rückholfeder gebrochen. Ein Zehn-Mark-Teil, das einigen Ärger machen kann, wenn zum Austauschen der Motor zerlegt werden muß.
• Leichter läßt sich ein defekter Dichtring (Simmerring) im Bereich der Schaltwelle auswechseln. Meist ist er von außen eingesetzt und kann mit einem Schraubendreher vorsichtig herausgehebelt werden, nachdem der Schalthebel abgenommen wurde.

Den neuen Dichtring, leicht eingeölt innen wie außen, drückt man gleichmäßig und ohne ihn zu verkanten in seinen Sitz. Ein passend aufgesetztes Rohr sowie ein Hammer geben (unter leichten Schlägen) dankbare Hilfestellung. Vorsicht, wenn der Wellendichtring über die Verzahnung der Schaltwelle geschoben wird. Die Dichtlippen dürfen nicht verletzt werden, sonst hält der Dichtring nicht sehr lange!

• Eine Reparatur, die hin und wieder bei Motorrädern mit Kettenantrieb zum Hinterrad anfällt, ist das Auswechseln des Simmerringes der Getriebeausgangswelle, auf der das Kettenritzel des Sekundärantriebes befestigt ist. Normalerweise kann er nach Abnahme des Seitendeckels der Kupplungsbetätigung (bei manchen Motorrädern) sowie der Demontage des Ritzels problemlos von außen ausgebaut werden. Man hebelt den alten Wellendichtring (manchmal sind es auch zwei Stück) mit einem Schraubendreher heraus und setzt den neuen, wie beim Schalthebeldichtring geschildert, wieder ein.

• Wenn man die Nummer auf dem Ring lesen kann, lohnt es sich, zum Händler für Industriebedarf zu gehen. Der Dichtring kann dort wesentlich billiger sein als das Originalersatzteil. Dazu sollte man sicherheitshalber den alten mitnehmen, um Irrtümer auszuschließen.

Das gleiche gilt übrigens für alle genormten Wälzlager!

• Singende Geräusche aus dem Getriebe vermelden einen Mangel an Getriebeöl. Es muß nicht unbedingt gleich Karies an den Zähnen der Zahnräder oder ein ausgelaufenes Getriebelager sein. Einfach mal nach dem Getriebeölstand sehen, vielleicht fehlt ja tatsächlich etwas. Ölmangel kann allerdings in der Tat recht bald zu den eben beschriebenen Getriebeschäden führen.

6.4. Der Hinterradantrieb (Sekundärantrieb)

Der Hinterradantrieb soll ab Schaltgetriebe die Motorkraft zum Hinterrad transportieren. Der Hinterradantrieb untersetzt die Drehzahl der Getriebeausgangswelle zur letztendlichen Sekundäruntersetzung!

Die verschiedenen Arten des Sekundärantriebes werden im folgenden erklärt.

6.4.1. Rollenkette, Kettenräder und Ritzel

Die Rollenkette verbindet den Getriebeausgang mit dem Hinterrad. Diese direkte Verbindung besteht über das Sekundärritzel (Getriebeausgangsritzel), die Kettenglieder und schließt mit dem Kettenrad am

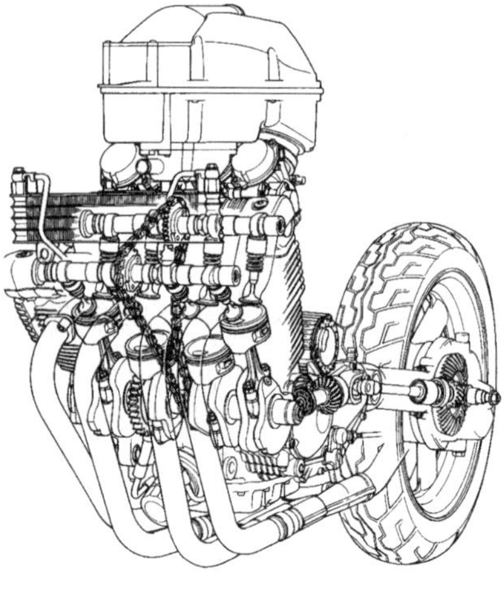

Abb. 161: Antriebsstrang (in diesem Fall Kardanantrieb) vom Motor bis zum Hinterrad (Yamaha XJ 900 S)

Hinterrad ab. Beide Kettenräder sind einfach austauschbar und bilden mit ihrem Zahnverhältnis zueinander die Sekundäruntersetzung.
Der Sekundärkettenantrieb zum Hinterrad einer Maschine kann auf der linken oder der rechten Motorradseite liegen. Es gibt hierzu keine Vorschriften.
Möchte man ein Motorrad mit Kettenantrieb schneller machen, so ersetzt man das Getriebeausgangsritzel gegen ein anderes mit einem Zahn mehr. Umgekehrt bewirken ein oder zwei Zähne zusätzlich auf dem Kettenrad am Hinterrad eine Verlangsamung der Endgeschwindigkeit. Dafür wird das Motorrad aber durchzugskräftiger.
Vergleichen wir eine Enduro-Maschine mit einem normalen Straßenmotorrad. Das große Kettenrad der Enduro signalisiert: »Ich bin verantwortlich für eine große Kraft am Hinterrad bei vergleichsweise geringer Fahrgeschwindigkeit!«
Das kleinere Kettenrad der Straßenmaschine meint dazu: »Meine Aufgabe besteht darin, die Drehzahl des Motors möglichst direkt übersetzt auf das Hinterrad zu bringen, um die höchstmögliche Fahrgeschwindigkeit in jedem Gang zu erreichen!«
Wer nun aber meint, er bräuchte nur noch Ritzel und Kettenrad zu tauschen, um aus seiner Enduro eine Rennmaschine zu machen, der täuscht sich. Nicht nur die äußere Form des Motorrades ist nicht danach, auch die Untersetzung in den einzelnen Gängen im Wechselgetriebe, ja sogar die des Primärantriebes haben da noch ein gewichtiges Wort mitzureden.

Ein Beispiel:
Meine Triumph 650 Bonneville bekam ein neues Geriebeausgangsritzel mit einem Zahn mehr als das alte. Ich versprach mir einiges davon. Der Erfolg jedoch war zwiespältig: Zwar lief das Motorrad jetzt insgesamt schneller, die Drehzahl im letzten Gang konnte bei gleicher Fahrtgeschwindigkeit gesenkt werden. Doch im Stadtverkehr war es im ersten Gang fast nur noch mit schleifender Kupplung zu fahren. Das Krad war selbst bei Leerlaufdrehzahl noch zu schnell für das Kriechtempo im täglichen Stau.

Kettenritzel und Kettenrad

In der Regel unterliegt das Kettenritzel (Getriebeausgang) einem stärkeren Verschleiß als das Kettenrad (Hinterrad). Der Grund hierfür ist seine Größe. Die relativ zum hinteren Kettenrad deutlich geringere Zähnezahl belastet den einzelnen Zahn recht stark. Das belastet auch die Antriebskette. Die enge Kurve, der die Kettenglieder folgen müssen, lassen Gliedergelenke und Ablaufrollen der Kette schneller verschleißen.

Ein Kettenrad dagegen mit seinem relativ großen Umfang hat entsprechend viele Zähne. Das verteilt die Belastung durch den Fahrbetrieb günstig und belastet die einzelnen Zähne deutlich weniger. Deshalb gilt für die Lebensdauer der Rollenkette: Je größer Kettenräder und Ritzel, um so geringer ist der Verschleiß im Antriebsstrang und um so länger hält die Kette!

• Kettenrad und Kettenritzel sind aus gehärtetem Stahl. Einige Zubehörhersteller bieten Kettenräder aus einer Aluminiumlegierung an. Diese sind leichter aber auch teurer und, wie getestet, auch recht gut, selbst an PS/kW-starken Motoren.

Die Rollenkette

Die Rollenkette besitzt, im Gegensatz zur Hülsenkette, zusätzlich aufgeschobene Rollen auf Hülsen der Kettenglieder. Die lose drehende Rolle verursacht gegenüber der eingenieteten Hülse an der reinen Hülsenkette eine deutlich geringere Reibung. Das ist erforderlich, weil die Rollenkette als Endantriebskette meist schlecht geschmiert im Freien liegt und zudem noch mit Straßendreck zu kämpfen hat.

Die Rollenkette als Antriebskette zum Hinterrad wird in ihren Dimensionen von der Motorleistung des betreffenden Motorrades bestimmt. Weitere Faktoren sind Breite und Zahnabstand der eingesetzten Kettenräder. Das bedeutet, daß auf den Rädersatz des Endantriebes nur Ketten mit bestimmten Abmessungen aufgelegt werden dürfen.

Abmessungen der Antriebskette

Sie ergeben sich aus der Kettenteilung, aus der Kettenbreite und dem Rollendurchmesser, die alle in Zoll angegeben werden.

- Als *Kettenteilung* gilt der Mittenabstand zwischen zwei Nietbolzen.
- Als *Breite* gilt das Innenmaß zwischen den Laschen.
- Die *Länge* der Kette wird nicht in Metern, sondern in der Zahl der Glieder gezählt. Am einfachsten zählt man die Anzahl der Rollen kompletter Glieder.

Ein Beispiel für Kettenbemaßung:

- Angabe: 5/8 x 3/8 x 90.

Der erste Bruch gibt die Kettenteilung an; der zweite die Kettenbreite; der dritte die Anzahl der Kettenglieder!

• Motorradketten werden als Endloskette oder als offene Kette geliefert, fertig verpackt, zugeschnitten auf eine bestimmte Maschine oder lose von der Rolle. Letzteres ist seltener geworden und heute nur noch beim Einkauf im Großhandel gebräuchlich, wenn überhaupt.

• Die Endlosrollenkette hat den großen Vorteil, kein sprichwörtlich »schlechtes« Glied zu besitzen. Es gibt kein Kettenschloß, und jedes Kettenglied ist so stark wie sein Nachbar. Wenn es irgend geht, sollte man Ketten dieser Art verwenden, auch wenn hierzu die Hinterradschwinge ausgebaut werden muß. Eine Endloskette kann, wenn sie sich gelängt hat, aufgetrennt und gekürzt werden.

• Die offene Rollenkette wird mit der passenden Gliederzahl verkauft und ist mit einem Kettenschloß versehen, das man auch als Ersatzteil kaufen kann. Ein Kettenschloß sollte man im Bordwerkzeug immer mit sich führen, auch wenn das Motorrad mit einer Endloskette ausgerüstet ist. Ein Kettenschloß erleichtert das Aufziehen der neuen Kette natürlich enorm. Es bildet aber wegen seines Aufbaus einen Schwachpunkt in der Kette und stellt ihre Achillesferse dar. Wenn eine Kette reißt, dann an dieser Stelle. Wir empfehlen sie deshalb nur für Motorräder bis maximal 50 PS/37 kW.

162: Schließen der Kettenschloßfeder (Einbaulage beachten) (Honda)

• Das Wichtigste an der Kettenschloßmontage ist die Lage der Verschlußfeder. Sie soll an der Kettenaußenseite liegen. Die geschlossene Seite der Feder muß in die Laufrichtung der Antriebskette zeigen. Die Feder muß satt anliegen. Wird die Verschlußfeder des Kettenschlosses falsch herum eingelegt, könnte sie sich durch die hohen Fliehkräfte bei großen Umdrehungsgeschwindigkeiten und Lastwechselunterschieden wieder öffnen. Eine sich während der Fahrt öffnende Rollenkette wirkt wie eine Peitsche. Sie zerschlägt das Motorgehäuse und kann enorme Verletzungen an den Füßen verursachen (ein Grund mehr, kräftige Motorradstiefel zu tragen).

• Jede Rollenkette muß mit einer gewissen Spannung laufen. Man prüft die *Kettenspannung* am Kettendurchhang. Dieser wird etwa in der Mitte zwischen den beiden Kettenrädern gemessen, dort, wo die Kette ihre längste freitragende Stelle hat. Der Durchhang soll etwa 2,5 - 3 cm betragen.

☞ Siehe hierzu 6.4.3. »Wichtig! Die Kettenspannung!«

• Zur *Kettenschmierung* hat sich die Verwendung von Kettensprays als sehr praktisch herausgestellt. Die Dosen hierzu gibt es in unterschied-

lichen Größen, und sie sind leicht unterzubringen. Der Umgang mit ihnen ist problemlos.
Für die mit O-Ringen ausgestatteten Motorradketten, die heutzutage fast nur noch verwendet werden, dürfen nur dafür zugelassene Kettensprays verwendet werden. Andernfalls löst das Lösungsmittel im Kettenspray die O-Ringe an den Kettengliedern auf. Die Kettengelenke sind dann nicht mehr geschützt und verschleißen schnell.
Man sollte aus Umweltschutzgründen darauf achten, kein Spray zu kaufen, welches als Treibmittel Fluor-Chlor-Kohlenwasserstoffe enthält (FCKW).

6.4.2. *O-Ring-Kette, Kettenschutz und gekapselter Kettenantrieb*

Die O-/X-Ring-Kette

Sie begann ihren Siegeszug vor etwa 20 Jahren und hat das Wartungsproblem der Rollenkette, vor allem bei starken Motoren sowie im Gespannbetrieb, entscheidend verändert. Statt bisher beispielsweise alle 500 km die Kette nachzuspannen, sind heute 2.000 km ohne Nachspannen bei normaler Fahrweise keine Seltenheit.
Das Schmierungsproblem war der Hauptgrund für die Einführung der O-Ring-Kette. Selbst wenn eine »normale« Kette laufend geschmiert wurde, wuschen Regen und Straßendreck, im Verein mit den Fliehkräften, aufgetragenes Sprühöl oder Kettenfett rasch wieder ab.

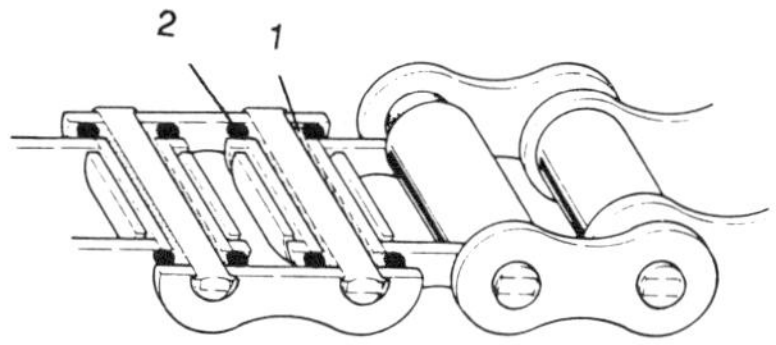

Abb. 163: O-Ring-Hinterradantriebskette
1 Fettfüllung im Drehgelenk
2 O-Ring (bzw. X-Ring bei anderen Ketten)
(Suzuki)

- Die O-Ring-Kette dagegen besitzt zwischen Nietbolzen und Hülse eine Fettfüllung, die nach außen hin durch zwei O-Ringe geschützt ist. Sie verhindern das Abfliegen des Schmierstoffes aus den Gelenken der Kettenglieder. Die O-Ringe werden an den Gliedern mittels Außen- und Innenlasche festgehalten. Sie sind empfindlich gegen bestimmte Lösungsmittel, weshalb nur Kettenspray für O-Ring-Ketten benutzt werden darf. O-Ringe können auch keine Hitze vertragen, weshalb das »Kette auskochen« (siehe unten) für sie nicht in Frage kommt. Kraftstoff sollte man ebenfalls von O-Ringen fernhalten. Sind O-Ringe einmal aufgelöst oder zerbröselt, fliegt die Fettfüllung heraus, Schmutz gelangt hinein, und die Kette ist recht bald gestorben.

Seit einigen Jahren werden bei Hochleistungsketten anstelle der O-Ringe im Querschnitt x-förmige Ringe verwendet. Sie dichten noch besser ab, haben eine noch längere Lebensdauer und lassen sich bei der Kettenschloßmontage (siehe unten), besser zusammendrücken.

- Kettenschlösser für O-/X-Ring-Ketten erleichtern beim Kettenaustausch die Montage der Antriebskette. Doch sind Endlosketten aus Sicherheitsgründen (siehe oben) am besten geeignet.

O-/X-Ring-Kettenschlösser sind nicht einfach zu montieren. Bevor die Verschlußfeder eingeschoben werden kann, müssen die Laschen gegen den Widerstand der O-/X-Ringe zusammengepreßt werden. Ein Hilfswerkzeug oder eine geschickte Spitzzange sind da in der Regel erforderlich. Aus diesem Grund gibt es schraubbare Schlösser mit Sollbruchstellen für die überstehenden Gewinde, welche nach fertiger Montage abgebrochen und vernietet werden. Es gibt auch nietbare Kettenschlösser, doch dafür braucht man besondere Spezialwerkzeuge.

Wer keine Endloskette aufziehen will und den Montageaufwand scheut, kann seine Antriebskette in einer Motorradwerkstatt für wenig Geld zusammennieten lassen.

Kettenschutz

Das, was bei sehr vielen Motorrädern heute so wohlklingend als »Kettenschutz« bezeichnet wird, ist nichts weiter als ein schlechter Schmutzfänger, der die Antriebskette nur sehr unzureichend vor Regenwasser und Dreck der Straße sowie Hinterrad und Fahrerbeine vor Kettenschmiermitteln schützt.

Dabei ist es so einfach: Als erste Maßnahme könnte man den Kettenschutz an der dem Hinterrad zugewandten Seite tief herunterziehen. So tief, daß der Reifen keinen Dreck und auch kein Wasser mehr gegen die Kette schleudern kann (eine solche Vorrichtung läßt sich auch leicht im do-it-yourself anbringen!).

Kettenschutz aber fängt im Grunde genommen erst bei einer Vollkapselung an. Ein simpler Kettenkasten aus Blech, der den Straßendreck von der Kette fernhält und ihre Lebensdauer, auch die von O-/X-Ring-Ketten, entscheidend verlängert. Perfekter Kettenschutz aber ist eine abgedichtete Kapselung, in der Öl oder Fett der Antriebskette ein langes Leben bescheren können. Diese nicht ganz billigen und auch nicht leicht zu montierenden Kettenkästen sind wegen der einfachen und billigeren O-/X-Ring-Kette nur noch selten in Gebrauch. Das Prüfen der Kettenspannung und das Nachstellen einer Kette im Kettenkasten bereiten weitere Probleme. Eine O-/X-Ring-Kette hält bei guter Pflege und stetiger Kontrolle der Kettenspannung etwa 20.000 - 30.000 km.

- In Ölbad- oder Fettkettenkästen dürfen übrigens keine O-/X-Ring-Ketten laufen. Statt dessen besorge man sich eine Hochleistungskette ohne Ringe.

6.4.3. *Wichtig! Die Kettenspannung*

Der erlaubte Durchhang beträgt für alle Antriebsketten, von einer gedachten Geraden ausgehend und nach oben oder unten gemessen,

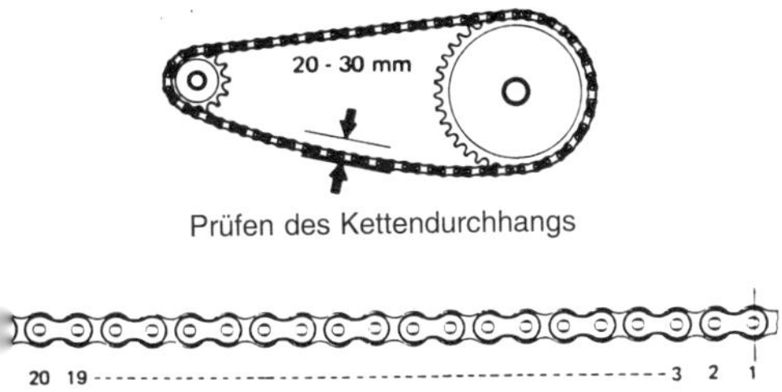

Abb. 164: Prüfen der Betriebsspannung der Antriebskette und Anzeichen für eine verschlissene Kette

Die Länge der Antriebskette darf auf 21 Gliedern ein bestimmtes Maß (siehe Werkstatthandbuch) nicht überschreiten, sonst muß die Kette erneuert werden. (Suzuki)

zweieinhalb bis drei Zentimeter. Man mißt ihn in der Mitte zwischen den beiden Kettenrädern. Die Kettenspannung sollte bei belasteter Maschine gemessen werden, mit einer Person etwa, mindestens jedoch abgebockt auf dem Seitenständer stehend. Das ist notwendig, weil der Drehpunkt der Hinterradschwinge nicht mit dem Drehpunkt der Kette am Getriebeausgangsritzel übereinstimmt. Federt die Schwinge stark ein, wird die Kette gespannt. Federt sie stark aus, wird der Kettendurchhang größer. Hat man die Antriebskette justiert, während die Maschine auf dem Hauptständer stand, kann es sein, daß die Kette nachher zu stramm ist.

• Manche Motorräder müssen allerdings tatsächlich auf dem Hauptständer stehend justiert werden. Hier hat der Hersteller die Drehpunktlage der Schwinge so verändert, daß der Kettendurchhang in dieser Stellung eingestellt werden kann.

• Eine zu stramm eingestellte Antriebskette verursacht erhöhten Verschleiß an Kette und Kettenrädern. Im Extremfall kann sie reißen.

• Eine zu lose Antriebskette verursacht Schwingungen: Zum einen auf und ab, zum anderen längs der Laufrichtung. Das ergibt zusammen brandungswellenartige Bewegungen. Die Kette versucht dabei am Kettenritzel hochzusteigen. Ein Überspringen der Kette auf dem Ritzel ist auch möglich. Allerdings ist dann auch schon das Endstadium der Dehnung erreicht. Auch hierbei besteht die Gefahr, daß die Kette überdehnt wird und reißt. Vor allem dann, wenn sie von einem Kettenschloß gesichert wird.

• Wer an seiner Maschine stellenweise einen großen Durchhang der Antriebskette diagnostiziert und gleichzeitig (wenn er die Kette weiterdreht) an anderen Stellen eine starke Spannung, der hat seine Antriebskette nicht rechtzeitig nachgespannt. Die Kette hat sich in der Folge ungleichmäßig gelängt und muß nun ersetzt werden.

• Fahrwerksunruhen erklären sich manchmal durch eine zu rigoros gespannte Antriebskette. Beim Einfedern infolge von Bodenwellen strafft sich die Kette und zieht unmerklich den Motor und Teile des Rahmens nach hinten. Diese Kräfte wirken auf die Federung und Dämpfung und verändern die Straßenlage der Maschine.

Kettenspanner

Es gibt zwei Arten von Kettenspannern:

1. Die erste ist am populärsten, wohl auch am billigsten und besteht aus zwei U-förmig gebogenen Spannblechen, den eigentlichen Kettenspannern, die am linken und rechten Schwingenarmende sitzen und durch die hindurch die Radachse führt. Diese kann sich in den Schwingenholmen in einem Langloch vor und zurück bewegen. Zum Festmachen und Justieren werden Spannschrauben mit Kontermuttern in die Enden der Kettenspanner geschraubt. Diese stützen sich ihrerseits auf den Schwingenenden ab und gestalten, je nach Einstellung, eine Vorwärts- oder eine Rückwärtsfixierung der Radachse. Da die Kette auf dem am Hinterrad befestigten Kettenrad liegt, lockert sie sich, wenn die Hinterradachse im Langloch der Schwinge nach vorne (in Fahrtrichtung) geschoben wird, und sie strafft sich bei der entgegengesetzten Bewegung.

Die beiden Spannschrauben justieren auf diese Weise durch Hinein- oder Herausdrehen den Kettendurchhang und werden mittels der Kontermuttern gesperrt. Am Ende der Einstellung wird die Hinterachse verschraubt und gesichert.

• Ein Nachteil dieser Art der Kettenspannung besteht in einer möglichen fehlerhaften Spureinstellung des Hinterrades, wenn die Kettenspanner nicht vollkommen gleich justiert werden. Markierungen an der Schwinge sollen dem abhelfen und die Einstellung erleichtern. Trotzdem empfehlen wir, mit einem kurzen Stahlbandmaß (im Bordwerzeug mitführen) genau nachzumessen. Eine weitere Meßmöglichkeit besteht darin, mit Hilfe eines Stahlbandmaßes vom Schwingendrehpunkt bis zur Hinterradachse zu messen. Wenn dies auf beiden Seiten geschieht, können Verschiebungen der Radachse und eine fehlerhafte Spureinstellung vermieden werden.

2. Die zweite Bauweise sind Exzenter im Schwingendrehpunkt am Rahmen oder eine exzentrische Lagerung der Hinterradachse.

Die Funktionsweise dieser beiden Exzenterspielarten kombiniert einfache Kettenspannung mit unbedingter Spurtreue des Hinterrades.

Zwei Aluminiumscheiben werden dabei im Schwingendrehpunkt oder

Abb. 165: Antriebskettenspanner
1 Hinterradachse
2 Achsmutter
3 Kontermutter der Verstellschraube
4 Verstellschraube des Kettenspanners
5 Skala mit Teilstrichen auf dem Kettenspanner zum gleichseitigen Einstellen der Kettenspannung
(Honda)

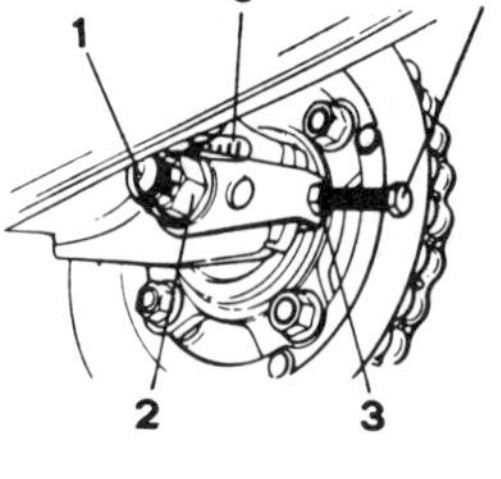

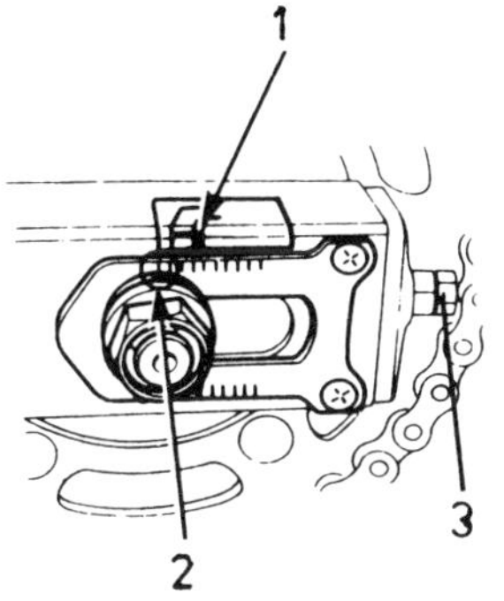

Abb. 166: Antriebskettenspanner mit kolbenförmigen, rechteckigen Einsätzen in den Schwingenholmen zur präzisen gleichseitigen Führung der Hinterradachse
1 Markierung am Kolben (im Fenster des Kettenspanners am Schwingenarm sichtbar)
2 Meßskala für die gleichmäßige Einstellung der Kettenspannung, auf dem Kettenspanner an beiden Schwingenholmen angebracht
3 Spannschraube des Kettenspanners mit Kontermutter

am Ende der Hinterradschwinge zu beiden Seiten eingesetzt.
Sie sind drehbar gelagert und können mit Klemmschrauben in beliebiger Position fixiert werden. Am Rande der Scheiben sind exzentrisch Löcher für die Schwingenachse gebohrt, so daß die Schwinge in den beiden Alu-Scheiben drehbar gelagert ist.
Bewegt man jetzt, um die Antriebskette zu spannen, mit einem speziellen Schlüssel eine der Alu-Scheiben der Schwingenlagerung, bewegt sich auch die gegenüberliegende mit. Schwingenachse und Hinterachse werden dadurch mitbewegt; die Kette gespannt oder gelöst.

Abb. 167: Hinterradschwinge mit Exzenterverstellung der Hinterradachse zur Veränderung der Antriebskettenspannung (Kawasaki GPZ 900 R)

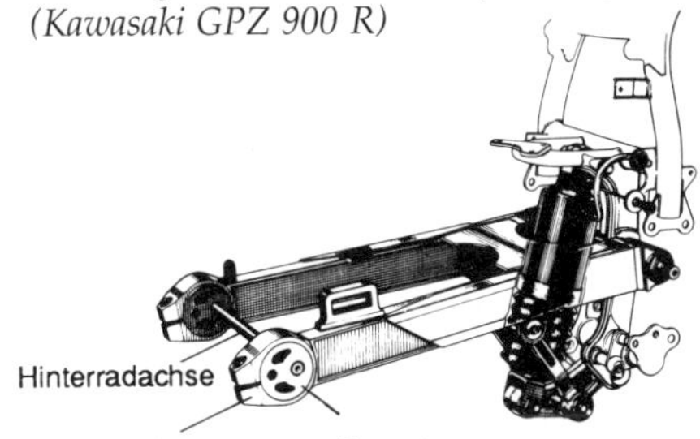

Ähnlich arbeiten die Exzenter an den Enden der Hinterradschwinge. Hier wird beim Drehen der beiden Alu-Scheiben anstelle der Schwingenachse die Hinterradachse bewegt. Der Effekt bleibt: Das Hinterrad bewegt sich vor oder zurück, und die Kette kann ge- oder entspannt werden. Die Schwingenlagerung bei dieser Version ist konventionell im Rahmen festgelegt.

6.4.4. Aus- und Einbau von Antriebskette und Kettenrädern

Der Aus- und Einbau von Antriebsketten richtet sich nach der Art der Kette. In der Regel haben wir es zu tun mit dem Austausch von Ketten mit Kettenschloß und dem Wechsel von Endlosketten.

Ausbau von Antriebsketten mit Kettenschloß
An einem Motorrad ist die Antriebskette verschlissen. Die Einsteller für die Kettenspannung sind am Anschlag, der Kettendurchhang aber

immer noch zu groß. Auch läßt sich am Kettenrad hinten die Antriebskette hochnehmen, was ein sicheres Indiz für eine zu starke Dehnung der Kettenglieder darstellt. Fazit: Eine neue Kette muß her.

Verschlissene Antriebsritzel bzw. Kettenräder
Antriebsritzel und Kettenräder dürfen keine sägezahnförmigen Ausformungen an den Zähnen zeigen. Sie dürfen auch nicht spitz wie ein Haifischgebiß sein (siehe Abbildung 168).
Antriebsritzel und Kettenräder, die solche Anzeichen haben, müssen erneuert werden. Sie dürfen immer nur im Satz getauscht werden, weil jede neue Kette unweigerlich durch ein verbliebenes verbrauchtes Kettenrad bzw. -ritzel nach wenigen hundert Kilometern unbrauchbar gemacht würde.

Abb. 168: Verschlissenes Antriebsritzel

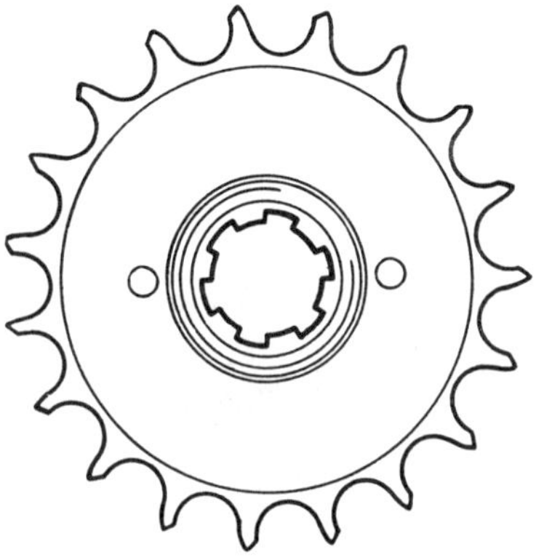

- An einer mit konventionellen Kettenspannern ausgerüsteten Schwinge geht das folgendermaßen vor sich: Man beginnt mit dem Lösen der Hinterradachse und der Kettenspanner. Danach schiebt man das Hinterrad auf der Achse ein Stück nach vorne. Dann löst man das Kettenschloß an der Verschlußfeder und entfernt es vollständig von der Kette.

Vorausgesetzt, beide Kettenräder sind noch in Ordnung, kann jetzt die neue Kette aufgezogen werden.

Dazu hängt man die neue Antriebskette mit dem einen Ende an die alte Kette an, Verbindungsglied ist das neue Kettenschloß, welches nicht geschlossen zu werden braucht. Dann zieht man am anderen Ende der alten Kette die neue über das hintere Kettenrad. Praktisch schleppt man so die neue mit der alten über die Kettenräder, ohne den Seitendeckel zu öffnen und ohne irgend etwas abbauen zu müssen.

Die neue Kette ist stramm und kurz, weshalb das Hinterrad jetzt so weit wie möglich nach *vorne* geschoben werden muß, damit das neue Kettenschloß eingehakt werden kann.

Beim Schließen des Kettenschlosses daran denken: Die Verschlußfeder muß mit der geschlossenen Seite *in Zugrichtung der Kette* liegen!

- Motorräder mit exzentrischer Kettenspannvorrichtung: Vor dem Abbau der alten Kette Exzenter so verdrehen, daß größtmöglicher Kettendurchhang gewährleistet wird. Wurde die neue Kette aufgezogen, wird der Exzenter zurück gedreht (der gegenüberliegende Exzenter dreht sich automatisch mit) bis die neue Antriebskette korrekt gespannt ist.

Austausch von Endlosketten

Der Austausch von Endlosketten ist wegen der notwendigen Montagearbeiten eine etwas langwierige Sache. Zu Ein- und Ausbau muß meistens die Hinterradschwinge abgebaut werden, was auch das Lösen der Hinterradfederung beinhaltet.

• Bei einigen Motorrädern ist es möglich, auch ohne große Demontagearbeiten eine Endloskette aufzuziehen. Die älteren Harley-Davidson Sportster 883/1100 ccm, führen ihre Schwinge in so eng gefaßten Lagern, daß die Rollenkette bequem außen vorbeipaßt. Somit muß zum Kettenwechsel lediglich (neben dem Hinterrad) das rechte Federbein abgeschraubt werden.

Die Kawasaki GPZ 1000 RX gestattet gleichfalls einen relativ raschen Kettenwechsel. Sie verfügt über ein zentrales Federbeinsystem im mittleren Bereich des Rahmens, das einem Kettenaustausch nicht im Wege steht. Des weiteren läßt sich die Fußrastenanlage mit wenigen Schrauben abmontieren, der linke Seitendeckel der Ritzelabdeckung ebenso, und schließlich muß nur noch das Hinterrad ausgebaut werden.

Kawasaki legt in seinen Wartungs- und Instandhaltungsinstruktonen allerdings auch fest, daß nur Endlos-O-/X-Ring-Ketten verwendet werden dürfen!

Austausch von Kettenritzel und Kettenrad

Für den Austausch von Kettenritzel und Kettenrad gibt es eine Faustformel: »Wechselst du deine O-/X-Ring-Kette, so tausche auch den Rädersatz mit aus!« Das ist in der Regel wörtlich zu nehmen, weil ein moderner Kettensatz hohe Kilometerleistungen erreichen kann und am Ende in den allermeisten Fällen nicht nur die Kette verschlissen ist.

• Eine »normale« Antriebskette alter Art dagegen, ohne O-/X-Ringe an den Gelenken, könnte zweimal verbraucht werden, bis ein neuer Kettenrädersatz fällig wäre (solche Ketten halten maximal und bei guter Pflege etwa 5.000-10.000 km). Doch wie bei vielen Verschleißteilen kommt es auch hier auf die Fahrweise an.

Ein prüfender Blick auf Kettenrad und -ritzel offenbart dem Kundigen den Zustand: Sägezähne statt geometrisch gleichseitig aufgebauter Zahnsegmente, abgeschliffene Flanken sowie spitze Zähne an den Kettenrädern sind Anzeichen des Endstadiums.

• Zu Beginn aller Demontagearbeiten reinigt man nach Abnahme des Seitendeckels, unter dem das Antriebsritzel auf der Getriebeausgangswelle zum Vorschein kommt, das Motorgehäuse in diesem Bereich, um sauber arbeiten zu können. Die Befestigung der Ritzel kann vielfältig sein, zwei Schrauben mit Sicherungsblech, eine Zentralmutter oder ein zusätzlicher Konussitz, so daß man in letzterem Falle einen Abzieher braucht.

Oft sind große Schlüssel notwendig, eventuell sogar Spezialwerkzeug – ein Blick unter den Seitendeckel vor der Arbeitsaufnahme lohnt immer .

Zuerst löst man das Sicherungsblech, das die Schraubenköpfe gegen Verdrehen schützt. Falls die Schrauben zu stark angezogen sind, steigt man bei eingelegtem 1. Gang auf die Hinterradbremse. Über die Antriebskette wird so das Ritzel am Getriebe festgelegt. Danach lassen sich die Schrauben mit Sicherheit leichter lösen. Ist eine Zentralmutter vorhanden, muß zum Lösen, nach dem Aufbiegen der Sicherheitslaschen, gleichfalls auf die Hinterradbremse getreten werden.

Jetzt wird über die Einsteller die Kettenspannung verringert; sodann nach Abnahme der Befestigung das Ritzel samt Kette von der Getriebeausgangswelle abgezogen.

Bevor das neues Ritzel montiert wird, muß die Getriebeausgangswelle an dieser Stelle sorgfältig gereinigt und anschließend mit etwas Graphitfett dünn bestrichen werden.

• Das hintere Kettenrad ist einfacher zu demontieren, dazu braucht in der Regel nur das Hinterrad abgebaut zu werden, wenn zuvor die Antriebskette (nach Lockerung der Kettenspanner) heruntergenommen wurde.

6.4.5. Pflege und Wartung des Kettenantriebes

• Will man O-/X-Ring-Ketten reinigen, kann man sie dampfstrahlen oder mit einem speziellen Reinigungsmittel für O-/X-Ring-Ketten behandeln. Geschmiert werden dürfen sie nur mit dafür zugelassenen Mitteln, da sich die O- bzw. X-Ringe andernfalls auflösen.

• Ketten ohne O-/X-Ringe dürfen nicht dampfgestrahlt werden. Man würde den Dreck doch nur in die ungeschützten Kettengelenke drücken. Sie können mit einem speziellen Kettenreinigungsmittel eingesprüht und wie beim Reinigen der O-/X-Ring-Ketten mit einem Lappen abgerieben werden.

Für Antriebsketten ohne O-/X-Ringe hat sich zur Schmierung ein industrielles Kettengleitmittel mit hohem Graphitzusatz als billigstes und bestes Mittel herausgestellt. Es besitzt eine ausgezeichnete Haftfähigkeit und wird in Spraydosen verkauft. Kaufen kann man es in Handwerks- und Industriebedarfsläden.

Eine weitere Möglichkeit, die man auf keinen Fall mit O-/X-Ring-Ketten durchführen darf, ist der Einsatz eines speziellen Reinigungs- und Schmierfettes. Dieses Fett, in dem die vorgereinigte Kette erhitzt und durch Bewegen gesäubert und geschmiert werden kann, wird von Castrol hergestellt. Es wird in einer runden Dose geliefert, die auch als Reinigungsbehälter dient. Sie wird vor der Reinigung auf etwa 85° C erhitzt.

Die Nachstellintervalle einer Antriebskette richten sich immer nach dem Kettendurchhang, weil Witterung, Fahrweise und Zustand von Kettenrädern und Kette Unwägbarkeiten darstellen, die man nur schlecht in Kilometerleistung umsetzen kann.

Wann und wie sollte eine Antriebskette geschmiert werden?
Als Faustformel gilt: »Wenn die Rollen blank sind, muß nachgeschmiert werden!«
Am elegantesten geht das so: Maschine auf den Hauptständer; Motor anwerfen; 1. Gang einlegen; darauf achten, daß das Hinterrad keinen Grund berührt, und Kupplung loslassen.
Das Hinterrad dreht jetzt mit niedriger Drehzahl, und die Kette kann leicht, sauber und gründlich mit Kettenspray bearbeitet werden. Bei O-/X-Ring-Ketten braucht der Sprühstrahl lediglich auf die Rollen gerichtet zu werden. Der Schmierstoffverbrauch ist entsprechend gering. Bei Ketten ohne O-/X-Ringe müssen auch die Gelenke der Kettenglieder besprüht werden. Am besten sprüht man von oben und unten, um eine optimale Schmierung zu erhalten.
Wer keinen Hauptständer besitzt, muß seine Kette etappenweise einsprühen, indem er das Motorrad nach jedem Sprühvorgang ein Stückchen weiterschiebt.

6.4.6. Der Zahnriemen als Hinterradantrieb

Durch den Einsatz in den kleinen Kawasaki-Modellen GPZ 305 Belt Drive sowie dem Softshopper Z 440 LTD Belt Drive wurde der Zahnriemen, englisch »Belt Drive«, in den

Abb. 169: Sekundärantrieb mit Zahnriemen (Hinterradantrieb)

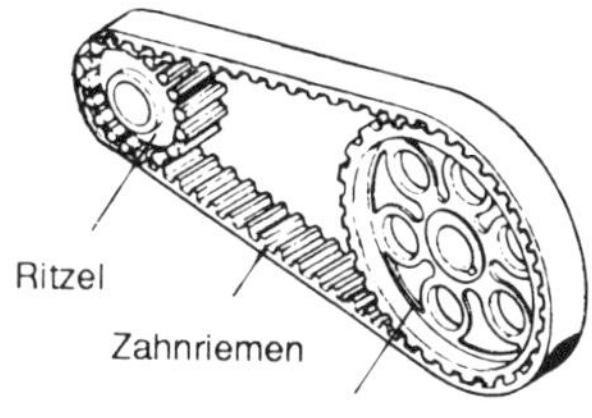

achtziger Jahren bekannt und fand rasch eine kleine Gemeinde von Liebhabern. Die geräusch- und wartungsarme Antriebseinrichtung wird serienmäßig mittlerweile nicht nur an Kawasaki-Motorrädern verbaut, sondern werksseitig auch an allen neuen Harley Davidson-Motorrädern.
Obwohl der einzige ernstzunehmende Nachteil des Zahnriemenantriebs seine Unförmigkeit ist, hängt ihm der Ruch des unschönen Gummiband-Antriebes nach. Äußerlich ähnelt das System dem Zahnkettenantrieb, wie wir ihn von der Nockenwellensteuerung her kennen. Das Antriebsritzel, zahnradähnlich geformt, sitzt auf der Getriebeausgangswelle, am Hinterrad das mächtige Gegenstück dazu. Die Verbindung stellt der Zahnriemen her, den wir bei der Beschreibung des Primärantriebes vorgestellt haben (siehe Kapitel 6.1.3. »Primärantrieb über Zahnriemen«).
• Zur Wartung ist festzustellen: Der Zahnriemen muß fett- und ölfrei gehalten werden, wobei ein Ölspritzer ihn nicht gleich umbringt. Außer-

dem darf der Riemen nicht geknickt werden. Er kann auch keine große Hitze vertragen, weshalb er am besten offen seine Arbeit verrichten sollte.
Eine Längung wie bei der Rollenkette kommt beim Zahnriemen ungleich seltener vor. Das dann erforderliche Nachspannen des Riemens wird, der Kettenspanneinrichtung entsprechend, an den Enden der Hinterradschwinge vorgenommen.
Unbrauchbar wird der Zahnriemen erst nach Ablauf vieler Kilometer, abhängig von Staub, Sand, Ölverschmutzung, Steinschlag, den UV-Strahlen der Sonne sowie der Fahrweise und dem Einsatz der Antriebskräfte. Sie sind es, die an seiner Verzahnung nagen und ihn allmählich mürbe machen.
Daß er sehr belastbar ist, zeigt sein serienmäßiger Einsatz in den drehmomentstarken V2-Motoren von Harley-Davidson!

6.4.7. Die Alternative: Hinterradantrieb mit Kardanwelle, schwer, aber pflegeleicht und solide

Der Gelenkwellen- oder Kardanantrieb ist eine Kraftübertragung vom Ausgang des Schaltgetriebes bis zum Hinterrad. In einem zweiten, kleineren Getriebe, dem Hinterachsgetriebe, wird dann die Kraft von der Kardanwelle auf das Hinterrad umgelenkt.
• Der Kardanantrieb hat den großen Vorteil, gänzlich gekapselt und somit keinerlei ungünstigen Umwelteinflüssen ausgesetzt zu sein.
Seine Gelenkwelle garantiert bei unterschiedlicher Einfederungstiefe der Hinterradfederung völlig einwandfreie Bewegungsverhältnisse. Dennoch ist der Kardanantrieb nicht ohne Einfluß auf das Fahrverhalten, doch davon später. Seine weitgehende Wartungsfreiheit, abgesehen von gelegentlichen Ölwechseln, sowie der problemlose Hinterradwechsel machen ihn zu einem sehr praktischen Hinterradantrieb.
• Seine Nachteile verschwinden vor diesem Hintergrund zu einem undeutlichen Gemurmel, das nur von Finanzierungsfachleuten der Herstellerfirmen und von sportlich ambitionierten Fahrern verstanden wird. Der Kardanantrieb ist nämlich herstellungsmäßig teuer und für den Leichtbau, der sportliche Motorräder nun einmal kennzeichnet, zu schwer.
So sieht man Kardanantriebe vorwiegend an Tourenmotorrädern (Moto Guzzi California II; Suzuki VX 800) oder an nur sportlich angehauchten Maschinen (BMW R 1100 RS; Moto Guzzi 1100 Sport). Auch bei Softchoppern, diesen eher betulichen Fortbewegungsmitteln, wurde der Kardanantrieb große Mode (z.B. Yamahas Dauerbrenner XV 535 Virago).

Aufbau eines Kardanantriebs

• Erstes Antriebsteil ist das Umlenkgetriebe am Ausgang des Schaltgetriebes. Es befindet sich außen ange-

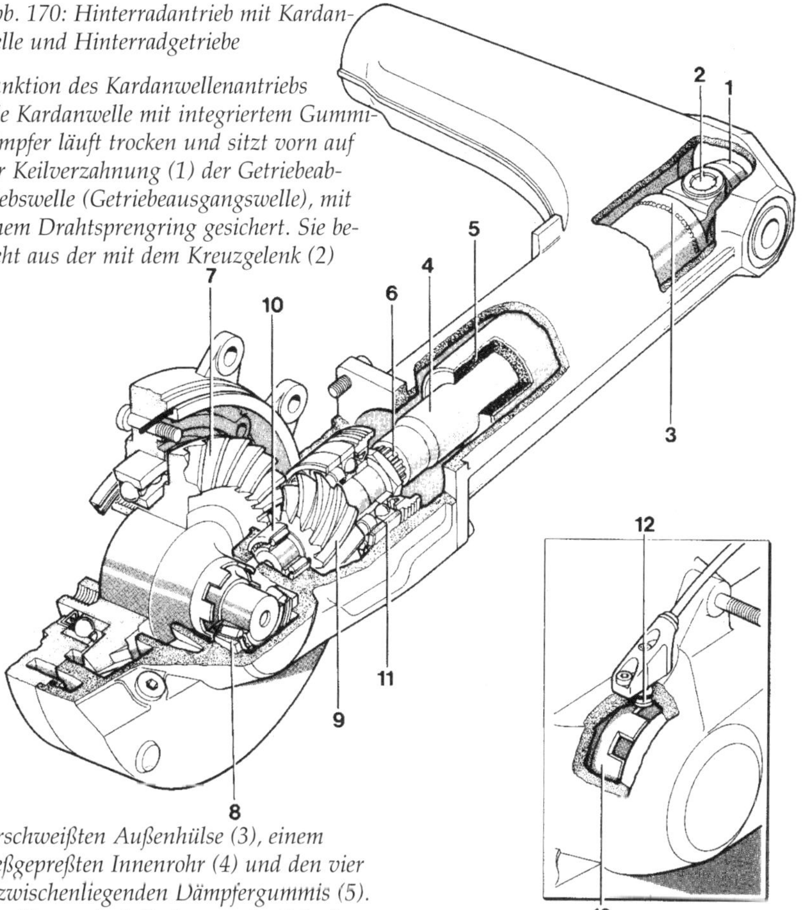

Abb. 170: Hinterradantrieb mit Kardanwelle und Hinterradgetriebe

Funktion des Kardanwellenantriebs
Die Kardanwelle mit integriertem Gummidämpfer läuft trocken und sitzt vorn auf der Keilverzahnung (1) der Getriebeabtriebswelle (Getriebeausgangswelle), mit einem Drahtsprengring gesichert. Sie besteht aus der mit dem Kreuzgelenk (2) verschweißten Außenhülse (3), einem fließgepreßten Innenrohr (4) und den vier dazwischenliegenden Dämpfergummis (5). Das Kreuzgelenk liegt genau im Schwingendrehpunkt, die Gelenklager haben eine Dauerfettfüllung. Die vernickelte und gefettete Keilnutverzahnung amHinterachskegelrad (6) ermöglicht den erforderlichen Längsausgleich.
Die Umlenkung des Kraftflusses imHinterachsgetriebe erfolgt in einem Leichtmetall-Kokillenguß-Gehäuse, das auch die Festsattelbremse und den Induktivgeber für das Tachometer aufnimmt.
Das Verbund-Tellerrad (7) wird gehäuseseitig vom Kegelrollenlager (8) und deckelseitig von einem Rillenkugellager geführt. Das Kegelrad (9) wird von einem Führungsnadellager (10) und einem speziellen Kombilager (11) (Rollen- und Kugelring) aufgenommen. Der ruhende Induktivgeber (12) enthält einen Permanentmagneten und den Sensor, der auf die periodischen Feldstörungen reagiert, die in der rotierenden Impulsgeberhülse (13) (auf dem Tellerrad) verursacht werden. Die elektronische Signalverarbeitung geschieht im Tachometer.
(BMW K 100, »Technik im Detail«)

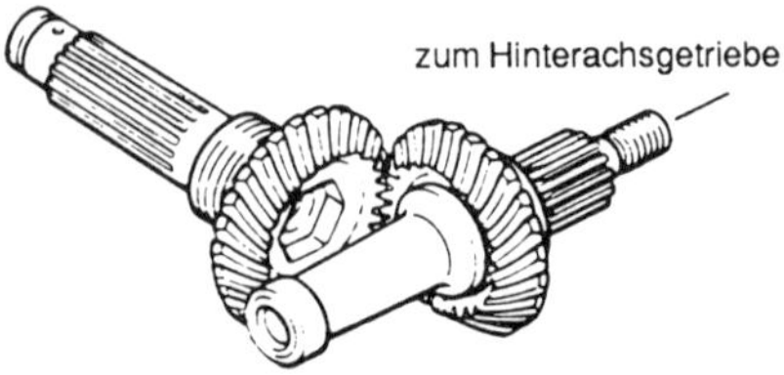

Abb. 171: Umlenkgetriebe (Schaltgetriebe-Kardanwelle) (Yamaha XJ 900)

flanscht oder im Innern des Getriebes. Die Kraft der Getriebeausgangswelle wird darin um 90° umgelenkt. Am Winkelgetriebe angeflanscht wird die Kardanwelle, die im Schwingenrohr nach nach hinten verläuft. Dieses Winkelgetriebe sparen sich die Hersteller von Motorrädern, deren Kurbelwellen längs zur Fahrtrichtung drehen (BMW R 850 bis R 1100 RS).

- Zweites Antriebsteil ist die mit einem Kreuzgelenk versehene Kardanwelle (Gelenkwelle). Das Kreuzgelenk wird unmittelbar, nachdem die Welle den Getriebeausgang verlassen hat, benötigt. Es liegt im Schwingendrehpunkt des Rahmens positioniert und gleicht an der Kardanwelle die Auf- und Abbewegungen der Hinterradfederung aus. Die Längsunterschiede geringfügiger Art, bedingt durch die Bewegungen der Schwinge, werden an der Kardanwelle durch eine Längsnut und eine Schiebemuffe ausgeglichen.
- Die dritte Baugruppe ist das Hinterachsgetriebe. Es lenkt als Winkel- und Untersetzungsgetriebe die Motorkraft wieder um 90° um. Das Hinterachsgetriebe enthält Schneckenrad und Tellerrad des Antriebs sowie die dazugehörigen Lager. Zum Hinterrad gewandt dreht ein außenliegender Drehkranz mit Verzahnung, der die Motorkraft letztendlich auf das Hinterrad überträgt.
- Das Hinterachsgetriebe bildet eine selbständige Einheit mit eigenem Gehäuse und eigener Getriebeölfüllung. Die Gelenkwelle (Kardanwelle) läuft sinnvollerweise im vergrößerten linken oder rechten Gabelholm der Schwinge. Dieser ist an einigen Motorrädern mit Öl gefüllt, um Gelenke und Wellenzapfen zu schmieren. Das Kreuzgelenk wird in den meisten Fällen über eine Dauerfettfüllung geschmiert und ist voll gekapselt, braucht also nicht gewartet zu werden. Trotzdem lohnt sich ein Blick ins Bordbuch bzw. Wartungshandbuch von vor allem älteren Motorrädern, um keine Wartungsfehler zu begehen.
- Der Hinterachsantrieb besteht aus dem Tellerrad, welches in der gleichen Ebene läuft wie das Hinterrad, mit dem es auch über einen Zahnkranz verschraubt ist. Auf das Tellerrad wirkt ein Antriebskegelrad, das mit der Kardanwelle verbunden ist.

Antriebskegelrad und Tellerrad treffen sich nicht mittig, aber rechtwinklig (90°), wobei das Antriebskegelrad seine Geschäfte auf dem spiralig verzahnten Tellerrad abwickelt.

Das Ganze nennt sich dennoch ein »nichtversetzter Antrieb«, der wegen der großen Zahndrücke mit Hypoidöl gefahren werden muß!

Es gibt mittige und nichtmittige Hinterachsantriebe. Mittige Achsantriebe sind keine Hypoidgetriebe und brauchen auch kein Hypoidöl.

6.4.8. *Wartung von Kardan (Gelenkwellen-)antrieben*

Die Wartung beschränkt sich im Wesentlichen auf den Getriebeölwechsel etwa alle 10.000 bis 15.000 Kilometer.

- Eingefüllt werden muß bei Hypoidhinterachsgetrieben ein Hypoidöl SAE 90 bei über 5° C Außentemperatur und SAE 80 unter 4° C. Getriebemehrbereichsöle auf Hypoidbasis sind ebenfalls zulässig.
- Hinterachsgetriebe, die keine Hypoidgetriebe sind, können mit normalem Getriebeöl der gleichen Viskosität gefahren werden.
- Manche Hinterachsantriebe haben einen Schmiernippel zur Versorgung des Antriebswellengelenkes am Kardan (Honda CX 500/CX 650), während das obere Kreuzgelenk entweder wartungsfrei ausgeführt oder von einer Ölfüllung, die hauptsächlich das untere Antriebswellenlager sowie die Schiebemuffe schmiert, mitversorgt wird (BMW-Zweiventil-Boxer-Modelle mit Zweiarmschwinge).
- Ein Getriebeölwechsel am Hinterachsantrieb sollte erst erfolgen, nachdem die Maschine warmgefahren wurde.
- Die Manschette zwischen Hinterradschwingenholm und Getriebeausgang sollte jeden Monat einmal kontrolliert werden. Eindringender Straßenstaub und Sand bei beschädigter Manschette sind Gift für Kardanwelle, Lager und Kreuzgelenke.
- Die Reparatur von Hinterachsgetrieben gehört mit zum Schwierigsten, was ein Motorrad zu bieten hat. Deshalb steht in Werkstatthandbüchern oft lapidar: »Geben Sie das Hinterachsgetriebe beim Auftreten von Problemen bei Ihrem Händler ab.« Das muß aber nicht sein, denn etliche Hinterachsgetriebe sind recht reparaturfreundlich. Die Krux liegt jedoch im Einstellen des Arbeitsspieles zwischen Antriebskegelrad und Tellerrad.

Das ist eine Arbeit für erfahrene Schrauber und Schrauberinnen. Da wird mit hauchdünnen Einstellscheiben jongliert und mit »Plastigage« gearbeitet. Das sind Kunststoffstreifen, die an mehreren Stellen zwischen die Zahnräder gelegt und beim Drehen breitgequetscht werden. An Hand einer Tabelle wird die Breite der gequetschten Streifen verglichen. Heraus kommt, wieviel Tragspiel beide Zahnräder noch zueinander haben. Danach orientiert sich die Stärke der einzusetzenden stählernen Zwischenscheiben.
Ob die Plackerei sich wirklich gelohnt hat und die Positionierung beider Zahnräder korrekt ist, zeigt sich erst nach einigen tausend Kilometern Testfahrt. Etwa dann, wenn beim Prüfen des Getriebesumpfes Metallabrieb und (oder) Geräusche ein zu großes Einbauspiel signalisieren.

Ein paar Tips zur Fehlersuche an Hinterachsantrieben

- Abnutzung oder beschädigte Zähne am Hinterachsgetriebe machen sich durch Heultöne bemerkbar.
- Beschädigte Lager durch Rumpeln bei niedrigen Geschwindigkeiten.
- Ausgeprägte Lastwechselreaktionen deuten auf übermäßiges Zahnflankenspiel durch Verschleiß hin.
- Ruckweise Bewegungen unter Last (beim Gasgeben) machen auf Schäden an der Spiralverzahnung aufmerksam. Man muß in einem solchen Falle mit abgebrochenen Zähnen rechnen.

Eine andere Möglichkeit sind defekte (ausgeleierte) Kreuzgelenke.

- Geht gar nichts mehr, und bewegt sich das Hinterrad kein Stück vorwärts, ist die Antriebswelle gebrochen, die Längsverzahnung an der Kardanwelle überdreht oder ein Kreuzgelenk komplett zum Teufel gegangen.
- Bei Problemen mit dem Hinterachsantrieb sollte man zwecks Fehleranalyse (bei nur geringen Erfahrungen) eine, besser mehrere Vertragswerkstätten aufsuchen und den Rat erfahrener Schrauber oder Schrauberinnen hören, bevor man einen Reparaturauftrag erteilt.

Errechnung der Fahrzeuggeschwindigkeit auf der Basis der Untersetzungsangaben in den technischen Daten des Motorrades

Wie berechne ich die theoretische Endgeschwindigkeit meines Motorrades oder eine beliebige Fahrzeuggeschwindigkeit bei einer vorgegebenen Motordrehzahl?

Hierzu benötigen wir die folgenden Daten:

a) die gewünschte Drehzahl des Motors (n =1/min),
b) die Primärübersetzung im Motor (i_{PN}),
c) die Getriebeübersetzung im gewünschten Gang (i_{GET}),
d) die Sekundärübersetzung im Hinterrad (i_{SEK}),
e) den Abrollumfang des Hinterradreifens in Metern (m),
f) Faktor = 0,06.

- Der Sinn der ganzen Rechnerei liegt darin, Änderungen in der Geschwindigkeit eines Motorrades infolge von Getriebeumbauten, kleineren/größeren Reifen, Kettenradaustausch und vielem mehr errechnen zu können, um Ergebnisse dieser Umbauten zu beurteilen.

Die dazu benötigten Daten stehen im Bordbuch oder im Werkstatthandbuch. Sie können auch beim Händler erfragt werden.

- Den Abrollumfang des Reifens kann man bestimmen: Erstens durch eine Kreidestrichmarkierung auf Reifen und Fahrbahn, wonach man das Motorrad weiterschiebt, bis der Strich am Reifen wieder auf die Straßenoberfläche zeigt. Markiert man nun diese Stelle, besteht der Reifenumfang aus der Strecke vom ersten bis zum zweiten Kreidestrich.
- Zweitens besteht die Möglichkeit, im Reifenhandbuch nachzulesen. Ein Anruf beim Reifenhändler genügt oft auch.

Die Geschwindigkeitsberechnung
Als Rechenbeispiel nehmen wir die Yamaha XJ 900 F. Deren Daten lauten:
Motordrehzahl = 9.000 U/min (Höchstdrehzahl); Primärübersetzung = 1,672; Getriebeübersetzung = 0,812 (5. Gang); Sekundärübersetzung = 3,98 (Hinterachsgetriebe, die Maschine hat Kardanantrieb); Reifenabrollumfang = 2,03 m (120/90V 18TL, ME 99B Metzeler).

Die Formel:

$$\textit{Geschwindigkeit} = \frac{\textit{Drehzahl x Reifenumfang x Faktor}}{\textit{Primärantriebsübersetzung x Getriebeübersetzung x Sekundärübersetzung}}$$

$$V \max = \frac{n \times m \times 0{,}06}{I_{PN} \times I_{GET} \times I_{SEK}} = \frac{9.000 \times 2{,}030 \times 0{,}06}{1{,}672 \times 0{,}812 \times 3{,}98} = 202{,}87\ km/h$$

• Die Yamaha besitzt demnach eine theoretische Endgeschwindigkeit von 202,87 km/h, bei 9.000 U/min Motorumdrehungen im letzten (5.) Gang.

• Wer über eine kettengetriebene Maschine verfügt und das Übersetzungsverhältnis nicht weiß, kann das durch Abzählen der Zähne von Kettenrad und Ritzel herausfinden. Das geht so:

$$\frac{\textit{Zähnezahl des Kettenrades (hinten)}}{\textit{Zähnezahl des Kettenritzels (vorn)}} = \textit{Verhältniszahl der Übersetzung}$$

$$z.B.: = \frac{36\ \textit{Zähne am hinteren Kettenrad}}{19\ \textit{Zähne am vorderen Ritzel}} = 1{,}895 : 1$$

• Unsere Untersuchungen bleiben insoweit theoretisch, als Luftwiderstand und Fahrwiderstände nicht mit einbezogen wurden. So etwas läßt sich nur mit einem Computer und vielen Meßdaten ermitteln oder eben durch praktische Erprobung. Trotzdem bieten sie wichtige Annäherungswerte.

6.5. Startvorrichtungen

Verbrennungsmotoren können aus eigener Kraft nicht starten. Hierfür sind besondere Starteinrichtungen notwendig. Bei Motorrädern sind das Kickstarter, eine manuelle Starthilfe, oder Elektrostarter, bei der ein Elektromotor den Verbrennungsmotor durchdreht.

• Kickstarter wirken bei den allermeisten Motorrädern über eine Zahnraduntersetzung unmittelbar auf die Kupplung. Wird die Kupplung gezogen, läuft der Starterhebel des Kickstarters leer.

• Elektrostarter (E- Starter) sind über eine Kette oder über Zahnräder mittel- oder unmittelbar mit der Kurbelwelle verbunden.

• Der Verbrennungsmotor braucht zum Starten eine Mindestdrehzahl, um anspringen zu können, worauf besonders beim Kickstarten zu achten ist!

6.5.1. Der Kickstarter

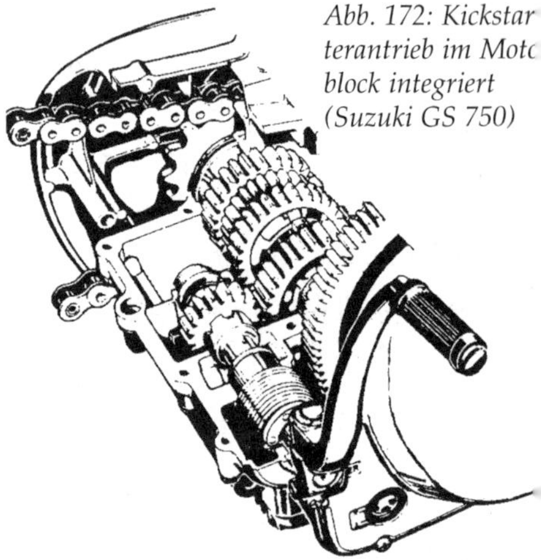

Abb. 172: Kickstarterantrieb im Motorblock integriert (Suzuki GS 750)

Kickstarter (veraltet: Fußhebelanlasser) sind selten geworden. Wo ein E-Starter vorhanden ist, hat sich deshalb seine Funktion auf die einer Notstarteinrichtung reduziert. Kickstarter kommen meist nur noch zur Anwendung, wenn die Batterie fast leer ist. Freunde der traditionellen Motorräder halten den Kickstarter jedoch in Ehren, bauen ihn gar wieder ein, wenn ein uneinsichtiger Hersteller es wagt, bestimmte Motorräder ohne ihn auszuliefern.

• Der äußere Aufbau ist einfach. Die Kickstarteinrichtung besteht aus einem Hebel mit einer ausklappbaren Fußraste. In einigen Fällen läßt sich der ganze Hebel umklappen, um im Fahrbetrieb kein Hindernis zu bilden. Die Länge eines Kickstarterhebels und auch seine Übersetzung hängen stark vom Motor ab.

• Die Kompression von großvolumigen Einzylindermotoren leistet dabei den größten Widerstand, wie jeder berichten kann, der einmal eine Yamaha SR/XT 500 angetreten hat. Ventilaushebe-Einrichtungen zum Herabsetzen der Kompression, seien sie automatisch oder von Hand zu bedienen, gehören deshalb zum Bestandteil eines jeden großvolumigen Einzylinders, der noch mit dem Fuß angelassen wird.

• Der Kickstarter wirkt mit seinem Fußhebel auf die Welle eines Zahnsegmentes ein. Dieses ähnelt einem Zahnrad und greift am Kupplungskorb an, der auf der Getriebeeingangswelle sitzt oder zumindest an der Vorlegewelle. Die gewählte Übersetzung ist nicht zufällig, weil dem Motorradfahrer die volle Kompression des Motors nicht zugemutet werden soll.

Die BMW-Zweiventil-Boxermotorräder besaßen früher serienmäßig, später dann auf Wunsch Kickstarter, die über das Getriebe wirkten.

• Mit der richtigen Zahnräderpaarung gelingt es, mit Hilfe des Kickstarters die Kurbelwelle durch einen kräftigen Fußtritt zweimal durchdrehen zu lassen. Das ist für einen Viertaktmotor zum Startvorgang normalerweise ausreichend. Die Umdrehungsgeschwindigkeit der Kurbelwelle sollte dabei möglichst hoch sein. Also wirklich kräftig und schnell auf den Kickstarter treten!

Die weitverbreitete Angst vor dem Zurückschlagen des Motors und des Kickstarters mit den damit verbundenen möglichen Verletzungen oder Beschädigungen ist berechtigt, wenn zwei Voraussetzungen eingetreten sind:

1. Der Motor liegt in seinem Zündzeitpunkt zu früh. Das ist vermutlich der Fall, wenn der Kickstarter trotz zügiger Betätigung zurückschlägt. Dann muß unbedingt die Zündeinstellung überprüft werden.

2. Der Kickstarter wird zu zaghaft und zu langsam durchgetreten. Besonders alte Motorräder und da vor allem die Langhuber reagieren darauf recht allergisch und schlagen zurück, wenn der Zündfunke das Gemisch entzündet. Dieses Zurückschlagen muß man sich so vorstellen: Durch das Treten auf den Kickstarter bewegt sich der Kolben. Im Verdichtungstakt wird er bei falscher Betätigung zu langsam beschleunigt. Wenn dann der Zündfunke kommt, geht die Ladung sozusagen nach hinten los. Der Kolben wird nach unten gedrückt. Kurbelwelle und Ventiltrieb laufen rückwarts, was zu Feuer und Rauch aus dem Vergaser führen kann.

Ähnlich bei verstellter Zündung. Das Gemisch wird zu früh gezündet, und der Kolben marschiert in die Gegenrichtung.

6.5.2. Der Elektrostarter (E-Starter)

Er hat längst eine Miniaturisierungs- und Zuverlässigkeitsstufe erreicht, die vor 35 Jahren noch für unwahrscheinlich gehalten wurde.

Hinzu kommen moderne Fertigungstechniken, die den Preis der Anlagen bei guter Qualität auf einem ökonomisch vertretbaren Niveau halten.

Herausragend ist der geringe Stromverbrauch der heutigen E-Starter, der es gestattet, selbst große Motorräder

Abb. 173: E-Starter-Antrieb (Honda CBX 1000 Sechszylinder-Reihenmotor)

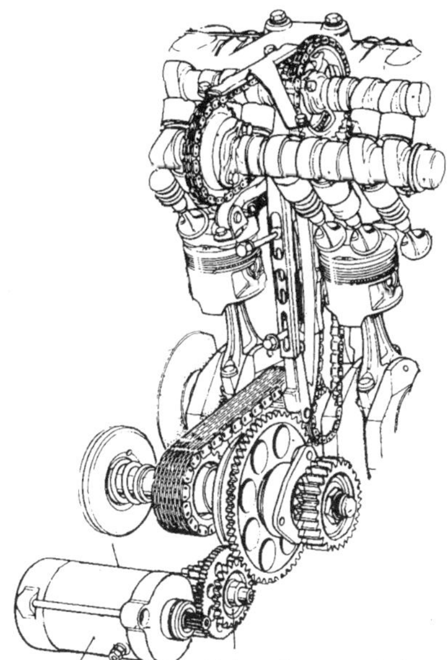

mit einer relativ kleinen Batterie auszurüsten. Hinzu kommt die enorme Steigerung der Leistung moderner Stromgeneratoren.
Außerdem ist der verringerte Startwiderstand zu vermerken, den moderne, mehrzylindrige Motoren besitzen, selbst wenn sie über große Hubräume verfügen. Der E-Starter muß keine allzugroßen Drehwiderstände mehr überwinden.

• Der Aufwand, einen E-Starter zu installieren, ist ungleich höher als bei einem Kickstarter. Wenn er kaputt geht, wird's beim E-Starter teuer.

• Ein Starterknopf am Lenker aktiviert mit einem Steuerstrom den Magnetschalter, der den kräftigen Starterstrom direkt von der Batterie auf den Anlasser lenkt. Wie das im einzelnen funktioniert, zeigen wir im Unterkapitel 7.9. »Der Elektrostarter (E-Starter)«.

6.5.3. Wartung und Reparatur an Startvorrichtungen

Wartung und Reparatur des Kickstarters

Erfreulich ist die geringe Reparaturanfälligkeit der mechanischen Startereinrichtungen.

• Die Drehgelenke des Kickstarters sollten periodisch geölt werden, und das Fußhebel-Gummi ist rechtzeitig zu erneuern. An abgenutzten Gummis kann der Fuß abrutschen.

• Hängt der Kickstarter spannungslos auf seiner Welle, und kommt er nach dem Kicken nicht mehr hoch, ist mit Sicherheit die Rückholfeder gebrochen. Sie ist unter dem Seitendeckel normalerweise relativ leicht zu erreichen (bei meiner alten Zweizylinder-Königswellen-Ducati mußte ich allerdings den Motorblock komplett zerlegen, um an die Kickstarterfeder zu gelangen!).

• Alle Schraubverbindungen sollten immer wieder sorgfältig geprüft werden, besonders die Klemmfaust unten an der Kickstarterwelle. Schon mancher hat seinen Kickstarthebel unterwegs verloren.

• Wurde der Kickstarthebel einmal von seiner Welle abgebaut, sollte man die Längsverzahnung beim Wiederanbau einfetten und es sorgfältig vermeiden, sie beim Einbau zu beschädigen. Bei Schwergängigkeit lieber die Klemmfaust unten am Hebel mit einer breiten Schraubendreherklinge vorsichtig etwas aufbiegen, dann geht es gleich leichter.

• Ölaustritt an der Kickstarterwelle bedeutet: der Wellendichtring im Gehäuse ist undicht und wünscht, ersetzt zu werden.
Hierzu muß meist der Seitendeckel abgebaut werden. Manchmal geht es aber auch im eingebauten Zustand.
Zum Wechsel des Dichtringes wird der ausgebaute Deckel auf etwa 180° C erwärmt und der Simmering vorsichtig von innen her mit einem feinen Durchschlag herausgeschlagen.
Der Einbau erfolgt im gleichen Arbeitsgang. Hierzu wird der gut eingeölte Dichtring oben aufgesetzt (die Ringfeder der Dichtlippen wird zum

Gehäuseinneren gerichtet). Mit einem passenden Rohraufsatz oder vorsichtigen kreuzweisen Kunststoffhammerschlägen wird er in seinen Sitz hineingetrieben. Beim Aufbau des Seitendeckels dürfen die feinen Dichtlippen von der Verzahnung der Kickstarterwelle nicht beschädigt werden.

Wartung und Reparatur an Elektrostartern

• Wartungsarbeiten an E-Startern beschränken sich auf gelegentliches Prüfen der elektrischen Schraub- und Steckerverbindungen, auf festen Sitz und Korrosionsfreiheit sowie auf mögliche Leckagen zwischen Anlassermotor und Motorgehäuse. Korrodierte Kontakte lassen nicht mehr genügend oder gar keinen Strom passieren, so daß der E-Starter nicht mehr funktionieren kann.

• Alle 30.000 Kilometer sollte man sich auch einmal die Mühe machen, nachzusehen, ob die Kohlebürsten am Kollektor des Anlassermotors noch genügend lang sind. Zu kurze Kohlebürsten übertragen nicht mehr genügend Strom, und der Anlasser wird langsamer. Das läßt den Motor schlechter starten!

☞ Siehe hierzu auch 7.9. »Der Elektrostarter (E-Starter)« und 7.9.2. »Der Magnetschalter«.

• Eine geladene und funktionsfähige Batterie ist die wichtigste Vorraussetzung für die Arbeit des Elektrostarters.

☞ Siehe hierzu auch 7.3. »Die Fahrzeugatterie: Als Stromsammler unentbehrlich!« und 7.3.3.»Wie man mit Fahrzeugbatterien richtig umgeht.«

7. Die elektrische Anlage

7.1. Über die bordeigene Stromversorgung von Motorrädern

»Warum hat mein Motorrad eigentlich keine Bordspannung von 220V Wechselstrom? Man würde 'ne gute 100-Watt-Birne aus der Schreibtischlampe in den Scheinwerfer schrauben und könnte auch den Kassettenrecorder mit aufs Motorrad nehmen!«
Schön wäre es! – Aber Wechselstrom kann man an Bord von Motorfahrzeugen aus einem einzigen aber wichtigen Grund nicht verwenden: Es gibt keine Einrichtungen, um Wechselstrom zu speichern! Eine Batterie (= Akkumulator = Sammler) kann nur Gleichstrom speichern, nicht aber Wechselstrom. Da wir für den Startvorgang von Verbrennungsmotoren aber gespeicherten Strom benötigen, sei es für die Zündanlage, den Elektrostarter oder für das Standlicht und die Blinker, muß im Bordnetz unserer Motorfahrzeuge Gleichstrom fließen!
Alle Stromverbraucher am Motorrad sind deshalb auf Gleichstrom geeicht, mit Außnahme der Glühlampen, denen das eigentlich furchtbar egal ist.
Weil bekanntermaßen eine Batterie bei Belastung in absehbarer Zeit geleert ist, muß für Nachschub gesorgt werden. Das geht aus leicht einsichtigen Gründen nicht per Steckdose, weshalb die Konstrukteure auf einen Stromerzeuger, einen im Fahrzeug eingebauten Generator zurückgreifen mußten.
Nun wird der eine oder andere einwerfen: »Aber es gibt doch Wechselstrom- bzw. Drehstromlichtmaschinen in Motorrädern, die erzeugen keinen Gleichstrom!« – Da hat er natürlich recht! Aber ins Bordnetz gelangen dennoch weder Wechselstrom noch Drehstrom, weil diese noch vor dem Regler (er reguliert den Stromhaushalt im Fahrzeug) in Gleichstrom umgeformt werden. Das Leben des Wechselstroms währt also nur kurz, denn der im Stromkreis sitzende Gleichrichter wandelt ihn mittels einiger Dioden in Gleichstrom um, sobald er aus dem Generator (auch Lichtmaschine genannt) austritt.
»Warum hat denn der Schlaumeier, der die Wechselstromlichtmaschine erfunden hat, statt dessen nicht gleich eine Gleichstromlichtmaschine geschaffen?« – Nun, die Technik dafür zu entwickeln war erstens nicht einfach, und zweitens besitzt der von einer Wechselstrom- oder ei-

ner Drehstromlichtmaschine produzierte Strom einen wesentlich größeren Wirkungsgrad als der von einer vergleichbaren Gleichstromlichtmaschine, die es tatsächlich gibt. Gab, muß man eigentlich sagen, weil sie abgesehen von wenigen Oldtimern schon seit Jahren aus allen Motorrädern verschwunden ist!

Weil aber Gleichstrom erforderlich war, und moderne, erst in der Nachkriegszeit entwickelte Halbleiterelemente, die das Umwandeln von Wechselstrom erleichterten, Anfang des Jahrhunderts nicht zur Verfügung standen, mußte man sich behelfen und erfand den Gleichstromgenerator. Dieser Generatortyp hielt sich im Motorradbau bis in die sechziger Jahre hinein und wurde dann ziehmlich schlagartig durch Wechselstrom- und Drehstromgeneratoren ersetzt. Wechselstromgeneratoren haben weniger Leistung als Drehstrom-Lichtmaschinen, dafür aber auch meist keine Verschleißteile.

Kommen wir aber auf die 220 Volt (V) Spannung zurück: Ein Generator, der eine solche Spannung erzeugen soll, wäre für ein Motorrad viel zu groß und schwer. Außerdem wären 220 V Gleichspannung im Bordnetz eines Fahrzeuges viel zu hoch und damit zu gefährlich für den Menschen, aber auch für das Material. Im Zusammenspiel mit einer bestimmten Strommenge kann sie tödlich sein. Denken wir in diesem Zusammenhang nur einmal an die Feuchtigkeit und den Regen, dem ein Motorrad in unseren Regionen ständig ausgesetzt ist. 220 Volt ist eine Spannung, die den Strom unentwegt drängen würde, aus seiner Bahn auszubrechen, um sich mit dem anderen Pol kurzzuschließen. Sicherheitsvorschriften des VDE (Verein Deutscher Elektroingenieure) besagen in diesem Punkt: Ab einer Spannung von 60 Volt aufwärts und einem Strom von 0,050 A (Ampere) kann im ungünstigsten Falle Strom gefährliche körperliche Schäden verursachen.

Aus Sicherheitsgründen grenzt man bei Fahrzeugen die Spannung deshalb auf maximal 24 Volt. Bei Motorrädern beträgt die Bordnetzspannung 12 Volt!

- Die Höhe der Spannung bezieht sich dabei auf den »Sammler«, auf die Fahrzeugbatterie. Dieser Akkumulator hat einzelne Zellen, in denen zwischen Bleiplatten, die in einer Schwefelsäurelösung hängen, eine Spannung entsteht, welche bei geladener Batterie etwa 2 V pro Zelle ausmacht. Unsere Motorradbatterie besitzt praktischerweise sechs Zellen, die in Reihe geschaltet 12 V ergeben.

Zwar gibt es im Motorrad wie auch im Auto Hochspannungsanlagen größer als 12 V, doch die betreffen ausschließlich die Zündanlage und sind im allgemeinen ungefährlich, obwohl die relativ hohe Spannung von 10.000 Volt anliegt. Dies trifft aber nur für die kurze Zeit der Zündung zu, wobei in den Zündleitungen zur Zündkerze ein minimaler Strom fließt. – Doch davon später mehr. Wer also von einem Zündkabel mal eine gewischt bekommt, braucht keine Angst zu haben. Es passiert ihm nicht viel mehr als beim Anfassen eines elektrisch geladenen Weidezauns.

• Vorsicht ist bei modernen Hochleistungszündanlagen mit Kondensatorentladung (HKZ = Hochspannungs-Kondensator-Zündanlagen sowie C.D.I.-Zündanlagen = Capacitor-Discharge-Ignition, eine ähnliche Anlage) geboten, deren verlängerter Zündstrom im Zusammenhang mit einer nochmals erhöhten Zündspannung dem ungeschützten Menschen recht gefährlich werden kann.

Abb. 174: Stromversorgung nach dem Einschalten der Zündung (Honda XL 600 RM)

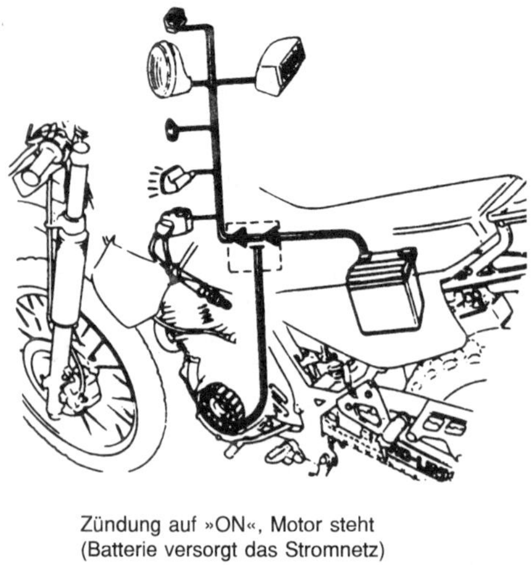

7.1.1. Stromfluß im Bordnetz der Maschine

Schaut sich ein Laie den Schaltplan eines Motorrades an, meist auf der letzten Seite des Bordbuches gelegen, so tut sich ihm ein wahrer Irrgarten auf.

Gleiches gilt für den Drahtverhau am Motorrad, Kabelbaum genannt.

Zur Beruhigung können wir sagen: Auch bei uns hat es so angefangen. Doch wenn man sich damit beschäftigt (bzw. sich damit beschäftigen muß), bekommt man die wichtigsten Dinge dann doch in den Griff, und die Feinheiten erschließen sich später, wenn man mit geeigneter Lektüre tiefer in die Materie eingestiegen ist.

Die Anfänge: Das Prinzip der elektrischen Anlage an Bord eines Motorrades

Der Strom an Bord entsteht durch die Umwandlung einer Energieform in eine andere. Mechanische Energie vom laufenden Verbrennungsmotor treibt den Stromgenerator an. Der wandelt sie um in elektrische Energie.

Wir unterscheiden ganz grob zwei Hauptzustände im Bordnetz der Stromversorgung:

1. Laden der Fahrzeugbatterie und Versorgen aller im Bordnetz angeschlossenen und angeschalteten Verbraucher. Vorraussetzung: Der Verbrennungsmotor läuft, und der mit ihm fest verbundene Generator wird angetrieben.

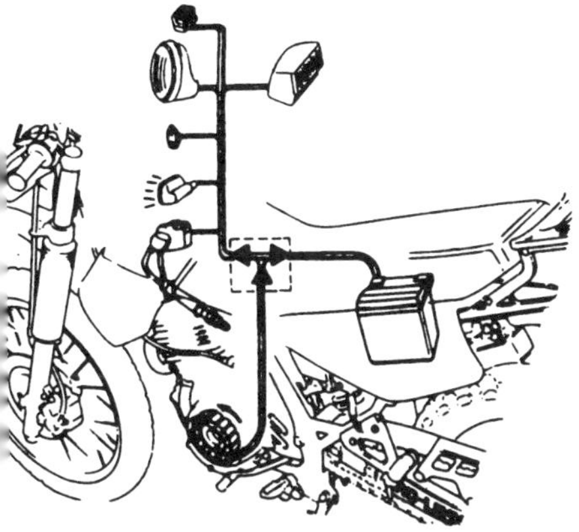

Abb. 175: Stromversorgung wenn der Motor läuft
Hauptschalter auf »ON«, Motor läuft und der Generator versorgt Bordnetz und Fahrzeugbatterie mit Strom.
(Honda XL 600 RM)

Praktisch geschieht folgendes: Den Strom, den der Generator erzeugt, verteilt der Regler auf die Batterie (Ladestrom) und auf die Verbraucher im Bordnetz.

2. Steht der Motor still und mit ihm die Lichtmaschine, sperrt der Regler den Strompfad zur Lichtmaschine und öffnet für die angeschlossenen Verbraucher den Weg zur Fahrzeugbatterie.

Der Techniker spricht hier von »Zuschalten«, wenn eine Verbindung hergestellt, und von »Abschalten«, wenn sie aufgetrennt wird.

Die überaus wichtige Funktion der Fahrzeugbatterie im Bordnetz besteht darin, bei Motorstillstand als Stromquelle zu dienen.

Läuft der Motor wieder und damit auch der Generator, speichert die Batterie erneut Strom und dient darüber hinaus als Puffer gegenüber betriebsbedingten Leistungsspitzen auf den Versorgungsleitungen.

Gleich- und Wechselstrom

Von den zwei Stromarten ist der Wechselstrom der subjektiv nervösere. Aus der Steckdose zu Hause hastet er fünfzigmal in der Sekunde zwischen Verbraucher und Kraftwerk hin und her.

Diese schweißtreibende Arbeit ersparen sich die Ladungen der Elektronen, wenn sie sich in einer Gleichstromanlage immer nur in einer Richtung bewegen, von »Plus« nach »Minus« (technische Stromrichtung). Wie beim Wechselstrom düst auch der Gleichstrom mit Lichtgeschwindigkeit durch die Leitungen (Lichtgeschwindigkeit praktisch ausgedrückt: In einer Sekunde siebeneinhalbmal um die Erde).

Abb. 176: Illustrierende Darstellung der Gleichrichtung von Wechsel- in Gleichstrom

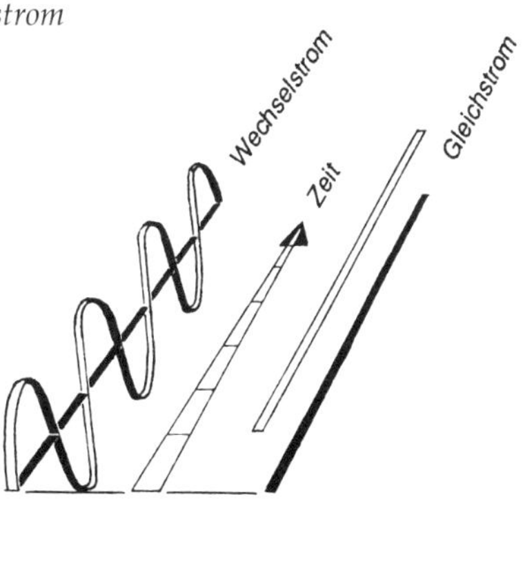

• In früheren Motorradepochen, als man noch keine Halbleiterdioden hatte, die den Wechselstrom im Gleichrichter auf simple Weise in Gleichstrom umwandelten konnten, mußte man sich eine trickreiche Lösung überlegen. Diese bewundernswerte technische Konstruktion war der Gleichstromgenerator, dem Gleichstrommotor eng verwandt. Er wurde zu diesem Zweck mit Kollektor, Anker und Kohlebürsten zur Stromabnahme ausgerüstet. Diese weiter unten näher beschriebene Einrichtung verwandelte den Wechselstrom in in Gleichstrom.

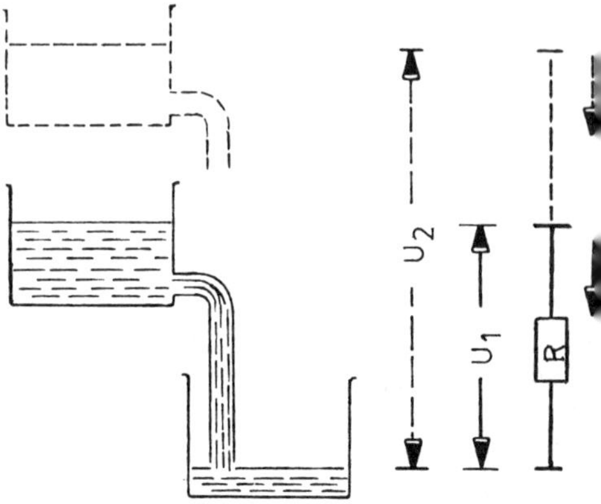

Abb. 177: Spannung-Strom-Widerstand Durch den Widerstand »R« fließt ein Strom »I_1« mit der Spannung »U_1«. Legt man aber die höhere Spannung »U_2« an, fließt auch der höhere Strom »I_2«.

Strom, Spannung, Widerstand

Wer kennt sie nicht, die berühmten Schulversuche mit ihrem Vergleich zwischen Wasser und Strom! – Steht in jedem Elektro-Lehrbuch am Anfang. Warum sollen wir's also nicht auch so machen?

Zwei Schüsseln benötigen wir. Die eine, mit Wasser gefüllt, steht höher, und durch ein Rohr gelangt das Wasser in die untere Schüssel.

Wie in der Natur fließt das Wasser zwischen den beiden Schalen um so schneller, je größer der Höhenunterschied zwischen den Schalen ist.

Diese Geschwindigkeit entspricht der Kraft, dem Druck, den das Wasser entwickelt, und ist um so größer, je schneller es fließt und je weiter die Schalen auseinander liegen! Ist die obere Schale leer, fließt auch kein Wasser mehr. Dann ist auch keine Kraft bzw. kein Druck mehr vorhanden.

Zu unserem Vergleich:

• Der Höhenunterschied zwischen den beiden Schalen entspricht der Spannung des elektrischen Stromes. Je größer er ist, um so mehr Wasser fließt pro Sekunde hinab, und um so kräftiger ist der Wasserstrahl. Auf den Strom bezogen gilt: Je größer die Spannung, desto größer ist die Strommenge, die pro Zeiteinheit fließt, und desto stärker seine Kraft.

• Die Durchflußmenge des Wassers im Rohr entspricht dem elektrischen Strom. Die Stromstärke messen wir in Ampere, Kurzform: »A«; Formelzeichen: »I«.

• Der Querschnitt des Rohres zwischen den Schüsseln stellt einen Widerstand dar, ohne den das Wasser schneller in die untere Schale gelangen könnte. Je größer dieser Widerstand (je kleiner der Rohrdurchmesser) desto geringer ist die durchfließende Wassermenge. Will man die Durchflußmenge des Wassers erhöhen, müßte man den Rohrdurchmesser vergrößern, also den Widerstand verkleinern.

In Abwandlung könnte man bei gleichbleibendem Rohrdurchmesser (Widerstand) den Höhenunterschied zwischen den Schalen so weit vergrößern, bis die gleiche Menge Wasser, allerdings nunmehr mit wesentlich höherer Geschwindigkeit, in die untere Schüssel braust.

Auf den elektrischen Strom bezogen gilt das gleiche: Besteht ein Widerstand im Stromfluß und soll hinter dem Widerstand eine bestimmte Menge Strom weiterfließen, so kann man nur zweierlei tun: Entweder den Widerstand so weit verringern (dickere Stromleitung verwenden), bis der gewünschte Strom in der Leitung weiterfließen kann. Oder aber die Spannung (Volt) kräftig erhöhen, wodurch trotz des höheren Widerstandes der Stromfluß dem erwarteten Wert entspricht (letzteres wurde im Kfz-Bereich eingeführt, als man von 6 V auf 12 V Betriebspannung überging).

• Merke: Spannung ist, schlicht ausgedrückt, ein bestimmter Druck, der den Strom (Elektronenfluß) durch die Leitungen drückt.

Widerstand stellt ein physikalisches oder mechanisches Ereignis dar, das den Stromfluß behindern oder ganz unterbinden kann.

Das Ohmsche Gesetz

Mit dem »Ohmschen Gesetz« kann man die Abhängigkeit der Faktoren Spannung, Strom und Widerstand untereinander bzw. deren Einflußnahme aufeinander berechnen.

Formelzeichen und ihre Bedeutung
U = Spannung in Volt (V)
I = Stromstärke in Ampere (A)
R = Der Widerstand in Ohm (Ω)

Das drückt sich in der folgenden Formel aus: $I = \frac{U}{R}$

In Worten: $\frac{\textit{Spannung geteilt durch}}{\textit{Widerstand}}$

• Die Formel selbst kann man nach seinen Wünschen umbauen, je nachdem, was man gerade wissen will. Jedoch muß man stets mindestens zwei Faktoren in die Gleichung einsetzen.

1. Formel: Siehe oben

2. Formel: U = I x R = *Stromstärke mal Widerstand*

3. Formel: $R = \frac{U}{I}$

in Worten: $\frac{\textit{Spannung geteilt durch}}{\textit{Stromstärke}}$

• Ein Beispiel zum Widerstand:
Wir wissen aus den technischen Unterlagen des Bordbuches oder des Werkstatthandbuches unseres Motorrades, daß durch die Zündspule(n) ein Strom von in der Regel 2,5 A fließt. Weiterhin kennen wir die Betriebsspannung an Bord. Sie beträgt normalerweise 12 V. Wenn wir das

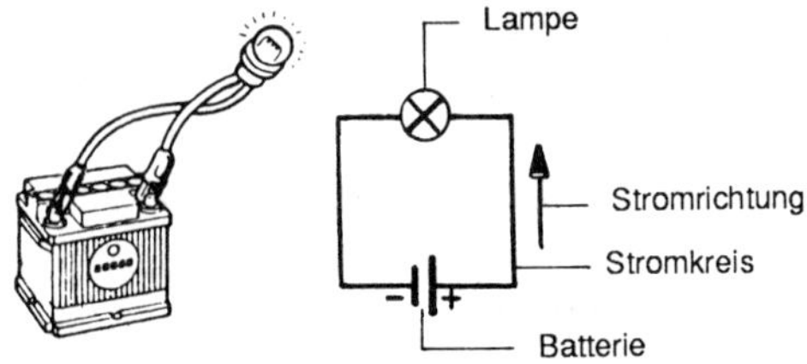

Abb. 178: Prinzipdarstellung eines Stromkreises mit Batterie als Strom- und Spannungsquelle

nachmessen, kommen wir manchmal auf einen höheren Wert, den wir in der Rechnung statt dessen einsetzen können (warum das so ist, wird später beschrieben).

Wie groß der Widerstand »R« ist, den die Zündspule dem elektrischen Strom entgegensetzt, errechnen wir nach folgender Formel:

Formel: $R = \frac{U}{I}$

in Worten: $\frac{\textit{Spannung geteilt durch}}{\textit{Stomstärke}}$

In unserem Falle: 12 V / 2,5 A = <u>4,8 Ω (Ohm)</u>

- Ein Beispiel zur Stromstärke:

An einer Motorradbatterie wird eine Glühlampe angeschlossen. Entsprechend dem stetigen Wandern des Stromes von Plus nach Minus (der Strom muß über einen geschlossenen Kreislauf verfügen), ist es notwendig, daß die Glühlampe zwei Anschlüsse besitzt. Diese sind der Metallkörper des Sockels als Minusanschluß (hat Verbindung zur Fahrzeugmasse und zum Minuspol der Batterie) sowie ein isolierter Bleitupfer auf dem Sockelboden als Pluskontaktstelle (über Leitungen und Schalter mit dem Batterie-Pluspol verbunden).

In unserem Versuch drehen wir die Glühlampe einfach in eine passende Fassung und schließen diese zwischen Plus und Minus der Fahrzeugbatterie an.

Die Batteriespannung »U« von 12 V entspricht in unserem Wasserschüssel-Beispiel dem Höhenunterschied zwischen den beiden Schalen.

Der Strom »I«, in demselben Beispiel, stellt die Wasserdurchflußmenge dar. Der Widerstand des Glühfadens in der Glühlampe »R«, gleich 120 (Ohm), ist vergleichbar mit der Größe des Rohrquerschnittes am Ausguß der oberen Schale.

Mittels der verfügbaren Spannung und dem Widerstand der Lampe ergibt sich somit nach unserer Formel folgende Stromstärke:

$$I = \frac{U}{R}; = \frac{12V}{12\,\Omega} = 1\ A\ (Ampere)$$

Würde man die Spannung und den Strom messen, ließe sich der Widerstand errechnen, gemäß der für solche Gleichungen mit einer Unbekannten geltenden Regel, daß sich aus zwei bekannten Größen die dritte berechnen läßt. Die Rechnung hierfür:

Formel: $R = \frac{U}{I}; = \frac{12\ V}{1\ A} = 12\ \Omega\ (Ohm)$

Die Leistung

Setzt man eine bestimmte Menge Arbeit in ein Verhältnis zur Zeit, so spricht man von »Leistung«.

Die elektrische Leistung »P« in Watt (W) ergibt sich aus der Stärke des Stroms »I« (in Ampere) mal der Spannung »U« (in Volt). 1.000 Watt entsprechen einem Kilowatt (KW). Dies ist auch die Einheit für die mechanische Leistung, wie wir sie von der Leistungsbestimmung für Motorradmotoren her kennen (1kW = 1,36 PS).

• Als Beispiel nehmen wir uns unsere Glühlampe von eben vor. Bei ihr ergaben sich folgende Werte: Spannung = 12 V; Strom = 1 A. Dazu muß man sagen, das die 12 Volt eine Annahme sind, weil die Spannung im Bordnetz um ein bis zwei Volt schwanken kann, je nach Batterieladezustand und Motordrehzahl.

So ergibt sich nach der Leistungsformel P = U x I eine Glühlampenleistung von P = 12 V x 1 A = 12 W (Watt).

• Wenn wir uns die technischen Daten der Lichtanlage anschauen, bemerken wir, daß Watt-Angaben häufiger auftauchen. So wird die Leistung des Generators gerne in Watt angegeben. Bei der Beleuchtung ist eine Wattangabe übliche Praxis. Wobei die große Halogenglühlampe des Hauptscheinwerfers wesentlich höhere Watt-Zahlen besitzt, also auch mehr Leistung als beispielsweise die Blinkerlampen. So hat die Halogenlampe 60/55 W H4 (ein Glühfaden Aufblend-, der andere Abblendlicht); Blinkerlampe dagegen »nur« 21 W. Die Lichtausbeute der Halogenlampe ist also nicht nur wegen ihrer besonderen Konstruktion größer, sondern auch weil sie schlicht eine wesentlich höhere Leistung besitzt.

• Setzt man die elektrische Leistung in Bezug zur Zeit, so erhält man ein Leistungs-Zeit-Ergebnis. Wenn man demzufolge eine Leistung von 1.000 Watt (W), das ist 1 Kilowatt (KW), eine Stunde lang abfordert, so spricht man von einer Kilowattstunde (KWh; h = hour (engl.) = Stunde).

Vielfachmeßinstrumente zum Messen elektrischer Größen (Multimeter)

Wie wir bei unseren Betrachtungen über das Ohmsche Gesetz bemerken konnten, sind nicht immer alle Daten vorhanden, die man für die Lösung eines gesuchten Problems benötigt. Manchmal fehlt die genaue Spannung, manchmal der Strom, oder ein Widerstand ist unbekannt. Treten Fehler in der elektrischen Anlage auf, müssen gegebene oder unbekannte Daten überprüft werden. Meßdaten, über die wir nicht verfügen, können wir versuchen zu messen.

• Zu Meßarbeiten im Bordnetz ist ein Meßgerät, das elektrische Größen darstellen und vergleichen kann, sehr nützlich. Ein Vielfachmeßinstrument in analoger oder digitaler Ausführung, am besten beide, wären da eine nahezu optimale Lösung.

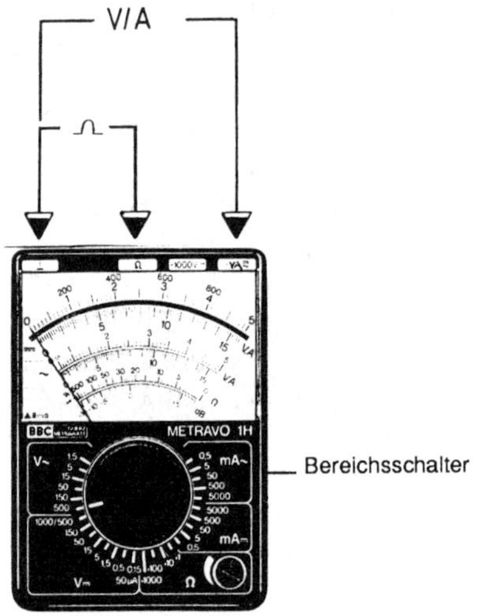

Abb. 179: Meßgerät Analog-Multimeter

Das Analog-Multimeter

Das klassische Analog-Multimeter besitzt je eine Skala für die Spannungsmessung, die Strommessung und die Widerstandsmessung. Dazu einen Drehschalter, mit dem man die gewünschte elektrische Größe und den angemessenen Meßbereich einstellen kann. Es ist wenig sinnvoll, in der Spalte Spannungsmessung die zu erwartenden 12 Volt im 5.000 Volt-Meßbereich zu suchen. Der Zeiger würde bei 12 V nur minimal ausschlagen, und das Meßergebnis wäre mehr als nur ungenau.

Ein Zusatzschalter, eine zusätzliche Eingangsbuchse oder (und) ein spezieller Meßbereich unterscheidet die Wechselstrommessung von der Gleichstrommessung. Wer also aus Versehen den Wechselstrombereich einschaltet und Gleichstrom messen will, wird zu seiner Verwunderung *nichts* messen! Umgekehrt ist im Gleichstrombereich nur *der halbe* Wechselstrom auf der Anzeige abzulesen, weil die Elektronik für die Messung von Gleichstrom nur den halben Wechselstrom akzeptiert. Nicht gefährlich für das Gerät, aber eine Falschmessung, die Folgen haben kann.

• Der große Vorteil eines analogen Multimeters gegenüber dem digitalen: Es ist in der Lage, Tendenzen zu zeigen, wenn der Zeiger ausschlägt. Beim digitalen Multimeter sehen wir nur das Endergebnis, den gemessenen Wert. Wechselspannungsanteile auf einer Gleichspannung quittiert ein digitales Gerät mit Zahlensalat. Ein Zeigerinstrument dagegen kann uns dies durch schwankenden Zeigerausschlag signalisieren.

Das Digital-Multimeter

Die Welt der Mikroelektronik hat uns neben Personal-Computern, den Datenautobahnen rund um die Welt und vielen anderen tollen und nicht so tollen Dingen auch die LCD-Anzeige beschert. Letztere vermittelt auf ihrem Display (Anzeigenfläche) Symbole, Zahlen, Telefonnummern, mittlerweile auch richtige TV-Bilder und Meßergebnisse, wenn der LCD-Bildschirm in ein Meßgerät integriert ist.

Um eine solche Anzeigefläche herum (und darunter) wurde eine Meßelektronik installiert, die ein digitales Multimeter ergibt.

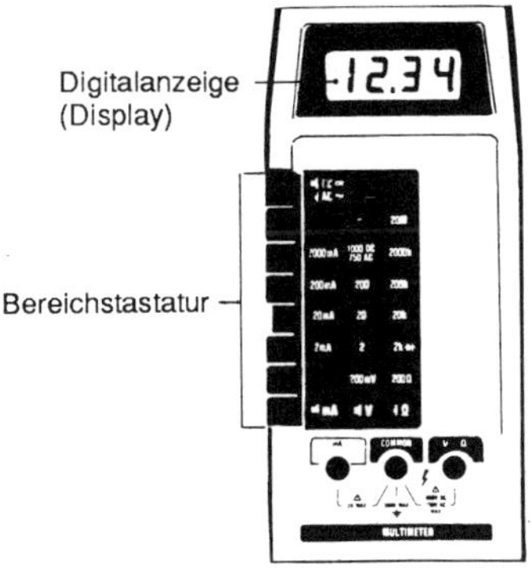

Abb. 180: Meßgerät Digital-Multimeter

Im Gegensatz zu den Analog-Multimetern werden dort alle aufgenommen Meßwerte *digitalisiert*, d.h., die anfallenden Meßwerte werden in kleine Bruchstücke zerschnipselt, mit Bezugswerten verglichen und als Zahlenwerte und Symbole angezeigt.
So ist es möglich, sehr genaue Anzeigen zu erhalten, die zudem leichter ablesbar sind als dies bei einem analogen Zeigerinstrument der Fall sein könnte.
• Handhaben kann man Digital-Multimeter in gleicher Weise wie Analoggeräte. Die elektrischen Größen können mittels Wählschalter oder durch Tasten geschaltet werden.
Die neueste Generation von digitalen Multimetern sucht sich ihren Meßbereich selbst. Dort ist ein Wahlschalter nicht mehr notwendig. Auf einer großen Anzeigenfläche werden neben den exakten Meßwerten und ihrer Bezeichnung auch Angaben über die Art der elektrischen Größe gemacht (z. B. Wechselstrom, Gleichstrom oder Widerstand). Man muß die Meßstrippen nur noch in die richtigen Gerätebuchsen stecken.
• Digital-Multimeter sind in der Aufnahme von Meßwerten wesentlich empfindlicher als analog arbeitende Geräte. Sie können auch noch kleinste Werte messen und zeigen. Ein anderer wichtiger Vorteil für uns, die wir mit Gleichstrom operieren: Das Digital-Multimeter kann die Polarität des Stromes erkennen und in Form eines Plus- oder Minuszeichens zur Anzeige bringen. Bei einem Analog-Multimeter schlägt der Drehzeiger bei einer Falschpolung gegen den Null-Anschlag. Dabei kann der Zeiger verbiegen und die ganze Anzeigemechanik zerstört werden.
Werden zu hohe Ströme gemessen, etwa im falschen Meßbereich, oder Widerstandswerte an stromführenden Baugruppen geprüft, reagiert manches Digital Multimeter ebenso allergisch wie ein analoges.

Widerstandsmessung

Widerstandsmessungen dürfen nur durchgeführt werden, wenn alle beteiligten Bauelemente und Kabel von der Energieversorgung abgeklemmt sind!
Im Bereich der Widerstandsmessung (Ohm) besitzt jedes Multimeter eine kleine batteriegespeiste Stromquelle, mit der es in der Lage ist, elektronische Bauteile, Kabel, Spulen, Steckverbindungen etc. durch-

Allgemeines über das Messen mit Vielfachmeßinstrumenten

• In den Meßbereichen der elektrischen Größen: Widerstand, Wechselspannung und Wechselstrom, Gleichspannung und Gleichstrom sollte man vor dem Messen immer zuerst überlegen, welchen Meßwert man in etwa erwarten kann. Vor Beginn der Messung wird dieser Bereich gewählt. Am sichersten ist es in jedem Fall, zunächst in den allerhöchsten Meßbereich zu schalten, und nach Anlegen der Kabel langsam herunterzuschalten bis das Instrument aussagekräftige Anzeigen liefert.

Beispiel: Wollen wir die Spannung der Fahrzeugbatterie an unserem Motorrad prüfen, kann uns das Handbuch sagen (wenn wir es nicht schon wissen), daß wir an der Batterie eine Gleichspannung von etwa 12 Volt erwarten können. Entsprechend stellen wir den Wahlschalter am Multimeter (oder drücken die entsprechende Taste) im Bereich Gleichspannung auf den nächsthöheren Wert. Zum Beispiel auf 20 Volt.
Wir vermeiden dadurch beim Messen eine Überbelastung der Elektronik und der Anzeigemechanik (Zeigerinstrument) einerseits und erhalten andererseits genauestmögliche Meßwerte.
Der Meßbereich darf aber nicht zu hoch gewählt werden, weil wir sonst ungenaue Meßwerte erhalten (vor allem bei Zeigerinstrumenten).

• Informationen über Widerstands-, Spannungs- und Stromwerte kann man den technischen Daten des Bordbuches oder des Werkstatthandbuches entnehmen. Bei Zündkerzensteckern und manchen Bauelementen sind die Werte gelegentlich aufgedruckt. Kabel und Steckverbinder dürfen nur sehr niedrige Widerstandswerte aufweisen (maximal ein bis zwei Ohm).
Der Widerstandswert kann aber auch über die Ohmsche Formel errechnet werden (nach Umstellung, siehe oben).

☞ Siehe hierzu auch unten: »Zu erwartende Meßwerte am Motorrad«!

• Nahezu alle Metallteile am Motorrad sind mit dem Minuspol der Fahrzeugbatterie verbunden. Man sagt: Fahrgestell und Motor liegen auf »Massepotential« = OV. Wir verbinden deshalb die Masse- (Minus-, COM- oder Ground-) Buchse am Meßgerät mit der Fahrzeugmasse, wenn wir Spannung oder Strom messen.

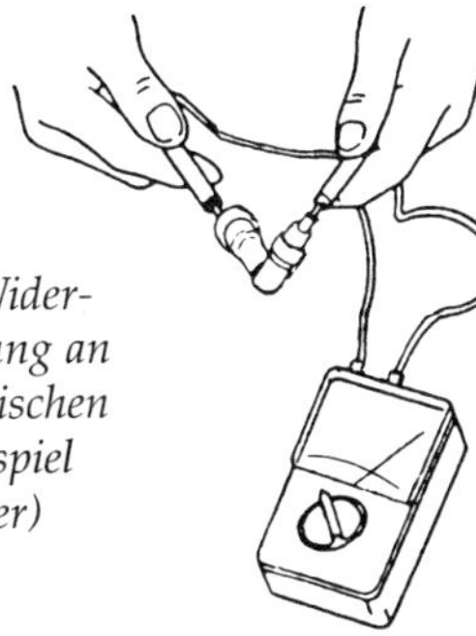

Abb. 181: Widerstandsmessung an einem elektrischen Bauteil (Beispiel Kerzenstecker)

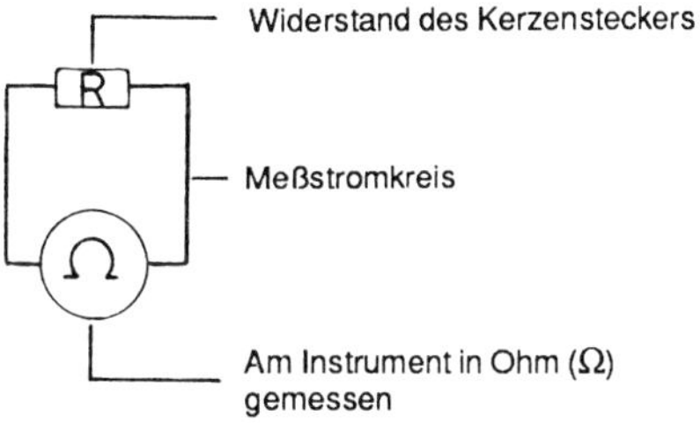

zumessen und die Ergebnisse auf einer Anzeige darzustellen. Mit Hilfe der abgelesenen Widerstandswerte kann man wichtige Rückschlüsse auf den Zustand der durchgemessenen Einzelteile und Baugruppen ziehen. Zum Beispiel messen wir den Widerstand der Kerzenstecker, die den Zündstrom von der Zündspule auf die Zündkerze übertragen müssen.
Normalerweise mißt man zwischen Eingang Kerzenstecker und seinem Steckkontakt zur Zündkerze einen Widerstand zwischen 1.000 Ω und 5.000 Ω. Plötzlich zeigt das Meßgerät aber einen wesentlich höheren Wert an, beispielsweise 100.000 (= 100 KΩ). Dieser Widerstandswert ist natürlich viel zu hoch und bedeutet, daß der Kerzenstecker unbrauchbar geworden ist, weil kein ausreichender Zündstrom mehr zur Zündkerze gelangen kann.

Stromstärkemessung

• Hier sollte man zuerst nachschauen, für welchen Maximalstromwert das Gerät geeignet ist. Die meisten Multimeter können nur im Bereich bis zwei oder bis zehn oder zwanzig Ampere anzeigen. Bei Überstrom wird der Strommeßbereich beschädigt, falls keine Sicherung vorhanden ist.

• Wollen wir uns ein Multimeter zulegen, mit dem wir an der Motorrad-Elektrik arbeiten können, so sollte der Strombereich mindestens 20 Ampere messen können (der maximale Meßbereich steht immer auch auf dem Gerät!). Zwar können wir damit den Anlasserstrom (der hat bis zu etwa 150 Ampere Nennstromstärke!) nicht messen, und bei entleerter Batterie kann es bei leistungsstarken Lichtmaschinen auch vorkommen, daß mehr als zehn Ampere in der Zuleitung zur Batterie fließen. Doch für alle anderen Verbraucher am Motorrad müßte dieser Meßbereich ausreichen.
Steht aber nur ein maximaler Meßbereich von 2 A zur Verfügung, und setzen wir das Gerät einem Strom von 8 A aus, so kann der Strommeßbereich des Multimeters zerstört werden, falls keine flinke Sicherung das rechtzeitige Trennen des Stromkreises absichert.

• Bei digitalen Multimetern können wir die Polarität »Plus – Minus« beim Anlegen der Meßstrippen vernachlässigen, zeigt uns doch ein kleines Symbol in Form eines Plus- oder Minuszeichens auf dem Display die Richtung des Stromflusses an. Das ist wichtig, um zu erkennen, ob beispielsweise die Fahrzeugbatterie Strom ins Bordnetz einspeist oder selber geladen wird.

• Bei Strommessungen muß man sich immer vergegenwärtigen, daß Strom vom Multimeter nur gemessen werden kann, wenn er durch die Meßwiderstände im Gerät fließen kann! Entsprechend müssen die Meßleistungen am Meßobjekt angelegt werden. Will man etwa den Strombedarf einer Lampe messen, muß man das Stromzuführungskabel an geeigneter Stelle *auftrennen* und das Meßgerät mit Hilfe seiner Meßleitungen dazwischen hängen. Um bei Zeigerinstrumenten die richtige Polarität zu bekommen, ist es notwendig herauszufinden, welches der Kabel der als Beispiel angeführten Lampe gegen Masse führt. Daran oder direkt an Fahrzeugmasse muß auch die »Minus-« oder »COM-« (Masse) Anschlußbuchse am Gerät angeschlossen werden.

Spannungsmessung

Zum Spannungsmessen schaltet man den Meßbereich Gleichspannung ein. Für Motorräder und Pkw reicht der 20-V-Bereich vollkommen aus.

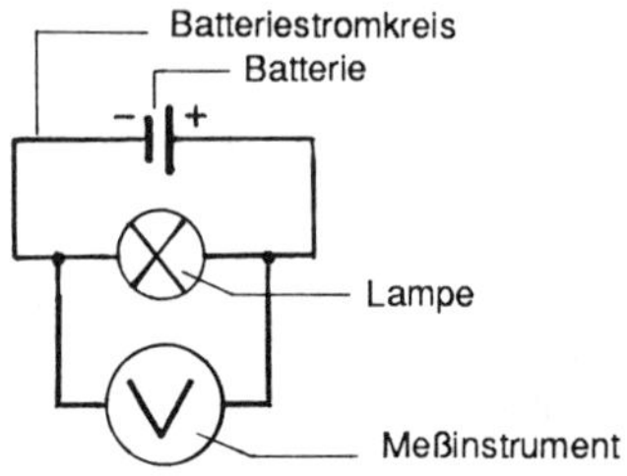

Abb. 182: Spannungsmessung im Stromkreis

Die Spannung an Bauteilen, Glühlampen oder im Leitungsnetz messen wir grundsätzlich im Verhältnis Pluskontakt zur Masse (Minus der Batterie). Das bedeutet: Bei der Überprüfung, ob ein Lampe Strom bekommt, messen wie die Spannung (wir erwarten 12 V) an der Pluszuleitung der Lampe. Die Meßleitung hierfür steckt in der Volt-Buchse des Meßgerätes. Die andere Leitung wird am Lampensockel oder an der Leitung der Lampe zur Fahrzeugmasse angelegt und steckt im Multimeter in der Minus- oder COM-Buchse.

• Bei der Spannungsmessung mißt man quasi links und rechts an der Zuleitung bzw. an den Anschlüssen des Bauteils. Dabei ist es zum Messen nicht erforderlich, daß Strom durch das Multimeter fließt.

Ein paar Tips zum Kauf eines Vielfachinstrumentes

Kaufen sollte man sich ein Digitalmultimeter. Ein gutes kostet etwa 150 DM (Stand 95). Ein Analog-Multimeter dazu wäre ideal.

• Der Ohmbereich sollte so aufgeteilt sein, daß im Meßbereich unter 200 Ω bis etwa 1 Ω Werte noch einwandfrei gemessen werden können. Wir benötigen diesen Bereich zur Prüfung der Durchgangswiderstände von Leitungen, Schaltern, Steckverbindungen, Glühlampen oder um den Widerstand beispielsweise einer Zündspule prüfen zu können.

• Der Stromstärkebereich sollte mindestens 20 A betragen und über eine Sicherungseinrichtung gegen Überstrom verfügen.

• Der Spannungsteil sollte für den 12-V-Meßbereich einen großen Anzeigenbereich reservieren, um bis auf 1 V genau messen zu können (betrifft ausschließlich analoge Zeigerinstrumente).

Bei Digitalgeräten ist ein 20-V-Meßbereich in Ordnung.

Zu erwartende Meßwerte am Motorrad

Betriebsspannungen

• An der Batterie ca. 12,8 Volt Gleichspannung, wenn der Motor steht.

• Bei laufendem Motor bis zu 14,5 Volt Gleichspannung

• Alle am Bordnetz angeschlossenen Bauteile, Kabel und Aggregate führen im Betrieb stets den gleichen Spannungswert! Ausnahme: die Sekundärwicklung der Zündspulen, deren Kabel zu den Zündkerzen führen, die mit 10-20.000 Volt Hochspannung beliefert werden.

Stromstärken

• Generator am Ausgang des Reglers: 5 A bis 30 A je nach Generatortyp, Motordrehzahl und Anzahl der eingeschalteten Verbraucher.

• Die Höhe des Ladestroms, der zur Batterie führt, ist abhängig davon, wie leer sie ist. Je voller die Fahrzeugbatterie (hohe Batterieladung), desto geringer ist der Ladestrom, der fließt. Fließen können, je nach Größe der Batterie, im Normalfall zwischen 0,5 A und 3 A . Bei leerer Batterie (bei einer Batteriespannung von etwa 10,5 V) kann ein Wert von 20 A schon mal überschritten werden. Für jede Fahrzeugbatterie eine ungesunde Angelegenheit.

• Die Hupe (Horn): 2,5 A bis 3 A.

• Anlasser: etwa 150 A Nennstromstärke! In der Realität etwas weniger. Solche Werte können wir mit unserer Ausrüstung nicht messen. Zum Glück kann man es deutlich hören, ob ein Anlasser arbeitet oder nicht.

• Halogen-H4-Lampe für den Hauptscheinwerfer: ca. 4,8 A (Aufblendlicht 60 W).

• Schlußbeleuchtung: eine Glühlampe 5 W, etwa 0,4 A.

Widerstandsmeßwerte

• Primärwicklung einer Zündspule: ca. 2 bis 4 Ω .

• Im Kabelbaum der Maschine, bei guter Kontaktierung der Kabelanschlüsse: 0,1 bis 0,5 Ω, je nach Länge des Kabels. Kurze Stücke von etwa einem Meter sind mit normalen Multimetern ohmmäßig nicht mehr zu erfassen, weil der Meßbereich nach unten nicht mehr ausreicht. Dazu benötigt man eine Widerstandsmeßbrücke.

Je höher der Ohmwert eines Kabelstranges, um so schlechter ist die Verbindung, was meist an der Verbindung zu den Steckern oder an den Steckverbindern selbst liegt. Das bedeutet Spannungsverluste (man spricht von »Übergangswiderständen«) und damit weniger bis gar kein Strom mehr für die angeschlossenen Verbraucher.

Signalhorn: ca. 4,8 Ω

Kerzenstecker: zwischen 1.000 Ω (1KΩ) und 5.000 Ω (5KΩ), je nach eingebautem Entstörwiderstand. Der genaue Wert steht meist auf dem Steckerkörper.

7.2. Stromerzeuger und Regler

Motorräder benötigen für die Versorgung von Fahrzeugbatterie, Zündung, E-Starter, Beleuchtung usw. eine zuverlässige und leistungsfähige Energiequelle. Diese Quelle ist der Generator, den man auch unter dem Namen Stromerzeuger, Lichtmaschine oder Dynamo kennt. Die Fahrzeugbatterie ist dagegen lediglich ein Energie-(Strom)speicher.

• Die Generatorleistung, die Batteriekapazität (Kapazität = Fassungs-

Abb. 183: Bordnetz und elektrische Funktionseinheiten (Honda CBR 1000 F)

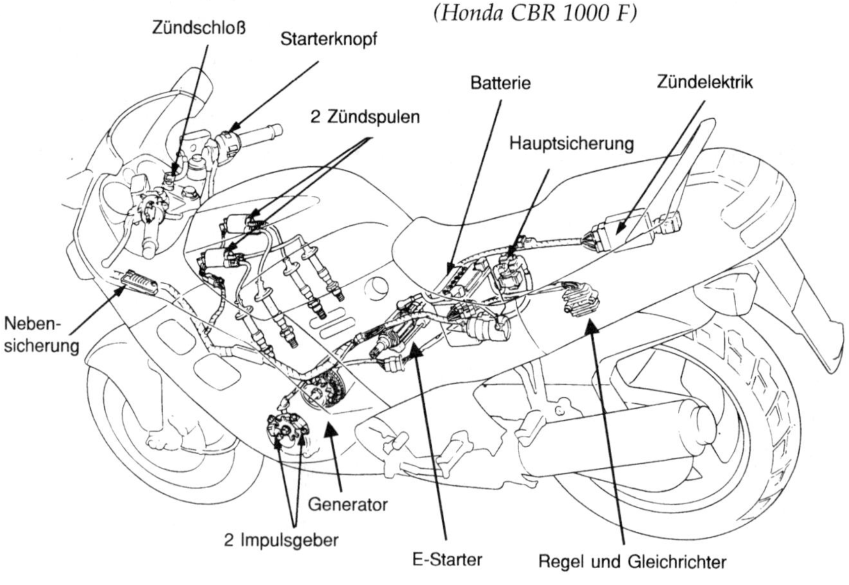

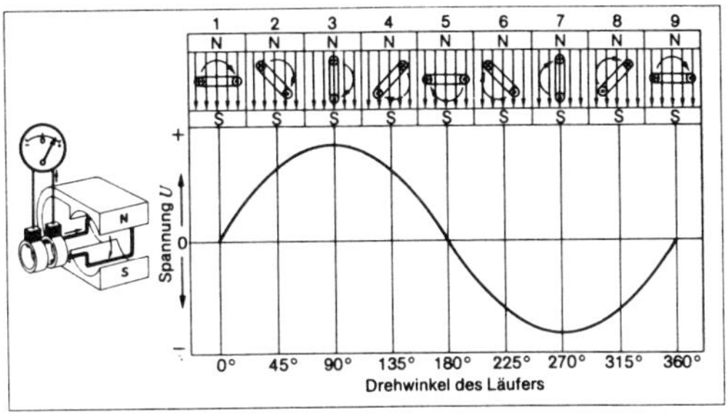

Abb. 184: Prinzip der Stromerzeugung mittels Generator Spannungsverlauf (Polaritätswechsel) bei einer sich im Magnetfeld drehenden Drahtschleife während einer Läuferumdrehung (hier vereinfacht dargestellt als Leiterschleife). (Bosch)

oder Speicherfähigkeit) und der Strombedarf im Bordnetz mit allen angeschlossenen Verbrauchern müssen optimal aufeinander abgestimmt sein.

• Dem Regler kommt dabei eine besondere Bedeutung zu. Seine Aufgabe ist die Regelung des vom Generator erzeugten Stromes und der Spannung über den gesamten Drehzahlbereich des Fahrzeugmotors.
Unabhängig von der Belastung des Generators durch das Bordnetz und unabhängig von der Motordrehzahl soll er Netzspannung und Stromfluß konstant halten.

7.2.1. *Die Lichtmaschine (Generator)*

Die Wirkungsweise eines Stromgenerators beruht auf der Wechselwirkung von Magnetismus und Elektrizität. Hierbei läßt sich mit Hilfe von elektrischer Energie ein Magnetfeld aufbauen und mit Hilfe eines Magnetfeldes elektrische Energie erzeugen.

Stromerzeugung durch Induktion
Die Grundlage für die Stromerzeugung bildet die elektrische »Induktion« (Induktion = das Hineinführen), der die folgenden Vorgänge zugrunde liegen: Schneidet ein elektrischer Leiter (ein Stück Draht oder eine Drahtschleife) die Kraftlinien eines Magnetfeldes, so wird in diesem Leiter eine elektrische Spannung induziert. Dabei ist es gleichgültig, ob die Drahtschleife im Magnetfeld bewegt wird oder ob sie unbeweglich bleibt und das Magnetfeld bewegt wird (siehe Abbildung 184).

• Werden die Enden einer sich zwischen dem Nord- und dem Südpol eines Magneten drehenden Leiterschleife über Schleifringe und Kohlebürsten an ein Spannungsmeßgerät angeschlossen, so läßt sich eine Spannung wechselnder Polarität ablesen.
Dreht die Drahtschleife gleichförmig im Magnetfeld, dann ist der Spannungsverlauf sinusförmig, wobei die Maximalwerte der Spannung nach je einer halben Drahtschleifenumdrehung auftreten. Mal im Plus, mal im Minus. Eine Viertelum-

drehung nach jedem Maximum sinkt die Spannung wieder auf Null und wechselt die Polarität, um nun zum nächsten Maximum anzusteigen. Schließt man die Enden der Schleife zusammen, entsteht ein Stromkreis, und es fließt ein »Wechselstrom«.

Dieser Vorgang wiederholt sich stetig mit der Bewegung der Drahtschleife im Magnetfeld (oder des Magneten an der Drehschleife).

• In der Praxis verwendet man bei Generatoren das Prinzip des Magneten, der in einer Spule gedreht wird. Dabei wird in der Spule Spannung erzeugt, die man Induktionsspannung nennt. Diese Spule nennt man »Stator«. Der umlaufende Magnet wird »Läufer«, »Anker« oder »Rotor« genannt.

• Das Magnetfeld für die Stromerzeugung kann von *Dauermagneten* ausgehen, welche den Vorteil haben, durch ihre einfache Ausführung keinen großen technischen Aufwand zu fordern.

Dauermagnete bestehen aus speziellen magnetisierten und in passender Form hergestellten hartmagnetischen Werkstoffen, einer Legierung, die je nach Einsatzzweck unterschiedliche Bestandteile haben kann. Die im Fahrzeugbau eingesetzten metallischen Dauermagnetwerkstoffe enthalten Aluminium-Nickel-Kobald-Eisen-Kupfer-Titan-Verbindungen. Die Liste ist nicht vollständig.

• Als Läufermagnete können aber auch *Elektromagneten* dienen, welche »künstliche« Magnetfelder erzeugen. Diese erbringen deutlich höhere Leistungen im Vergleich zum Dauermagneten.

• Der Elektromagnet besteht etwas vereinfacht dargestellt aus einem Eisenkern und einem herumgewickelten Draht. Als Elektromagnetismus bezeichnet man allgemein die Eigenschaft eines stromdurchflossenen Leiters, von einem Magnetfeld umgeben zu sein. Die Stärke des Magnetfeldes eines Elektromagneten ergibt sich aus der Anzahl der Windungen des Drahtes auf dem Eisenkern und der Stärke des durchfließenden Stromes (Erregerstrom). Bei der Anwendung im Generator ist es von entscheidendem Vorteil, daß die Stärke des Magnetfeldes durch Verkleinern oder Vergrößern des die Erregerspule durchfließenden Stromes beliebig verändert werden kann. Der Generator wird dadurch regelbar.

• Wird der Erregerstrom, der den Elektromagneten durchfließt, von einer fremden Energiequelle erzeugt (z.B. der Fahrzeugbatterie), so spricht man von einer »Fremderregung«. Wird der Erregerstrom aber vom eigenen Stromkreis (dem selbst erzeugten Strom) abgezweigt, so nennt man das eine »Selbsterregung«.

Wichtig für die Höhe der induzierten Spannung ist die Stärke des Magnetfeldes. Je stärker es ist und je höher die Geschwindigkeit ist, mit der der Läufer die Kraftlinien des Feldes durchschneidet, desto höher sind die erzeugte Spannung und der abgegebene Strom.

Man unterscheidet drei Arten von Lichtmaschinen (Generatoren):
- Gleichstromgeneratoren,
- Wechselstromgeneratoren,
- Drehstromgeneratoren.

Den Gleichstromgenerator betrachten wir hier nicht, weil in allen neueren Motorrädern Wechselstrom- oder Drehstrom-Generatoren eingesetzt werden.

Der Wechselstromgenerator

Wechselstrom-Lichtmaschinen arbeiten mit einem rotierenden Magnetläufer. Der Magnetläufer sitzt auf dem Kurbelwellenstumpf. Um ihn herum sind als Stator feststehende Spulen sternförmig angeordnet.

• Die Anzahl der Spulen ist beim Wechselstromgenerator gleich der Anzahl der im Magnetläufer eingearbeiteten Magnete.

In diesen Spulen wird, sobald der Läufer zu drehen beginnt, elektrischer Strom induziert. Je schneller dabei der Rotor dreht, und je kräftiger die eingesetzten Permanentmagnete sind, um so höher wird die Generatorspannung.

Theoretisch würde sie bis zu ihrem Maximalwert wachsen, welcher weit über der geforderten 12-V-Bordspannung läge. Schließt man aber Verbraucher an, die als Widerstände wirken (alle Stromverbraucher sind immer auch Widerstände), geht die Spannung drastisch zurück, was für Glühlampen und einige andere Elektrobauteile auch unbedingt notwendig ist, da sie bei zu hoher Spannung zerstört würden.

Es ist aber recht unpraktisch, stets irgendeinen elektrischen Verbraucher eingeschaltet zu haben (mit Ausnah-

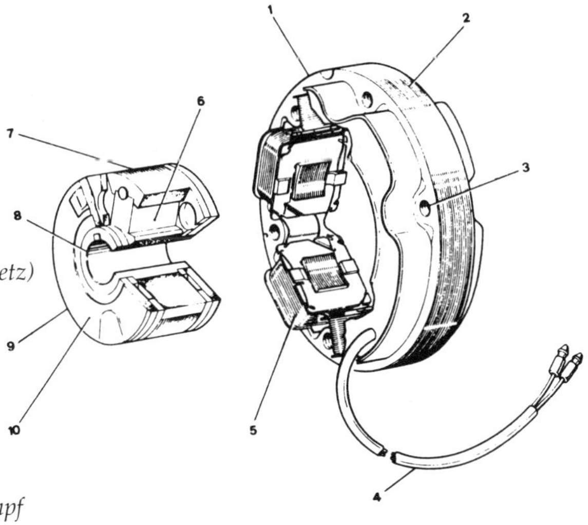

Abb. 185: Wechselstrom-Generator mit Innenläufer (Permanentmagnet)
1 Stator
2 Lamellierte Weicheisenringe
3 Befestigungsbohrung
4 Wechselstromleitungen zum Gleichrichter (...und ins Bordstromnetz)
5 Induktionsspulen, in denen der Wechselstrom durch den drehenden Dauermagneten erzeugt wird.
6 Dauermagnete, abgestimmt auf die Anzahl der Induktionsspulen
7 Läufer
8 Konus mit Keilnut zum Aufsetzen auf den Kurbelwellenstumpf
(Triumph 650/750 Twin)

me der Zündstromversorgung, die immer arbeitet) nur um die Bordnetzspannung einigermaßen in Grenzen zu halten. Deshalb setzt man *Wechselstromregler* ein, welche die Generatorspannung in Grenzen halten und den anfallenden Strom verteilen und regulieren.

- Im Wechselstromgenerator sind alle stromführenden Spulen in der Weise zusammengeschlossen, daß Strom- und Spannungsverlauf »einphasig« verlaufen. Einphasig bedeutet: Die Spannung steigt und fällt sinusförmig, entsprechend der Läuferbewegung im Magnetfeld des Generators, im Gegensatz zum Drehstromgenerator.
- Wechselstromgeneratoren können auch umgekehrt aufgebaut sein. Die Magnetpole dienen dann als feststehender Stator und sind ringförmig um den Läufer angeordnet, während die Statorspulen mit dem Läufer drehen.

Der Drehstromgenerator

Wie beim Einphasen-Wechselstrom erfolgt auch die Erzeugung von Drehstrom (Dreiphasen-Wechselstrom) durch eine Drehbewegung.

Ein Vorteil des Drehstromes ist es, daß er bei gleicher Drehzahl wesentlich mehr elektrische Energie produzieren kann.

Der Aufbau eines Drehstromgenerators ähnelt in gewisser Weise dem des Wechselstromgenerators. Ein rotierender Läufer (Rotor), der nun allerdings meist kein Permanentmagnet mehr ist, sondern ein Elektromagnet, dreht an einer Reihe feststehender Spulen vorbei. Diese Spulen, die Statorwicklungen, sind elektrisch entweder sternförmig oder dreiecksförmig miteinander verbunden. Der rotierende Elektromagnet ist als Klauenpolanker ausgebildet. Seine Spule erzeugt bei Stromdurchgang ein magnetisches Feld. Dieses wird über die Klauen des Rotors, die abwechselnd als Süd- bzw. Nordpole ausgebildet sind, polarisiert. Das an den Statorspulen vorbeidrehende Magnetfeld des Rotors erzeugt (induziert) in diesen Spulen den Drehstrom, der dem Bordnetz zugeführt wird. Durch das räumliche Versetzen der drei Wicklungen des Stators um 120° entstehen drei Wechselspannungen beziehungsweise drei Wechselströme, die ebenfalls um 120° zueinander phasenverschoben, das heißt zeitlich versetzt, erscheinen. Jede Wicklungsgruppe (drei Stück) erzeugt demnach ihre eigene Sinusspannung.

- In der Praxis ist die Anzahl der Spulen auf dem Stator von Drehstromgeneratoren so groß wie möglich, um die Energieausbeuter zu maximieren. Jedoch sind sie untereinander so geschickt angeordnet und verbunden, daß die Dreieranordnung der Wicklungsgruppe und damit die Phasenverschiebung der erzeugten Spannung von 120° zueinander immer bestehen bleibt!
- Beim Drehstromgenerator führen immer drei gleichfarbige Leitungen zur Gleichrichter- / Reglereinheit.

Abb. 186: Stromerzeugung mittels Drehstrom-Generator
Bei der Anordnung von drei Drahtschleifen in einem Winkel von 120° zueinander erfährt die in den einzelnen Schleifen erzeugte Spannung ebenfalls eine Verschiebung der einzelnen Phasen um 120°.
Die Verkettung der einzelnen Phasen ergibt dann eine dreiphasige Wechselspannung - den sogenannten Drehstrom!
(Bosch)

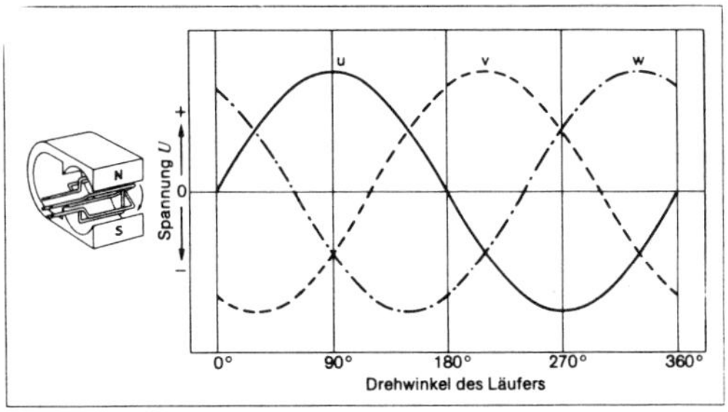

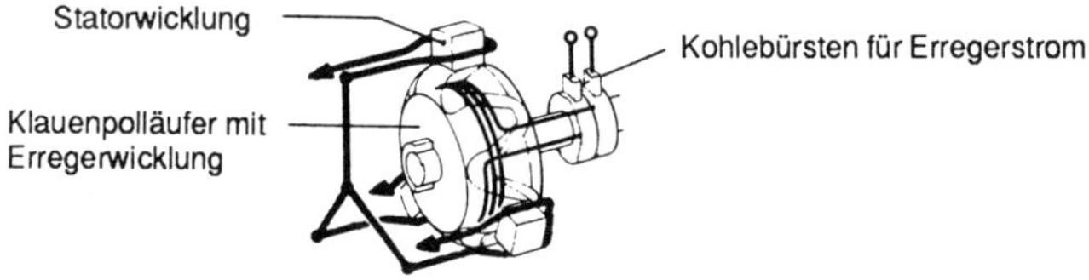

Teil eines 12poligen Klauenpolläufers (6 Nord- und 6 Südpole)
(Bosch)

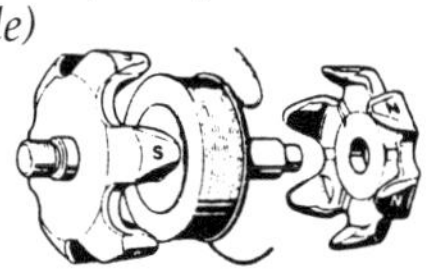

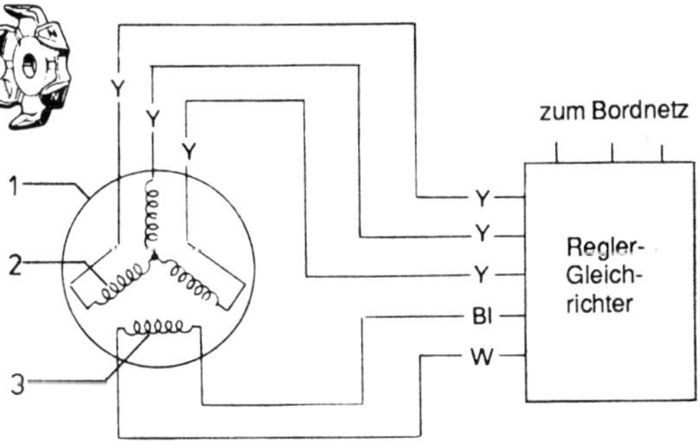

1 Drehstromgenerator mit Feldwicklung (Läuferwicklung/Ankerwicklung) zur Erregung (Magnetisierung) des Läufers
2 Statorspulen
3 Erregerwicklung des Läufers
(Honda)

Immer häufiger aber werden Drehstromgeneratoren in Motorräder eingesetzt, bei denen die Gleichrichter- /Reglereinheit als Bestandteil unmittelbar im Generatorgehäuse integriert wird, so daß die erwähnten drei Zuleitungen entfallen können.

7.2.2. Gleichrichter – wie man aus Wechselstrom oder Drehstrom Gleichstrom formt

Gleichrichter sind elektronische Bauelemente, die in der Lage sind, Wechselströme (auch Drehströme) gleichzurichten und in einen Gleichstrom umzuwandeln.

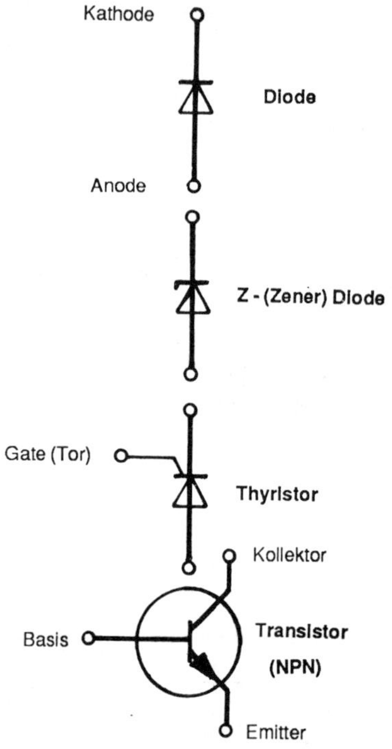

Abb. 187: Verschiedene elektronische Bauelemente

Gleichrichter werden bei diesem Umwandlungsprozeß heiß und müssen gekühlt werden. Deshalb verfügen Gleichrichtergehäuse über Kühlrippen und/oder liegen an günstiger Stelle im Fahrtwind.

Regler und Gleichrichter werden oft als Einheit zusammengefaßt. Sie bilden dann ein einziges Bauteil. Ältere Motorräder mit Wechselstromgeneratoren verfügen noch über getrennte Gleichrichter-Regler-Funktionen.

Die Umwandlung von Wechselstrom oder Drehstrom in Gleichstrom bzw. Gleichspannung besorgen Brückengleichrichter mit Hilfe von Gleichrichterdioden.

Letztere haben die Eigenschaft, in einem Stromkreis den Strom nur in eine Richtung durchzulassen (Pfeilrichtung des Schaltzeichens ist die Durchlaßrichtung), vergleichbar einem Rückschlagventil im Ölkreislauf.

Zur Gleichrichtung des Einphasenstroms eines Wechselspannungsgenerators setzt man Brückengleichrichter ein, die über vier Gleichrichterdioden verfügt.

Gleichrichter von Drehstromlichtmaschinen benötigen entsprechend mehr Dioden. So hat ein Drehstrombrückengleichrichter mindestens sechs Dioden, bei Selbsterregung des Läufers sogar neun.

Gleichrichterdioden erwärmen sich im Betrieb, weshalb sie gekühlt werden müssen. Die Kühlkörper sind dem Luftstrom frei zugänglich und dürfen nicht abgedeckt sein.

• Gleichrichterdioden werden durch Spannungsspitzen des Generators zerstört, wenn der Batterieanschluß abgenommen wird, obwohl der Motor und damit der Generator noch läuft. Das gilt für das Plus- wie für das Minuskabel!

• Bei Drehstromgeneratoren werden die Dioden bei Ausfall des Reglers zerstört, weil dann die Spannung im Bordnetz ungeregelt ansteigt. Auch Kabelbrüche im Reglerbereich bzw. in der Verbindung Gleichrichter – Bordnetz können zum Versagen der Gleichrichterdioden führen.

7.2.3. Die Wechselstromregelung

Will man Spannung und Stromproduktion in einer Wechselstromanlage regeln, sieht man sich dem Problem ausgesetzt, daß der Wechselstromgenerator auf Grund seines nicht regelbaren Magnetläufers über den Stator ungehemmt elektrische Energie produziert und ins Bordnetz einspeist.

Die Hersteller von Stromversorgungsanlagen für Motorräder wenden (vor allem bei kleinen Maschinen und Motorrollern) gelegentlich folgenden Trick an: Mit dem Lichtschalter werden bei »Licht aus«, also in der Regel bei Tage, zwei oder mehr Spulen des Stators für die Tagesfahrt abgeschaltet, d.h. kurzgeschlossen, wodurch die Generatorleistung gewaltig sinkt. Die restliche Stromproduktion reicht dann aber immer noch für Zündspule, Bremslicht, Hupe und Batterie aus. Eine geschickte Abwägung von Verbrauchern und Stromerzeuger kann hierbei den Regler ganz überflussig machen.

Doch darf man bei einer solchen Anlage keine Zusatzscheinwerfer, andere Zusatzverbraucher (Radio) oder etwa eine stärkere Glühlampe einbauen, weil sonst das Gleichgewicht gestört ist und die Batterie geleert wird. Deshalb bleibt uns in der Regel auch an kleinen Motorrädern und Motorrollern der Regler erhalten.

Zur Nachtfahrt werden die abgeschalteten Statorspulen über den

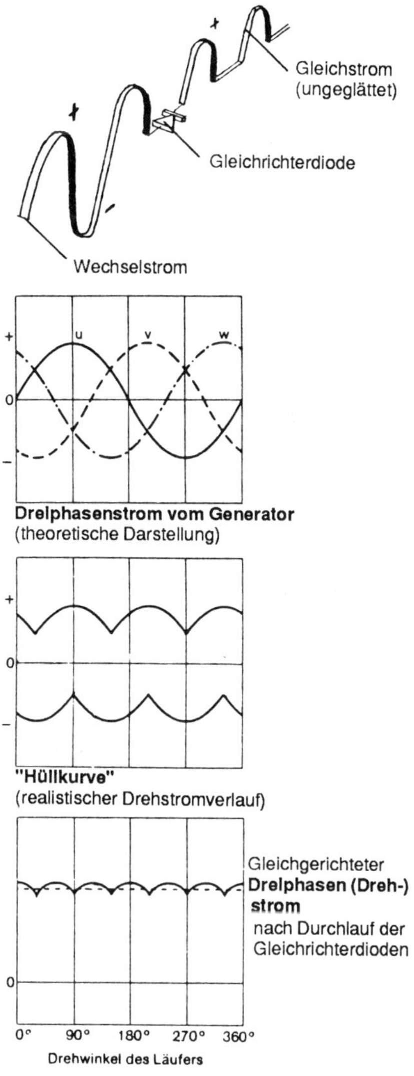

Abb. 188: Funktion eines Gleichrichters (Brückengleichrichter) (Bosch)

Lichtschalter reaktiviert, so daß die volle Leistung des Generators wieder zur Verfügung steht.

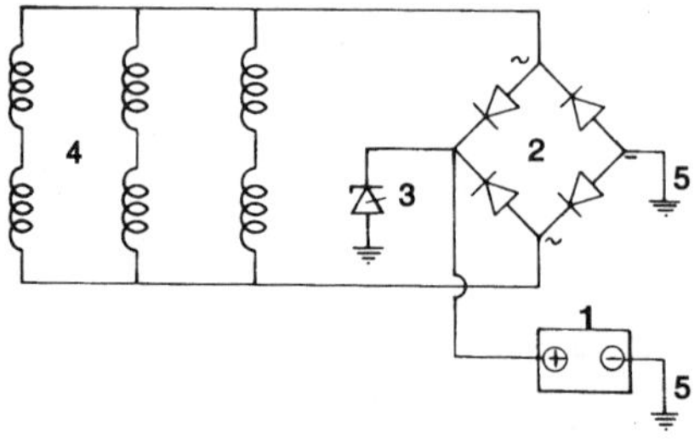

Abb. 189: Wechselstrom-Generator mit Permanentmagnet-Läufer und Brückengleichrichter mit einer Spannungsregelung über Z-Diode
1 Fahrzeugbatterie
2 Brückengleichrichter (4 Dioden)
3 Z-Diode als Spannungsregler
4 Generatorwicklung (Statorwicklung)
5 Fahrzeugmasse- (Minus-) Anschluß

• Für Bordnetze mit (auf Grund starker Verbraucher) rege wechselndem Strombedarf ist ein Regler unabdingbar.

• Eine Wechselstromversorgungsanlage, die ohne Abschaltung von Statorspulen auskommt, aber auch keinen Regler verwendet, ist die bei alten englischen Motorrädern angewandte Z-Dioden-Regelung (siehe Abbildung 189).

Die Z-Diode (Begrenzungsdiode) sitzt mit einem Bein am Ausgang des Brückengleichrichters, der den Wechselstrom in Gleichstrom umwandelt, und mit dem anderen auf Fahrzeugmasse, die mit der Fahrzeugbatterie verbunden ist.

Die Z-Diode wird in Gegenrichtung (Sperrichtung) einer normalen Diode betrieben und läßt Strom ab einem bestimmten Spannungswert im Bordnetz bzw. am Brückengleichrichter passieren. Die für die Batterieladung beste Netzspannung liegt zwischen 14 V und 14,4 V, darauf ist auch die Diode abgestimmt.

Beispiel: Während einer Fahrt sind (abgesehen von der Zündanlage) fast alle Verbraucher abgeschaltet und auch die Fahrzeugbatterie ist voll geladen. Der bis zu diesem Zeitpunkt ungeregelte Generator aber erzeugt weiterhin große Mengen jetzt überflüssigen Stroms. Daraufhin steigt die Bordnetzspannung an. Dies aber würde über kurz oder lang Zerstörungen an den Stromverbrauchern anrichten. Doch bevor es soweit kommen kann, wird die Z-Diode aktiv und stellt automatisch, wenn die 14 V bzw. 14,4 V überschritten werden, zwischen ihrem Plusanschluß im Bordnetz und der Fahrzeugmasse einen Kurzschluß her und begrenzt so die Bordnetzspannung. Überflüssiger Strom wird in Wärme umgesetzt oder fließt ab. Unterhalb von 14 V sperrt die Diode wieder und erlaubt erneut einen Anstieg der Bordnetzspannung. Eine einfache Spannungsregelung ist entstanden.

• Der Nachteil dieser Regelung ist das Verschleudern von Energie. Die Z-Diode verbrät einen Großteil des Stroms, setzt ihn in Wärme um. Sie muß deshalb im Luftstrom und auf einem Kühlblech oder in einen Kühlkörper eingebettet untergebracht werden.

• Andere Spannungsregler für Wechselstromgeneratoren aber auch für Drehstromgeneratoren mit Permanentmagnet arbeiten mit Hilfe

Der Thyristor

Ein Thyristor ist eine Diode, die in Durchlaßrichtung (der Pfeilrichtung des Schaltzeichens entsprechend) tätig wird. Sie läßt aber Strom nur dann durch, wenn über einen dritten Anschluß ein Spannungsimpuls einer bestimmten Höhe eintrifft. Thyristoren gehen in ihre Ausgangsstellung zurück, wenn in ihrem Stromkreis einer positiven Halbwelle eine negative Halbwelle folgt.

von Thyristoren (siehe Abbildung 187). Dabei werden bei großer Stromproduktion, aber geringem Verbrauch je nach Bedarf einzelne oder alle Statorspulengruppen gegen Masse kurzgeschlossen. Der Thyristor ist im Bereich der positiven, bei anderen Reglern auch zusätzlich bei negativen Halbwellen der Spannung tätig, noch bevor Wechselstrom oder Drehstrom zum Brückengleichrichter gelangen kann.

Im Regler erhält der Thyristor immer dann seinen Steuerbefehl, wenn

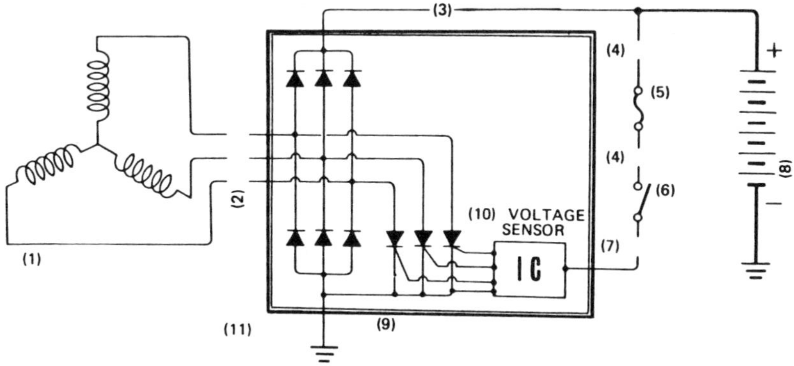

Abb. 190: Drehstrom-Generator mit Permanentmagnet-Läufer und mit Spannungsregelung durch eine Thyristorschaltung
1 *Generator*
2 *Die Farbe der drei Anschlußleitungen ist Gelb*
3 *Leitungsfarbe Rot/Weiß*
4 *Leitungsfarbe Rot*
5 *Sicherung 20 Ampere*
6 *Hauptschalter*
7 *Leitungsfarbe Schwarz*
8 *Fahrzeugbatterie*
9 *Spannungsregler-Gleichrichtermodul*
10 *Spannungs-Sensor (steuert die Abschalt-Thyristoren)*
11 *Leitungsfarbe Grün*

Funktion der Thyristorregelung
Der Integrierte Schaltkreis (IC), mit der Ziffer 10 bezeichnet, mißt die Bordnetzspannung und schaltet bei Bedarf die einzelnen Thyristoren, welche dann die jeweiligen Statorspulen kurzschließen. So kann die Strommenge des Generators reguliert werden. Werden keine der Thyristoren geschaltet, fließt die volle vom Generator erzeugte Strommenge (motordrehzahlabhängig) ins Bordnetz. (Honda)

die Bordnetzspannung über 14,4 V angestiegen ist. Der überschüssige Strom wird auf diese Weise schon als Wechselstrom gegen Masse kurzgeschlossen. Die entsprechenden Statorspulen sind für diesen Zeitraum mithin ebenfalls kurzgeschlossen!

7.2.4. Die Drehstromregelung

Im Gegensatz zu Wechselstromgeneratoren mit einem Permanentmagneten können Drehstromgeneratoren mit einem regelbaren Elektromagneten als Läufer Strom nach Bedarf produzieren. Natürlich gibt es nach wie vor auch Drehstromgeneratoren mit Dauermagnet-Läufern. Das wird bei kleineren Motorrädern auch noch lange so bleiben. Doch die immer leistungsfähigeren Generatoren und Regeleinrichtungen, die auch bei großen Motorrädern schon den Einbau von relativ kleinen Batterien zulassen, benötigen den geregelten Elektromagneten im Läufer. Diese Anlagen sind in der Lage, bereits bei Leerlaufdrehzahl des Motors dem Bordnetz Strom zur Verfügung zu stellen, wozu Generatoren der vorhergehenden Generation nicht in der Lage waren.

• Das Prinzip der Spannungsregelung bei Drehstromgeneratoren mit

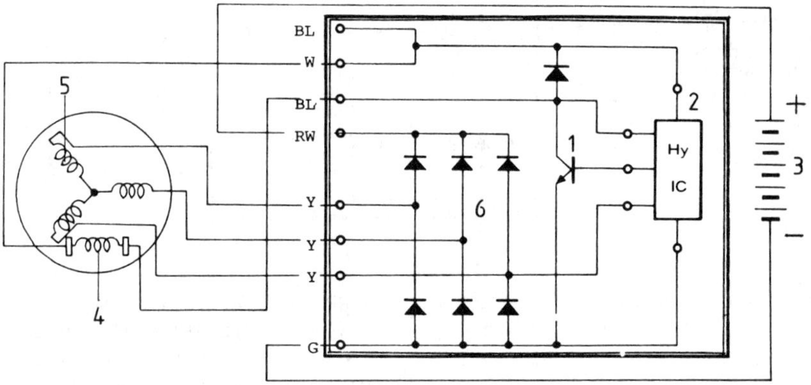

Abb. 191: Drehstrom-Generator mit geregeltem Elektromagneten als Läufer und einer Erregerstromregelung über Hybrid-Regler
1 Steuertransistor für die Erregerstromregelung
2 Hybrid-IC zur Erregerstromsteuerung
3 Fahrzeugbatterie
4 Erregerwicklung für den Elektromagneten (im Klauenpolanker)
5 Statorwicklung
6 Brückengleichrichter (6 Dioden) für Drehstromgleichrichtung

Funktion bei laufendem Motor
Das Hybrid-IC (2) mißt die Höhe der Bordnetzspannung und schaltet bei Bedarf über den Steuertransistor (1) den Strom für die Erregerwicklung. Wird der Strom hierfür komplett gesperrt, ist der Läufer nahezu unmagnetisch. In den Statorspulen (5) kann kein Strom induziert werden. Umgekehrt wird der Läufer voll magnetisiert, und es fließt ein maximaler Generatorstrom (motordrehzahlabhängig). (Honda)

einem regelbaren Elektromagneten besteht darin, den Erregerstrom (Strom für den Elektromagneten im Läufer, der das Erregermagnetfeld erzeugt) in Abhängigkeit von der erzeugten Spannung zu regeln. So wird selbst bei wechselnden Motordrehzahlen und Belastungen durch die elektrischen Verbraucher die Bordnetzspannung (und damit der zur Verfügung stehende Strom) bis zu ihrem Maximalwert stets konstant gehalten.

Das Bordnetz wird dabei im 14 V-Toleranzfeld (zwischen 14 V und 14,7 V) eingeregelt. Solange die vom Generator erzeugte Spannung unter dem Maximalwert bleibt, arbeitet der Regler nicht. Überschreitet die Spannung die Regeltoleranz, also etwa von 14,7 V (den Sollwert) auf 15 V (Überspannungswert), so bewirkt der Regler je nach der Belastung des Generators eine Verminderung der Ausgangsspannung durch Unterbrechung des Erregerstromes. Die Erregung der Läuferspule (auch Ankerspule oder Klauenankerspule genannt) und damit auch deren Magnetismus nimmt daraufhin ab. Durch die Verminderung des Magnetfelds des Ankers sinkt auch die vom Generator erzeugte Ausgangsspannung. Im Bordnetz nimmt die Betriebsspannung ab und sinkt in den Toleranzbereich zurück.

Unterschreitet bei fortwährendem Stromverbrauch die Bordnetzspannung den Toleranzbreich des Reglers von etwa 13,8 V nach unten, so steigert der Regler den Erregerstrom für die Ankerwicklung wieder, und die Stromproduktion steigt.

Diese Vorgänge spielen sich in der Größenordnung von Millisekunden ab!

- Die Anpassung an die verschiedenen Motor- und Generator-Drehzahlen geschieht selbsttätig über den Regler. Bei niedrigen Drehzahlen kann der Erregerstrom verhältnismäßig lange Zeit fließen, weil der Spannungswert im Bordnetz durch die relativ geringe Generatorleistung nur »langsam« steigt. Die Abschaltzeiten durch den Regler sind deshalb nur kurz. Der Durchschnittserregerstrom ist relativ hoch.
Umgekehrt bei hohen und höchsten Drehzahlen. Hier wird wegen der bei diesen Drehzahlen großen Leistungsausbeute dem Erregerstrom nur für kurze Zeit Aktivität zugestanden. Der Durchschnittserregerstrom ist deshalb verhältnismäßig niedrig.

- Generator und Bordnetz werden also durch periodisches Aus- und Einschalten der Erregerspannung für den Elektromagneten des Läufers geregelt.

7.3. Die Fahrzeugbatterie: Als Stromsammler unentbehrlich!

Allgemeines über Bleiakkumulatoren

Reicht die Leistung des Generators im unteren Drehzahlbereich nicht mehr aus, weil beispielsweise ein starker Verbraucher angeschaltet wurde, muß die Batterie einspringen. Zu diesem Zweck schaltet der Regler bei Erreichen der Mindestbordnetzspannung (ca. 13,8 V) auf die Batterie um. Sie springt auch ein, wenn der Motor steht und Zündung, Blinker, Standlicht, Hupe oder irgend ein anderer Verbraucher eingeschaltet werden. Beim Startvorgang wird die Fahrzeugbatterie am härtesten gefordert. Der Anlasser ist der größte Stromverbraucher an Bord.

Motorradbatterien gibt es als 12 V- oder 6 V-Version. Zunehmend ist der Anteil von 12 V-Bordnetzanlagen auch bei kleineren Motorrädern, der höheren Leistung wegen.

Das Speichervermögen einer Batterie wird als »Kapazität« bezeichnet. Gemessen wird die Kapazität in Ampere pro Stunde (Ah). Das bedeutet, daß eine Batterie von 10 Ah zwanzig Stunden lang einen Strom von 0,5 A abgeben kann! Umgekehrt, z.B. beim Startvorgang mit E-Starter, wird von der Fahrzeugbatterie für einen Zeitraum von ca. 10 Sekunden eine Stromausschüttung von 40 bis 50 Ampere gefordert, und das vielleicht mehrmals!

Ältere oder schlecht gepflegte Batte-

Abb. 192: Fahrzeugakkumulatoren (Stromsammler)

12 V-Fahrzeugbatterie (sechszelliger Bleiakkumulator)

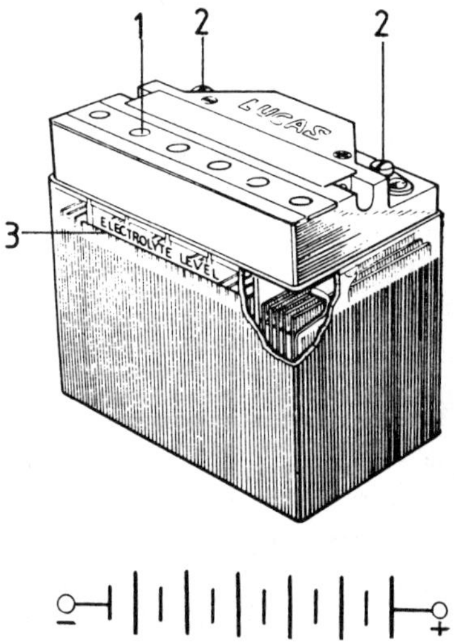

6-V-Fahrzeugbatterie (dreizelliger Bleiakkumulator)

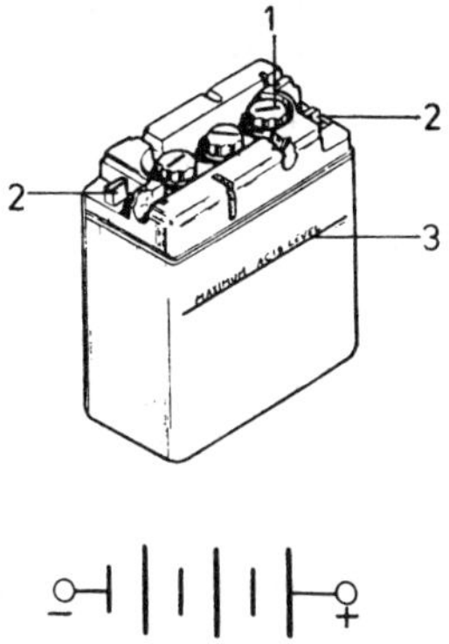

1 Batterie-Einfüllöffnung
2 Anschlußklemmen Plus/Minus
3 Säurestand-Anzeige

rien machen das jedoch nicht mehr mit. Ihre Kapazität hat enorm abgenommen, so daß dem Motorradfahrer für das Starten seiner Maschine nur noch wenig Reserven verbleiben, wenn sie mal nicht gleich anspringen will.

Wenn eine Batterie den Strom nicht mehr in ausreichender Kapazität über mindestens vierzehn Tage halten kann, muß sie erneuert werden. Ob eine Fahrzeugbatterie reif zum Austausch ist, erkennt man am sichersten, wenn im Winter mit einer am Tag zuvor vollgeladenen Batterie ein Kaltstart versucht wird (bei -10 bis -20° C). Dreht der Motor noch ausreichend schnell und startet problemlos, ist die Fahrzeugbatterie noch in Ordnung.

Motorradbatterien mit einer niedrigen Kapazität können unbedenklich durch solche einer höheren Kapazität ersetzt werden. Nur die Betriebsspannung und natürlich die Einbaugrößen müssen übereinstimmen.

7.3.1. Prüfdaten für Bleiakkumulatoren

Die Prüftemperatur beträgt +27° C! Eine entladene Batterie darf pro Zelle nur eine minimale Spannung von 1,75 V aufweisen. Das ergibt bei einer 12 V-Batterie eine Gesamtspannung von 10,5 V. Wird diese Spannung unterschritten, ist die Batterie tiefentladen und erleidet auf Dauer bleibende Schäden.

Je wärmer die Umgebungstemperatur der Batterie ist, desto größer ist die Lade- und Entladekapazität des Bleiakkumulators (bis ca. +50° C). Das hängt damit zusammen, daß Bleiakkumulatoren ein Elektrolyt beinhalten, dessen Reaktion sich bei Temperaturunterschieden ändert. Das heißt, daß die chemischen Prozesse innerhalb der Batterie bei Wärme schneller und aggressiver ablaufen als bei tieferen Temperaturen!

Entsprechend hat man, um die Kaltstartfähigkeit einer Batterie zu testen, ein Kälteprüfverfahren für Batterien festgelegt, mit dem man ihre Leistung bei niedrigen Temperaturen vergleichen und testen kann.

So muß die auf dem Typenschild aufgeführte hohe Entladestromstärke des Kälteprüfstroms (z.B. 175 A), bei einer vollgeladenen 12 Volt-Batterie bei einer Temperatur von -18° C noch abgegeben werden, ohne daß die Zellspannung nach 30 Sekunden Entladezeit 1,4 V (alle sechs Zellen zusammen minimal 8,4 V bei einer 12 V-Batterie) bzw. nach 180 Sekunden 1,0 V unterschreitet!

Es gilt also: Je wärmer eine Batterie (bis max. 50° C) ist, um so leichter (und um so mehr) gibt sie Leistung ab!

- So sollte man beim Kaltstart im Winter den Starterknopf nur zehn Sekunden betätigen und dann zwei Minuten warten, falls der Motor nicht sofort angesprungen ist, weil sich dann die Batterie durch ihren Innenwiderstand so weit erwärmt hat, daß sie mehr Leistung abgeben kann! – Dann springt der Motor auch besser an.

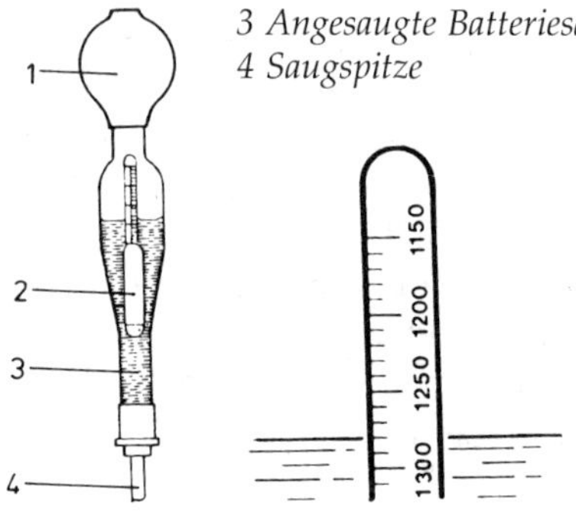

Abb. 193: Säureheber
1 Gummisauger
2 Schwimmer
3 Angesaugte Batteriesäure
4 Saugspitze

• Den Ladezustand einer Batterie kann man am sichersten mit einem Säureheber prüfen. So ist die Batterie voll geladen, wenn die Säuredichte 1,28 g/cm^3 aufweist (Meßtemperatur wie oben erwähnt: +27° C. In der Praxis genügen zur Not auch Temperaturen leicht oberhalb der Umgebungstemperatur von 20° C).

Die Batterie ist entladen, wenn der Säureheber nur noch eine Dichte von 1,12g/cm^3 anzeigt!

• Eine Batterie entlädt sich mit der Zeit selbst. Bei +15° C ist eine vollgeladene Batterie nach etwa vier Monaten vollständig entladen; bei +40° C nach etwa zwei Wochen (also nicht im Heizungskeller überwintern lassen, aber dennoch unbedingt frostfrei lagern!).

7.3.2. Der Aufbau von Motorrad-Batterien

• In den einzelnen Zellen, die lediglich elektrisch miteinander verbunden sind, stehen sich abwechselnd positive und negative Platten (Elektroden) gegenüber. Sie bestehen aus Hartblei, darin ist die sogenannte aktive Masse eingebettet. Zwischen den Platten befinden sich isolierende, Separatoren genannte Trennwände, die für die Säure durchlässig sind und auch für die Wanderung der elektrisch geladenen Teilchen.

Je mehr Platten gleicher Polarität in einer Zelle zusammengeschaltet sind, um so höher ist der kurzfristig zu entnehmende Strom (Starterbatterien).

• Zum Einfüllen der Säure sind die Zellen mit einer Öffnung und einem Stopfen versehen. Bei Motorradbatterien findet die gemeinsame Entlüftung aller Zellen durch einen seitlichen Stutzen statt, der die während des Betriebs anfallenden Knallgase über einen Schlauch ins Freie entläßt. Diese Öffnung darf nicht verschlossen, der Schlauch nicht abgeknickt werden, sonst fliegt die Batterie auseinander!

• Um eine Verwechselung der Anschlußklemmen an der Fahrzeugbatterie zu vermeiden (bei falschem Anschluß könnten die an Bord befindlichen elektronischen Bauelemente zerstört werden), sind die Batteriepole mit Plus (+) und Minus (-) gekennzeichnet.

• Die Batteriesäure, als Elektrolyt bezeichnet, besteht aus Schwefelsäure (H_2SO_4), verdünnt mit destilliertem Wasser (H_2O).

7.3.3. Wie man mit Fahrzeugbatterien richtig umgeht

Behandlungsvorschriften

- Ein neuer Bleiakkumulator ist vorgeladen. Das heißt, nach dem Einfüllen der fertig gekauften und noch vom Hersteller mit destilliertem Wasser verdünnten Batteriesäure sowie einer Einwirkzeit von etwa einer halben Stunde steht eine geladene Batterie zur Verfügung. – Beim Einfüllen unbedingt die Einfüllmarkierung beachten!
- Sollte im Laufe der Zeit der Säurestand abgesunken sein, so liegt es daran, daß Wasser aus der Schwefelsäuremischung verdunstet ist. Aus diesem Grund soll man mindestens alle 2 Monate, in heißen Regionen alle vierzehn Tage nach dem Flüssigkeitsstand sehen!

Nachfüllen darf man nur mit destilliertem Wasser (H_2O), weil keine Mineralsalze und Schwebestoffe in die Batterie gelangen dürfen, wie sie in normalem Leitungswasser enthalten sind.

- Die Pole der Fahrzeugbatterie sowie die dazugehörigen Anschlußklemmen werden mit Batteriefett versehen.
- Gerade der Pluspol bildet im Betrieb gerne Ablagerungen – Oxyde, die als Übergangswiderstände den Stromfluß stark hemmen oder im Extremfall sogar unterbinden können – besonders, wenn die Pole fettfrei angeschlossen und nicht von Zeit zu Zeit gereinigt wurden.

Vorsicht! – Batteriesäure ist stark ätzend!

- Säurespritzer auf der Haut oder der Kleidung wie auch auf Fahrzeuglack oder Metallteilen am Motorrad mit Seifenlauge und viel Wasser abwaschen!
- Säurespritzer im Auge: ca. 5 Minuten lang mit klarem Wasser spülen und danach sofort zum nächsten Arzt gehen!

7.3.4. Laden der Fahrzeugbatterie (Bleiakkumulator)

Wir unterscheiden: Normalladung, Erhaltungsladung und Schnelladung!

Die Normalladung

findet an einem handelsüblichen Ladegerät statt. Man kaufe sich fürs Motorrad die 3-Ampere-Version, weil die kleinen Motorradbatterien nur mit niedrigen Ladeströmen aufgeladen werden dürfen (man rechnet den 20. Teil der Batteriekapazität, maximal jedoch den 10. Teil).

Die Rechnung für den korrekten Ladestrom lautet:

- Der 20ste Teil der Nennkapazität des Akkumulators in Ampere (A) ist der Ladestrom!
- Bei einer Batterie von 12 Volt und einer Kapazität von 14 Ah sind das: 14 geteilt durch 20 = 0,7 A!

Abb. 194: Glühlampe als Vorwiderstand beim Laden einer Motorrad-Batterie (Honda)

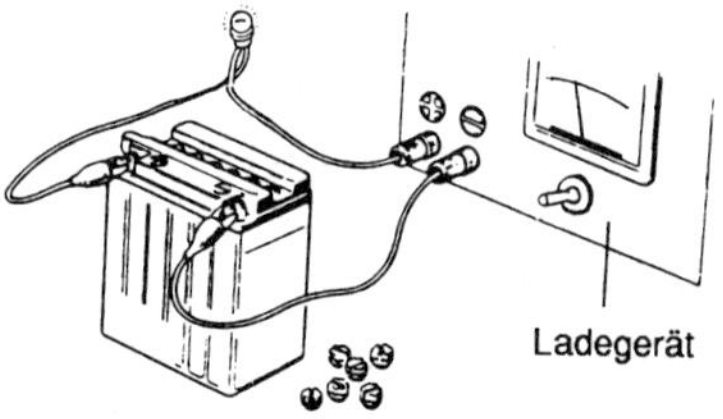

Beispiel:
Ein 14 Ah-Akku darf mit einem maximalen Ladestrom von 0,7 Ampere über einen Zeitraum von 20 Stunden geladen werden. Jeder Wert, der darüber hinaus geht, schädigt die Batterie!
Gerade noch vertretbar ist eine 10stündige Ladung mit 1,4 A!

- Je langsamer eine Batterie aufgeladen wird, mit entsprechend niedrigen Stromwerten, um so intensiver erfolgt die Ladung (die höchste Kapazität wird erreicht) und um so länger hält die Batterie!
- Eine normale Batterie ist nach zwei bis drei Jahren fällig, sie muß ersetzt werden! Gut gepflegte und gewartete Fahrzeugakkumulatoren halten fünf Jahre und mehr.

Einen kleinen Akku von 6 A an einem 3-Ampere-Ladegerät aufladen zu wollen ist Mord! – Der Winzling wird überbeansprucht, weil der relativ hohe Ladestrom vor allem bei leerer Batterie die Gasungsspannung der Batterie rasch überschreitet und wodurch die Platten im Innern irreparable Schäden erleiden.
So liegt die maximale Gasungsspannung einer 12 V-Batterie bei 14,4 V!

Ladetips

- Steht kein regelbares Ladegerät zur Verfügung, klemmt man eine Glühlampe in Reihe zwischen Pluspol der Batterie und Plus-Anschluß des Ladegerätes. Das verringert den Ladestrom und verhindert eine Überlastung des Akkus.
- Je kleiner der Akkumulator, desto »kleiner« auch die Glühlampe (z.B. eine Glühlampe von 12 V / 3 W für einen 12 V / 6 Ah-Akku).
- Am Amperemeter des Ladegerätes kann man nur ungefähr abschätzen (ein Fall für ein Multimeter), ob man auf der sicheren Seite liegt. In unserem Beispiel fließt ein Strom von 0,3 A, was ziemlich genau dem Ladestrom für den kleinen Akku entspricht (angenommene Ladespannung = 14 V).

Die Erhaltungsladung
Eine ausgebaute und für einige Zeit eingelagerte Batterie muß ständig geladen sein, sonst geht sie auf die Dauer kaputt. Deshalb schickt man während der Lagerung eines Bleiakkumulators permanent einen kleinen Ladestrom, den Erhaltungsstrom, in die Batterie hinein.
Man schließt zu diesem Zweck ein spezielles kleines Ladegerät (Batterie-Frischhaltegerät) an, das einen Ladestrom von 0,1% der Kapazität in die Batterie entsendet (1/1000stel der Batteriekapazität).

Beispiel:
Eine Batterie mit 10 Ah wird mit einem Erhaltungsstrom: 0,1% von 10

Ah = 0,01 Ampere permanent geladen. Dieser Ladestrom gleicht die Verluste durch Selbstentladung aus. Nach der Lagerung kann die Batterie sofort wieder eingesetzt werden! Während der Lagerung prüfe man gelegentlich den Säurezustand der Batterie.
Kaufen kann man diese Geräte für ca. 20 bis 60 DM je nach Ausstattung in allen Motorradläden und Elektronik-Shops.
Für manche Batterien muß eine Anpassung durch einen Widerstand vorgenommen werden, falls das Erhaltungsladegerät keine Regelelektronik besitzt. Man wende sich in dem Fall an einen Elektroniker.

Die Schnelladung
Darüber gibt es nur wenig zu sagen. Die Batterie wird in der Regel durch den übergroßen Ladestrom beschädigt, was ihre Lebensdauer verkürzt. Das Schnelladen ist im weitgehend kickstarterlosen Zeitalter nur für den Notfall gedacht, falls sich die Batterie zu einem ungünstigen Zeitpunkt einmal entladen haben sollte und mit Anschieben nichts zu machen ist.

7.3.5. Verringern der Säuredichte bei hohen Umgebungstemperaturen

Wer sein Motorrad längere Zeit in heißen Regionen bewegen will, sollte die Säuredichte seiner Batterie (vollgeladen) von 1,28g/cm^3 auf 1,23g/cm^3 reduzieren.

Bei sommerlich heißen Temperaturen ab 30° C laufen die chemischen Prozesse schneller und aggressiver ab, und viel mehr Wasser verdunstet aus der Batterie als gewohnt. Außerdem werden die Bleiplatten sehr stark angegriffen, was ihre Lebensdauer verkürzt.
Man reduziert die Säuredichte durch Absaugen von Säure und Hinzufügen destillierten Wassers. Das ganze passiert bei voll aufgeladener Batterie und unter ständiger Kontrolle mit dem Säureheber.

7.3.6. Überwintern und Langzeitlagern von Batterien

Batterien sollten stets trocken und knapp über dem Nullpunkt gelagert werden. Zuvor sollte man sie reinigen, um eine schnelle Selbstentladung durch Kriechströme zu unterbinden. Die Pole werden mit Batteriefett eingefettet, der Säurestand überprüft und die Batterie gegebenenfalls mit destilliertem Wasser gefüllt. Falls man keine Erhaltungsladung durchführen kann, z.B. wenn in der Garage eine Steckdose fehlt, muß die Batterie alle zwei Monate langsam über eine kleine Glühlampe bis auf 10,5 V entladen werden. Danach lädt man sie wieder, bis der Säureheber bzw. der Spannungswert die Volladung bestätigt.

7.4. Die kontaktgesteuerte Batterie-Spulenzündanlage

In allen Ottomotoren wird die Verbrennung des Kraftstoff-Luftgemisches durch den Funken einer Zündkerze eingeleitet. Die elektrische Energie hierfür wird von einer Fremdspannungsquelle abgenommen (Fremdzündung). Diese Quelle ist in der Regel die Fahrzeugbatterie (Magnetzündanlagen werden wegen ihrer geringen Häufigkeit bei Serienmotorrädern hier nicht besprochen).

Die Bordspannung von 6 oder 12 V reicht für die Erzeugung eines energiereichen Zündfunkens bei weitem nicht aus. Die Batterie-Zündanlage vergibt diese Aufgabe deshalb an die Zündspule. Die Zündspule erhöht die Bordspannung um das Tausendfache. Die Zündanlage läßt über eine Steuerungseinrichtung (den Unterbrecherkontakt) den so erzeugten Hochspannungsfunken zum richtigen Zeitpunkt (dem Zündzeitpunkt) an der Zündkerze überspringen.

Die erforderliche Zündspannung beträgt je nach Anlage zwischen 10.000 V und 20.000 V. Sie ist vor allem von der Art der Zündspule abhängig.

Die Zündspannung macht die Funkenstrecke zwischen Mittel- und Masseelektrode an der Zündkerze elektrisch leitend (durch Ionisierung), bevor der Funken überspringen kann. Die Temperatur des Zündfunkens beträgt mehrere tausend Grad Celsius. Sie reicht aus, das Gemisch im Verdichtungsraum zu entzünden.

Voraussetzung für eine sichere Zündung:

- Das Gemisch muß »zündfähig« sein.
- Die Zündkerze muß eine günstige Position im Zylinderkopf haben.
- Der Zündfunken muß eine bestimmte Mindestenergie (»Zünde-

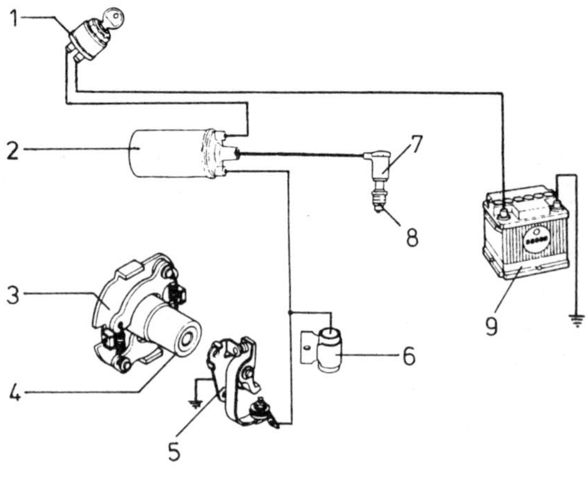

Abb. 195: Die kontaktgesteuerte Batterie-Spulenzündanlage
1 Zündschalter (Hauptschalter)
2 Zündspule
3 Fliehkraft-Zündversteller (für die Frühverstellung der Zündung)
4 Unterbrechernocke
5 Unterbrecherkontakte (U-Kontakte)
6 Funkenlöschkondensator
7 Zündkerzenstecker
8 Zündkerze
9 Fahrzeugbatterie
(Bosch)

nergie«) haben, damit das Gemisch zündet.
Die Höhe der Zündenergie ist auch abhängig vom Zustand der Fahrzeugbatterie während des Startvorganges, des weiteren von der Pflege, der Wartung und dem Materialzustand aller beteiligten Komponenten.
Besonders groß ist der Energiebedarf beim Kaltstart, weil das Gemisch dann am ungünstigsten und die Zündkerze noch kalt ist. Hier beweist sich stets aufs neue die Qualität einer Zündanlage.

7.4.1. Der Zündschalter (Zündschloß)

Der Stromkreis der Zündanlage führt vom Pluspol der Batterie zum Zündschalter. Hier kann der Fahrer mittels des Zündschlüssels den Stromkreis ein- bzw. ausschalten und auch in Stellung »Aus« bzw. »Off« abschließen.
Vom Zündschloß fließt der Strom im Zündkreis über den Zünd-Notausschalter weiter zur Zündspule. Dort durcheilt er die Primärwicklung und fließt bei geschlossenem Unterbrecherkontakt an Masse ab, die mit dem Minuspol der Fahrzeugbatterie verbunden ist.

Der Zünd-Notausschalter

Der Zünd-Notausschalter an der rechten Lenkeramatur ist aus Gründen der *Unfallminimierung* angebaut! Beispiele:

- Zum raschen Abschalten des Motors, wenn der Gasschieber auf Vollgas stecken bleibt und beide Hände am Lenker das Fahrzeug auf der Straße halten müssen!
- Wenn ein Endurofahrer – und nicht nur der – bei kleiner Fahrt und mit eingelegtem Gang mit dem Motorrad umfällt, der Motor aber weiterhin das Hinterrad dreht, und der Fahrer vielleicht unter der Maschine liegt. Dann wird er beide Hände zum Hochhalten der Maschine benötigen und ist froh, (mit dem Schalter am Lenker) ohne umgreifen zu müssen, den Motor abstellen zu können!
- Wenn ein Motorrad bei laufendem Motor umfällt und der Motor Gefahr läuft, Schaden zu nehmen, weil die Ölpumpe auf Grund der Schräglage nur Luft ansaugt!

7.4.2. Bauelemente der kontaktgesteuerten Batterie-Spulenzündanlage

Kontaktgesteuerte Batterie-Spulenzündanlagen setzen sich aus den nachfolgenden Einzelbauelementen zusammen, deren Konstruktion und leistungsmäßige Auslegung wesentlich vom einzelnen Motorradtyp abhängen.

Zündschalter: Ist ein Schalter im primären Stromkreis der Zündspule, am Armaturenbrett gelegen und zumeist noch mit anderen Aufgaben betraut. Betätigt wird er mit dem Zündschlüssel.
Zündspule: Speichert die Zündenergie und gibt sie in Form eines Hochspannungs-Stromstoßes über das Zündkabel und die Zündkerze wieder ab.
Zündunterbrecher: Werden auch Unterbrecherkontakte (U-Kontakte) genannt. Sie schließen und unterbrechen den Primärstromkreis der Zündspule zur Energiespeicherung und Spannungsumformung. Sie werden von einem Nocken gesteuert, welcher die Kontakte im Zündzeitpunkt öffnet.
Zündkondensator: Sorgt für exaktes, schnelles Unterbrechen des primären Spulenstromes, erhöht so die verwendbare Hochspannung und unterdrückt weitgehend die schädliche Funkenbildung an den U-Kontakten.
Fliehkraftversteller: Verstellt drehzahlabhängig den Zündzeitpunkt (Zündverstelleinrichtung).
Zündkerze: An ihren Elektroden bewirkt die Hochspannung einen Funkenüberschlag im Verbrennungsraum und startet so den Verbrennungsvorgang im Motor.

7.4.3. Die Zündspule

Dem Aufbau nach ist die Zündspule ein Transformator (Spannungswandler). In ihr wird aus der Bordgleichspannung von 12 V eine Hochspannung von 10.000 V und mehr gemacht.
Die Zündspule besitzt in ihrem Zentrum einen stabförmigen, aus einzelnen Lamellen zusammengesetzten Kern aus Dynamo-Eisenblech. Um ihn herum liegt eine isolierte Hochspannungswicklung (Sekundärwicklung) aus dünnem Kupferdraht mit 15.000 bis 30.000 Windungen (!). Drumherum ist die Primärwicklung aufgezogen mit einigen hundert Windungen aus wesentlich dickerem Kupferdraht. Auf eine Drahtwindung Primärwicklung kommen 60-150 Drahtwindungen der Sekundärwicklung.
Zwei Drahtenden von Primär- und Sekundärwicklung sind miteinander verbunden und führen gemeinsam an Klemme 1 (Deutsche Norm).

Abb. 196: Die Zündspule (Bosch)

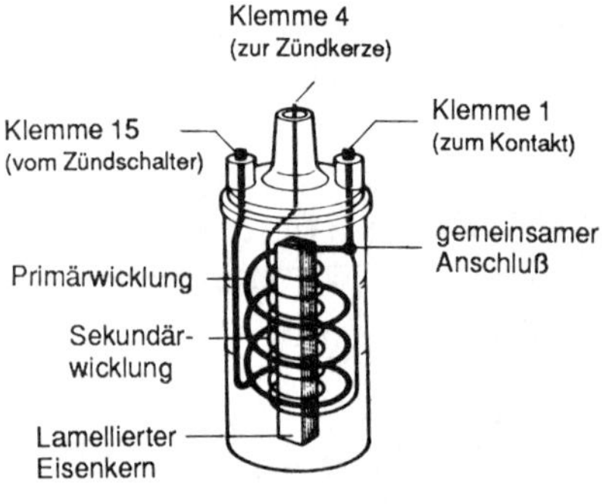

Diese führt im Zündstromkreis dann später über den U-Kontakt an Masse (Minuspol der Batterie). Das entgegengesetzte Ende der Primärwicklung gelangt zur Klemme 15 (Deutsche Norm), die über das Zündschloß mit Strom von der Fahrzeugbatterie aus versorgt wird (Primärzündstrom). Das andere Ende der Sekundärwicklung führt an den Hochspannungs-Anschluß 4 (Deutsche Norm) und von dort aus per Zündkabel zum Kerzenstecker und zur Zündkerze.

An modernen Motorrädern werden Hochleistungs-Einzelzündspulen für hohe Zündspannungen verbaut sowie leistungsmäßig gleiche, sogenannte Doppelzündspulen, die gleichzeitig zwei Zündfunken liefern. Letztere werden vorwiegend bei Vierzylindermotoren eingesetzt. Sie sind aber auch als Einzelexemplar an manchem Zweizylindermotor zu finden (BMW-Boxermotoren).

Abb. 197: Unterbrecherkontakte (U-Kontakte)
1 Festkontakt der U-Kontakte
2 Gleitstück
3 Beweglicher Kontakt
4 Feder der U-Kontakte

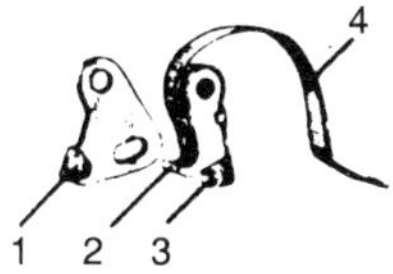

1 Befestigung der Unterbrecherplatte
2 Befestigung der Unterbrecherkontakte

Funktion
Zwei Unterbrecherkontaktpaare (pro Zylinder ein Satz) gleiten auf einem gemeinsamen Nocken
(Honda CB 125 T 1/T2)

7.4.4. Der Zündunterbrecher (Unterbrecherkontakte)

Der Zündunterbrecher wirkt als Schalter und wird über eine Nocke vom Motor aus gesteuert. Er schließt und öffnet den Primär-Stromkreislauf der Zündspule im Takt der Motordrehzahl und des jeweiligen Zündzeitpunktes und ruft damit den Zündfunken an den Elektroden der Zündkerze hervor. Jede Unterbrechung des Primärstroms induziert im Sekundärkreis der Zündspule eine Hochspannung und löst auf diese Weise den Zündimpuls aus.

Bedienen die Unterbrecherkontakte (U-Kontakte) eine Doppelzündspule, werden zwei Funken erzeugt, wovon nur einer genutzt wird.

In der Regel wird pro Zündspule und Zündkerze ein U-Kontaktpaar eingesetzt, was man dann als Primär-Zündkreis bezeichnet.

- Für Einzylindermotoren mit kontaktgesteuerter Batterie-Spulenzündung wird die Unterbrecherplatte mit einem einzigen Unterbrecherkontaktpaar belegt, das wie alle U-Kontakte über einen beweglichen Hebel mit Kontaktstelle und einen festen Kontaktpunkt verfügt.
- Zwei- und Vierzylindermotoren haben zwei, Dreizylinder drei Kontaktpaare.

Motorräder besitzen bei kontaktgesteuerten Zündanlagen auf der Zündnockenwelle im Unterbrechergehäuse nur einen einzigen Nockenhöcker. Dieser Nockenhöcker bedient alle U-Kontakte nacheinander, im Gegensatz zum Auto, wo bei einer entsprechenden Zündanlage im Verteiler ein U-Kontaktpaar von zwei bis zu sechs Nocken (hängt von der Zylinderzahl ab) bedient wird.

Der Zündunterbrecher wird mechanisch und elektrisch außerordentlich stark beansprucht. Die beiden Kontaktstellen von Hebel und Amboß bestehen deshalb aus polierten Wolframpunkten (einem wegen seiner Härte und dem hohen Schmelzpunkt bestens geeignetem Material) und müssen pro Minute bis zu 18.000 Schaltungen vollführen, wobei ein Strom von etwa 2,5 bis 5 Ampere mit einer Schaltspannung von 500 Volt zu schalten ist. Die 500 Volt enstehen an dieser Stelle durch den Abschalteffekt beim Öffnen des Primärstromkreislaufes. Der dabei entstehende Stromfluß erzeugt trotz Unterdrückung durch den Zündkondensator einen schwachen Funken, der den allmählichen Abbrand der Kontakte hervorruft. Dies führt zum periodischen Wechsel der Bauteile (U-Kontakte sind Verschleißteile) etwa alle 10 bis 15.000 Kilometer.

7.4.5. Der Zündkondensator

Das Prinzip des Zündkondensators ist verhältnismäßig einfach (Wickelkondensator): Zwei hauchdünne Metallfolien, durch einen Isolator getrennt, liegen aufeinander. Die Isolationsschicht besteht aus einer extrem dünnen Oxydschicht zwischen den Folien. Neuartige, mit einem feinen Kunststoffilm als Isolierschicht überzogene Folien (meist Aluminium) sind noch wesentlich dünner. Um den Kondensator herum liegt zu seinem Schutz eine Metallhülle mit Halterung. Man kann einen Kondensator mit einer Mini-Batterie vergleichen, die auf Wunsch geladen und deren Ladung nach Maßgabe (in diesem Falle der Zündanlage) wieder freigesetzt wird.

7.4.6. Die Zündverstelleinrichtung (Frühverstellung)

Vom Augenblick der Entflammung des Gemisches im Zylinderraum bis zu seiner vollständigen Verbrennung vergehen durchschnittlich zwei Millisekunden (0,002 sek.). Der Funken muß daher so frühzeitig

Abb. 198: Aufbau eines Zündkondensators (Bosch)

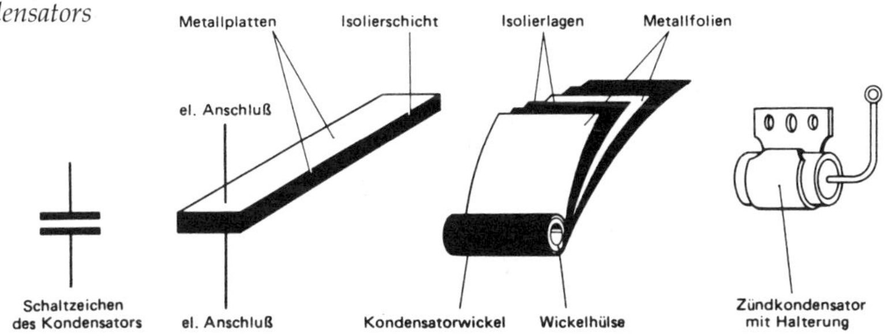

überspringen, die Verbrennung so weit fortgeschritten sein, daß der Verbrennungsdruck seinen Höchstwert kurz hinter dem oberen Totpunkt (O.T.) des Kolbens erreicht.
Entsteht der Zündfunke zu früh, so wird der nach oben gehende Kolben durch den Verbrennungsdruck zu stark gebremst.
Entsteht der Zündfunke zu spät, setzt die Verbrennung erst ein, wenn der Kolben wieder nach unten geht. Ein Gutteil der Explosionsenergie verpufft hinter dem Kolben her. In beiden Fällen sind Kraftstoffausnutzung und Motorleistung mangelhaft. Bei Frühzündung besteht darüber hinaus die Gefahr mechanischer Defekte durch Überhitzung (Loch im Kolben, verbrannte Ventile). Der Zeitpunkt des Überspringens des Zündfunkens muß deshalb exakt festgelegt sein.
Ein anderer wichtiger Punkt ist die Gemischzusammensetzung. Wenn sie sich nicht verändert, bleibt die Zeitdauer zwischen Entzündung und Verbrennung annähernd gleich. Ein zu mageres Gemisch braucht mehr Zeit zum Verbrennen, was man, soll die Gemischzusammensetzung so bleiben, im Teillastbereich durch Verschieben des Zündzeitpunktes nach »Früh« hin kompensieren muß!
Im einzelnen entsteht die Notwendigkeit der Frühverstellung durch die beim Verbrennungsmotor unterschiedlich hohen Kurbelwellendrehzahlen. Mit steigender Drehzahl verschiebt sich der Zeitpunkt der Verbrennung und damit auch der höchste Verbrennungsdruck immer weiter nach hinten in den Verbrennungshub (Arbeitstakt) hinein, weil die Kurbelwelle in der Zeit zwischen Zündung und Verbrennung immer schneller dreht.
Man begegnet diesem Phänomen, das sich physikalisch dadurch erklären läßt, daß die Verbrennungszeiten stets gleichbleiben (wenn die Gemischzusammensetzung ebenfalls gleichbleibt), die Geschwindigkeit der Taktabläufe aber mit der Drehzahl des Motors steigt, indem der Zündzeitpunkt vorverlegt wird. Bei hoher Drehzahl wird so der angestrebte höchste Verbrennungsdruck wieder kurz hinter O.T. erreicht.

In der technischen Literatur ist es üblich, den Zündzeitpunkt auf die Stellung der Kurbelwelle im oberen Totpunkt zu beziehen. Wenn man sich die Kurbelwellenbewegung als Kreis vorstellt, so befindet sich der O.T. ganz oben, der U.T. ganz unten. Der Zündzeitpunkt befindet sich *immer* vor O.T. Wenn man diesen Abstand jetzt als Winkel zu O.T. hin definiert, entsteht ein bestimmter Zahlenwert. Der Winkel heißt »Zündverstellwinkel« oder kurz »Zündwinkel«. Man spricht von »Frühzündung«, wenn der Funken das Gemisch in einem größeren Zündwinkel entzündet, als das bei niedrigen Motordrehzahlen der Fall ist; und von Spätzündung, wenn dieser Winkel klein ist.

Beispielsweise befindet sich der Spät-Zündzeitpunkt der Kawasaki GPZ 900 R 10° vor O.T. Das ist für diese Maschine der rechte Zündzeitpunkt für die Start- und Leerlaufdrehzahl von 1.000 UPM (O.T. ist gleich 0 bzw. 360 Winkelgrade).

Die Zündeinrichtung dieses Motorrades beginnt den Zündzeitpunkt bei 3.500 UPM zu verändern. Sie stellt ihn auf 35° Frühzündung vor O.T.!

Der Zündversteller des Motors leistet diese Verstellarbeit und sorgt so dafür, daß die Zündung immer im günstigsten Zeitpunkt erfolgt: Günstig in Bezug auf Motorleistung, Kraftstoffeinsparung und Entgiftung der Abgase!

Der Zündversteller rangiert dabei von der Spätzündung (Zündwinkel für Start- und Leerlauf) bis hin zur Frühzündung, die ab einer bestimmten Drehzahl gleichbleibt (meist zwischen 2.000 und 3.000 UPM).

Sein Funktionsbereich wurde für den betreffenden Motor berechnet und erprobt. Baut man einen anderen Versteller ein als den vorgesehenen, ändert sich die Charakteristik des Motors teilweise beträchtlich (falls er überhaupt noch vernünfig arbeiten kann).

- Zündversteller werden bei der kontaktgesteuerten Batterie-Spulenzündanlage als rein mechanisch funktionierende Fliehkraftregler ausgeführt.

7.4.7. Der Fliehkraftregler (mechanische Zündverstelleinrichtung)

Der mechanische Fliehkraftregler ist mit der Zündnockenwelle verbunden. Er befindet sich ebenfalls im Unterbrechergehäuse.

Die Verstellmechanik arbeitet mit Fliehgewichten, die sich durch die Motordrehzahl radial nach außen bewegen. Kontrolliert wird diese Bewegung durch genau abgestimmte Rückstellfedern. Die Fliehgewichte wirken auf den umlaufenden Nocken der Zündnockenwelle, der auf der Unterbrecherkontaktplatte die Unterbrecherkontakte betätigt. Der Nocken sitzt beweglich auf dem Nockenwellenende, und die Fliehgewichte verdrehen ihn entgegen der allgemeinen Drehrichtung, wodurch der Nockenhöcker die Kon-

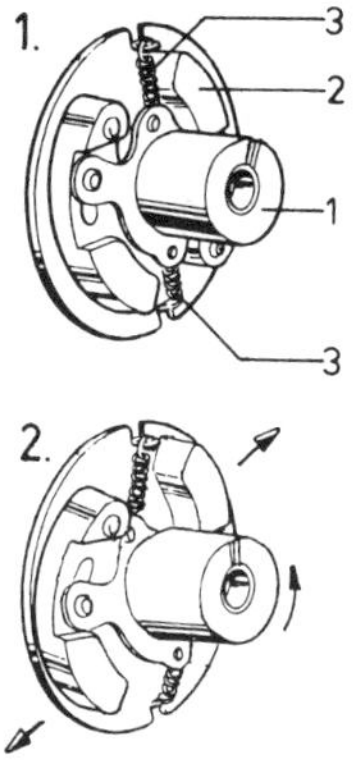

Abb. 199: Position des Fliehkraftreglers wenn der Motor steht und wenn er über Leerlaufdrehzahl dreht
1 Unterbrechernocke
2 Fliehgewichte
3 Rückholfeder

Der Fliehkraftregler ist aktiviert, und die Unterbrechernocke wird gegen die allgemeine Drehrichtung verstellt. Dabei öffnet sie die Unterbrecherkontakte früher (Frühzündung).

takte früher öffnen kann. Der Zündzeitpunkt wird entsprechend auf früh verstellt.

Die drehzahlabhängige Verstellung ist festgelegt durch die Größe der Fliehgewichte, die Form der Abwälzbahn, den Mitnehmer sowie durch die Rückstellzugfedern. Der fliehkraftgesteuerte Nocken hat einen unteren Anschlag als Ruhe- und Startstellung und einen oberen zur Begrenzung der größtmöglichen Vollastverstellung (absolute Frühzündung).

7.4.8. Beschreibung eines Zündzyklus (Einzylindermotor)

Nachdem der Zündschlüssel in Startstellung gedreht wurde, wird die Zündanlage unter Strom gesetzt.

Angenommen, die Kontakte sind geschlossen, laufen dann folgende Vorgänge ab:

- Batteriestrom fließt durch die Primärwicklung der Zündspule (Klemme 15) und schließt den Kreis, wenn er über den geschlossenen Unterbrecher an Fahrzeugmasse gelangt.

Der Primärstrom steigt nur zögernd auf seine volle Stärke an (die Zündspule wird »geladen«), weil die Entwicklung des Magnetfeldes in der Zündspule einen elektrischen Widerstand erzeugt, der nach Erreichen des Ruhestroms verschwindet. Ruhestrom wird der konstant fließende Strom genannt. Er wird dann nur noch durch den Ohmschen Widerstand der Primärwicklung bzw. eventuelle Vorwiderstände begrenzt.

Ein beständig fließender Ruhestrom heizt die Zündspule nach einiger Zeit gefährlich auf und kann durch Schmelzen der Vergußmasse Schäden bis hin zur defekten Zündspule verursachen. Ein wichtiger Grund,

Abb. 200: Konventionelle Batterie-Spulenzündanlage für Einzylindermotoren, Prinzipschaltbild (Bosch)

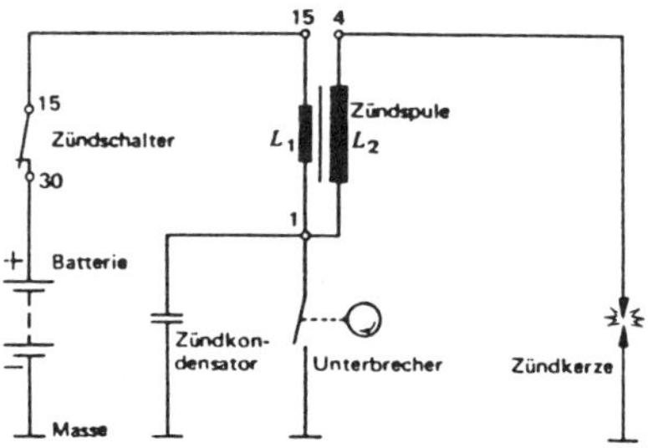

die Zündung nie über längere Zeit unnötig einzuschalten, wenn der Motor steht! Wenn der Motor läuft, sieht das schon anders aus. Durch

Abb. 201: Darstellung eines Zündzyklus (Einzylindermotor)

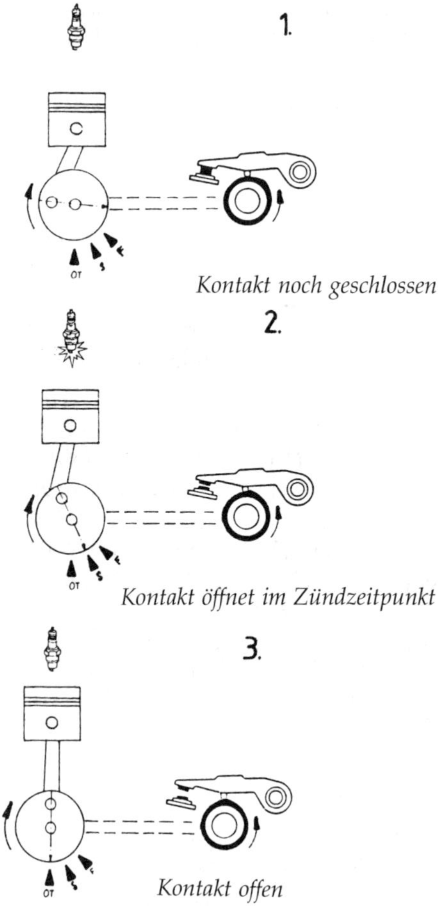

O.T. = Oberer Totpunkt
S = Markierung für die Spätzündung
F = Markierung für die Frühzündung (Bosch)

den Wechsel zwischen Laden und Entladen der Zündspule pegelt sich der Durchschnittsstrom viel weiter unten ein, und die thermische Belastung der Spule nimmt stark ab.

Die Verzögerung durch das »Laden« der Zündspule dauert etwa 10 bis 15 Millisekunden.

Im Moment des Startvorganges, wenn die Kurbelwelle dreht und der Kolben die Zündstellung erreicht hat, öffnet die Nocke den Unterbrecherkontakt.

Wenn so der Primärstrom unterbrochen wird, bricht das aufgebaute Magnetfeld in der Zündspule zusammen und erzeugt (induziert) sowohl in der Primärwicklung als auch in der Sekundärwicklung der Zündspule eine Spannung. Beide Spannungen sind um so höher, je schneller das Magnetfeld zusammenbricht. Genau das wird mit Hilfe des Kondensators erreicht, der dem Unterbrecher parallel geschaltet ist. Er nimmt im Augenblick der Stromunterbrechung einen guten Teil der Spannung auf, die in der Primärstufe entstanden ist. Das läßt das Magnetfeld schneller zusammenbrechen, was die induktive Spannung in der Sekundär- (Hochspannungs-)wicklung weiter erhöht.

Die Sekundärwicklung hat gegenüber der Primärwicklung etwa einhundertfünfzig mal mehr Windungen. Die induzierte Sekundärspannung ist entsprechend groß und kann 20.000 Volt erreichen!

Die Sekundärwicklung produziert den eigentlichen Zündstrom, wes-

halb man den Sekundärstromkreis auch als »Sekundär-Zündkreis« bezeichnet.
Der Kondensator hat außer der Erhöhung der induktiven Spannung noch weitere wichtige Aufgaben. So würde nach dem Abheben des Unterbrechers aufgrund des hohen Primärstromes an den Kontakten ein starker Funke entstehen. Da der Kondensator aber einen guten Teil der an den Kontakten anfallenden elektrischen Energie zwischenspeichert, und das bei jedem Zündzyklus, dauert es deutlich länger, bis die Kontakte so weit heruntergebrannt sind, daß sie nachgestellt oder ersetzt werden müssen. Ein defekter Kondensator läßt durch das »Feuern« der Kontakte den Abbrand erheblich steigen.

Nachteile bei defektem Kondensator:

1. Energieverbrauch auf Kosten der Zündenergie
2. Starker Kontaktabbrand, vorzeitiger Kontaktverschleiß
3. Schmorbeläge an den Kontaktflächen, die sogenannte Übergangswiderstände erzeugen (die uns überhaupt in der ganzen Bordelektrik Probleme bereiten können), welche die Leistung der Zündspule herabsetzen und auch den Ausfall der Anlage herbeiführen können

Die in der Sekundärspule erzeugte Hochspannung versucht, einen Stromkreis zu bilden, um sich zu entspannen, und findet als günstigste Stelle die Elektroden der Zündkerze, die den geringsten Übergangswiderstand bieten. Beim Überspringen des Elektrodenabstandes entsteht so der benötigte Zündfunke.
Die im Kondensator zwischengespeicherte Energie unterstützt während der Brenndauer des Zündfunkens den Sekundärkreis, der zum Zündkreis geworden ist, und entleert sich dabei zum großen Teil.
Schließen die Unterbrecherkontakte sich im Verlauf der Kurbelwellenumdrehungen wieder, wird der Kondensator ganz entladen, bereit für den nächsten Zündzyklus.

7.4.9. Einstellen von Unterbrecherkontaktabstand und Zündzeitpunkt

Zum besseren Verständnis müssen wir etwas ausholen:
• Mit **Schließwinkel** beschreibt man den Weg der Unterbrecher-Nockenwelle, die bei ihrer Arbeit ja einen Kreis beschreibt (Kreis = 360°), vom Anfang der Kontaktgabe durch die Unterbrecherkontakte an bis zur Kontaktöffnung. Wenn man sich das Ganze wie eine Uhr mit zwei Zeigern vorstellt, steht der eine Zeiger an der Stelle der Welle, wo die beiden Kontakte schließen, der andere dort, wo sie wieder öffnen. Weil die Zeiger in einem Winkel zueinander

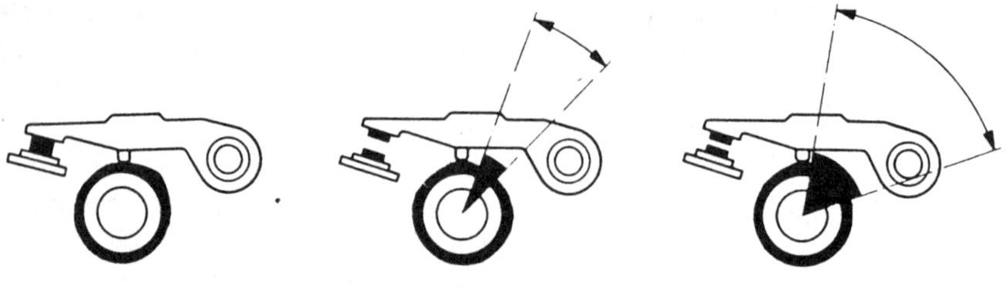

Abb. 202: Schließwinkel-Darstellung

Unterbrecherkontakte in schematischer Darstellung
a Kontakte geschlossen
b Großer Kontaktabstand - kleiner Schließwinkel – größerer Öffnungswinkel
c Kleiner Kontakabstand - großer Schließwinkel – kleinerer Öffnungswinkel
(Bosch)

stehen, bezeichnet man diesen Weg auch als Drehwinkel. In der Zeit, welche die Welle benötigt, um vom ersten Zeiger bis zum zweiten zu gelangen, findet das »Laden« der Zündspule statt. In der Folge entsteht in der Spule das Magnetfeld.

• Der **Öffnungswinkel** dagegen ist kleiner und bezeichnet den Drehwinkel, den die Nocke bei voll geöffneten Kontakten zurücklegt.

• Den **Unterbrecherkontakt** einzustellen bedeutet demnach die Zündspule zu steuern, ihr Zeit zuzuweisen, in der sie das Magnetfeld aufbauen kann (Schließwinkel = Kontakte geschlossen) und ihr durch die Öffnungszeit die Gelegenheit zu geben, über die Sekundärspule den Zündfunken zu erzeugen (Öffnungswinkel = Kontakte geöffnet)!

Der Schließwinkel wird dabei um so größer, je kleiner man den Kontaktabstand justiert und umgekehrt.

Ein großer Kontaktabstand begünstigt das Zündverhalten bei niedrigen Drehzahlen!

Vorteile: Große Abhebgeschwindigkeit des Unterbrecherhebels schont die Kontakte und verkürzt den Kontaktfunken. Schränkt so den Kontaktabbrand ein!

Nachteile: Die Zeit für den Aufbau des Magnetfeldes in der Spule ist geringer, diejenige für die Entwicklung des Zündfunkens um so größer. Das ergibt einen kräftigen Funken für Start- und Leerlauf. Im höheren und hohen Drehzahlbereich aber einen schwächeren Zündfunken!

Ein zu kleiner Kontaktabstand, also ein großer Schließwinkel, begünstigt das Zündverhalten bei hohen Drehzahlen.

Vorteile: Der große Schließwinkel ergibt lange Schließzeiten und läßt dem Aufbau des Magnetfeldes mehr Zeit.

Nachteile: Die Energie des Zündfunkens ist im unteren Drehzahlbereich schwächer, was schlechtere Startbedingungen bedeutet. Zudem wird der Kontakthebel nicht ganz so schnell abgehoben. Der Kontaktfun-

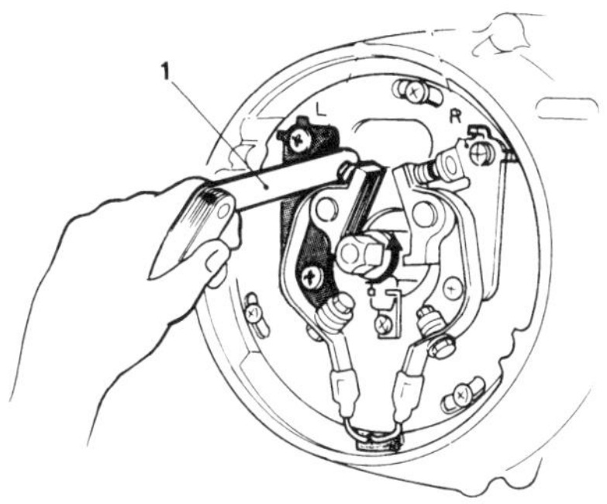

Abb. 203: Prüfen des Unterbrecherkontakt-Abstandes
1 Fühlerblattlehre
(Honda CB 125 T 1/T2)

ke steht dadurch länger zwischen den Kontakten und läßt deren Abbrand steigen!

• Der *richtige Kontaktabstand* ist demnach ein Kompromiß. Bei kontaktgesteuerten Batterie-Spulenzündanlagen, hat sich ein Kontaktabstand von **0,35 mm bis 0,4 mm** als technisch vertretbar gezeigt.

Einstellen der Unterbrecherkontakte:

Das Einstellen der U-Kontakte muß jeder Zündzeitpunkteinstellung vorausgehen. Nach dem Öffnen des Gehäusedeckels sehen wir uns die Unterbrecherkontaktplatte genau an. Diejenigen Schrauben, welche die ganze Platte fixieren (sie ist drehbar gelagert), lassen wir in Ruhe. Uns interessieren lediglich die Klemmschrauben der U-Kontakte selbst, wovon es manchmal eine, manchmal zwei Stück pro Kontakt gibt.

• Die Kurbelwelle wird so weit verdreht, ev. mit Hilfe des Kickstarters, bis das Unterbrecherkontaktpaar *voll geöffnet* ist!

• Mit einer Fühlerlehre von 0,40 mm prüfen wir den Abstand der Kontakte zueinander. Er läßt sich verändern, indem die Befestigungsschraube gelöst und mit einem Schraubendreher der feste Kontakt verschoben wird. Wenn alle Schrauben wieder festgezogen sind, muß erneut geprüft werden.

Vorsicht! Man verkantet sehr leicht die Lehre und erhält entsprechend falsche Angaben! Die Fühlerlehre sollte gerade und *leicht saugend* durch den Spalt zwischen den Kontakten durchgezogen werden können, ohne daß der bewegliche Unterbrecherarm sich rührt.

• Auf diese Art werden alle Unterbrecherkontakte am Motor auf denselben Abstand eingestellt. Welcher zuerst eingestellt wird, spielt dabei keine Rolle.

Abb. 204: Verstellen des Unterbrecherkontakt-Abstands
1 U-Kontakt-Schrauben linker Zylinder (in Fahrtrichtung links gesehen)
2 U-Kontakt-Schrauben rechter Zylinder
(Honda CB 125 T 1/T2)

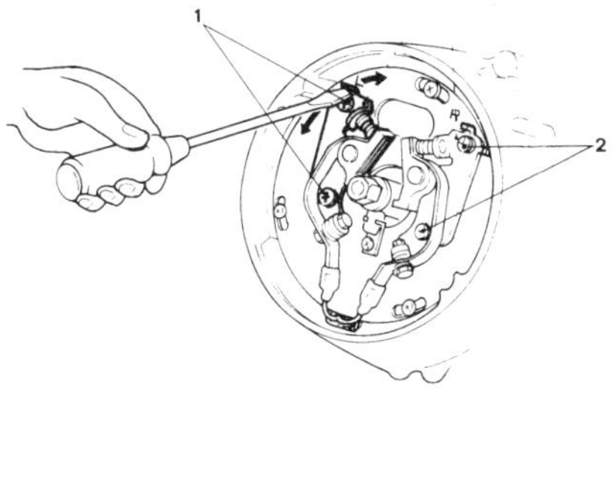

• Nach dem Einstellen fettet man den Unterbrechernocken leicht mit hitzebeständigem Fett ein. Das Fett schmiert den Nocken und verhindert seinen raschen Verschleiß und damit ein vorzeitiges Nachstellen der Unterbrecherkontakte. Nicht zu viel auftragen! Wenn Fett zwischen die Kontakte gerät, entstehen Übergangswiderstände und infolge von Stromschwankungen oder Stromunterbrechungen ein schlechter Motorlauf mit Fehlzündungen.

Beim Einbau von U-Kontakten ist zu beachten:

• Die Kontaktflächen müssen plan aufeinander liegen, sonst haben sie infolge des Abbrandes eine verkürzte Lebensdauer.

• Die Kontaktflächen sollten vor dem Einbau mit einem sauberen Tuch nachpoliert werden.

• Die Einstellung der Kontakte mit der Hilfe eines Schließwinkelmeßgerätes haben wir hier nicht beschrieben. Doch bleibt es jedem überlassen, dieses nützliche Gerät beim Kontakteeinstellen zu benutzen, zumal es Einstellfehler exakt aufzeigen kann.

Wir sind allerdings der Meinung, daß eine gute manuelle Kontakteinstellung die *dynamische Schließwinkelmessung* überflüssig machen kann!

Einstellen des Zündzeitpunktes

Dafür gibt es zwei Möglichkeiten der Einstellung:

1. Die *statische Methode* mit Prüflampe und bei Motorstillstand!

2. Die *dynamische Methode* mit Stroboskoplampe und bei laufendem Motor!

Die dynamische Methode ist die genauere. Jedoch ist hierfür zumindest eine grobe statische Einstellung Vorbedingung!

Die dynamische Zündeinstellung hat den großen Vorteil, die Funktion der »Frühverstellung des Zündzeitpunktes« sichtbar und nachweisbar zu machen. Dadurch kann das sichere Funktionieren der Zündanlage über weite Drehzahlbereiche kontrolliert werden!

1. Die statische Methode

Beschrieben wird der Arbeitsablauf an einem Zweizylindermotor mit zwei Unterbrecherkontaktpaaren. Die Einstellung seiner beiden Zündkreise kann auf Einzylinder- wie auch auf Drei- bzw. Vierzylindermotoren übertragen werden!

Bei Mehrzylindermotoren muß man im besonderen die *Zündfolge* der einzelnen Zylinder beachten!

Für Zweizylindermotoren dagegen ist sie klar: Nach Zylinder Eins kommt Zylinder Zwei!

Doch welcher Zylinder ist der erste? Bei quer zur Fahrtrichtung eingebauten Motoren wird der in Fahrtrichtung *ganz links* liegende als **1.** Zylinder bezeichnet. Das gilt für alle Mehrzylindermotoren.

Sind am Motor mehr als zwei Zylinder vorhanden, muß vor der Einstellerei die Zündfolge geklärt werden,

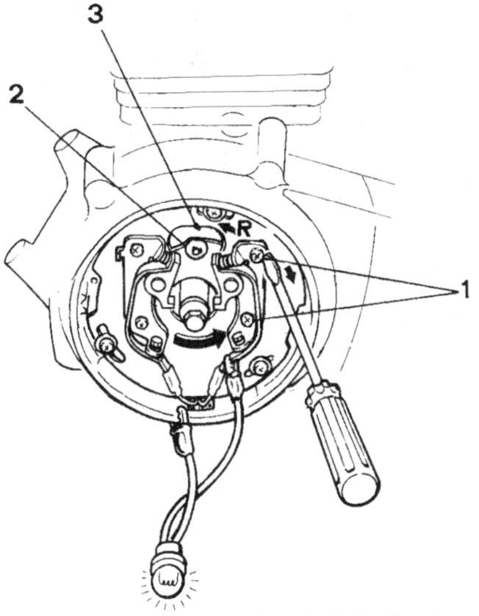

Abb. 205: Zweiten (rechten) Zylinder einstellen
1 Kreuzschlitzschraube »G«
2 F1-Markierung
3 Feststehende Gehäusemarkierung (Honda CB 125 T 1/T2)

um die richtige Reihenfolge einhalten zu könen. Durch die Kröpfung der Kurbelwelle zünden die einzelnen Zylinder zu unterschiedlich aufeinanderfolgenden Zeiten! Während beispielsweise bei einem Dreizylindermotor (z. B. die moderne Triumph Speed Tripple) mit 120° Kröpfung der Hubzapfen zueinander die Zündfolge der natürlichen Reihenfolge der Zylinder entspricht (Zylinder **1** links, die nachfolgenden Zylinder **2** und **3** schließen nach rechts an), gilt für Vierzylinder in der Regel die Zündfolge **1 – 2 – 4 – 3**! Bei Sechszylindern findet man am häufigsten die Zündfolge: **1 – 5 – 3 – 6 – 2 – 4!**

Einstellung des Zündzeitpunktes am Beispiel der Honda 125 T2 (Zweizylinder-Viertaktmotor, mit um 180° versetzter Kurbelwelle)

- Nachdem die Unterbrecher-Kontaktabstände justiert wurden, drehen wir den Motor am Lichtmaschinenrotor oder mit dem Kickstarter im Gegenuhrzeigersinn, also in Motordrehrichtung!
- Zur Erleichterung und um den Widerstand der Kompression auszuschalten, wurden vorher beide Zündkerzen herausgeschraubt.
- Im Fenster in der Unterbrecherplatte dreht sich das Skalenfeld der auf dem Fliehkraftregler eingravierten Zeichen. Wir warten, bis das Zeichen »*F1*« auftaucht, dessen Markierungsstrich wir mit dem Zeiger am Fenster der Unterbrecherkontaktplatte in Deckung bringen (F1 = »Fire« = Zündzeitpunkt von Zylinder Nr. **1**).
- Jedes Motorrad zeigt unterschiedliche, aber zumindest ähnliche Markierungen für Frühzündung, Spätzündung und O.T. Häufig werden nur Striche zu sehen sein, deren Sinn sich ohne Werkstatthandbuch erst nach einer Weile entschlüsseln läßt. Auch sind die Markierungen unterschiedlich angebracht, so daß sie nicht so leicht zu identifizieren sind. So gibt es auf dem Schwungrad der Kurbelwelle Markierungen für die Bestimmung des Zündzeitpunktes (z.B. BMW-Zweiventil-Boxer); solche auf einem Blech an der Kurbelwelle (z.B. Yamaha XT/SR 500); andere sind auf dem Fliehkraftregler

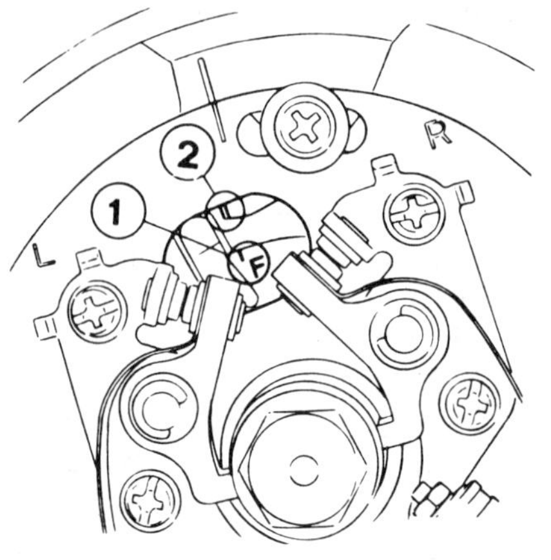

Abb. 206: Zündzeitpunkt-Makierungen
1 F 1-Markierung
2 Feststehende Gehäusemarkierung
(Honda CB 125 T 1/T2)

angebracht (viele japanische Motorräder) oder an der Schwungscheibe der Kurbelwelle (z.B. Harley Davidson Shovelhead-Motor).
Beobachten kann man diese Markierungen durch Schaulöcher, die mit einem Schraubstopfen verschlossen oder durch leicht abbaubare Gehäusedeckel zu erreichen sind.

☞ Siehe hierzu auch das Bordbuch bzw. das Werkstatthandbuch des betreffenden Motorrades!

• Danach klemmen wir eine Prüflampe, bei Verwendung eines Multimeters (Spannungsbereich Volt) die Plusleitung, an die Feder des beweglichen Kontaktes, der auf der Platte mit »**L**« (links) überschrieben ist. Die andere Leitung des Multimeters befestigen wir an Masse, irgendwo am Metall des Motors. Die Prüflampe, die mit ihrem Metallkörper den anderen Pol darstellt, legen wir auf die Kühlrippen oder einen anderen Platz mit Verbindung zur Fahrzeugmasse.

• Oben am Zündschloß schalten wir die Zündung auf »*ON*«.

Die Zündung für den betreffenden Zylinder ist in Ordnung, wenn die Markierungen im Fenster der Unterbrecherkontaktplatte übereinstimmen und am Unterbrecher die Kontakte gerade öffnen und die Prüflampe »eben« aufleuchtet oder der Zeiger des Multimeters respektive das Display der LCD-Anzeige den Spannungswert der Bordspannung (12V oder 6V je nach Anlage) anzeigt.

• Korrekturen können vorgenommen werden, indem die drei Schrauben der großen Unterbrecherkontaktplatte gelöst werden. Dann ist es möglich, die ganze Kontaktplatte so lange zu verdrehen, bis die korrekte Einstellung steht.

Die Befestigungs- und Justierschrauben sowie die Stellung der U-Kontakte bleiben davon unberührt!

• Zum Einstellen des zweiten Zylinders drehen wir die Kurbelwelle um **180°** (eine halbe Kurbelwellenumdrehung), bis »**F2**« im Fenster der Unterbrecherplatte zu sehen ist. Dann befestigen wir bei eingeschalteter Zündung die Prüflampe bzw. die Plusleitung des Multimeters an der Feder des mit »**R**« (rechts) überschriebenen Kontaktes. Auch hier muß die Prüflampe aufleuchten oder der Zeiger bzw. das Display des Multimeters den Spannungswert anzei-

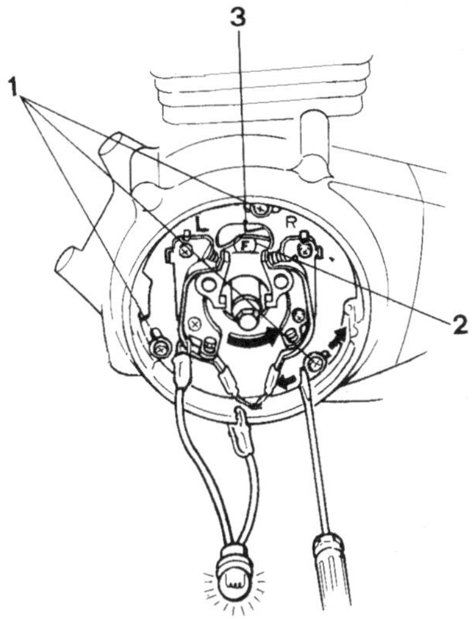

Abb. 207: Ersten (linken) Zylinder einstellen
1 Kreuzschlitzschraube »G2«
2 F 2-Markierung
3 Feststehende Gehäusemarkierung (Honda CB 125 T 1/T2)

gen. Das geschieht, wenn der Zündstrom unterbrochen ist, weil der Unterbrecherhebel der entsprechenden U-Kontakte mit Hilfe der Zündnocke abhebt.

• Abschließend alle Schrauben vorsichtig nachziehen und die Kurbelwelle mehrmals durchdrehen. Dann die Kontaktabstände der Unterbrecher erneut prüfen und möglicherweise nachstellen, wie oben beschrieben. Anzustreben ist ein gleichgroßer Abstand an beiden U-Kontaktpaaren!

Eine andere Methode, die Prüflampe einzusetzen

• Die Krokodilklemme am Ende der Prüflampeleitung an den Batterie-Pluspol anschließen und mit der Prüfspitze die Feder des beweglichen Unterbrechers berühren. Im Gegensatz zur weiter oben beschriebenen Methode geht die Lampe nun aus, wenn der Kontakt öffnet!

2. Die dynamische Methode

• Sie ist genauer als die statische und kann nur angewendet werden, wenn der Motor schon läuft.

Mit Hilfe der dynamischen Methode der Zündzeitpunkt-Einstellung können der Zündzeitpunkt sowie die überaus wichtige Zünd-Frühverstellung überprüft werden. Das geht auch zwischendurch, etwa in der normalen Wartungsroutine.

• Nur wenn neue Unterbrecherkontakte eingesetzt werden (alle Kontakte immer gemeinsam austauschen!), oder falls auf Grund einer Störung die eingebauten U-Kontakte stark verstellt waren oder ausgebaut wurden, muß vor der dynamischen Einstellung statisch eingestellt werden, wie es oben geschildert wurde.

• Zur dynamischen Einstellung des Zündzeitpunktes verwenden wir eine Stroboskoplampe.

Die Stroboskoplampe leuchtet nur in dem kurzen Zeitraum, in dem der Zündstrom zur Zündkerze unterwegs ist! Das heißt also, solange der Zündfunke steht, und das ist nicht sehr lange.

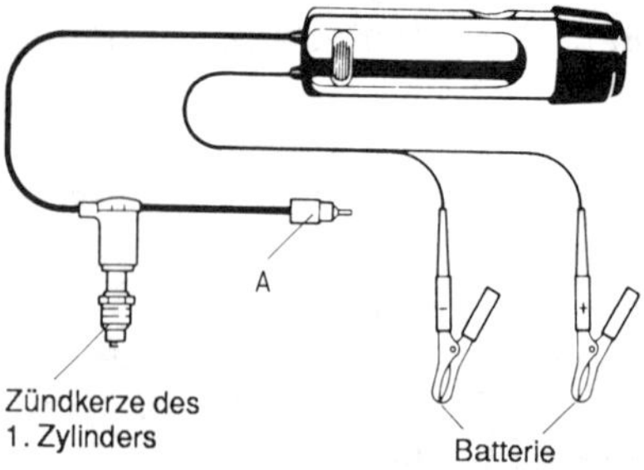

Abb. 208: Stroboskoplampe zur dynamischen Zündeinstellung
A = Anschluß zum Kerzenstecker des 1. Zylinders
(Bosch)

Damit die Stroboskoplampe dies anzeigen kann, muß sie im Zündkreislauf eingegliedert sein (Version eins), bzw. mittels eines induktiven Abnehmers auf der Zündleitung des **1.** Zylinders aufsitzen (Version zwei), was abhängig ist von der verwendeten Stroboskoplampe!

Ihre Energie bezieht jede moderne Strobo-Lampe durch die Fahrzeugbatterie, über zwei separate Anschlußkabel. Dabei geht ein Anschluß an den Minuspol der Batterie, der andere an den Pluspol!

• Den Kerzenstecker am Hochspannungskabel der Lampe (Version eins) befestigt man an der Zündkerze des **1.** Zylinders.

Parallel hierzu wird der Kerzenstecker des Motorrads für den **1.** Zylinder am Hochspannungskabel der Lampe aufgesteckt!

• Startet man den Motor und trifft der Zündimpuls ein, so gelangt er über den Kerzenstecker der Maschine zum Hochspannungskabel der Lampe, zündet dann über den Kerzenstecker der Strobo-Lampe die daran befestigte Zündkerze im Zylinderkopf und gelangt gleichzeitig als Impuls in die Elektronik der Strobo-Lampe hinein, wo er den Lichtblitz der Xenon-Leuchte auslöst, der die Markierungen für die Zündeinstellung beleuchtet!

Während der Motor läuft, verursacht auf diese Weise jeder Zündimpuls für den **1.** Zylinder einen Lichtblitz an der Stroboskoplampe!

• Mit diesem Blitz beleuchten wir den Fensterausschnitt in der Unterbrecherplatte und dort die Zündmarkierungen. Da der Blitz immer synchron zum Zündfunken aufleuchtet, muß, entsprechend unserer statischen Einstellung, jedesmal das Zeichen **»F1«** auftauchen (= Zündzeitpunkt des **1.** Zylinders).

Stimmt der Strich des F1-Zeichens mit der Markierung oben am Fenster überein, stimmt auch die Zündeinstellung!

• Befindet sich beim Aufleuchten das F1-Zeichen an anderer Stelle, trifft der Zündstrom, der die Strobo-Lampe steuert (man sagt »triggern« dazu), zum falschen Zeitpunkt ein. Das ist dann ein Zeichen dafür, daß der Zündzeitpunkt nachgestellt werden muß!

Alle anfallenden Arbeiten hierzu sind oben, bei der statischen Einstellung der Zündung, beschrieben.

• Wichtig!: Einstellarbeiten für den Zündzeitpunkt (nicht die Frühverstellung) finden stets bei *Leerlaufdrehzahlen* des Motors statt! – Wobei die Strobo-Lampe natürlich mit ihrem Kerzenstecker auf der Zündkerze des Zylinders stecken muß, dessen Zündkreis wir prüfen wollen!

Der Zündkreis von Zylinder **1** läuft bei der Honda unter dem Symbol »**F1**«; Zylinder **2** unter dem Symbol »**F2**«!

Bei *Vierzylindermotoren* betreut ein einziges Unterbrecherkontaktpaar einen Doppelzündkreis von zwei Zylindern, so daß das Zeichen, welches wir beleuchten auch angibt, welche Zylinder ebenfalls gerade zünden, z.B. »**F1/4**« oder »**F2/3**« = Zylinder **1** und **4** bzw. Zylinder **2** und **3**! Das bedeutet: Ein Zündfunke verschwindet immer im Auslaßtakt, wenn der andere im Arbeitstakt steht!

Frühverstellung des Zündzeitpunktes

Das Besondere an der Zündeinstellung mit einer Strobo-Lampe ist, daß wir zusätzlich zur Einstellung des Zündzeitpunktes die Frühverstellung des Zündzeitpunktes überprüfen können.

- Hierzu müssen wir den Motor starten, warmlaufen lassen und dann die Drehzahl auf einen bestimmten Wert (steht im Werkstatthandbuch) einpegeln (bei der kleinen Honda sind das ca. 3.000 Motorumdrehungen).
- Danach richten wir die Strobo-Lampe auf den Fensterausschnitt der Unterbrechergrundplatte und stellen fest ob der Frühverstell-Teilstrich auf dem sich drehenden Fliehkraftregler, der im Lampenlicht sichtbar wird, mit der Frühverstell-Markierung am Fensterausschnitt übereinstimmt! Dieser Teilstrich wird durch die kontinuierliche Zündverstellung des Fliehkraftreglers in Richtung *»Früh«* erreicht und zeigt die maximale Frühzündung an!
- Wird diese Bewegung, die man im Fensterausschnitt gut sehen kann, beim Gasgeben, Gaswegnehmen und bei den angegebenen Drehzahlwerten für die maximale Frühzündung nicht beobachtet, so kann die maximale Frühzündung zu spät oder überhaupt nicht erreicht werden. Dann muß der Fliehkraftregler überprüft werden! Seine Mechanik kann ausgeleiert, verklemmt oder anderweitig defekt sein.
- Wird ein leichtes Ruckeln der Teilstrichmarkierung sichtbar, kann der Unterbrecherhebel auf der Unterbrechernocke springen. Dann sollte man die Nocke umgehend schmieren und zusätzlich die Unterbrecherfedern überprüfen.

Vielleicht sind die Unterbrecherfedern spannungslos geworden? Sind keine neuen Federn und auch kein neuer Fliehkraftregler zum Ausprobieren zur Hand, müssen wir tricksen!

Hierzu bringen wir den Motor auf die maximale Frühverstelldrehzahl und justieren den normalen Zündzeitpunkt auf die Frühverstellmarke ein.

Das bedeutet: Die defekte mechanische Frühverstellung stört uns nicht mehr! Damit ist zumindest gewährleistet, daß die Maschine ab dieser Drehzahl sauber arbeitet. Der Motor dreht durch diese Maßnahme im Leerlauf vielleicht nicht mehr so ordentlich, dafür jedoch um so besser unterwegs, und darauf kommt es ja schließlich an!

Ein neuer Fliehkraftregler oder Ersatzteile für die Fliehgewichtmechanik sollten jedoch bald eingebaut werden.

7.5. Die kontaktlose Transistorzündanlage (TZ bzw. T.C.I.)

Die Leistung einer kontaktgesteuerten Batterie-Spulenzündung ist durch die elektrische und die mechanische Schaltleistung des Unterbrecherkontaktes begrenzt. Unter der Schaltleistung versteht man die Geschwindigkeit des Schaltvorganges, auf der die Qualität der Zündenergie beruht. Je größer die Kontakt-Öffnungsgeschwindigkeit, desto stärker ist am Ende der Zündfunken.

Hinzu kommt der trotz Kondensator noch vorhandene Abbrand durch den Kontaktfunken sowie das Prellen der aufeinandertreffenden Kontakte bei hohen Drehzahlen, das den Ladevorgang der Zündspule beeinträchtigt (Prellen = wie ein Ball auf dem Boden springen die Kontakte bei schnellem Schließen auf und zu, bis der Kontakt endlich hergestellt ist).

Transistorspulenzündungen hingegen haben auch bei höchsten Drehzahlen eine gute Zündspannung, weil die elektronischen Bauteile sehr

Abb. 209: Kontaktlose Transistor-Zündanlage
Die Zahlen 1 bis 4 geben die Zugehörigkeit der Zündkreise an. Pro Zündspule sind zwei Zündkreise (Doppelzündspule) vorhanden
(Honda CBX 550 F)

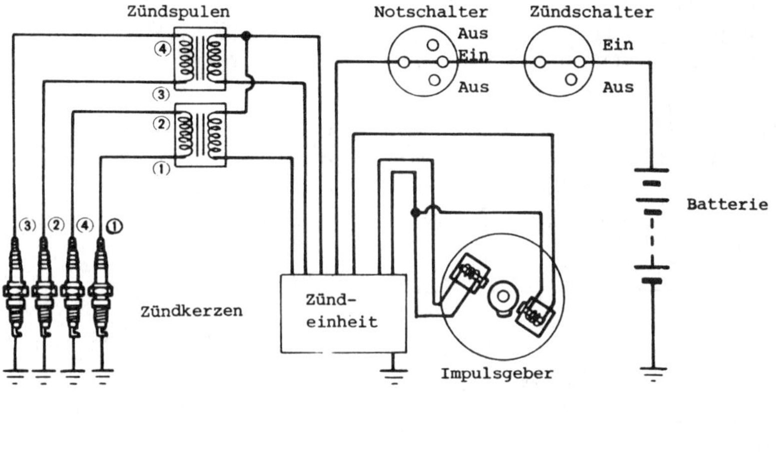

schnell und trägheitslos (prellfrei) arbeiten und wartungsfrei sind.

Die kontaktlos gesteuerte Transistorspulenzündung wirkt ganz ohne mechanische Kontakte und verwendet statt dessen einen Zündimpulsgeber pro Zündkreis, der nur in seiner Funktion dem Unterbrecherkontakt ähnlich ist.

- Vorteile der kontaktlosen Transistorzündanlage:

a) Der Zündzeitpunkt läßt sich bei allen Drehzahlen und Belastungszuständen exakt kontrollieren!

b) Es treten keine Veränderungen des Zündzeitpunktes durch Verschleiß ein!

Die Aufgabe des Zündimpulsgebers ist es, kontaktlos den Steuerimpuls für die Transistorelektronik zu geben. Die Transistorelektronikeinheit steuert die Zündspule und damit auch den Zündzeitpunkt.

Die Yamaha XS 1100 und die neuere Yamaha XV 535 Virago sind mit einer kontaktlosen Transistor-Zündanlage ausgerüstet, T.C.I.-Zündeinheit genannt. Die T.C.I.-Zündanlage der Yamaha XS 1100 arbeitet mit zwei Zündkreisen und zwei Induktivgebern, auch als Suchspulen bezeichnet. Jeder Zündkreis versorgt eine Doppelzündspule mit zwei Zündkerzen. Die Yamaha ist eine Vierzylinder-Maschine.

Die T.C.I.-Zündeinheit arbeitet im Fall der XS 1100 im Prinzip wie eine Batterie-Spulenzündanlage, mit dem Unterschied, daß anstelle der Unterbrecherkontakte und des Kondensators zwei Suchspulen und zur Steuerung zusätzlich die Elektronik der T.C.I.-Zündeinheit verwendet werden.

Die Yamaha XV 535 Virago erzeugt ihren Zündstrom selbst (Schwungmagnet-Generator) und ist deshalb unabhängig von Stromgenerator (nur für Batterie und Lichtanlage) und Fahrzeugbatterie.

Die Zündspulen an der Yamaha XS 1100 sind Hochleistungsbauteile, ausgerüstet mit einem Vorwiderstand zur Strombegrenzung, der beim Start zwecks höherer Startspannung umgangen (überbrückt) wird. Der Zündkreis Nr.**1**, der die Doppelzündspule für Zylinder **1** und **4** bedient, wird aktiviert, wenn der Reluktor, ein mit dem Kurbelwellenstumpf verbundener Rotor, mit seiner zeigerförmigen Nase an der Induktionsspule (Suchspule Nr. **1**) vorbeistreicht. In der Spule wird dabei ein geringer Strom induziert und als Signal zur Transistorzündeinheit gesandt. Dort wird das Signal verarbeitet und verstärkt. Der End-transistor in der Elektronik der T.C.I.-Zündeinheit, der wie ein Schalter funktioniert und im Zündkreis den Unterbrecher ersetzt, unterbricht daraufhin blitzartig den Stromfluß, der durch die Primärspule der Doppelzündspule fließt. Daraufhin wird in der Sekundärspule eine Hochspannung induziert, und der Funke springt an beiden Zündkerzen über. Die Nase des Reluktors dreht sich dann weiter und aktiviert den Zündkreis Nr. **2**, der die Doppelzündspule für die Zylinder **2** und **3** bedient. Diesmal arbeitet der andere Endtran-

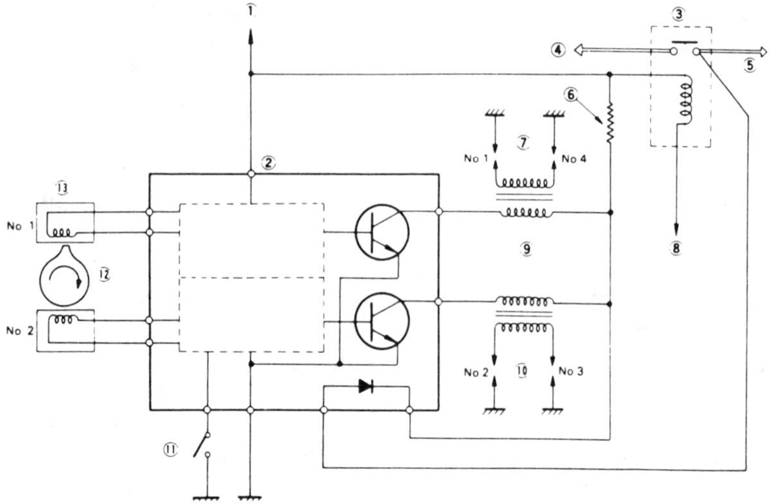

Abb. 210: Die kontaktlose T.C.I.-Zündanlage der Yamaha XS 1100

Schaltplan der T.C.I-Zündanlage der Yamaha XS 1100
1 zum Hauptschalter
2 T.C.I.-Zündeinheit »black box«
3 Anlasser-Relais
4 zur Fahrzeugbatterie
5 zum E-Starter (Anlasser)
6 Vorwiderstand zur Zündstrombegrenzung (Ballastwiderstand)
7 Zündkerzen 1. und 4. Zylinder
8 zum Anlasserschalter
9 Zündspulen (zwei Doppelzündspulen)
10 Zündkerzen 2. und 3. Zylinder
11 zum Not-Aus-Schalter
12 Reluktor (Zündsteuerrotor)
13 Impulsgeberspulen, auch Suchspulen genannt (pro Zündkreis eine)
(Yamaha XS 1100)

sistor und läßt in seinem Zündstromkreis gleichfalls zwei Zündfunken entstehen.
Obwohl beide Zündkerzen eines jeden Kreises zur gleichen Zeit zünden, befindet sich bei der XS 1100 nur jeweils ein Kolben in Zündposition. Der andere bewegt sich im Auslaßtrakt, weshalb der Funke der betreffenden Kerze verpufft, genau wie bei Vierzylindermotoren mit Unterbrecherkontakten und zwei Zündkreisen.

7.5.1. Dynamische Überprüfung des Zündzeitpunktes und der Frühverstelleinrichtung einer T.C.I.-Zündanlage (Stroboskoplampe)

Beispiel Yamaha XV 535 Virago
Die **T.C.I.**-Zündanlage hat folgende Daten:
- Zündzeitpunkt vor O.T. = **8°**, bei **1.200** Umdrehungen pro Minute (UPM).
- Maximale Frühzündung mit Hilfe

der Frühverstellelektronik = **29°** vor O.T., bei **4200** Umdrehungen pro Minute (UPM).

Vor dem Überprüfen der Zündeinstellung sollte der Motor warmgefahren sein, damit er im Leerlauf sauber drehen kann. Dann die kreisrunde Kontrollöffnung oben am linken vorderen Motordeckel öffnen.

• Die Stroboskoplampe ans Bordnetz der Maschine anschließen (Eine Leitung an Batterieplus, die andere an Fahrzeugmasse anschließen).

• Das Hochspannungskabel der Strobo-Lampe an den Kerzenstecker des Zylinders Nr. 1 oder Nr. 2 anschließen.

• Den Motor starten, die Drehzahl auf **1.200** UPM halten. Da die Maschine keinen Drehzahlmesser besitzt, muß man die Drehzahl entweder mit einem hierfür bestimmten Drehzahlmesser prüfen oder notfalls den Motor rein gefühlsmäßig etwas über Leerlaufdrehzahl drehen lassen.

• Im Kontrollfenster am Seitendeckel muß die Lampe auf die sich innen drehende Schwungscheibe gerichtet werden. Dort wird im Zündtakt die Schwungscheibe angeleuchtet, und es zeigt sich dabei auf der Schwungscheibe ein **»F«** mit einer **U-förmigen Markierung** darüber.

• Diese Markierung muß mit ihrem Gegenstück an der Gehäuseöffnung übereinstimmen, wenn der Zündzeitpunkt korrekt sein soll.

• Die Frühverstellung ist in Ordnung, wenn bei Erhöhung der Drehzahl auf etwa **4.200** UPM das »F« und die U-Markierung »auswandern« und so das Funktionieren der Frühverstelleinrichtung der Elektronik anzeigen.

7.6. Die Hochspannungs-Kondensator-Zündanlage (HKZ bzw. C.D.I.)

Die HKZ- bzw. C.D.I.-Zündanlage vereint den Vorteil der Transistorzündung mit einer beträchtlichen Erhöhung der Zündspannung durch die Verwendung einer spannungssteigernden Spule und den Einsatz von Kondensatoren zur Speicherung der elektrischen Energie.

Am Beispiel der HKZ-Zündanlage der Honda CX 500 (»C.D.I.« = Capacitive Discharge Ignition), erklären wir Aufbau und Funktion einer Hochspannungs-Kondensator-Zündanlage.

Hochspannungs-Kondensator-Zündanlage Honda CX 500

Die Zündanlage der Zweizylindermaschine besteht aus

- der C.D.I.-Einheit (der elektronischen »Black Box« mit Steuerteil und Ladekondensatoren)
- zwei Signalerzeugerspulen als Festimpulsgeber (auch als Suchspulen oder Induktivimpulsgeber bezeichnet) für die Steuerung der Zündfunken
- einer Zünderregerspule, die zwi-

schen den Statorspulen der Lichtmaschine untergebracht ist und die Zündanlage von Bordnetz und Batterie unabhängig macht
- zwei Signalerzeugungsspulen als Frühimpulsgeber mit eigenem Rotor, welche den Zündzeitpunkt verstellen
- zwei Zündspulen.

Funktion

Die Zündanlage arbeitet folgendermaßen: Beim Drehen des Lichtmaschinenrotors (Generatorläufer) durch den Anlasser wird in der Zünderregerspule Strom erzeugt. Dieser Strom steht von vornherein unter der hohen Spannung von mehreren hundert Volt, was ein wichtiges Merkmal der Zündanlage darstellt.

- Der von der Zünderregerspule erzeugte und hochgespannte Strom fließt zur Diode D1, die ihn gleichrichtet. Danach weiter zum Kondensator C (L = links), wo er bis zum Zündzeitpunkt gespeichert wird (siehe Abbildung 221).
- Das Bauteil SCR (L = links) stellt einen Thyristor dar, eine steuerbare Diode, die in Durchlaßrichtung auf Kommando stromdurchlässig wird. Das Öffnungssignal geht über das seitliche Gate oder Tor des Thyristors ein und besteht aus einem Spannungsimpuls bestimmter Größe. In unserem Falle bleibt das Tor des Thyristors vorerst noch geschlossen.
- Erreicht im Startvorgang der Kolben des linken Zylinders (wir beschreiben hier dessen Zündzyklus) seinen Zündzeitpunkt, so streicht der Abtaster auf dem Lichtmaschinenrotor an der linken Festimpulsgeberspule vorbei. Dabei entsteht ein Spannungsimpuls. Dieser wird über die Diode D2 gleichgerichtet (die Tore der Thyristoren reagiert nur auf positive Gleichspannung) und auf das Steuertor des SCR (L) Thyristors geleitet. Das Tor gibt den Hauptstrompfad durch den Thyristor frei, und die im Kondensator C (L) gespeicherte Zündenergie entlädt sich über die Primärwicklung der Zündspule des linken Zylinders. Im nahezu gleichen Moment wird die am Sekundärkreis der Zündspule hängende Zündkerze mit einem Zündfunken versorgt.
- Die Kondensatoren der C.D.I.-Anlage beider Zündkreise speichern ein Höchstmaß an elektrischer Energie und erzeugen mit Hilfe der enorm schnellen Thyristoren eine starke Spannung in den Sekundärwicklungen der Zündspulen. Es drängt sich das Bild eines großen Staudammes auf, dessen Wassermassen sich mit Urgewalt ins Tal ergießen, wenn die Schleusen geöffnet werden.

Die Festimpulsgeber an der Lichtmaschine steuern demnach ähnlich der kontaktlosen Transistorzündanlage den Zündzeitpunkt für Start und Leerlauf des Motors.

Steigt die Drehzahl des Motors aber über einen bestimmten Wert an, werden die Steuersignale der Festimpulsgeber überlagert von denen der Frühimpulsgeber.

Die Frühimpulsgebereinheit, welche die Funktion des mechanischen Fliehkraftreglers übernommen hat, besitzt zwei Induktivimpulsgeber, einen für den linken, den anderen für den rechten Zylinder, sowie einen eigenen Rotor. Dieser dreht synchron mit der Kurbelwelle. Die erzeugten Impulse werden über die Diode D 4 (linker Zylinder) bzw. die Diode D 6 (rechter Zylinder) bei Erreichen des betreffenden Zündzeitpunktes abgegeben.

Der besondere Trick: Bei geringer Motordrehzahl, also in der Startphase oder im Leerlauf, reicht die Spannung nicht aus, das eine oder andere Tor der Thyristoren früher zu öffnen als dies die Festimpulsgeber tun. Steigt die Drehzahl des Motors aber an, wird eine immer höhere Spannung in der Frühimpulsgebereinheit produziert, während diejenige der Festimpulsgeber nur vergleichsweise geringfügig wächst. Dadurch kommt die Spannung der Frühimpulsgeber in die Lage, den Zündzeitpunkt zu bestimmen (siehe Abbildung 212). Die Frühimpulsgeberspannung nämlich steigt mit der Motordrehzahl weiter an, so daß durch die Flanke der ansteigenden Spannung, die sich an der Basis immer stärker verbreitet, auch der Zündimpuls immer früher entsteht. Die Wächter an den Gates (Toren) der Thyristoren öffnen unbeirrt bei stets gleicher Durchlaßspannung, egal ob bei Leerlauf- oder Höchstdrehzahl!

So wird der Zündzeitpunkt proportional zur Motordrehzahl automatisch in Richtung »Früh« verschoben.

Die maximale Frühzündung wird begrenzt (siehe Abbildung 212 unten) durch den negativen Impuls der

Abb. 211: Schaltkreise der kontaktlosen C.D.I.-Zündanlage von Honda

(Honda CX 500 / C bis 1981)

1 *Linker Festimpulsgeber (Zünd-Signalerzeugerspule)*
2 *Steuertor des Thyristors*
3 *Impulserzeuger-Nocke des Steuerrotors*
4 *Zündstrom-Erregerspule*
5 *Freilaufdiode (unterbindet induktive Spannungsspitzen)*
6 *Rechter Festimpulsgeber (Zünd-Signalerzeugerspule)*
7 *Rotor des Frühimpulsgebers für die Frühverstellung des Zündzeitpunktes*
8 *Frühimpulsgeberspulen (Zünd-Signalerzeugerspule für die Frühzündung)*
9 *Zwei Kondensatoren zur Speicherung der erzeugten elektrischen Zündenergie*
10 *Zündkerzen (2 Stück)*

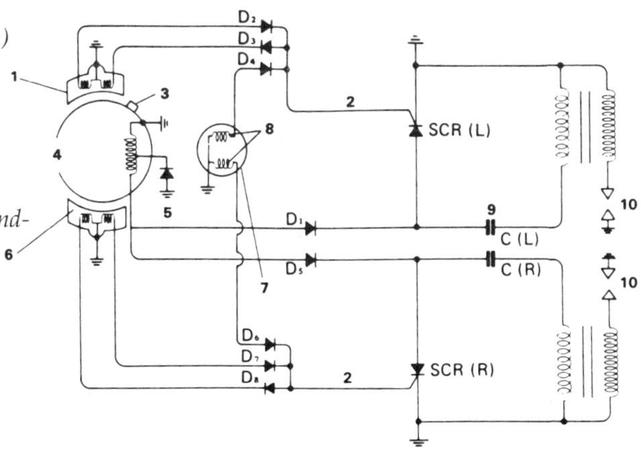

Festimpulsgeber über die Diode D 3 (linker Zylinder) und D 7 (rechter Zylinder). Dieser Spannungsabfall senkt die Frühimpulsgeberspannung unter die für die Thyristorgates notwendigen Werte. Die Thyristoren lassen sich nicht mehr öffnen, und die Frühwanderung ist gestoppt. Selbst bei weiter steigenden Motordrehzahlen zündet die C.D.I.-Anlage maximal an diesem Punkt und nicht früher.

7.6.1. Dynamische Überprüfung des Zündzeitpunktes und der Frühverstelleinrichtung einer C.D.I-Zündanlage (Stroboskoplampe)

Beispiel Honda CX 500

Die Hochspannungs-Kondensatorzündanlage **C.D.I.** ist werksvoreingestellt, wie das auch bei T.C.I.-Zündanlage der oben erwähnten Yamaha XV 535 Virago der Fall ist, und kann nicht nachgestellt werden. Die Verfahren für die Überprüfung des Zündzeitpunktes und der Frühverstellung sind nur angegeben, um die Funktion der Bauteile überprüfen zu können!

Beim Prüfen des Zündzeitpunktes und der Frühverstellung kann so verfahren werden, wie oben bei der Yamaha XV 535 Virago beschrieben. Ausnahmen betreffen lediglich die technischen Daten der Zündanlage sowie die unterschiedliche Örtlichkeit der Zündzeitpunktsmarkierungen. Bei der Honda CX 500 befindet sich die Markierung unter einem Gummistopfen auf der linken Motorseite hinter dem linken Zylinder:

- Zündzeitpunkt (»F«-Markierung) vor O.T. = **15°**, unter **1.750** Umdrehungen pro Minute (UPM).
- Maximale Frühzündung mit Hilfe der Frühverstellelektronik = **37°** vor O.T., zwischen **2.000 – 6.000** Umdrehungen pro Minute (UPM).

7.7. Mikrocomputergesteuerte Zündanlagen

Sie unterscheiden sich nur im Steuerungsteil von herkömmlichen Transistorzündanlagen, da aber gründlich. Die Endstufen der mikrocomputergesteuerten Zündanlagen werden von den dicken Leistungstransistoren beherrscht, die den Primärstrom durch die Zündspulen steuern.

Die mechanische Fliehkraftverstellung älterer Transistorzündanlagen (TZ) kann, ebenso wie die induktive elektronische Frühverstellung der T.C.I.- bzw. C.D.I.-Zündanlagen, nur einen linearen Verlauf haben. Der hohe und höchste Drehzahlbereich wird dabei ebensowenig berücksichtigt wie eine Belastung des Motors im Teillastbereich!

Die neuen mikroprozessorgesteuerten Zündanlagen verarbeiten hingegen zusätzliche Informationen für die lastabhängige Frühverstellung. Das Besondere an der Computersteuerung des Zündzeitpunktes: Es können sowohl aktuelle Daten, wie etwa Motordrehzahl und Unterdruck im Ansaugsystem, als auch fest eingespeicherte Informationen (einge-

Abb. 212: Diagramme der Frühverstellung des Zündzeitpunktes für die C.D.I.-Zündanlage (oben)
Mit steigender Drehzahl wird der Zündzeitpunkt immer weiter vorverlegt:
1 Zündzeitpunkt bei 2.800 UPM Motorumdrehungen über Diode D2/D7 (fortschreitende Frühzündung durch Erhöhung der Steuerspannung am jeweiligen Thyristor, die diesen früher zünden läßt. Der Anstieg der Steuerspannung in der Spule des Festimpulsgebers wird verursacht durch eine höhere Drehzahl des Steuerrotors)
2 Zündzeitpunkt des Festimpulsgebers bei 2.000 UPM Motorumdrehungen über Diode D2/D7 (Relativ niedrige Steuerspannung, die den jeweiligen Thyristor später zünden läßt. Ursache: eine geringere Drehzahl des Steuerrotors)
3 Maximale Steuerspannung des Festimpulsgebers bei 2.800 UPM
4 Maximale Steuerspannung des Festimpulsgebers bei 2.000 UPM
5 Höhe der Schaltspannung für das Tor (Gate) des jeweiligen Thyristors gegenüber der Fahrzeugmasse (SCR, linker Zylinder oder SCR, rechter Zylinder)
6 Null-Volt-Linie (Fahrzeugmasse/Minuspol der Fahrzeugbatterie)
7 Zeitachse
8 Negatives Abschalt-Steuersignal des Festimpulsgebers für den jeweiligen Thyristor über Diode D3/D8.
Der entsprechende Thyristor sperrt daraufhin wieder und ist bereit für den nächsten Zündvorgang
9 Zündzeitpunkt Richtung »Früh«
10 Zündzeitpunkt Richtung »Spät«

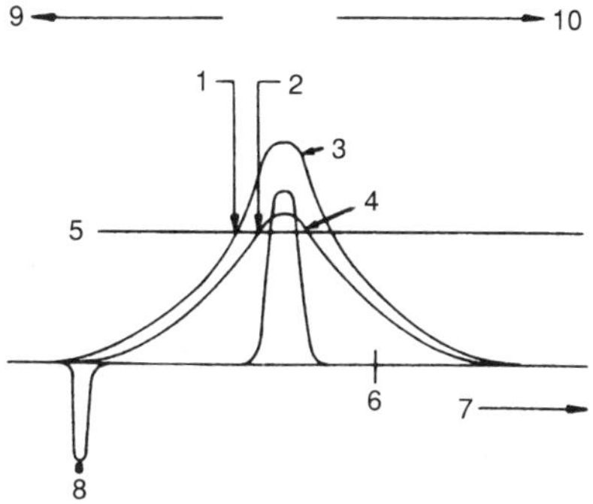

Begrenzung der Frühzündung:
1 Steuerspannung des Frühzünd-Impulsgebers bei sehr hoher Motordrehzahl
2 Steuersignal des Frühzünd-Impulsgebers über Diode D4/D6
3 Negatives Abschalt-Steuersignal des Festimpulsgebers für den jeweiligen Thyristor über Diode D3/D8
4 Die Steuersignale des Frühzünd-Impulsgebers überlagern sich mit denen des Festimpulsgebers. Daraus ergibt sich...
5 ...die Begrenzung des Zündzeitpunktes bei maximaler Frühzündung
6 Höhe der Schaltspannung für das Tor (Gate) des jeweiligen Thyristors gegenüber der Fahrzeugmasse (SCR, linker Zylinder oder SCR, rechter Zylinder)
(Honda CX 500/C bis 1981)

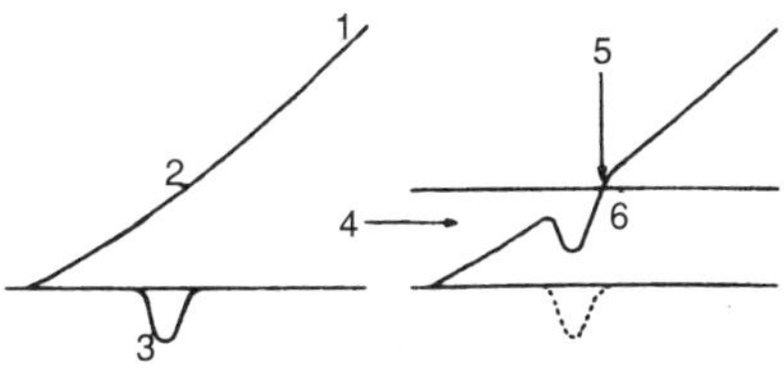

speicherte Erfahrungswerte vom Prüfstand) abgerufen werden. Der Mikroprozessor koordiniert als »Chef vom Dienst« alle Mitteilungen und erteilt den Endtransistoren nach Lage der Dinge den Zündbefehl für jeden einzelnen Zündkreis. – Eine echte *Kennfeldzündanlage!*

Vorteile der digitalen, mikrocomputergesteuerten Zündanlagen:

1. *Kraftstoffeinsparung* durch Anpassung des Zündzeitpunktes an die Betriebszustände des Motors in allen Drehzahlbereichen (Zündwinkelanpassung).

2. *Sicheres (Kalt)Startverhalten* (der Zündzeitpunkt wird beim Startvorgang in der Spätstellung nochmal abgesenkt).

3. *Sichere Leerlaufstabilisierung.*

4. Günstiger Drehmomentverlauf bei niedrigen Drehzahlen fördert infolge eines der Gemischaufbereitung im Teillastbereich angepaßten Zündzeitpunktes die Motorelastizität. Daraus resultieren gerade bei Sportmotorrädern mit vordem relativ spitzen Drehmomentkurven deutliche Verbesserungen der Leistungen im *unteren* Drehzahlbereich. Das ermöglicht *günstigere Beschleunigungswerte* und verbessert die Tauglichkeit im Stadtverkehr und auf Motorradreisen erheblich.

5. Der Zündzeitpunkt im Vollastbereich kann einem optimierten Kraftstoff-Luftgemisch angepaßt werden. Dadurch kann die Vollgasanfettung im Vergaser eingeschränkt werden. Eine kleinere Hauptdüse spart Kraftstoff, ohne daß die Leistung des Motors absinkt!

6. Der *Schadstoffausstoß* kann durch günstige Verbrennung infolge bestmöglicher Anpassung des Zündzeitpunktes *herabgesetzt* werden.

7. Die Anlage ist *wartungsfrei.* Während der Betriebszeit des Motors tritt keine Veränderung der Motorcharakteristik auf!

Beispiel einer vollelektronischen, mikrocomputergesteuerten Transistorzündanlage (Honda CBR 1000 F)

Die Elektronik der Honda steuert den Zündfunken für ihre Zylinder digital. In ihrer Zündbox befindet sich eine Steuereinheit mit dem Mikroprozessor nebst Peripherie sowie die Steuerstufe mit den Leistungstransistoren für die Kontrolle des Primär-Zündstroms. Zwei Impulsgeber, die um **15°** versetzt ihre Signale an den Prozessor reichen, werden von einem vielarmigen Rotor angesteuert. Dieser sitzt auf dem Kurbelwellenstumpf und dreht mit Motordrehzahl.

Arbeitsprinzip der Zündanlage

Die beiden Impulsgeber liefern dem Mikroprozessor folgende Daten für seine Entscheidungen:

1. Die **Motordrehzahl**, aufgeteilt in sieben Signale pro Kurbelwellenumdrehung.

2. Exakte Angaben über den **Kurbelwinkel** im Verhältnis zum oberen Totpunkt (O.T.).

- Aus seinem internen Festwertspeicher entnimmt der Mikroprozessor

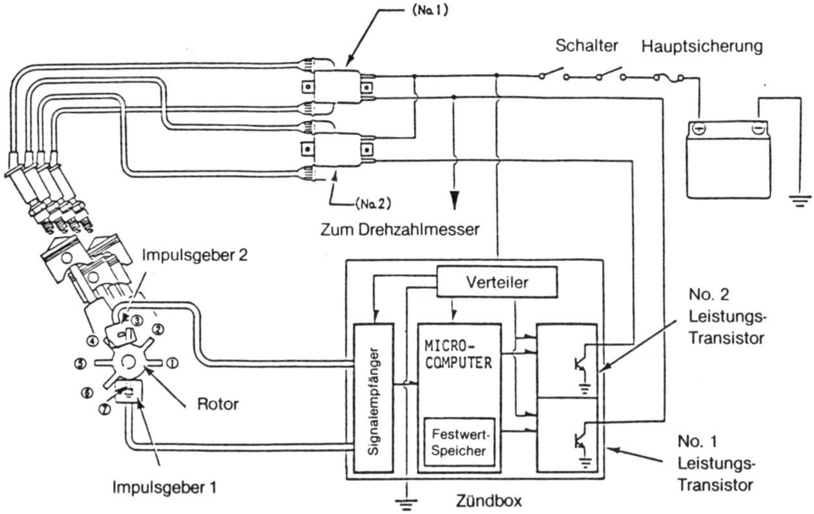

Abb. 213: Blockschaltbild einer kontaktlosen mikrocomputergesteuerten Zündanlage (Honda CBR 1000 F / 600 F)

die auf dem Prüfstand der Motorenentwickler ermittelten Optimalwerte für Drehzahl und Zündwinkelverstellung. Im folgenden vergleicht der Prozessor (während der Motor läuft) die gemessenen Werte mit seinen Festspeicherdaten und errechnet daraus den jeweiligen idealen Zündzeitpunkt. Über die Endstufen-Leistungstransitoren steuert er dann die entsprechende Doppelzündspule an.

• Zum Schutz des Motors dient eine Zwei-Stufen-**Drehzahlbegrenzung**. Dabei unterbricht der Mikroprozessor mit der ersten Stufe den Zündstrom zu den Zylindern **2** und **3** bei einer Drehzahl von **10.900** UPM; die zweite Stufe *zusätzlich* den Zündstrom zu den Zylindern **1** und **4** bei **11.600** UPM.

• Um ein Durchbrennen der Zündspulen bei abgestelltem Motor, aber eingeschalteter Zündung zu vermeiden, wird *unterhalb* einer Drehzahl von ca. **90** UPM der Strom zu den beiden Doppelzündspulen mit Hilfe des Prozessors gesperrt.

7.7.1. Dynamische Überprüfung des Zündzeitpunktes und der Frühverstelleinrichtung einer digitalen, mikrocomputergesteuerten Zündanlage (Stroboskoplampe)

Beispiel Honda CBR 1000 F

Die digitale, mikrocomputergesteuerte Zündanlage der Honda CBR 1000 F ist ab Werk voreingestellt und kann nicht verstellt werden, was auch nicht notwendig ist.

Die Prüfung der Zündeinstellung

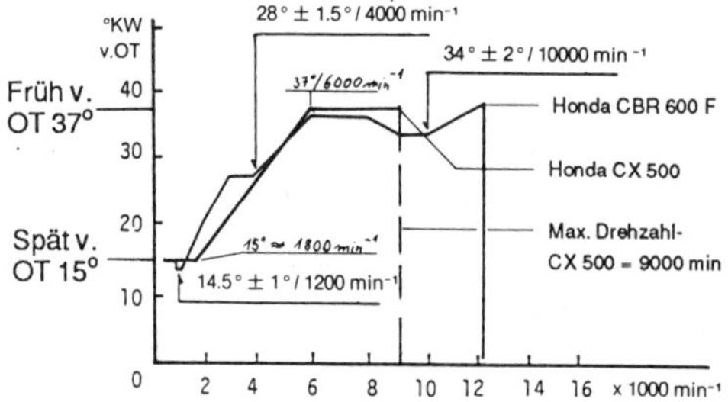

Zündfolge:	1 — 2 — 4 — 3	
Zündzeitpunkt:	15° v.OT / bei Leerlauf (F-Markierung)	
	34° v.OT / bei 10000 min⁻¹	
Zündstromunterbrechung:	unter ca. 90 — 110 min⁻¹	Zylinder 1, 2, 3
	über 11900 min⁻¹	Zylinder 2, 3
	über 12500 min⁻¹	Zylinder 1, 2, 3

Abb. 214: Diagramm mit vergleichender Darstellung einer modernen mikrocomputergesteuerten und einer ebenfalls kontaktlosen, aber konventionell gesteuerten elektronischen Zündanlage Als Beispiel für eine lineare Frühverstellung wurde die Kurve der C.D.I.-Zündanlage der Honda CX 500 mit eingezeichnet. Die Frühverstellkurve der Honda CBR 600 zeigt eine Optimierung des Zündzeitpunktes bezogen auf Motordrehzahl und (vorprogrammierte Werte) Lastbereiche (Honda CBR 600 F)

mittels einer Strobo-Lampe dient deshalb nur der Überprüfung der Funktion der Bauelemente, der Zentraleinheit und der Geber.
Beim Prüfen des Zündzeitpunktes und der Frühverstellung kann verfahren werden, wie oben bei der Yamaha XV 535 Virago beschrieben. Die Kontrollöffnung befindet sich an gleicher Stelle, nämlich auf der linken Motorseite, in der Mitte des Seitendeckels.
Abweichungen betreffen die technischen Daten der Zündanlage:

- Zündzeitpunkt vor O.T. = **10°** bei **1.000** Umdrehungen pro Minute (UPM).
- Maximale Frühzündung mit Hilfe der Frühverstellelektronik = **38°** vor O.T. bei **5.000** Umdrehungen pro Minute (UPM).
- Die Zündeinstellung stimmt, wenn die »**F**«-Markierung am Kurbelgehäuse bei Leerlaufdrehzahl mit dem Strich (Indexmarkierung) am sich drehenden Impulsrotor ausgerichtet ist (1.000 UPM +/- 100 UPM).

7.8. Die Zündkerze

Zum Zündzeitpunkt steigt die Spannung an den Elektroden der Zündkerze sehr schnell an, bis nach der Ionisierung der Luft zwischen den Elektroden die Zündspannung (Überschlagsspannung) erreicht ist.
Sobald der Funke gezündet hat, sinkt die Spannung an der Zündkerze auf die Brennspannung ab. Gleichzeitig fließt in der leitfähig gewordenen Funkenstrecke zwischen den Elektroden ein Strom.
Das Gemisch wird während der Brenndauer des Funkens entflammt. Sobald sich die Brennspannung durch Nachlassen des Zündstromes ver-

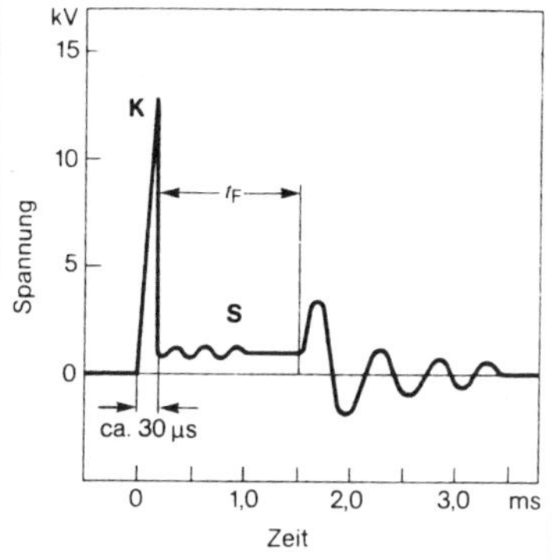

Spannungsverlauf zwischen Zündkerzenelektroden.
K Funkenkopf, S Funkenschwanz, t_F Funkendauer.

Abb. 215: Funkenstandzeit und Spannungsverlauf an einer Zündkerze (Bosch)

ringert, erlischt der Funke wieder. Die restliche Spannung schwingt gedämpft aus.

Höhere Strömungsgeschwindigkeiten der schwingenden Gassäule im Motor (bei hohen Motordrehzahlen) führen zu einem deutlich anderen, mehr gedämpften Funkenverlauf. Deshalb enthalten sowohl Zündspulen als auch Zündkerzen große Leistungsreserven, welche diesem Problem begegnen.

Anforderungen an die Zündkerze

Die Zündkerzen gehören zu den am meisten belasteten Bauteilen im Motorrad. Sie sind den wechselnden Vorgängen im Zylinderraum ebenso ausgesetzt wie den Witterungseinflüssen außerhalb des Motors.

Die Zündkerze muß folgende Aufgaben lösen:

a) Sie muß mittels starker Funken zwischen den Elektroden einen sicheren Kaltstart ermöglichen.

b) Während der Beschleunigung des Motorrades darf sie keine Zündaussetzer provozieren.

c) Auch bei stundenlangen Hochgeschwindigkeitsfahrten muß sie stets gleichbleibend gut zünden, insgesamt 10.000 bis 20.000 km, je nach Kerzentyp.

d) Bei ausreichender Zündspannung soll sie trotz zunehmendem Elektrodenabbrand, magerem Gemisch sowie Verschmutzung des Isolators nicht aussetzen und bis zum Erreichen ihrer Verschleißgrenze funktionieren.

e) Dem hohen Druck im Zylinderraum (etwa **50** bar) muß sie dauerhaft widerstehen, ohne an Gasdichtheit einzubüßen. Der Isolator muß den Belastungen durch Kerzenstecker und Zündkabel mechanisch widerstehen. Das Kerzengehäuse darf sich bei der Montage nicht verformen.

Der Elektrodenabstand

Mit diesem Begriff wird die kürzeste Entfernung zwischen Mittelelektrode und Masseelektrode der Zündkerze bezeichnet. Sie ist somit ein Maß für die Länge der Funkenstrecke. Je kleiner der Elektrodenabstand, desto geringer der Bedarf an Zündspannung. Je größer der Elektrodenabstand, desto größer ist auch der Bedarf an Zündspannung.

1 *Anschlußmutter*
2 *Anschlußgewinde*
3 *Kriechstrombarriere*
4 *Isolator (Al_2O_3)*
5 *elektrisch leitende Glasschmelze*
6 *Anschlußbolzen*
7 *Stauch- und Warm-Schrumpfzone*
8 *unverlierbarer äußerer Dichtring (bei Flachdichtsitz)*
9 *Isolatorfußspitze*
10 *Mittelelektrode*
11 *Masseelektrode*

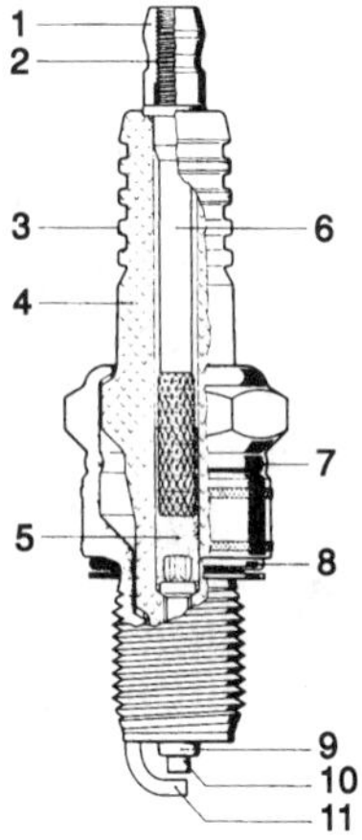

Abb. 216: Anatomie einer Zündkerze (Bosch)

Ein Mindestmaß an Elektrodenabstand muß jedoch vorhanden sein, weil das Kraftstoff-Luftgemisch sonst nur schlecht zur Funkenstrecke gelangen kann oder nur ein zu kleines Volumen davon erfaßt wird, was zu Zündaussetzern führen würde.
Berühren sich Mittelelektrode und Masseelektrode, ist die Zündkerze kurzgeschlossen und liefert überhaupt keinen Funken mehr (die Zündelektronik geht dabei jedoch nicht kaputt).
Ein zu großer Elektrodenabstand erfordert eine erhöhte Zündspannung, was bei nicht dafür ausgelegten Zündanlagen die Energiereserven herabsetzt. Das führt besonders bei hohen Drehzahlen, beim Kaltstart sowie bei ungünstiger Gemischzusammensetzung zu Zündaussetzern oder Kerzenversagern. Es darf deswegen keine Zündkerze mit einem zu großen Elektrodenabstand eingebaut werden!
Die Elektrodenabstände bei Zündkerzen im Pkw und Zweiradbereich reichen von ca. **0,6** bis **0,9 mm**; abgestimmt auf den jeweiligen Motorentyp.
Diese Maße sind genau einzuhalten bzw. nachzustellen. Gute Zündkerzen und genaue Elektrodenabstände sparen Ärger und Kraftstoff; sie fördern und erhalten die Leistungsfähigkeit des Motors!

Die Selbstreinigung der Kerze

Der Wärmewert einer Zündkerze ist ein Maßstab für ihre *thermische Belastbarkeit* und muß der Motorcharakteristik angepaßt sein. Außerdem sollen die rußenden Verbrennungsrückstände in einem *Selbstreinigungseffekt* verbrannt werden. Hierzu muß sich der untere Teil der Zündkerze sowie der Isolatorfuß auf über **400° C** erwärmen können. Ab dieser Temperatur erst verbrennen kohlenstoffhaltige Rückstände.
Geschieht dies nicht, entstehen durch mangelhafte Verbrennung der Rückstände *elektrisch leitende Flächen* (Ölkohlerückstände) auf dem Isolatorfuß, welche zu Kurzschlüssen führen können und die Kerze unbrauchbar machen.

Überhitzung und Glühzündung

Verwendet man eine Zündkerze für einen Motor, der eine relativ niedrige Betriebstemperatur fährt, in einem mit einer höheren, erwärmt sich die

Kerze zwar erfreulich schnell auf ihre Selbstreinigungstemperatur. Doch im Laufe des Betriebes beginnt die Zündkerze zu überhitzen.
Sie ist auf Grund ihres anderen Wärmewertes (hohe Wärmewert-Kennzahl) nicht in der Lage, die vom Verbrennungsprozeß her aufgenommene Wärme abzuleiten. Die Temperatur an der Kerze steigt, die Zündkerze nutzt sich sehr schnell ab und neigt zu hitzebedingten Ausfällen.
Ab einem bestimmten Temperaturwert fängt das untere Ende der Kerze im Brennraum sogar zu glühen an. An diesem nachglühenden Ende entzündet sich das Gemisch in jedem nachfolgenden Verdichtungstakt, vor dem eigentlichen Zündzeitpunkt.

Diese jedesmal einsetzende Frühzündung nennt man **Glühzündung**. Sie heizt den Motor weiter auf und führt letztendlich zu Hitzeschäden im Brennraum (z.B. Loch im Kolben, Kolbenklemmer).

Die Bosch-Norm der Wärmewertabstufungen

- Eine **niedrige** Wärmewert-Kennzahl bezeichnet eine **kalte Kerze**, deren kurzer Isolatorfuß den Wärmefluß nicht weit ins Innere des Kerzengehäuses einläßt und ein stärkeres Aufheizen der Kerze weitgehend unterbindet. Niedrige Wärmekennzahlen deuten an, daß die Kerzen für **»heißere« Motoren** mit höherer Literleistung (hoher Wirkungsgrad) Verwendung finden!
- Eine **heiße Kerze** garantiert durch ihren langen Isolatorfuß, der weit in das Kerzengehäuse hineinragt, eine günstige Wärmeaufnahme. **»Heiße«** Kerzen dieser Art verwendet man in **»kalten«** Motoren (niedriger Wirkungsgrad und Literleistung).

Eine vielfältige Abstufung der Zündkerzen von kalt bis warm ermöglicht die individuelle Anpassung an den Fahrbetrieb eines jeden Motors.
Die Wärmewert-Kennzahl ist Teil der **Zündkerzen-Typenformel**. So ist es beispielsweise möglich, in einen sehr sportlichen, »heißen« Motor im Stadtbetrieb warme Kerzen einzusetzten, die bei Kurzstrecken schneller ihre Selbstreinigungstemperatur erreichen. Auf schnellen und langen Autobahnstrecken oder auf Rennkursen müssen sie dann gegen kalte Kerzen ausgetauscht werden, die auch im oberen Leistungsdrittel dieses Motors noch einwandfrei arbeiten.

Zur Handhabung von Zündkerzen

Ausbauen ist unproblematisch. Der Einbau sieht da schon anders aus. Eine einem noch heißen Zylinderkopf thermisch nicht angepaßte Zündkerze, vor allem eine neue Kerze, darf nicht sehr fest eingeschraubt werden, weil die Gefahr besteht, daß durch das Schrumpfen des Zylinderkopfes (Aluminiumguß) die Kerze nach dem Abkühlen bombenfest sitzt und nur mit einer Zerstörung des Kerzengewindes herausschraubbar ist.

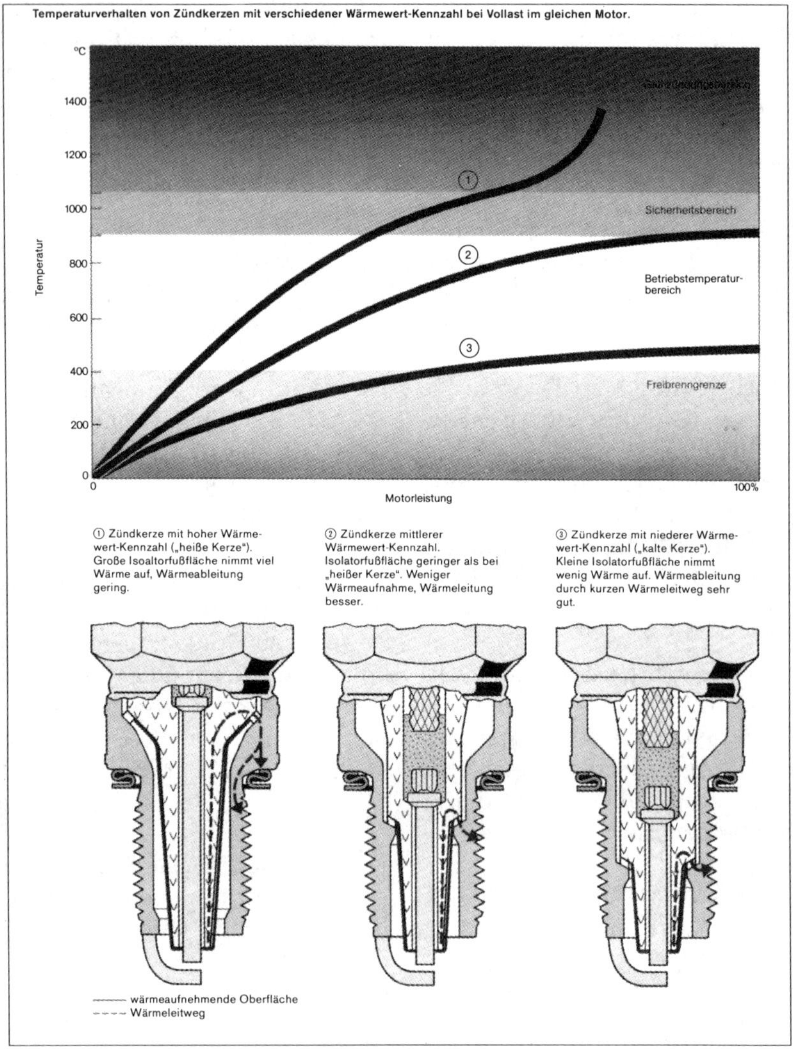

Abb. 217: Temperaturverhalten von Zündkerzen
(Bosch)

Die Auflageflächen von Zündkerze und Kerzenloch müssen sauber und ölfrei sein. Am besten wischt man sie mit einem Lappen ab, bevor die Kerze hineingeschraubt wird. Schmutz und Öl lassen das Kerzengewinde festbrennen. Beim Herausschrauben kann so das Gewinde zerstört werden. Zündkerzen sollen **handfest** angezogen werden, besser noch mit einem Drehmomentschlüssel (M14-Kerzengewinde = 20...40 Nm; M12-Kerzengewinde = 15...25 Nm; M10-Kerzengewinde = 10...15 Nm).

Die Wärmewert-Kennzahl

Die Wärmewert-Kennzahl muß unbedingt mit derjenigen in der Betriebsanleitung angegebenen übereinstimmen. Ein falscher Wärmewert, wir wiederholen dies noch einmal, führt bei einer zu »**warmen**« Kerze zu Störungen und im Extremfall zu **Glühzündungen**. Bei einer zu »**kalten**« Kerze zum Verrußen des Motors und der Kerze(n), zu Störungen und einem starken Absinken der Motorleistung.

Falsche Gewindelänge

Ist das Gewinde einer Zündkerze zu lang, ragt die Kerze unzulässig weit in den Brennraum hinein. Sie kann dabei vom Kolbenboden breitgeschlagen werden und läßt sich dann nicht mehr herausschrauben. Der Motor oder zumindest der betreffende Zylinder ist dann außer Gefecht gesetzt.

Ist das Gewinde zu kurz, ragt das Zündkerzenende nicht weit genug in den Brennraum hinein. Die Zündkerze erreicht ihre Arbeitstemperatur nicht. Eine schlechte Gemischentflammung und ein Verrußen der Kerze(n) sind die Folgen. Ein Totalausfall des Motors infolge Zündversagens ist vorprogrammiert.

Einstellen und Reinigen von Zündkerzen

• Beim Einbau einer jeden Zündkerze ist auf den exakten Elektrodenabstand zu achten! Gegebenenfalls muß nachgestellt werden, was man natürlich am besten mit einer Zündkerzenlehre tut. Eingestellt wird dabei immer nur die Masseelektrode, die wie ein Haken über dem Kerzenende schwebt.

Die Einstellwerte sind dem Bordbuch der Maschine, der Zündkerzenverpackung oder einer Tabelle des Kerzenherstellers zu entnehmen.

Abb. 218: Einbaufehler bei Zündkerzen mit Flachdichtsitz
a) Gewinde zu lang
b) Gewinde zu kurz
c) Dichtring fehlt
d) Ein Dichtring zuviel
Auch bei Zündkerzen mit Kegeldichtsitz kann es trotz fehlenden Dichtrings zu ähnlichen Fehlern kommen.
(Bosch)

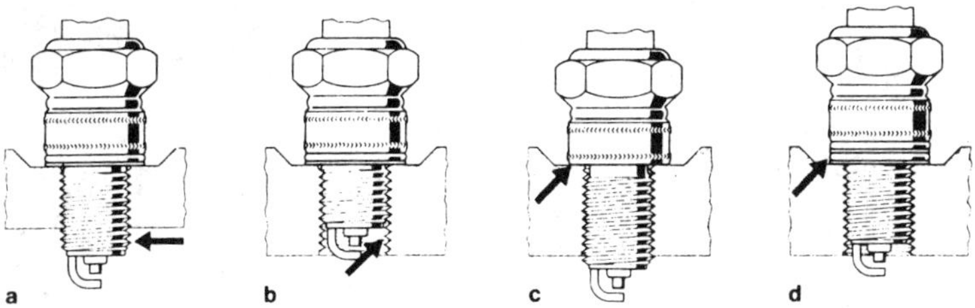

• Reinigen läßt sich eine Zündkerze auf folgende Weise:

a. Verölte Kerzen: Reinigen mit Waschbenzin und Trocknen auf der Herdplatte, an der Luft oder mit dem Gasfeuerzeug

b. Verrußte oder verkrustete Kerzen: Abbürsten mit einer Messingbürste und Ausblasen mit Druckluft oder Luftpumpe

c. »Abgesoffene« Kerzen: Trocknen (Lappen, Herdplatte, Papiertaschentuch) oder Ausblasen mit Preßluft bzw. Luftpumpe.

Kerzengesichter lesen

Zündkerzen geben Aufschluß darüber, wie gut ein Motor eingestellt und seine Verbrennung und damit seine Leistung ist. Eine verläßliche Aussage läßt sich allerdings erst treffen, wenn das Fahrzeug etwa 50 Kilometer auf der Landstraße bei wechselnden Drehzahlen im mittleren Leistungsbereich gefahren wurde.

Das Lesen des Kerzengesichtes sollte unmittelbar nach dem Abstellen des Motors – ohne längeren Leerlauf – erfolgen!

Die besten Werte erhält man, wenn mit der Maschine 100 km Autobahn gefahren wurden. Dabei sollten sich die Drehzahlen immer im oberen Drittel bewegen. Dann schaltet man vor einem Autobahnparkplatz den Not-Aus-Schalter auf »Off« (Kupplung ziehen) und läßt die Maschine dort zur Kerzenkontrolle ausrollen.

Das gibt absolut realistische Kerzenbilder, nach denen der Zustand und die Einstellung von Vergaser- und

1
2
3
4
5
6

Abb. 219: Kerzengesichter

Bild 1: Normal
Der Isolationsfuß der Kerze ist von grauweiß/graugelber bis rehbrauner Farbe. Der Motor ist in Ordnung, der Wärmewert der Kerze richtig gewählt.

Bild 2: Verrußt
Isolationsfuß, Elektroden und Zündkerzengehäuse mit samtartigem, stumpfschwarzem Ruß bedeckt.
Ursache:
Fehlerhafte Gemischeinstellung (Vergaser, Einspritzung): Gemisch zu fett; Luftfilter stark verschmutzt; Startautomatik (Einspritzanlage) defekt; Starterzug (Choke) zu lange gezogen; Maschine fährt überwiegend Kurzstrecke; Wärmewert der Zündkerze zu kalt gewählt (Wärmewertkennzahl in der Bosch-Norm zu niedrig).
Auswirkung:
Zündaussetzer; schlechtes Kaltstartverhalten.
Abhilfe:
Gemisch und Starteinrichtung überprüfen und richtig einstellen, Luftfilter überprüfen, richtige Zündkerze(n) einbauen.

Bild 3: Verölt
Isolatorfuß, Elektroden und Zündkerzengehäuse mit ölglänzendem Ruß oder Ölkohle bedeckt.
Ursache:
Zuviel Öl im Verbrennungsraum. Ölstand zu hoch; stark verschlissene Kolbenringe, Zylinder und Ventilführungen. Bei Zweitaktmotoren zuviel Öl im Kraftstoff-Ölgemisch.
Auswirkungen:
Zündaussetzer; schlechtes Startverhalten; hoher Motorölverbrauch.
Abhilfe:
Motor überholen; richtiges Kraftstoff-Ölgemisch (Zweitakter); neue Zündkerzen.

Bild 4: Starker Elektrodenabbrand (Erosion)
Ursache:
Zündkerzen-Wechselintervall nicht beachtet!
Auswirkung:
Zündaussetzer, besonders beim Beschleunigen (Zündspannung für großen Elektrodenabstand nicht ausreichend). Schlechtes Startverhalten.
Abhilfe:
Neue Zündkerze(n).

Bild 5: Angeschmolzene Mittelelektrode
blasige, schwammartige, erweichte Isolationsfußspitze.
Ursache:
Thermische Überlastung durch Glühzündungen, z.B. durch »zu frühe« Zündeinstellung; durch Rückstände im Verbrennungsraum (Ölkohleablagerungen); unzureichende Kraftstoffqualität; Wärmewert der Zündkerze zu warm gewählt (Wärmewertkennzahl in der Bosch-Norm zu hoch).
Auswirkung:
Zündaussetzer, Leistungsverlust, Motorschaden möglich.
Abhilfe:
Motor, Zündung und Gemischaufbereitung überprüfen. Neue Zündkerze(n) mit richtigem Wärmewert einsetzen.

Bild 6: Aschebildung
Starker Aschebelag aus Öl- und Kraftstoffzusätzen auf dem Isolatorfuß, im Atmungsraum der Kerze zwischen Kerzengehäuse und Mittelelektroden-Isolator und auf der Masse-Elektrode. Lockerer bis schlackenähnlicher Aufbau.
Ursache:
Legierungsbestandteile insbesondere aus Öl und Kraftstoffzusätzen, vor allem wenn der Motor nicht in Ordnung ist. Bei Zweitaktern: zu hoher Ölanteil im Kraftstoff.
Auswirkung:
Kann zu Glühzündungen mit Leistungsverlust und zu Motorschäden führen.
Abhilfe:
Motor überprüfen und in Ordnung bringen, neue Zündkerze(n) einbauen; eventuell anderes Motoröl, ev. keine Motorölzusätze verwenden.
(Bosch)

Zündanlage sicher beurteilt werden kann.

Prüfen von Zündkerzen:

• Zündkerze am Kerzenstecker anschließen.

• Die Hand hält die Kerze am nichtleitenden Plastikende des Kerzensteckers fest, gegebenenfalls mit einem dicken Gummilappen bewehrt, und drückt das Kerzengewinde gegen die Kühlrippen des Motors oder ein anderes metallisch-blankes und elektrisch leitendes Fahrzeugteil (Fahrzeugmasse).

• Den Motor dann bei eingeschalteter Zündung starten (Zündnotschalter auf »**On**« stellen).

• Ist ein *kräftiger* Zündfunke zwischen den Polen der Kerze zu erkennen und *nur dort* (bei Sonneneinstrahlung Schatten herstellen!), dann ist die Zündkerze soweit in Ordnung. Andernfalls ist sie defekt und muß ausgewechselt werden!

• Zündkerzen mit einem eingebauten inneren Widerstand neigen nach meinen Erfahrungen zum »Durchknallen«, d.h. zum elektrischen Kurzschluß gegen Masse. Sie sind dann unbrauchbar geworden und müssen ersetzt werden.

Achtung!

• Jede Zündkerze muß beim praktischen Prüfen am Gewinde bzw. am Kerzenkörper Kontakt zum Motorblock haben. Sie darf nicht in der Luft hängen! Andernfalls ist nicht nur eine Falschmessung möglich, sondern es besteht auch die Gefahr, daß hochgespannte Ströme über die Hand durch den menschlichen Körper fließen! Die Fahrzeugmasse hat über Rahmen und Hauptständer Kontakt zum Untergrund.

• Besonders bei HKZ-, aber auch anderen modernen elektronischen Zündanlagen besteht unter ungünstigen Bedingungen (feuchte Hände und barfuß oder nur mit dünnem Schuhwerk auf feuchter Erde) *Lebensgefahr* !

• Dicke Gummisohlen und eine untergelegte Gummimatte mildern jeden Stromschlag entscheidend ab!

7.8.1. Problem mit Zündkerzen

Motor springt nicht an

• Die Zündkerzen ausbauen und trocknen, möglichst mit Preßluft! Mit geduldigem Warten oder der Hilfe eines Feuerzeuges (den Kraftstoff an der Kerze verbrennen!) geht's im Notfall auch.

• Bei den nachfolgenden Startversuchen den Gasdrehgriff auf Vollgas drehen und festhalten. Dann bei *ausgeschalteter* Zündung (Zündnotschalter auf »**Off**«) den Motor etwa *10 Sekunden* per Starter durchdrehen bzw. den Kickstarter entsprechend häufig betätigen! – Aus der Zündkerzenöffnung entweicht so ein großer Teil des überschüssigen

Kraftstoffes und trocknet den Zylinderraum weitgehend ab.

- Danach die Zündkerzen wieder einbauen und vor dem folgenden Startversuch sorgfältig die Chokestellung kontrollieren. Er muß *abgestellt* sein!
- Falls der Motor nach wiederholter Prozedur nicht anspringt, müssen Ersatzzündkerzen eingebaut werden, weil die Kerzen durch Kraftstoff und Ölkohle möglicherweise kurzgeschlossen sind!

7.9. Der Elektrostarter (E-Starter)

Im Elektrostarter wird der elektrische Strom dazu benutzt, eine Drehbewegung hervorzurufen. Dabei wird elektrische Energie in mechanische Energie umgewandelt, also entgegengesetzt der Funktionsweise der Lichtmaschine.

In Motorrädern werden Gleichstrom-Elektromotoren als Starter eingesetzt, weil die Fahrzeugbatterie als Kraftquelle nur mit Gleichstrom funktioniert. Die Leistung eines E-Starters beruht wesentlich auf der Kapazität der Motorradbatterie, weshalb beide immer aufeinander abgestimmt sein müssen. Abgestimmt ist die Leistungsfähigkeit des E-Starters auch auf den Motorradmotor und dort speziell auf den Drehwiderstand der beweglichen Teile im Motorgehäuse.

Wichtig ist auch der Widerstand, den der Motor durch seine Kompression bietet; die Viskosität des Motor- bzw. des Getriebeöls; die Bauart und die Zahl der Zylinder sowie Klimaeinfluß, der beispielsweise im Winter das Motoröl dick und träge werden läßt.

Ein Motorradmotor benötigt etwa 60 bis 90 UPM (1/min) Umdrehungen an der Kurbelwelle, um sicher starten zu können. Man spricht dabei von der *Mindeststartdrehzahl*. Entsprechend liegen die Leistungserwartungen, die an E-Starter gestellt werden.

Die wichtigsten Bestandteile des E-Starters sind:

1. Ankerwelle

2. Ankerwicklung

3. Ankerpaket (Eisenkern des Ankers)

4. Kollektor, auch Kommutator (Stromwender) genannt.

5. Der Stator, der aus mehreren (in der Regel vier) Polschuhen besteht, um die die Erregerwicklungen gelegt sind.

6. Die Kohlebürste mit Bürstenhalter, die den Starterstrom überträgt.

Funktion des Elektromotors für E-Starter

Antriebseinheit des Elektrostarters an Motorrädern ist ein Gleichstrom-Reihenschluß-Elektromotor. Er ist ähnlich aufgebaut wie ein Gleich-

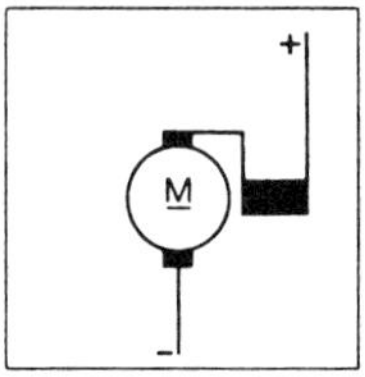

Schaltbild eines Reihenschluß-Gleichstrommotors

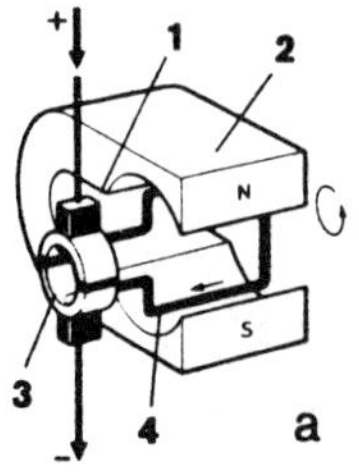

Abb. 220: Schaltbild und Schema eines Gleichstrom-Elektromotors

Schematische Darstellung eines Gleichstrom-Elektromotors
1 Kohlebürste (2 Stück)
2 U-Magnet mit magnetischem Nordpol und Südpol
3 Kommutator (Stromwender: Ring, der in diesem Modellfall aus zwei voneinander elektrisch getrennten Bronzehälften besteht)
4 Leiterschleife (Kupfer)
(Bosch)

stromgenerator und hat bestimmte Übereinstimmungen mit dem Wechselstrom- bzw. Drehstromgenerator. Beim Reihenschlußmotor sind Erregerwicklung (Starter bzw. Feldwicklung) und Ankerwicklung (Läuferwicklung) in Reihe hintereinander geschaltet.

Wird im Startvorgang der E-Starter mit Strom versorgt, so fließt dieser durch die Erregerwicklung, baut dort ein Magnetfeld auf, fließt weiter zur Ankerwicklung und errichtet das Ankermagnetfeld.

Die Leiterschleife (Anker) im Magnetfeld, die vom Strom durchflossen wird, baut ihr eigenes kleines Magnetfeld auf und wird vom Magnetfeld der Erregerwicklung, in dem sie steht, durch deren anders geartete Polung abgestoßen und in Drehung versetzt. Da eine einzige Leiterschleife nicht genügend Drehkraft aufbringen kann, setzt man viele Schleifen zu einer Ankerwicklung zusammen.

Die beiden Wicklungen in einem Startermotor (Ständerwicklung und Ankerwicklung) sind wegen ihrer großen Stromaufnahme, die für die relativ hohe Starterleistung auch erforderlich ist, aus dicken Kupferdrähten gefertigt.

Die Stromstärke und das Losbrechmoment des Starter-Elektromotors sind beim Start am stärksten (Losbrechmoment = Kraft, die der Bewegung eines Objektes entgegensteht und die rapide nachläßt, wenn das Objekt sich in Bewegung gesetzt hat).

Reihenschluß-Elektrostarter entwikkeln ein hohes Anlaufdrehmoment, das mit steigender Drehzahl, wenn die Stromstärke abnimmt, rasch kleiner wird, was den Strombedarf senkt und die gefährliche Erwärmung des Startermotors mildert. Durch die angeführten Eigenschaften ist der Reihenschlußmotor als Antriebsaggregat für Starteinrichtungen in Fahrzeugen besonders gut geeignet.

Zwei Arten von Starter- bzw. Anlasserschaltungen!

1. Der Motor kann gestartet werden (ältere Maschinen) wenn:
- die Zündung eingeschaltet und der Hauptschalter auf »**On**« geschaltet wurde!
- der Not-Aus-Schalter am rechten Lenkerende auf »**On**« steht!
- der Starterknopf (Taster) gepreßt wird!

Dann schaltet das Anlasserrelais den Hauptstrom von der Fahrzeugbatterie zum Motor des Elektrostarters!

2. Der Motor kann gestartet werden (moderne Maschinen) wenn:
- Zündung eingeschaltet ist und Hauptschalter auf »**On**« steht!
- Not-Aus-Schalter am rechten Lenkerende auf »**On**« geschaltet wurde!
- Leerlauf eingelegt ist (Leerlaufschalter geschlossen) und Seitenständer eingeklappt wurde (Schalter geschlossen)!

Oder:
- ein Gang eingelegt ist, dann muß der Kupplungshebel gezogen (Kupplungsschalter geschlossen) und der Seitenständer eingeklappt (Seitenständerschalter geschlossen) sein!
- der Starterknopf (Taster) gepreßt wird!

Dann schaltet das Anlasserrelais den Hauptstrom von der Fahrzeugbatterie zum Motor des Elektrostarters!

Arten von Startermotoren

Bestimmend im heutigen Motorradbau ist der E-Starter mit permanent im Eingriff befindlichem Antrieb. Damit ist nicht gesagt, daß er immer mitläuft, wenn der Verbrennungsmotor dreht. Ein Freilauf (siehe Abbildung 221) trennt Elektromotor und Antriebsteil, wobei letzterer Bestandteil des Verbrennungsmotors ist.

Um den für den Reihenschluß- (Hauptschluß-) Motor günstigen Drehzahlbereich zu nutzen, sind zuweilen Planetengetriebe in die Stirnwand des Elektromotors eingebaut, welche die höhere Starterdrehzahl auf die geforderten niederen Werte für den Motor heruntersetzen. Sehr oft wird diese Drehzahlreduzierung schon im Motorradmotor selbst durch eine entsprechende Starteruntersetzung vorgenommen, so daß das Planetengetriebe entfallen kann.

Die zweite Bauart von E-Startern ist der Schub-Schraubtrieb-Starter. Er stellt eine komplette, geschlossene Starteranlage dar, wie sie sonst nur in Automobilen vorkommt. In der Einheit zusammengefügt sind Startermotor, Einrückrelais (letzteres füllt zusätzlich die Funktion des weiter unten beschriebenen Magnetschalters aus), Rollenfreilauf und Einspurgetriebe.

Der Schub-Schraubtrieb-Starter wird im Motorradbau deutlich seltener eingesetzt als der Rollenfreilauf. Er ist aber wieder im Kommen. Beispiele für seine Einsätze bieten die alten

BMW-Boxer-Zweiventiler und alle Moto-Guzzi-V-2-Motoren; aber auch die neuen Boxermodelle von BMW in der R 850 bis R 1100er Serie.

Arbeitsweise des E-Starters mit Permanentantrieb und Freilauf

Wichtiges Bindeglied zwischen E-Starter und Starterantrieb im Motor ist der Freilauf. Es gibt mehrere Arten von Freiläufen; wir beschreiben den vorwiegend verwendeten Rollenfreilauf (siehe Abbildung 221):

• Der Hauptschalter (Ignition Switch = Zündschalter) wird durch den Zündschlüssel aktiviert und schaltet die Stromversorgung ein. Eine Sicherung schützt den Starterstromkreis. Nach dem Druck auf den Starterknopf schaltet der Magnetschalter den Starterstrom aus der Fahrzeugbatterie direkt auf den Startermotor. Der Anlasser beginnt unvermittelt zu drehen.

• Die Hauptsicherung am Magnetschalter unterbricht dabei den Stromfluß, wenn der Starterstrom zu groß wird, sei es wegen eines Defektes im Anlasser oder eines Kurzschlusses in der Zuleitung.

• Der Neutralschalter am Getriebe läßt den Steuerstrom vom Starterknopf zum Magnetschalter nur passieren, wenn kein Gang eingelegt ist. Er kann nur über den Kupplungsschalter (Clutch Switch) überbrückt werden, wenn der Fahrer bei eingelegtem Gang die Kupplung betätigt.

• Nach dem Anlaufen des E-Starters wird das Drehmoment über den Freilauf und eine Untersetzung im Motor auf die Kurbelwelle gebracht, die sich zu drehen beginnt.

• Nach dem Anspringen unterbricht der Freilauf den Kraftschluß zur Kurbelwelle. Der Startermotor kann frei weiterdrehen, bis der Daumen vom Starterknopf genommen wurde. Der Startermotor bzw. die Kraftübertragungseinrichtung können dadurch keinen Schaden erleiden. Danach trennt der Magnetschalter wieder die Stromversorgung zwischen Batterie-Pluspol und Startermotor.

• Eine Diode (Freilaufdiode) hat die Aufgabe, die durch Abschalten der Magnetspule im Magnetschalter ent-

Abb. 221: Der Starter-Freilauf (Bosch)

Rollenfreilauf.
Bei antreibender Ankerwelle werden die Rollen in dem sich verengenden Raum festgeklemmt und stellen dadurch eine kraftschlüssige Verbindung her. Bei Kraftrichtungswechsel durch den schneller werdenden Verbrennungsmotor lösen sich die Rollen und werden – entgegen der Federkraft – in den sich erweiternden Raum geschoben. Damit ist die kraftschlüssige Verbindung zwischen Anker und Starterritzel aufgehoben.

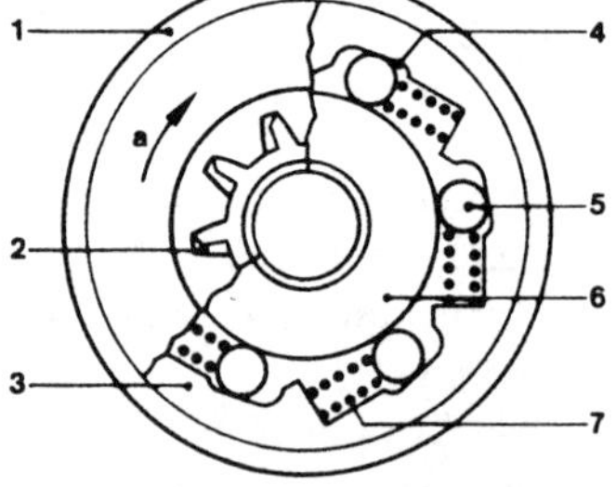

1 Rollenfreilauf
2 Ritzel
3 Freilaufring
4 Rollengleitkurve
5 Rolle
6 Ritzelschaft
7 Schraubenfeder
a Kuppeln

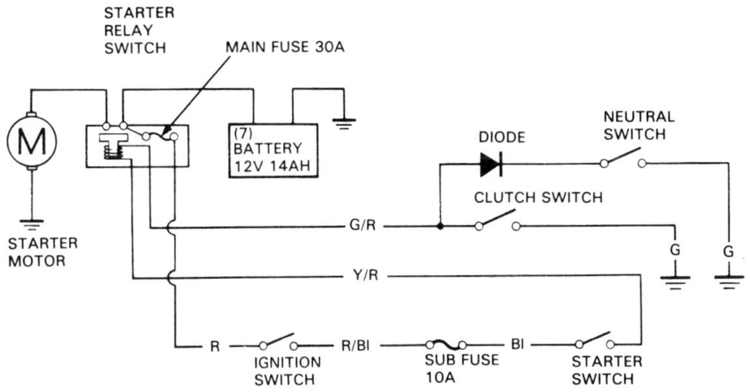

Abb. 222: Stromlaufplan einer elektrischen Starteranlage (Honda CBR 1000 F / 600 F)

standenen negativen (induktiven) Spannungsspitzen zu sperren, um Überhitzungsschäden und Spannungsdurchschläge an einzelnen Bauteilen der elektrischen oder elektronischen Einrichtung zu verhindern.

Arbeitsweise des Schub-Schraubtrieb-Starters

Beim Drücken des Starterknopfes wird das Einrückrelais am Gehäuse des Schub-Schraubtrieb-Starters betätigt. Es zieht gegen die Federkraft einer Rückstellfeder den Einrückhebel an. Dieser schiebt selbst wieder über Führungsringe und Einspurfeder den Mitnehmer mit dem Ritzel gegen den Zahnkranz des Motorschwungrades (siehe Abbildung 224). Das Ritzel steigt am Schraubensteilgewinde empor und erleichtert sich so das Einspuren in die Schwungscheibe, die am Kurbelwellenende befestigt ist.

- Der Anker des Startermotors dreht in dieser Phase nicht, da der Erreger- und Ankerstrom noch nicht eingeschaltet wurde. Bei einer günstigen Zahnstellung von Ritzel und Zahnkranz spurt dieses voll ein, und die Kontakte im Innern des Einrückrelais werden geschlossen. Der Startermotor wird mit Strom versorgt, der Erregerstrom fließt, das Magnetfeld wird aufgebaut, und der Startermotor beginnt zu drehen.
- Nachdem beim Anlaufen des Fahrzeugmotors die Drehzahl des Schwungrades größer geworden ist als die des Startermotors, löst der Rollenfreilauf die kraftschlüssige Verbindung zwischen Ritzel und Ankerwelle auf. So wird der Startermotor vor zu großen Drehzahlen geschützt. Das Ritzel bleibt so lange im Eingriff, wie der Starterknopf am Lenker betätigt wird, dreht aber frei am Schwungrad mit. Erst nach dem Abstellen des Starterstromes gehen Einrückhebel, Mitnehmer und Ritzel durch die Wirkung der Rückstellfeder in die Ruhestellung zurück.
- Bei einer ungünstigen Zahnstel-

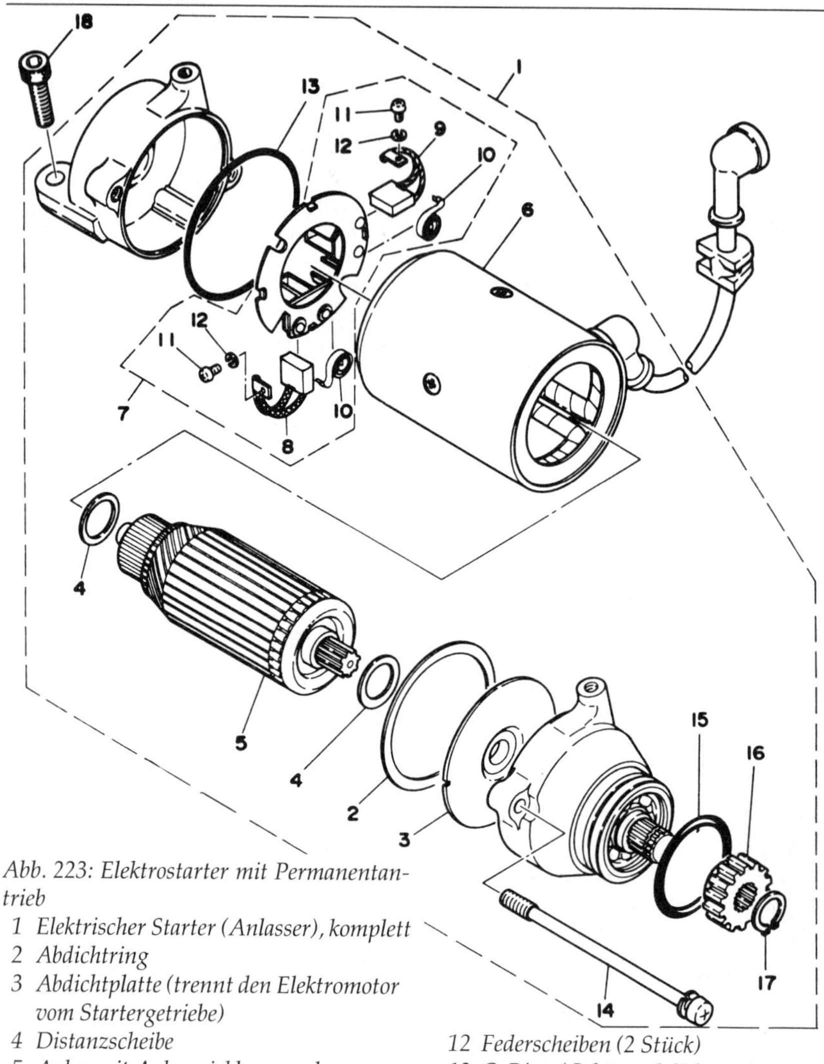

Abb. 223: Elektrostarter mit Permanentantrieb

1 *Elektrischer Starter (Anlasser), komplett*
2 *Abdichtring*
3 *Abdichtplatte (trennt den Elektromotor vom Startergetriebe)*
4 *Distanzscheibe*
5 *Anker mit Ankerwicklung und Kommutator*
6 *Statorwicklungen im Startergehäuse*
7 *Bürstenhalterungen komplett*
8 *Bürste Plus (die Bürsten bestehen aus einer Kupferlegierung)*
9 *Bürste Minus*
10 *Druckfedern (2 Stück)*
11 *Halteschrauben für die elektrischen Anschlüsse der Bürsten (2 Stück)*
12 *Federscheiben (2 Stück)*
13 *O-Ring (Gehäuseabdichtung)*
14 *Zugankerschrauben des Starters*
15 *O-Ring (Gehäuseabdichtung)*
16 *Zahnrad, unmittelbar oder mittelbar mit der Kurbelwelle des Motors verbunden*
17 *Sicherungsring (Seegering)*
18 *Innensechskantschraube (die Inbusschraube hält den Starter am Motorgehäuse)*

(Yamaha XS 750)

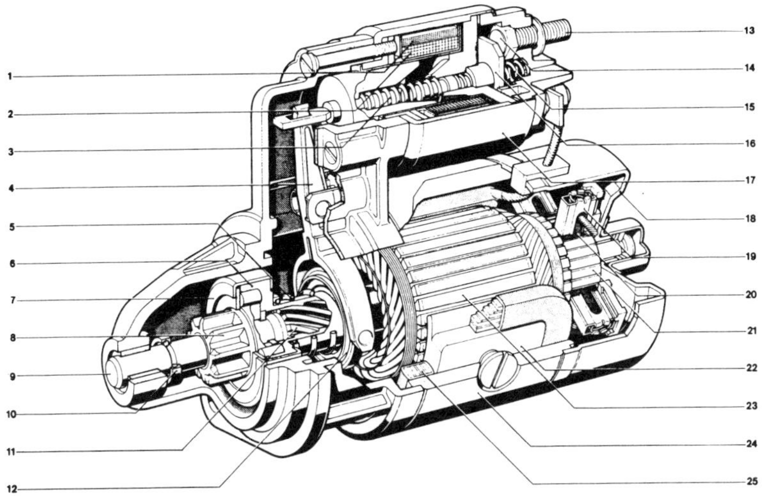

Abb. 224: Schub-Schraubtrieb-Starter ohne Vorgelege

Schnitt durch einen Schub-Schraubtrieb-Starter Typ EF

1 Haltewicklung der Magnetschalters
2 Einzugswicklung des Magnetschalters
3 Rückstellfeder
4 Einrückhebel
5 Einspurfeder
6 Mitnehmer im Rollenfreilauf
7 Rollenfreilauf
8 Ritzel (spurt in den Zahnkranz der Schwungscheibe ein und verbindet den Startermotor mit der Kurbelwelle)
9 Ankerwelle
10 Anschlagring
11 Steilgewinde
12 Führungsring am Einspurhebel
13 Elektrischer Anschluß
14 Hauptkontakt für den Batteriestrom zum Startermotor
15 Kontaktabschaltfeder (hilft beim schnellen Unterbrechen der Stromverbindung)
16 Kontaktbrücke (verbindet die beiden Hauptstromkontakte des Magnetschalters in der Startphase)
17 Einrückrelais/Magnetschalter
18 Kommutatorlager
19 Bürstenhalter
20 Bürsten
21 Kommutator (Stromwender)
22 Polschuh (Eisenkern in einer der Statorspulen)
23 Anker mit Ankerwicklung und Magnetpolen
24 Startergehäuse
25 Erregerwicklung (einer der Statorspulen)
(Bosch)

lung spurt das Ritzel beim Starten zwar nicht in den Zahnkranz der Schwungscheibe ein. Dennoch werden die Kontakte geschlossen. So dreht das Ritzel und sucht sich, unterstützt durch den Preßdruck der Einspurfeder, selbsttätig eine Zahnlücke, worauf der Startvorgang fortgesetzt werden kann und das Schicksal seinen (Motor-) Lauf nimmt.

7.9.1. Wartungsarbeiten an Elektrostartern

Neben der Korrosionskontrolle aller Kabelanschlüsse müssen die Kohlebürsten des Startermotors sowie der Kollektor des Ankers überprüft werden. Den Wartungszeitraum kann man aber großzügig bemessen, weil der E-Starter glücklicherweise zu den langlebigen Aggregaten am Motorrad gehört. Jede Kohlebürste im Startermotor hat eine bestimmte Mindestlänge, die nicht unterschritten werden darf, wenn der Starter-Motor sicher und zuverlässig laufen soll. Die Kohlebürsten übertragen den Arbeitsstrom von der Fahrzeugbatterie auf den Anker. Ebenso müssen die Federklammern, welche die Kohlebürsten auf den Kollektor drücken, auf Verschleiß (Dünnerwerden des Federstahls) sowie Risse oder Brüche kontrolliert werden.

Die Verschleißgrenze der Kohlebürsten ist im Werkstatthandbuch angegeben. Im Zweifelsfall müssen die Kohlebürsten spätestens dann ersetzt werden, wenn sie trotz Federdruck den Kollektor nur unzureichend kontaktieren.

Vor dem Einsetzen der Kohlebürsten vergewissere man sich, daß der Kollektor (Stromwender) sauber und frei von starken Riefen ist. Er soll fettfrei sein, und die Glimmerplättchen zwischen den Kollektorsegmenten dürfen nicht vorstehen. Riefige Kollektoren kann man mit Glaspapier reinigen und mit Preßluft ausblasen. Eine Politur mit einem Metallputzmittel bringt Hochglanz und die zum Schutz vor schneller Kohlebürstenabnutzung notwendige Glättung. Eine Reinigung mit reichlich Spiritus schließt die Arbeiten ab. Es dürfen keine Schleifmittelspuren zurückbleiben, sie würden die Kohlebürsten schneller verschleißen lassen.

Die Kohlebürsten müssen sich in ihrer Halterung frei bewegen lassen, andernfalls reagiert der Elektromotor mit Aussetzern infolge verklemmter Kohlebürsten oder verweigert die Arbeitsaufnahme ganz.

7.9.2. Der Magnetschalter

Nach dem Drücken des Starterknopfes fließt Strom durch die Magnetwicklung des Schalters. Die erzeugte magnetische Kraft schiebt den Anker des Schalters nach hinten, wodurch zwei Kontakte der an der Schaltachse des Ankers befestigten Kontaktbrücke geschlossen werden. Diese verbindet den Pluspol der Batterie mit dem Starter-Motor. Der starke Anlasserstrom, der jeden normalen Schalter zerstören würde, beginnt zu fließen, und der Elektromotor des Starters dreht.

Wichtige Argumente für den Einsatz von Magnetschaltern in Starteranlagen von Motorrädern:

1. Der Anlasser wird nur mit Strom beliefert, solange der Starterknopf betätigt wird.

2. Der hohe Strombedarf des E-Starters verlangt relativ große Kontakte und niederohmige, also dicke und kurze Verbindungskabel. Das läßt sich nicht am Lenkerende eines Motorrades anbringen, wo sich normalerweise der Starterknopf befindet.

3. Falls die Batterie zu schwach ist, schließt der Magnetschalter den Schaltkreis zum Elektromotor nicht, wodurch der Fahrzeugbatterie der Kurzschluß und damit Beschädigungen an den Platten im Inneren der Batteriezellen erspart bleiben.

4. Schaltvorgänge mit hohen Stromstärken sollten sehr schnell ablaufen, weil andernfalls starke Funken zwischen den Schalter-Kontaktstellen entstehen, die einen kräftigen Abbrand der Kontakte und ein schnelles Verschleißen des Schalters (und eine Verschwendung des Batteriestromes) mit sich bringen. Diese Geschwindigkeit bietet ein elektromagnetisch arbeitender (Magnet-)Schalter.

7.9.3. Das Einrückrelais

Das im Schub-Schraubtrieb-Starter eingebaute Einrückrelais ist eine Kombination von Einrückmagnet und Magnetschalter. Es erfüllt eine doppelte Funktion:

1. Vorschieben des Ritzels zum Einspuren in den Zahnkranz der Schwungscheibe am Motor.

2. Schließen der Kontaktbrücke zum Schalten des Hauptstromes, von der Batterie zum E-Starter (Magnetschalterfunktion).

Die Wicklung des Einrückrelais besteht aus einer Einzugs- und einer Haltewicklung (siehe Abbildung 225). Diese Anordnung kombiniert den

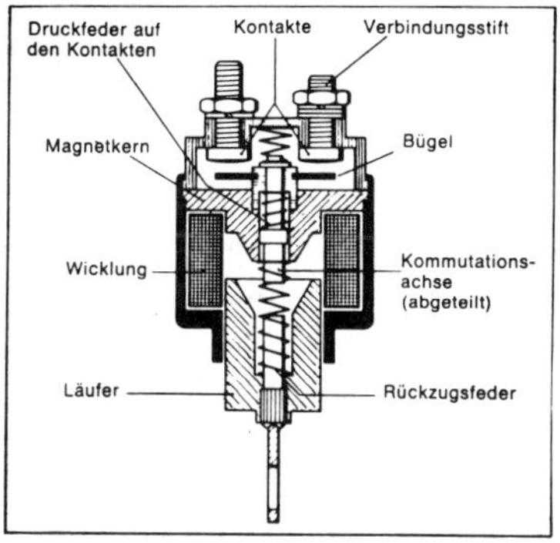

(Bosch)

Abb. 225: Einrückrelais/Magnetschalter

Vorteil eines starken Einzuges des Ritzels mit dem sparsamen Stromverbrauch einer Haltespule. Einer möglichen Überhitzung wird damit außerdem noch Rechnung getragen. Die starke Einzugswicklung überwindet Einspulwiderstände und wird während des eigentlichen Startvorgangs durch die Haltespule ersetzt, deren geringe Magnetkraft vollkommen ausreicht, das Ritzel im Eingriff zu halten. Die Einzugsspule ist dabei kurzgeschlossen und somit wirkungslos.

Unter dem Einfluß der Einzugsspule wird der Anker nach innen gedrückt, wobei die Kontaktbrücke die Verbindung Starter-Fahrzeugbatterie herstellt. Der Haltestrom hält diese Verbindung aufrecht, bis der Startervorgang abgeschlossen ist.

Nach Loslassen des Starterknopfes drücken die Rückstellfeder sowie die Kontaktfeder das Einrückrelais in die Ausgangsposition zurück. Das Ritzel fällt ab, und die Kontaktbrücke unterbricht den Starterhauptstrom.

7.10. Beleuchtungsanlage, Blinker und Verkabelung

Die Beleuchtung am Motorrad besteht aus Hauptscheinwerfer mit Abblend- und Aufblendlicht sowie Standlicht; aus der Instrumentenbeleuchtung, den Kontrolleuchten, dem Rücklicht (mit Nummernschildbeleuchtung) sowie eventuell angebauten Zusatzscheinwerfern. Als Lichtwarnsignal kommt das Bremslicht hinzu.

Abb. 226: Reflektorfunktion eines konventionellen Rundscheinwerfers für Abblend- und Fernlicht
(Bosch)

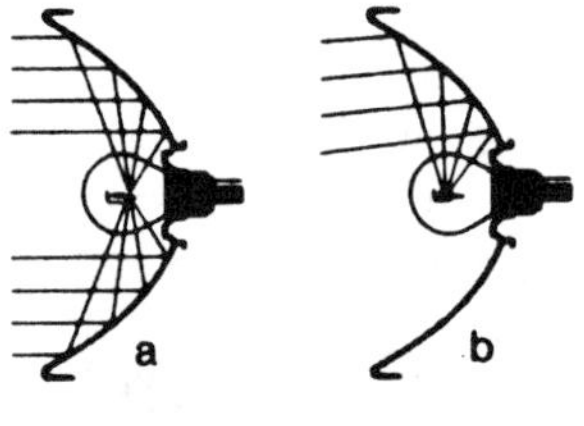

Fahrlicht:
a) Fernlicht
b) Abblendlicht

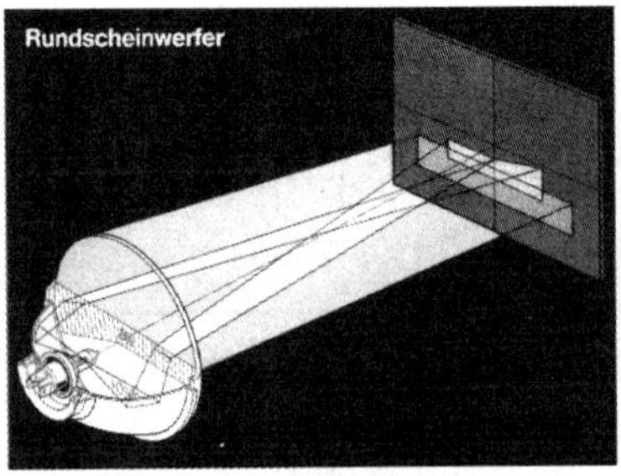

(Bosch)

7.10.1 Der Hauptscheinwerfer

Er verfügt über einen Scheinwerfereinsatz mit Reflektor, der von hinten mit einer Lampenfassung für die Hauptscheinwerfer-Glühlampe sowie für die Standlichtglühlampe ausgerüstet ist.

Der Reflektor sammelt das Licht, bündelt es und strahlt es nach vorne ab. Ihn deckelt nach vorne die Streuscheibe, die das gebündelte Licht gezielt streut, so daß bei Abblendlicht ein flacher und breiter Lichtfächer entsteht, der wenig Licht nach schräg oben entläßt (Blendgefahr für entgegenkommende Fahrzeuge). Bei Aufblendlicht ordnet die Streuscheibe das Licht kegelförmig und bündelt es über die ganze Sphäre des Scheinwerfers zu einem weitreichenden Lichtstrahl, ohne dabei Zwischenräume zu vernachlässigen.

Der Reflektor ist hochempfindlich und besteht aus einer aufgedampften Chromschicht. Man sollte ihn nicht mit den Fingern anfassen. Wenn er gereinigt werden muß, tut man dies in einer Schüssel mit warmem Spülwasser. Mit einem weichen Schwamm wird die empfindliche Fläche gereinigt. Anschließend abtropfen und trocknen lassen. Auf keinen Fall nachpolieren, selbst wenn der eine oder andere Wasserfleck übrigbleibt. Blind oder rostig gewordene Reflektoren muß man auswechseln. Da Streuscheibe und

Reflektor oft aus einem Stück zusammengesetzt sind, betrifft das leider meist beide Teile.
Eine für die BRD zugelassene Streuscheibe (Hauptscheinwerfer) muß entweder das nationale Prüfzeichen K 15819 oder die internationale Kennung (E1) 6002 (die Nummern dienen nur als Beispiel) tragen.

7.10.2. *Glühlampen*

Glühlampen sind Temperaturstrahler. Sie wandeln mit Hilfe eines Wolframfadens, den sie zum Glühen bringen, elektrischen Strom in Licht und Wärme um. Je höher die Temperatur des Wolframfadens, desto größer ist die Lichtleistung der Glühlampe.
Leider wird nur ein Bruchteil des Stromes in Licht umgewandelt. Es sind etwa 5%! Der Rest ist Wärme, was man deutlich erfühlen kann.
Der Wolframglühfaden im Innern der Lampen verdampft im Laufe der Zeit, die Drahtstärke der Wendel nimmt ab, und irgendwann bricht der Faden bei einer kleinen Erschütterung, und das Licht geht aus.
Wolfram schlägt sich bei langlebigen Lampen als schwärzliches Kondensat innen am Glaskolben der Lampe nieder und kündigt ihr baldiges Ende an. Man sollte sie jedoch schon vorher auswechseln.

Erkennungsmerkmale für Glühlampen am Motorrad
Die Wattzahl läßt schon erkennen, um was für eine Lampe es sich in der Lichtanlage handelt. Sogar die Größe des Glaskolbens läßt sich daraus erraten.
Beispiele:
- Eine Lampe mit 12 V und 21 W ist eine Blinkerlampe. Der Glaskolben ist mittelgroß (ca. 20 mm).

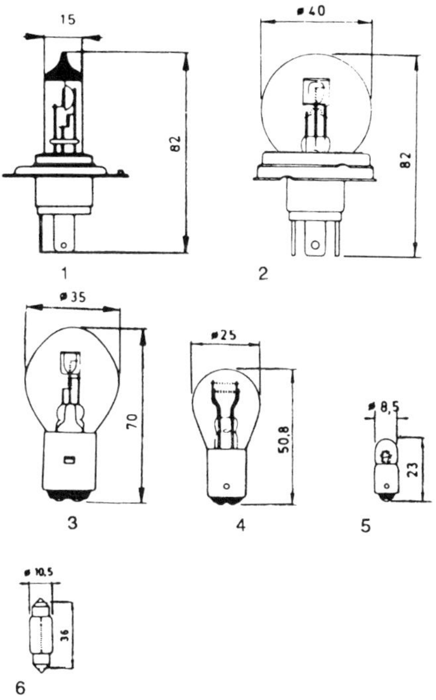

Abb. 227: Glühlampen am Motorrad
1 H4-Halogen-Glühlampe (Fahrlichtlampe)
2 Biluxlampe (Fahrlichtlampe)
3 Biluxlampe (Fahrlichtlampe mit alter Lampenfassung)
4 Zweifaden-Glühlampe mit einem Faden für das Rücklicht und einem für das Bremslicht
5 Standlichtglühlampe (vorn)
6 Sofit-Zweipolglühlampe (wird verschiedentlich noch als Rücklichtlampe oder in den »Ochsenaugen« als Blinkerlampe eingesetzt)

- Eine Zweifadenlampe mit 12 V und 5 W/21 W stellt eine kombinierte Rücklicht-Bremslichteinheit dar, wobei der kleine Wattbetrag die Rücklichtbeleuchtung kennzeichnet.
- Logischerweise ist demnach eine Glühlampe mit 12 V und 5 W eine reine Rücklichtlampe (Durchmesser des Glaskolbens ca. 17 mm).
- Leerlauf-, Fernlicht-, Zünd- und Ölkontrollampen sowie Instrumentenbeleuchtungen haben meist 3,4 W (Durchmesser des Glaskolbens ca. 6 mm).

Wodurch Glühlampen am häufigsten ausfallen

Zerstört werden Glühlampen am häufigsten durch Erschütterungen (der glühende Faden ist relativ empfindlich und bricht leicht) oder durch häufiges An- und Abschalten der Lampe (der Ein- und Abschaltstrom erreicht hohe Werte, während der Dauerstrom, wenn die Lampe erst einmal leuchtet, deutlich niedriger liegt).

Glühlampen, die mit hoher Wattzahl in engen Scheinwerfergehäusen und schlecht gekühlt ihre Arbeit tun müssen, werden ebenfalls nicht alt. Richtig alt dagegen werden Lampen, die erschütterungsfrei, nicht oft geschaltet und gut gekühlt beschaulich ihr Dasein fristen, wie Instrumenten- oder Kontrollampen.

Halogenlampen haben mindestens die zweifache Lebensdauer einer normalen Bilux-Glühlampe.

Bilux-Lampen für Hauptscheinwerfer

Sie wird heute nur noch selten eingesetzt. Ihre Leistung beträgt in der Regel 45/40 W (Aufblendfaden/Abblendfaden) bei 12 V Bordnetzspannung.

Der Abblendfaden führt einen kleinen Bogenreflektor an seiner Halterung, der das Licht auf den oberen Teil des Hauptscheinwerfer-Reflektors wirft. Das optimiert den bei Abblendlicht nach unten gerichteten Lichtfächer. Der Aufblendfaden ist bogenförmig in der Mitte der Lampe angeordnet und verteilt sein Licht (relativ) gleichmäßig nach allen Seiten.

Auf dem Boden des Sockels befinden sich zwei Kontaktstellen, eine für den Aufblend-, der andere für den Abblendfaden. Die Stromrückführung zum Minuspol der Batterie erfolgt über den Lampensockel. Zwei unterschiedlich große Blechstege an den Seiten des Sockels verhindern ein Verdrehen der Lampe beim Einbau in den Hauptscheinwerfer. Das ist notwendig, damit der kleine Reflektor für das Abblendlicht sein Licht nicht in die falsche Richtung abstrahlt. Alternativ zu den Blechstreifen gibt es bei Bilux-Lampen auch einen Lampenring aus Blech, der um den Sockel herumgelegt ist und eingepreßte Ausformungen enthält, welche das falsche Einsetzen der Lampe verhindern. Beide Bauweisen von Bilux-Lampen passen mit ihren unterschiedlichen Sockeln nur in dafür vorgesehene

Hauptscheinwerfereinsätze hinein. Sie sind untereinander nicht austauschbar!

Halogen H4-Lampen für Hauptscheinwerfer

Dies ist eine Hauptscheinwerferlampe, deren Gasfüllung (Halogen, Jod und Bromverbindungen als Zusätze) einen Kreislauf produziert. Ein »Recyclingprozeß« führt die verdampfenden Wolframbestandteile im Glühkolben der Lampe stets wieder zu den Glühfäden (Glühwendeln) zurück, wodurch diese eine recht hohe Lebensdauer erhalten.

- Halogen H4-Glühlampen für Hauptscheinwerfer besitzen (wie Bilux-Lampen) zwei Glühfäden. Sie führen jedoch einen schmalen Glaskolben aus extrem hitzefestem Quarz- oder Hartglas statt der dünnen, gerundeten Glaskugel ihrer schwachbrüstigen Vorgänger. Ihre Leistung beträgt stolze 60/55 W (in den Rallye-Ausführungen sind es z.T. 130/90 W), weshalb sie mittlerweile in Motorradscheinwerfern Standard sind.
- Die Halogen H4-Glühlampe führt wie die Bilux-Lampe einen kleinen Bogenreflektor für den Abblendfaden an der Halterung. Der Aufblendfaden befindet sich ebenfalls in der Mitte des Glaskolbens. Die schwarze Kappe aus hitzefester Farbe als Mütze oben auf dem Glaskolben soll Streulicht verhindern.
- Der Sockel besitzt drei Kontaktstellen, als Blechstreifen für den Anschluß eines dreipoligen Normsteckers ausgeführt. Die Kontaktstellen stellen die Stromversorgung sicher (einer für den Abblendfaden, einer für den Aufblendfaden und einer für die Stromrückführung zum Minuspol der Batterie).
- Drei sternförmig angeordnete und unterschiedlich breite Blechlaschen an der ringförmigen Lampeneinfassung stellen die korrekte Position der Glühlampe im Hauptscheinwerfer sicher.

Abb. 228: Strompfade von Horn, Leerlaufkontrolle und Bremslicht (Kawasaki KE 175-D1)

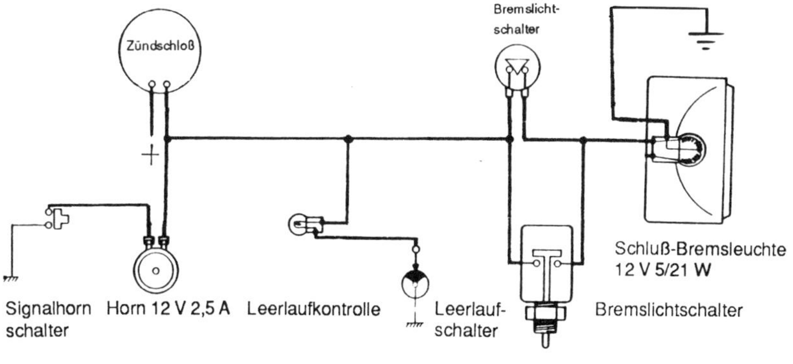

7.10.3. Rück- und Bremslichter am Motorrad

Das Lampenglas von Brems- und Rücklichtbeleuchtung besteht aus farbigem Kunststoff, welcher einen eingesetzten Rückstrahler aufweist. Dieser Rückstrahler, Katzenauge genannt, hat die überaus wichtige Aufgabe, bei Ausfall der Beleuchtung das Licht eines nachfolgenden Fahrzeuges zu reflektieren und dessen Fahrer zu warnen.

Rückstrahler können als Einzelstrahler auch separat aufgeführt sein. Zunehmend sieht man sie außerdem als Seitenreflektoren in gelber Farbe.

- Rückstrahler, Bremslicht und Rücklicht strahlen in rotem Licht, Blinker in Gelb, Haupt- und Zusatzscheinwerfer in Weiß (Vorschrift der Straßenverkehrszulassungsordnung).

Rücklicht

Mittlerweile werden vermehrt zwei Rücklichtlampen bzw. zwei Doppelfadenlampen in einem Rücklichtgehäuse (zwei Rücklicht- und zwei Bremslichtwendeln) eingesetzt, so daß bei Ausfall eines Glühfadens der andere die Rückendeckung aufrechterhalten kann. Das ist bei den heutigen Verkehrsverhältnissen ungemein wichtig. Vor allem Besitzer von kleinen Motorrädern/Motorrol-

Abb. 229: Strompfade der Motorradbeleuchtung (Kawasaki KE 175-D1)

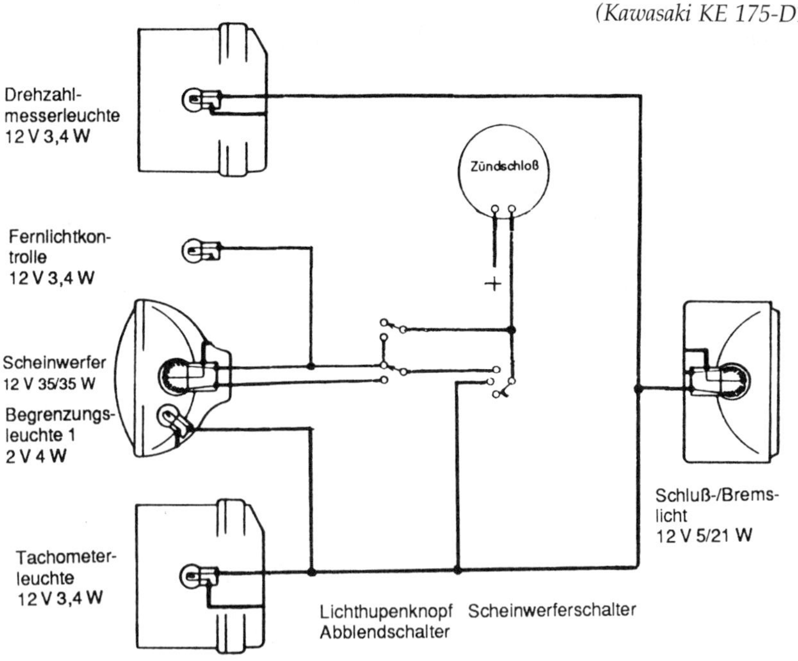

lern können über natürliche Gefahren von hinten ein Lied singen. Leider sind Doppellampen im Rücklicht immer noch nicht Standard, so daß auch mancher Besitzer eines neuen Motorrades auf Dauer mit einem einzigen Leuchtfaden hinten durch die Nacht fahren muß.
Bei einer defekten Doppelfadenlampe im Rücklicht kann man durch einfaches Umstecken der Leitungsanschlüsse aus einer Bremsbeleuchtung notfalls eine Rückbeleuchtung machen! Als Orientierungshilfe für die Leitungsfarben kann der Schaltplan dienen, der in jedem Bordbuch (und auch im Werkstatthandbuch) ganz hinten zu finden ist.

Bremslicht
Das Bremslicht wird in der Regel durch zwei Schalter betätigt. Der eine sitzt am Hand-, der anderen am Fußbremshebel. Leichtes Antippen des Fußbremshebels bzw. Ziehen am Handhebel schließen die Kontakte. Bremslichtschalter für die Fußbremse sind einstellbar, wobei man mit dem Einstellen des Fußbremshebels auch den Druckpunkt des Bremsschalters anpassen kann.

7.10.4. Die Blinkeranlage

Eine Blinkeranlage (Amtsdeutsch: Fahrtrichtungsanzeiger) besteht aus vier Blinkerlampen mit den entsprechenden Gehäusen und der gelben Verglasung, der Verkabelung sowie dem Blinkgeber als Steuerteil. Ein Blinkschalter am Lenker bedient die Anlage.
Im Rhythmus von etwa 90 Blinkimpulsen pro Minute (Vorschrift der StVZO) leuchten jeweils zwei Blinkerlampen gemeinsam auf. Die Dunkelphase zwischen den Leuchtphasen soll geringfügig länger andauern, um, wie Versuche ergeben haben, die Lichtsignale tiefer ins Bewußtsein der Menschen eindringen

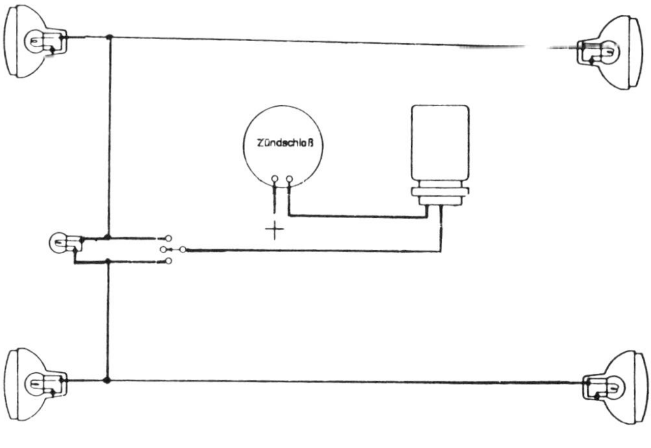

Abb. 230: Strompfade der Blinkeranlage (Kawasaki KE 175-D1)

zu lassen. Anders ausgedrückt: Auch im Halbschlaf sollen Blinkersignale noch wahrgenommen werden!
Als Blinkerlampen werden Einzelfaden-Glühlampen mit 12 V – 18 W (ältere Fahrzeuge) bzw. 21 W eingesetzt. 6 V-Anlagen nutzen 18-W-Lampen.
Fällt eine Blinkerlampe aus, ändert sich der Blinkrhythmus. Er wird schneller, was ein Signal für den Fahrer ist, der nun weiß, daß er möglichst bald eine neue einbauen muß.

Der Blinkgeber
Er wird in unterschiedlichen Bau- und Funktionsweisen hergestellt. Am häufigsten sind:
1. Bimetall-Blinkgeber
2. Kondensatorgesteuerte Blinkgeber
3. Elektronisch gesteuerte Blinkgeber
1. Der Bimetall-Blinkgeber ist der empfindlichste von allen, weshalb man ihn auch nicht fallenlassen sollte. Er hängt am Rahmen an einer Gummilasche oder an einer Drahtwendel. Auf keinen Fall fest anbauen! Er muß freischwebend in seiner Halterung montiert sein.
Bimetall-Blinkgeber erkennt man an ihrem geringen Gewicht, das den Eindruck erweckt, es sei gar nichts drinnen in der Dose. Wenn man ihn vorsichtig schüttelt, klimpert es ein wenig. Dieser Blinkgeber ist rein mechanisch aufgebaut und funktioniert mit Hilfe eines Metallstreifens, der sich unter Strom erwärmt und verbiegt und dabei Kontakte schließt.
2. Kondensatorgesteuerte Blinkgeber nutzen den Kondensator als Zeitgeber für den Blinkrhythmus und sind mit einer einfachen elektronischen Steuerung ausgerüstet.
3. Kräftig im Vormarsch sind die vollelektronisch gesteuerten Blinkgeber, weil sie sehr zuverlässig und genau arbeiten. Zudem haben sie praktisch keine Anlaufzeit (im Gegensatz zum Bimetallschalter), arbeiten unabhängig von der Außentemperatur und verbrauchen selbst nur minimal Strom. Ihr Blinkrhythmus hängt nicht von der Stärke der Bordnetzspannung ab und unterliegt deshalb auch keinen Schwankungen.
Wenn man sich einen neuen Blinkgeber besorgen muß, weil der alte defekt ist, kann es durchaus einer vom Auto sein, auch vom Schrottplatz. Neue Blinkgeber sind aus unverständlichen Gründen oft teuer. Wichtig ist nur, daß die Angaben übereinstimmen. Sie lauten meistens: »12 V 2(4) x 21 W«! – Der Blinkgeber ist demnach für vier Blinkerlampen je 21 W ausgelegt, die jeweils zu zweit brennen dürfen. Die überflüssigen Anschlüsse auf dem Auto-Blinkgeber sind für Kontrollampen oder für den Anhängerbetrieb zuständig. Man läßt sie offen (unbelegt).

Die Anschlüsse des Blinkgebers
Angegeben wird die deutsche Bezeichnung und in Klammern die japanische:
- Klemme 45 (B) – Anschluß des Blinkgebers an die Stromversorgung des Bordnetzes.

• Klemme 49a (L) – Ausgangsklemme des Blinkgebers. Über sie werden die Blinkimpulse zum Mittelkontakt des Blinkerschalters am Lenker geleitet, der sie dann nach links oder rechts zu den jeweiligen Lampenpaaren weiterschaltet.

• Klemme 31 (E) – Fahrzeugmassenanschluß (Minus) des Blinkgebers. Über ihn wird der Stromkreis zur Batterie geschlossen. Teilweise dient die Befestigungslasche des Blinkgebers als Masseverbindung. Blinkgeber also nicht elektrisch (von der Fahrzeugmasse) isoliert montieren, wenn der Blinkgeber nur zwei Anschlüsse besitzt. Die Lasche könnte die notwendige Masseverbindung sein.

• Die Blinker-Kontrollampe im Instrumentenbrett wird über eine parallele Leitung mit Strom versorgt, der vom Blinkerstrom abgezweigt wird.

7.10.5. Der Kabelbaum

• Die elektrischen Leitungen, zum Kabelbaum gebündelt, übertragen den für den Betrieb notwendigen elektrischen Strom, stellen über die Masseleitungen und Masseanschlüsse den Stromkreislauf her, übertragen Steuerbefehle und Informationen. Damit dabei keine Kurz- oder Masseschlüsse entstehen können, müssen sie gut isoliert sein.

Je dicker ein Kabel, desto größere Strombelastungen verträgt es.

Das Starterkabel ist deshalb so stark, weil sich unter den vielleicht 150 A Nennstrom aus der Batterie ein dünnes Kabel in Rauch auflösen würde!

Die Verbindungsstellen von Kabeln untereinander sind kritische Punkte. Je stärker und je länger sie der Witterung ausgesetzt sind, desto eher beginnen die Kabelschuhe der Steckverbindungen des Kabelbaums innen durch Feuchtigkeitseinfluß zu korrodieren. Diese *Korrosionsschicht* hat eine elektrisch isolierende Wirkung.

Wenn also beispielsweise zwei Blinkerlampen immer schwächer leuchten und die Blinkimpulse immer langsamer werden (nicht bei vollelektronischen Blinkgebern), obwohl die Batterie gut geladen ist, sollte man bei den Steckverbindern nachschauen. Die Korrosionsschicht schiebt sich allmählich zwischen die kontaktgebenden Flächen und schnürt dabei quasi den Strom ab. Man sagt: Die *Übergangswiderstände* nehmen zu. Abhilfe bringt Aufpolieren und Einfetten mit Batteriefett.

Ähnliches gilt für die Fassungen der Glühlampen und deren Gehäuse.

Kabel oder Kabelstränge sollten darüber hinaus niemals stramm verlegt werden, weil durch Zug, Vibrationen und Biegemomente die Gefahr von Kabelbrüchen dann ganz besonders groß ist.

An- oder durchgescheuerte Kabelisolationen müssen mit Isolierband umwunden werden, weil sie Masse- oder Kurzschlüsse und damit Fehler in der Elektrik oder in der Bordelektronik verursachen könnten. Auch sollte man unbedingt darauf achten,

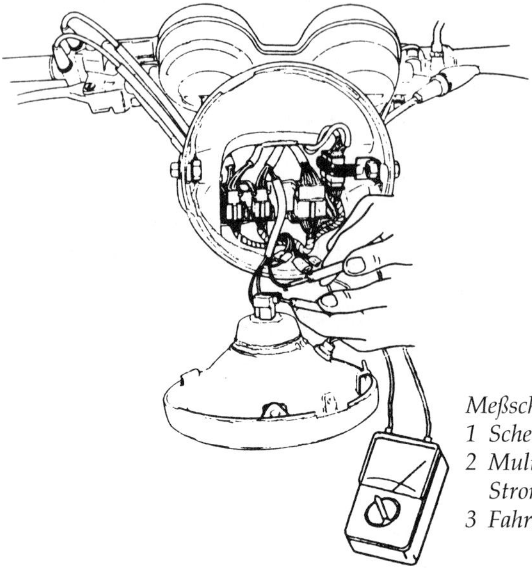

Abb. 231: Strommessung im Kabelbaum der Lichtanlage (Honda)

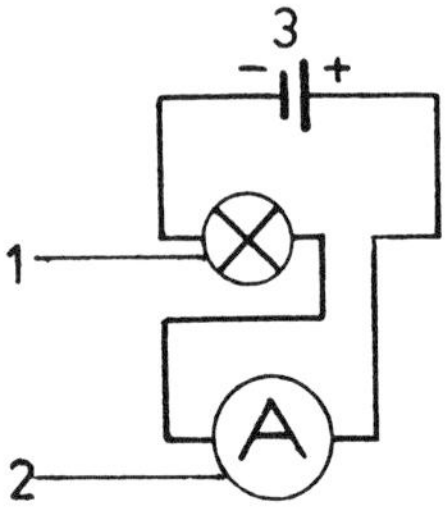

Meßschaltung für eine Strommessung
1 Scheinwerferanlage-Fahrlicht
2 Multimeter-Meßgerät auf Ampere/ Strommessung geschaltet
3 Fahrzeugbatterie

Kabel, die um Ecken oder enge Biegungen verlegt sind, oder solche, die häufig hin- und herbewegt werden (Lenkkopf), regelmäßig auf Scheuerstellen und Knicke zu prüfen.

Angescheuerte Stellen sollte man auch daraufhin prüfen, ob neben der Isolation auch einzelne Drähte beschädigt oder gebrochen sind. Dann muß diese Leitung in jedem Fall ersetzt werden.

Man tauscht ein solches Teilstück entweder komplett aus oder flickt ein neues mittels Kabelverbinder fachlich sauber ein. Einzelne Leitungsstränge mit Steckverbindern an jedem Ende gibt es als Ersatzteil möglicherweise auch vom Vertragshändler!

• Die verschiedenen Leitungen im Bordnetz sind mit Farben gekennzeichnet, so daß eine Verwechslung nicht so leicht möglich ist. Dennoch sollte man bei Demontagen, neben der Verwendung eines Schaltplans, Aufzeichnungen herstellen, weil gleiche Kabelfarben auch von anderen Bauteilen im selben Strompfad geführt werden können. Das führt leicht zu Verwirrung.

7.10.6. Sicherungen

Sicherungen zeigen durch ihr Durchbrennen an, daß das betreffende Kabel überlastet wurde. Ohne Sicherungen würden bei Kurzschlüssen die Leitungen im Kabelbaum verschmoren; und ein Kabelbrand, gut erkennbar an der Rauchwolke und dem ätzenden Gestank, könnte die ganze Maschine in Brand setzen (was oft genug geschehen ist). Stets muß auf die Verwendung richtig di-

mensionierter Sicherungen für die jeweilige Aufgabe geachtet werden (Bordbuch). Niemals Sicherungen unterschiedlicher Stärkeangaben miteinander vertauschen!
Sicherungen werden auf den Leitungsquerschnitt der kupfernen Kabelseele abgestimmt.

Beispiel Kupferlitzenkabel (VDE 0100/12.65):

Querschnitt der Leitung	Strombelastung des Kabels	Nennstrom der Sicherung
0,75 mm	13 A	10 A
1,00 mm	16 A	16 A
1,50 mm	20 A	20 A
2,50 mm	27 A	25 A

Ausländische Normen weichen manchmal von der deutschen ab!

- Bordnetze alter Motorräder, mit nur einer Sicherung, führen diese in der Hauptversorgungsleitung, die vom Pluspol der Batterie zum Zünd- und Hauptschalter reicht. Sie wird gerne als 20-A-Sicherung ausgelegt, richtet sich aber nach dem gesamten Stromverbrauch aller zuschaltbaren Verbraucher. Sind alle eingeschaltet, darf die Sicherung nicht durchbrennen. Da bei einem Kurzschluß aber höhere Ströme fließen können, die dann das Leitungsnetz gefährden, wird im Fall des Falles diese Sicherung die Fahrzeugbatterie vom Bordnetz trennen.
- Moderne Motorräder besitzen einen richtigen Sicherungskasten mit mehreren Sicherungen. Das bedeutet, daß bei einem Kurzschluß, beispielsweise im Blinkerstromkreis, nicht auch gleichzeitig der Zündstromkreis ausfällt und die Maschine liegenbleibt. Nach Hause fahren kann man auch ohne funktionierende Blinkanlage. Ein anderer Vorteil: Man kann Stromkreise mit geringeren Kabelquerschnitten einbauen (Material- und Gewichtsersparnis) und diese dann separat und besser durch eine Sicherung mit einem kleinen Ampere-Wert schützen.

An Motorrädern verwendet man mit Vorliebe Schmelzsicherungen. Sie besitzen auf einem Trägermaterial aus Keramik oder in einem Glasröhrchen mit metallenen Endkappen einen Draht, meist aus Kupfer, Aluminium oder Messing, der beim Nennstrom durchschmilzt. Die Sicherung schützt so als festes Glied einer Kette die Kabel des Bordnetzes.
Auf jeder Sicherung ist der maximale Nennstrom angegeben, auf den Glassicherungen manchmal noch der Spannungswert und ein Buchstabe für die Durchschmelzgeschwindigkeit der Sicherungen. »F« steht dort für »fast« = flink.
Die Glassicherungen sind Sicherungen amerikanischer Norm. Schmelzsicherungen mit Keramikkörper entsprechen der deutschen Norm.

7.11. Fehlersuche in der Bordelektrik von Motorrädern

Die Fehlersuche im Bordnetz kann eine verzwickte Angelegenheit sein. Wir unterscheiden Fehler an elektrischen Aggregaten, also an der Batterie, an Lampen, Schaltern, Hupe und Instrumenten etc., und solche, die im Kabelnetz selber liegen.

Zur besseren Übersicht ordnen wir Lichtmaschine, Regler, Anlasser, Hupe, Lampen, Batterie und alle anderen auch ihren jeweiligen Stromkreisen zu. – Das macht uns das Zurechtfinden im Kabelbaum leichter.

So besteht beispielsweise im Stromkreis des Anlassers eine Leitungsverbindung vom Batterie-Pluspol bis zum Anschluß am Magnetschalter, sowie vom zweiten Magnetschalteranschluß bis zum Elektromotor des Starters (Primärstromkreis des E-Starters). Dazu gehört natürlich noch der separate (sekundäre) Stromkreis, der über den Startertaster an der Lenkerarmatur den Magnetschalter bedient und in dessen Leitungsnetz sich noch Zwischenschalter (ev. Kupplungs-, Seitenständer- und Leerlaufschalter) sowie das Zündschloß befinden.

Das klingt kompliziert und ist in der Tat nicht einfach, doch wenn man Schritt für Schritt und mit viel Geduld vorgeht, ist das Thema bald zu erarbeiten.

Grundlage jeder Vorgehensweise sollte der Schaltplan im Bordbuch sein. Er ist eine *schematische Abbildung* des Bordnetzes, und auf ihm können wir die elektrischen Verbindungen der einzelnen Stromkreise zwischen den Bauteilen erkennen und mit dem Finger abfahren.

Ein guter Trick, um die Übersicht zu bewahren, besteht darin, die wichtigen, bzw. die zu untersuchenden Stromkreise mit verschiedenfarbigen Stiften hervorzuheben.

Dann muß man sich mit der Bedeutung der Schaltzeichen und der Führung der Strompfade (der Linien zwischen den Bauteilen) sowie deren Bezeichnungen vertraut machen.

Man sollte sich nicht irre machen lassen, wenn Zuleitungen auf dem Plan in Schaltereinheiten verschwinden. Gewiß ist weiter unten dann in einem Extrakasten erklärt, wie die Verbindungen untereinander verlaufen und bei welcher Schalterstellung welche Zuleitungen wie geschaltet sind. Wo das nicht der Fall ist, wie beispielsweise bei der »Black Box« der Zündanlage, ist die Funktion im Werkstatthandbuch erklärt und damit auch Sinn und Zweck der angeschlossenen Bauelemente.

Manches Lämpchen und mancher Schalter bezieht seinen Strom von einem Nachbarschaltkreis. Nicht jede Stromleitung läßt sich auf direktem Weg bis zum Pluspol der Batterie zurückverfolgen. Viele sind an »Stromschienen« angeschlossen. Masseka-

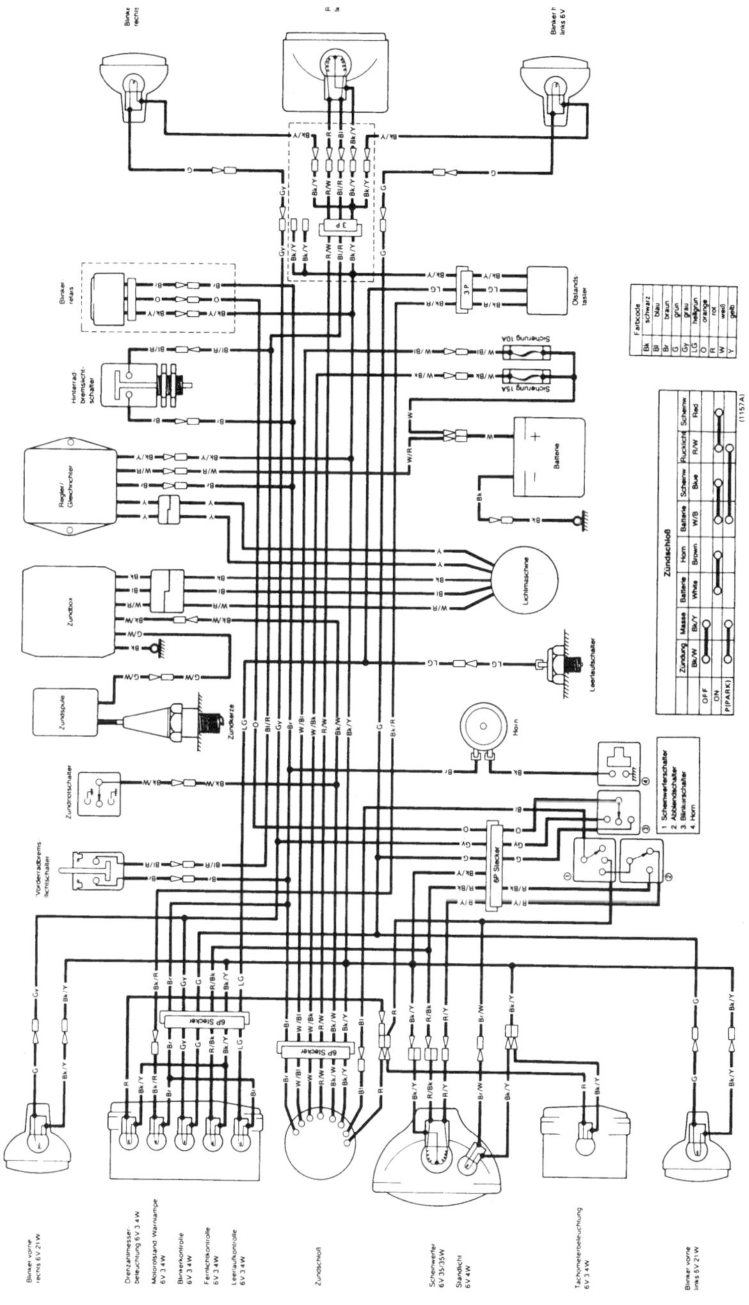

Abb. 232: Kompletter Stromlaufplan der Kawasaki KE/175-D1

bel sind sehr oft auf einer Ringöse zusammengeschaltet und werden irgendwo auf Fahrzeugmasse verschraubt, um keine unnötigen Leitungslängen zu verursachen und um eine sichere Massegabe zu erhalten.

- Man sollte sich bei allen Arbeiten im Bordnetz das Kreislaufprinzip vor Augen halten: Jeder Stromkreis in einem elektrischen Kreislauf muß *geschlossen* sein, wenn der Verbraucher Strom erhalten soll!
- Dabei führen die Leitungen der Schaltkreise, direkt oder indirekt mit dem Batterie-Pluspol verbunden, meist über Sicherungen und Steckverbinder zum Schalter, zum Verbraucher und von dort an Fahrzeugmasse, die den Strom via Minuskabel zum Anschluß der Fahrzeugbatterie (Minuspol) zurückleiten.

Fehlersuche am Beispiel Kawasaki KE 175 D1

An Hand des angenehm einfach und übersichtlich gehaltenen Schaltplans der Kawasaki KE 175 D1 (eine Enduro) wollen wir den Stromkreis des Bremslichtes verfolgen und uns dabei Gedanken machen, was da so alles kaputt gehen kann (siehe Abbildung Nr. 232)!

Wir starten die Beschreibung der Stromläufe mit den leicht zu identifizierenden Bauteilen, weil die Leitungswege von dort aus am einfachsten zu erkennen sind. Es sind dies das Rücklicht, der Hinterrad-Bremslichtschalter, der Vorderrad-Bremslichtschalter sowie das Zündschloß. Am Anfang bemühen wir uns, die Strompfade zu entwirren und die Verbindungen zwischen den genannten Teilen herzustellen (farbige Filzstifte verwenden!). Dabei geht es darum, den Verlauf des Stromflusses zu finden.

Die Bezeichnung für die *Farbcodierung* der einzelnen Leitungen im Kabelbaum entschlüsseln wir an Hand des Farbcode-Kästchens im Schaltplan. Im Falle des Bremslichtstromkreises kommt das braune Kabel über einen Steckverbinder von einem Hauptstromkabel, welches ebenfalls die Farbe Braun führt. Dieses Hauptkabel ist verbunden mit dem Zündschloß, das, wie wir wissen, nicht nur den Zündstrom schaltet, sondern auch als Hauptstromschalter insgesamt fungiert.

Das Kästchen *Zündschloß* im Schaltplan zeigt uns dann, von links nach rechts gelesen, daß der Anschluß »**Br**« (Brown = Braun) in der »**ON**«-Stellung des Zündschlosses mit der Batterie verbunden ist. Der entsprechende Zündschloßkontakt trägt das Zeichen »**W**« (white = weiß). Wir wissen nun, daß das Kabel »**Br**« in dieser Zündschloßstellung Strom führt!

Das Kabel »**Bl/R**« (Blau/Rot) führt vom Anschluß des Vorderrad-Bremslichtschalters geradewegs über den Dreifachstecker »**3P**« zum Steckverbinder der Brems-/Rücklichteinheit. Von dort aus reicht das Kabel »**Bl**« (Blau) bis zum Lampensockel der kombinierten Bremslicht-Rücklichtlampe.

Da jede Lampe über einen Masseanschluß verfügt, können wir leicht das Kabel »**BK/Y**« (Black/Yellow = Schwarz/Gelb) hierfür identifizieren.

Das Massekabel im Schaltplan ist seitlich an der Lampe angeschlossen, was eine Darstellung des Masseanschlusses ist, da in Realität eine Lampe keinen seitlichen Stromkontakt führt. Wohl aber das blanke Gehäuse des Sockels, welches, den elektrotechnischen Normen entsprechend, immer mit Masse verbunden wird.

Dieses Kabel verfolgen wir über einen Steckverbinder sowie den bekannten Dreifach-Steckverbinder »**3P**« in gerader Linie zum »**6P**«-Stecker und von dort zum Zündschloßanschluß »**BK/Y**«, der uns durch einen Blick ins Zündschloßkästchen verrät, daß er den Massepunkt darstellt.

Mit einem prüfenden Blick können wir rasch feststellen, daß der Hinterrad-Bremslichtschalter dem vorderen Bremslichtschalter parallelgeschaltet ist. Er stellt somit eine zusätzliche Schaltstelle für das Bremslicht dar.

Der reale Stromfluß wird also folgenden Weg nehmen: Zündschloß auf »**ON**«, Strom fließt über die Sicherung von der Batterie kommend an den Anschluß »**W**« des Zündschalters und bei geschlossenem Bremslichtschalter, egal welchem, über die Brücke (siehe Zündschloßkästchen) »**White**« (**w**) nach »**Brown**« (Br). Vom Zündschloßkontakt »**Br**« ins Hauptstromkabel und von dort aus zum jeweils geschlossenen Bremslichtschalter, oder auch zu beiden, die den Strom im Kabel »**Bl/R**« (Blau/Rot) zum Glühfaden der Bremslichtlampe leiten.

Von dort fließt er über das Lampengehäuse ins Kabel »**BK/Y**« (Schwarz/Gelb) und da zum Zündschloßkontakt »**BK/Y**«, der mit dem Minuspol der Batterie über die Fahrzeugmasse verbunden ist. – Der Stromkreis ist hergestellt.

Fehlersuche nach dem Schaltplan

Nachdem sich ein Fehler in der elektrischen Anlage bemerkbar gemacht hat, versuchen wir zuerst einmal, ihn im Bordnetz einwandfrei zu lokalisieren.

Das geschieht im Prinzip so: Geht die Hupe nicht, denken wir an den Hupenstromkreis; funktioniert eine Instrumentenbeleuchtung nicht, denken wir an den Stromkreis der Instrumentenbeleuchtung. Komplizierter wird es, wenn mehrere Stromkreise betroffen sind, also mehrere Baugruppen ausgefallen sind.

In allen Fällen ist es jetzt empfehlenswert, den Schaltplan hervorzuziehen, um sich die Kabelverbindungen und den Stromlauf sowie die miteinander verbundenen Baugruppen näher zu betrachten.

Nehmen wir einmal beispielhaft an: Das Bremslicht leuchtet *nicht* auf, wenn wir den Fußbremshebel bedienen. (Zur besseren Verdeutlichung wurde der Stromkreis des Bremslichtes in der Abbildung 233 isoliert dargestellt).

Wir klappen als erstes den Schaltplan auf, schauen und überlegen: Der Strom kommt vom Pluspol der Batterie zum Zündschloß und fließt zum braunen (Br) Anschluß des vorderen – aber auch des hinteren Bremslichtschalters. Die anderen Anschlüsse der beiden Schalter vereinigen sich als blau/rotes (Bl/R) Kabel. Dieses führt direkt zum Rücklicht und von dort an den Kontakt der Lampe für den Bremslichtfaden.

Vom Masseanschluß des Lampensockels aus führt ein schwarz/gelbes Kabel (BK/Y) dann an den Anschluß des Zündschlosses, von dort aus zum Minuspol der Batterie: Das schließt den Stromkreis für das Bremslicht.

Wir beginnen unsere Analyse mit dem Ausprobieren aller Funktionen. Nach dem Betätigen der Vorderradbremse leuchtet das Bremslicht auf und macht uns klar, daß die Lampe im Bremslichtgehäuse unbeschädigt ist. Bei der Betätigung der Fußbremse aber bleibt die Bremslichtlampe dunkel!

Unsere Studien im Schaltplan haben gezeigt, daß der vordere und der hintere Bremslichtschalter zur Bremslichtlampe hin *dasselbe* Kabel als Strompfad benutzen und daß sie weiterhin auch ihren gemeinsamen Strom aus dem braunen Kabel (Br) zapfen (Hauptstromkabel oder auch Stromschiene genannt), welches auch die Hupe, die Motorölstands-Warnlampe und das Blinkerrelais versorgt.

Diese Strompfade sind aber in Ordnung. Die Kabel haben Durchgang, und auch die Masseverbindung der Bremslichtlampe ist nicht defekt.

Also nehmen wir uns als letzte Möglichkeit den hinteren Bremslichtschalter vor. Als Meßwerkzeug holen wir unsere Prüflampe mit den Meßspitzen und klemmen die Krokodilklemme der Zuleitung irgendwo an Fahrzeugmasse an. Bei eingeschalteter Zündung stechen wir mit der Prüfspitze in das Metall des Steckverbinders für das braune Kabel (Br). Vom Schaltplan her wissen wir, daß dies die stromführende Leitung vom Zündschloß her sein muß. Die Prüflampe leuchtet auf. Also gelangt der Strom zumindest bis an den Schalter.

Nun stecken wir die Prüfspitze in den Steckverbinder des anderen Anschlußkabels, welches zur Bremslichtlampe führt (Bl/R).

Die Prüflampe bleibt dunkel – das ist soweit in Ordnung. Nun noch einmal die Fußbremse betätigen: Sie bleibt immer noch dunkel! – Laut Schaltplan sollten die Kontakte jetzt geschlossen sein, der Strom zur Bremslichtlampe fließen, demnach auch unsere Prüflampe leuchten. Nun ist es heraus: Der Bremslichtschalter selbst ist der Übeltäter!

Wir bauen ihn aus und nehmen ihn auseinander:

Eine braun-grüne, rostige Staubwolke kommt uns entgegen. Die Kontaktflächen des Bremslichtschalters

sind dick korrodiert: »Der konnte ja nicht mehr funktionieren!« Der Durchflußwiderstand (Übergangswiderstand) für den Bremslichtstrom ist durch die Korrosion viel zu groß geworden.
Um seine Funktion wieder herzustellen, werden alle Teile gut abgebürstet. Die Kontaktflächen müssen mit Schmirgel- und Polierleinen gesäubert werden. Zum Schluß mit Batteriefett bestreichen und alles wieder zusammenbauen.
Mit dem Widerstandsmeßbereich unseres Multimeters (Ohmbereich) prüfen wir den Durchgang bei betätigtem Schalter: Null Ohm! – Ausgezeichnet! Schnell einbauen und probieren: Das Bremslicht leuchtet auf! Wir haben es geschafft, die Fehlersuche im Kabelbaum ist beendet und der Fehler behoben.

7.11.1. Ein paar Fehlerquellen in der Starter- und in der Zündanlage

Wenn ein Motor einmal nicht starten will, so gibt es mehrere Möglichkeiten:

1. Es tut sich gar nichts, nicht einmal der Anlasser dreht oder der Magnetschalter klackt:

- Das Zündschloß kann schadhaft sein. Wir versuchen, durch Hin- und Herschalten und Wackeln, dem Schalter irgendwelche Anzeichen eines Funktionierens zu entlocken. Falls sich das Zündschloß als defekt erweisen sollte, kann man es in einigen Fällen auseinandernehmen und reparieren. In anderen Fällen ist es nicht zu öffnen und muß erneuert werden.
- Die Sicherung im Schaltkreis Starteranlage – Starterknopf – Magnetschalter ist durchgebrannt! – Wir erneuern die Sicherung.
- Der Stromfluß zwischen Batteriepluspol und Zündstromkreis ist unterbrochen, weil sich das Anschluß-

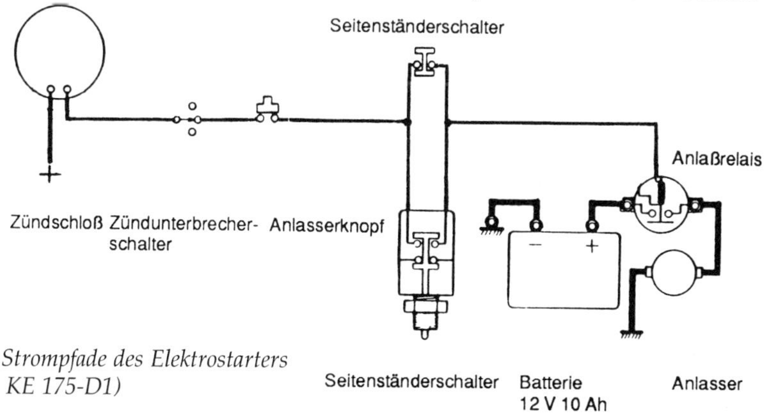

Abb. 233: Strompfade des Elektrostarters (Kawasaki KE 175-D1)

kabel zur Batterie gelöst hat. – Wir befestigen das Anschlußkabel neu und tragen Batteriefett auf.

Achtung! – Fiel das Batteriehauptkabel bei laufendem Motor ab, sind mit ziemlicher Sicherheit die Gleichrichterdioden zerstört worden! Der Generator kann dann Batterie und Bordnetz nicht mehr mit Strom versorgen. Der Gleichrichter muß ersetzt werden.

• Das Kabel von der Batterie zum E-Starter hat sich gelöst, ist korrodiert oder unterbrochen (innen gebrochen). Wir müssen das Kabel neu befestigen, es reinigen und die Enden mit Batteriefett bestreichen. Wenn es gebrochen ist, müssen wir es ersetzten.

2. Der Magnetschalter klackt, aber der Anlasser dreht nicht:

• Die Batterie ist fast leer und muß aufgeladen werden.

• Die Kontakte des Magnetschalters sind korrodiert und können den Starterstrom zum Anlasser nicht mehr schalten. In diesem Falle durch Kurzschließen der beiden großen Anschlüsse am Magnetschalter prüfen, ob der Anlasser dreht oder ob er eventuell defekt ist (einen älteren Schraubendreher zum Kurzschließen benutzen, weil Brandspuren entstehen). Dreht der Anlassermotor durch, ist der Magnetschalter defekt und muß ausgewechselt werden.

• Dreht der Elektromotor des Starters auch nach dem Überbrücken der Magnetschalterkontakte nicht und ist genügend Strom in der Batterie, sollte man nach den Kohlenbürsten des Motors sehen bzw. eine generelle Prüfung durchführen.

3. Strom ist da, der Anlasser dreht, aber die Maschine springt nicht an: Zündkerze herausnehmen, Kerzenstecker draufsetzen, und das Kerzengehäuse an Masse halten. Motor starten. Springt kein Funke über, können folgende Ursachen vorliegen:

• Zündkerze defekt! Kommt in den besten Familien vor. – Kerzen wechseln! Man sollte zum Prüfen und Ersetzen stets ein paar Reservekerzen zur Hand haben.

• Die Unterbrecherkontakte (sofern das Motorrad noch damit ausgerüstet ist) haben sich verschoben und können den Zündstromkreis (Sekundärstromkreis) zur Zündspule weder schließen noch öffnen. – Unterbrecherkontakte überprüfen!

Dieses Ereignis führt bei Mehrzylindermotoren zum permanenten Ausfall eines oder mehrerer Zylinder.

• Bei Elektronikzündanlagen können die Kabel vom Impulsgeber am Motor zur Elektronik im Rahmen unterbrochen oder abgefallen sein. – Anschlüsse kontrollieren, Impulsgeber nach den Angaben im Werkstatthandbuch durchmessen.

• Defekt im Impulsgeber! – Laut Werkstatthandbuch durchmessen und notfalls auswechseln.

• Die »Black Box« der Zündelektronik ist defekt! – Beim Vertragshändler durchmessen lassen und gegebenenfalls erneuern.

• Es liegt oft an Kleinigkeiten, wenn eine Zündanlage bzw. eine Starteranlage ihren Dienst einstellt:

Abb. 234: Strompfade der Zündanlage und der Stromversorgung über Fahrzeugbatterie und Generator (Kawasaki KE 175-D1)

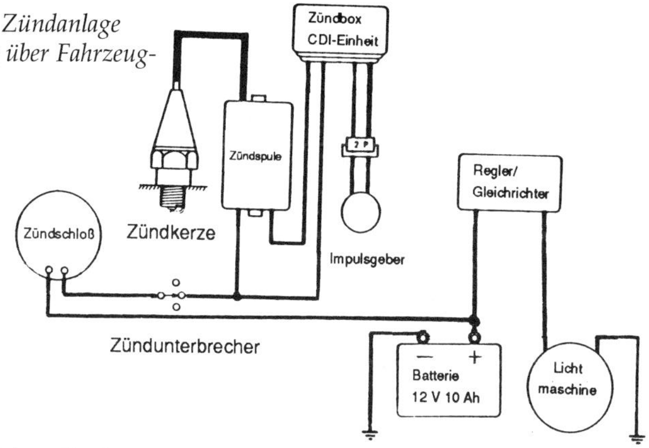

- hohe Übergangswiderstände an korrodierten oder verschmutzten Steck- oder Schraubkontakten: Verschmutzte und korrodierte Stellen reinigen (Messingbürste) und mit Batteriefett versehen.
- Gebrochene oder durch aufgescheuerte Isolation kurzgeschlossene Kabel: Gebrochene Kabel ersetzen, im Notfall reparieren. Die aufgescheuerten Kabel kurzfristig mit Isolierband umwickeln, langfristig erneuern.
- Defekte Kerzenstecker und Zündkerzen: erneuern!
- Sicherungen defekt oder korrodiert: erneuern oder reinigen und mit Batteriefett versehen wieder einsetzen.
- Unterbrecherkontakt (sofern vorhanden) verschmutzt oder defekt: U-Kontakte reinigen und entfetten. Defekte oder stark abgebrannte Kontakte ersetzen!

Letzte Kontrolle: Wurde der Zünd-Notschalter vor den Startversuchen auf »On« geschaltet?

7.11.2. Einige Fehlerquellen im Bordnetz

1. Der vollständige Ausfall aller elektrischen Verbraucher kann bedeuten:

- Hauptsicherung durchgebrannt: Ersetzen und nach der Ursache fahnden! Eventuell aufsteigende Rauchsignale weisen im Kabelbaum den Weg. Die Nase tut's auch, wenn Isolationsmaterial verschwelt (nicht einatmen, das Zeug ist giftig).
- Batterieanschlüsse können abgefallen oder stark korrodiert sein (siehe hierzu auch oben).
- Das Hauptstromkabel zum Zündschloß ist abgefallen: Hauptstromkabel wieder neu befestigen!

2. Die Batterie-Ladekontrollampe leuchtet während der Fahrt:

- Der Regler ist defekt und schickt keinen Strom mehr zur Batterie: Regler austauschen!
- Der Gleichrichter ist defekt und koppelt die Lichtmaschine vom Bordnetz ab: Gleichrichter erneu-

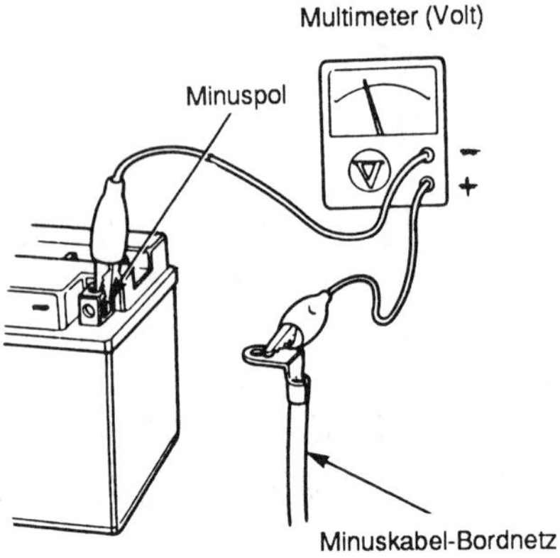

Abb. 235: Prüfen von Stromverlusten über die Fahrzeugmasse (Honda)

ern. Falls er im Regler integriert ist, muß dieser als Einheit gewechselt werden!

- Der Generator ist defekt: Statorspulen und Läuferwicklungen laut Werkstatthandbuch durchmessen (Ohmbereich des Meßgerätes) und entsprechend auswechseln. Wer einen Permanentmagneten als Läufer besitzt, braucht nur den Stator zu prüfen. Im Zweifelsfalle läßt man den Generator von einem erfahrenen Schrauber/Schrauberin, beim Vertragshändler, beim Bosch-Dienst oder von einer Autoelektrik-Werkstatt durchmessen.

3. Die Lampen leuchten zu hell und brennen reihenweise durch: Regler schaltet fehlerhaft und zu spät. Im Bordnetz steigt die Spannung auf einen unzulässigen Wert (über 14,5 V). Der Regler muß eingestellt oder, falls vollelektronisch, gewechselt werden!

4. Die Fahrzeugbatterie kocht beständig vor sich hin (Aufsteigen von Gasperlen im Batteriegehäuse), das Batteriewasser muß ungewöhnlich oft aufgefüllt werden:

- Regler verstellt oder defekt. Er schickt einen zu hohen Ladestrom in die Batterie: Regler einstellen oder auswechseln.
- Es wurde eine zu kleine Fahrzeugbatterie eingebaut: Batteriedaten laut Bordbuch überprüfen.

5. Blinker-, Instrumenten-, Bremslicht- und Rücklichtlampen, Standlichtlampe etc. leuchten nicht, obwohl deren Glühfäden in Ordnung sind: Masseanschlüsse mit dem Ohmmeter überprüfen! Lampensockel, Lampenfassung, Steckverbinder und anschraubbare Masseleitungen auf Kontakt (Korrosion) überprüfen. Vorsichtshalber alle Kontakte sorgfältig abbürsten und mit Batteriefett einfetten.

8. Das Fahrwerk

8.1. Fahrgestell und Straßenlage

Ihren Urahn, das Fahrrad, können Motorräder in keiner Weise verleugnen. Schon das Bauprinzip des Fahrgestells läßt die Erbmerkmale hervortreten: zwei Räder, einspurig angeordnet; dazwischen ein Rahmen und zum Steuern eine drehbare Vordergabel mit Lenker.
Und dort, wo beim Fahrrad die Tretkurbel sitzt, befindet sich auch beim Motorrad das Antriebsaggregat: der Verbrennungsmotor. Und selbst der Antrieb des Hinterrades wird vielfach noch in der gleichen Art bewältigt, nämlich über eine Rollenkette.

Das Fahrgestell
Das Fahrgestell, also Rahmen, Hinterradschwinge, Vordergabel und Räder, hat in Bezug auf die Straßenlage des Motorrads vielfältige Aufgaben zu erfüllen.
Als erstes ist es notwendig, dem Fahrer auf seinem Einspurfahrzeug die aufrechte Sitzposition und eine ausgeglichene Gleichgewichtslage zu sichern. Als labiles Gefährt braucht das Motorrad, wie das Fahrrad auch, Geschwindigkeit, um sich selbst zu stabilisieren, ganz ähnlich einem Spielzeugkreisel. – Ist keine Fahrtgeschwindigkeit vorhanden, muß das Motorrad gestützt werden können, wobei sich hierzu die Fahrerbeine wie von selbst anbieten.
Setzt man ein Zweirad in Bewegung, soll das Fahrgestell in der Lage sein, die Gleichgewichtslage mit möglichst wenig Fahrerhilfe automatisch einzunehmen. Das ist notwendig, weil der Mensch zu langsam auf plötzliche Destabilisierung, etwa durch Fahrbahnunebenheiten, reagieren würde. Ebenso wichtig ist eine gutwillige Reaktion des Fahrgestells auf Lenkausschläge des Fahrers infolge von Richtungsänderungen.
Eine gute Lenkeigenschaft ist neben dem stabilen Geradeauslauf eine weitere gewünschte Eigenschaft. Gute Lenkeigenschaften bestehen, wenn durch Gewichtsverlagerung oder leichtes Drücken am Lenker (bei Linkskurven *drückt* man am linken Lenkerende und umgekehrt!) eine kontrollierte Kurvenfahrt eingeleitet werden kann und wenn das Motorrad, ohne große Hilfen und Korrekturen zu verlangen, in der Kurvenlage die gleiche Stabilität aufweist wie bei einer Geradeausfahrt.
Ferner muß das Motorrad bei einem Verreißen der Lenkung, beim Wak-

keln auf dem Fahrersitz, beim willkürlichen Pendeln zu den Seiten nach Abklingen der Schaukel- und Schwingbewegungen selbsttätig seine Fahrstabilität zurückgewinnen.

Die Lenkung endlich muß den menschlichen Kräften entsprechend bedienbar sein. Ist die notwendige Lenkkraft zu groß, verursachen die körperlichen Anstrengungen Schwingungen, die sich destabilisierend auf das ganze Fahrgestell auswirken können. Sind die aufzuwendenden Kräfte dagegen zu klein (breiter Lenker und steile Lenkgeometrie), bringen winzige Bewegungen und unmerkliche Haltungsänderungen über den Lenker Unruhe ins Motorrad. Dies verursacht Pendel- oder Schaukelbewegungen, die besonders beim Kurvenfahren gefährliche Auswirkungen haben können.

Die Straßenlage

Instabile Zustände des Fahrwerks beeinflussen die Straßenlage. Die wichtigsten instabilen Fahrzustände sind:

- Lenkungsflattern
- Pendeln des Zweirads um die Hoch- und Längsachse

Unter *Lenkungsflattern* versteht man Flatterschwingungen der Vordergabel um die Lenkachse. Diese Schwingungen treten zwischen 40 und 90 km/h auf. Dabei muß der Lenker mit eisernem Griff festgehalten werden! Die Frequenz der Schwingungen wechselt. Sie kann von zwei bis zu zehn, elf Schwingungen pro Sekunde reichen. Die Flatterneigung wird bei den meisten Motorrädern durch entsprechende Fahrwerk- respektive Fahrgestellauslegungen unter Kontrolle gehalten. Nur noch selten wird serienmäßig ein Schwingungsdämpfer (Lenkungsdämpfer) angebaut.

Lenkungsflattern kann bei Fahrzeugen auftreten, die unsachgemäß umgebaut wurden. Auch zu niedriger Reifendruck oder ungünstige Lastverteilung können die Ursache sein.

Normal auftretendes Lenkungsflattern, ausgelöst durch Ziehen am Lenker oder durch Bodenwellen und Schlaglöcher, sollte in zwei bis drei Sekunden abgeklungen sein, wenn das Fahrwerk in Ordnung ist. Andernfalls stimmt etwas nicht.

Das *Pendeln* um Hoch- und Längsachse (auch *Hochgeschwindigkeitspendeln* genannt, weil es erst ab etwa 100 km/h auftritt), ist ein Schwingvorgang, der sich zwei- bis dreimal pro Sekunde wiederholt. Dabei bewegt das Motorrad sich um die Hochachse, wackelt in der Längsachse leicht von einer Seite auf die andere und macht zusätzlich eine der Flatterbewegung ähnliche Drehung um die Lenkachse. Mehrere Schwingungsebenen überlagern sich dabei und können das Motorrad zum Stürzen bringen, wie einige spektakuläre Fälle bewiesen haben.

Hervorgerufen wird das Pendeln, das auch bei modernen Motorrädern nicht immer eliminiert werden kann, in der Regel durch mehrere Faktoren:

- Alterung und schlechte Wartung der Lenkkopflager, der Schwingenlager sowie der Radlager
- abgefahrene Reifen oder falscher Reifendruck
- unrunde, mit Höhen- oder Seitenschlag versehene oder schlecht ausgewuchtete Räder

Doch nicht nur das Motorrad selbst kann zum Pendeln beitragen. Auch der Fahrer hat entscheidenden Anteil daran, wenn:

- er flatternde Kleidung trägt;
- er Windschutzscheiben, Halbschalenverkleidungen etc. anbaut, für die es keine ABE (**A**llgemeine **B**etriebs**e**rlaubnis) gibt oder die für sein Motorrad nicht zugelassen sind, und die er nicht vorsichtig erprobt hat;
- er falsche Reifensorten oder -kombinationen benutzt;
- er mit Packtaschen schneller als zugelassen fährt (meist etwa 130 km/h);
- er Feder- und Dämpfungselemente einseitig oder falsch einstellt;
- er die Befüllung der Teleskopgabel mit Dämpferöl einseitig und ungenau oder mit dem falschen Gabelöl durchführt;
- er undichte Standrohre nicht instandsetzt und den dabei entstandenen Ölverlust nicht ausgleicht;
- er ausgeschlagene oder zu fest angezogene Lenkkopflager oder eine nach der Radmontage verspannte Vordergabel zuläßt;
- er Verluste von Dämpferflüssigkeit der Vorder- und Hinterradfederung oder eine ungleichmäßige Befüllung mit Dämpferöl nicht bemerkt;
- er die Lagerung der Hinterradschwinge nicht spielfrei eingestellt hat.

Das Pendeln des Motorrades, durch Straße oder Fahrer hervorgerufen, klingt, wenn das Fahrwerk in Ordnung ist, normalerweise nach drei bis fünf Sekunden ab. Ein Lenkungsdämpfer nützt gegen dieses Pendeln nichts. Er ist auf die Dämpfung großer Ausschläge hin konstruiert, die beim Pendeln so nicht vorkommen. Außerdem ist die Drehbewegung um die Lenkachse nur eine von mehreren möglichen Pendelschwingungen.

8.1.1. Einfluß der Fahrwerksgeometrie, der Federung und der Reifen

Jedes Einspurfahrzeug besteht aus zwei um eine gemeinsame Achse drehenden Fahrwerkssystemen. Das eine ist die Vordergabel mit Vorderrad, Bremseinheit, Schutzblech, Lampe, Lenker und zwei Gabelbrücken. Das andere besteht aus Rahmen, Motor-Getriebeeinheit, Hinterradschwinge, Hinterrad, Fahrersitz und hinterem Schutzblech.

Gemeinsame Drehachse ist der Lenkkopf mit der Lenkachse und den Lenkkopflagern in der Vordergabel.

Beide Fahrwerkssysteme haben ein eigenes Schwingverhalten, wobei die Kunst der Fahrwerkstechnik unter anderem darin besteht, gleich

Abb. 236: Fahrwerksgeometrie am Motorrad
a) Lenkkopfwinkel
b) Aufstandspunkt
c) Durchstichpunkt
d) Nachlauf
e) Radstand
f) Längenschwerpunkt
g1) Radlastverteilung (vorne)
g2) Radlastverteilung (hinten)
(Suzuki LS 650)

schnelle Schwingungen zu verhindern. Das nämlich würde ein Pendelverhalten des Fahrwerks heraufbeschwören und könnte zum gefährlichen Hochgeschwindigkeitspendeln (etwa in langgezogenen, schnell gefahrenen Autobahnkurven) führen.

Statt das Wesen der Geometrie des Motorrad-Fahrwerks zu ergründen, werden wir die in jeder technischen Beschreibung angegebenen Fahrwerksdaten besprechen und erklären. Dennoch bleiben uns einige Grundzüge der Lenk- und Fahrwerksgeometrie aus Gründen der Verständlichkeit nicht erspart.

• Die dynamischen Zusammenhänge der Zentrifugalkraft der Räder und der Schwerpunktveränderung bei Schräglage und Lenkeinschlag kennt jeder, der einmal bewußt Fahrrad gefahren ist. Die Kreiselkräfte der Räder wirken auch bei Motorrädern stabilisierend, auch ohne Ausgleichsbewegungen vom Fahrer her. Diese Kreisel- und Zentrifugalkräfte der Räder werden beeinflußt, wenn der Fahrer eine Lenkbewegung einleitet. Die Kreiselkräfte bewirken, daß man, um eine Linkskurve einzuleiten, den Lenker am linken Lenkerende kurz *drücken* muß, damit er nach rechts drehen kann. Früher zog man am rechten Lenkerende, um eine Linkskurve einzuleiten, doch offensichtlich werden beim Ziehen am Lenker Fahrwerksunruhen ausgelöst, die durch das Drücken vermieden werden (Erkenntnisse bekannter Rennfahrer). Folgt das Fahrzeug der Bewegung, kippt die Maschine in eine Linkskurve. Eine Rechtskurve wird entsprechend durch Drücken am rechten Lenkerende eingeleitet. Diese Vorgänge geschehen ab etwa 40 bis 60 km/h. Darunter läßt sich jedes Motorrad lenken wie ein Auto!

Kehren wir zu den Grundabmessungen des Motorrades zurück und streifen das Thema der Fahrwerkstechnik.

Der Lenkwinkel (Lenkkopfwinkel)

Die Größe des Lenkwinkels (siehe Abbildung 223) bestimmt den fahrwerklichen Charakter eines Motorrades. Das wird deutlich, wenn wir uns so unterschiedliche Motorräder anschauen wie Chopper, Touren-, Supersport-, Renn-Motorräder, Enduros, Moto-Cross-Maschinen und Trialmotorräder.

Der Lenkkopfwinkel wird zwischen der Senkrechten und dem Verlauf des Lenkkopfes gemessen. Da die Vorderradgabel im Lenkkopf gelagert ist, folgt sie seiner Richtungsvorgabe.

Ein flacher Lenkkopfwinkel wirkt stabilisierend auf die Vorderradgabel. Ein hohes Trägheitsmoment um die Lenkachse vermindert das Eigenschwingverhalten (Eigenfrequenz). Er verbessert den Geradeauslauf des Motorrades bei höheren und hohen Geschwindigkeiten erheblich, muß aber in direktem Zusammenhang mit dem Nachlauf gesehen werden, um einer verstärkten Flatterneigung zu begegenen. Außerdem macht ein flacher Lenkkopfwinkel die Lenkung im niedrigen Geschwindigkeitsbereich unhandlich und kippelig. Wer einmal einen richtigen Chopper gefahren hat, weiß, wovon wir reden.

Flach ist ein Lenkkopfwinkel von 57°, wie ihn die Harley Davidson Softtail besitzt, ein Motorrad, das viele schon als Chopper bezeichnen, obwohl ein »richtiger« Chopper einen noch wesentlich flacheren Lenkkopfwinkel, etwa zwischen 45° und 52°, aufweist.

Allgemein sind 55° bis 65° Lenkkopfwinkel bei Serienmaschinen üblich.

Ein steilerer Lenkkopfwinkel von beispielsweise 63° (KTM-Enduro 400) verspricht mehr Wendigkeit in Kurven und im Gelände (das bezeugen Enduros auch im Stadtverkehr). Selbst schwere Gewichte sind dann leichter zu handhaben, wie die Harley Davidson Elektra Glide Classic mit 64° Lenkkopfwinkel beweist.

Dennoch wird dem einen oder anderen Leser auffallen, daß Supersport-Motorräder und Rennmaschinen oft einen steileren Lenkwinkel besitzen als Enduros, obwohl sie in ihrem höheren Geschwindigkeitsbereich mit einem flachen Lenkwinkel eigentlich besser bedient wären. Dem Rätsel kommen wir auf die Spur, wenn Lenkkopfwinkel und Nachlauf der einen Motorradspezies mit den Daten der anderen verglichen werden. So hat manche Enduro einen doppelt so großen Nachlauf (wird weiter unten erklärt) wie eine Supersport-Maschine! Das rührt daher, daß ein großer Nachlauf, verbunden mit einem steilen Lenkwinkel, nur dann zu erreichen ist, wenn damit auch eine Verlagerung der Lenkachsenlage verbunden ist.

Beispiel: KTM-Enduro 400, Lenkkopfwinkel 63°, Nachlauf 240 mm; Suzuki RG 500 Gamma (Supersport-Motorrad), Lenkkopfwinkel 64,3°, Nachlauf 111 mm!

Neuere Untersuchungen haben ergeben, daß die Auswirkungen eines steilen Lenkkopfwinkels auf die Flatterneigung eines Motorrades nicht so groß sind wie bisher angenommen, so daß auch schnelle Motorräder mit relativ steilen (engen) Lenkkopfwinkeln ausgestattet werden können, ohne das der Nachlauf wesentlich vergrößert werden muß. In jedem Fall aber erhöht ein steiler Lenkkopfwinkel das Eigenschwingverhalten der Vorderradgabel, so daß peinlich darauf geachtet werden muß, daß die Lenkkopflager nicht zu lose oder zu fest angezogen sind und kein Schlafsack und keine Lenkertasche die Vorderradgabel belasten.

Aufstandspunkt und Durchstichpunkt

Der Aufstandspunkt wird auf der Fahrbahndecke ermittelt. Er liegt lotrecht unter der Vorderachse. Der Durchstichpunkt bezeichnet den Kreuzpunkt der nach unten verlängerten Lenkachse mit der Fahrbahndecke. Die Entfernung zwischen beiden Punkten wird als Nachlauf bezeichnet.

Der Nachlauf

Der Nachlauf stellt die auf der Straße liegende Seite eines gedachten Dreiecks dar, dessen Eckpunkte der Durchstichpunkt, der Aufstandspunkt und der Drehpunkt des Vorderrades sind.

- Ein langer Nachlauf mit flachem Lenkkopfwinkel verbessert die Stabilität bei hohen Geschwindigkeiten nicht nur dann (siehe obiges Beispiel), wenn dieser verschoben wurde, was mit der an der Gabel versetzt angebrachten Radachsenaufnahme durchgeführt werden kann. Eine andere Möglichkeit besteht in der Änderung der Lenkachslage in der Gabelbrücke, wobei die Vorderradgabel einen anderen Winkel zur Senkrechten einnimmt als die Lenkachse. Das führt zu unterschiedlichen Lenkwinkeln bei Lenkkopf und Vorderradgabel (normalerweise laufen Lenkachse und Vorderradgabel parallel).
- Verbunden mit einer relativ kleinen Vorderachsbelastung, verbessert ein langer Nachlauf mit flachem Lenkkopfwinkel die Stabilität bei *niedrigen* Geschwindigkeiten erheblich. Andererseits steigt die Flatterneigung des Vorderrades mit zunehmender Belastung (voller Tank, Tanksack, Vordergabeltasche oder Rolle).

Die Konstrukteure versuchen durch geschickte Manipulation aller Größen, ein bestimmtes Fahrverhalten ihrer Produkte, bezogen auf deren Einsatzzweck, herzustellen. Wie schwer dies ist, zeigt die Tatsache, daß in diesem Bereich kleine Firmen, wie beispielsweise Bimota oder Ducati in Italien und Triumph oder Seeley in England, den großen Konzernen durchaus gewachsen sind oder sie sogar übertreffen.

Dennoch kann man sagen, daß die zur Zeit gebauten Motorräder nahezu aller Hersteller ihrem Zweck entsprechend in der Regel eine ausgezeichnete Straßenlage besitzen, was vor zehn oder zwanzig Jahren nicht behauptet werden konnte. Die enorme Steigerung der Motorleistung und damit der Fahrtgeschwindigkeit (zusammen mit der Entwicklung geeigneter Reifen) hat diese Verbesserung erzwungen.

Der Radstand

Ein großer Radstand (Abstand zwischen Vorder- und Hinterradachse) verbessert die Führung des Fahrwerks und verschiebt die gefährliche Gleichschwingung (Resonanz) der beiden Fahrwerkssysteme (Vorderrad mit Vordergabel sowie Rahmen mit Motor, Hinterradschwinge und Hinterrad) in höhere Geschwindigkeitsbereiche (Pendeln). Dadurch vermindert sich jedoch die Handlichkeit in engen Kurven. Das betreffende Motorrad muß in die Kurven hineingewuchtet werden. Durch ein Verkürzen des Nachlaufes versucht man, diesen Nachteil wieder auszugleichen.

Einen relativ langen Radstand (1690 mm) hat beispielsweise die Softail Custom von Harley Davidson, ein echter Chopper mit 1338 ccm Hubraum und dem klassischen V2-Motor. Doch ebenfalls ein Straßenrenner von Honda, die VFR 750 F, besitzt einen recht langen Radstand von 1470 mm.

Der Vorteil eines relativ kurzen Radstandes an einem Motorrad ist vor allem die Wendigkeit und eine extrem gute Kurvenlage auf eng gewundenen Strecken. An Trial-Sportmotorrädern werden Vorteile kurzer Radstände besonders deutlich. Wer einmal gesehen hat, wie geschickt bei einem Trial-Wettbewerb enge Kehren genommen werden, wie quasi aus dem Stand heraus gewendet wird, der versteht, was gemeint ist. So hat die Yamaha Trial TY 125, eine kleine Einzylinder-Zweitaktmaschine, beispielsweise einen Radstand von nur 1270 mm!

Ein Beispiel für ein neuzeitliches Motorrrad mit einem zivil ausgefallenen kurzen Radstand ist die MuZ (Deutschland) Silver Star Classic 500, eine flotte, wendige Einzylindermaschine mit 494 ccm Hubraum und einem kurzen Radstand von nur 1350 mm, der dem Einsatzzweck als Mehrzweckfahrzeug für Stadt und Land voll gerecht wird.

In der Kategorie »sportlicher Tourer« sind Radstände um die 1450 mm herum normal.

Beispiel: Kawasaki Zephyr 750, ein unverkleidetes Vierzylinder-Motorrad, Radstand 1.455 mm.

Schwerpunkt

Eigentlich gibt es zwei Schwerpunkte, einen für das vordere System der Vordergabel, den anderen für den Rest der Maschine. Der gemeinsame Schwerpunkt, auf die Länge des Fahrzeuges bezogen, liegt in der Nähe der Tankregion.

- Verschiebt sich der gemeinsame Schwerpunkt nach vorne, führt dies zu einer verminderten Handlichkeit des Fahrzeugs, läßt aber Flatterneigungen verschwinden und verschiebt das Pendeln in höhere Geschwindigkeitsbereiche.
- Eine Wanderung des Schwerpunktes nach hinten erleichtert die Frontpartie des Motorrades. Die Handlichkeit nimmt zu, was Enduro-Fahrer besonders gerne demonstrieren, wenn sie mit hochragendem Vorder-

teil nur auf dem Hinterrad (Wheeling) einherfahren.
Eine erleichterte Vorderpartie bei flachem Lenkwinkel steigert aber die Flatterneigung. Besonders, wenn der Besitzer eine nicht serienmäßige Windschutzscheibe anbringt.

- Ein niedriger Schwerpunkt stabilisiert das Fahrwerkssystem vor allem bei niedrigen Geschwindigkeiten und erleichtert das Handling der Maschine.
- Ein hoher Schwerpunkt stabilisiert das Fahrwerkssystem bei höheren Geschwindigkeiten. Er macht das Motorrad bei Kurvenfahrten agiler, aber bei niedrigen Geschwindigkeiten auch kippeliger. Im Stand kann man wegen des hohen Schwerpunktes mit einer solchen Maschine schon einmal umfallen, wenn die Füße auf dem Boden keinen richtigen Halt finden können.

Der Schwerpunkt eines Motorrades ist vom Hersteller konstruktiv festgelegt. Dennoch hat der Fahrzeugbesitzer reichlich Möglichkeiten, ihn zu verändern (Windschutzscheiben, Gepäck).
Grundsätzlich sollte die Hauptlast des Gepäcks zur Fahrzeugmitte hin sortiert werden. Zwischen den beiden Achsen liegend, sozusagen. Ein Rucksack auf den Schultern statt eines weiteren Gepäckstückes auf dem rückwärtigen Gepäckträger tut es auch, auch wenn der nicht zu groß und schwer sein darf. In seitlich liegenden Packtaschen oder Koffern darf höchstens je 10 kg Ladung gepackt werden. Besonders bei sehr schnellen Motorrädern bringen falsche oder sehr einseitige Gewichtsverlagerungen in hohen Geschwindigkeitsbereichen Pendelbewegungen ins Fahrwerk. Ein hohes Giermoment um die Hochachse kommt hinzu und vermindert die Stabilität empfindlich (gieren = Neigung der Lenkung nach links oder rechts in die Kurve zu fallen, nicht zu verwechseln mit dem Flattern des Vorderrades).
Außerdem können Koffer oder Packtaschen bei hohen Geschwindigkeiten abreißen.

Radlastverteilung

Die Verteilung der Radlast – z.B. Yamaha FZ 750, vorne 115 kg, hinten 117 kg – hat einen wichtigen Einfluß auf die Stabilisierung bei hohen Geschwindigkeiten. Die Radlastverteilung steht meist in den technischen Daten von Motorrädern. Sie ist ein guter Anhaltspunkt, wenn man sein Fahrzeug beladen oder mit Zubehör ausrüsten möchte und dabei die besprochenen Nachteile vermeiden will. Mit einer entsprechend dimensionierten Personenwaage, die man unter das zu messende Rad schiebt, kann auf einfache Weise die jeweilige Radlast überprüft werden.

Federung und Dämpfung

Mehr oder weniger starke Fahrbahnunebenheiten sowie auf das Fahrwerk übertragene Beschleunigungs- und Bremskräfte regen Motorräder zu Schwingungen an, die eine Kombination von Hebe- und Senkbewegungen sind und dem Wiegen eines Schiffes nahekommen.

Aufgaben von Federung und der Dämpfung:

1. Die Fahrsicherheit soll durch gute Bodenhaftung des gefederten Rades gesichert werden, wobei die Einwirkungen von Fahrbahnstößen weitgehend geschluckt werden sollen.

2. Die Fahrbequemlichkeit soll auf jedem Fahrbahnbelag erhalten bleiben, weil sie Ermüdungen vorbeugt und körperliche Schäden (Nieren, Rücken) verhindert.

Diese beiden Grundforderungen überschneiden sich dort, wo eine härtere Federung und Dämpfung zwar die Fahrsicherheit erhöhen, aber den Komfort sinken lassen.

Federn

Basiselement der Federung ist die Schraubenfeder. Ihrer Arbeitsweise nach wird sie bezeichnet als:

a) lineare (geradlinige) zylindrische Schraubenfeder

b) progressive (zunehmende) zylindrische Schraubenfeder

a) Die lineare zylindrische Schraubenfeder hat eine *lineare Kennung* (= Federungseigenschaft). Mit zunehmender Belastung wird sie einen gleichmäßig ansteigenden Gegendruck entwickeln, den man wegen seines gleichmäßigen Anstiegsweges als linear bezeichnet. Anders gesagt: Die Feder verändert ihren Widerstand von weich bis hart proportional der auferlegten Last.

b) *Progressive Kennung* bedeutet, daß die Feder unter Belastung erst weich anspricht, um dann überproportional schnell hart zu werden (progressive zylindrische Schraubenfeder).

Die zylindrische Schraubenfeder mit linearer Kennung zeigt dies schon äußerlich durch eine gleichförmige Steigung ihrer Drahtwindungen an.

Die progressive zylindrische Schraubenfeder dagegen zeigt äußerlich eine ungleichförmige, abnehmende Steigung der Drahtwindungen.

• Interessant mag in diesem Zusammenhang sicherlich noch sein, daß bei zwei *parallel* arbeitenden Federn, egal ob linear oder progressiv, die »Kennung« (Federungseigenschaft) härter wird; bei *hintereinander,* in Reihe arbeitenden Federn, aber weicher!

Dämpfung

Federn ohne Dämpfung schwingen lange hin und her, bevor sie wieder zur Ruhe kommen. Wer einmal auf einem Trampolin auf- und abgesprungen ist, kann sich gut vorstellen, was ein Motorrad tun würde, wenn es nur Federn, aber keine Dämpfung hätte.

In der Federung des Fahrwerks werden deshalb Dämpfungselemente (Flüssigkeitsdämpfer mit oder ohne Luftunterstützung sowie Gasdruckdämpfer mit Dauerfüllung) eingesetzt. Die Aufgabe der Dämpfer ist es, den schwingenden Federn Energie zu entziehen und ihr Schwingen im Interesse einer *optimalen Bodenhaftung* der Räder zu begrenzen.

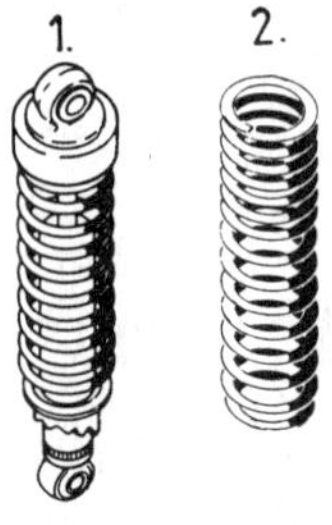

Abb. 237: Zylindrische Schraubenfedern
1 lineare Federkennung
2 progressive Federkennung

Da die Räder auf Fahrbahnunebenheiten rasch reagieren sollen, ohne zu stark hochzuschnellen, legt man die Dämpfung beim Einfedern als *Druckstufendämpfung* aus. Beim Ausfedern erfolgt eine *Zugstufendämpfung*.

Die mit dem Stoßdämpfer verbundene Schraubenfeder wird beim Ausfedern am Entspannen gehindert. Das Ausfedern erfolgt dadurch *zeitlich verschoben*, was den Dämpfungseffekt bewirkt.

Im Inneren des Dämpferelementes kann beim *Einfedern* das Dämpferöl durch große Bohrungen fließen, wobei der Umpumpeffekt von einer Kammer zur nächsten rasch vonstatten geht. Die Dämpfung setzt dem Einfedervorgang dann entsprechend wenig Widerstand entgegen.

Zum *Ausfedern* hingegen werden die großen Bohrungen mit Hilfe von federbelasteten Ventilen fast gänzlich geschlossen. Der Dämpfer fährt stärker verzögert aus und mit ihm die Feder. Eine eventuelle Luft- bzw. Gasdruckunterstützung hat dabei die Aufgabe, Federung und Dämpfung zu unterstützen.

Bei der Teleskop-Vorderradgabel wirkt das Luftpolster zur Unterstützung der Federung, behindert das Aufschäumen des Gabelöls und hat oberhalb des Ölvolumens in den Gabelholmen eine zusätzliche Progression der Federwirkung zur Folge! Dieser Effekt kann verstärkt oder abgeschwächt werden, wenn der Luftdruck in der Telegabel über angebaute Luftventile veränderbar ist.

Demgegenüber hat die Gasfüllung (in der Regel Stickstoff) im geschlossenen Federbein der Hinterradfederung, bei achsschenkelgelenkten Motorrädern und bei der Telelever-Vorderradgabel von BMW fast ausschließlich eine Unterstützungsfunktion. Sie setzt mit 25 bar und mehr das Dämpferöl ständig unter Druck, damit die Ölsäule im Dämpfer auch bei plötzlicher und harter Beanspruchung nicht abreißen kann und sich Ölschaum bildet. Ein Aufschäumen des Dämpferöles läßt die Dämpfwirkung gegen Null gehen!

• An der Hinterradfederung werden bei für starke Belastungen ausgelegten Stoßdämpfern gerne serienmäßig Ausgleichsbehälter eingesetzt (mit Ventil zur Gasbefüllung). Meist separat am Rahmen angebracht und mit einem Druckschlauch zum Zentralfederbein versehen, enthalten sie zusätzliche Mengen Dämpferöl, um einem Erhitzen des Öls, der Schaumbildung und dem so bedingten Nachlassen der Dämpfwirkung entgegenzuwirken.

Dieselbe Absicht verfolgt man mit zusätzlich angebauten Reservoirs an den Federbeinen von Motorrädern mit konventioneller zweiseitiger Hinterradfederung.

Üblicherweise wird die Dämpfung von Telegabeln durch Einfüllen eines Dämpferöles mit einem anderen Viskositätsgrad (z.B. dünneres Öl als zuvor = geringere Dämpfung) verändert, falls man mit der Dämpfwirkung des vorhandenen serienmäßigen Gabelöles nicht zufrieden ist.

Gabelölauswahl und Viskosität

• Grundsätzlich muß das Gabelöl ausgewählt und eingefüllt werden, das vom Hersteller für die jeweilige Maschine vorgesehen ist. Die Angaben hierfür stehen im Bordbuch oder im Werkstatthandbuch.

Das ist insoweit in Ordnung, als der Hersteller der Teleskop-Vorderradgabel, der ja oft nicht identisch ist mit dem Hersteller des Motorrades, in umfangreichen Tests das passende Gabelöl ausfindig und für das betreffende Motorrad homologiert hat. Doch die Entwicklung schreitet vorwärts, und ein Gabelöl, das vor 10 oder 20 Jahren gut genug war, kann heute veraltet sein. Eine Telegabel, die mit einem bestimmten Gabelöl gut gefahren ist, kann mit Hilfe eines neuen Öls ihre Dämpfungseigenschaften vielleicht verbessern. Außerdem gibt es ja immer wieder das Problem, daß man sein Gabelöl wechseln muß, und feststellt, daß es an keiner Tankstelle oder sonstwo erhältlich ist. Der Vertragshändler ist weit weg, und befindet man sich im Ausland, sind häufig nicht die Ölsorten erhältlich, auf die man zu Hause bauen kann.

Sollte es einmal nicht möglich sein, ein vorgeschriebenes Gabelöl aufzutreiben, kann man eines zusammenmischen, wobei die Grundlage ein dünnflüssiges Ein- oder Mehrbereichsöl SAE 5 bzw. SAE 5 W bilden kann.

Ausgehend von dieser Basis mischt man sich sein Gabelöl folgendermaßen selbst:

• Die Zahlen, die der Bezeichnung *SAE* folgen, geben die Dickflüssigkeit an (Viskosität). Dabei bezeichnen die niedrigen Zahlen dünnflüssigere Öle als die entsprechend höheren.

• Der Buchstabe »**W**« bezeichnet ein **W**interöl, also ein dünnflüssiges Gabelöl. Alle Öle sind Einbereichsöle, wenn *keine* zweite Zahl hinter dem »**W**« steht. – Mehr über die Eigenschaften von Fahrzeugölen:

☞ Siehe Unterkapitel 1.5.4. »Motorenöle, Geheimnisse eines Lebenssaftes!«

• Das Selbermischen und Ausprobieren ist kein Problem, sofern man in der Lage ist, die Feinheiten der Unterschiede in der Straßenlage zu beurteilen.

• Je dicker ein Gabelöl, um so zähflüssiger ist es und um so unwilliger zwängt es sich durch die dünnen Bohrungen im Innern der Dämpfungseinrichtung einer Telegabel. Das heißt: Die Dämpfung nimmt bei einem solchen Gabelöl zu, und die Gabel verhärtet sich beim Einfedern stärker als bei einem dünneren Gabelöl! Dementsprechend kommt es

beim Mischen der verschieden dickflüssigen Öle darauf an, die günstigste Dünnflüssigkeit für die eigene Telegabel zu erreichen. Die Firma Castrol gibt z. B. zwei Gabelöle verschiedener Viskosität heraus, die untereinander gemischt, Variationen der Dickflüssigkeit zulassen.
Doch lassen wir Castrol zu Worte kommen (Zitat):
»**SAE 5** (Super Fork Oil Light) und **SAE 15 W 30** (Super Fork Oil Medium) sind ganzjährig einsetzbare Spezialöle für Motorrad-Teleskop-Gabeln und -Stoßdämpfer. Sie gewährleisten bei allen Temperaturen ausgezeichnete, praktisch gleichbleibende hydraulische Dämpfungseigenschaften. Mit speziellen Zusätzen zur Verhinderung von Verschleiß, Korrosions- und Schaumbildung.«
Eine auf der Ölflasche abgedruckte Tabelle gibt die Mischungsverhältnisse an, um die jeweiligen Viskositätseigenschaften zu erhalten.

- Einige Teleskopgabeln werden auch mit ATF-Öl befüllt. (**ATF** ist »Automatic Transmission Fluid«, d. h. ein sehr dünnflüssiges, druckstabiles Hydrauliköl, bestimmt für PKW-Automatik-Getriebe). Doch ist es möglich, auch diese Gabeln mit den oben erwähnten Gabelölen zu fahren, wenn die Fahreigenschaften damit zu verbessern sind.

Doch Achtung! ATF-Öle sind *nicht* mit HD-SAE-Ölen mischbar! Beim Austauschen ATF- gegen SAE-Öle oder umgekehrt muß der letzte Rest des jeweils anderen Öles sorgfältig aus der Telegabel entfernt werden.

Federwege
Man unterscheidet lange und kurze Federwege. – Der Federweg ist der Differenzbetrag zwischen maximaler Einfederung und gänzlicher Entlastung (gemessen am Standrohr und angegeben in Millimeter). In den Fahrwerksdaten liest sich dies dann so: »Fahrwerksfederung vorne 140 mm; hinten 120 mm!«. Voll ausfahren kann die Federung zu dieser Messung allerdings nur, wenn beide Räder entlastet sind.
Sportliche Fahrwerke bevorzugten lange Zeit sehr kurze, straffe Federwege. Lange Federwege wirkten sich bei Rahmenverwindungen, in Verbindung mit hohen Fahrwerksbelastungen, viel stärker negativ aus und führten zum gefürchteten Hochgeschwindigkeitspendeln.
Erkenntnisse aus dem Renn- und Straßensport brachten jedoch die Einsicht, daß lange Federwege, bis dato vor allem für Tourenmotorräder bevorzugt, die Bodenhaftung besser erhalten als kurze, wenn die Dämpfungseigenschaften entsprechend gut sind!
Infolge der Verwendung progressiver Federn sowie der Luftunterstützung bei der Dämpfung wird damit heute zusätzlich eine deutliche Verbesserung des Ansprechverhaltens gegenüber leichten Fahrbahnunebenheiten bewirkt, was insgesamt eine Überlegenheit langer Federwege sicherstellt.
Profitiert hiervon haben vor allem Fahrwerke mit Zentralfederbein, wobei die verschiedenen raffinierten

Hebelsysteme zwischen Schwinge und Rahmen eine Kombination von langen Federwegen und hoher Progression darstellen.

Einige Beispiele für Federwege von Motorrädern unterschiedlicher Kategorien:

- Straßenrenner – beispielsweise Hondas CBR 900 RR: vorne 120 mm; hinten 112 mm.
- Tourer – beispielsweise BMWs K 1100 LT Spezial Edition: vorne 135 mm; hinten 120 mm.
- Enduro – beispielsweise Yamahas XT 600 K/E: vorne 225 mm; hinten 200 mm.
- Chopper – beispielsweise Harley Davidsons Softail Custom: vorne 129 mm; hinten103 mm.

Einfluß der Schrägstellung von Federungselementen am Fahrwerk

Die Belastung der Fahrzeugfederung erfolgt nicht nur von oben nach unten wie bei den Sprungfedern im Bett. Es kommt ein dynamisches Element hinzu, das sich vorwiegend aus der Vorwärtsbewegung des Motorrades ergibt.

Dem wurde nicht immer Rechnung getragen, wie man an der Geradewegfederung vergangener Zeiten ersehen kann.

Die Stoßrichtung der Fahrbahneinflüsse ist ein Resultat aus einer senkrechten Last. Man nennt sie die statische Last.

Dazu kommen die auf die Reifen einwirkenden horizontalen Fahrwiderstände, welche abhängig sind von der Motorradgeschwindigkeit, der Art der Hindernisse und der Plötzlichkeit ihres Auftretens. Hinzu kommt die Masse der Laufräder, die ein Trägheitsmoment bilden. Aus diesem Grund versucht man, das Gewicht der Räder zu verringern. Ihre »ungefederten Massen« verstärken die Wirkung der Fahrwiderstände auf die Federung wesentlich.

Dem wird Rechnung getragen, indem die Federungselemente schräg gestellt werden. Während die Vordergabel schon geneigt steht (in die winkelig angeordneten Teile der Vorderradgabel kann man die Federung praktischerweise gleich integrieren, das gilt nicht für die Hinterradfederung.

Die Hinterradschwinge beschreibt während des Einfederungsvorganges einen kreisförmigen Bogen um ihren Drehpunkt im Rahmen. Um wirksam arbeiten zu können, müssen die Federungselemente der auftretenden Bewegungsrichtung angepaßt werden. Das heißt, die Federbeine werden schräg gestellt! Dies gilt allerdings nur für die mittlerweile in der Minderheit vertretenen konventionellen Hinterradschwingen mit zwei Federbeinen. Bei den eingebauten Cantilever- (nur noch selten) bzw. Hebelumlenksystemen (vorwiegend eingesetzt) der Hinterradfederung mit zentralem Federbein wird die Position, d.h. die Schrägstellung des Federungselementes von der Kinematik der Hebel bestimmt.

Die Motorradreifen

Trifft das Rad während der Fahrt auf ein Hindernis, entsteht ein unmittelbarer Bodendruck, der zunächst nicht die Federung, sondern den Reifen auf dem Rad zusammendrückt. Dies ergibt einen Dämpfungseffekt. Überdies übernimmt der Reifen einen Teil des Federweges. Zudem kann er in jeder Richtung einfedern, ist also unabhängig von der Stoßrichtung der Fahrbahneinflüsse.

Der beim Überfahren von kleinen Hindernissen entstehende Bodendruck wird weitgehend vom Reifen geschluckt und entlastet so die Federung von zusätzlichen vertikalen Radbeschleunigungen. Ein »Springen« des Rades braucht von der Federung deshalb nur bei größeren Hindernissen unter Kontrolle gebracht zu werden.

Der Rundlauf eines Reifens, seine gleichförmige Massenverteilung auf den Umfang, seine Fähigkeit, den Geradeauslauf des Rades zu stabilisieren, sind von entscheidender Bedeutung. Hierbei kommt dem Luftdruck eine wichtige Funktion zu. Er hält stabil, bügelt Verformungen aus und bestimmt die Intensität des Eigenfederverhaltens.

☞ siehe hierzu auch 8.7. »Motorrad-Reifen!«

Die Art der Reifen und ihre Auswahl sowie die Reifengröße sind Erfahrungen entsprungen, die vorwiegend vom Motorradsport stammen. Auch modische Einflüsse werden berücksichtigt, wie die dickeren Hinterradreifen der Chopper und Softchopper bekunden.

Das Umsetzen aus dem sportlichen Bereich in die Serie ist nicht immer sinnvoll. Das zeigt das Auftauchen und Verschwinden der Sechzehn-Zoll-Vorderräder.

8.2. Der Rahmen und seine verschiedenen Bauarten

Der Rahmen trägt den Motor; er führt im Lenkkopf die Vordergabel und im hinteren Teil die Hinterradschwinge. Auf seiner Oberseite sitzt meist der Tank und hinten, gelegentlich auf einem separaten Träger, schließt die Sitzbank an.

Der Rahmen ist der Kern der Fahrstabilität. Die wichtigsten Rahmenkonzepte im Motorradbau der Vergangenheit und der Gegenwart sind:

- Einrohrrahmen
- Preßstahlrahmen
- Brückenrohrrahmen
- Doppelschleifenrohrrahmen
- Doppelrohrrahmen
- Gitterrohrrahmen
- Rückgratrohrrahmen

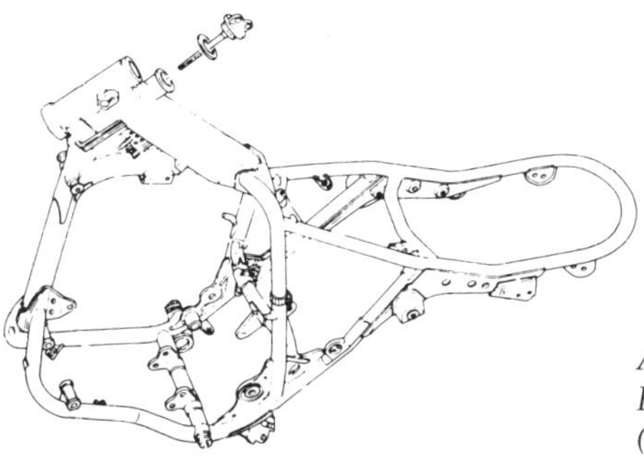

Abb. 238: Einrohrrahmen mit Motoröltank im Rahmenrückgrat (Yamaha SR 500)

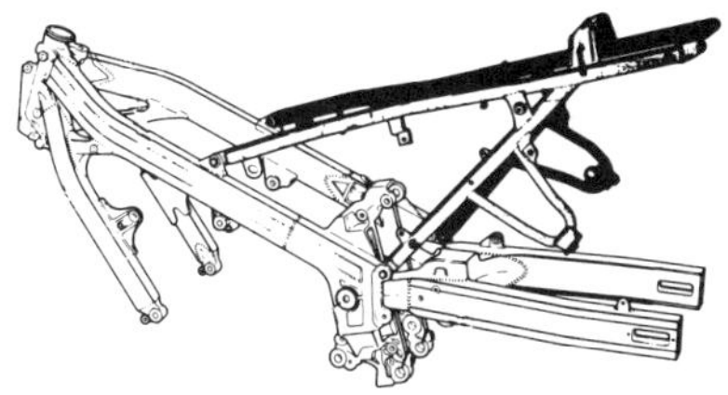

Abb. 239: Brückenrohrrahmen mit stabiler Kastenschwinge (Motor trägt mit) (Honda VFR 750 F)

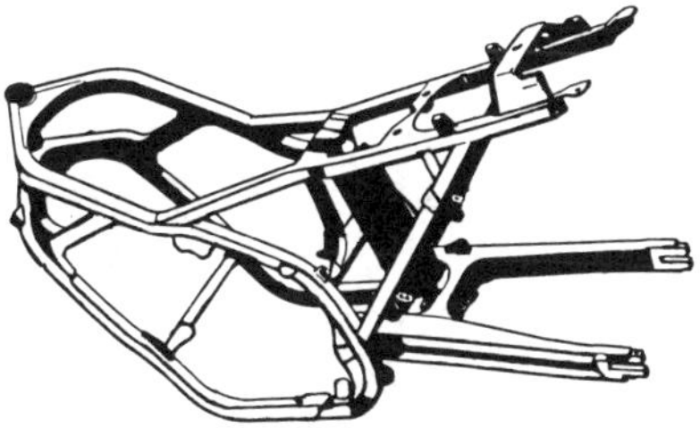

Abb. 240: Doppelschleifenrahmen mit Vierkantrohren und stabiler Kastenschwinge (Honda)

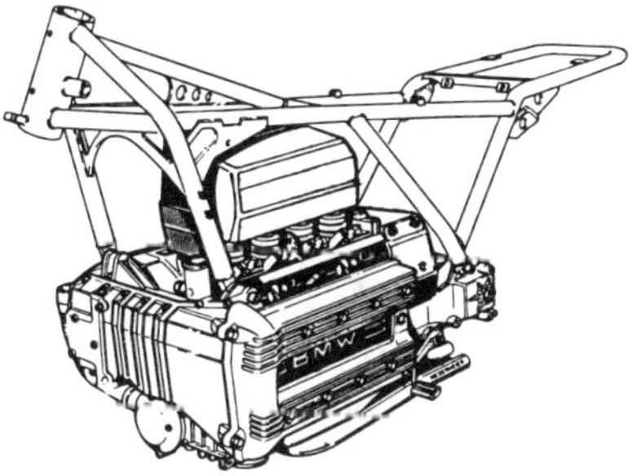

Abb. 241: Gitterrohrrahmen (Motor trägt mit) (BMW K 100)

Abgesehen vom Preßstahlrahmen, der aus einzelnen Teilen zusammengeschweißt wird, bestehen immer noch viele Motorradrahmen aus Stahlrohrkonstruktionen mit einem runden Rohrdurchmesser. In neuerer Zeit kommen Vierkantrohre oder Profilrohre verstärkt zur Anwendung. Stahlkonstruktionen bestehen aus nahtlos gezogenen, dünnwandigen Rohren hoher Güte.

An High-Tech-Motorrädern der Gegenwart werden verstärkt Aluminiumrahmen bzw. Alu-Elemente eingesetzt. Ihr Vorteil ist das verringerte Gewicht im Gegensatz zu einem Rahmen aus Stahl. Der Rahmen der Honda VFR 750 F, ein Brückenrohrrahmen, besteht beispielsweise ganz aus Aluminium und wiegt nur circa 14 kg. – Der Rahmen der Kawasaki GPZ 1000 RX, ein Brückenrahmen aus Stahl, wiegt dagegen noch 20 kg, obwohl er schon ein angeschraubtes Alu-Heckteil besitzt.

Daß es auch ohne Aluminium leichter geht, zeigt die BMW K 100 mit ihrem Gitterrohr-Stahlrahmen (11,3 kg). Allerdings hat die kompakte Triebwerkseinheit der BMW dabei eine mittragende Funktion, so daß der Rahmenbestandteil an diesem Motorrad relativ gering ist.

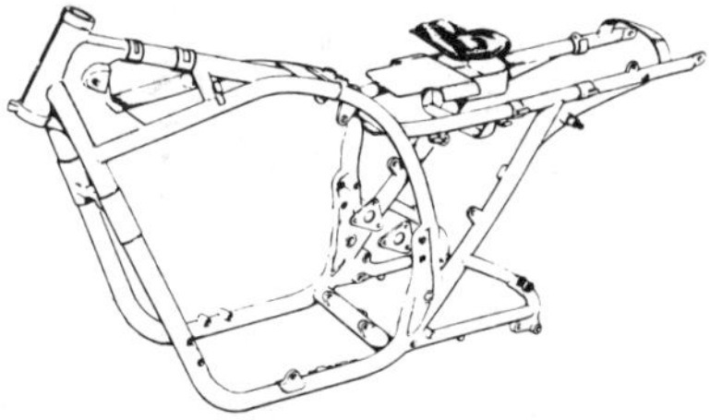

Abb. 242: Doppelschleifenrohrrahmen mit rundem Rohrquerschnitt (Suzuki GS 750)

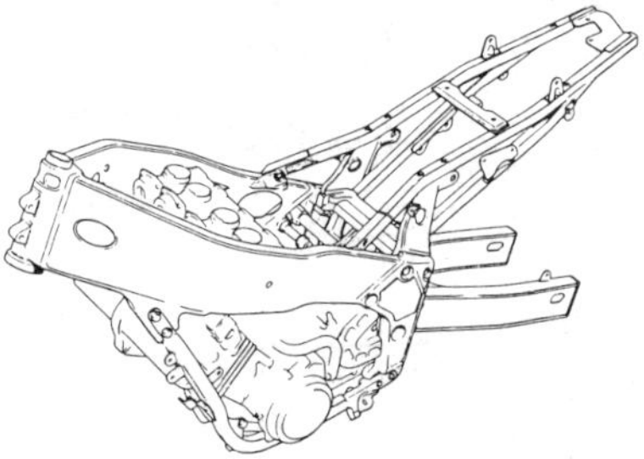

Abb. 243: Deltabox-Rahmen (Doppelschleifenrohrrahmen mit abnehmbaren Unterzügen und stabiler Kastenschwinge) (Yamaha FZR 1000)

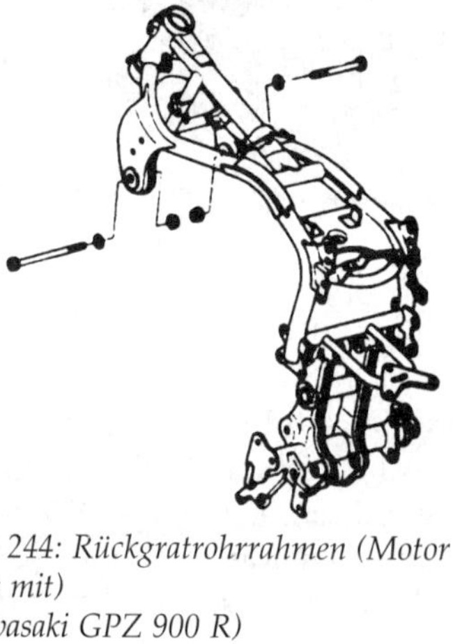

Abb. 244: Rückgratrohrrahmen (Motor trägt mit) (Kawasaki GPZ 900 R)

Der Nachteil von Alu-Rahmen liegt in ihrer teuren Herstellung, eine Kombination von Guß- und Schmiedeteilen, die zusammengeschweißt und geschraubt werden, sowie in ihrer begrenzten Reparierbarkeit. Hinzu kommen Steifigkeits- und Elastizitätsprobleme.

Verbogene Alu-Rahmen können zwar gerichtet werden, doch besitzt Aluminium (gemeint sind hochfeste Aluminiumlegierungen) nur eine geringe Elastizität. Die Metallstruktur lockert sich nach einer Überdehnung so stark, daß Bruchgefahr entsteht. So wird man verbogene Rahmen lieber auswechseln, was kostenmäßig entsprechend zu Buche schlägt.

Während ein Stahlrahmen mit ca. 1.800 DM gehandelt wird, kostet sein nacktes Alu-Gegenstück mehr als das Doppelte.

Die Konstrukteure von Leichtbaurahmen sind jedoch noch lange nicht am Ende, weil Verbundwerkstoffe sowie die zukunftsweisende Kohlefasertechnik immer stärker Eingang in die Renntechnik und damit über kurz oder lang auch in den Serienbau finden werden.

8.2.1. Reparaturarbeiten am Rahmen

Rahmenbrüche, bei alten Motorrädern infolge damals üblicher starker Motorvibrationen nichts Ungewöhnliches, kommen heute recht selten vor. Sie treten meistens erst als Folge eines Unfalles auf.

Der TÜV sagt allgemein dazu: »Schweißen an Rahmen ist nicht erlaubt!«

Auch Schweißspezialisten werden bestätigen, daß Schweißnähte Strukturänderungen (Materialverhärtung und Versprödung) an Stahlrahmen erzeugen. Das kann sich in erneuten Rahmenbrüchen nahe der Reparaturschweißnaht äußern.

Es gibt allerdings Grenzbereiche, z.B. eine abgebrochene Hauptständerhalterung, wo Schweißen notwendig ist und nicht viel Schaden anrichten kann. Trotzdem sollte man grundsätzlich das Schweißverbot achten. Jetzt wird mancher Spezialist empört reagieren, weil man beim Schweißen Versprödungen doch durch Glühen und langsames Absenken der Temperatur beseitigen könne. Mag sein, daß auf Grund fachmännisch durchgeführter Arbeit die erwähnten Probleme auszuschließen sind. Doch ein Restrisiko bleibt bestehen, und deshalb gilt für jeden Normalschrauber: »Vorsicht mit Reparaturschweißen!«

Offensichtliche Reparaturschweißnähte an wichtigen Holmen wird der TÜV sowieso nicht durchgehen lassen. Im übrigen sind für viele Motorräder beim Gebrauchtteilehändler gebrauchte Rahmen mit Brief günstig erhältlich. Genaueres darüber, was erlaubt und nicht erlaubt ist, bekommt man aber bei jeder TÜV-Stelle mündlich und kostenfrei zu hören, oftmals auch schriftlich als Broschüre.

An hartgelöteten Rahmen älterer Bauweise kann man beschädigte Rohre durch Erhitzen der Verbindungsstellen wieder lösen und gegen neue ersetzen. Der Haken: Es gibt fast keine gelöteten Rahmen mehr!

Das Richten verbogener Rahmen ist eine Arbeit für die Vertragswerkstatt oder für eine Instandsetzungs-Werkstatt, die sich u.a. auf Motorrradrahmen spezialisiert hat. Auf einer Richtbank wird dabei zuallererst der Rahmen vermessen, was in vielen Fällen durch moderne Laservermessungstechnik an der kompletten Maschine kostengünstig gemacht werden kann. Manches sieht dabei schlimmer aus, als es ist. Muß der Rahmen zum Vermessen zerlegt werden, wird es teuer.

Stellt sich die Notwendigkeit von Richtarbeiten heraus, wird das Motorrad unter Umständen bis auf den blanken Rahmen gestrippt und anschließend mit Hilfe von Schweißbrenner und Werkzeug in Form gebracht (erhitzen und biegen). Kleinere Verwindungen werden durch Kaltverformung zurechtgebogen.

Eine erneute Vermessung zwischendurch und nach allen Richtarbeiten zeigt dabei den Stand der Dinge. Gerichtet werden muß bis auf den Millimeter genau!

Oberflächenbehandlung von Rahmen

Ärgerlich, aber immer wieder feststellbar: Stahlrahmen sind ab Werk oft schlecht lackiert und beginnen schon nach wenigen Monaten zu rosten.

Abhilfe bringt (auch für in die Jahre gekommene Motorräder):
a) Den Rahmen mit Schleifpapier schleifen und neu lackieren.
b) Den Rahmen sand- oder glasstrahlen lassen (Glasstrahlen ergibt eine feinere Oberfläche), danach mehrfach grundieren und fertig lackieren.
c) Das elektrostatische Kunststoff-Pulverbeschichtungsverfahren mit anschließender Behandlung im Hitzeofen. Grundieren und Lackieren sind nicht mehr nötig.
d) Spritzverzinken mit Flüssigzink, nach dem Sandstrahlen des Rahmens.

zu a) Nach dem Schleifen genügt es, den Rahmen mit der Rolle zu bearbeiten. Beim Spritzen geht sehr viel Lack verloren (teuer), und das Streichen bei sorgfältig verdünnter Farbe und entsprechendem Auftragen erzielt hervorragende Ergebnisse (bei mindestens 20° C Raumtemperatur trocknen).
zu b) Sand- oder Glasstrahlen soll man einen Rahmen, wenn er in der Vergangenheit schon mehrmals gestrichen wurde. Die Farbschichten sind mit Schleifen oder Beize allein nur sehr schlecht herunterzubekommen.

Bei groben Roststellen mit tieferen Poren sind Sand- oder Glasstrahlarbeiten unerläßlich, um auch noch die letzte Rostblüte zu vertreiben. Im Branchenverzeichnis läßt sich bestimmt eine Firma in der Nähe ausfindig machen, die diese Arbeit vornimmt!

Die Korngröße des Strahlsandes darf nicht zu groß sein, sonst entsteht eine zu große Rauheit der Oberfläche, die nur mit dick aufgetragenem Füller (Grundierung) zu beseitigen ist.

Gewinde und Lagerstellen klebt man vor Strahlarbeiten zu ihrem Schutz mit Papierklebeband ab.

zu c) Das elektrostatische Kunststoff-Pulverbeschichtungsverfahren wird mittlerweile bei einigen Herstellern von Motorrädern auch in der Serie verwendet. Hierzu werden staubfeine Farbpartikel und der Motorradrahmen oder die Rahmenteile gegensätzlich elektrisch geladen. Bringt man Rahmen und Staub zusammen, setzt sich der Staub dicht geschichtet als dünner Belag auf dem Rahmen ab. Eine anschließende Behandlung im Hitzeofen bei mäßiger Hitze läßt den Staub zu einer lackähnlichen Schicht zerfließen. Diese Schicht wirkt wie emailliert und ist sehr hart.

Der Farbstaub ist in nahezu jeder Farbe erhältlich.

zu d) Das Spritzverzinken kann nicht von jeder Firma für Oberflächenveredelung durchgeführt werden, doch Herumhören lohnt sich.

Im Gegensatz zum Feuerverzinken wird der Rahmen bei diesem Verfahren nur handwarm, was ein Verziehen ausschließt. Die Qualität der Zinkschicht ist dennoch recht hoch. Sie verbindet sich hervorragend mit dem sandgestrahlten, rauhen Metall des Rahmens. Verzinken kann man übrigens nur Rahmen aus Stahl! Auf

der Zinkoberfläche kann nach Auftragen einer speziellen Grundierung jede beliebige Farbe ganz normal lackiert oder gerollt werden.
Das Verchromen oder Feuerverzinken von Rahmen oder Rahmenteilen verursacht, im Gegensatz zum Spritzverzinken, ernste Probleme mit dem TÜV. Der galvanische Vorgang kann, so die Argumentation, die Festigkeit des Rahmens dort beeinträchtigen, wo er nicht vom Hersteller (Freigabe auf Grund von Versuchen) vorgenommen wurde. Also vor allen geplanten Verchromungsarbeiten Informationen vom TÜV einholen. Für Nickelarbeiten wie überhaupt für alle galvanischen Oberflächenveredelungen von Rahmen gilt das gleiche.
Beim Feuerverzinken kann der Rahmen durch die Hitze des Auftragverfahrens nach dem anschließenden Abkühlen verzogen sein, deshalb sollte man davon Abstand nehmen.

8.3. Vorderradgabel und Lenkung

Die Vorderradgabel vereint die Abfederung des Vorderrades mit der Lenkung des Fahrzeuges.
Es gibt mittlerweile mehrere Arten von Vorderradgabeln:
• Die Teleskopgabel (Tauchgabel) mit den Gleitrohren am Vorderrad und den Standrohren in der Gabelbrücke befestigt.
• Die Teleskopgabel mit den Gleitrohren in der Gabelbrücke und den Standrohren am Vorderrad. Die Teleskopgabel wurde dabei praktisch auf den Kopf gestellt, weshalb man auch von einer »Upside-Down-Gabel« spricht.
• Die Schwinghebelgabel, bei der eine Schwinge in der Vorderradgabel das Rad führt und Federung und Dämpfung von zwei Federbeinen vorgenommen wird.
• Die Springergabel, einer Art von Schwinghebelgabel mit kurzen Schwinghebeln und zentralen Federn für die Ein- und Ausfederungsvorgänge, die von Harley Davidson für die Modelle »Softail Springer« und »Bad Boy« aus der Mottenkiste herausgekramt worden ist (und die wir wegen ihrer Seltenheit hier nicht weiter beschreiben wollen).
• Die Telelevergabel von BMW, eine Neuschöpfung, welche die Vorteile von Teleskopgabel und Schwinghebelgabel in sich vereint.
• Die Achsschenkellenkung, bei der, ähnlich wie beim Auto, ein am Rahmen geführter Tragarm das in einem Gelenk (Achsschenkel) geführte Rad aufnimmt, während die Lenkung über ein Gestänge erfolgt. Gefedert wird das ganze gegenüber dem Rah-

men mit Hilfe eines Federbeins (Die Achsschenkellenkung werden wir wegen ihrer Seltenheit, aber auch, weil sie für Serienproduktionen technisch umstritten ist, hier ebenfalls nicht weiter beschreiben).

Die Lenkung

Um ein Motorrad lenken zu können, ist die Vordergabel drehbar im Lenkkopf gelagert. Der Drehwinkel der Gabel ist durch Anschläge am Rahmen begrenzt. Man spricht von einer positiven Stellung der Gabel, weil sie nach vorne geneigt ist. Interessant ist der Einfluß von Radstand, Lenkkopfwinkel und Nachlauf auf die Wendigkeit und Federungseigenschaften der Motorräder.

Der Radstand, also die Länge des Motorrades zwischen den Radachsen, bestimmt den Lenkkopfwinkel in hohem Maße. Bei einem weit verbreiteten Radstand von etwa 1.450 mm hat sich ein Lenkwinkel von 56 bis 65° als praktikabel herausgestellt. Der Nachlauf variiert, je nach Konstruktion, zwischen 86 mm und 156 mm.

Der Zusammenhang zwischen Radstand und Lenkkopfwinkel leuchtet ein, wenn man bedenkt, daß ein kurzer Radstand bei einem bestimmten Lenkereinschlag einen engeren Kurvenradius mit sich bringt, ein langer Radstand dafür aber guten Geradeauslauf und bessere Effektivität der Federung (u.a. Vermeidung von Nickschwingungen bei gleichmäßigem Reisetempo).

Das Fahrverhalten der Motorräder wird auch von den Massen um die Lenkachse herum beeinflußt. Das Lenk- und Fahrverhalten verbessert sich erheblich , wenn die beweglichen Massen von Gabel und Vorderrad so gering wie möglich gehalten werden.

Konkret bedeutet dies:

- Rahmenfeste Verkleidung statt Lenkerverkleidung.
- Erleichterte Räder und Bremsscheiben statt schwerer Gußteile.
- Instrumente und Anzeigen am Rahmen statt an der Gabelbrücke befestigen usw.
- Überbreite Lenker gehören gleichfalls zu den Anbauteilen, die Probleme bereiten, weil unmerkliche Ausschläge des riesigen Lenkers, vom Fahrer ausgelöst, gerade in Kurven Unruhen ins Fahrwerk bringen können.

Dieses Wissen kann Fahrwerkschwächen identifizieren, wie etwa die der ersten Yamaha XJ 900, ein sehr gutes Tourensportmotorrad mit lenkerfester Verkleidung, das bei hohen Geschwindigkeiten so lange jämmerlich zu pendeln anfing, bis ein rahmenfester Anbau den Fehler korrigierte.

Die Lenkkopflager

Gelagert wird die Vorderradgabel im Lenkkopf des Rahmens mittels zweier Kegelrollenlager oder durch Kugellager mit einzelnen Kugeln und ohne Lagerkäfig.

Die Lenkkopflager stellen kritische Punkte am Rahmen eines Motorrades dar.

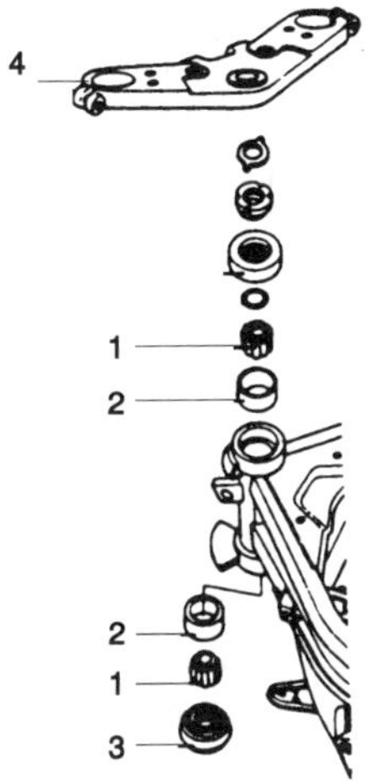

Abb. 245: Kegelrollengelagerter Lenkkopf
1 Kegelrollenlager (oben und unten)
2 Lagerschalen (oben und unten)
3 Unterer Staubschutzeinsatz
4 Obere Gabelbrücke (Kawasaki)

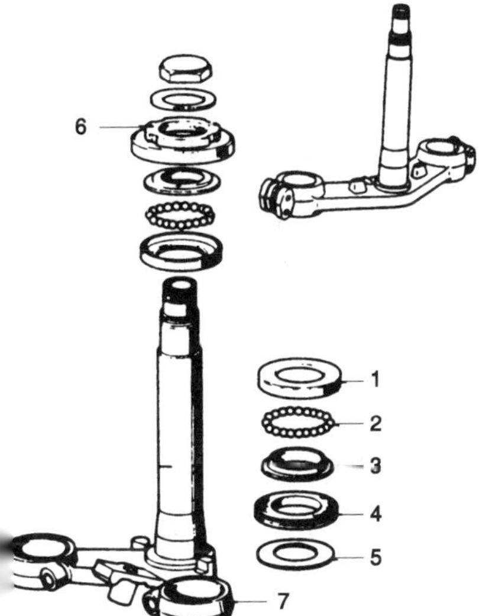

(Honda)

Abb. 246: Kugelgelagerter Lenkkopf
1 Obere Lagerschale
2 Lagerkugeln (einzeln, ohne Käfig)
3 Untere Lagerschale
4 Staubschutzdichtring
5 Staubschutzdichtscheibe
6 Nutmutter zum Einstellen des Lenkkopflagerspiels
7 Untere Gabelbrücke mit Lenkachse

• Zu fest angespannte Lager lassen Fahrwerksunruhen aufkommen, weil sie auf Grund ihres erhöhten Drehwiderstandes eine Gleichschwingung (Resonanz) der ansonsten eigenständig schwingenden Systeme (Rahmen und Vorderradgabel) produzieren.

• Locker dürfen die Lenkkopflager auch nicht sein, weil die Lenkung dann unpräzise wird und Eigenbewegungen vollführt, die gleichfalls Fahrwerksunruhen erzeugen.

• Lenkkopflager müssen leicht drehbar und spielfrei eingestellt werden.

☞ Siehe hierzu auch 8.3.6. »Montagearbeiten an der Vordergabel; Einstellen der Lenkkopflager!«

• Lenkkopflager sollten möglichst staubdicht abgedeckt und gut gefettet sein.

• Kegelrollenlager sind grundsätzlich nicht besser als Kugellager. Allerdings gelten sie als robuster und langlebiger als diese und ertragen größere Belastungen. Aber sie reagieren auch empfindlicher auf Einstellungs- und Montagefehler. Hinzu kommt das größere Einbaumaß gegenüber den Kugellagern, welche aus je zwei Lagerschalen mit präzise kalibrierten Kugeln bestehen.

Nicht jedes Motorrad sollte auf Kegelrollenlager umgebaut werden, wenn man der Kugellager überdrüssig geworden ist. Wenn die Einbaumaße im Lenkkopf, für normale Kugellenkkopflager gedacht, so klein sind, daß dünnwandige und flache Kegelrollenlagerschalen erforderlich wären, sollte man darauf verzichten.

Sie haben in dieser reduzierten Form nur eine mangelnde Stabilität und können sich zudem schnell verziehen, wenn sie auf Grund eines Montagefehlers mit zuviel Gewalt eingeschlagen werden.
Gut eingestellte und unverbrauchte Kugellager im Lenkkopf sind also nicht unbedingt schlecht. Sie müssen zwar häufiger geprüft werden und leben nicht solange wie Kegelrollenlager, aber an ihrer Stabilität gibt es nichts zu rütteln.

Lenkungsdämpfer

Lenkungsdämpfer sind nur noch an älteren und alten Motorrädern zu finden und dienen dem Dämpfen der Flatterneigung des Vorderrades im Geschwindigkeitsbereich unter 100 km/h. Als Zubehör werden sie immer noch angeboten. Für mit Verkleidungen nachträglich hochgerüstete Motorräder mit Flatterneigung ist ein Lenkungsdämpfer eine gute Geldanlage. Doch muß man bedenken, daß er nicht geeignet ist, Pendelneigungen zu dämpfen – im Gegenteil! Er kann, da seine Dämpfereinheit Rahmen und Vorderradgabel verbindet, als Resonanzbrücke (Schwingungsüberträger) dienen und vorhandene Pendelneigungen noch verstärken.
Als Regel für den geplanten Anbau eines Lenkungsdämpfers gilt: Das Motorrad mit angebautem Lenkungsdämpfer erst vorsichtig ausprobieren, dann entscheiden, ob der Dämpfer an diesem Motorrad unbedingt notwendig ist. Falls ja, darf die Dämpfung nur so stark eingestellt werden, daß sie Fahrwerksunruhen gerade noch bedämpfen kann. Eine zu starke Bedämpfung kann das Gegenteil des Beabsichtigten bewirken!

Gabelstabilisatoren an der Teleskop-Vorderradgabel

Gabelstabilisatoren werden als Tuningteile nur noch selten eingesetzt, weil sie entweder schon ab Werk eingebaut werden, um Flatterneigungen sowie Eigenbewegungen der Vordergabel zu begrenzen (die Pendeln auslösen können), oder weil Vorderradgabeln nicht mehr auf Stabilisatoren angewiesen sind.
Ein Gabelstabilisator wirkt in Höhe des vorderen Schutzbleches, wo er eine feste Brücke zwischen den beiden Gabelholmen der Telegabel (wie eine zusätzliche, verstärkte Sprosse in einer Leiter) schlägt.
Werksseitig ist er oft als Bestandteil des vorderen Schutzbleches ausgeformt.
Seine Aufgabe ist es, ein Verdrehen der Gabel zu verhindern, was bei Bremsvorgängen, vor allem bei Motorrädern mit einer Einscheibenbremsanlagen, im Vorderrad sowie bei Spurrillenwechsel auf schlechten Straßen oder Feldwegen geschehen kann. Die daraus resultierende Spurveränderung des Fahrzeugs hat Einbußen in der Straßenlage zur Folge und verschlechtert die Kurvenlage einschneidend.
Der Gabelstabilisator ist als Nachrüstteil im Zubehörhandel erhältlich.

8.3.1. Die Teleskop-Vorderradgabel (Tauchgabel)

Heutzutage am weitesten verbreitet, vereint die Teleskopgabel die Radführung mit den geforderten Federungseigenschaften. Lediglich für den Gespannbetrieb ist sie zu schwach und muß durch eine Vorderschwinggabel ersetzt werden.

• Die Teleskopgabel (meist schlicht Telegabel genannt) besteht aus den beiden Gabelstandrohren, die in der unteren und oberen Gabelbrücke befestigt sind. Auf diesen Standrohren bewegen sich die Gleitrohre auf und ab. Am unteren Ende der Gleitrohre befindet sich die Aufnahme für die Radachsen. Innerhalb der Standrohre befinden sich die Schraubenfedern der Federung, geschickt kombiniert mit dem Stoßdämpfer. Dieser arbeitet im unteren Teil des Standrohres. Am unteren Ende der Dämpferstange ist das Gleitrohr befestigt. Es macht alle Bewegungen des Vorderrades mit.

Die Dämpferstange, die weit in das Standrohr hineinragt, besitzt außen einen Dichtring und im Inneren Ventilbohrungen. Das sich im unteren Teil des Gleitrohres sammelnde Dämpferöl wird durch die teleskopartigen Bewegungen der Vordergabel zwischen Gleitrohr und Standrohrinnenraum hin und her gepumpt. Dabei wird eine Verzögerung erreicht, die auf die spontan reagierenden Schraubenfedern dämpfend wirkt. Dabei sind die Bohrungen der Umpumpventile so ausgelegt, daß das Einfedern der Telegabel weniger gedämpft wird als das Ausfedern. Grund: Das sofortige Ansprechen der Gabel (geringes Losbrechmoment) ist für ein schnelles und präzises Einsetzen der Federung im Inter-

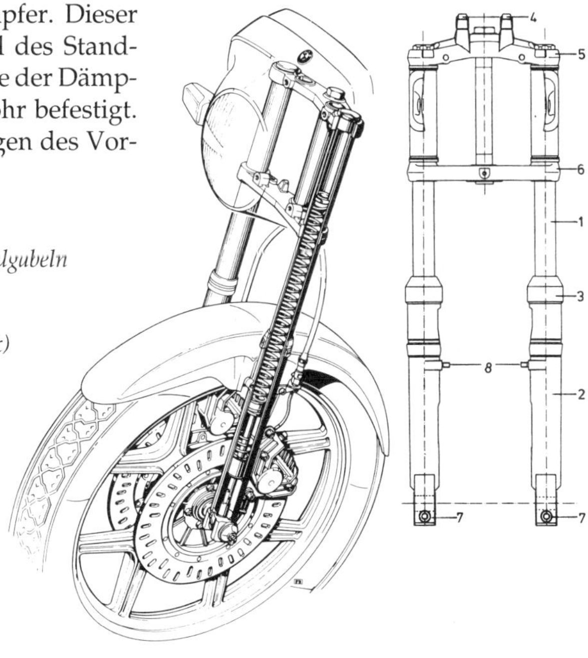

Abb. 247: Teleskop-Vorderradgabeln
1 Standrohr (2 Stück)
2 Gleitrohr (2 Stück)
3 Staubschutzkappe (2 Stück)
4 Lenker-Klemmfäuste
5 Obere Gabelbrücke
6 Untere Gabelbrücke
7 Klemmfäuste für die Vorderradachse
8 Widerlager für die Scheibenbremsanlage (pro Bremssattel eines)
(BMW K 100)

esse einer guten Straßenlage unabdingbar.
Die beiden Gleitrohre der Telegabel werden nach oben von speziellen doppellippigen oder zwei einlippigen Gabeldichtringen umschlossen, deren Dichtlippen das Dämpferöl in den Gleitrohren zurückhalten, wenn diese sich an den Standrohren auf und ab bewegen.
An den Gleitrohren befindet sich unten an der Seite meist je eine Ablaßschraube zum Ablassen des verbrauchten Dämpferöles. Die Einfüllschrauben, durch die auch die Schraubenfedern eingezogen werden können, befinden sich am oberen Ende der Standrohre. Wenn die Gabeldämpfung luftunterstützt arbeitet, liegen in den Verschlußschrauben der Standrohre auch die dazu notwendigen Luftventile.
Die Telegabel besticht durch ihre Kompaktheit. Sie kapselt alle wichtigen Bauteile in ihrem Innern, die zudem hervorragend geschmiert werden. Die Seitensteifigkeit wird durch paßgenaue Auslegung von Gleit- und Standrohren erreicht. Hierzu trägt auch der Durchmesser der Standrohre bei. Die Federwege sind durch die Teleskopbauweise erfreulich lang. Die Telegabel ist weitgehend wartungsfrei, unanfällig und langlebig. Ihr wirklich gravierender Nachteil ist das konstruktionsbedingte starke

Abb. 248: Funktion der Dämpfung einer Teleskopgabel

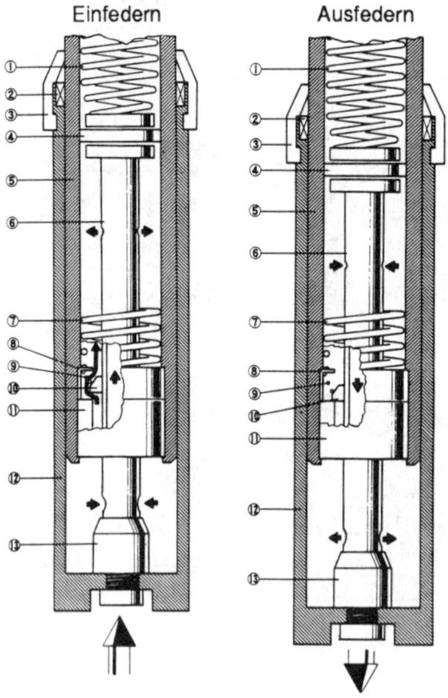

Einfedern
Beim Einfedern wird das Ein-Weg-Ventil geöffnet (10). Das Gabelöl fließt vom unteren Teil des Gleitrohres (12) in denjenigen des Standrohres (5). Dies geschieht einerseits über das Ein-Weg-Ventil, andererseits aber auch durch die hohle Dämpferstange (Pfeile beachten!). Eine Verzögerung des Einfedervorgangs findet statt (Druckstufendämpfung). Die Größe der Ventilöffnung bestimmt die Stärke der Dämpfung.

Ausfedern
Beim Ausfedern ist das Ein-Weg-Ventil (10) geschlossen. Das Gleitrohr fährt nach unten. Dabei drücken die an der Dämpferstange des Gleitrohres befestigten Kolben (4 und 11) das Gabelöl aus dem unteren Teil des Standrohres (5) in denjenigen des Gleitrohres (12). Da das Gabelöl nur den Weg durch die Dämpferstange nehmen kann (Pfeile beachten!), wird das Ausfedern stärker bedämpft als das Einfedern. (Kawasaki)

Eintauchen beim Bremsen, weil sich dann der Schwerpunkt des Fahrzeuges nach vorne verlagert. Das mag auch ein wichtiger Grund dafür gewesen sein, weshalb BMW die Televergabel konstruierte.
Ein weiterer Nachteil ergibt sich aus der relativ schnellen Abnutzung der Gabeldichtringe. Die an den Standrohren anhaftenden Schmutzteilchen wirken auf Dauer wie ein Feile und schleifen die Dichtlippen der Ringe rund. Dadurch kann, infolge der Pumpbewegungen im Betrieb, Gabelöl nach oben austreten. Folgeprobleme:

- Da sich unterschiedliche Mengen Gabelöl pro Standrohr verabschieden, beginnt die Dämpfung auch ungleichseitig zu arbeiten. Das hat negative Auswirkungen auf die Straßenlage der Maschine.
- Das Gabelöl kann nach unten laufen und die Bremsscheibe(n) benetzen, was zur Beeinträchtigung der Bremsleistung führen kann.

In früheren Zeiten, als Motorräder noch reine Transportmittel waren, wurden Faltenbälge um den oberen Teil der Standrohre montiert, so, wie sie heute noch an Enduros und einigen wenigen Straßenmotorrädern zu finden sind. Diese Faltenbälge halten den Dreck von den präzise geschliffenen Standrohroberflächen wirkungsvoll ab. Ihre Wirkung ist so gut, das damit geschützte Telegabeln ihre Gabeldichtringe nur sehr selten wechseln müssen.
Ungeschützte Gabelstandrohre sind eine Modeerscheinung. Es sieht halt gut aus. Entstanden ist diese Mode wohl, weil weder Rennmotorräder (die keine Faltenbälge brauchen) noch Chopper (deren Besitzer keine haben wollen) sie haben. Die Hersteller haben diese Mode aufgegriffen, und seitdem müssen wir damit leben.
Wer seine Teleskopgabel schützen will, kann sich allerdings Faltenbälge im Zubehörhandel kaufen und diese nachträglich mit Schellen an der Gabel befestigen.

Die Upside-Down-Teleskop-Vorderradgabel

Diese Variante der Telegabel wurde entwickelt, um vor allem im sportlichen Bereich die ungefederten Massen der Gabel zu verringern. Je geringer die Massen von Vorderrad und der mit ihm verbundenen Teile der Gabel sind, um so schneller kann die Telegabel reagieren. Ihr Ansprechmoment (und auch die Ansprechzeit) ist geringer. Das hat entscheidende positive Folgen für das ganze Dämpfungssystem der Vordergabel. Der Vorteil ist so groß, daß die Upside-Down-Teleskopgabel mittlerweile recht häufig im Motorradbau, und dort vornehmlich an mehr sportlichen Motorrädern, Verwendung findet.
Ein weiterer Vorteil liegt in einem gewissen Anti-Dive-Effekt, der beim Bremsvorgang ein zu tiefes Eintauchen der Telegabel vermeidet (Anti-Dive: siehe weiter unten).
Im Unterschied zur normalen Gabel muß man sich die Upside-Down-Te-

leskopgabel vorstellen wie eine auf den Kopf gestellte Telegabel. Die vormaligen Standrohre sind jetzt am Vorderrad befestigt. Die Gleitrohre stecken mit ihrem oberen Ende in der Gabelbrücke. Eine Verstelleinrichtung für die Dämpfung kann nun relativ einfach oben am Gleitrohr, das nun Standrohr ist, vorgenomen werden. Außerdem besteht die Möglichkeit, an dieser Stelle auch die Federbasis (Federvorspannung) der Telegabel zu verändern.
Das Problem der fehlenden Faltenbälge an der Upside-Down-Teleskopgabel wird an einigen Motorrädern durch Ableitbleche unten an der Gabel nur unvollkommen gelöst.

8.3.2. Anti-Dive, was es bedeutet, wozu es gut ist

Das Anti-Dive = Anti-Eintauch-System soll das systembedingte starke Einfedern der Teleskopgabel bei Bremsmanövern verhindern. Dieses Problem versucht man durch folgende Maßnahmen zu beseitigen:
1. Ein mechanisches System, das mit einem Hebelwerk vom unteren Ende der Gleitrohre bis zur Gabelbrücke reicht, wobei die Bremssättel mit einbezogen sind. Wenn die Telegabel beim Bremsen einzutauchen versucht, drückt das Bremsmoment auf das Gestänge des Hebelwerkes und zwingt die Gabel, dem Eintauchvorgang Widerstand entgegenzusetzen.
Das System ist recht aufwendig und bringt unerwünscht hohe ungefederte Massen mit sich, die das Lenk- und Dämpfungssystem beeinträchtigen. Überdies wird beim Bremsvorgang mit mechanischem Anti-Dive die Dämpfung der Vordergabel übermäßig verhärtet. Das Vorderrad neigt zum Springen, falls entsprechende Bodenwellen auf der Bremsstrecke liegen.
2. Ein hydraulisches Anti-Dive-System. Hierbei werden die beiden Dämpfer in der Telegabel beeinflußt. Sie verhärten sich beim Bremsen um so mehr, je stärker der Eintauchvorgang der Gabel ist.
Die in die Serienfertigung von verschiedenen Herstellern eingeführte Kombination der Anti-Dive-Einrichtung mit der Hydraulik der vorderen Scheibenbremsen war ein Reinfall, weil das Eintauchen der Gabel fast unvermindert weiterhin stattfand, aber zusätzlich der Druckpunkt des Handbremshebels verwässert wurde, was zu unpräzisen Bremsmanövern führte.
Den Technikern gelang es nicht, das Problem in Verbindung mit einer normalen Teleskopgabel in den Griff zu bekommen, so daß gegenwärtig hydraulische Anti-Dive-Einrichtungen in Serienproduktionen nur noch sehr selten eingesetzt werden.
Zur Zeit versucht man es mit einem elektrisch angesteuerten Anti-Dive, welcher die Eintauchbewegung mißt und über elektrisch betätigte Ventile die Ventilöffnungen entsprechend anpaßt. Dadurch verhärtet sich im

Moment des Eintauchens blitzartig die Dämpfung.
Der mechanische Anti-Dive wird in Serie zur Zeit nicht verwendet, der hydraulische, mit der Bremse verbunden, ebenfalls nicht mehr. Lediglich der elektrische findet noch an einigen Super-Bikes Anwendung (Suzuki GSX R 750/1100).

8.3.3. Abstimmen von Federung und Dämpfung an der Teleskop-Vorderradgabel

Grundsätzlich sollte die Federung am Motorrad so weich wie möglich eingestellt werden, ohne daß sie durchschlägt. Die Dämpfung ist nur so schwach, daß der Bodenkontakt des Rades auf holpriger Straße gerade noch erhalten bleibt.
Der Luftdruck beider Reifen spielt für alle Abstimmarbeiten eine wichtige Rolle und muß den Angaben der Reifenhersteller entsprechen.
Federungsverhalten und *Dämpfung* von Teleskopgabeln können durch verschiedene Maßnahmen verändert werden:

Die Federung

• Die serienmäßigen Schraubenfedern gegen stärkere auswechseln, um ein Durchschlagen der Federung zu verhindern oder progressive Schraubenfedern einbauen.
Alternativ kann die Federwirkung durch zusätzliche Distanzhülsen verstärkt werden: Einfache, passend zurechtgesägte Rohre gleicher Länge. Zwischen Abschlußschraube und oberem Federende eingepreßt, stellen sie eine billige Alternative zu neuen Federn dar. Zu beachten ist, neben dem richtigen Durchmesser, daß die Hülsen nicht zu lang werden, um die Federwege insgesamt nicht zu begrenzen. Wenn die Windungen einer Schraubenfeder beim Zusammendrücken geschlossen sind, hat die Feder natürlich keine Federwirkung mehr.

• Bei luftdruckunterstützten Telegabeln kann durch Anheben des Luftdruckes die Progression der Federn erhöht werden. Eine Möglichkeit bei *nicht* luftdruckunterstützten Telegabeln ist das Anheben der Menge der Gabelflüssigkeit pro Gabelholm um ca. 0,15-0,25 Liter, wobei sich die Ölmenge nach der erwarteten Wirkung richten muß.

Die Dämpfung

Bei einstellbaren Dämpfern (z.B. an einer Upside-Down-Teleskopgabel) wird am Einstellelement durch Verringern oder Erweitern der Durchflußquerschnitte im Dämpfersystem die passende Dämpferwirkung erzielt. Dabei unterscheiden wir die Zugstufen- und die Druckstufendämpfung.

• Bei der Zugstufendämpfung werden die Bewegungen der Telegabel beim Ausfedern verlangsamt.

• Bei der Druckstufendämpfung diejenigen beim Einfedern.

Druckstufen- und Zugstufendämpfung sind bei älteren Teleskopgabeln unveränderlich festgelegt. Hier kann man sich nur durch den Austausch der Originalflüssigkeit gegen eine mit einer anderen Viskosität behelfen. Je dickflüssiger dabei das Gabelöl, um so stärker die Dämpfung. Über eine maximale Dickflüssigkeit (Viskosität) von SAE 30 sollte aber nicht hinausgegangen werden. Genausowenig sollte man die Viskosität von SAE 5 unterschreiten, weil die Dämpferwirkung sonst gegen Null geht.

☞ Siehe hierzu auch im Unterkapitel 8.1.1. den Absatz »Gabelölauswahl und Viskosität !«

☞ Zum Einstellen der Vorderradgabel siehe 8.4.2. »Abstimmung von Hinterradfederung und Dämpfung« und dort den Absatz »Einstellen der Federvorspannung (Federbasis) an Vorder- und Hinterradfederung« sowie den Absatz »Einstellen der Dämpfung an Vorder- und Hinterradfederung!«

8.3.4. Die Vorderrad-Schwinghebelgabel

Wir erwähnen die Schwinghebelgabel, weil sie vor allem bei Motorrädern im Gespannbetrieb nicht wegzudenken ist, während ihre Zeit in Solomotorrädern längst vorbei ist. Man unterscheidet lange, mittellange und kurze Schwingenarme. Moderne Schwingenfahrwerke bevorzugen die geschobene Langschwinge.

Bei der Vorderrad-Schwinghebelgabel findet im Gegensatz zur Telegabel eine Aufteilung der Funktion statt.

1. Die Federung wird von zwei separaten, außenliegenden Federbeinen getragen, welche auch die Dämpfungselemente beinhalten.

2. Die Führung des Vorderrades übernimmt alleinr der Schwingenarm.

Die Feder- und Dämpfungselemente können optimal dem Einsatzzweck der Maschine angepaßt werden. Es entfällt die Behinderung der Dämpfung durch die Radführungsaufgaben der Gabelholme.

Das Eintauchen der Vordergabel wird durch eine entsprechende Schwingenlänge und einen günstigen Anstellwinkel der Schwinge stark eingedämmt.

Die Führung des Vorderrades durch die Vorderradschwinge ist hervorragend und sichert zusammen mit den einstellbaren Schwingenlagern (Kegelrollenlager) einen optimalen Geradeauslauf auch unter erschwerten Bedingungen, so wie sie im Gespannbetrieb alltäglich sind.

Die Schwäche der Vorderrad-Schwinghebelgabel liegt in der Begrenztheit ihrer Federwege, die wiederum wesentlich durch die Schwingenlänge bestimmt ist. Obendrein ist sie in der Herstellung recht teuer. Außerdem baut man die Schwinghebelgabel schwer, so daß ihre Masse um die Lenkachse recht groß wird, was sich ungünstig auf die Lenkelastizität auswirkt. Während diese drei Punkte für den Gespannbetrieb weniger ins Gewicht fallen, deklassiert sich die Vorderrad-Schwinghebelgabel dadurch für den Solobetrieb entscheidend.

8.3.5. Die Telelever-Vorderradgabel

BMWs Konzept einer neuen Art von Vorderradgabel, einer Mischung aus Teleskopgabel und Schwingenkonstruktion, scheint aufzugehen. Da BMW eine weltweit verbreitete Motorradmarke ist und die neue Telelever-Vorderradgabel in alle neuen Boxermotorräder eingebaut wird, soll sie hier Erwähnung finden.

Abb. 249: Die Telelever-Vorderradgabel (BMW R 1100 RS)

Der Aufbau der Telelevergabel ähnelt, flüchtig betrachtet, dem einer normalen Telegabel. Man muß schon genau hinschauen, um die Unterschiede feststellen zu können.

Aufbau und Funktion der Telelever-Vorderradgabel (Originalton BMW)

Die Teleskopgabel mit einem Standrohrdurchmesser von nur 35 mm ist unten an der Gleitrohrbrücke an einem Längslenker und oben an der Gabelbrücke im Vorderteil des Fahrzeugrahmens jeweils drehbar an einem Kugelgelenk gelagert.

Ein zentrales Federbein, das bei der R 1100 RS einen – vertikal zur Fahrbahn gemessenen – Federweg von 120 mm ermöglicht, übernimmt Federung und Dämpfung der Telelevergabel sowie die Verbindung zwischen dem Längslenker und dem Rahmenvorderteil.

Die Holme der Teleskopgabel enthalten keinerlei Feder- und Dämpferelemente mehr, sondern nur noch Öl zur Schmierung zwischen Stand- und Gleitrohren. Dies bewirkt ein

besonders feinfühliges Ansprechverhalten der Teleskopgabel. Die Standrohre werden in Gleitbuchsen geführt, die mit Teflon beschichtet und daher sehr reibungsarm sind.
Die Lenkbewegungen der Teleskopgabel erfolgen über die spiel- und wartungsfreien Kugelgelenke an der Gleitrohrbrücke und der Gabelbrücke. Über das untere, mit dem Längslenker verschraubte Kugelgelenk wird der größte Teil der beim Bremsen auftretenden Kräfte in das stabile Motorgehäuse eingeleitet. Der Längslenker ist auf beiden Seiten des Motorgehäuses schwenkbar gelagert. Beim BMW-Telelever-System dient die Teleskopgabel also nur noch zur Radführung und Lenkung (Einschlagwinkel je 32°).
Vorteile der Telelevergabel im Vergleich zu gewöhnlichen Teleskopgabeln:
- Hohe Steifigkeit der Vorderradgabel und damit des Rahmenvorbaus sowie eine günstige Schwerpunktlage
- Anti-Dive-Effekt beim Bremsen
- Stabilisierende Wirkung beim Einfedern durch geringfügige Verlängerung des Nachlaufs
- Zentrale Krafteinleitung durch das mittig angeordnete Federbein
- Hohe Flexibilität bei der Feder-/Dämpferabstimmung
- Große Überlappung von Stand- und Gleitrohr, besseres Ansprechverhalten durch Wegfall der Reibung zwischen Gabelfeder und Standrohr
- Die Kugelgelenke des Telelever-systems (Überprüfungszeitraum 100.000 km) und das gesamte Televersystem sind wartungs- und ölwechselfrei.

8.3.6. Montagearbeiten an der Vordergabel; Einstellen der Lenkkopflager

Prüfen der Lenkkopflager

Die Vordergabel muß nur dann komplett ausgebaut werden, wenn die Lenkkopflager ausgetauscht werden müssen.
Zur Vorbereitung stellt man das Motorrad auf den Hauptständer und unterstützt den Motor, bis das Vorderrad frei drehen kann. Wer keinen Hauptständer besitzt, stellt sein Krad mit Hilfe zweier Freunde auf eine Kiste.
Zum Prüfen dreht man am Lenker, leicht, langsam und gefühlvoll, von Anschlag zu Anschlag. Läßt sich der Lenker in der Mittelstellung deutlich fühlbar »einrasten« oder tritt beim Drehen ein rubbeliges Gefühl auf, so sind die betreffenden Lenkkopflager verschlissen. Die Kugeln (Lenkkugellager) bzw. Rollen (Kegelrollenlager) haben sich in den Lagerschalen Kuhlen gegraben. Die Lenkkopflager müssen sobald wie möglich ausgetauscht werden.
Ergeben sich beim Drehtest keine der oben beschriebenen Verschleißerscheinungen, stellt man sich zum Prüfen des Lenkkopflagerspiels als nächstes vor das Motorrad und faßt die unteren Enden der Gleitrohre

dort an, wo die Radachse beide Gabelholme verbindet. So bewegt man die Gabel leicht vor und zurück. Wird dabei kein fühlbares Spiel festgestellt, hat die Gabel den Test bestanden.

Läßt sich beim Bewegen der Gabel an den Gabelholmen aber ein fühlbares Spiel erkennen, ohne daß die oben beschriebenen Rattermarken und eine Mittelstellungseinrastung zu spüren sind, ist das Lenkkopflager lediglich lose und muß nachgestellt werden.

Um zu prüfen, ob die Lager vielleicht zu stramm angezogen sind, läßt man den Lenker von der Mitte aus mit einem kleinen Schubs selbständig zum Lenkanschlag drehen. Die Gabel muß sich dabei leicht und ohne Nachhilfe bis zum Anschlag bewegen lassen. Eventuell störende Seilzüge sollte man abbauen oder festbinden. Geht die Lenkung zu schwer, müssen die Lenkkopflager weniger stramm eingestellt werden.

Ausbau einer Vorderradgabel

Die Maschine auf Holzklötze oder den Hauptständer stellen. Das Vorderrad muß frei drehbar sein.

Um die Arbeiten für den Ausbau der Vorderradgabel zu erleichtern, sollte zuerst das Vorderrad entfernt werden, wobei es zumeist notwendig ist, die Sättel der hydraulischen Bremsanlage abzunehmen. Die Hydraulikleitungen dürfen dabei *nicht* abgeschraubt werden!

Falls genügend Platz zum Schrauben ist, braucht der Kraftstofftank nicht abgebaut zu werden. Doch sollte er während der Montagearbeiten mit einer Decke gegen Kratzer und Beulen geschützt werden.

- Kabelsalat und Bowdenzüge werden sorgfältig und ohne sie zu verknicken beiseite geschoben und festgebunden.
- Die zu den Instrumenten führenden Kabel abklemmen, ebenso Drehzahlmesser- und Tachowelle.
- Lenkerarmaturen, Kupplungs- und Handbremshebel sowie Lenker abschrauben. (Eventuell kann der Lenker zusammen mit der oberen Gabelbrücke abgebaut werden. In einem solchen Falle ist es nicht erforderlich, Armaturen und Schalter abzunehmen.) Hydraulikschläuche samt Handhebel und Hauptbremszylinder unterhalb der Gabelbrücke um die Holme legen und festbinden. Für hydraulische Kupplungen gilt das gleiche. So erspart man sich das Abschrauben der Leitungen und das langwierige Entlüften nach dem Zusammenbau.
- Instrumententräger und Lenkschloß abschrauben.
- Die Klemmschrauben der oberen Gabelbrücke sowie diejenige am Lenkkopf, oft eine Überwurfmutter, lösen; die Gabelbrücke mittels leichter Schläge abnehmen und beiseite legen.
- Die Kontermutter des Lenkkopflagers mit einem Schraubenschlüssel oder einem Hakenschlüssel lösen.

Achtung! Vor dem Abnehmen der zentralen Befestigungsmuttern muß die Gabel *unten* unterstützt werden, um ein Herausrutschen und damit eine Beschädigung des Gewindes an der oberen Lenkachse zu vermeiden!

• Zum Schutz des Feingewindes an der Lenkachse dieses mit Klebeband mehrfach umwickeln. Diese Wicklung erst wieder nach dem Einbau, kurz bevor die Befestigungsmuttern aufgesetzt werden, entfernen!

• Falls die Kugellager des Lenkkopflagers wieder verwendet werden sollen, spannt man jetzt besser einen Lappen unter den Gabelkopf, weil etliche Kugeln sofort nach dem Herausziehen der Gabel herauskullern und meist irgendwohin verschwinden. Das ist natürlich nicht erforderlich, falls Kegelrollenlager eingesetzt sind.

• Die Vordergabel herausziehen und abstellen.

• Sollen die Lenkkopflager ersetzt werden, müssen die beiden Lagerschalen im Lenkkopf jetzt mit Hilfe von Durchschlag und Hammer herausgeschlagen werden, was verhältnismäßig leicht zu bewerkstelligen ist.

• Die untere Lagerschale an der Lenkachse der unteren Gabelbrücke ist dagegen oft nur schwer zu entfernen. Mit einem flachen Meißel kann man versuchen, durch wechselseitiges Eintreiben den Spalt zwischen Lagerschale und Gabelbrücke zu vergrößern. Wenn das geklappt hat, durch vorsichtiges, wechselseitiges Schlagen die Lagerschale von ihrem Paßsitz heruntertreiben und nach oben abziehen.

Zum Abziehen der unteren Lager-

Abb. 250: Gleitrohr einer Teleskop-Vorderradgabel (Honda)

schale gibt es in Werkzeugläden ein Spezialwerkzeug zu kaufen. Dieses Werkzeug ist aber verhältnismäßig teuer, und der Kauf lohnt sich in der Regel nicht, weil man es nur selten benötigt.

Falls sich das Abziehen nicht bewerkstelligen läßt und der Ring weiterhin bombenfest sitzen sollte, kann man mit der Lötlampe einen letzten Versuch wagen. Dazu wird der Lagerring stark erhitzt (am besten dunkelrot glühend). Dabei erhält der Lagerring ein größeres Spiel, weil sich der Stahl durch die Hitze ausdehnt. Doch muß man das Aluminium der Gabelbrücke durch ein Blech schützen, weil es einen niedrigeren Schmelzpunkt hat als der Stahl der Lagerschale. Dann versucht man das Abziehen erneut.

Wenn auch diese Technik nicht fruchtet, muß der Ring mit der Schleifscheibe einer Flex zerlegt werden. Falls die Härtung der Lagerschale durch die Wärmebehandlung verschwunden ist, reicht auch eine gute Eisensäge! Eine weitere Alternative ist der Besuch einer Motorradwerkstatt.

Montage neuer Lenkkopflager und Wiedereinbau der Vorderradgabel
Vor Einbau der neuen Lager die Lagersitze im Lenkkopf sorgfältig reinigen. Eventuelle Schabestellen, Farbreste, Riefen oder Späne mit Schleifleinen glätten; Späne entfernen.

• Lagersitze und Lagerschalen dünn einfetten.

• Die neuen Lager müssen mit Wälzlagerfett gut eingefettet werden. Dabei die Lager während des Fettens drehen, damit das Fett im Lagerkäfig überall hingelangen kann.

• Beim Einbau müssen die Lagersitzringe ohne zu verkanten im Lenkkopf oben und unten eingesetzt werden, am besten mit Hilfe eines passenden Rohres oder einer Nuß.

• Am unteren Lenkkopflager den Lagerkäfig mit Innenring und Kegelrollen (Kegelrollenlager) bzw. die Lagerschalengegenstücke (bei Lenklagern mit Einzelkugeln) über die leicht gefettete und vorher gut gereinigte Lenkachse bis zum Anschlag ganz nach unten schieben. Die Lagerbestandteile dürfen dabei nicht verkanten.

• Falls hierbei nachgeholfen werden muß, *nur* auf den *Innenring* des jeweiligen Lagers schlagen, weil die Lager andernfalls zerstört werden könnten!

• Der *obere* Lagereinsatz des Lenkkopflagers läßt sich später, vor dem Aufsetzen der oberen Gabelbrücke, recht problemlos einsetzen, da die Lenkachse hier nur noch sehr kurz ist.

• Die neuen Lagerschalen im Lenkkopf werden unten wie oben mit einem Hammer und einem passenden Stahlrohr eingetrieben. Zur Not tut es auch eine geeignete Sechskantnuß. Auch hier aufpassen, daß die neuen Lagerschalen nicht beschädigt werden oder verkanten. Die Lagerschalen müssen, wie das untere Lager an der Lenkachse auch, *bis zum Anschlag* im Steuerkopf sitzen! – Erkennbar während des Einschlagens am plötzlich heller werdenden Schlaggeräusch! Nicht fest eingetriebene Teile lassen später im Betrieb ein *unerwünschtes Lagerspiel* entstehen, weil sich die Lager bei falscher Montage im Laufe der Zeit setzen!

Der Wiedereinbau der Vorderradgabel in den Steuerkopf erfolgt, wie oben beschrieben, in umgekehrter Reihenfolge.

Achtung! Bei längeren Fahrten auf Straßen ohne festen Bodenbelag mit Sand, Staub, Schlamm und Steinen sollte das *untere* Lenkkopflager durch Einsetzen einer passenden runden Scheibe geschützt werden (falls dies nicht schon ab Werk geschehen ist). Diese Scheibe (Metall oder Kunststoff) wird nach dem Einbau zusätzlich, zur besseren Abdichtung, von unten mit Silikonpaste abgespritzt!

Einstellen der Lenkkopflager

• Nach dem Einführen der Lenkachse in den Lenkkopf am Rahmen das obere Lager einlegen und das Distanzstück aufsetzen. Die Klemmmutter aufschrauben und festdrehen. Dann die Lenkkopflager wie oben geschildert prüfen, und je nach Bedarf die Klemmutter fester anziehen oder lockern.

- Jetzt die obere Gabelbrücke auf die Gabelholme montieren und nach unten fest auf den Lenkkopf pressen. Die Überwurfmutter bzw. die Abschlußschraube/-mutter aufschrauben und festziehen. Handfest anziehen.
- Danach wird nochmals das Lenkkopflagerspiel überprüft. Die Lenkkopflager werden so eingestellt, daß der Lenker nach leichtem Antippen spielfrei von Lenkanschlag zu Lenkanschlag fällt.

Die Gabelbrücke an den Gabelholmen festschrauben und das ganze Zubehör wieder anbringen.

Bei eingebauter Telegabel, wenn es nur darum geht, die Lenkkopflager neu einzustellen, genügt der Abbau der oberen Gabelbrücke und ein Festziehen oder Lösen der Klemmutter (nach dem vorherigen Abbau der Überwurfmutter bzw. der Abschlußschraube/-mutter), um das richtige Lenkkopflagerspiel zu erhalten.

Obwohl das Einbauprinzip der Lenkkopflager im Lenkkopf fast immer gleich ist, kann es doch Abweichungen in der Konstruktion der Befestigung und der Einstelleinrichtung geben. Im Zweifelsfall hilft hier das Werkstatthandbuch.

Auswechseln der Gabelabdichtringe an den Gleitrohren von Teleskopgabeln

Es kommt bei Teleskop-Vorderradgabeln, bei denen keine Faltenbälge montiert waren, oft vor, daß die Dichtringe an den Gleitrohren (Tauchrohren) verschlissen sind und erneuert werden müssen.

Das ist zwar ärgerlich, aber meist relativ schnell zu erledigen. Man bemerkt das Nachlassen der Dichtringe am austretenden Gabelöl an der Staubschutzkappe sowie dem Feuchterwerden der Standrohre.

Natürlich nützt das Auswechseln der Gabelabdichtringe nur, wenn die geschliffenen Laufbahnen der Standrohre sauber, riefenfrei und ohne Roststellen sind, andernfalls sind auch die neuen Ringe bald wieder hinüber. Will oder kann man die Standrohre nicht ersetzen, oder sind nur vereinzelte Rostpickel zu sehen, ist es möglich, die Pickel mit feiner Stahlwolle (auch zur Chromreinigung einsetzbar) zu beseitigen.

Gabelabdichtringe wechselt man an beiden Gleitrohren nach Möglichkeit *gleichzeitig* aus. Dies, um das Losbrechmoment der Gabel nicht einseitig zu verändern und weil der andere Gabeldichtring sicherlich auch bald verschlissen sein wird!

Ausbau der Gleitrohre einer Telegabel

- Die Maschine wird aufgebockt, das Vorderrad entlastet. Man entfernt das Vorderrad, die Bremssättel sowie das Schutzblech und löst die

Klemmschrauben beider Gabelbrücken.

• Mittels der Ablaßschrauben entfernen wir jetzt das Gabelöl aus beiden Gabelholmen.

• Das Gleitrohr trennt man vom Standrohr, indem die Befestigungsschraube, meist eine Innensechskantschraube, vom Boden her mit einem langen Inbusschlüssel herausgeschraubt wird.

• Die Gabelgleitrohre können nun einzeln nach unten herausgezogen werden.

Achtung! Die U-Scheibe darunter hat Gummilippen und dient zur Abdichtung! Sie darf nicht beschädigt werden und nicht verlorengehen!

Manchmal ist es praktischer, die Schraubenfedern im Innern der Rohre vor der Demontage der Gabelholme zu entfernen. Dazu dienen die beiden großen Schrauben oben auf den Standrohren, die wir vom Befüllen der Gabelholme mit Dämpferöl her kennen.

• Bevor weitergearbeitet werden kann, gießt man das restliche alte Gabelöl aus den einzelnen Gleitrohren heraus.

Achtung!
Die Kopfschrauben der einzelnen Gabelrohre stehen unter Druck, wenn die Teleskopgabel *luftdruckunterstützt* arbeitet. Sie könnten bei entsprechendem Druck davonfliegen! Es ist deshalb erforderlich, vor der Demontage die Luft aus den Gabelholmen abzulassen!

Erneuern der Gabelabdichtringe

• Vom oberen Teil der Gleitrohre werden die Dichtringe nach oben herausgehebelt, ohne den Rand der empfindlichen Aluminiumrohre zu beschädigen. Dies geschieht am einfachsten mit einem Schraubendreher, wobei allerdings die alten Dichtringe verletzt werden, so daß sie in keinem Fall mehr zu gebrauchen sind. Zuvor allerdings muß ein Federring (oder ein Seegerring) entfernt werden, der den Gabeldichtring in seiner Position festhält. Das kann man mit einer speziellen Seegerringzange oder einer schlichten Spitzzange erledigen.

• Die neuen Dichtringe werden innen und außen eingeölt, damit sie gut gleiten, und dann in die erhitzten (Lötlampe) Gleitrohre eingepreßt. Das erhitzte Gleitrohr (Aluminium dehnt sich optimal bei ca. **180°** C aus) weitet sich, so daß die Dichtringe fast mit den Fingern eingepreßt werden können. Ansonsten sind ein passendes, aufgesetztes Rohr oder wechselseitige Schläge mit einem Kunststoffhammer wirkungsvoll.

• Sind alle Teile der Reihe nach wieder zusammengebaut worden, füllt man frisches Gabelöl ein (die gleiche Menge für beide Seiten)!

☞ Siehe hierzu auch im Unterkapitel 8.1.1. Einfluß der Fahrwerksgeometrie, der Federung und der Reifen, den Abschnitt »Gabelölauswahl und Viskosität!«

8.4. Hinterradschwinge und Federbeine

Die Hinterradschwinge ist Bestandteil des hinteren Federungssystems am Motorrad-Fahrgestell. Sie sorgt, wie die Vorderradgabel, für eine gute Führung des Rades und ermöglicht dem Hinterrad einen bestmöglichen Geradeauslauf.
Eingebaute Federungs- und Dämpfungselemente wirken, als Einheit miteinander verbunden, entweder einzeln, in Form eines zentralen Federbeines (Monoschocksysteme), oder (bei konventioneller Bauweise) mittels zweier Federbeine. Sie sind einerseits mit der Schwinge verbunden und stützen sich andererseits am Rahmen ab.

Bei modernen Motorrädern wirken in Verbindung mit der Hinterradschwinge mehr oder weniger komplizierte Hebelsysteme, um Federwege und Dämpfung im Interesse eines ermüdungsfreien Fahrens und einer einwandfreien Straßenlage zu optimieren. Die heutzutage bei einer konventionellen Hinterradfederung mit zwei Federbeinen übliche Langschwinge ermöglicht zufriedenstellende Federwege, auch wenn die besseren Ergebnisse von den neueren Monoschocksystemen mit Gelenkhebelschwinge und langen, progressiven Federwegen erbracht werden.
Die Lagerung der Schwinge im Rahmen muß spielfrei sein. Das ist eine wichtige Voraussetzung für eine sichere Seitenführung bei Kurvenfahrten.
Die Formgebung der Zweiarmschwinge bei Motorrädern hoher Leistung, unabhängig von ihrer Aufhängungsart, änderte sich im Laufe der Jahre. Reichten noch vor fünfzehn Jahren runde Stahlrohre aus, um den Gewalten im Fahrbetrieb einigermaßen Herr zu werden, sind es heute großformatige Kastenprofile (Kastenschwinge) oder aus Aluminiumlegierungen hergestellte Gußkonstruktionen.
Die Schwinge als Ganzes ist überdies breiter gebaut, um zusätzlich die Seitenführung des Hinterrades zu verbessern.
In der Draufsicht variieren die Schwingen. Entsprechend bezeichnet man sie als »Rechteck-« bzw. als »Trapezschwinge«. Der Begriff »Kastenschwinge« leitet sich vom Querschnitt der Schwingenarme ab.

Die Schwingenlagerung

Eine Schwingenachse, in anderen Fällen zwei Lagerbolzen, um die sich die Schwinge dreht, bilden den Angelpunkt des Hinterradfederungssystems am unteren, hinteren Teil des Rahmens.
Als Schwingenlager werden Bronzebuchsen oder Nadellager verwendet. Während hochbelastbare und nachstellbare Kegelrollenlager nur bei großen, teuren Maschinen oder

besonders soliden Tourenmotorrädern eingebaut werden, haben die alten Kunststoffbuchsen nahezu ausgedient. Sie waren zu verschleißanfällig und im Vertrauen auf die Selbstschmierfähigkeit des Kunststoffmaterials der Lagerbuchsen nur mit einer marginalen, nicht erneuerbaren Fettfüllung versehen. Doch selbst dort, wo Schmiernippel ein Nachschmieren solcherart ausgerüsteter Schwingenlagerungen ermöglichten, erwies sich das Material selbst als nicht so verschleißfest wie erwartet. Bronzelagerbuchsen oder Nadellager sind zwar teurer aber auch langlebiger.

Verschiedenen Arten von Schwingen und Schwingensystemen

Man unterscheidet:

1. Die konventionelle Zweiarm-Langschwinge
2. Die Einarmschwinge (Monolever)
3. Die Cantilever-Federung
4. Schwingensysteme mit Hebelmechanik und einem zentralen Federungs-Dämpfungs-Element

1. Die konventionelle **Zweiarmschwinge**

Sie ist immer noch, auch wegen der Altbestände, am weitesten verbreitet. Zwei an der Schwinge befestigte und schräg angestellte Federbeine stützen sich zu beiden Seiten des Rahmenhecks ab.

• Motorräder mit Hinterachsgetriebe benutzen einen der Schwingenarme als Schutz- und Führungsrohr

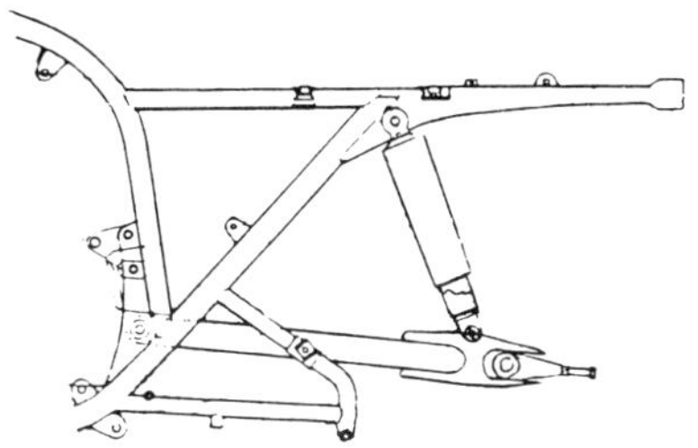

Abb. 251: Zweiarm-Rohrschwinge (Suzuki GS 750)

für den Kardanantrieb (z.B. Suzuki VX 800). Am hinteren Abschluß des Armes wird das Hinterachsgetriebe angeflanscht. Die Kardanwelle reicht vom Getriebeausgang bis zum Hinterachsgetriebe. Unmittelbar nach dem Austritt aus dem Getriebe wird die Kardanwelle im Schwingendrehpunkt durch das Kreuzgelenk unterbrochen. Dieses Kardangelenk wird benötigt, damit die Bewegungen der Schwinge keinen Einfluß auf den Kardanwellenantrieb nehmen. Es wird mit einer Staubschutzmanschette zwischen Schwinge und Getriebe geschützt.

• Motorräder mit Kettenantrieb benötigen lediglich eine Verstelleinrichtung für die Antriebskette, die sich für gewöhnlich am Ende der Schwingenholme befindet. Diese Verstelleinrichtung gleicht die Längung der Antriebskette aus, die durch den Verschleiß der Kette entsteht.

Der große Nachteil der Zweiarmschwinge liegt in ihrer mangelnden Stabilität, die einige Hersteller und Zubehörfirmen durch großdimensionierte, kastenförmige Schwingenarme auszugleichen versuchten.

Nachteile liegen auch in ihrer gegenüber alternativen Schwingenkonstruktionen relativ großen Masse, wobei der Umstand, daß zwei Federbeine notwendig sind, dem Gewichts- und Fahrstabilitätsproblem eine besondere Dimension verleihen. Der Versuch, Aluminium statt Stahl zu verwenden, war nicht erfolgreich, so daß anstelle der konventionellen Zweiarmschwinge neue Schwingenkonstruktionen entwikkelt und eingesetzt wurden.
Große Bedeutung erhält die konventionelle Hinterradschwinge wieder im Rahmen der Nostalgiewelle, die oldtimerähnliche Motorräder favorisiert, zu denen neben dem unverkleideten Motorrad mit Speichenrädern natürlich auch die traditionelle Zweiarmschwinge mit zwei Federbeinen gehört.

2. Die Einarmschwinge (Monolever)

Die Einarmschwinge wird mittlerweile von etlichen Herstellern zur Hinterradführung eingesetzt. Sie muß kräftig ausgelegt werden, um ebenso verwindungssteif zu sein wie die Zweiarmschwinge. Die Einarmschwinge stützt sich in meist konventioneller Weise über ein einziges Federbein am Rahmenheck ab.
Der Vorteil der Einarmschwinge ist neben der effektvollen Gewichtsreduzierung der ungefederten Massen (Radaufhängung erleichtert; fehlender zweiter Schwingenholm; nur ein Federbein) der einfache Ein- und Ausbau des Hinterrades.

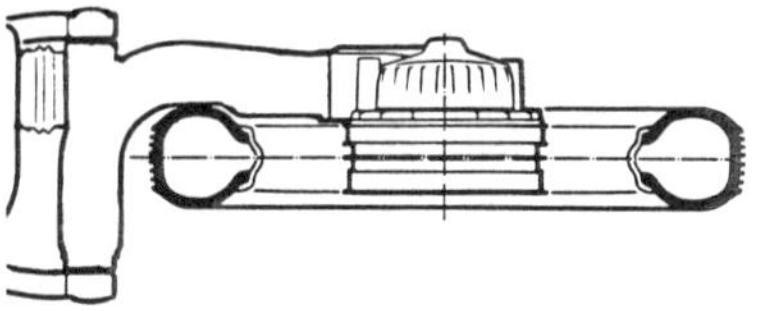

Abb. 252: Mono-Lever (System BMW)

Die Einarmschwinge hat sich trotz ihrer labil ausschauenden Dreipunktaufhängung bestens bewährt. Sie ist mindestens so stabil und verwindungssteif wie eine Zweiarmschwinge.

3. Die Cantilever-Schwinge

Mit diesem Begriff wird eine Stahlrohrkonstruktion bezeichnet, bei der sich eine Schwinge mit zweiarmiger Radaufhängung in ihrem oberen Teil, einer verschobenen Pyramidenform nicht unähnlich, über ein einziges Federbein (Monoschock) gegenüber dem Rahmen abstützt. Die ganze Konstruktion bewegt sich um den Schwingendrehpunkt am hinteren, unteren Rahmenteil. Das Federbein liegt annähernd waagerecht zwischen seinen Befestigungspunkten.
Vorteile ergeben sich vor allem durch längere Federwege. Außerdem werden Spurfehler des Hinterrades bei einseitig wirkenden Federbeinen vermieden. Bei einer Zweiarmschwinge mit zwei Federbeinen kann eines der Federbeine unterschiedliche Federungs- und Dämpfungswerte aufweisen, vielleicht durch einen Defekt, durch Wartungsfehler, durch Alterung oder durch Unfallschaden. Im übrigen ist der Dreiecksverband der Stahlrohr-

konstruktion einer Cantilever-Konstruktion deutlich stabiler und verwindungssteifer.
Nachteile ergeben sich aus dem Platzbedarf der Cantilever-Konstruktion. Das gilt auch für die Dimensionierung der besonders kräftigen Schwingenlagerungen sowie für diejenige des Federbeins.

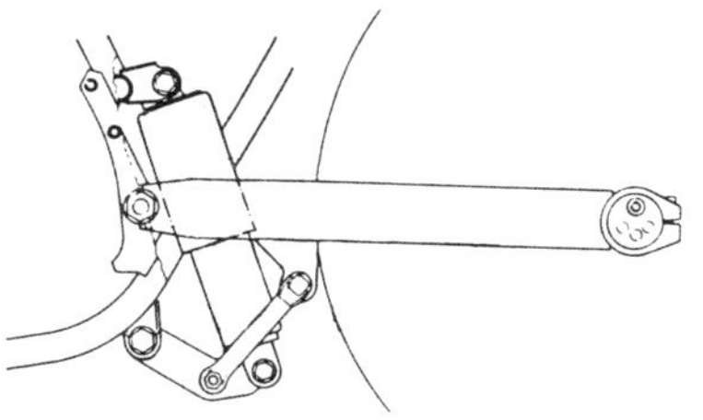

Abb. 253: Uni Trak (System Kawasaki)

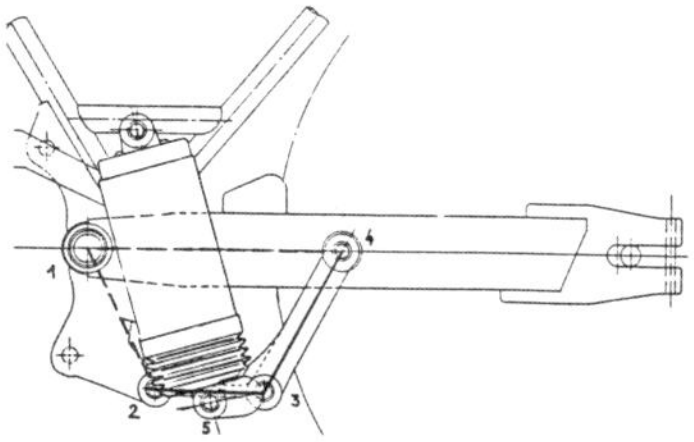

Abb. 254: Pro Link (System Honda)

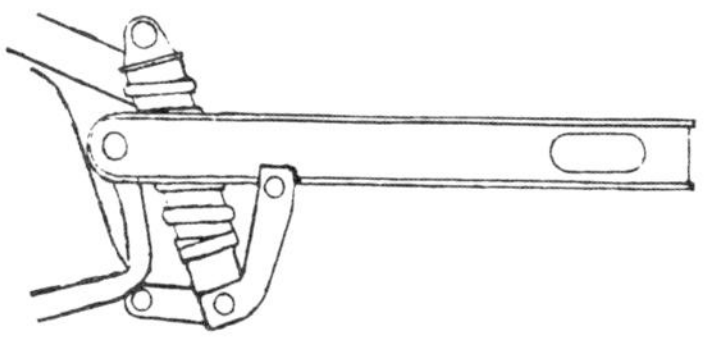

Abb. 255: Mono Cross (System Yamaha)

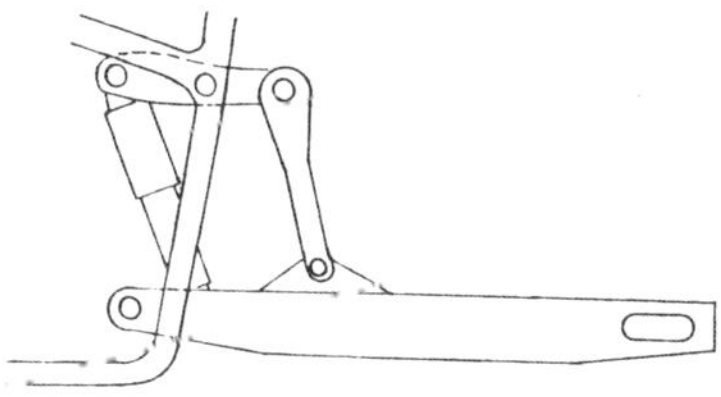

Abb. 256: Full Floater (System Suzuki)

4. Schwingensysteme mit Hebelmechanik und einem zentralen Federungs-Dämpfungselement (Zentralfederbein)

Dieser kompliziert erscheinende Hebelmechanismus entstand Anfang der achtziger Jahre und breitete sich vom Rennsport (Straße und Gelände) in die Serienfertigung aus, vor allem in den Sparten Enduro, Geländesport, sportlich-schnelle Tourenmaschinen sowie seriengefertigte Super-Sport-Straßenmaschinen.
Vorreiter war Kawasaki, wo man bewies, daß eine Hinterradaufhängung sowohl große Bodenwellen als auch kurzwellige Rüttelstrecken gleichermaßen gut und sensibel wegstecken konnte.
Die Konkurrenz zog nach, und es gab bald diverse ähnlich funktionierende Systeme. Dabei wechselten die Variationen und Namen der Grundkonstruktion je nach Hersteller. Die Werbefachleute erfanden nach »High-Tech« klingende Namen, die uns als Unterscheidungsmerkmale nützlich sind:
1. »Uni Trak«, das Kawasaki-System, bei dem von der Schwinge aus über eine der Kipphebelbetätigung von OHV-Motoren nicht unähnliche Hebelübertragung das zentrale Federbein auf Druck belastet wird. Das Federbein steht hierfür nahezu aufrecht im Rahmenunterteil.
2. »Pro Link« von Honda. Ein kom-

plexes System von zwei Hebeln betätigt ein im Mittelteil des Rahmens schräg nach hinten stehendes zentrales Federbein.

3. »Mono Cross« von Yamaha. Ein zwischen den Schwingenholmen stehendes Federbein wird über eine hebelförmige Halterung am unteren Teil der Schwinge getragen. Die obere Halterung sitzt gleichermaßen beweglich an einem Querträger des Rahmenunterteils. Eine Variante läßt das Federbein, ähnlich wie bei Honda, fast aufrecht im Rahmenmittelteil stehen.

4. »Full Floater«, das Suzuki Schwingensystem, arbeitet mit einer Hebelkonstruktion ähnlich dem »Uni Trak«-System von Kawasaki.

5 »Mono/Power-Drive«, ein System der italienischen Firma Gilera, die mittlerweile in Konkurs gegangen ist. Ebenfalls ein Hebelwerk mit zentralem Federbein. In seinem Aufbau und der Wirkungsweise den japanischen vergleichbar.

6. »Zeta-Link« von Maico, wo man im Prinzip das Pro-Link-System übernahm und lediglich die Anbindung der Hebel tauschte (der Hebel, der das Federbein aufnimmt, ist statt an der Schwinge am Rahmen gelagert).

Progression als Vorteil für Federung und Dämpfung

Alle Hebelsysteme arbeiten progressiv, wobei das Übersetzungsverhältnis zwischen Hinterrad und Federbein zunimmt, je weiter das Rad einfedert.

Federt das Hinterrad bei einer Bodenwelle ein, stehen ihm auf Grund des progressiven Hebelsystems für die Bewältigung großer Unebenheiten, im Vergleich zur konventionellen Federbeinführung, relativ lange Federwege zur Verfügung. Gleichzeitig nimmt aber auch die Einfederungskraft am Hinterrad überproportional (progessiv) zu. Die Federung verhärtet sich. Außerdem steigt die Geschwindigkeit, mit der der Dämpferkolben im Inneren des zentralen Dämpfers arbeitet. Dadurch werden die Dämpferkräfte um so stärker, je weiter das Hinterrad einfedert.

In einem Artikel »Test und Technik« im Magazin »Motorrad« wird von Rainer Bäumle die Funktion der Hebelumlenkung am Federbein sehr einleuchtend dargestellt (Motorrad 26/95).

Um den Vorgang und die Funktionsweise der Progression bei Federweg und Dämpfung zu verdeutlichen, zeigt Rainer Bäumle Schwinge und Hebelkonstruktion in drei Positionen unterschiedlicher Einfederungstiefe . In der Ausgangsposition (Zeta-Link-System von Maico) ist das Hinterrad um 60 mm eingefedert. Der Federweg am *Federbein* beträgt jetzt 304 mm. Federt das Rad um weitere 60 mm auf etwa 120 mm ein, verkürzt sich der Federweg am *Federbein* um 28 mm auf 276 mm. Wird das Hinterrad des betreffenden Motorrads noch weiter eingefedert, etwa von 120 mm auf 180 mm, wird die Feder am Zentralfederbein *stärker als zuvor* zusammengedrückt, nämlich um den Betrag von 33 mm, auf insgesamt 243 mm. Damit wird ausgesagt: Beim Einfedern des Hinterrades nimmt der Einfederungsweg am Federbein überproportional zu! Am Anfang des Federweges wurde die Hebelübersetzung zwischen Hinterrad und Federbein vom Fahrwerk-Hersteller so gewählt, daß Feder und Dämpfung bei ebener Straße komfortabel und weich arbeiten. Tritt aber eine plötzliche hohe Belastung durch eine starke Bodenwelle ein, kann die Federung den Stoß auf Grund ihrer relativ langen Federwege und des dabei zunehmenden Widerstandes denoch einwandfrei schlucken.

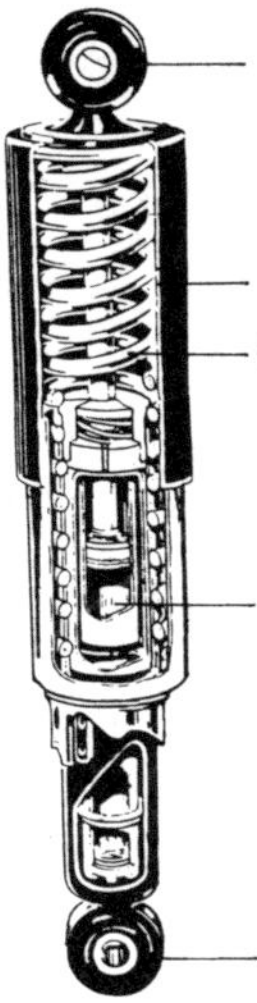

Abb. 257: Federbein (konventionell)

Für die Dämpfung ergibt sich ein weiterer Vorteil: Mit wachsender Einfederung des Hinterrades nimmt, vermittelt durch die Progression, die Geschwindigkeit zu, mit der der Dämpferkolben im Stoßdämpfer auf- und abgleitet. Damit steigt auch die Kraft der Dämpfung überproportional an. Wenn also der Einfederungsweg am Federbein anfangs 28 mm beträgt und dann 33 mm, obwohl das Hinterrad bei beiden Stufen den gleichen Weg zurückgelegt hat, dann muß die Kolbengeschwindigkeit im Dämpfer größer geworden sein. Das bedeutet auch, das im Dämpferventil mehr Öl umgepumpt worden ist, was auch die Dämpferkräfte (und die Dämpferwirkung) progressiv ansteigen ließ.

- Die wesentlichen Vorteile von Hebelsystemen liegen also, neben einer Steigerung der Federwege, vor allem darin, daß die Dämpfungskräfte mit den Federungskräften wachsen können. Damit wird nicht nur ein Durchschlagen der Federung bei hoher Beanspruchung vermieden, sondern das Schluckvermögen des Fahrwerks, die Bodenhaftung, abgestellt auf den Einsatzzweck, bei nahezu allen Fahrbedingungen optimiert. Nebeneffekt: Das bei einer konventionellen Schwingenanordnung notwendige Abstimmen der Dämpfung auf die vorliegende Fahrtstrecke bzw. bei einer Änderung der Zuladung kann bei den oben erwähnten Hebelsystemen ausfallen. Hier genügt das Einstellen eines Grundwertes, weil die Dämpferwirkung proportional zum Einfederweg wächst und ein Nachjustieren der Dämpfung überflüssig wird.

• Die Problemzonen der Hebelsysteme sind die Umlenkhebel, deren Lagerung und die der Schwinge. Sie sind enormen Kräften ausgesetzt und müssen entsprechend stabil und gut verarbeitet sein. Hinzu kommt das Verschmutzungsproblem an Hebelgelenken und deren Lagern, trotz sorgfältiger Abdichtung, da die Hebelkonstruktion im unteren Teil des Motorrades permanent Straßendreck und Feuchtigkeit ausgesetzt wird.

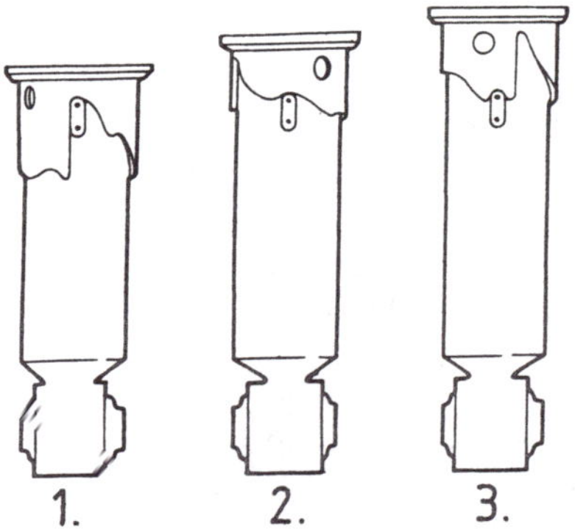

Abb. 258: Federbein mit dreifacher Federvorspannmöglichkeit (Anhebung der Federbasis)
1. Ausgangsstellung
2. Mittlere Federvorspannung
3. Höchste Federvorspannung
(Honda)

Federbeine

Als Federbeine bezeichnet man die Federungselemente an Schwingen, seien sie nun vorne oder hinten angebracht, ein- oder zweibeinig ausgelegt.

Das Federbein integriert den Dämpfer sowie die Schraubenfeder und stellt mit oder ohne Hebelsystem die Verbindung zwischen Rahmen und Schwinge her.

Die Feder

Bei der Feder am Federbein handelt es sich um eine sogenannte »Schraubenfeder«. Sie kann gleichmäßig, linear gewickelt sein oder mit zunehmend enger werdender Drahtwicklung, also progressiv.

☞ Siehe hierzu auch im Unterkapitel 8.1.1. »Einfluß der Fahrwerksgeometrie...« den Absatz »Federn«!

Die Drahtstärke ist abhängig von der Gewichtsbelastung des Motorrades, weshalb man dort nur die dafür geeigneten und zugelassenen Federn verwenden sollte.

Zur Veränderung der Federvorspannung, der Federbasis, kann die Federauflage in der Regel unten am Federbein über einen Nutenring in der Höhe verstellt werden. Dies geschieht mit einem Hakenschlüssel. Bei Zentralfederbeinen mit ihrem geringeren Verstellbedarf werden hierfür auch große, verstellbare, zum Fixieren gekonterte Muttern eingesetzt. Der Sinn dieser Vorrichtung liegt in der Vorspannung, in einer Verhärtung der Federn, um ein Durchschlagen bei großer Zuladung zu vermeiden. Eine durchschlagende Federung setzt die Federwirkung schlagartig auf Null, bringt das Hinterrad zum Springen und verschlechtert die Straßenlage wesentlich.

Beim Verstellen der Federvorspannung muß die Einstellung beim Ein-

satz zweier Federbeine auf beiden Seiten stets gleich sein. Andernfalls entstehen durch die ungleiche Federwirkung grobe Fahrwerksunruhen.
Aus dem gleichen Grund dürfen Federn und Dämpfer nur paarweise ausgewechselt werden.

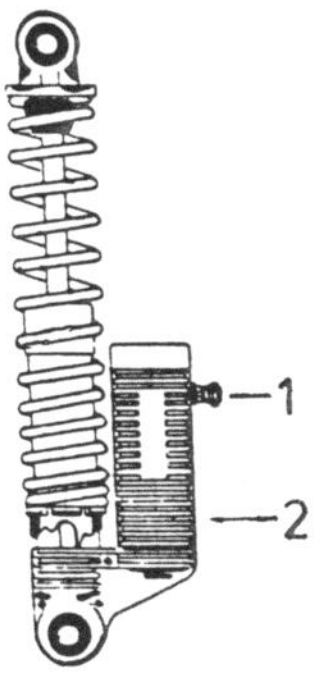

Abb. 259: Federbein mit Ausgleichsbehälter und Luftunterstützung
1 Lufteinfüllventil
2 Ausgleichsbehälter mit zusätzlichem Dämpferöl und Luftfüllung

Das Dämpferelement

Der Dämpfer, im Federbein integriert, beruhigt die Federschwingungen beim Ein- und Ausfedern (Druck- bzw. Zugstufendämpfung) und stellt mit der Kolbenstange die Verbindung zwischen Rahmen und Schwinge her. Beim Zentralfederbein liegen noch, je nach Konstruktion, mehr oder weniger viele Hebel dazwischen.
Die Dämpfung erfolgt, ähnlich wie bei der Teleskopgabel, durch die bestimmte Anordnung von Ventilen sowie über einen mit der Kolbenstange verbundenen Kolben, der entsprechend der Hubbewegung des Federbeines auf Einfederungsgeschwindigkeit und Belastung reagiert. Zur Dämpferfunktion
☞ siehe im Unterkapitel 8.3.1. »Die Teleskopgabel (Tauchgabel)«!

Dämpferarten

- hydraulische Dämpfer mit oder ohne Verstellmöglichkeit
- hydraulische Dämpfer mit Öl-Ausgleichsreservoir zum Abkühlen und Beruhigen hochbeanspruchter Dämpferflüssigkeiten (Geländesport)
- hydraulische Dämpfer mit Öl-Ausgleichsreservoir und Luftunterstützung zur Verbesserung der Dämpfereigenschaften bei hohen Belastungen
- Gasdruckdämpfer mit oder ohne Ausgleichsreservoir, bei denen das Gaspolster die Dämpfung wirkungsvoll unterstützt und eine Progression der Federwirkung herbeiführt
- Gasdruckdämpfer mit Niveausteuerung, bei denen trotz Zuladung die Einfederung automatisch nachreguliert wird. Das Fahrzeugheck bleibt immer auf gleicher Höhe.

Der Niveaumat arbeitet ohne Hauptfeder, ist aber von einem Kompressor, der Außenluft zuführt, abhängig. Die Dämpfung erfolgt wie gehabt mittels umgepumpten Öls.

Anschlagfederung

Jeder Dämpfer trägt auf der Kolbenstange, außerhalb des Dämpfers, einen Gummipuffer, damit selbst nach einem Durchschlagen der Federung ein Rest von Federungseigenschaft erhalten bleibt und nicht Metall auf Metall schlägt, was den Dämpfer auf Dauer beschädigen würde.

Einbaulage und Austausch

Die Einbaulage von Federbeinen darf nicht willkürlich verändert werden, wie man hin und wieder trotzdem sehen kann.

Laut StVZO müssen außerserienmäßige Federbeine in die Fahrzeugpapiere eingetragen werden. Werden dagegen lediglich die Stoßdämpfer ausgetauscht, auch gegen Fremdfabrikate, ist keine Bestimmung betroffen. Ob diese jedoch auch passen, sollte man versuchen vor dem Kauf herauszubekommen.

8.4.1. Einstellarbeiten an Hinterradschwingen und Federbeinen

Einstellarbeiten an der Hinterradschwinge beziehen sich auf zwei Positionen:

1. Prüfen der Schwingenlagerung
2. Prüfen und Einstellen der Antriebskette bzw. des Zahnriemens

☞ Siehe hierzu das Unterkapitel 6.4. »Der Hinterradantrieb (Sekundärantrieb)«!

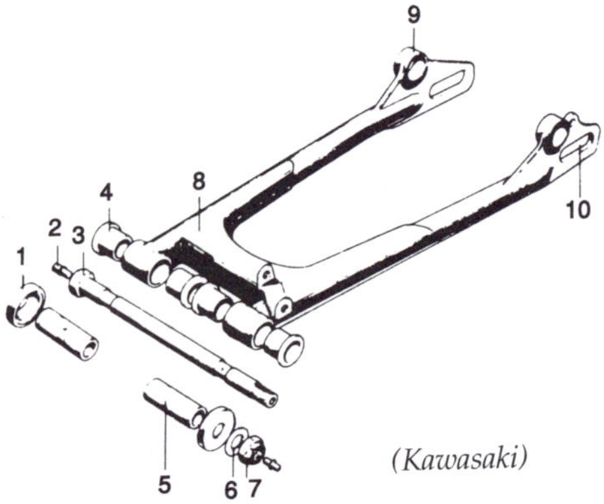

(Kawasaki)

- Motorräder mit Wellenantrieb zum Hinterrad sind von Position 2. ausgenommen.

Prüfen und Nachstellen der Schwingenlager

Zwar kann man bei aufgebockter Maschine mit einem kräftigen Ziehen und Drücken am Schwingholm prüfen, ob ein Lagerspiel vorhanden ist. Genaueres zeigt sich aber erst, wenn Hinterrad und Federbeine ausgebaut sind und die Hinterradschwinge frei beweglich geworden ist.

Ein Lagerspiel an Schwingen mit Nadellagern, Bronze- oder Kunststoffbuchsen bedeutet in der Regel den Ausbau der Schwingen mit anschließendem Austausch dieser Lager, die sich nicht nachstellen lassen. Anders bei Kegelrollenlagern mit Lagerbolzen und Kontermuttern, die ein Nachstellen der Schwingenlagerung fast schon zu einem Kinderspiel machen.

Anschaulich und beispielhaft läßt sich dies an der Yamaha XS 750 mit

Abb. 260: Hinterradschwinge für Kettenantrieb
1 Staubschutzkappen (2 Stück)
2 Abschmiernippel (2 Stück)
3 Schwingenachse
4 Schwingenlagerbuchse (insgesamt 4 Stück)
5 Schwingenlagerbolzen (2 Stück)
6 Unterlegscheibe
7 Kronenmutter mit Sicherungssplint
8 Hinterradschwinge
9 Untere Federbeinhalterung (2 Stück)
10 Langloch der Hinterradführung zur Einstellung der Kettenspannung

Abb. 261: Hinterradschwinge für Kardanantrieb
1 Schutzkappe (2 Stück)
2 Kontermutter (2 Stück)
3 Schwingenlagerbolzen (2 Stück)
4 Druckstück (2 Stück)
5 Wellendichtring (2 Stück)
6 Kegelrollenlager (2 Stück)
7 Hinterradschwinge
8 Bremsankerpunkt
9 Flansch zum Hinterachsgetriebe
10 Kardanwellentunnel
11 Federbeinaufhängung (die zweite befindet sich am Hinterachsgetriebe)
12 Klemmfaust für die Radachse

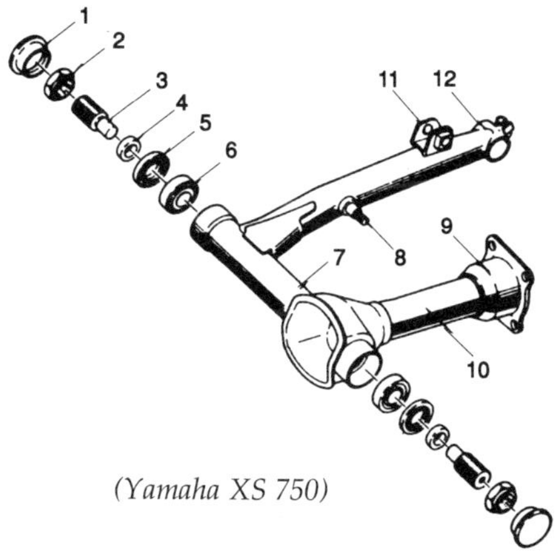

(Yamaha XS 750)

Kardanantrieb darstellen. Dieses Motorrad besitzt zum Fixieren der Schwinge zwei Lagerbolzen, die von außen durch die Schwingenhalterung am Rahmen geschraubt werden und die Schwinge von beiden Seiten her tragen. Die zylindrischen Bolzenspitzen halten die beiden Kegelrollenlager dort in ihren Lagersitzen fest und ermöglichen das Drehen der Schwinge. Gegen Herausdrehen werden die Haltebolzen durch Kontern zweier Muttern geschützt.

Beim Kardanantrieb ist eine durchgehende Schwingenachse nicht gut möglich, wie dies bei Kettenmaschinen ganz normal der Fall ist. Wegen der im Schwingenholm laufenden Kardanwelle werden deshalb kurze Achsen eingesetzt (Lagerbolzen), die so die Schwinge führen.

• Zum Prüfen und Nachstellen der Schwingenlager müssen Hinterrad und Federbeine ausgebaut sein.

Die Maschine wird aufgebockt, das Hinterrad ausgebaut und die Federbeine am unteren Ende von der Schwinge gelöst und nach hinten geklappt. Die Schwinge wird dann auf Lagerspiel geprüft. Außerdem die Schwinge so weit wie möglich auf- und abschwingen, um schadhafte Lager zu erkennen, die sich durch rubbeligen oder rauhen Lauf bemerkbar machen. Zeigt sich Lagerspiel, entfernt man die Schutzkappen außen an den Lagerbolzen und löst die Kontermuttern auf beiden Seiten. Mit dem Tiefenmaß einer Schieblehre oder mit Hilfe eines guten Stahlbandmaßes wird die Eindringtiefe beider Lagerbolzen vermessen. Dabei mißt man, wie weit die Bolzen aus ihrer Lagerstelle nach außen ragen. Bei Unterschieden größer als 1,5 mm müssen die Bolzen zentriert werden, bis das Maß auf beiden Seiten annähernd gleich ist. Dann die Kontermutter des einen Bolzens festschrauben und den gegenüberliegenden Bolzen mit fünf bis sechs Newtonmeter (Nm) anziehen. Zeigt sich an der Schwinge kein Lagerspiel mehr und stehen beide

Bolzen nahezu gleich weit nach außen, sind die Schwingenlager befriedigend eingestellt. Beide Kontermuttern müssen nun gut angezogen werden, jedoch ohne die Lagerbolzen zu verdrehen.
Hinterrad und Federbeine in umgekehrter Folge wieder montieren, Abdeckkappen anbringen. – Fertig!

Federbein-Verstellmöglichkeiten sind:

- Federvorspannung verändern (Anheben der Federbasis), in der Regel drei bis fünf Stufen. – Beeinflußt das Einfederungsverhalten der Fahrzeugfederung.
- Veränderung der Dämpfereinstellung mittels Einstellschraube. Das ist bei schlichten Dämpfern nicht vorgesehen. Bei besseren Dämpfern können entweder nur die Druckstufendämpfung (die Einfederungsbedämpfung) oder Druckstufendämpfung und Zugstufendämpfung (die Ausfederungsbedämpfung) reguliert werden.

8.4.2. Abstimmung von Hinterradfederung und Dämpfung

Eine falsche Einstellung der Federung, in diesem Fall der Hinterradfederung hat fatale Folgen: Das Hinterrad springt auf welliger Piste und schmiert in Schräglage gerne weg. Es entstehen Fahrwerkunruhen in langgezogenen und schnell gefahrenen Kurven. Die Aufzählung der Negativauswirkungen ist nicht vollzählig.
Grundvoraussetzungen für eine erfolgreiche Abstimmung von Federung und Dämpfung ist ein korrekter Luftdruck in den Reifen, genügend Reifenprofil (!) sowie eine spielfreie Hinterradschwinge.
Eine eventuell vorhandene und einstellbare Luftunterstützung wird auf den niedrigsten Wert (laut Handbuch) eingestellt.
Zu Testfahrten suche man sich eine stark wellige Landstraße aus. Neigt die Hinterradfederung darauf zum Durchschlagen, was sich durch einen harten Stoß bemerkbar macht, muß die Federvorspannung so lange Stufe um Stufe verstellt werden, bis dieser Zustand nicht mehr eintritt.
An Federbeinen mit Luftunterstützung kann jetzt der Luftdruck vorsichtig erhöht werden, um die Progression der Federung zu unterstützen. Hierzu benutzt man eine Handluftpumpe, auf keinen Fall Preßluft von der Tankstelle. Die hat viel zuviel Druck und zerstört die im Inneren liegenden Dichtungen und die Kammermembran. Die Druckerhöhung von Mal zu Mal bewegt sich um 0,1 bis 0,2 bar. Man benötigt einen Spezialdruckmesser, der keine Luft aus dem Federbein »verbraucht«, weil schon geringe Luftmengen Auswirkungen zeigen. Bei zwei Federbeinen an einer konventionellen Schwinge bringt so etwas immer Unruhe ins Fahrwerk.
Daten über Druckerhöhungen kann man aus dem Bordbuch oder dem Informationsblatt des Stoßdämpferherstellers ersehen.

Einstellen der Federvorspannung (Federbasis) an der Hinterradfederung

- Die Vorspannung der Federbeine (Anhebung der Federbasis) muß mit dem dafür vorgesehenen Einstellschlüssel verstellt werden (siehe Bordbuch).
- Ein Zusammenpressen der Federn *verhärtet*, ein Lösen der Federn läßt die Federwirkung *weicher* werden.

Federbeine, bei denen mit einem Hakenschlüssel der Nutenring an der Kurvenhülse bewegt wird, um die Federauflage und somit die Vorspannung zu verändern, haben **drei** bis **fünf** Stufen:

- ***Stellung 1 bis 2 :*** Normal, für Solobetrieb. Die Feder ist weich und in Grundstellung bzw. leicht vorgespannt.
- ***Stellung 3 bis 4 :*** Mittlere Vorspannung, für Betrieb mit Sozius oder bei schwerem Gepäck.
- ***Stellung 5 :*** Oben, maximale Vorspannung, für größte Zuladung, Sozius und Gepäck.

- Bei Hinterradfederungen mit nur einem Federbein findet das Verstellen oft mittels gekonterten Nutmuttern statt.
- Es gilt die Regel: Die Vorspannung der Federbasis darf nur so stark eingestellt werden, daß betreffende Federung *nicht* durchschlägt!.
- Je stärker die Gewichtsbelastung einer Maschine, um so stärker kann die Federbasis angehoben werden, wobei im Falle von relativ weichen Federn das Fahrwerk sehr bald durchschlagen wird, obwohl die Federvorspannung bereits auf ihrer höchsten Stufe steht! – Dann sind stärkere Federn notwendig oder neue Federbeine.
- Neigt die Vorderradgabel zum »Durchschlagen«, können pro Gabelholm **0,2** Liter Gabelöl aufgefüllt werden. Ist die Gabel luftdruckunterstützt, muß das Luftpolster dazu verringert werden!

- Das Abstimmen der Federungseigenschaften sollte man übrigens vor dem Urlaub mit Gepäck und Sozius wiederholen (wärmste Empfehlung).

Einstellen der Dämpfung an Vorder- und Hinterradfederung

Jetzt wird es schwierig, weil viele Stoßdämpfer nicht oder nur unter großem Aufwand einstellbar sind.

Die Dämpfung muß so justiert sein, daß das Hinterrad stets Bodenkontakt hat und auch in welligen Kurven nicht wegschmiert. Auch ein Nachschwingen mit springendem Hinterrad zwingt zum Verändern der Dämpfereigenschaften.

Vor dem Einstellen sollten Federung und Dämpfung auf die serienmäßige Grundeinstellung laut Bordbuch eingestellt werden!

Die Dämpfung am Motorrad nur schrittweise verstellen. Dabei Vorderrad- und Hinterradfederung getrennt voneinander einstellen.

Die Hinterradfederung, wie oben erwähnt, mit Hilfe der Federbasisverstellung so weich wie möglich einstellen und, wenn zwei Federbeine vorhanden sind, beide Federbeine immer gleich verstellen.

Beim Drehen an der Dämpferverstelleinrichtung werden im Innern des Dämpfers Bohrungen und Ventile verstellt, durch die das Dämpferöl hindurchfließt. Je größer der Widerstand, den das Dämpferöl vorfindet, je länger es braucht, um die Dämpfventile zu durchlaufen, um so größer die Dämpfwirkung! Für verstellbare Dämpfer gilt: Stets beide Federbeine auf den gleichen Wert einstellen! Falls Zahlenwerte dargestellt werden (Koni-Federbeine z.B.):

- Hohe Zahlenwerte bedeuten starke Dämpfung,
- niedrige geringe Dämpfung.

Sind keine Zahlenwerte ablesbar, müssen an den Federbeinen »Klicks« oder »Umdrehungen« sorgfältig gezählt und die Werte aufgeschrieben werden!

Dreht man am Verstellrädchen bzw. der Verstellschraube für die Dämpfereinstellung solcher Federbeine *im Uhrzeigersinn*, verhärtet man die Dämpfung. – *Im Gegenuhrzeigersinn* wird sie weicher.

Verstellt wird dabei lediglich die *Zugstufe*, also das Ausfedern des Federbeines, während die Druckstufe fest definiert bleibt. Neuere, bessere und teurere Federbeine sind von außen auch für die Druckstufe (Einfederverhalten) zu verstellen. Sie besitzen damit eine zweite Dämpfer-Verstellmöglichkeit (z.B. Öhlins-Federbeine).

Bei einer Probefahrt testet man das Ergebnis und verstellt erneut.

Neigt die Maschine dazu, sich bei langen Bodenwellen oder mit hoher Zuladung aufzuschaukeln, liegt der Verdacht nahe, daß die *Zugstufendämpfung* der Hinterhand zu gering ist. Dadurch klingt die Auf- und Abbewegung des Fahrzeughecks nicht schnell genug ab, das Motorrad beruhigt sich erst nach mehrmaligem Nachschwingen. Ähnlich bei Kurvenfahrten: Die Maschine erscheint durch die ständige Bewegung der Hinterhand unruhig und tendiert in Schräglagen zum Aufschaukeln (Pendeln).

Man kommt diesem Problem bei, indem man die Zugstufendämpfung erhöht.

Falls das nicht hilft, muß die Federvorspannung überprüft und die Feder um eine Stufe *entspannt* werden.

Eine *zu hohe* Zugstufendämpfung (Überdämpfung der Hinterhand) dagegen läßt die Maschine zwar stabiler erscheinen, doch das Ansprechverhalten der Hinterradschwinge und die Fähigkeit, rasch hintereinander auftauchende Bodenwellen zu schlucken, tendieren dann gegen Null! Die Maschine holpert unkomfortabel über die Landstraßen. Ein Stempeln des Hinterrades wird bei starkem Bremsen zu notieren sein.

Es ist wichtig, immer nur *eine* Einstellung zur Zeit vorzunehmen, zu prüfen und dann erneut einzustellen und so weiter. – Also Federvorspannung oder Zugstufenverstellung oder Druckstufenverstellung korrigieren!

Kann man selbst nicht beurteilen, ob Dämpfung und Federvorspannung richtig eingestellt sind, sollte man unbedingt erfahrene Schrauber oder Schrauberinnen oder die Vertragswerkstatt zur Beratung und Einstellung heranziehen.

8.5. Die Räder

Anforderungen an die Laufräder von Motorrädern:
- niedriges Eigengewicht
- hohe Formfestigkeit und dennoch gute Elastizität (gute Rundlaufeigenschaften) auch bei hohen Geschwindigkeiten
- einfache Monage

8.5.1. Leichtmetallspeichenräder (Gußräder)

Vor allem die deutliche Erhöhung der Fahrtgeschwindigkeit und der enorme Leistungszuwachs in den letzten 25 Jahren brachte neben der Einführung von schlauchlosen Reifen und später der Gürtelreifen die Gußräder in die Serienproduktion der großen Motorradhersteller. Ihr Hauptvorteil gegenüber dem Speichenrad besteht im *exakten Gleichlauf* bei hohen Dauergeschwindigkeiten, dicht gefolgt von ihrer Fähigkeit, schlauchlose Reifen zu erlauben, und der Anspruchslosigkeit, was Wartung, Instandhaltung und Reinigung angeht.
Gußräder können ein Ausbund an Schlichtheit sein: Unter Druck oder im Kokillenguß komplett fertig gegossen, gereinigt, beschliffen, poliert und lackiert, sind sie ein weites Betätigungsfeld für Designer, sind anspruchslos und frei von Korrosionsproblemen!

Abb. 262: Leichtmetallgußrad (hier: Vorderrad)
1 Radlager (2 Stück)
2 O-Ringe (2 Stück)
3 Bremsscheibe
4 Gußrad (Felge, Speichen und Nabe sind aus einem Guß)
5 Radnabeneinsatz (Stahl)
6 Distanzhülse
(Suzuki)

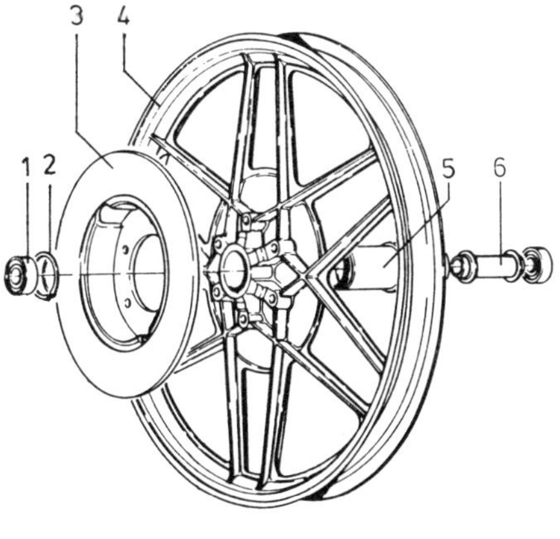

Nabe, Speichen und Felge bestehen aus einem Stück. Lediglich Radlager, Reifenventileinsätze und aufgeklebte Auswuchtgewichte kommen hinzu.

Vorderräder und Hinterräder sind in Raddurchmesser und Felgenbreite vielfach unterschiedlich dimensioniert. Durchmesser und Felgenbreite werden in Zoll angegeben (Ein »16er« Rad = 16 Zoll Felgendurchmesser = 40,64 cm).

Der Reifensitz auf der Felge ist durch lange Versuche optimiert worden. Die Felge hat u.a. eine Riffelung auf der Innenseite, um ein Durchrutschen des Reifens zu verhindern.

An der Hinterradnabe von Motorrädern mit Kettenantrieb wird bei vielen, vor allem den leistungsstärkeren Modellen, der Zahnkranz des hinteren Kettenrades an eine Antriebsplatte geschraubt, mit zwischengelegten Gummidämpfungselementen zur Nabe hin, die als *Ruckdämpfung* funktionieren.

Durch die Mitte von Nabe und Radlager führt die Steckachse, zur Befestigung des betreffenden Rades an Vorderradgabel oder Hinterradschwinge.

Eine Bremsscheibe für das Hinterrad, eine oder zwei für das Vorderrad sind Standard-Ausstattung. Für Tourenmaschinen und Softchopper wird eine vergrößerte Nabe für die Aufnahme einer Hinterradtrommelbremse hergestellt.

Da keine Speichen im Felgenbett stören, kann die Felge des Gußrades speziell für die Verwendung von schlauchlosen Reifen geformt werden. – Erstaunlich dennoch: Speichenräder sind oft immer noch um einiges leichter. Ein Grund, weshalb sie bei Enduros und Geländemotorrädern immer noch sehr gefragt sind. Ein anderer ist, daß nichts an einem Motorrad nostalgischer wirkt, als wenn die Räder mit glänzenden Speichen versehen sind.

8.5.2. Speichenräder

Sie glänzen durch niedriges Gewicht, eine gewisse Eigenfederungseigenschaft, hohe Elastizität und eine geringe Seitenwindempfindlichkeit.

Ästhetisch wirken sie durch ihre Zierlichkeit und Schönheit.

Nabe und Felge sind mittels der Speichen elastisch, aber fest miteinander verbunden. Im Zentrum der Radnabe sind Aufnahmen für die Radlager vorgesehen. Jede Nabe von Speichenrädern ist verrippt, zum einen wegen der besseren Stabilität, zum anderen, um die *Reibungswärme* der Radlager besser abgeben zu können, was bei Gußrädern wegen der guten Wärmeleitfähigkeit des Materials kein Problem darstellt.

Die Naben von Speichenrädern haben zu beiden Seiten hochgezogene Ränder mit kleinen Bohrungen darin. Diese dienen zur Aufnahme der Speichen. Ein Felgenband aus Gummi, im Felgenbett eingelegt, schützt den Schlauch vor Verletzungen durch hervorstehende Nippel und Speichenenden.

Abb. 263: Speichenrad (hier: Vorderrad)
1 Radlager (Kugellager, 2 Stück)
2 Staubschutzscheiben (2 Stück)
3 O-Ringe (2 Stück)
4 Distanzhülse
5 Lagerschild

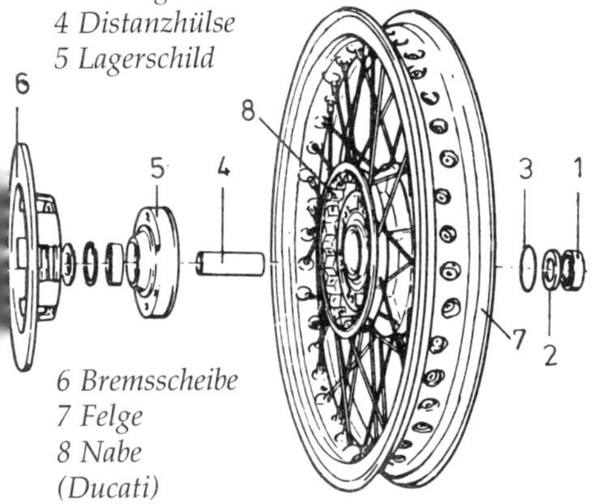

6 Bremsscheibe
7 Felge
8 Nabe
(Ducati)

Normale Speichenfelgen sind wegen der Speichenöffnungen *keinesfalls* für schlauchlose Reifen geeignet – die Luft würde über kurz oder lang entweichen! Normale Speichenfelgen müssen immer mit Schläuchen gefahren werden. Auf WM-Kontur- oder CP-Konturfelgen dürfen auch Schlauchlosreifen (Tubeless), allerdings nur *mit Schlauch* aufgezogen werden. Auf anderen, älteren Felgenprofilen sind diese Reifen aber nicht erlaubt, der Reifenwulst könnte aus der Felge rutschen. Unfallgefahr!

Seit einigen Jahren gibt es Speichenräder, die mit schlauchlosen Reifen gefahren werden dürfen, weil die Speichen an einem hochgezogenen Mittelsteg im Felgenring befestigt sind (z.B. Honda XL 600 RM Enduro) oder weil die Speichen außen und seitlich im Felgenrand eingezogen sind statt im Felgenbett (z.B. BMW R 100 R Mystik).

Während die Radnaben von Speichenrädern stets aus Aluminiumguß hergestellt werden, bestehen die Felgen bei leistungsstarken Maschinen aus Stabilitätsgründen sehr oft noch aus verchromtem Stahlblech. Sie sind dann meist als *Flachschulterfelge* ausgelegt.

Die sehr leichten *Hochschulterfelgen* dagegen können auch aus einer hochwertigen, geschmiedeten Aluminiumlegierung bestehen, weil der hochgezogene Rand, trotz des gegenüber dem Stahl mit weniger Zugfestigkeit ausgestatteten Alus die notwendige Haltbarkeit liefert.

- Speichen werden aus einem hochwertigen Stahl gefertigt und sind vorwiegend verchromt oder schlicht verzinkt. Allerdings gibt es mittlerweile auch VA/Niro-Speichen (rostfreier Stahl). Niro-Speichen sollte man ihrer geringeren Festigkeit wegen nur einsetzen, wenn gerade Speichen und keine gekröpften vorgesehen sind.

Speichen besitzen an einem Ende einen linsenförmigen Kopf und am anderen ein gewalztes Gewinde. Das Gewinde ist gewalzt und nicht geschnitten, um ein Brechen durch die Kerbwirkung zu unterbinden. Beim Walzen wird die Struktur des Werkstoffes nicht verletzt, sondern nur gestaucht. Wären die Speichen geschnitten oder auch nur gedreht, würden die äußeren Schichten zerstört, und nur der unverletzte Kern würde eine hohe Festigkeit behalten. Speichenköpfe werden gekröpft oder gerade in der Nabe geführt. Die geraden Speichen können mehr Zug aushalten und brechen nicht so schnell.

Die Stärke der Speichen machen die Konstrukteure vom vorgesehenen Material, von der Leistung der Maschine, ihrer Größe und ihrem Gewicht abhängig.

Eingesetzt werden Speichen in Felgen nach unterschiedlichen Kriterien: Es gibt einfach oder vielfach gekreuzte Einspeichmuster, je nach Belastung der Felge oder nach den Designvorstellungen der Hersteller.

Das Einspeichen ist Spezialistenarbeit, als Uneingeweihter sollte man die Finger davon lassen und Einspeicharbeiten nur im Notfall durchführen, es sei denn, man will es unbedingt lernen.

Speichennippel bestehen aus verchromtem Messing, Stahl oder VA/Niro-Stahl (rostfreier Stahl) und sollten vor dem Einbau leicht eingefettet werden.

Eingespeichte Räder prüft man nach ihrem Klang. Hierzu zieht man einen Schraubendreher im Kreis auf den Speichen entlang. Klingt eine davon dumpf, muß sie mit einem Speichenschlüssel nachgezogen werden, sonst lockern sich andere mit der Zeit ebenfalls. Wenn alle Speichen *gleichmäßig hell klingen*, ist die Speichenspannung korrekt.

Gebrochene Speichen müssen ausgetauscht werden, wozu leider Rad und Reifen demontiert werden müssen. Wo erst einmal eine Speiche fehlt, entsteht ein Ungleichgewicht in der Kräfteverteilung im Speichenkreis. Im folgenden wird eine Speiche nach der anderen brechen oder sich lockern, wenn nicht schnell eingegriffen wird!

8.5.3. Verbundräder

In einer Zeit, als Rückrufaktionen wegen teilweise gefährlicher Mängel bei Gußrädern häufig waren, entstanden die Verbundräder aus Stahl (schwer und widerstandsfähig) und Leichtmetallen (weniger stabil, aber leicht). Hauptvorteil gegenüber den Speichenrädern sind ihre guten Rundlaufeigenschaften und ihre unbedingte Stabilität bei allen Geschwindigkeiten. Den Gußrädern gegenüber sind sie stabiler, aber, ihr Nachteil, auch deutlich schwerer.

Heutzutage treten die aufwendig gefertigten Verbundräder wieder in

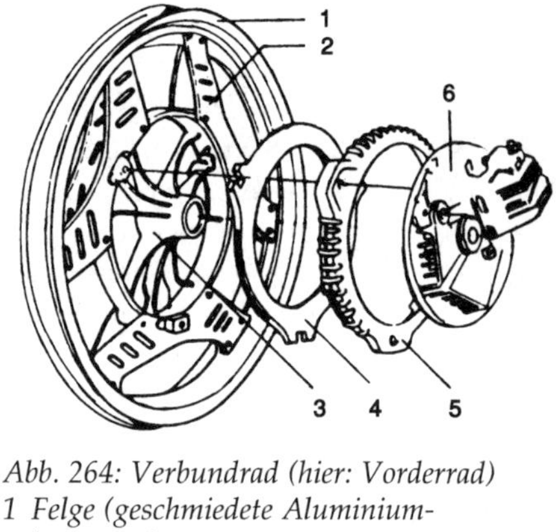

Abb. 264: Verbundrad (hier: Vorderrad)
1 Felge (geschmiedete Aluminiumlegierung)
2 Oberflächenvergütete Stahlblechspeichen
3 Aluminiumguß-Radnabe
4 Bremsscheibe
5 Staubschutz- und Kühlring
6 Bremsankerplatte

den Hintergrund, zudem sie vom Design her immer noch sehr umstritten sind.
Die verschiedenen Bauelemente, in der Regel Nabe, Speichen und Felge, werden zusammengeschraubt oder genietet. Vorwiegend sind es unlösbare Verbindungen, an denen nichts verändert werden darf. Das Material der Felge besteht aus einer geschmiedeten Aluminiumlegierung, einem besonders harten und zähen Leichtmetall, welches sich zwar verformt, aber nur schwer bricht, z.B. bei Überfahren eines Bordsteines mit höherer Geschwindigkeit, wo Gußräder immer noch stark im Nachteil sind. Die Speichen bestehen aus Stahlblech, sind zähelastisch und gegen Korrosion verzinkt. Sie können aber auch aus einer harten und geschmiedeten Aluminiumlegierung bestehen. Die Nabe wird aus Aluminiumdruckguß hergestellt.

8.6. Die Radlager

Ein Radlagerschaden liegt vor, wenn sich im Vorder- oder Hinterrad ein rumpelndes Geräusch hören läßt; wenn ein Rad, bei aufgebocktem Motorrad in Drehung versetzt, ein Gefühl von unrundem, holperigem Lauf erzeugt; wenn ein Rad, mit beiden Händen angefaßt und hin- und herbewegt, eine Lose im Bereich der Radachse fühlen läßt.
Die Räder unserer Motorräder laufen alle auf Rillenkugellagern, da sie seitlich nicht in dem Maße beansprucht werden, als daß man z.B. Kegelrollenlager einbauen müßte (abgesehen von speziellen Rädern für den Gespannbetrieb).
Im Zentrum des Rades befindet sich links und rechts der Nabe je ein Lagersitz. Darin ruhen die Radlager, deren innere Lagerringe von einer Distanzhülse auf Abstand gehalten werden. Wellendichtringe schützen die Lager vor äußerer Einwirkung. Immer häufiger werden geschlossene Rillenkugellager bevorzugt, deren Dauerfettfüllung ein Lagerleben lang reicht. Rillenkugellager für Radlager haben ein etwas größeres Laufspiel, um ein Fressen der Lager bei Erhitzung zu verhindern. (Das heißt nicht, daß normale Lager gleich festgehen.)

Austausch von Radlagern
Radlager werden ausgewechselt, indem man mittels eines Durchschlags auf den *Innenring* des Kugellagers schlägt. Hierzu schiebt man die Distanzhülse etwas beiseite, um jeweils das gegenüberliegende Lager austreiben zu können.
Bevor man aber an das Lager herankommt, muß an älteren Motorrädern oft noch ein Lagerdeckel oder eine Staubschutzkappe entfernt werden.

Abb. 265: Aus- und Einbau von Radlagern
1 Lagereinsetzwerkzeug (kann improvisiert werden)
2 Lager-Austreibdorn
3 Rad
4 Radlager
5 Distanzhülse
(Kawasaki)

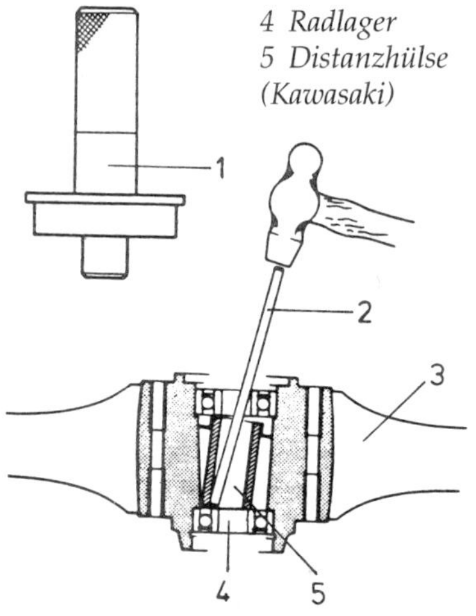

Der Lagerdeckel kann mit einem verstellbaren Zapfenschlüssel herausgeschraubt werden. Die darunterliegenden Wellendichtringe werden dann mit einem Haken herausgezogen.
Neue Radlager legt man zwei Stunden ins Tiefkühlfach, bevor man sie einbaut. Sie ziehen sich dann geringfügig, aber ausreichend zusammen und rutschen, mit etwas Fett unterstützt, leichter auf die Lagersitze. Offene Wälzlager müssen vor dem Einbau gut gefettet werden, am besten mit einem wasserabweisenden Lagerfett (Lithiumfett).
Neue Radlager sollten stets hermetisch geschlossene Lager sein, weil deren Dauerfettfüllung, die nicht austreten kann, sowie die sorgfältig eingesetzten seitlichen Scheiben ihnen eine sichere Schmierung und Schutz vor eindringendem Straßendreck verleihen kann. Diesen Lagern ist ein deutlich längeres Leben beschert als offenen Lagern mit Schutzkappen und Wellendichtringen!
Lassen sich die Lager nur schwer auf ihre Sitze schieben, so hilft man mit einem passenden Rohr nach, das man auf den *äußeren* Lagerring auflegt. Mit dem Hammer treibt man dann die widerspenstigen Lager ein. *Achtung!* Auf keinen Fall die Lager verkanten und nicht auf den Lagerinnenring schlagen, der ist tabu! Andernfalls wird der Lagerkäfig beschädigt, und das neue Lager ist schrottreif.
Nicht vergessen, vor dem Einsetzen des zweiten Lagers die Distanzbuchse einzulegen! Ohne Buchse fressen die Lager unglaublich schnell, werden sie doch beim Anziehen der Radachsenmutter eingeklemmt.
Nach dem Einsetzen neuer offener Lager müssen die Wellendichtringe an den Radlagern erneuert werden.
Hat man sich für den Einsatz selbstschmierender, versiegelter Radlager entschlossen, müssen die alten Wellendichtringe dennoch mit eingebaut werden, weil sie als Distanzhalter benötigt werden!
Ein Wort noch zum Ein- und Ausbau: Bremsscheiben sollten vor dem Wechseln der Radlager abgeschraubt werden. Sie könnten bei diesen Arbeiten beschädigt werden. Abgeschraubte Bremsscheiben dürfen nicht schräg gelegt werden. Sie könnten sich verziehen. Also auf eine plane Unterlage legen.

Bei Motorrädern mit Kettenantrieb müssen nach dem Austausch der Radlager am Hinterrad zusätzlich die beiden Rillenkugellager in der Antriebsplatte für den Zahnkranz untersucht und gegebenenfalls erneuert werden. Diese Lager wirken im Verborgenen und werden deshalb leicht übersehen.

Für den Notfall: Reinigen der Radlager

Ein leicht rauher Lauf ohne Rattermarken läßt auf ein zwar gebrauchtes, aber noch arbeitsfähiges Radlager schließen.

Normalerweise werden Radlager beim Ausbau so stark beschädigt, daß sie nicht mehr zu verwenden sind.

Gelingt es dennoch, sie zu retten, und sind wir gezwungen, sie erneut zu verwenden, so müssen sie nach dem Ausbau gereinigt und gefettet werden.

Geschlossene Kugellager öffnen wir, weil Verschleiß und Alterung die Fettfüllung »verbraucht« haben.

Leider lassen sich die seitlichen Kunststoffscheiben nicht mehr einsetzen, wenn sie erst einmal herausgebrochen sind. Man muß dann improvisieren und geeignete Kunststoffscheiben selber herstellen.

Radlager reinigt man am besten mit Heizöl oder Petroleum. Vor dem Fetten müssen sie auf Fremdkörper oder Beschädigungen geprüft werden. Hierzu dreht man sie gefühlvoll. Dabei dürfen die Lager ***nicht*** trocken laufen (das ramponiert die empfindlichen Kugeloberflächen). Am besten spritzt man ein dünnes Mehrzwecköl zwischen die Kugeln.

Kontrolle der Radachsen

Die Radachsen müssen gelegentlich kontrolliert werden. Hierbei sind sie auf Verbiegung zu prüfen und darauf, ob das Feingewinde an der Spitze noch in Ordnung ist. Verbogene Radachsen müssen aus Sicherheitsgründen ersetzt werden!

Bei beschädigtem Feingewinde muß die betreffende Radachse aus dem gleichen Grund erneuert werden!

8.7. Motorradreifen

Die Reifen seines Motorrades zu vernachlässigen, heißt sich selbst und auch andere zu gefährden! Die handtellergroße Auflagefläche ist die einzige Verbindung zwischen Motorrad und Straße! Die Aufgaben der Reifen sind vielfältig. Sie übertragen die Antriebs- und Bremskräfte vom Motorrad auf die Straße. Sie übernehmen die Radführung auf gerader Strecke sowie die Seitenführung und Haftung in Kurven. Dem Fahrkomfort sind sie nur bedingt dienlich, was ihr Eigenfederverhalten angeht. Das liegt an den Reifenflanken, die möglichst steif gehalten werden müssen, um einen stabilen Geradeauslauf zu ermöglichen und um, wie bei den modernen Niederquerschnitts-Breitreifen, eine befriedigende Notlaufeigenschaft zu haben, falls der Reifen einmal Luft verlieren sollte. Nicht zuletzt ist die Laufleistung ein Kriterium, welches durch die hohen Motorleistungen der modernen Motorräder immer stärker in den Vordergrund gerät.

Übertragung von Antriebs- und Bremskräften

Die Fähigkeit der Kraftübertragung von Hinterradreifen wächst mit der Reifenauflagefläche (-aufstandsfläche) und dem Gewicht, welches auf dem hinteren Teil eines Motorrades lastet. Dies erklärt die unterschiedliche Dicke von Vorder- und Hinterradreifen.

Das Profil der Reifen spielt auf trokkenen Straßen *keine* Rolle, wie man an den absolut glatten Slick-Reifen von Rennmotorrädern leicht ersehen kann. Erst bei nassen Straßen, bei unterschiedlich rauhen Straßenbelägen werden Art, Stärke, Form und Tiefe des Reifenprofils zu einem wichtigen Leistungsmerkmal. Das erklärt auch, warum Slick-Rennreifen für die normale Straße nichts taugen!

Die Gewichtsbelastung des Antriebsrades ist eine wichtige Größe, wenn man von Schlupf und Antrieb spricht. Je stärker das Antriebsrad belastet ist, desto mehr Leistung kann es übertragen, und desto geringer ist der Reifenabrieb.

Die Bremskräfte beim Verzögern sind scheinbar entgegengesetzte Probleme, die sich bei näherem Hinsehen aber als nahezu identisch herausstellen. Hauptträger der Belastung ist diesmal aber der Vorderradreifen. Der Grund liegt in der Radlastverlagerung beim Bremsen, bei dem eine Gewichtsverlagerung nach vorne stattfindet. Verstärkt wird dies durch das Eintauchen der Vorderradgabel: Während beim Bremsen das Hinterrad entlastet wird, was so weit gehen kann, daß das Motorrad ins Schleudern kommt, wächst der Druck auf das Vorderrad.

Im Unterschied zum Hinterrad herrschen Verschleißkräfte am Vorderrad aber verstärkt *nur* während des Bremsens. – Vorderradreifen sind deshalb auch nicht so breit wie ihre hintere Verwandtschaft. Außerdem muß die Profilgestaltung, neben der Übernahme der Bremskräfte, auch der Seitenführung und dem Geradeauslauf des Vorderrades Rechnung tragen.

Breite Reifen am Vorderrad vermindern die Handlichkeit der Maschine in Kurven. Dem versucht man bei den modernen Breitreifen am Vorderrad dahingehend Rechnung zu tragen, daß man den Raddurchmesser verkleinert. So haben moderne Breitreifen vorne statt 19" oder 18" nur noch 17- oder gar 16-Zoll-Felgen zur Verfügung.

Fahrstabilität

Der Innenaufbau des Reifens hat entscheidenden Anteil an der Fahrstabilität. Der Querschnitt muß an der Lauffläche gerundet sein, um bei

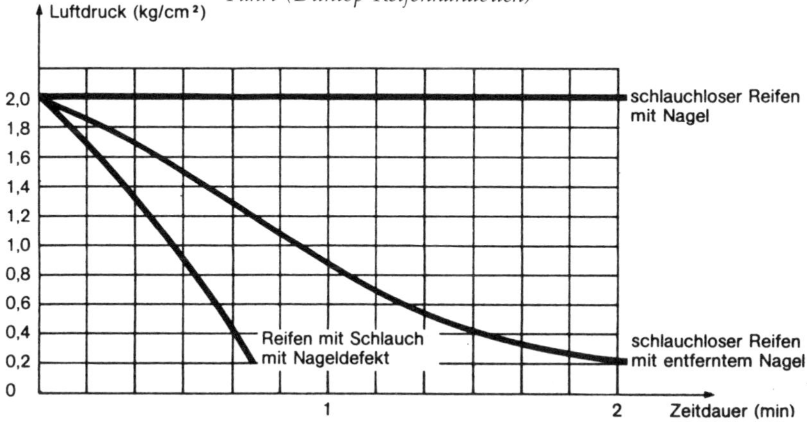

Abb. 266: Luftdruckverlust bei einer Reifenpanne während der Fahrt (Dunlop-Reifenhandbuch)

Kurven mit ihren starken Neigungswinkeln eine ausreichende und möglichst tief hinabgehende *Seitenführungskraft* aufzubauen.

Die Reifenflanken müssen verstärkt gestützt werden, um für Kurven und Geradeauslauf die nötige *Steifigkeit* aufbringen zu können.

Plötzlicher Luftverlust der Reifen soll das Motorrad nicht undirigierbar machen. Dies war ein wichtiger Grund für die Einführung von schlauchlosen Reifen, die eine wesentlich bessere Seitenstabilität aufweisen als vergleichbare mit Schlauch. Die modernen schlauchlosen Niederquerschitts-Reifen sind eine logische Weiterentwicklung dieser Forderungen.

Die im Vergleich zum Auto geringe Aufstandsfläche von Motorradreifen bringt es mit sich, daß der Reifen die schwere Maschine (womöglich noch mit Gepäck und Sozius) auf einer relativ kleinen Fläche voll tragen muß, weshalb die *Tragfähigkeit* von Reifen ein wichtiger Faktor ist.

Hierbei spielt der korrekte Luftdruck eine überragende Rolle. – Zu niedriger Druck beeinträchtigt Geradeauslauf, Kurveneigenschaften, Tragfähigkeit und Lebensdauer, bewirkt eine stärkere Walkarbeit des Reifens, läßt seine Temperatur überproportional ansteigen, fördert den Reifenabrieb und zerstört die Karkasse des Pneus.

Laufleistung von Motorrad-Reifen

Die Laufleistung ist von folgenden Faktoren abhängig:

a) Reifenaufstandsfläche
b) Gummimischung und Reifenprofil
c) Gewicht der Maschine
d) Fahrstil
e) Leistung des Motorrades
f) Straßenbelag
g) Reifen-Luftdruck

zu a) Je größer die Lauffläche, desto weniger nutzt sie sich ab. Die immer breiter werdenden Autoreifen sprechen für sich.

zu b) Die Kunst der Gummimischung verlangt rutschfeste Reifen, aber auch lange Lebensdauer. Keine einfache Aufgabe. Je härter die Mischung ist, desto abriebfester ist der Reifen und um so höher die Kilometerleistung des Motorrades. Aber nur eine relativ weiche Mischung bietet gute Bodenhaftung auch bei Nässe.

zu c) Je schwerer ein Motorrad, um so größer der Reifenabrieb. Nicht zu verwechseln mit der Haftung des Antriebsrades, dem eine gute Belastung den Schlupf erspart und damit auch einen höheren Abrieb.

Durch breitere Reifen vorne und hinten gleicht man das Manko wieder aus, wie das Triumph mit seiner neuen Typenpalette, beispielsweise der 900er Speed Triple oder den Daytonas, vorführt, die mit Metzeler Reifen ME Z 1 der Größen 120/70 ZR 17 TL vorne oder mit 180/55 ZR 17 TL hinten ausgerüstet werden.

zu d) Der persönliche Fahrstil hat enormen Einfluß auf den Reifenverschleiß. Die einen brauchen 1.500 km, die anderen 8.000 km, um einen Hinterradreifen kleinzukriegen, während noch andere damit 13.000 km fahren.

zu e) Die Motorleistung, ob man will oder nicht, provoziert den Gummiverbrauch! Ein leichter Dreh am Gasgriff einer 100 PS/74 Kw-Maschine produziert mehr Abrieb als bei einem nur halb so starken Gefährt. Eine rauhe Betonstraße nutzt das Reifenprofil, trotz erfreulicher Griffigkeit beim Fahren, stärker ab als ein glattes Straßenband. Auch Schotterpisten und Feldwege nagen kräftig am Gummi, vor allem an dem der Enduro-Enthusiasten.

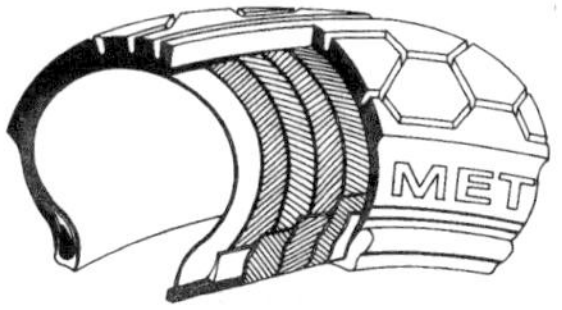

Diagonalreifen

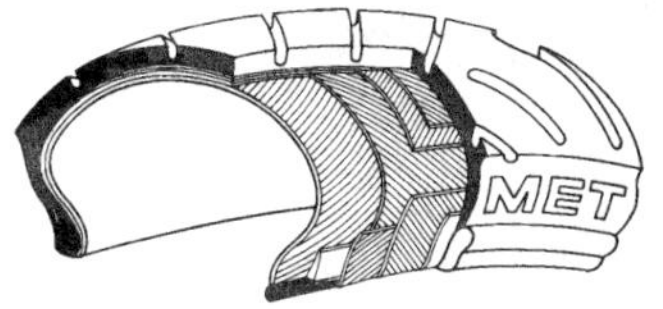

Gürtelreifen mit Diagonalkarkasse (Bias-belted)

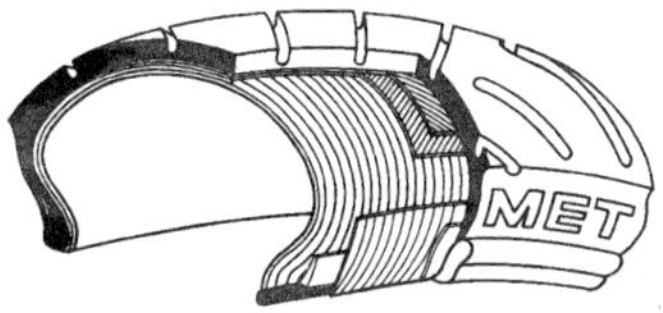

Gürtelreifen mit Radialkarkasse (90°)

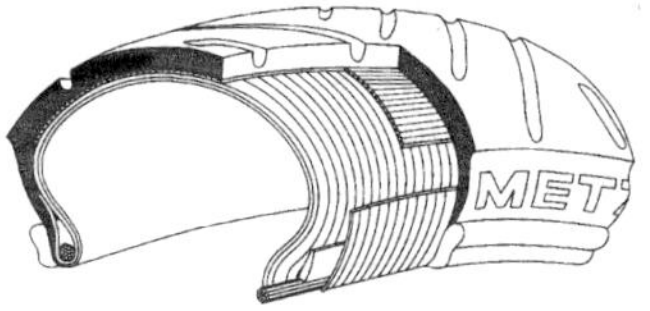

0°-Stahlgürtelreifen mit Radialkarkasse (90°)

Abb. 267: Reifenarten (Metzeler-Reifenhandbuch 95)

8.7.1. Diagonalreifen, Diagonal-Gürtelreifen und Radial-Gürtelreifen

Grundaufbau von Motorrad-Reifen

Der Reifen besteht aus Liner, Karkasse, Wulst, Gürtel, Seitenwand und Lauffläche.

Liner

Die erste undurchlässige Gummischicht des Reifens wird »Liner« genannt. Er verhindert den Luftverlust und übernimmt bei schlauchlosen Reifen (TL) die Aufgabe des Schlauches.

Karkasse

Als Karkasse bezeichnet man den Reifenunterbau. Sie gibt dem Reifen Form und Festigkeit. Die Karkasse besteht aus einer oder mehreren Schichten hochfester Kunstfasermatten. Die Fadenrichtung der Karkassenlage(n) verlaufen quer zur Laufrichtung des Reifens und sind um den Wulstkern am Rand des Reifens geschlagen.

Wulst

Der Wulst ist der »Fuß« des Reifens. Dieser aus Stahldrähten geformte Teil ist verantwortlich für den festen Sitz des Reifens auf der Felge.

Bei schlauchlosen Reifen (Tubeless) sorgt er dafür, daß die Reifenflanken fest an der Felge anliegen und der Reifen luftdicht abgeschlossen wird.

Gürtel

Je nach Bauart des Reifens befindet sich zwischen Karkasse und Lauffläche ein ein- oder mehrlagiger Gürtel. Die aus Kunstfaser oder Stahldraht bestehenden Matten des Gürtels sind nur so breit wie die Lauffläche.

Seitenwand

Die Seitenwand ist eine flexible, aber dennoch tragende Fläche des Motorradreifens. Sie sorgt für die Feder- und Dämpfungseigenschaften des Reifens, ohne jedoch durch indirekte Weitergabe der Brems- und Antriebskräfte ein schwammiges, instabiles Fahrgefühl zu erzeugen.

Bei modernen Niederquerschnittsreifen ist die Seitenwand auf Grund der bis zu den Seiten heruntergezogenen Lauffläche nur noch schmal. Das verleiht dem Reifen eine hohe Fahrstabilität und verbessert die Notlaufeigenschaften, wenn der Reifen einmal Luft verlieren sollte.

Lauffläche

Den äußeren und sichtbaren Teil des Reifens bildet die Lauffläche mit dem je nach Einsatzzweck des Reifens gestalteten Profil. Die speziell abgestimmte Gummimischung der Lauffläche nimmt den unmittelbaren Kontakt mit der Straße auf.

Das Profil stellt eine Ansammlung von Rippen, Stollen, Rillen und Blöcken auf der Lauffläche dar.

- Reifen für Geländeeinsätze führen ein grobstolliges Reifenprofil,
- Straßenreifen führen an Vorderradreifen ein im Gegensatz zu den Hinterradreifen feinprofilierteres Profil, das mit rippenartigen Quer- und mit einer oder mehreren radial um den Reifen laufenden Längsrillen versehen ist.

Das Profil von Hinterradreifen ist durch unterschiedliche Anforderungen stärker gekennzeichnet als das Reifenprofil von Vorderradreifen. Größere Blockprofile bis zur Schulter und teilweise gezackte Rillen zu beiden Seiten einer breiten Mittelrille kennzeichnen die Reifen von Touren- und Tourensport-Motorrädern. Moderne Reifen von sportlichen bis sehr sportlichen Motorrädern sind nur noch gering profiliert. Hier kommt es stärker auf die Gummimischung der Lauffläche an und darauf, daß vor der Belastung des Reifens die Betriebstemperatur der Laufoberfläche erreicht wird. Das Profil verläuft mehr oder weniger quer zur Laufrichtung und besteht aus gewundenen Rillen.

Der Trend zu profilmäßig und vom Aufbau her aufeinander abgestimmten Reifen, sogenannten »Zwillingen«, nimmt zu. Dennoch kann man sich seine Reifen im Rahmen der von Fahrzeugherstellern und Reifenherstellern vorgeschriebenen Freigaben selbst auswählen.

Diagonalreifen

Bis vor kurzer Zeit wurden alle gängigen Reifen in diagonaler, sogenannter »konventioneller« Bauart hergestellt. Die textilen Karkassenfäden sind im spitzen Winkel von 25 bis 35 Grad zur Laufrichtung (diagonal) nebeneinander und in mehreren Schichten übereinander verlegt. Der spitze Winkel der Fäden wie auch die einander kreuzenden Schichten sollen einen ausgeglichenen Laufcharakter herbeiführen.

Ihr Handicap: Bei hohen Geschwindigkeiten »wächst« durch die steigenden Fliehkräfte der Reifen, wobei die Flanken höher werden und die Lauffläche schmäler. Die Folgen sind hoher Verschleiß in der gewölbten Mitte der Reifen. Während schneller Kurvenfahrten und wegen der Verformung des Reifens im Aufstandspunkt walken die unterschiedlichen Karkassenlagen miteinander. Die damit einhergehende Erwärmung belastet die Karkasse.

Wegen des allgemeinen Anstiegs von Leistung und Fahrtgeschwindigkeit bei modernen Motorrädern, wird der Diagonalreifen nur noch bei langsameren oder bei älteren Motorrädern eingesetzt.

- Reifen in Diagonalbauweise werden bezeichnet durch einen Bindestrich in der Größenbezeichnung, z.B. 4.00-H18 oder 3.50-21.

Der Diagonal-Gürtelreifen

Die im Automobilbau seit langen Jahren bewährten Gürtelreifen waren zunächst für Motorräder nicht geeignet, weil deren Reifen keine weichen Seitenwandungen haben dürfen.

Erst der Niederquerschnittsaufbau der Reifen mit runden, fast 180° herumgezogenen Laufflächen und verkleinerten, versteiften Seitenwandungen sowie der Einsatz moderner Fasern für den Gürtelaufbau machten den Einsatz von Gürtelreifen für Motorräder möglich.

Von seinem Aufbau her eigentlich ein Diagonalreifen mit mehrlagiger Diagonalkarkasse, verstärkt ein mehrschichtiger Stahlgürtel die Lauffläche. Der Erfolg des neuen Konzeptes liegt neben dem Niederquerschnitts-

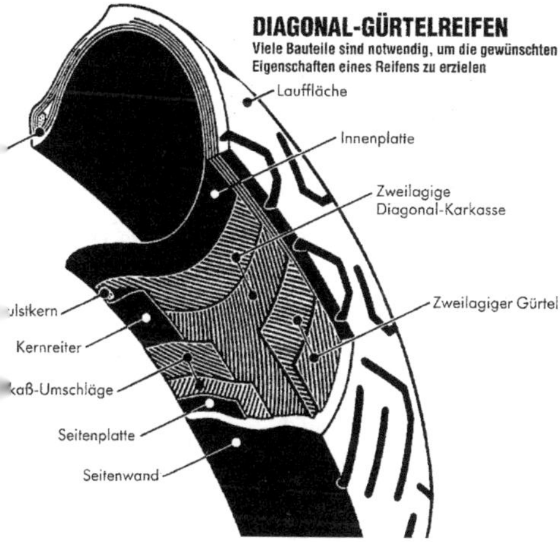

Abb. 268: Anatomie eines Diagonal-Gürtelreifens (Metzeler-Reifenhandbuch 95)

profil in einer Versteifung der Lauffläche, die bei hohen Geschwindigkeiten ein Ausdehnen des Reifens verhindert und die Lauffläche verschleißmindernd flach und eben hält.

Positive Nebenwirkung: Durch den stabilen Gürtel kann der Karkassaufbau des Diagonal-Gürtelreifens um einige Lagen verringert werden. Das vermindert den Aufheizeffekt im Reifenaufbau, macht den Reifen leichter und ermöglicht hohe Dauergeschwindigkeiten »ohne Reue«.

• Reifen in Diagonal-Gürtelbauart, auch Bias-Belted-Reifen genannt, werden bezeichnet durch einen Buchstaben »B« in den Größenbezeichnungen, z.B. 140/80 VB 17 oder 150/80 VB 16 V250.

Radial-Gürtelreifen

Eine entscheidende Weiterentwicklung des Gürtelreifens war der Radial-Gürtelreifen. »Radial« werden Reifen genannt, bei denen die Textilfäden der Karkasse nebeneinander, schichtweise um 90° gedreht, quasi quer zur Laufrichtung verlegt sind. Der Gürtel liegt ein- oder mehrlagig über der Karkasse und ist wie bei allen Gürtelreifen nicht breiter als die Lauffläche. Durch die radiale Anordnung der Karkassenfäden sind solche Reifen auch bei hohen und höchsten Geschwindigkeiten sehr formstabil. Sie kommen zum Teil mit nur einer einzigen Karkassenlage aus! Das macht sie leicht, verhindert den Aufheizeffekt und verringert, besonders wichtig für sportliche Motorräder, die ungefederten Massen an den Rädern. Radial-Gürtelreifen wurden von ihrem Querschnitt her noch weiter verkleinert, wobei die Breite der Lauffläche extrem zunahm, so daß Vergleiche mit Automobil-Reifen durchaus möglich sind.

Radial-Gürtelreifen verschleißen (auch auf Grund ihrer größeren Reifenaufstandsfläche) noch langsamer als Diagonal-Gürtelreifen.

• Reifen in Radial-Gürtelbauart, kurz Radialreifen genannt, werden bezeichnet durch einen Kennbuchstaben »R« in den Größenbezeichnungen, z.B. 180/55 ZR 17 oder 160/60 ZR 18.

Seine Vorteile gegenüber normalen Diagonal-Gürtelreifen kurz zusammengefaßt:

a) höhere Kilometerleistung der Reifen durch größere Aufstandsflächen
b) höhere Tragfähigkeit der Reifen bei gleichem Luftdruck
c) ausgezeichnete Seitenführungskräfte, somit noch bessere Bodenhaftung
d) Reduzierung der Walkarbeit der Reifen, dadurch eine sehr geringe Reifenerwärmung, was den Einsatz hervorragend haftfähiger Gummimischungen auf der Lauffläche ermöglicht
e) höhere Bremsleistung auch in Schräglage
f) verringerter Rollwiderstand und bei Nässe bessere Haftung auf der Straße
g) geringeres Eigengewicht des Reifens, dadurch besseres Handling (Verringerung des Problems der ungefederten Massen)
h) verbesserte Hochgeschwindigkeits- und Richtungsstabilität

Der Radial-Gürtelreifen mit 0-Grad-Gürtel

Die zur Zeit höchste Entwicklungsstufe (1996) ist ein Radial-Gürtelreifen, dessen Fadenwinkel in der Karkasse in Laufrichtung des Reifens verläuft. Dieser Karkassenaufbau, der das Ausdehnverhalten des Reifens auf ein absolutes Minimum reduziert, verbessert die guten Laufeigenschaften dieses Gürtelreifens noch einmal. Das Gewicht des Reifens kann weiter reduziert und seiner Aufwärmtendenz nocheinmal entscheidend entgegengewirkt werden.

- Reifen in Radial-Gürtelbauart mit

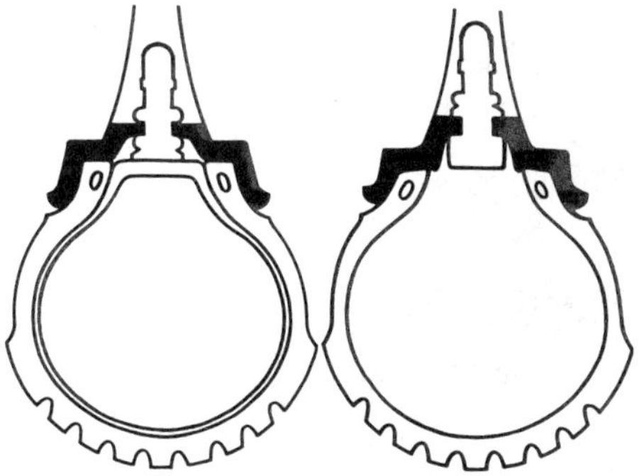

Abb. 269: Querschnitte: Reifen mit und ohne Schlauch
(links)
Reifen mit Schlauch = Tube Type Reifen auf CP-Kontur-Felge

(rechts)
Schlauchlose Reifen = Tubeless Reifen auf MT-H2-Felge
(Dunlop-Reifenhandbuch)

einem 0-Grad-Gürtel werden ebenfalls durch den Kennbuchstaben »R« in den Größenbezeichnungen gekennzeichnet.

8.7.2. Motorrad-Reifen mit und ohne Schlauch

Bis vor etwa 25 Jahren waren Reifen ohne Schlauch undenkbar.
Das Aufkommen von Gußrädern (bzw. Verbundrädern) löste das Abdichtproblem auf einfache Weise (es wurden immer weniger Speichenräder gebaut) und brachte den praktischen, schlauchlosen Reifen hervor.
Dennoch sind heute schlauchführende Reifen durchaus noch üblich. Das hat mit der Spezialisierung auf

dem Motorradsektor zu tun. Geländemotorräder beispielsweise benötigen zur Gewichtsminimierung leichte und stabile Speichenräder. Weder Guß- noch Verbundräder können ihnen das bieten. Natürlich spielt auch die Mode und das Nostalgiegefühl vieler Motorradfahrer eine Rolle, für die ein Motorrad ohne Speichenräder kein Zustand ist.

Die meisten Reifen für Speichenräder benötigen Schläuche.

So kommt es, daß etliche Schlauchlosreifen unter bestimmten Bedingungen, z.B. muß der Felgenquerschnitt dafür geeignet sein (der Reifenhändler gibt Auskunft), mit Schlauch und auf für Schlauchreifen erdachten Felgen gefahren werden dürfen!

Schlauchlose Reifen (TL = Tubeless)

Schlauchlose Reifen wurden möglich durch Änderungen der Konstruktion des Reifenwulstes, die Einführung geeigneter Felgenprofile und Leichtmetallfelgen in Verbund- oder Gußbauweise.

Der schlauchlose Reifen bedarf eines festen Sitzes auf der Felge, weil der Wulst völlig luftdicht abschließen muß. Schlauchlose Reifen sollten demnach *nur* auf Räder aufgezogen werden, deren Felgen für solche Reifen bestimmt wurden und die dafür zugelassen sind.

Die Montage von schlauchlosen Normalreifen sollte man einem Reifenhändler überlassen, doch kann man sie zur Not selber ausführen, wenn eine geeignete Druckluftanlage, Werkzeug und Hilfsmittel vorhanden sind.

Die Montage von modernen superbreiten Niederquerschnittsreifen (Radial-Gürtelreifen) ist ohne maschinelle Abrückvorrichtung kaum möglich und sollte deshalb stets vom Reifenhändler vorgenommen werden.

Nach jedem Reifenwechsel ist es aus Sicherheitsgründen wichtig, das Reifenventil, welches separat in der Felge steckt, zu erneuern, weil das Gummi der Abdichtlippen im Ventileinsatz im Laufe der Zeit Risse bekommen kann und dann nicht mehr hinreichend abdichtet. Das kann bei einer langen Tagestour ohne Luftdruckkontrolle gefährlich werden, vor allem wenn man Beifahrer und Gepäck mittransportiert.

Die Montage von Schläuchen in schlauchlosen Reifen ist in der Regel *nicht* möglich (maßgebend sind die Vorschriften des Fahrzeugherstellers), wenn die Räder des Motorrades mit sogenannten Doppelhump-Felgen (Typenbezeichnung **MT – H2**) ausgestattet sind, die normalerweise für moderne schlauchlose Niederquerschnittsreifen verwendet werden. Hier kann sich der Schlauch bei der Montage so zwischen Felge und Reifenwulst verklemmen, daß Beschädigungen auftreten können. Da dieser Punkt unter anderem von der Konstruktion des Reifenwulstes abhängt, die bei den Reifenherstellern unterschiedlich sein kann, ist unbedingt die Meinung eines versierten Reifenhändlers gefragt!

Reifen mit Schlauch (TT = Tubetype)

• Sie unterscheiden sich von den schlauchlosen durch einen anders geformten und weniger steifen Wulst sowie eine schwächere Seitenpartie. Der Reifen bildet gewissermaßen nur die Decke über dem eigentlich tragenden Schlauch. Daher auch das Synonym »Decke«. Profil und Karkasse der Schlauchreifen sind ansonsten gleich denen der schlauchlosen Reifen.

Die Schläuche entsprechen der Größe der Reifen. Zu große Schläuche werfen nach der Montage Falten und gehen durch die innere Reibung kaputt.

> **Achtung – Unfallgefahr!**
> Bei jedem Reifenwechsel von TT-Reifen gilt das Motto: *»Ein neuer Reifen – ein neuer Schlauch!«*

Dem Schlauch im Vorderrad sollte die größere Aufmerksamkeit zukommen. Wenn er platzt, hat das Fahren ein plötzliches Ende. »Aufmerksamkeit« bedeutet: den Reifen auf Profiltiefe, Risse und Ausbrüche prüfen; nicht zu vergessen den Luftdruck!

Mangelnde Profiltiefe (unter 2 mm), Risse und Ausbrüche auf der Lauffläche besagen: Der Reifen *muß* im Interesse der Sicherheit erneuert werden!

Reifenluftdruck

Die meisten Reifenschäden werden durch falschen Luftdruck verursacht. Zu wenig Luft im Reifen verschlechtert die Laufeigenschaften eines Reifens entscheidend und verändert das Fahrverhalten des Motorrades wesentlich.

• Ein zu *geringer* Luftdruck bedeutet übermäßige Verformungen (Walken) und Erwärmung des Reifens, was zu Schäden an der Karkasse und so zur Zerstörung des gesamten Reifens führen kann.

• Ein zu *hoher* Luftdruck verschlechtert das Fahrverhalten, den Fahrkomfort und verändert das Abriebbild der Lauffläche. Er erhöht den Verschleiß des Reifens und mindert seine Laufleistung. Der Reifen nutzt dann in der Mitte der Lauffläche stärker ab, verschleißt so sehr einseitig und insgesamt schneller.

Der vom Motorradhersteller vorgeschriebene Luftdruck ist im Bordbuch oder auf einem Schild am Fahrzeug zu finden. Der Luftdruck sollte am *kalten Reifen* geprüft und vor der Fahrt nachgefüllt werden.

• Den Reifendruck *wöchentlich* einmal prüfen!

• Vor *Autobahnfahrten* den Luftdruck um *0,2 bar* erhöhen!

• Bei *Soziusbetrieb* den Luftdruck am Hinterrad um *0,2 bar* erhöhen!

Unterschiedliche Reifenfabrikate an einem Motorrad

Bei Motorrädern, bei denen im Fahrzeugbrief/-schein keine Fabrikationsbindung eingetragen ist, bringt

die Verwendung unterschiedlicher Reifenfabrikate in der Regel keine Probleme.
Dennoch bestehen einige Reifenhersteller auf die Montage von zwei Reifen ihrer Fabrikation (die Firma Metzeler z.B.).

Unterschiedliche Bauarten von Motorradreifen
Die Bauarten von Motorradreifen werden nach eingehenden Tests von Motorrad- und Reifenherstellern festgelegt. Zulässig sind deshalb nur die Reifenkombinationen, für die eine Reifen-Freigabe bzw. ein Mustergutachten vorliegt.

Reifenreparaturen
Beschädigungen an einem Reifen, so die Reifenhersteller, müssen grundsätzlich von einem Fachmann überprüft werden. Von Reifenreparaturen raten die Reifenhersteller aus Sicherheitsgründen dringend ab.
Die für den Notfall mitgeführten und in Zubehörläden käuflichen Pannenhilfen (einige Motorradhersteller bieten sie als Zubehör an) sind nur als Notbehelf anzusehen und sollen dem Motorradfahrer die Möglichkeit geben, bis zur nächsten Reifenwerkstatt fahren zu können. Bei der Verwendung von Pannenhilfen sollte man die Anleitung der Reparaturmittelhersteller *genauestens* beachten. Erfahrungsgemäß werden die vorgeschriebenen Geschwindigkeitsbegrenzungsangaben von etwa 80 km/h deutlich überzogen.
Das Einlegen eines Luftschlauches in schlauchlose Reifen (TL) zum Abdichten eines beschädigten Reifens ist verboten ($ 36 STVZO). Das gleiche gilt für Schlauchreifen (TT), wenn der Reifenschaden so groß ist, daß der Schlauch während der Fahrt aus der Öffnung austreten könnte (Unfallgefahr!).

Weitergehende Informationen über Motorradreifen
Fast alle Reifenhersteller geben kostenlos Reifenhandbücher heraus, die man kostenlos anfordern kann. In ihnen werden nicht nur alle erhältlichen Reifen dieses Herstellers für nahezu jedes auf dem deutschen Markt erhältliche motorisierte Zweirad vorgestellt, sondern auch eine Vielzahl von guten und wichtigen Informationen über Motorradreifen und was damit zusammenhängt gegeben.

8.7.3. Felgen

• Als Standard für Schlauch- und schlauchlose Reifen wird die *WM-Felge* verwendet. Die Montage muß *immer* mit Schlauch erfolgen, auch wenn für schlauchlosen Betrieb konstruierte Reifen verwendet werden!
• Schlauchlose Reifen verlangen die *MT-H2-Felge.* Zulässig sind auch Schlauchreifen, wenn diese vom Fahrzeughersteller dafür zugelassen sind. Alle modernen Niederquerschnittsreifen sind von ihrer Konstruktion her auf MT-H2-Felgen zugeschnitten.
Achtung! – »V«-Schlauchlosreifen dürfen mit Schlauch nur bis zu einer

Abb. 270: Querschnitte der wichtigsten Motorradfelgen

WM-Kontur
Zulässig sind alle Reifen in Schlauchlos- und Schlauchtyp-Ausführung. Die Montage muß immer mit Schlauch (auch bei Schlauchlos-Reifen) erfolgen!

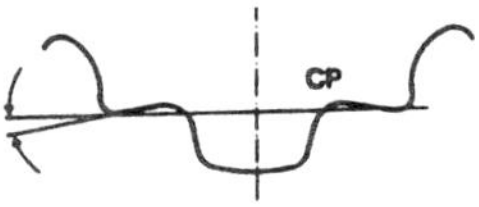

CP-Kontur
Zulässig sind alle Reifen in Schlauchlos- und Schlauchtyp-Ausführung. Die Montage muß immer mit Schlauch (auch bei Schlauchlos-Reifen) erfolgen!

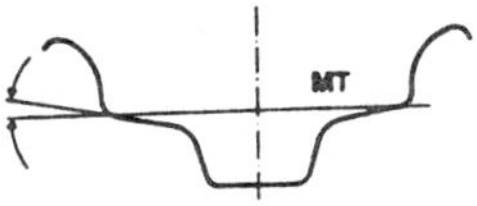

MT-Kontur
Zulässig sind alle Reifen in Schlauchlos- und Schlauchtyp-Ausführung. Der montierte Reifentyp muß den Angaben des Fahrzeugherstellers entsprechen. (Tube-Type oder Tubeless)

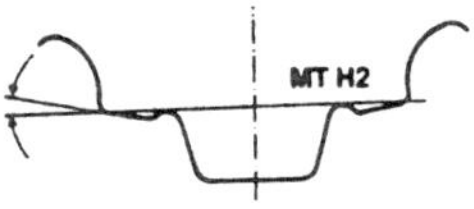

MT H2-Kontur
Zulässig sind alle Reifen in Schlauchlos- und Schlauchtyp-Ausführung. Maßgebend sind jedoch die Vorschriften der Fahrzeughersteller. Bei Verwendung eines Schlauches besteht Fabrikatsbindung (z.B. Metzeler-Reifen nur mit Metzeler-Schlauch)! (Metzeler-Reifenhandbuch)

Höchstgeschwindigkeit von 230 km/h gefahren werden!

- Die MT-Felge, eine veraltete Felgenart für schlauchlose Reifen, ist auch für Schlauchreifen geeignet.
- Manche ältere Motorradfelgen führen noch das Profil der *CP-Felgen.* Diese sind für TL- und TT-Reifentypen geeignet, kommen aber immer seltener vor.

8.7.4. Reifenkennzeichnungen und ihre Bedeutung

(Quelle: Motorrad-Reifen-Handbuch Metzeler 1987 und 1995)

Die ältere Zoll-Reifennorm für Motorradreifen

Beispiel 1: 3.25 – S 18 4 PR

- 3.25 = Reifenbreite 3.25" (Zoll)
- S = Kennbuchstabe für zulässige Höchstgeschindigkeit bis 180 km/h
- 18 = Felgendurchmesser 18" (Zoll)
- 4 PR = Ausdruck für die Karkassenfestigkeit. Die Zahl dient als Kennung für Beanspruchungsfähigkeit von Reifen gleicher Größe. Eine höhere PR-Zahl ermöglicht durch höhere Luftdrücke eine höhere Tragfähigkeit.
- 4 PR = Normalausführung; 6 PR = verstärkte (reinforced) Ausführung.

Beispiel 2: 4.25 / 85 H 18

- 4.25 = Reifenbreite in Zoll
- / 85 = Querschnittsverhältnis, hier 0,85:1. Das bedeutet: Im Verhältnis zur Breite des Reifenquerschnittes, mit **1** angegeben, beträgt die Höhe

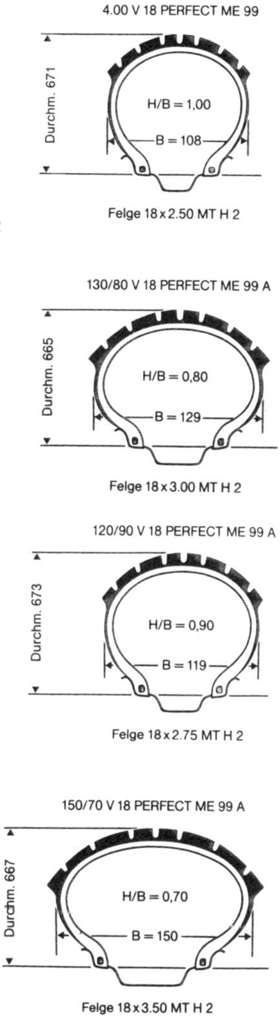

Abb. 271: Reifenquerschnitte H = Höhe / B = Breite H/B gibt das Verhältnis Höhe/Breite an (Metzeler Reifenhandbuch)

des Reifens nur 0,85. Der Reifen wird als Niederquerschnittsreifen bezeichnet.

- H = Kennbuchstabe für zulässige Höchstgeschwindigkeit von 210 km/h
- 18 = Felgendurchmesser in Zoll

Die neue Europa-Norm ETRTO (European Tyre and Rim Technical Organisation)

Beispiel 3: 130 / 90 – 16 67 V TL

- 130 = Die Reifenbreite in Millimeter statt in Zoll
- / 90 = Querschnitt von Höhe zu Breite: 90:100 in %, Niederquerschnittstyp
- 16 = Felgendurchmesser, nach wie vor in Zoll
- 67 = Tragfähigkeits-Kennzahl LI (Load Index)
- V = Kennbuchstabe für zulässige Höchstgeschwindigkeit von über 210 km/h
- TL = Tubeless = schlauchlose Ausführung

Die japanische Reifennorm JATMA (Japan Automobil Tyre Manufactures)

Beispiel 4: 150 / 70 VR 17 Radial V 260 TL

- 150 = Reifenbreite in Millimeter
- / 70 = Querschnitt von Höhe zu Breite: 70:100 in %, Niederquerschnittstyp
- V = Kennbuchstabe für zulässige Höchstgeschwindigkeit von über 210 km/h
- R = Konstruktionskennung »R« für Radial = Gürtelreifen. Steht an dieser Stelle ein »B«, handelt es sich um einen Gürtelreifen in Diagonalbauweise.
- 17 = Felgendurchmesser in Zoll
- V 260 = Sonderkennzeichen für maximale Höchstgeschwindigkeit bis 268 km/h
- TL = Tubeless = schlauchlose Ausführung

Tragfähigkeits-Kennzahl (LI) und Reifentragfähigkeit (kg)
Die Tragfähigkeits-Kennzahl in der Größenbezeichnung des Reifens gibt an Hand einer Tabelle Auskunft, wie groß das *tatsächliche* Gesamtgewicht des Motorrades sein darf (Leergewicht der Maschine plus Fahrer, ev. Beifahrer und ev. Zuladung). Diese Gewichtsangabe sollte man bei voll beladenem Motorrad, z.B. vor dem Urlaub, genau beachten. Alles was darüber hinaus geht, kann zu einer großen Gefahr (Pendeln der Maschine, Reifenschäden) für Fahrer, Beifahrer und andere Verkehrsteilnehmer werden.
Die Reifenhersteller garantieren für ihre Reifen oberhalb des angegebenen Gewichtslimits und der angegebenen Fahrtgeschwindigkeit gar nichts mehr!

Beispiel 5: 130/90 – 16 67 S
• 67 = Reifen mit 307 kg maximaler Tragfähigkeit
• S = bei einer maximalen Geschwindigkeiten bis 180 km/h

Geschwindigkeits-Kategorie-Motorrad
Kennbuchstaben auf den Reifen für die Angabe der höchstzulässigen Geschwindigkeit. Siehe hierzu Abbildung 272.

Pfeilmarkierungen
Da Motorradreifen einerseits wegen des Karkassenaufbaues eine bestimmte *Laufrichtung* benötigen, andererseits manche Hinterradreifen auch als Vorderradreifen genutzt werden können, wird die Laufrichtung mit Angabe des Einsatzzweckes auf den Flanken der Reifen mit eingegossen. Somit muß bei der Montage des Reifens immer auch auf die richtige Drehrichtung geachtet werden.

8.7.5. Noch Fragen? – Tips zur Sache!

• Neue Reifen müssen die ersten ein- bis zweihundert Kilometer vorsichtig eingefahren werden, da sie im neuen Zustand nur eine stark verringerte Haftung besitzen. Dabei spielt das Herunterfahren des Trennmittels (von der Reifenherstellung) auf der Lauffläche die wichtigste Rolle.
• Das *Nachschneiden* von Reifenprofilen, eine nach dem Krieg wegen hoher Reifenkosten weit verbreitete Unsitte, die früher (heute gelegentlich auch noch) bei Renneinsätzen durchaus üblich war (jeder Rennstall hatte da seinen eigenen »Schneidemeister«), ist heutzutage auf öffentlichen Straßen verboten und wegen der hohen Motorleistungen moderner Maschinen extrem gefährlich.
Kein Reifenhersteller gibt für geschnittene Reifen eine Haltbarkeitsgarantie. Versicherungen zahlen nach einem eventuellen Unfall keinen Pfennig, sobald der Sachverständige nachgeschnittene Reifen bemerkt.
• Mit *kalten Reifen* gleich nach dem Start auf die Autobahn? – Das ist in Ordnung so, doch sollte keinesfalls gleich auf hohe Geschwindigkeiten

Abb. 272: Geschwindigkeits-Kategorien von Reifen und Tragfähigkeits-Kennzahlen (Metzeler-Reifenhandbuch 95)

Geschwindigkeits-Kategorien (km/h)
Geschwindigkeits-Symbole (Code-Buchstaben)

Code-Buchstaben	km/h
B	50
C	60
D	65
E	70
F	80
G	90
J	100
K	110
L	120
M	130
N	140
P	150
Q	160
R	170
S	180
T	190
U	200
H	210
V (VB)	über 210
Z (ZR)	über 240

Reifen-Tragfähigkeiten (kg)
Tragfähigkeits-Kennzahlen (LI)

LI	kg	LI	kg	LI	kg	LI	kg
0	45	22	85	44	160	66	300
1	46.2	23	87.5	45	165	67	307
2	47.5	24	90	46	170	68	315
3	48.7	25	92.5	47	175	69	325
4	50	26	95	48	180	70	335
5	51.5	27	97.5	49	185	71	345
6	53	28	100	50	190	72	355
7	54.5	29	103	51	195	73	365
8	56	30	106	52	200	74	375
9	58	31	109	53	206	75	387
10	60	32	112	54	212	76	400
11	61.5	33	115	55	218	77	412
12	63	34	118	56	224	78	425
13	65	35	121	57	230	79	437
14	67	36	125	58	236	80	450
15	69	37	128	59	243	81	462
16	71	38	132	60	250	82	475
17	73	39	136	61	257	83	487
18	75	40	140	62	265	84	500
19	77.5	41	145	63	272	85	515
20	80	42	150	64	280	86	530
21	82.5	43	155	65	290	87	545

Teilweise wird zur Kennzeichnung der max. zul. Geschwindigkeit eine zusätzliche Gravur hinter der Reifengrößenbezeichnung angebracht, z. B.: V 270, was V max. 270 km/h bedeutet.

Abb. 273: Vorgeschriebene Drehrichtungen
Drehrichtung Vorderrad

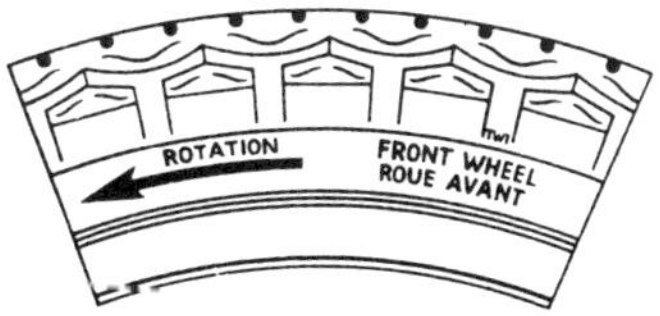

Drehrichtung Hinterrad
(Pirelli-Reifenhandbuch)

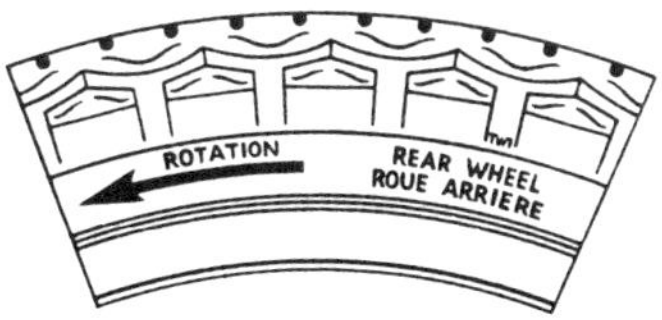

gegangen werden. Die Pneus haben ihre *Arbeitstemperatur* noch nicht erreicht und können deshalb gefährliche Pendelschwingungen erzeugen!

• Ähnliches gilt vor *Kurvenjagden:* Jeder Motorradreifen muß erst auf Betriebstemperatur kommen, bevor man sich tief in die Kurven legt. Bei kalter Witterung dauert das um einiges länger als bei sommerlichen Temperaturen! Das »Gummi« kalter Reifen hat bei weitem nicht die Haftfähigkeit, wie wenn die Betriebstemperatur erreicht ist. Das Wort »Kaugummihaftung« wäre übertrieben, doch sollte man einmal bei kaltem und bei warmem Reifen mit dem Fingernagel über das Laufflächengummi kratzen. Dann wird klar, was gemeint ist.

• Vor dem Kauf von Reifen sollte man in die Fahrzeugpapiere schauen. Nicht im Fahrzeugschein eingetragene Reifen bzw. Reifengrößen nehmen TÜV/DEKRA nicht ab bzw. verlangen eine *Reifen-Freigabeerklärung* des Fahrzeugherstellers oder seines Generalimporteurs!

• Mischbereifung (z.B. vorne Straßen-, hinten Geländereifen), auch wenn Reifen unterschiedlicher Hersteller an einer Maschine vertreten sind, ist in den allermeisten Fällen *nicht* gestattet!

• Aus Sicherheitsgründen sollte das Profil der Reifen noch mindestens **2,0** Millimeter Tiefe betragen (gesetzlich sind es **1,6** mm). Darunter wechselt man die Reifen besser aus. Es besteht Aquaplaninggefahr schon bei geringer Straßennässe.

Aquaplaning

Aufschwimmen des Reifens ab einer bestimmten Fahrzeuggeschwindigkeit, abhängig vom Fahrzeuggewicht, der Profilart und der Profiltiefe des Reifens sowie der Stärke des Nässefilms auf der Straße (Vorsicht vor wassergefüllten Spurrillen auf Schnellstraßen und Autobahnen!!!). Der Effekt ist so, als ob man über Schmierseife fahren würde! Der Umstand, daß beim Eintreten von Aquaplaning das Vorderrad *immer* zuerst aufschwimmt, ist für Motorräder besonders bedenklich, da dies unweigerlich zum Sturz führt!

• Bei schnellen Motorrädern müssen die *Ventilkappen* der Reifenventile unbedingt mit einem Dichtring innen ausgestattet sein und fest aufgeschraubt werden. Am besten sind Metallkappen. Durch hohe Umlaufgeschwindigkeiten der Räder kann die Zentrifugalkraft den Ventilstift nach innen in das Ventil hineindrücken und die Luft dadurch langsam entweichen.

• Der in den Tabellen der Reifenhersteller angegebene Luftdruck gilt als Standardwert für den jeweiligen Reifen. Falls der Motorradhersteller für dieselben Reifen einen anderen Wert angibt, kann davon ausgegangen werden, daß man bei Versuchsfahrten einen für dieses Motorrad geeigneteren Wert herausgefunden hat.

Bei Autobahnfahrten mit hohen Geschwindigkeiten und/oder schwerer Beladung über längere Zeit muß der Luftdruck *vor* Fahrtantritt angehoben werden (Daten siehe Bordbuch des Motorrades bzw. Angaben des Reifenherstellers). Im Fahrbetrieb erwärmt sich der Reifen (auch im Winter). Dadurch steigt der Luftdruck im Reifen zum Teil erheblich an (Sommer). Bei Prüfung des Luftdruckes in Fahrpausen darf deshalb *nie* Luft abgelassen werden! Die Messung des korrekten Luftdruckes darf nur bei *kalten* Reifen erfolgen.

☞ Siehe hierzu auch oben den Absatz »Reifenluftdruck!«

- *Lagerung* von Motorradreifen: Der Lagerraum sollte kühl, trocken, dunkel und mäßig belüftet sein. Reifen, die *nicht* auf Felgen montiert sind, sollen stehend gelagert werden. Räder mit aufmontierten Reifen werden auf einer geeigneten Unterlage liegend aufbewahrt.
- Reifen, die am Motorrad montiert sind, das längere Zeit auf einem Fleck steht, sollen einmal im Monat gedreht werden. Andernfalls leidet die Reifenkarkasse!

8.8. Die Bremsanlage

Moderne Motorräder erreichen Beschleunigungswerte und Geschwindigkeiten, von denen unsere motorradbegeisterten Eltern und Großeltern nur träumen konnten. Und die uns selbst manchmal alptraumhafte Erlebnisse bescheren. Jede Beschleunigung, jede Geschwindigkeit muß auch wieder verzögerbar sein, wenn das Ganze einen Sinn haben soll.

Das Abbremsen ist eine der Beschleunigung entgegengesetzte Kraft, eine »negative Beschleunigung«. Alle Bremsen an Motorrädern funktionieren mit Hilfe der Reibung, ähnlich wie beim Fahrrad, dessen Felgenbremse durch Andrücken eines Reibklotzes an den Felgenrand arbeitet und so das Rad zum Stehen bringen kann. Als Bremsen am Motorrad werden Trommel- oder Scheibenbremsen verwendet.

Gute Bremsen erbringen heutzutage erstaunliche Leistungen. Doch diese Bremsleistung hängt auch von anderen Faktoren ab:

1. der Fahrgeschwindigkeit des Motorrades

2. dem Zustand und der Qualität der Reifen

3. dem Eigengewicht der Maschine zuzüglich Fahrer, Sozius und Gepäck

4. der Beschaffenheit und dem Zustand der Straße

Ein Teil der beim Abbremsen entstehenden Kräfte wird in Wärme umgewandelt und vom Fahrtwind abgeführt.

Ein anderer Teil macht uns größere

Sorgen. Diese Kräfte wirken auf das Fahrwerk des Motorrades ein, setzen uns Gefahren aus und bringen erheblichen Verschleiß mit sich.

Tips zur Sache

1. Immer Vorderrad- und Hinterradbremse zugleich benutzen.

2. Die Vorderradbremse ist die wichtigere von beiden. Sie hat eine wesentlich bessere Bremswirkung. Sie sollte stärker benutzt werden!

3. Den Fußbremshebel der Hinterradbremse mit Vorsicht betätigen, vor allem bei Nässe. Sie neigt zum Blokkieren, weil das Hinterrad durch die Schwerpunktverlagerung nach vorne entlastet wird und an Bodenkontakt verliert.

4. Versuche bei trockener Straße durch Bremsproben herauszufinden, bei welchem Hebeldruck die Hinterradbremse zu blockieren anfängt. Dieses Wissen schützt bei Notbremsungen vor schlimmen Unfällen.

5. Achte auf die Beschaffenheit der Straße! Du mußt dein Bremsverhalten darauf einstellen und jederzeit in der Lage sein, abgestimmte Bremsmanöver einleiten zu können. Handelt es sich beispielsweise um glatten Asphalt oder um rauhen Beton? Ist die Straße sandig, verschlammt, mit Kies bestreut, sind hochstehende, glattflächige Kunststoff-Fahrbahnmarkierungen aufgetragen (gefährlich vor allem bei Nässe). Ist die Straße naß? Achte im Winter auf Eis und Schneeglätte.

6. Reifen sollten stets genügend Profil (Minimum 2 Millimeter an der flachsten Stelle) und immer den richtigen Luftdruck haben!

7. Beifahrer und Zuladung können den Bremsweg eines Motorrades bedenklich verlängern! Probebremsungen sind deshalb vor einer solchen Fahrt immer angebracht!

8. Ein geübter Fahrer braucht bedeutend weniger Bremsstrecke als ein Gelegenheitspilot. Versuche durch gezieltes Üben herauszufinden, wie sich die optimalen Bremsvorgänge »anfühlen« und wie lange, bei unterschiedlichen Geschwindigkeiten, die Bremswege ausfallen.

9. Eine gute Sitzhaltung auf dem Motorrad und gut erreichbare, richtig eingestellte Hand- und Fußbremshebel sichern die besten Bremsergebnisse.

8.8.1. Wie Bremsvorgänge sich auf das Fahrverhalten von Motorrädern auswirken

Bei Zweirädern werden die besten Abbremswerte auf ebenen Straßen erzielt. Im Allgemeinen erbringt dabei die Vorderradbremse etwa 60%, die Hinterradbremse 40% der notwendigen Bremsleistung (Solomaschine).

Blockierende Räder verlängern den Bremsweg und können ausgesprochen ungesund sein. – Blockiert beispielsweise während eines Bremsvorgangs das Vorderrad nur Sekundenbruchteile, stürzt unweigerlich das Motorrad!

Bleibt dagegen das Hinterrad durch Überbremsen stehen, wird man es zuerst kaum bemerken. Erst wenn die Maschine hinten leicht quer kommt, ist das plötzlich am Hintern zu spüren, und man kann etwas dagegen tun. Wie beim Fahrradfahren gilt es, die Fußbremse vorsichtig zu lösen und die beginnende Schleuderbewegung durch gezieltes Gegenlenken abzufangen. Dabei spielt das Gewicht des Motorrades eine untergeordnete Rolle.

Die Fähigkeit einer Motorradbremse, die Bewegungsenergie des Fahrzeuges zu vernichten (eigentlich: umzusetzten in andere Energieformen), ist unter anderem auch abhängig vom Faktor Zeit. Der Faktor Zeit und die Höhe der Bewegungsenergie ist bestimmt von der Fahrzeuggeschwindigkeit. Weil die Verzögerung in erster Linie abhängig ist von der Leistung der Bremsanlage und in zweiter von der Beschaffenheit der Straße, bezeichnet man sie als »Bremszeit.«

Die Leistung der Bremsanlage wird als »Bremsverzögerung« bezeichnet, die in Sekundenquadrat pro Meter angegeben wird.

Die Bremsstrecke, d.h. der Weg, der vom Erkennen der Notwendigkeit zum Bremsen bis das Motorrad steht zurückgelegt wird, wird in Metern ausgedrückt.

Die Bremsstrecke

Sie errechnet sich aus Reaktionzeit und Bremsweg.

1. Die Reaktionszeit (Schrecksekunde):

a) Die Zeit zwischen dem Erkennen der Gefahr und dem praktisch ausgeführten Befehl des Gehirns, beide Bremshebel schleunigst zu bedienen.

b) Den Zehntelsekunden, die vergehen, bis die Bremsanlage anspricht und die Bremsbeläge zupacken.

Während der Reaktionszeit können viele Meter Fahrstrecke zurückgelegt werden. Allgemein schätzt man den Zeitbedarf auf etwa *eine* Sekunde ein.

Beim Bremstraining fällt natürlich die Schrecksekunde weg, weshalb man im Straßenverkehr immer etwas mehr Abstand zum vorderen Fahrzeug einkalkulieren muß.

2. Der Bremsweg, welcher die Wegstrecke nach Einsetzen der Bremswirkung bis zum Stillstand oder dem Erreichen einer herabgesetzten Geschwindigkeit bezeichnet.

Er wird beeinflußt:

a) von der Fahrzeuggeschwindigkeit. – Klar! Je langsamer die Maschine, um so kürzer der Bremsweg.

b) vom Fahrzeuggewicht und der Leistungsfähigkeit der Bremsanlage. Je leichter die Maschine und je höher die Qualität der Bremsen, desto kürzer ist auch der Bremsweg (bei entsprechendem Straßenzustand).

c) von der Haftfähigkeit und der Güte der Reifen (abgefahrenes Profil, falscher Luftdruck, falsche Reifensorte etc.).

d) natürlich auch von der persönlichen Fahrkunst!

Ein Bremsvergleichstest zwischen Autos und Motorrädern, durchgeführt vom Magazin »Motorrad« (7/1985, S. 39), machte interessanterweise auch deutlich, daß es große Unterschiede zwischen den Motorradfahrern gibt, was die Länge der Bremswege betrifft.

Ein guter Motorradfahrer vermag demnach zwar (mit einer guten, modernen Bremsanlage) besser zu bremsen als ein PKW, aber ein weniger geübter ist eindeutig schlechter auf dem gleichen Fahrzeug. PKW bremsen übrigens in der Regel auf trockener Straße besser als Motorräder, auch wenn die Bremsanlage des Motorrades gute Werte zeigt, wie die Doppelkolbenanlage der Honda VF 500 F2 von damals. Das liegt natürlich neben der Qualität der Bremsanlage auch an der größeren Auflagefläche der Reifen, die sich beim Bremsen im Fall des Pkw's in vierfacher Ausfertigung auf der Straßenoberfläche abstützen können.

Abbremsen in Kurven erzeugt bei vielen Motorrädern ein Aufstellmoment der ganzen Maschine. Das Fahrzeug will sich aufrichten und muß förmlich mit Gewalt unten gehalten werden. Das kann gefährlich werden.

Vor der Kurve abbremsen ist besser. Dieses Aufstellmoment tritt vornehmlich beim Betätigen der Vorderradbremse auf.

Falls man sich dennoch einmal verschätzt hat und die Kurve gar zu schnell näher kommt, so daß sich der Abbremsvorgang bis in die Kurve hinein verlängert, ist vorsichtiges Bremsen nur mit der Hinterradbremse empfehlenswert. Hierbei wirkt das Aufstellmoment deutlich weniger stark.

Paßfahrten im Gebirge mit langen Gefällestrecken sind zweckmäßigerweise mit dem gleichen Gang herunterzufahren, wie man hochgefahren ist (gilt für nahezu alle Motorfahrzeuge). Starkes Abbremsen über längere Zeit überfordert vor allem Trommelbremsen. Aber auch Scheibenbremsen lassen bei solchen Anforderungen in ihrer Wirkung etwas nach, falls sie noch keine Sintermetallbeläge besitzen. Dieses *Fading* genannte Überhitzen der Bremsbeläge setzt die Reibung zwischen Bremsbelag und Bremsfläche stark herab, so daß die davon betroffenen Bremsen, speziell Trommelbremsen, im Extremfall kaum mehr Wirkung zeigen!

Ein anderes Problem, das an hydraulischen Bremsanlagen entstehen kann, ist die *Dampfblasenbildung* in der Bremsflüssigkeit. Sie kann sich an stark überhitzten Bremsen anbahnen und setzt, wenn sie einmal eintritt, deren Wirkung schlagartig auf Null. Sie ist eine gefürchtete Erscheinung, tritt allerdings bei Motorrädern seltener auf, weil deren Scheibenbremsen durch ihre offene Bauweise gut gekühlt werden, und Trommelbremsen in den allermeisten Fällen mechanisch betätigt sind.

Bei Paßabfahrten bremst man am besten mit dem Motor (Zweitakter ausgenommen) und periodisch, mal mit der vorderen, mal mit der hinteren Bremse.

Dampfblasenbildung

entsteht, wenn das in einer Bremsflüssigkeit enthaltene Wasser zu sieden beginnt und Dampfblasen absondert. Die dazu notwendige Hitze kommt von einer stark beanspruchten Bremsanlage. Das Prinzip einer hydraulischen Bremse beruht darauf, daß von einem Kolben am Lenker (Hauptbremszylinder) Hydraulik-flüssigkeit (Bremsflüssigkeit) zum Bremssattel gepreßt wird (dem Nehmerzylinder). Der oder die Kolben im Bremssattel drücken dann die Bremsklötze auf die Bremsscheibe. Das Motorrad wird abgebremst.

Die Dampfblasen in der Bremsflüssigkeit aber lassen sich zusammendrücken. Der Bremsdruck vom Hauptbremszylinder kann den Nehmerzylinder am Rad jetzt nicht mehr erreichen, weil der Kolbenhub am Hauptbremszylinder begrenzt ist. Die Dampfblasen haben ihn aufgezehrt. Der Bremshebel ist am Anschlag. Folge: Die Bremse fällt aus!

Hydraulikflüssigkeiten sind ihrer Natur nach wasseraufnehmend. Sie nehmen im Laufe der Zeit Wasser aus der Umgebungsluft auf. Je älter demnach eine Bremsflüssigkeit ist, um so mehr Wasser enthält sie. Je mehr Wasser sie enthält, umso größer ist die Wahrscheinlichkeit, daß Dampfblasen entstehen können. Der Siedepunkt von Hydraulikflüssigkeiten liegt normalerweise um ein Vielfaches über dem Siedepunkt von Wasser. Als Konsequenz sollte man sich vergewissern, daß die Bremsflüssigkeit nicht älter als zwei bis drei Jahre ist.

Bremsleistung

Wer bremst besser, die vordere oder die hintere Bremsanlage? – Natürlich tut dies, wegen der Schwerpunktverlagerung während des Bremsvorganges, die Vorderradbremse. Doch besonders auf nasser Straße sollte man damit sehr vorsichtig umgehen. Das gilt auch für die Hinterradbremse.

Motorräder mit großem Radstand und niedrigem Schwerpunkt sind da am besten dran, wie etwa ein Chopper: Dessen Räder liegen schön weit auseinander. Der Motor befindet sich dicht über der Straße. Da auch das dicke Hinterrad durch Sitzpositon und Gepäckverteilung ausreichend belastet wird, kann eine unproblematische Bremsreaktion erwartet werden.

Dort wo die fahrwerklichen Bedingungen nicht so ideal sind, muß die Bremsanlage sehr gut sein. Heutzutage bedeutet das:

- möglichst großformatige Bremsscheiben (vorne immer größer als hinten)
- vorne zwei Bremsscheiben, hinten eine

- Bremssättel mit möglichst vielen Bremskolben (zwei bis sechs Bremskolben pro Bremssattel)
- den hohen Leistungsanforderungen entsprechende Haupt- und Nehmerbremszylinder

Irgend ein kluger Mensch hat einmal festgestellt, daß die Bremsleistung eines Fahrzeuges nicht größer sein kann als die Haftfähigkeit des Reifengummis auf der Fahrbahn!
Einfach ausgedrückt: Ist eine Bremse zu gut, beginnt der Reifen auf der Straße wegzuschmieren, die Haftgrenze ist überschritten.
Dieser Zustand ist sehr gefährlich und hängt ab vom Zustand der Straße, von der Temperatur der Lauffläche sowie von der Gummimischung des Reifens
(Die Grenze der Haftfähigkeit kann auch erreicht werden, wenn die Maschine in der Kurve zu stark zur Seite geneigt wird und die Reifen auf ihrer Schulterlauffläche überfordert werden).
Auf einer guten, rauhen und trockenen Straße hat ein technisch hochentwickelter Reifen jedoch nicht nur eine gute Haftreibung, den »Radiergummieffekt«, sondern es entsteht etwas Neues! Der Reifen erwärmt sich im Betrieb auf der Lauffläche so stark, daß das Gummi aufzuweichen beginnt. Es wird klebrig, dies bewirkt eine förmliche Verzahnung mit der Oberfläche der Straße, ein *Formschluß* entsteht. Jetzt haben wir einen weiteren wichtigen Grund gefunden, weshalb allgemein breite Reifen eingesetzt werden, und das nicht nur auf Rennstrecken, wo sie als profillose Slick-Reifen zum Einsatz kommen. Hier wirkt sich auch ein profilloser Reifen positiv aus, weil nun jeder Quadratzentimeter Lauffläche trägt und dadurch scheinbar die Gesetze der Physik außer Kraft setzt. Dieses Aufwärmen (»warm up«) erfolgt, wenn man einmal genau hinschaut, vor jedem Rennen.
Der Formschluß der Lauffläche mit der Straße bringt natürlich auch hervorragende Bremsverzögerungswerte mit sich.
Bei nasser Fahrbahn ändert sich das Bild aber wieder schlagartig. Die Vorteile des aufgewärmten Reifens entfallen, der erkaltete Reifen klebt nicht mehr, das Kurven- und Bremsverhalten der Maschine wechselt zum Schlechteren hin. – Äußerste Vorsicht ist dann wieder geboten!

8.8.2. Das Antiblockiersystem (ABS)

Das ABS-Antiblockiersystem wird nun schon seit etlichen Jahren mit großem Erfolg im PKW-Bereich eingesetzt. In Motorrädern ist es noch nicht sehr verbreitet. Das hing in der Vergangenheit zum großen Teil, neben dem Aufpreis, an der Baugröße des Systems, die für Motorräder noch zu wuchtig war. Die Bayrischen Motorenwerke waren die ersten, die damit auch bei Motorrädern zu experimentieren begannen. BMW brachte auch die erste ABS-

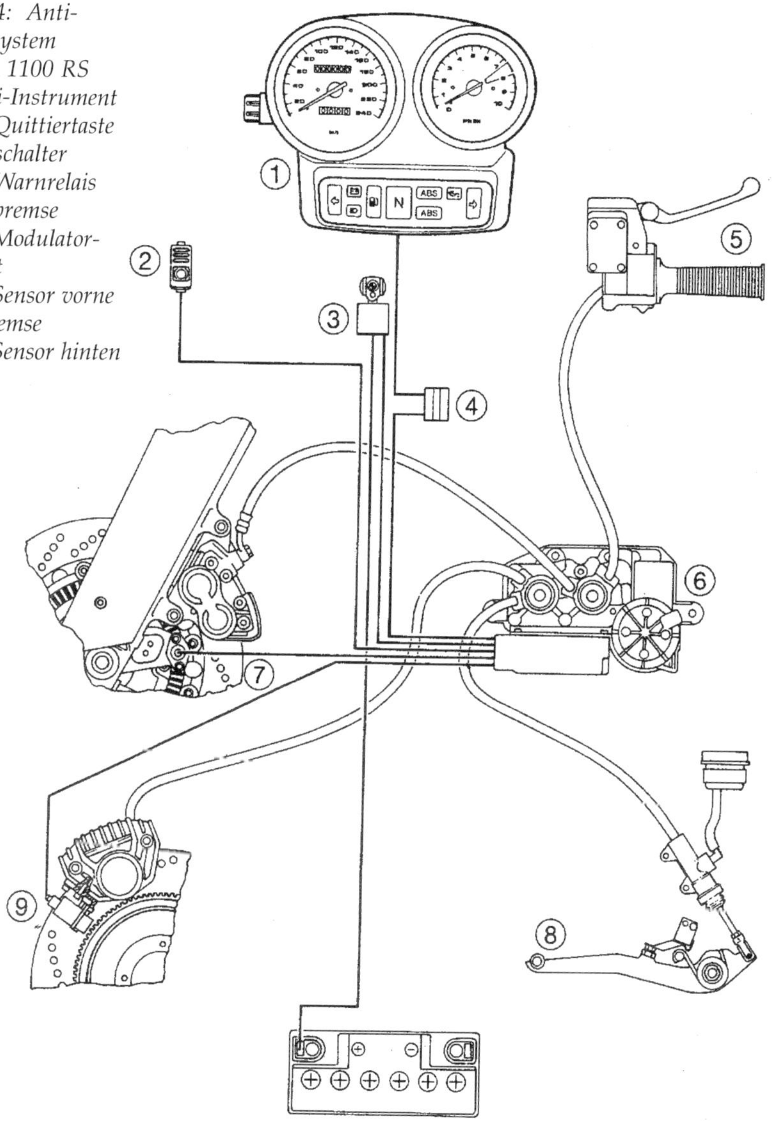

Abb. 274: Antiblockiersystem BMW R 1100 RS
1 Kombi-Instrument
2 ABS-Quittiertaste
3 Zündschalter
4 ABS-Warnrelais
5 Handbremse
6 ABS-Modulatoreinheit
7 ABS-Sensor vorne
8 Fußbremse
9 ABS-Sensor hinten

Anlage als Zubehör für die K-Serie heraus.
In der Zwischenzeit hat sich aber einiges getan, und elektronische ABS-Anlagen sind heute um ein Mehrfaches kleiner und besser als noch vor Jahren. So hat neben BMW in den neuen K- und R-Modellen, auch Ya-

maha in der GTS 1000/1000 A ein elektronisches Antiblockiersystem neuester Generation herausgebracht. Bei BMW ist das ABS-System bei einigen der großen Modelle sogar mittlerweile serienmäßig.

Wie funktioniert ein Antiblockiersystem?

Das Antiblockiersystem (ABS) verhindert ein Blockieren der Räder. Es registriert und steuert an beiden Rädern die Tendenz zur Radblockade beim Abbremsen des Motorrads unter den verschiedensten Fahrbahn- und Wetterbedingungen. Dabei unterscheidet sich der Bremsvorgang kaum von dem damit nicht ausgerüsteter Motorräder. Nur der Bremsweg verkürzt sich deutlich.

Wichtig bei ABS: Während des Bremsvorgangs müssen die Bremshebel *ständig* betätigt werden! – Sonst funktioniert das System nicht.

Bei Yamahas ABS-System für die GTS 1000/1000A umfaßt die Anlage zwei unabhängige Hydraulikeinheiten, eine für das Vorderrad, eine für das Hinterrad. Beide werden sie über eine gemeinsame elektronische Steuereinheit geregelt.

Bei dem neuen ABS-System der BMW R 1100 RS werden Vorder- und Hinterradbremse von einer ABS-Modulatoreinheit, in der auch die Steuereinheit sitzt, kontrolliert und gesteuert.

ABS am Beispiel der BMW R 1100 RS

Die ABS-Steuereinheit in der Modulatoreinheit errechnet an beiden Rädern permanent die Raddrehzahlen an Hand der Rotationssignale, die von den Radsensoren ausgesandt werden. Anschließend berechnet die Steuereinheit aus der Geschwindigkeit des Motorrads und der Raddrehzahl die Bremskraft an jedem Rad.

Der Unterschied zwischen der errechneten Raddrehzahl und der

1 Kupplungswelle
2 Kolben
3 Kugelventil
4 Sensor für Wegmessung
5 Reibungskupplung

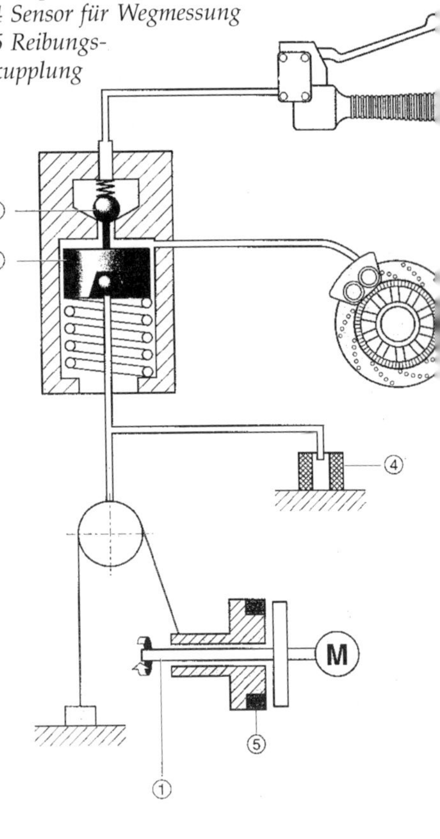

Abb. 275: Prinzipieller mechanischer Aufbau des ABS-Druckmodulators (BMW R 1100 RS)

Fahrzeuggeschwindigkeit ergibt (für das betreffende Rad) einen Wert, der den Schlupf des Reifens ausdrückt.

- Wenn während eines Bremsvorgangs eines der Räder oder beide zu blockieren beginnen, sinkt die jeweilige Raddrehzahl drastisch ab. Sobald der Radschlupf und die Raddrehzahlreduzierung den im Programm der Steuereinheit vorbestimmten Grenzwert überschreitet, erkennt diese die Gefahr einer Blockierung und greift steuernd in die Bremsfunktion ein.
- Bei einem übermäßigen Radschlupf und einer bevorstehenden Radblockierung reduziert die ABS-Steuereinheit mit Hilfe der Modulatoreinheit den Bremsflüssigkeitsdruck im Bremssystem. Sobald jedoch der Schlupf des Reifens auf der Straße durch diese Maßnahme aufgehoben ist, d.h. der Grenzwert wieder unterschritten wurde, nimmt der Flüssigkeitsdruck wieder zu. Der so gesteuerte Bremsdruck wirkt wieder stärker auf den Nehmerzylinder der Bremse. Die Bremskraft an der Bremsscheibe steigt an.
- Während also Fahrer oder Fahrerin einer R 1100 RS mit ABS »in die Eisen steigen« und die Bremshebel konstant bedienen, spielt sich in der Bremsanlage ein rechnergesteuerter Regelvorgang ab. Im betreffenden Bremskreis wird analog zu den jeweiligen Bedingungen unter maximaler Ausnutzung der Bremsleistung und im stabilen Bereich des Reifenschlupfes *optimal* verzögert.

Die ABS-Modulatoreinheit der BMW R 1100 RS

Das in die ABS-Einheit integrierte Steuergerät dieses neuen Systems besteht erstmals im Motorradbau aus drei Microcomputern, nämlich zwei Arbeitsrechnern und einem Überwachungsrechner. Die beiden Arbeitsrechner sind baugleich, führen die gleichen Rechenoperationen durch und vergleichen die daraus resultierenden Daten permanent miteinander. Nach dem Einschalten der Zündung wird ein Selbsttest durchgeführt. Die ABS-Kontrollampen auf dem Instrumententräger blinken, um dies anzuzeigen. Das Blinken wird gelöscht, wenn das Motorrad eine Geschwindigkeit von ca. 4 km/h erreicht und die Selbstkontrolle im Steuergerät die volle Funktionstüchtigkeit des Systems feststellt. Kommt es im Fahrbetrieb (ohne das die Bremsen betätigt werden) zu einer Diskrepanz der Daten aus den Rechenoperationen der beiden Arbeitsrechner, gelangen sie also zu unterschiedlichen Ergebnissen, schaltet sich das ABS-System ab. Dies wird dem Fahrer durch wechselblinkende ABS-Kontrollampen im Instrumententräger angezeigt. Das Motorrad bleibt aber weiterhin bremsbar, allerdings ohne ABS-Unterstützung.

Sollte es während eines Bremsvorganges bei Regelvorgängen des ABS-Systems zu einer Diskrepanz der Daten der zwei Arbeitsrechner kommen, kann der Regelvorgang, gestützt auf den Überwachungsrechner, zu Ende geführt werden, bevor sich das System abschaltet.

Der Überwachungsrechner ist nicht baugleich mit den Arbeitsrechnern, führt aber wie diese die gleichen Rechenoperationen durch. Bei einer Abweichung in den Daten der beiden Arbeitsrechner kann der Überwachungsrechner daher entscheiden, welcher der beiden Rechner richtige Daten liefert, und schaltet für die Vollendung des begonnenen Regelvorgangs den anderen Rechner ab.

Wird das ABS-System aufgrund eines Fehlers vom Überwachungsrechner abgeschaltet, wird dieser Fehler im integrierten Fehlerspeicher der Rechnereinheit abgespeichert und kann mit dem BMW-Diagnosegerät zur Festlegung der daraufhin notwendigen Servicearbeiten ausgelesen werden.

Der Regelvorgang im einzelnen

- Erkennt das ABS-Steuergerät auf Grund der Impulse von den Radsensoren die Gefahr, daß ein Rad zu blockieren beginnt, schaltet es in der ABS-Einheit einen Elektromotor ein.
- Dieser Motor treibt eine *Kupplungswelle* an, auf der für jeden Bremskreis (Vorderrad- bzw. Hinterradbremse) ein *Kupplungselement* sitzt. Dabei handelt es sich um eine elektromagnetische *Reibkupplung*.
- Die Stärke des Magnetfeldes der Reibkupplung wird von der Steuereinheit bestimmt. Je stärker der Elektromagnet des Kupplungselementes auf die Reibplatte, die fest mit der Motorwelle verbunden ist, einwirken kann, um so tiefer wird der *Entlastungskolben* im Druckmodulator, gegen den Druck einer Feder, nach unten gezogen.
- Pro Bremskreis gibt es einen Druckmodulator. Die Steuereinheit ist dabei in der Lage, die Stärke des Magnetfeldes so akkurat zu bestimmen, daß der Kolbenweg genau definiert ist. Ein *Wegsensor*, der pro Sekunde 250mal vom Steuergerät abgefragt wird, teilt ihm dabei exakt mit, wie weit sich der Entlastungskolben von seinem Ausgangspunkt entfernt hat.
- Nach nur 0,2 mm Kolbenhub wird das Kugelventil geschlossen, und der Geberbremskreis (Hauptbremszylinder des jeweiligen Bremskreises) wird vom Regelkreis des ABS-Systems getrennt. Das ist wichtig, damit das ABS-Bremssystem eigenständig handeln kann und der Motorradfahrer durch Überbremsen keinen Einfluß mehr ausüben kann.
- Die durch das Absinken entstehende Volumenvergrößerung oberhalb des Entlastungskolbens bewirkt genau den *geforderten Druckabfall* im Bremskreis. Der Druck der Nehmerzylinder im Bremssattel läßt nach, und die Bremsklötze werden mit weniger Bremskraft tätig. Das betroffene Rad wird weniger stark abgebremst. Der Unterschied zwischen der errechneten Raddrehzahl und der durch den Reifenschlupf verminderten tatsächlichen Raddrehzahl hebt sich im Idealfall auf.
- Erkennt die Steuereinheit an Hand

ihrer vergleichenden Berechnungen daß die Radblockade aufgehoben ist, verringert sie das Magnetfeld der Reibkupplung. Der Entlastungskolben wandert wieder nach oben, das Kugelventil öffnet und koppelt den Hauptbremszylinder, der vom Fahrer *immer noch* via Bremshebel bedient wird, wieder an den Rest des Bremssystems an. Die Bremsleistung steigt, und das Rad wird erneut abgebremst. Sollte das Rad wieder in den gefährlichen Blockierbereich kommen, wiederholt sich dieser Regelvorgang.

Auf diese Weise wird das gebremste Rad im stabilen Bereich des Radschlupfs mit optimaler Bremsausnutzung verzögert. Eine Radblockade und damit ein eventueller Sturz der ganzen Maschine kann so jederzeit abgewendet werden.

Was das System noch leisten kann und was nicht

Durch die bei diesem System erstmals verwendete relative Druckerkennung durch den Wegsensor des Entlastungskolbens ist es möglich, den Erfordernissen entsprechend, jede erdenkliche Bremsdruckkurve zu erzeugen. Die Steuereinheit kennt dabei stets die Position des Druckentlastungskolbens und kann auf Grund ihres Programms und ihres Speicherwissens den Bremsdruck unmittelbar beeinflussen. Das System ist so reaktionsschnell, daß eine analoge (unmittelbare) Reaktion möglich ist. Das schafft die Voraussetzungen, das Rad wieder in einen sicheren Bereich hochbeschleunigen zu lassen, wobei sich bei Bedarf sofort wieder die gesteuerte Druckaufbauphase mit Beschleunigungsüberwachung anschließen kann!

So ist dieses ABS-System auch in der Lage, gestützt auf die Drehzahlinformation beider Räder, bei einer Vollbremsung ein Abheben des Hinterrades zu erkennen und dies durch entsprechende Druckregelung im Vorderradbremskreis zu verhindern. Da es sich beim System der BMW R 1100 RS um ein Kolbensystem handelt, kann der Bremsdruck bis auf »0 bar« zurückgeregelt werden. Das ermöglicht sichere Regelvorgänge auch auf kritischen Untergründen wie Glatteis, Rollsplitt und Sand.

Es wird durch die mögliche Regelung des Bremsdruckes auf 0 bar ein sicheres Wiederbeschleunigen des Rades (während der gesteuerten Bremsphase, also bei betätigter Bremse) auf Untergründen mit sehr niedrigem Reibwert gewährleistet.

Bei Motorrädern mit und ohne ABS wird die Seitenkraft beim Abbremsen reduziert. Plötzliches Bremsen in der Kurve oder während des Abbiegens ist deshalb nicht zu empfehlen, da das Motorrad hierdurch seine Richtungsstabilität verliert. Ein Wegschmieren der Räder kann folglich durch ABS nicht verhindert werden! Obwohl ein angepaßtes leichtes Bremsen auch in Kurven möglich ist, darf nur auf gerader Strecke, und daran ändert auch ABS nichts, stark gebremst werden.

Die Antiblockierfunktion der Räder funktioniert natürlich nur *während eines Bremsvorgangs!* Wenn ein Rad blockiert, weil der Motor beim Gaswegnehmen das Fahrzeug abbremst, oder wenn bei einer Glatteissituation ein Rad urplötzlich wegschmiert, kann auch ABS daran nichts ändern!

8.8.3. Verschiedene Typen von Bremsanlagen und wie sie funktionieren

Mechanische Trommelbremsen
Klassische Trommelbremsen galten lange als veraltet. Doch sie haben Vorteile, die nicht von der Hand zu weisen sind. So sind sie beispielsweise wasserunempfindlicher als Scheibenbremsen und sprechen auf Grund ihrer gekapselten Bauweise auch bei Nässe sofort an. Anders bei Scheibenbremsen, bei denen die Bremsscheibe erst durch den Verdampfungseffekt der hart zupackenden Bremsklötze nach etlichen Radumdrehungen vom Wasser befreit wird. Ist die Scheibe trockengefahren, schlagen die großen Vorteile dieser Bremse wieder durch. Die Gefahr dabei: Der kurze Moment, bis die Bremskraft einsetzt, provoziert den Fahrer, der im ersten Moment keine Bremswirkung verspürt, zum härteren Betätigen beider Bremshebel. Das kann, wenn die Bremse plötzlich wieder kräftig zupackt, zum Überbremsen der Maschine und zum Wegschmieren führen!
Die Trommelbremse kennt solche Probleme nicht. An Hinterradbremsen ist sie sowieso oft die bessere Wahl, da Trommelbremsen nicht so stark zum Überbremsen neigen wie Scheibenbremsen. So sind Trommelbremsen heutzutage nicht nur an Enduros und kleineren Straßenmotorrädern, sondern auch vermehrt wieder an großen Tourenmotorrädern und Choppern zu finden.
Die Bremsankerplatte der Trommelbremse, auf der die Bremsbacken und der Bremsnockenmechanismus befestigt sind, stützen sich am Motorrad über sogenannte Bremsanker ab, wobei am Vorderrad ein Nocken, eingelassen in das Tauchrohr der Telegabel, beim Hinterrad eine Metallstrebe den auftretenden Bremskräften entgegenwirken. Die Bremstrommel sitzt in der Nabe des Rades und dreht sich mit ihm. Werden die Bremsbacken gegen die innenliegenden Reibflächen der Trommel gepreßt, verzögert das Motorrad.

Die Simplexbremse
Die Simplexbremse weist als die einfachste der Trommelbremsen eine verhältnismäßig geringe Bremskraft auf. Sie bietet sich besonders als Bremse für leichte motorgetriebene Zweiräder an, aber auch als Hinterradbremse für schwerere Motorräder.
Im Gegensatz zur Duplexbremse hat die Simplexbremse (Simplex = Einfach-Funktion) nur *eine* auflaufende Bremsfläche.
Die Bremsbacken werden durch eine sich drehende Nocke gespreizt und

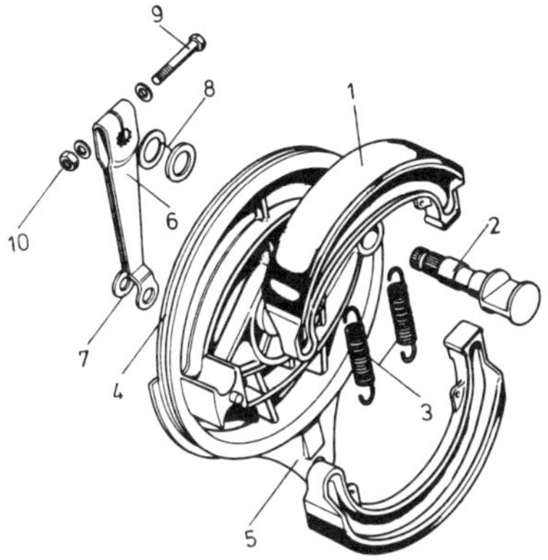

Abb. 276: Simplex-Trommelbremsanlage (Hinterradbremse)
1 Bremsbacken (2 Stück)
2 Bremswelle mit Nocken
3 Rückholfedern (2 Stück)
4 Bremsankerplatte
5 Bremsankerbefestigung (am Bremsankerpunkt der Schwinge)
6 Bremswellenhebel
7 Aufnahme für das Fußbremsgestänge
8 U-Scheiben (2 Stück)
9 Klemmschraube mit U-Scheibe
10 Mutter mit U Scheibe
(Honda)

gegen die Reibfläche der Bremstrommel gepreßt, wobei beide Bakken einen gemeinsamen Lagerbolzen benutzen. Die auf die Backen aufgenieteten oder aufgeklebten Bremsbeläge bremsen bei ihrem Kontakt mit der Reibfläche der Bremstrommel das Rad ab. Zwei stramme Schraubenfedern ziehen die Bremsbacken zurück in die Ruhestellung, sobald der Bremshebel losgelassen wurde.

Bremsbeläge von Trommelbremsen haben gegenüber den Bremsklötzen der Scheibenbremsen eine höhere Laufzeit.

Die Duplex-Trommelbremse

Für die Verwendung im Vorderrad wurden sogenannte Duplexbremsen (Duplex = Zweifach-Funktion) verwendet. Deren Bremsbacken werden durch das Verdrehen zweier Nocken, statt einer wie bei der Simplexbremse, gegen die Innenseite der an der Radnabe befindlichen Bremstrommel gepreßt. Da beide Bremsbacken jeweils an einer Seite separat gelagert sind, legt sich jeder Backen zuerst mit der vorderen Be-

Abb. 277: Duplex-Trommelbremse (Bremse in Aktion)

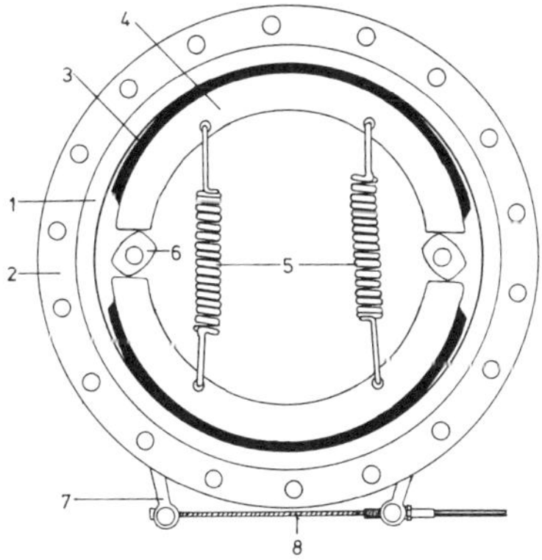

1 Bremstrommel
2 Radnabe
3 Bremsbelag (2 Stück)
4 Bremsbacken (2 Stück)
5 Bremsbacken-Rückholfeder (2 Stück)
6 Bremswelle mit Bremsnocken (2 Stück)
7 Bremswellenhebel (2 Stück)
8 Bremsseilzug

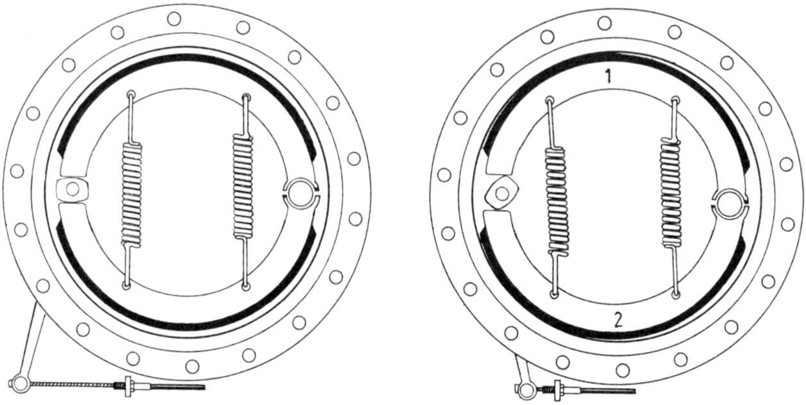

Abb. 278: Funktion einer Simplex-Trommelbremse
Bremse unbetätigt:
Das Spiel zwischen den Bremsbelägen und der Bremstrommel ermöglicht dem Rad das freie Drehen (1).
Bremse betätigt:
Über den Bremsseilzug und den Bremswellenhebel wird die Bremsnocke betätigt. Abgestützt auf dem Drehpunkt schieben sich die Bremsbacken nach außen. In Kontakt mit der Bremstrommel wird das Rad abgebremst (2).

lagfläche an die Bremsfläche der Trommel, an der auch der dazugehörige Nocken die Backe spreizt. Das ergibt pro Bremsbacke eine auflaufende Bremsfläche, daher »Duplex-Bremse«. Bedenkt man den Drehsinn des Rades, hat sie gegenüber der ablaufenden Fläche einen wesentlich höheren Reibwert. Das zahlt sich in besserer Bremsleistung aus.

Abb. 279: Hinterradtrommelbremse
1 Bremsgestänge-Verstellmutter
2 Fußbremsgestänge
3 Bremsankerstange
(Honda)

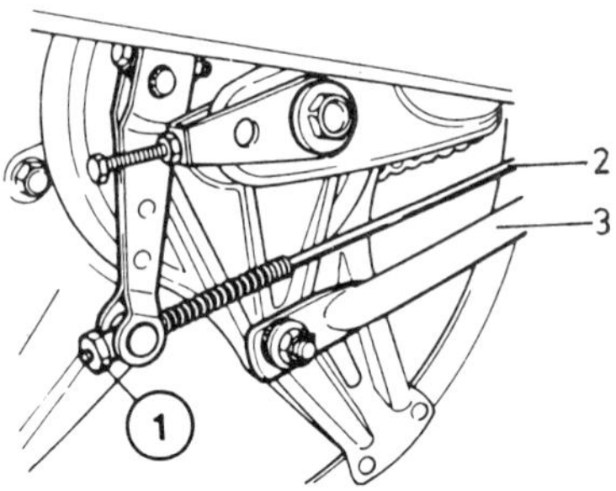

Duplex- und Simplexbremsen werden mechanisch über Seilzüge betätigt, wobei der rechte Handhebel am Lenker stets die Vorderradbremse, der gleichfalls rechts befindliche Fußhebel (bei Oldtimern gerne auch links gelegen) die Hinterradfußbremse bedient.

Schnelle Motorräder der sechziger Jahre besaßen sogenannte »Doppelduplexbremsen«, bei denen in der Vorderradnabe links und rechts je eine Duplexbremse eingebaut war. Diese Bremsen sind von ihrer Bremsleistung her durchaus noch mit den einfacheren der heutigen

Scheibenbremsen zu vergleichen. Ihre Nachteile waren:
- zu aufwendig in der Herstellung und in der Einstellung
- zu schwer
- Bei sehr häufigen oder länger andauernden Bremsmanövern trat leicht Bremsfading (Nachlassen der Bremsleistung der Beläge) auf.

Belüftet werden Duplexbremsen durch Schlitze im Deckel der Bremse oder mit Hilfe richtiger Lufthutzen, die den Fahrtwind unmittelbar in das Bremsgehäuse einleiten. Eine hintere Öffnung entläßt die Kühlluft wieder ins Freie. Diese Maßnahmen sind wichtig, um das gefürchtete Fading erhitzter Bremsbeläge durch eine intensive Kühlung möglichst lange hinauszuschieben. Die Bremsnabe selbst ist phantasievoll verrippt, um den gleichen Zweck bewirken zu können.

Hydraulische Scheibenbremsanlagen

Eigentlich wurden Scheibenbremsen für den Flugzeugbau entwickelt. Durch größere Effektivität, geringeres Gewicht und ihre kompakte Baugröße gab man ihnen in neuerer Zeit auch den Vorzug im Motorradbau.
In den sechziger Jahren tauchten die ersten Scheibenbremsen, von den Japanern im Motorradbau eingeführt, in der Bundesrepublik auf.

Prinzipieller Aufbau der Scheibenbremsanlage

Die in den Naben der Räder angebrachten Bremsscheiben, zur besseren Ansprechzeit bei Regenfahrten gelocht oder geschlitzt, drehen sich an den Bremsklötzen vorbei, die in den Bremszangen am Fahrgestell sitzen.
Bei der Vorderradgabel sind diese Bremszangen am Gabelholm vorne aufmontiert (wenn zwei Bremseinheiten eingebaut sind, sitzt je eine am Gleitrohr). Am Hinterrad übernimmt eine am Rahmen angebrachte Bremszangenhalteplatte bzw. ein Bremsankergestänge die Befestigung der hinteren Einheit.
In den Bremszangen sind pro Zange zwei Bremsklötze (Beläge) eingelegt. Sie bestehen aus einer Trägerplatte und dem aufgeklebten Belag. Die Bremsklötze nehmen die durch die Bremszange laufende Bremsscheibe in die Mitte und pressen sich bei Betätigen der Bremse durch die Einwirkung der Bremskolben dagegen. Die mit dem Rad verbundene Bremsscheibe wird dabei abgebremst.

- Scheibenbremsen sind in der Regel hydraulische Systeme (es gibt auch mechanisch arbeitende, recht wirkungsvolle Scheibenbremsen) und arbeiten mit einer Bremsflüssigkeit als Medium. Die Flüssigkeit wird über Bremsleitungen und Schläuche vom Hauptbremszylinder mit Handhebel am rechten Lenkerende (Vorderrad-Scheibenbremse) bis zum Arbeitszylinder in der Bremszange, dem Nehmerzylinder, geleitet. Ein kleiner Tank dient als Ausgleichsbehälter und ist bei der Vorderradbremse meist in den Hauptbremszylinder integriert. Bei der Hinterrad-

Abb. 280: Vorderrad- und Hinterrad-Scheibenbremssystem (Ducati 900 SS Mike Hailwood Replica)

bremse ist er separat am Rahmen oder über dem Fuß-Hauptbremszylinder befestigt.

- Der Hauptbremszylinder der Vorderradbremse ist stets stärker ausgelegt als derjenige für hinten.

Funktionsweise der Scheibenbremse allgemein

Auf einen Hebeldruck hin preßt der Kolben des Hauptbremszylinders die Bremsflüssigkeit in Richtung Arbeitszylinder durch die Leitungen nach unten. Die Flüssigkeit ist so beschaffen, daß sie den Druck weitergibt, ohne selbst nachzugeben. Sie wirkt dabei wie eine starre mechanische Übertragungsvorrichtung. Im Arbeitszylinder an der Bremszange (Bremssattel) wird daraufhin der (oder die) Bremskolben in Bewegung gesetzt. Geschützt gegen den Straßendreck werden sie durch Staubschutzmanschetten, abgedichtet von einem rechteckigen Gummiring pro Kolben. Der oder die Bremskolben pressen nun den Bremsklotz gegen die Bremsscheibe. Der Bremsvorgang beginnt.

Wird der Handhebel bzw. der Fußhebel (Hinterrad-Scheibenbremse) wieder freigegeben, zieht die Saugwirkung der in den Ausgleichsbehälter zurückströmenden Bremsflüssigkeit, unterstützt durch die Kraft des in die Ruhelage zurückkehrenden Gummiabdichtringes (er verdreht sich, während der Kolben in Richtung Bremsklotz wandert), den Bremskolben wieder zurück. Hierdurch bekommt der Bremsklotz wieder etwas Spiel gegenüber der Bremsscheibe. Der Bremsvorgang ist damit beendet. Dennoch läßt sich ein permanentes, leichtes Schleifen der Klötze nicht verhindern und ist in gewissen Grenzen (das Rad sollte sich noch leicht drehen lassen) zu akzeptieren.

• Die wahrhaft entscheidenden Vorteile der Scheibenbremse liegen in ihrer größeren Wärmebelastbarkeit. Mit modernen asbestfreien Sintermetallbelägen ausgerüstet, machen sie ein Bremsfading schlechterdings unmöglich.

Neben einem großen Anpreßdruck der Bremsklötze an die Bremsscheibe verschaffen die hohen Reibwerte der Klötze, ohne Nachlassen der

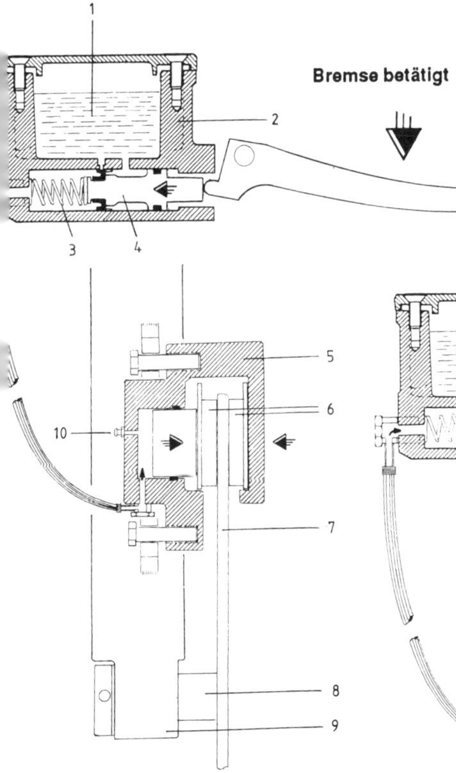

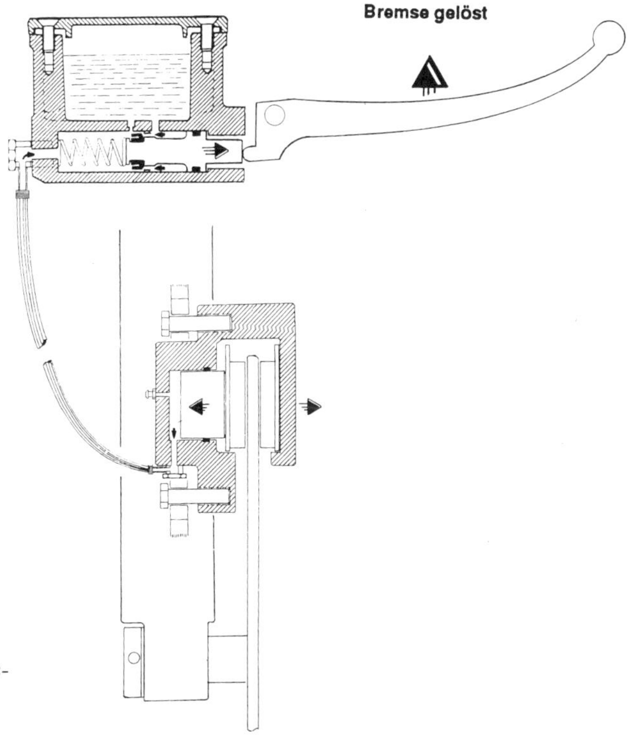

Abb. 281: Funktionssprinzip einer Vorderrad-Schwimmsattel-Scheibenbremse
1 Bremsflüssigkeit im Flüssigkeitsbehälter
2 Hauptbremszylinder
3 Rückholfeder
4 Kolben des Hauptbremszylinders
5 Bremssattel mit Radbremszylinder (Nehmerzylinder)
6 Bremsklötze (2 Stück)
7 Bremsscheibe
8 Radachse
9 Gleitrohr der Teleskopgabel
10 Entlüftungsnippel des Radbremszylinders

Bremsleistung, selbst bei rotglühenden Bremsscheiben noch gewaltige Verzögerungswerte. So werden bei modernen Scheibenbremsanlagen die Bremskräfte nur noch durch die Haftreibung der Motorradreifen begrenzt.

Vorteile in der Mechanik und der Konstruktion sind die Beständigkeit der Bremsscheiben, die ein Verziehen unter Hitzeeinwirkung in der Regel nicht zulassen. Außerdem die nur geringfügige Aufheizung der frei im Luftstrom liegenden Bremszangen, Leitungen und Ausgleichsbehälter bzw. deren hervorragende Kühlung.

• Die Nachteile machen sich vor allem am ungeschützten Aufbau der Bremse fest. Die Bremsscheibe liegt frei und ist Nässe, Straßendreck und anderen, die Bremswirkung herabsetzenden Stoffen wie beispielsweise Ölresten, ungehindert ausgesetzt. Zwar gab es Versuche, dies durch Verlagerung der Scheibenbremse ins Innere der Nabe zu verhüten, doch leidet die Kühlung der Bremse dadurch erheblich, und die guten Wartungsbedingungen der Scheibenbremse wandeln sich bei der gekapselten Ausführung in ihr Gegenteil. – Wohl deshalb wurde diese Unterart der Scheibenbremse, in Spanien erfunden und von Honda lange Zeit in einigen Motorrädern verwendet, wieder aufgegeben.

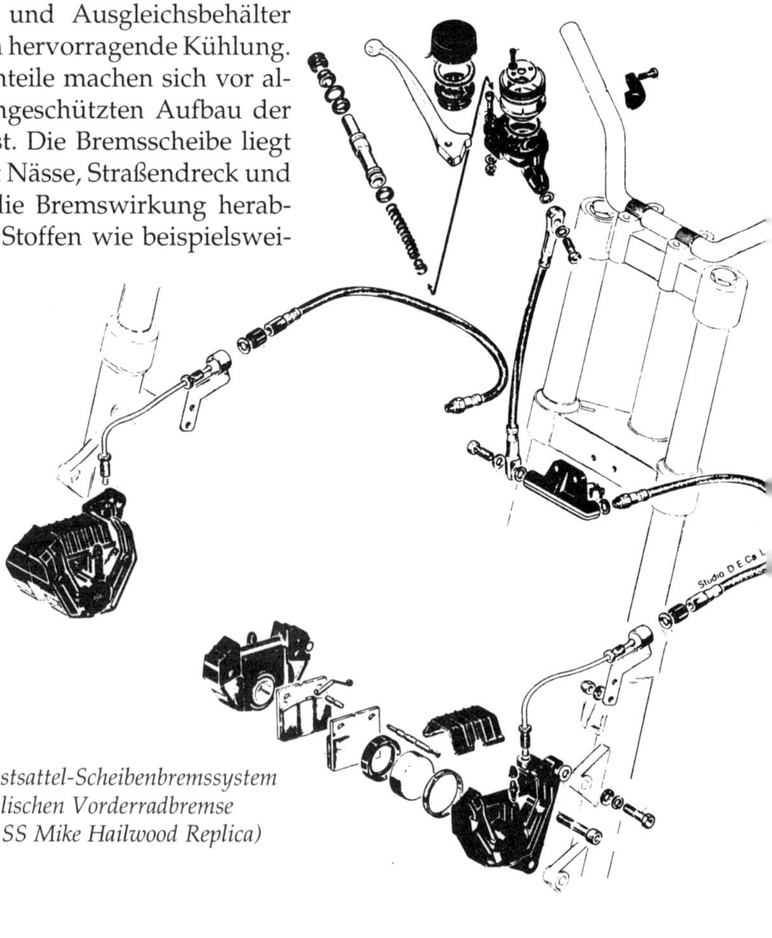

Abb. 282: Festsattel-Scheibenbremssystem einer hydraulischen Vorderradbremse (Ducati 900 SS Mike Hailwood Replica)

Eine andere Methode wird an Enduros recht erfolgreich ausprobiert, wo Schlamm und grober Schmutz bisher die Trommelbremse favorisiert hatten. Sie besteht im wesentlichen aus einer Schutzabdeckung für die Bremsscheibe, vergleichbar dem Schutzblech einer Hobby-Kreissäge, welche leicht demontierbar ist und die Bremsscheibe gegen groben Dreck, nicht aber von der notwendigen, kühlenden Luft abschirmt.

Ein weiterer Nachteil der Scheibenbremse betrifft die Befestigungsart des Bremssattels an Vorderradgabeln bei Verwendung einer einzigen Bremsscheibenanlage. Einseitig am Gabelholm der Vorderradgabel angebracht, erzeugt sie beim Bremsen ein Drehmoment, das bei Einscheibenbremsen zum Verziehen der Gabel führt. Das beeinträchtigt die Spurtreue des Motorrades und damit die Straßenlage beträchtlich. Abhilfe geben kräftig dimensionierte Gabelholme, eine massiv gestaltete Gabelbrücke und ein Gabelstabilisator.

Unterschiedliche Typen von Scheibenbremsen

Man unterscheidet grundsätzlich Einscheiben- und Zweischeiben-Bremssysteme. Hinzu kommen unterschiedliche Konstruktionsweisen, die vielfach zum Einsatz kamen, aber nun überholt sind, wie z.B. die Schwenksattelbremse oder die Pendelsattelbremse. Hier die wichtigsten vier Systeme:

1. Schwimmsattel-Bremse (mit einem oder mit zwei Bremskolben)
2. Festsattel-Bremse (mit zwei, vier oder sechs Bremskolben) sowie einer immer häufiger eingesetzten schwimmend gelagerten Bremsscheibe
3. Pendelsattel-Bremse (mit einem Bremskolben)
4. Schwenksattel-Bremse (mit einem Bremskolben)

1. Die Schwimmsattel-Bremse

Die Schwimmsattel-Bremse (mit ein bis zwei Bremskolben) ist daran zu erkennen, daß die Bremskolben (die auf den äußeren Bremsklotz wirken) nur auf einer Seite zu finden sind. Sie arbeiten im teilbaren Gehäuse der Bremszange. Auf der anderen halten Klauen den inneren Bremsklotz. Dazwischen dreht sich die Bremsscheibe. Ein Teil des Bremssattels ist vorne mit dem Gleitrohr der Vordergabel verschraubt. Als Hinterradbremse ist der Bremssattelhalter am hinteren Rahmenteil befestigt. Der andere Teil des Bremssattels ist horizontal verschiebbar. Die Führungsbolzen (Bremssattel-Gleitbolzen) des Schiebeteils sind durch Staubschutzmanschetten geschützt.

Funktion

Wird durch den oder die Bremskolben der äußere Bremsklotz an die Bremsscheibe gepreßt, zieht er als Reaktion auch das über die Bremssattel-Gleitbolzen verschiebbare Gehäuseteil an die Scheibe heran. Er stützt sich quasi an der Bremsscheibe ab. Hierdurch kommt auch der innere Bremsklotz, der in der Klauenhalterung, zum Zuge und preßt sich an die Scheibe. Die Bremsverzögerung setzt ein.

Bei Schwimmsattel-Scheibenbremsanlagen mit zwei statt nur einem Bremskolben wird die Bremskraft insgesamt stark erhöht. In Verbindung mit Sintermetallbelägen werden so sehr kurze Bremswege erreicht.

Schwimmsattel-Bremsen werden als Hinterradbremse mit einem Bremskolben und mit zwei parallelen Bremskolben als Vorderradbremse eingesetzt.

2. Die Festsattel-Bremse

Die Festsattel-Bremse (je nach Art und Generation mit zwei bis sechs Bremsklötzen ausgerüstet) ist daran zu erkennen, daß die Bremskolben (die auf einen Bremsklotz oder mehrere einwirken) auf beiden Seiten zu finden sind. Zwischen ihnen dreht sich die Bremsscheibe. Die Bremszange (Bremssattel) der Festsattel-Scheibenbremse ist fest montiert und hat außer den Bremskolben keine beweglichen Teile. Das setzt den Wartungsaufwand deutlich herab und vereinfacht eventuelle Reparaturen.

Festsattel-Bremsanlagen werden auch mit den schwersten Motorrädern fertig und stellen die Spitze im Bau moderner Bremsanlagen dar.

Sie werden, als Vorderradbremse eingesetzt, an Teleskopgabeln fest am Gleitrohr verschraubt. Als Hinterradbremse werden sie auf einer Ankerplatte (Trägerplatte) fixiert. Diese

Abb. 283: Bremssättel verschiedener Scheibenbremssysteme

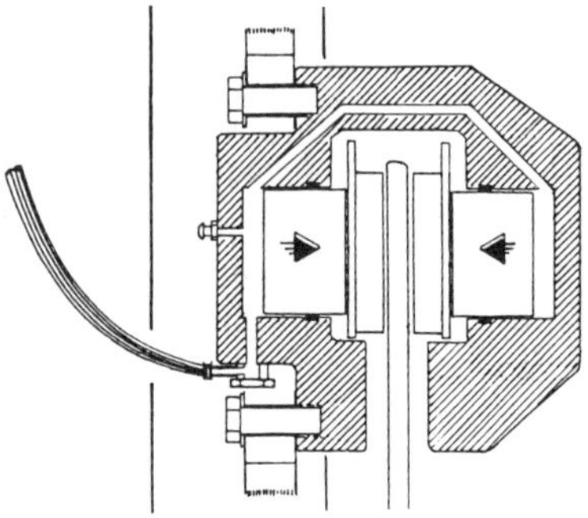

Festsattelbremse

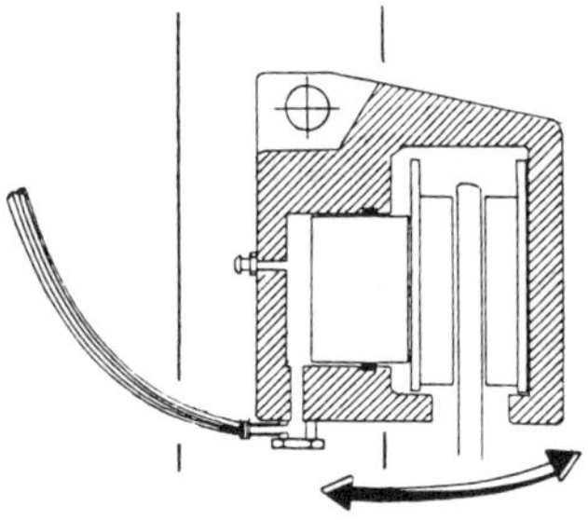

Pendelsattelbremse

wird einerseits über eine Bohrung an der Radachse und andererseits über einen Bremsanker oder unmittelbar an der Schwinge befestigt.

Funktion

Die raum- und platzsparende, sehr effektive Bremse hat im Bremssattel zwei bis sechs Bremskolben, je nach Bauweise, welche einander gegenüber liegen. Diese Bremskolben nehmen die Bremsscheibe mittels ihrer Bremsklötze in die Zange.

Wird vom jeweiligen Geberzylinder der Bremse, über den Handhebel

bzw. den Fußbremshebel, Druck ausgeübt, fahren alle beteiligten Bremskolben aus. Sie pressen die Bremsklötze von beiden Seiten an die Bremsscheibe, und die Bremsverzögerung setzt ein! Der Preßdruck der Bremskolben arbeitet gegeneinander, sie zentrieren sich über die Bremsscheibe selbst, so daß nur sehr geringe Biegemoment, an der Scheibe aufkommen können.
Die Rückdrehkraft der verdrehten vierkantigen Dichtringe an den Bremskolben und der Rücksog in der Hydraulikanlage sorgen nach dem Ende des Bremsmanövers dafür, daß sich die Bremskolben wieder in ihre Ausgangsposition zurückschieben.

3. Die Pendelsattel-Bremse

Die Pendelsattel-Bremse (mit nur einem Bremskolben) ist daran zu erkennen, daß der Bremskolben (der auf den äußeren Bremsklotz wirkt) nur auf einer Seite zu finden ist. Er sitzt in einem seitlich schwenkbaren Bremssattel. Auf der anderen, inneren Seite hält eine ausgeformte Halterung mit Stift und Feder den Bremsklotz. Dazwischen dreht sich die Bremsscheibe.
Die Sattelhalterung ist unten am Gleitrohr der Vordergabel integriert. Der Bremssattel der Pendelsattel-Bremse besteht aus einem einzigen massiven Bauteil.

Funktion

Der um einen stabilen Exzenterbolzen drehende Bremssattel funktioniert ähnlich wie eine Schwenksattel-Bremse. Fährt der Bremskolben aus, stützt er sich auf der Bremsscheibe ab und erzeugt ein Gegendrehmoment. Dabei dreht sich das Gehäuse einige Grade (hier gibt es keinen Ausleger) um den Exzenterbolzen und ermöglicht den Einsatz des gegenüberliegenden Bremsklotzes. Die Rückdrehkraft der Bremsmanschetten und der Rücksog in der Hydraulikanlage schwenken den Bremssattel wieder in seine Ausgangsposition zurück.
Durch die Pendelbewegung laufen die Bremsklötze schräg ab. Das ist normal.
Der Lagerbolzen ist im Gehäuse exzentrisch gelagert und ermöglicht nach dem Austauschen der Bremsklötze deren präzise Positionierung an der Bremsscheibe.
Pendelsattel-Bremsen werden wie Schwenksattelbremsen nur als Vorderradbremsen eingesetzt.

4. Die Schwenksattel-Bremse

Die Schwenksattel-Bremse (mit gewöhnlich nur einem Bremskolben) ist daran zu erkennen, daß der Bremskolben (der auf den äußeren Bremsklotz einwirkt) nur auf einer Seite, der äußeren, zu finden ist. Er sitzt in einem Bremssattel, der mit Hilfe eines Lagerbolzens seitlich zu schwenken ist. Auf der anderen Seite halten Klauen den inneren Bremsklotz. Dazwischen dreht sich die Bremsscheibe. Eine Fixierschraube mit Feder begrenzt den Ausschlag, wirkt als Rückholfeder des Sattelhalters und verhindert ein Klappern der Halterung. Mit Hilfe der Fixierschraube kann die Bremse auch zentriert werden. Zum Wechseln der Bremsklötze kann der Bremssattel auseinandergeschraubt werden, ohne daß die Hydraulikleitung abgebaut werden muß.

Schwenksattel-Bremsen können zu zweit als Doppelscheibenbremse arbeiten. Sie finden nur als Vorderradbremsen Verwendung.

Funktion

Beim Bremsen rückt der Bremskolben aus und preßt den Bremsklotz gegen die Bremsscheibe. Der Bremsklotz erzeugt beim Anpressen ein Drehmoment, da sich der Klotz quasi an der Bremsscheibe abstützt. Dadurch schwenkt der Ausleger des Bremssattels um einige Grade, so daß auch der gegenüberliegende Bremsklotz zum Einsatz kommt. Die Bremsverzögerung setzt ein.

Nach Beendigung des Bremsvorganges drückt die Feder am Fixierbolzen den Sattelhalter in seine Ausgangspositon zurück.

Schwimmend gelagerte Bremsscheiben

Bei Rennmotorrädern sowie sehr sportlichen und auch teuren Seriensportmaschinen (Yamaha FZR 1000), doch mittlerweile auch bei den besseren und billigeren Serienmotorrädern, verwendet man schwimmend gelagerte Bremsscheiben.

Dabei handelt es sich um Bremsscheiben, die auf ihren Befestigungsbolzen, zwischen Tellerfedern gelagert, leicht horizontal, also *quer* zur Beanspruchungsrichtung der Bremse gleiten (schwimmen) können. Dadurch werden Mittigkeitsprobleme zwischen Scheibe und Bremssattel ausgeglichen.

Diese Art der Scheibenlagerung, vorwiegend in Verbindung mit Festsattel-Scheibenbremsen eingesetzt, verringert auch noch die letzten Verzugsmöglichkeiten der Bremsscheibe. Sie läßt die Bremse außerdem insgesamt schneller ansprechen.

8.8.4. Auswechseln von Bremsklötzen, Bremsbacken und Belägen

Demontieren und Montieren mechanischer Trommelbremsen

Die Beläge mechanischer Trommelbremsen haben normalerweise ein langes Leben, wenn nicht gerade Öle, Fette oder Bremsflüssigkeit sie vorzeitig unbrauchbar machen.

Das natürliche Ende der Bremsbeläge kündigt sich an, wenn die Bremse schon einige Male nachgestellt wurde, oder wenn der kleine Zeiger an der Bremsnocke auf den Pfeil an der Bremsankerplatte zeigt (z.B. an der Hinterradbremse Honda CX 500 C).

Diese Anzeige gibt es bei vielen älteren Motorrädern nicht, deshalb lohnt es sich, alle Jahre wieder einen Blick ins Innere der Bremse zu werfen.

Manche Motorräder haben zur Belagkontrolle kleine Inspektionslöcher, sorgfältig gegen Feuchtigkeit mit einem Gummipfropfen abgedichtet. Bei anderen muß man die Bremse zerlegen.

Die Verschleißgrenze der Bremsbeläge von Trommelbremsen beträgt (bei aufgeklebten Belägen) etwa **2** mm.

Die normale Stärke des Belages auf einer Bremsbacke beträgt ca. **5** mm.

Bei alten Motorrädern, die noch aufgenietete Bremsbeläge tragen, dürfen es minimal **3** mm sein, da sich sonst die Beläge von den Bremsbacken ablösen, weil die Haltenieten abgeschliffen werden. Das kann die Bremse urplötzlich unbrauchbar machen und zu einem Unfall führen, wenn die kaputten Teile innen zu blockieren beginnen.

Die Lebensdauer von Trommelbremsbelägen im Hinterrad ist sehr von der Fahrweise abhängig, reicht aber an mindestens das Doppelte dessen heran, was Scheibenbremsklötze am Vorderrad erbringen, also etwa 25.000 bis 30.000 km!

Falls sich am Motorrad auch im Vorderrad eine Trommelbremse befindet, muß man davon ausgehen, daß die Vorderradbremsbeläge stärker abgenutzt werden als die an der hinteren Bremse.

Der Ausbau

- Das Motorrad auf den Mittelständer (Hauptständer oder einen Aufstellbock) stellen.
- Das entsprechende Rad ausbauen.
- Bei einer Hinterradbremse an der Nabe das Gestänge bzw. den Bowdenzug für die Bremse abbauen.

Abb. 284: Verschleißanzeiger für die Beläge von Trommelbremsen
1 Bremsbelag-Verschleißanzeiger
2 Verschleiß-Grenzmarkierung
3 Zugrichtung des Bremswellenhebels
(Honda 125 T 2)

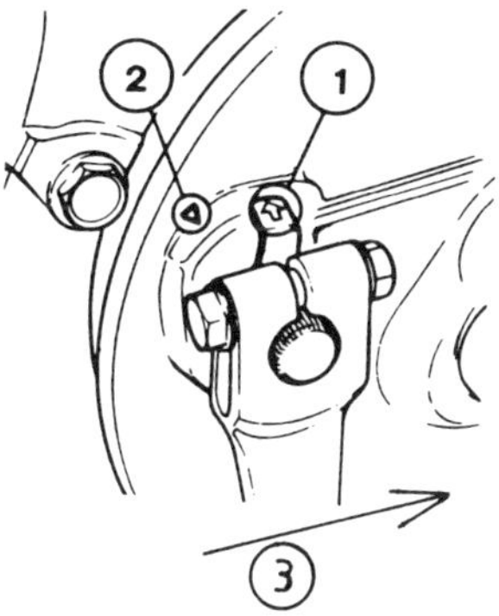

- Nach dem Entfernen der Gummipfropfen aus der Bremsnabe die Verstellschrauben für das Nachstellen der Bremsbacken, zurückdrehen, damit die Bremsbacken den Ausbau der Bremsankerplatte nicht behindern (runde Öffnung seitlich in der Bremstrommel, bestimmt zum Ein- und Nachstellen der Bremsbacken).

Bei der *Simplexbremse* existiert pro Bremsankerplatte nur eine Öffnung für die einzige Verstellschraube.

Bei einer *Duplexbremse* sind es zwei, bei ebenfalls zwei Verstellschrauben!

Bei einer *Doppelduplexbremse* befinden sich auf jeder Seite der Radnabe eine Bremstrommel. Darin sind zwei Öffnungen und dahinter je eine Verstellschraube für das Lösen oder Nachstellen der Bremsbacken.

- Nach dem Zurückdrehen (Lösen) der Bremsbacken kann die Bremsankerplatte leicht abgenommen werden.

• Danach können die Bremsbacken aus der Bremsankerplatte ausgebaut werden.

Austauschen von Bremsbacken und Reinigen mechanischer Trommelbremsen

• Nach dem Ausbau des Rades und gegebenenfalls dem Lösen des Bremsankers (nicht nötig, wenn der Bremsanker in Form eines Zapfens an der Bremsankerplatte ansetzt), nehmen wir die Bremsankerplatte ab, welche die Trommelbremse wie ein Kochtopfdeckel abschließt.

• Zum Herausnehmen der Bremsbacken ziehen wir uns lederne Arbeitshandschuhe an, weil die Rückholfedern ganz schön stramm sitzen und die Finger einquetschen könnten.

• Mit einem großen Schraubendreher hebeln wir die Backen an, greifen mit den Händen unter und klappen die Backen von ihren Haltepunkten an Nocken und Widerlager heraus. Beide Bremsbacken pro Bremse werden so mitsamt den Federn herausgenommen. Federn und Backen lassen sich gut voneinander trennen.

• Wir prüfen die Belagstärke (siehe oben). Der zweite Blick gilt dem Zustand der Bremsfläche im Innern der Trommel. Sie darf nicht zu riefig sein, sondern muß glatt und gleichmäßig wirken.

• Stark riefige Bremsflächen müssen ausgedreht werden, was jede größere PKW- oder LKW-Werkstatt am kompletten Rad für wenig Geld tut. Sind die Beläge unter Minimum, gibt es mehrere Möglichkeiten:

- Es sind geklebte Beläge. – Dann wechseln wir die Bremsbacken komplett gegen neue aus. Immer satzweise, *niemals* einzeln austauschen! Manchmal kann man die Bremsbacken noch im Austausch wechseln. Also beim Händler nachfragen.
- Es sind zwar geklebte Beläge, aber wir bekommen dennoch keinen Ersatz! Dann empfiehlt es sich, die Bremsbacken in einer Bremsenwerkstatt (Branchenbuch) neu bekleben zu lassen (nicht sehr teuer).
- Es sind genietete Beläge. Dann werden die Bremsbacken gegen neue, geklebte eingetauscht, oder man bekommt Beläge mit Nieten, so daß die neuen Bremsbeläge auf die Bremsbacken aufgenietet werden müssen. Das jedoch ist Spezialistenarbeit für die Bremsenwerkstatt, für Motorradhändler oder erfahrene Schrauber und Schrauberinnen. Schlecht vernietete Bremsbeläge lösen sich nämlich garantiert wieder, und das bestimmt im falschen Moment.
- Es sind genietete Beläge. Doch kann man statt zu nieten auch neue Beläge aufkleben lassen (aufgeklebte Beläge können jederzeit wieder abgeschliffen werden). Doch Aufkleben geht *nur* in einer speziellen Bremsenwerkstatt, weil da mit einem besonderen Klebstoff und mit Hitze und Druck gearbeitet werden muß!

Aufkleben ist die beste und haltbarste Belagsbefestigung, doch wollen manche Schrauber mit ihren technischen Problemen gerne selber fertig werden und setzen, weil sie nicht kleben können, lieber Nieten ein.

Tauscht man nur Bremsbeläge aus, nicht aber die kompletten Bremsbacken, kann die Eigenschaft des Belages frei gewählt werden, indem man weichere, härtere oder Spezialbeläge auflegen läßt, entsprechend dem individuellen Bedarf. Dabei müssen jedoch die **ABE**-Bestimmungen (**A**llgemeine **B**etriebs-**E**rlaubnis der Straßenverkehrsordnung) beachtet werden. Doch darüber klären die Bremsbelaghersteller gerne auf.

Weichere Beläge reagieren anfangs weicher beim Bremsen, um dann allerdings brutal zuzupacken – aber sie verschleißen auch schneller.

Beachten sollte man beim Kauf von Belagmaterial für Trommelbremsen auch, daß es asbestfrei ist! – Arbeitsstaub aus Bremsen mit nicht asbestfreien Belägen steht im dringenden Verdacht, Krebs zu erregen. Also vorsichtig sein beim Entstauben von Bremstrommeln vor allem alter Motorräder. Vorsicht in diesem Zusammenhang auch beim Kauf »antiker« Bremsbeläge, die man günstig auf Teilemärkten erstehen kann!

Kontrollieren und Einstellen mechanischer Trommelbremsen

Finden wir nach Demontage einer Bremstrommel von Belagstärke und Oberfläche her noch gut verwendbare Bremsbeläge, so prüfen wir:

- Sind die Beläge verölt?
- Erscheint die Oberfläche hart und glänzend, wie glasiert?
- Sind einige Belagstücke herausgebrochen, der Bremsbelag womöglich gerissen?
- Fehlen einzelne Nieten (vernietete Backenbeläge)?

... Dann müssen sofort die Beläge respektive die Bremsbacken gewechselt werden, weil die Bremsleistung dann mit Sicherheit nicht mehr ausreichend ist!

- Ein veröltes oder zugedrecktes Trommelbremsgehäuse (Bremsnabe) muß sorgfältig gereinigt, die Bremsflächen der Trommel mit Nitro-Verdünnung oder Waschbenzin abgewaschen werden.
- Die Rückholfedern werden auf Rost und Materialbrüche überprüft. Gebrochene Rückholfedern können beim ersten Bremsversuch eine Blockade des betreffenden Rades auslösen!
- Bevor neue Bremsbacken eingesetzt werden, dreht man an der Bremswelle und prüft, ob sie leichtgängig ist. Falls nicht, muß die Bremswelle ausgebaut, gereinigt und mit eingefettet werden!
- Die Enden der Bremsbacken, da, wo sie gelagert werden bzw. wo die Nocke der Bremswelle angreift, fettet man dünn, um die Bremse leichtgängig zu machen. Dazu benutzen wir *hitzebeständiges Fett* (Silikonfett), das uns später im Betrieb nicht davonläuft, wie das bei normalem Lagerfett der Fall wäre. Überstehende Fettreste sorgfältig abwischen!

• Die Bremsbacken werden montiert, indem sie zusammen mit den Federn leicht v-förmig geklappt und mit der Spitze des V auf den Ankerpunkt bzw. den Bremsnocken der Ankerplatte aufgesetzt werden.
• Zum Einbau wieder Lederhandschuhe anziehen, wegen der Verletzungsgefahr durch die Federn! Dann klappt man das Bremsbackenpaar in die Horizontale und hilft, dort wo es hakt, mit dem Schraubendreher nach, bis beide Backen sauber einliegen.
• Die Ankerplatte wird auf die Bremstrommel gestülpt, wobei sich die Bremsbacken etwas zurechtrücken.
• Nach dem Einbau des Rades wird die Bremse *sofort* auf Funktion geprüft. Man gönne den Bremsbelägen eine gewisse Einfahrzeit und bremse die ersten Male nicht voll, wenn es nicht sein muß. Der Grund liegt in einer notwendigen Anpassungsphase der Beläge an die Bremsfläche, welche zu Beginn nur punktuellen Kontakt haben, so daß der Belag an diesen Stellen bei zu starker Bremsbelastung sehr schnell hart wird und verglast. Die Bremse beginnt dann (wieder?), unsauber zu arbeiten, und die Trommelbremsbeläge nutzen auf die Dauer einseitig ab.

Ausbauen und Austauschen der Bremsklötze an hydraulischen Scheibenbremsanlagen

• Die Lebensdauer von Bremsklötzen reicht von 3.000 km bis 20.000 km, je nach Belastung und Art der Bremsbeläge. Die Beläge einiger Hersteller sind oft schon nach wenigen tausend Kilometern heruntergebremst, was aber nicht unbedingt Rückschlüsse auf ihr Qualität zuläßt.

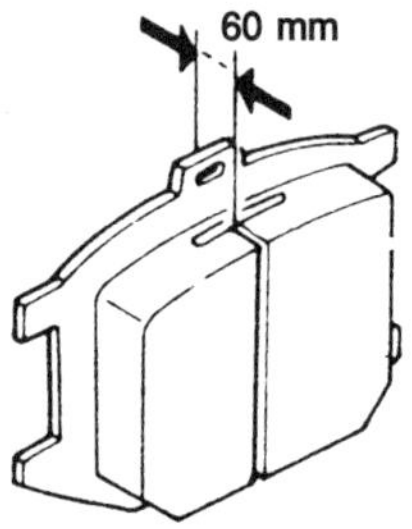

Abb. 285: Bremsklotz einer Scheibenbremsanlage
Verschleißgrenze an einem Bremsklotz

• Neue Bremsklötze aus dem Zubehörhandel, wenn's denn keine Originale sein sollen, müssen eine »**ABE**« (**A**llgemeine **B**etriebs-**E**rlaubnis der StVO) besitzen. Andernfalls erlischt in Deutschland die Betriebserlaubnis des Motorrades, und die Versicherung zahlt im Schadensfall keinen Pfennnig.
• Zur Kennzeichnung, wann Bremsklötze auszuwechseln sind, haben einige Bremsklötze teilweise farbige Markierungen, um den Beginn der Verschleißgrenze anzuzeigen. Eine Inspektionsöffnung am Bremssattel oder das Licht einer Taschenlampe, einfach von unten oder von vorne in den Bremssattel hineingeleuchtet, gibt Auskunft über die Verschleißlage.
• Vor dem Ausbau der alten besorge man sich nicht nur die vorgeschriebenen neuen Bremsklötze, sondern auch die passenden Sätze an Dicht- und Staubschutzmanschetten dazu

sowie neue, passende Spannfedern, Sicherungsfedern und Klemmbleche. Sicherheitshalber auch einen halben Liter Bremsflüssigkeit, eine kleine Tube spezielles Bremsenfett und ein paar Dichtringe für die Anschlüsse der Bremsleitungen.

- Bremsklötze pro Bremssattel *immer* komplett austauschen (zwei Klötze pro Bremssattel)! Bei einer Doppelscheiben-Bremsanlage bedeutet das: Ein Satz Bremsklötze je Bremszange! Man kann das Risiko, die Bremsklötze einseitig auszutauschen, nur eingehen, wenn man anschließend akzeptiert, daß die Bremse schlecht und/oder einseitig zieht, so daß die Telegabel sich beim Bremsen verbiegen kann und unangenehme Fahrwerksunruhen daraus entstehen.
- Der Ausbau der Bremsklötze ist im Prinzip einfach. Schwierig, wegen der unterschiedlichen Arten der Bremssattelkonstruktion, ist es, die Bremssättel zu öffnen, ohne aus Versehen den Sattel zu zerlegen. Da hilft nur ein schneller Blick in das Werkstatthandbuch.

> *Achtung!* Sind die Bremsklötze einmal ausgebaut, darf der Bremshebel *nicht* gezogen bzw. das Bremspedal *nicht* gedrückt werden! – Andernfalls werden die Bremskolben ausgefahren, und es kann passieren, daß sie aus dem Sattelgehäuse ausgepreßt werden und Hydraulikflüssigkeit austritt!

Wichtig! – Die Anschlüsse der Hydraulikleitungen an den Bremssätteln werden zum Austauschen der Bremsklötze *nicht* gelöst!

- Nach dem Entlüften, und vor der ersten Probefahrt, zu allererst den Bremshebel mehrfach *betätigen*, um die (oder den) Bremskolben auszufahren, damit er bremsbereit an der Bremsscheibe anliegen kann! Wird das vergessen, kann es eine böse Überraschung geben, wenn man gleich plötzlich bremsen muß und keine Zeit findet, mehrfach am Bremshebel zu pumpen.
- Bei neuen Bremsklötzen ist die Bremswirkung möglicherweise in der ersten Zeit nicht optimal! – Die Bremsbeläge müssen sich erst noch der Bremsscheibe anpassen. Das ist besonders bei schon älteren, ziemlich zerfurchten Scheibenoberflächen der Fall. Deshalb in der Einlaufphase aus Sicherheitsgründen an einen längeren Bremsweg denken!
- Um die neuen Bremsklötze nicht zu ruinieren, probeweise erst leicht bremsen und dann die Bremskraft langsam steigern! Bei Bremsmanövern früher bremsen als gewohnt und die Bremse zwischendurch zur Abkühlung wieder freigeben. Nach etwa 300 km Fahrtstrecke hat sich die Bremse eingeschliffen und kann wie gewohnt eingesetzt werden.

Austauschen der Bremsklötze an Festsattel-Bremsen

- Die Bremsklötze werden in der Bremszange mit waagrechten Stiften

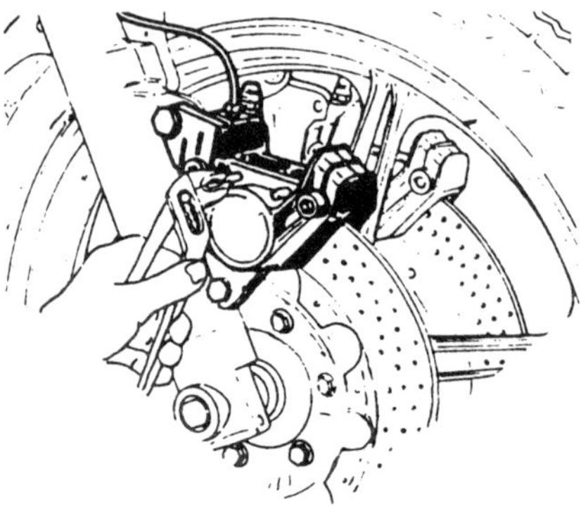
1. Stifte ziehen

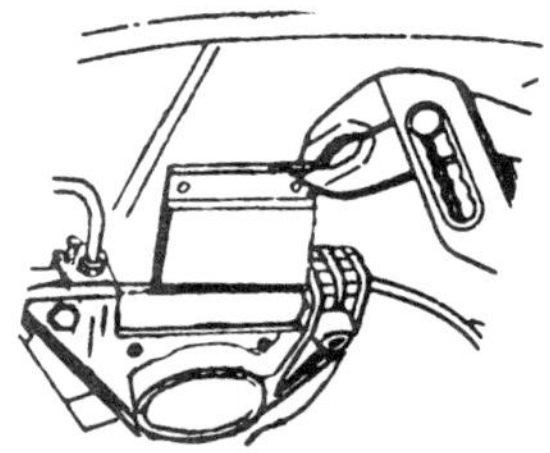
2. Bremsklötze herausziehen

Abb. 286: Ausbau der Bremsklötze (Festsattel-Scheibenbremsanlage) (Ducati 900 SD/SS)

gehalten, die gegen Herausrutschen mit einer Spannfeder gesichert werden. Außerdem hindern diese die Bremsklötze am Klappern. Gelegentlich werden hierzu auch zusätzlich Sicherungsfedern verwendet, die in Bohrungen am Ende der Stifte eingesteckt werden.

• Mit Hilfe eines Austreibers, einer Spitzzange, einer Wasserpumpenzange und eines Hammers lassen sich die Klötze einfach ausbauen. ***Achtung!*** – falls die Stifte festkorrodiert sind, *nicht* mit ölhaltigem Rostlöser arbeiten! Das darin enthaltene Mineralöl greift die speziellen Gummiteile der Bremse an. Für Bremsen gibt es mittlerweile besondere Bremsensprays, mit denen Lösungs- und Reinigungsarbeiten an der Bremsanlage ohne die beschriebenen Nachteile durchgeführt werden können (erhältlich in Läden für Industriebedarf und bei den großen Automobil-Zubehörfirmen).

• Bevor neue Bremsklötze eingebaut werden können, müssen die Bremskolben in den Bremssattel zurückgeschoben werden, weil die frischen Beläge dicker sind als die alten. Das geht recht gut und schonend für die Staubschutzmanschetten an den Bremskolben, wenn die Platte des alten Bremsklotzes im Schacht des Bremssattels gegen den Bremskolben gehebelt wird. Unterstützen kann man das Unterfangen mit einem kräftigen Schraubendreher. Ein stabiles Stück Blech und ein Lappen, zum Schutz der Bremsscheibe und der Staubschutzmanschette, gehören dazu. Doch ***Vorsicht!*** Es darf nur sehr gefühlvoll gegen die Bremsscheibe gehebelt werden! Sie könnte sich verbiegen und ist dann nicht mehr brauchbar!

• Problemloser können Bremskolben zurückgedrückt werden, wenn die Bremssättel ausgebaut sind. Dafür läßt sich ein schmaler Holzklotz und eine Schraubzwinge gut verwenden.

• Vor dem Wiedereinbau der Bremsklötze den Bremsschacht und die Staubschutzmanschetten nebst Kolbenoberfläche mit Hilfe des Bremsensprays und eines Lappens sorgfältig reinigen. Die Bremsklötze müssen besonders seitlich freies Spiel haben und sich auf den Stiften leicht vor- und zurückbewegen lassen.

- Nicht vergessen, die Staubschutzmanschetten auf Risse, poröse Stellen und Löcher zu überprüfen und gegebenenfalls auszuwechseln!
- Vor dem Einbau der Bremsklötze die Haltestifte mit Silikonfett oder Bremsenfett (greift die Gummiteile nicht an) hauchdünn schmieren, damit die Klötze seitlich gut gleiten können.

Austauschen der Bremsklötze an Schwimmsattel-Bremsen

Bei *Schwimmsattel-Bremsen* muß in vielen Fällen der Bremssattel in zwei Teile zerlegt werden, was zwar mehr Demontagearbeit erforderlich macht, aber nicht mit Problemen verbunden ist. Dabei ist es *nicht* erforderlich, die Bremsleitung zu lösen. Auch tritt bei den anstehenden Arbeiten *keine* Bremsflüssigkeit aus

In der Regel werden zur Demontage der Schwimmsattel-Bremsen die Achsen der Bremszange gelöst, wonach sich die Bremseinheit teilen läßt. Manchmal muß allerdings, um diese Arbeit ausführen zu können, der Bremssattel ganz abgebaut werden, was ebenfalls nicht sehr problematisch ist.

Zum Festhalten der Bremsklötze im Bremsschacht werden von Hersteller zu Hersteller verschiedenartige Techniken verwandt. Das reicht von Stiften mit Klammern bis zu Blechhaltefedern. Am besten schaut man sich das im Bordbuch oder im Werkstatthandbuch seines Motorrads an, bevor man eine solche Arbeit durchführen möchte.

Weitere Arbeiten sind:

- Die Bremskolben in die Bremszange zurückschieben und dabei die Staubschutzmanschetten nicht verletzen.
- Die einzelnen Baugruppen der Bremse sorgfältig reinigen und die Staubschutzmanschetten auf Risse, Porösität und Löcher überprüfen.
- Fixierstifte, Federn und Klammern der Bremsklotzhalterung müssen ausgewechselt werden, wenn sie zu stark durch Rost angegriffen sind.
- Die genannten Teile der Bremsklotzhalterung sowie die Rückseite der Bremsklötze vor dem Einbau mit Silikonfett einstreichen, wie oben bei der Festsattel-Bremse beschrieben.
- Ist der Bremssattel von der Vordergabel oder dem hinteren Bremsanker abgeschraubt worden, sollte man seine Befestigungsbolzen, wenn möglich, mit dem Drehmomentschlüssel festziehen. Die Drehmomentwerte hierfür stehen (wie für alle anderen Bremsen) im Werkstatthandbuch (ansonsten bei der Vertragswerkstatt erfragen).

Austauschen der Bremsklötze an Pendelsattelbremsen

Die Pendelsattel-Bremse ist vornehmlich in älteren BMW Boxer-Motorrädern als Vorderradbremse verbaut worden. Da es von diesen unverwüstlichen Motorrädern noch eine ganze Menge gibt, hier eine Beschreibung des Austausches der Bremsklötze.

• Am Gehäuse des Pendelsattels wird die untenliegende, runde Verschlußkappe abgeschraubt und die innenliegende Schraubenfeder herausgenommen.

• Den in der Bohrung befindlichen Exzenterbolzen lösen und so verdrehen, daß der Pendelsattel so weit wie möglich nach außen zeigt. Dann das Vorderrad ausbauen und den Exzenterbolzen ganz lösen und herausziehen.

• Nun die Klemmfeder des inneren Bremsklotzes, an der Klaue der Bremszange, abnehmen (von der anderen Radseite aus!).

• Nach dem Lösen der Exzentermutter und der Klemmfeder können die beiden Bremsklötze herausgenommen werden.

• Den Bremskolben in den Zylinder des Bremssattels zurückdrücken. – Eine Schraubzwinge, mit einem Stück Holz und einem Lappen zum Schutz der Staubschutzmanschetten dazwischen erleichtert diese Tätigkeit!

• Den Führungsstift für den äußeren Bremsklotz mit Graphitfett leicht einfetten.

• Den O-Ring einlegen (damit von außen kein Schmutz und Wasser an den Bremskolben gelangen kann) und den neuen Bremsklotz einsetzen.

• Den inneren Bremsklotz mit der Klemmfeder fixieren, wobei das abgewinkelte Ende der Feder nach unten weisen muß, um nicht abzufallen.

• Das Vorderrad wieder einbauen, den Exzenterbolzen hineindrehen und die Lage des Pendelsattels mit Hilfe des Exzenters so genau positionieren, daß der innere Bremsklotz die Bremsscheibe gerade eben berührt. Der äußere Bremsklotz wird beim Probebremsen durch die Pendelbewegung des Bremssattels nachgeführt und liegt dann gleichfalls korrekt an der Bremsscheibe an.

• Zum Schluß die Schraubenfeder einsetzen und den runden Verschlußdeckel aufschrauben.

Reinigen der Bremssättel (Bremszangen)

• Zu Beginn die Bremsflüssigkeit der Anlage absaugen bzw. über einen Schlauch ablaufen lassen.

• Bremsleitungen und Bremszangen außen von Straßendreck und Bremsabrieb befreien.

• Die Bremsleitungen abschrauben.

• Bremssättel abbauen und zerlegen.

• Die Bremsklötze prüfen und je nach Belagstärke und Zustand erneuern oder mit einer Stahlbürste bearbeiten und zum Wiedereinbau zur Seite legen.

• Die Bremskolben ausbauen und säubern (Ausblasen mit Preßluft geht am einfachsten) und, wie auch die Kolbenlaufbahnen der betreffenden Bremszange, auf Verschleiß, Riefen und Korrosion überprüfen.

• Staubschutzmanschetten, Dichtringe und Bremskolben auf Verschleiß überprüfen. Bei Bremskolben auf Riefen und Korrosion achten. Staubschutzmanschetten dürfen nicht mürbe und löchrig sein, die Dichtringe sollen scharfkantig wirken (bei vierkantigem Querschnitt) und dürfen gleichfalls keinen mürben oder gar aufgequollenen Eindruck hinterlassen. O-Ringe müssen als Dichtringe einen gleichmäßig runden Querschnitt aufweisen und dürfen nicht abgeplattet erscheinen!

- Alle Bohrungen im Zusammenhang mit der Hydraulikfunktion im Gehäuse der Bremszangen prüfen und gegebenenfalls reinigen. Das Entlüftungsventil demontieren, säubern und auf Durchgang prüfen (zum Reinigen Pfeifenreiniger verwenden, aber wegen der Fussel anschließend mit Druckluft durchpusten!).
- Die Bremszange(n) zusammenbauen. Die Bremsanlage mit frischer Bremsflüssigkeit befüllen und entlüften.

Reinigen und Austauschen von Bremsscheiben

- Verschmutzte Bremsscheiben mit Nitro-Verdünnung und einem sauberen Putzlappen reinigen. Dabei werden alle fettigen Substanzen gelöst.
- Ist Bremsflüssigkeit über die Scheibe gelaufen, die betreffende Scheibe mit Spiritus säubern.
- Die Bremsscheiben sollten vor Entlüftungsarbeiten an der betreffenden Bremsanlage mit einem sauberen Tuch vor Bremsflüssigkeitsspritzern geschützt werden.
- Leicht verrostete Bremsscheiben (Gußstahl-Bremsscheiben) können freigebremst werden.
- Sind die Scheiben mit starkem Flugrost bedeckt, müssen sie vorher (mit einer Bohrmaschine mit kreisender Stahlbürste) vom Rost befreit werden. Die Bremsklötze würden sich sonst sehr schnell abnutzen.
- Stark verrostete Scheiben müssen ersetzt werden.
- Beim Austauschen von Doppelscheiben am Vorderrad müssen immer *beide* Scheiben ausgetauscht werden. Wegen der Gefahr ungleicher Bremsleistung und den damit verbundenen gefährlichen Fahrzuständen beim Bremsen dürfen sie bei Verschleiß oder Beschädigung *nicht einzeln* ersetzt werden!

8.8.5. Hydraulische Scheibenbremsen – Entlüften der Anlage

Über Bremsflüssigkeit

Steht das Entlüften der hydraulischen Bremsanlage an, besorgt man sich einen halben Liter Bremsflüssigkeit. Diese sollte von hoher Qualität sein und, den Angaben im Bordbuch entsprechend, die richtige *DOT-Nummer* haben.

Bremsflüssigkeiten mit der Bezeichnung *DOT 3* und *DOT 4* sind auf Glykolbasis, *DOT 5* auf Silikonbasis aufgebaut. *DOT 4* ist die hochwertigere, in der Entwicklung jüngere Bremsflüssigkeit. Ihr Siedepunkt liegt höher als der von *DOT 3!*

Die *DOT 5* Brems- bzw. Kupplungsflüssigkeit stellt die neueste Ent-

wicklung dar und hat einen noch höheren Siedepunkt als *DOT 3* und *4*.
Eine wichtige Regel für die Verwendung von Brems- bzw. Kupplungsflüssigkeiten lautet: *DOT 4* kann in *DOT 3*-Brems-/Kupplungsanlagen verwendet werden und umgekehrt.
Da *DOT 3* und *DOT 4*-Flüssigkeiten von ihrer Zusammensetzung her gleich aufgebaut sind, können auch solche von unterschiedlichen Herstellern untereinander gemischt werden.
In für *DOT 3* bzw. *DOT 4* ausgelegten Bremsanlagen bildet *DOT 5* Klumpen, füllt man es irrtümlich ein. Deshalb: Keine *DOT 5- Bremsflüssigkeit in DOT 3* oder *DOT 4*-Anlagen!
Da die erwähnten Flüssigkeiten verschieden aufgebaut sind, können Dichtungen, die für *DOT 5* ausgelegt sind, von *DOT 3* und *4* angegriffen werden und umgekehrt!
Alte Bremsflüssigkeit ist nicht mehr zu gebrauchen. Sie wird in einem Originalkanister (mit der Aufschrift »Alte Bremsflüssigkeit«) aufbewahrt und bei Gelegenheit bei der Sondermüll- bzw. Altölsammelstelle abgegeben.
Zuviel eingefüllte Bremsflüssigkeit mit einer Einwegspritze absaugen oder mit einem saugfähigen Lappen aufnehmen.
Angebrochene Behälter mit frischer Bremsflüssigkeit sorgfältig verschließen und bei gleichmäßiger Temperatur in trockener Umgebung (Wohnung, Heizungsraum) kindersicher aufbewahren. Doch auch dann ist sie nur maximal ein halbes Jahr gebrauchsfähig!

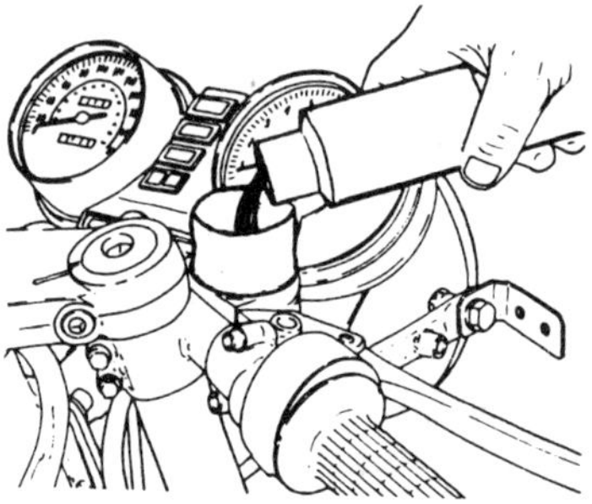

Abb. 287: Bremsflüssigkeit nachfüllen (Ducati)

Bremsflüssigkeit ist hygroskopisch, das heißt, sie sammelt auf Grund ihrer chemischen Struktur Wasser aus der Luft und nimmt sie in sich auf. Dies geschieht in der Bremsanlage, aber auch in der einmal geöffneten Dose. Um den mit Luft gefüllten Raum kleinzuhalten, lieber die restliche frische Bremsflüssigkeit von einer großen in eine kleine Dose umfüllen.
Bremsflüssigkeit ist außerdem *giftig*. Bremsflüssigkeit, die auf Lack, Reifen und einige Kunststoffsorten fließt, greift das Material an. Flecken auf dem Lack und angegriffene Gummiteile, ev. angeätzte Metalle, sind eine unschöne Erinnerung an eine Entlüftungsmaßnahme an der Brems- oder Kupplungsanlage.

Entlüften von hydraulischen Motorrad-Scheibenbremsanlagen

Zur Entlüftung hydraulischer Motorrad-Scheibenbremsanlagen wird pro Entlüftungsnippel am Bremssattel ein Klarsichtschlauch benötigt,

Vorsicht! Bremsflüssigkeit ist giftig, ist Sondermüll und muß bei einer Altöl- bzw. Sondermüllsammelstelle abgegeben werden. Sie darf *nicht* in den Boden oder in die Kanalisation gelangen. Sie gehört auch *nicht* ins Altöl! Altöl, mit Bremsflüssigkeit vermischt, kann nicht wieder aufbereitet werden!

Vorbeugende Maßnahmen bei hydraulischen Bremsanlagen

• Alte Bremsflüssigkeit routinemäßig alle zwei Jahre vor dem Beginn der Motorradsaison absaugen und frische Bremsflüssigkeit einfüllen. Dann die Anlage entlüften. Welche Flüssigkeit in die Bremshydraulik gehört, entnimmt man dem Bordbuch oder dem Werkstatthandbuch. Lieber beim Händler nachfragen, als im Zweifel irgendeine Bremsflüssigkeit einfüllen. Dabei ist die Spezifikation *DOT 4* der *DOT 3* vorzuziehen, wenn beide zugelassen sind. *DOT 5* ist eine eigene Spezifikation und darf nicht in Bremsanlagen, die für DOT 3 oder 4 vorgesehen sind, verwendet werden!

• Stets frische Bremsflüssigkeit einfüllen! Angebrochene Gebinde nur wenige Monate aufbewahren. Erst recht *keine* gebrauchte Bremsflüssigkeit verwenden!

der vom Nippel bis zur Erde reichen sollte.

Ferner nehmen wir ein schmales, hohes Gurkenglas (ca. 1/2 Liter und mehr) oder eine passende Konservendose. Wir schneiden ein Loch in den Deckel des Gurkenglases und befüllen es, bis der Boden des Glases mit ca. drei Zentimeter Bremsflüssigkeit bedeckt ist.

Sinn dieser Maßnahme ist es, den Schlauch mit seinem Ende so weit unterzutauchen, daß er nachher, während des Entlüftens, nicht wieder Luft in die Bremsanlage zieht, wenn der Bremshebel nach dem Pumpen losgelassen wird.

Falls jetzt noch ein passender Ring- oder Gabelschlüssel für den Entlüftungsnippel zur Hand sein sollte, kann es losgehen!

Entlüften der Anlage

• Wir stecken, bevor das Schlauchende über den Entlüftungsnippel gestülpt wird, zuerst den Ringschlüssel auf den Sechskant des Entlüftungsventiles. So wird das Auf- und Zudrehen während des Entlüftens erleichtert.

• Nun den Deckel am Bremsflüssigkeitsbehälter öffnen und die Membran entnehmen. Bei der Vorderradbremse wird der Lenker jetzt so gedreht, daß der Bremsflüssigkeitsbehälter möglichst senkrecht steht. Dann kontrollieren, ob die Bremsflüssigkeit bis zum Maximalpegel im Behälter hinaufreicht.

Im folgenden muß stets dieser Flüssigkeitspegel im Auge behalten werden. Der Pegel darf *niemals* unter Minimum sinken, da sonst alles vergebens war, weil die Bremse dann mit Sicherheit wieder Luft gezogen hat.

• Bremsanlagen mit Festsattelbremsen führen oft *zwei* Entlüftungsnippel pro Bremszange! Aus beiden muß entlüftet werden!

• Das Entlüften beginnt, wenn der Ringschlüssel das Entlüftungsventil um eine viertel bis eine halbe Umdrehung öffnet. Eventuell am Ventil austretende Flüssigkeit wegwischen. Sie darf nicht auf die Bremsbeläge oder die Bremsscheibe gelangen.

• Bremsflüssigkeit erscheint im Schlauch und fließt schubweise hindurch, wenn der Bremshebel (das Pedal) zwei- bis dreimal *langsam und gleichmäßig* betätigt wird. Beim dritten Mal im gezogenen bzw. im gedrückten Zustand (Fußbremshebel) festhalten. Das Entlüftungsventil jetzt

Abb. 288: Entlüften einer hydraulischen Bremsanlage (Honda)

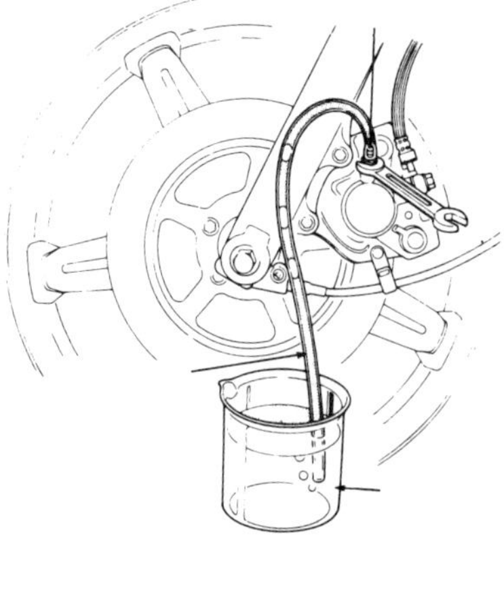

schließen. Dann den Bremshebel bzw. das Bremspedal loslassen.

• Während des Pumpvorgangs ist Bremsflüssigkeit durch den Schlauch in den Behälter geflossen. Im Schlauch sausen kleine und große Luftblasen nach unten und verschwinden im Gurkenglas. Eine dunkle Flüssigkeit, mit Schmutzfahnen dazwischen, zeigt alte und verbrauchte Bremsflüssigkeit an. Gelbe, honigfarbene Flüssigkeit ist frisch. Es sollte immer so lange entlüftet werden, bis frische Bremsflüssigkeit aus dem Entlüftungsschlauch austritt!

• Unter Beachtung des Bremsflüssigkeitsstandes im Behälter das Entlüftungsventil wieder öffnen und die Bremse wiederum zwei- bis dreimal *langsam und gleichmäßig* betätigen. Beim dritten Mal im gezogenen bzw. im gedrückten Zustand (Fußbremshebel) festhalten. Dann das Entlüftungsventil schließen. Den Hebel/das Pedal loslassen.

• Kleiner werdende Luftblasen zeigen ein Fortschreiten der Entlüftung an. Die Arbeitsgänge werden so lange wiederholt, bis während des Pumpvorganges keine Luftblasen mehr im Schlauch erkennbar sind.

• Den Entlüftungsnippel am Ventil nicht zu weit aufdrehen, weil zwischen ihm und dem Gewindeloch in der Bremszange Luft angesaugt werden könnte. – Man wundert sich dann, daß immer noch Blasen austreten, obwohl ein halber Liter frische Bremsflüssigkeit durch die Bremsanlage gerauscht ist.

• Zeigt sich nach sorgfältiger Entlüftung nach dem Schließen des Entlüftungsventils noch kein vernünftiger Bremsdruck, sehen wir die Bremshydraulik nach Leckstellen durch. Wir ziehen außerdem vorsichtig alle Anschlüsse der Bremsschläuche und Bremsleitungen nach und schauen auch mal bei den Bremsklötzen vorbei, ob es dort feucht geworden ist.

- Weigert sich eine Bremse hartnäckig, ihrer Aufgabe gerecht zu werden, weil beispielsweise immer noch hunderte feinster Luftbläschen in der Bremsflüssigkeit eingeschlossen sind, hervorgerufen durch die Wirbelbildung während der Entlüftungsarbeiten, gibt es eine Möglichkeit, doch noch ans Ziel zu gelangen:
  - Man pumpt, Entlüftungsventil geschlossen, Hauptbremszylinder wieder zugeschraubt, so lange, bis sich ein Bremsdruck aufgebaut hat.
  - Dann bindet man den Bremshebel (bei der Vorderradbremse) am Handgriff fest, erzeugt also einen permanenten Bremsdruck. Bei der Hinterradbremse geht man genauso vor und verklemmt das Bremspedal in einer ähnlichen Stellung.
  - So läßt man das Motorrad etwa *zwölf Stunden* stehen. Nach dieser Zeit sind alle Luftbläschen durch die Bremsleitung nach oben gewandert und entlüften in den Bremsflüssigkeitsbehälter, wenn der Bremshebel wieder losgebunden und in seine Ruhelage gebracht wird.
  - Nach dem Ende aller Entlüftungsarbeiten wird der Entlüftungsschlauch abgezogen, die Entlüftungsnippel werden nachgespannt und mit ihrer Staubschutzkappe versehen.

9. Wichtige Werkzeuge und Hilfsmittel für Reparatur und Wartung

9.1. Grundausstattung für die Werkstatt

Das Bordwerkzeug vieler Motorräder ist in der Regel von schlechter Qualität und sollte möglichst nur im Notfall benutzt werden. Eine Ausnahme bildet vielleicht der speziell geformte Kerzenschlüssel einiger Motorräder.
Nachfolgend die von uns vorgeschlagene Grundausrüstung, ein Minimum für jeden Schrauber. Nicht hinzuzählen können wir Spezialwerkzeuge. Viele davon kann man, wenn sie einmal benötigt werden, durch Improvisation ersetzen, andere muß man kaufen.

1. Maul-Ringschlüssel der Größen:
- 8 mm / 9 mm / 10 mm (davon zwei Stück);
- 11 mm / 12 mm bei japanischen Motorrädern (ebenfalls je 2 Stück);
- 13 mm bei nicht-japanischen Motorrädern (davon 2 Stück);
- 14 mm / 15 mm / 17 mm / 19 mm / 22 mm / 24 mm (je 1 Stück).

Von der Seite her gesehen soll der Ringschlüsselkopf am Maul-Ringschlüssel eine leichte Schräge von etwa 15 Grad zum Körper besitzen, um ein leichteres Ansetzen des Schlüssels am Schraubenkopf zu ermöglichen.

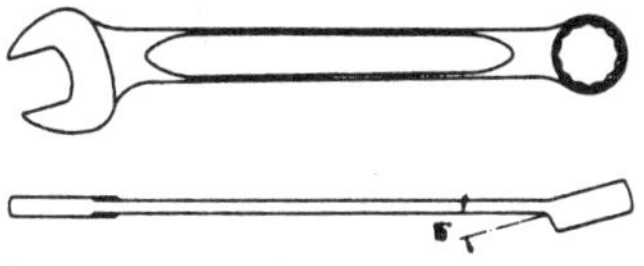

Abb. 289: Maul-Ringschlüssel aus Chrom-Vanadium-Stahl (Chrome-Alloy-Steel)

Ring-Maulschlüssel führen an beiden Enden das gleiche Schraubenmaß. Der Sinn liegt im gezielten Einsatz der Möglichkeiten beider Enden, wenn es eng und schwierig wird.

• Will man eine Schraube oder eine Mutter lösen, sollte man unbedingt zuerst versuchen, sie mit dem Ringschlüssel zu öffnen. Mit dem Schraubenkopf des Ringschlüssels werden alle sechs Kanten der Schraube erfaßt. Die Kraftübertragung ist dadurch besser, und die Schraubenköpfe bzw. die Muttern werden geschont. Erst wenn der Platz dafür nicht mehr reicht, sollte der Gabelschlüssel in Aktion treten.

2. Ein Kasten mit Steckschlüsseleinsätzen (»Nußkasten«) der Größen:
- 10 mm / 11 mm / 12 mm / 13 mm / 14 mm / 15 mm / 17 mm / 19 mm / 22 mm / 24 mm / 27 mm / 30 mm

- Dazu eine Knarre (Ratsche) mit kleiner Verzahnung, um beim Schrauben trotz kurzer Wege noch arbeiten zu können; eine kurze und eine lange Verlängerung; eine Kardanumlenkung für schwierige Ecken; einen Quergriff.
- Beim Kauf sollte man darauf achten, daß die Steckschlüssel (oder »Nüsse«) doppelsechskantig sind. So können wir in schwierigen Winkeln beim Aufsetzen des Werkzeuges auf den Schraubenkopf besser hantieren.
- Einfach-sechskantige Nüsse haben ihre Existenzberechtigung, wenn es darum geht, hartnäckige, stark angezogene Sechskantschrauben oder Muttern zu lösen. Ihre Flanken liegen in voller Länge an. Dadurch besteht auch bei großem Krafteinsatz nicht die Gefahr, daß der Schraubenkopf rund wird.

3. Ein Satz Schraubendreher:

Anzahl	Art	Klingenbreite	Gesamtlänge
1	Vergaserschraubendreher	6,0 mm	80 mm
1	Werkstattschraubendreher	3,5 mm	180 mm
1	Werkstattschraubendreher	5,5 mm	220 mm
1	Werkstattschraubendreher	8,0 mm	265 mm
1	Elektrikerschraubendreher	2,5 mm	125 mm
1	Elektrikerschraubendreher	4,0 mm	210 mm

4. Ein Satz Kreuzschlitzschraubendreher nach DIN 5262:

Anzahl	Art	Klingenform	Gesamtlänge
1	Kreuzschlitzschraubendreher	D	80 mm
1	Kreuzschlitzschraubendreher	B	180 mm
1	Kreuzschlitzschraubendreher	B	200 mm

Hier sollte man nur gut gehärtete Markenqualität kaufen, weil bei Billigprodukten die empfindlichen Kreuzspitzen rasch verschleißen.

5. Ein Satz Inbusschlüssel
(Winkelschraubendreher für Innensechskantschrauben)
Größen: 2 / 3 / 4 / 5 / 6 / 8 / 10 mm

6. Hämmer
Schlosserhammer 300 g
Schlosserhammer 800 g
Kunststoff-Schonhammer für auswechselbare Einsätze 400g

7. Meißel

	Klingenbreite	Gesamtlänge
Flachmeißel:	15 mm;	120 mm.
Kreuzmeißel:	9 mm;	125 mm.

8. Einige Splinttreiber, auch als Durchschlag (falsch) oder Schlagstift bezeichnet:

Anzahl	Treib dorndurch-messer	Gesamt länge:
1	2 mm	115 mm
1	4 mm	150 mm
1	6 mm	150 mm
1	8 mm	150 mm

9. Ein Satz Feilen
Flachfeile mittlerer Hieb, ca. 320 mm Gesamtlänge;
Flachfeile feiner Hieb, ca. 250 mm Gesamtlänge.
Rundfeile mittlerer Hieb, Durchmesser an der stärksten Stelle ca. 8mm, Gesamtlänge ca. 300mm.

10. Ein Dreikanthohlschaber sowie ein Flachschaber
Schaber dienen dem Entgraten von Metallteilen. Nach dem Abbau von Motorenteilen sind sie zum Abschaben der Dichtungsreste gut geeignet. Einen Flachschaber kann man sich recht gut aus einer alten Flachfeile schleifen. Einfach vorn flach und leicht schräg schleifen. Dreikantschaber entstehen aus alten Dreikantfeilen.

11. Wasserpumpenzange

12. Universalgripzange

13. Seitenschneider

14. Flachrund- oder **Flachspitzzange** mit langen Backen

15. Präzisionsflachzange mit kurzen Backen

16. Bügelsäge mit Metallsägeblättern; kleine Puck-Säge ebenfalls mit Metallsägeblättern

17. Schlagschrauber mit unterschiedlichen Einsätzen

18. Standard-Zweiarmabzieher mittlerer Größe

19. Schraubzwinge mittlerer Größe

20. Drehmomentschlüssel für den Bereich 20 Nm bis 100 Nm

21. Lötlampe, am besten mit Gaskartusche

22. Ölspritzkanne sowie eine **Öleinfüllkanne** mit Ausgießer (1 Liter)

23. Stahlbürste und **Staubpinsel**

24. Schere

An Meßwerkzeugen schlagen wir folgendes vor
1. Eine **Schieblehre** mit 1/20 Teilung

2. Ein Fächer **Fühlerlehren** mit Fühlerblättern im Abstand von 0,05 mm.

Für Arbeiten an der elektrischen Anlage empfehlen wir:
1. Eine **Prüflampe** mit Prüfspitze und einem Kabel mit Krokodilklemme. Die Lampe soll bis 24 V Bordnetzspannung reichen, das macht sie langlebiger und universeller, aber nicht teurer.

2. Ein **Multimeter** (Vielfachinstrument) mit einem 20-V-Bereich. Am besten ist ein Digitalmeßgerät. Der Strombereich sollte mindestens 10 Ampere, besser 20 Ampere umfassen. Der Ohmbereich sollte einen Zwei- oder Dreiohmmeßbereich besitzen, um auch Kabel und Zuleitungen genau prüfen zu können. Nach oben hin wäre ein 20 Kiloohmbereich nützlich (für Kerzenstecker etc.) sowie ein Hochohmbereich von 10 Megaohm, um geöffnete Schalter und auch Elektronikbauteile prüfen zu können. Eine Halbleiterprüfschaltung (für Dioden) ist auch von Vorteil.

3. Zwei je einen Meter lange **Meßkabel**, an jedem Ende ein Rundstecker, passend für die Aufnahme der Meßbuchse am Meßgerät.

4. Zwei **Meßspitzen** zum Anstecken an die Meßkabel. Ebenso zwei **Fliegenbein-Klammern** (man kann mit diesem Werkzeug Drahtenden oder Bauteilbeine gut umfassen und Meßvorgänge erleichtern).

5. Eine **Stroboskoplampe**

6. Ein **Säureheber**, um den Ladezustand von Bleiakkumulatoren prüfen zu können.

7. Eine **Flachstecker-Quetschzange**

8. Ein **Kabelmesser** oder eine **Abisolierzange,** um das Isolationsmaterial von Leitungen zu entfernen.

• Zusätzlich sind eine **Werkbank** und ein **Schraubstock** nützlich. Auf die Werkbank legt man eine **dünne Blechplatte**, um das Holz zu schonen und um keine Holzspäne in den Motorradmotor zu befördern, während man daran schraubt.
An besonderen Geräten hat sich ein **Doppelschleifbock** mit einem groben und einem feinen Schleifstein (zum Ab- und Zuschleifen von Metallteilen sowie für das Anschleifen von Bohrern, Meißeln und feingearbeiteten Metallteilen etc.) bestens bewährt.

• Des weiteren eine **Trennschleifmaschine** (»Flex«), deren extrem dünne Scheibe auch gehärtete Teile wie Butter durchtrennt.

• Dies alles ergibt eine Menge Material und ist eine mittelschwere Investition. Doch wenn man nach Bedarf einkauft und hierzu diese Liste verwendet, bekommt man bald eine stattliche Ausrüstung zusammen, mit der man auch universell am Auto arbeiten kann. Außerdem ist zu bedenken: Eine einzige größere Reparatur kostet in der Werkstatt soviel wie das ganze aufgezählte Werkzeug!

9.2. Bordwerkzeug und Zubehör

Als Bordwerkzeug für Fahrten im näheren Umkreis genügt für gewöhnlich das serienmäßige. Während das japanische Bordwerkzeug meist immer noch von schlechter Qualität ist, gibt es hin und wieder schon Hersteller, die gutes Werkzeug spendieren (BMW z.B.). Wer's nicht mag, tauscht sein schlechtes nach und nach gegen gutes Werkzeug aus.

• Spezialwerkzeug, das von der Größe dazupaßt, kann man dazulegen: **Ventilausheber** für DOHC-Motoren mit Tassenstößeln, **Fühlerlehre** fürs Ventileeinstellen, **Reifendruckprüfer** oder einen **Speichenschlüssel** für Drahtspeichenräder, um nur einige zu nennen.

• Als Zubehör nimmt man immer einen **Satz Zündkerzen** mit (gute gebrauchte tun's auch). Ein **Reifenreparaturset** mit Montiereisen und Luftpumpe ist nur bei größeren Überlandtouren und auch nur für Motorräder mit Schlauch erforderlich. Bei schlauchlosen Reifen ist es angebracht, für den Notfall ein **Schlauchlos-Reparaturset** mit Füllpatronen zum Ersetzen der Reifenluft mitzunehmen.

• Ein **Verbandskästchen** »1. Hilfe« ist unabdingbar.

• Ein paar **Putzlappen** würde das Ganze abrunden.

Bordwerkzeug und Zubehör auf großer Fahrt

Neben dem oben erwähnten Outfit fürs Umland und das Wochenende kommt hinzu:

1. Ein kleiner **Schlosserhammer**

2. Eine **Montagespitzzange** für Innen- und Außensicherung. Sie kann, mit zwei feinen Spitzen versehen, zwei Seegerringzangen im Notfall ersetzen.

3. Eine **Flachstecker-Quetschzange** sowie ein kleines Sortiment Flachstecker.

4. Eine **Wasserpumpenzange**

5. Ein Satz **Innensechskantschlüssel** (Inbus), falls solche Schrauben in hinreichender Zahl am Motorrad vorhanden sind.

6. Eine kleine **Flachfeile**

7. Ein großer **Schraubendreher**, auch als Hebelwerkzeug einsetzbar.

8. Ein **Splinttreiber**, 4 mm Treibdorndurchmesser

9. Ein kleiner **Flachmeißel**

10. Passende **große Gabel-** oder **Ringschlüssel** für die Radachsenmuttern oder andere wichtige größere Schrauben und Muttern.

11. Ein **Dorn** mit einem Durchmesser von 8 mm und einer Länge von ca. 250 mm. – Zum Austreiben von Bolzen, Achsen und als Knebel insgesamt gut zu gebrauchen.

12. Ein **Reifendruckprüfer** (falls nicht sowieso im Bordwerkzeug vorhanden). Speziell im Süden und im östlichen Ausland gibt es nicht überall gute Luftdruckmesser.

Als Zubehör:

1. Eine **Taschen-** oder **Kabellampe** mit Stecker für die evtl. vorhandene (oder nachträglich angebaute) Bordnetzsteckdose.

2. Eine **Tube Lagerfett**

3. Ein Liter **Reserveöl** im Schraubbehälter

4. Bei Motorrädern mit Antriebskette: eine Dose **O-Ring-Kettenspray**

5. Ein **Satz Glühlampen** (im Ausland gibt es manchmal Schwierigkeiten, passende Lampen zu bekommen).

6. Eine kleine **Rolle Draht**. Schon mancher Auspuff wurde nach dem Bruch der Halterung damit wieder festgezwirbelt.

7. Eine kleine **Rolle Elektrokabel** 0,75 mm^2.

8. Ein kleiner **Satz Splinte**, falls versplintete Schrauben an Bord sind.

9. Eine Dose mit einem kleinen **Sortiment Schrauben und Muttern** (M5; M6; M8; M10 bzw. Spezialschrauben und -muttern, abgestimmt auf das Motorrad).

10. Ein **Reserve-Reifenventileinsatz** plus Abdeckschraubkappe

11. Ein **Satz Unterbrecherkontakte** (bei Motorrädern, die damit noch ausgerüstet sind)

12. Ein **Reserve-Kerzenstecker**

13. Eine Rolle **Gewebeisolierband**

14. Reservekettenschloß; bei O- oder X-Ringkette am besten ein schraubbares Kettenschloß mit Sollbruchstellen, die nach der Montage vernietet werden.

- An Ersatzteilen muß jeder überlegen, was für das betreffende Motorrad notwendig erscheint (z.B. Reserve-Seilzüge). Dabei muß entschieden werden, alle Teile, die nicht mehr so berauschend gut sind (z.B. Antriebskette, Speichen, Reifenschlauch, etc.) oder anfällig erscheinen (z.B. bestimmte Wellendichtringe oder Gummimanschetten), sicherheitshalber vorher auszuwechseln oder mitzunehmen (Gewicht, Platzbedarf bedenken).

9.3. Schmierfette

Schmierfette sind verdickte Schmieröle. Gegenüber den Motor- bzw. den Getriebeölen besitzen sie den großen Vorteil, daß sie von der Reibstelle im betreffenden Lager nicht »weglaufen« können. Aufwendige Maßnahmen, um Schmierfette an den Lagerstellen zu halten, wie es für Motor- und Getriebeöle notwendig ist, halten sich bei den Fetten in Grenzen. Schmierfette finden bei Motorrädern z.B. ihren Einsatz in Radlagern, Schwingenlagern, Lenkkopflagern, Lagern der bewegten Systeme wie Gestängen, Gleitflächen und Ketten.
Schmierfette bestehen aus Grundölen, Verdickungsmittel und Additiven (Zusätzen).
Als Grundöle werden vorwiegend Mineralöle eingesetzt, in letzter Zeit auch zunehmend vollsynthetische Öle. Sie bieten auch hier größere Vorteile hinsichtlich Alterungsstabilität, Tieftemperatur-Fließverhalten, Viskositäts-Temperaturverhalten etc. als mineralische Öle.
Die Verdickungsmittel dienen dazu, das Grundöl zu binden. Hierzu werden Metallseifen und seifenfreie organische Verdicker verwendet, in deren Aufbau die flüssigen Bestandteile der Öle gebunden werden. Je höher der Anteil der Verdickungsmittel im fertigen Schmierfett, desto fester ist seine Konsistenz (NLGI-Klassen).
Die Wirkstoffe der Additive dienen der gezielten physikalisch-chemischen Veränderung des Schmierfettes in eine gewünschte Richtung (Spezialisierung), zum Beispiel: Verbesserung der Oxydationsbeständigkeit (gegen eine Verbindung des Fettes mit Sauerstoff), Erhöhung der Tragfähigkeit (wichtig bei Gleit- und Wälzlagern), Verringerung von Verschleiß und Reibung an den zu schmierenden Teilen.
Auch Festschmierstoffe (z.B. Graphit oder MoS_2 = Molybdändisulfid) werden den Schmierstoffen zugesetzt (Schmierung von Längsnut-Zahnkränzen an der Verbindungsstelle Hinterrad zum Hinterachsgetriebe bei kardanangetriebenen Motorrädern).
Achtung! Einige Schmierfette auf synthetischer Basis vertragen sich nicht mit solchen auf mineralischer! Am besten geht man nach den Angaben der Hersteller im Werkstatthandbuch. – Bei Allerweltsschmierstellen wie Schrauben, Gelenkstellen und Radlagern, kann niemand etwas falsch machen, wenn er ein Standard-Lagerfett verwendet.

9.4. Schmierstellen – welche Fette sind zu verwenden

- **Schlösser:** Falls sie schwergängig werden, mit einem speziellen, sehr dünnen und haftfähigen synthetischen oder teilsynthetischen Pflegeöl wie z.B. Lubra Metallic schmieren. Kein Fett verwenden!
- **Handhebel und Gasdrehgriffe**: Graphit- oder MoS_2-Schmierfette verwenden!
- **Lenkkopflager**: Hochdruck-Lagerfett!
- **Zündkerzen** (Vorsicht! – Nur die Gewinde bestreichen! – Graphit ist elektrisch leitfähig.): Graphitpuder oder Graphitfett dünn auftragen!
- **Vergasergestänge:** Gelenkstellen mit Standard-Lagerfett einstreichen und Drehstücke mit Motoröl einölen!
- **Batteriepole**: Spezielles Batteriepolfett, auch hervorragend geeignet, um elektrische Steckerkontakte gegen Korrosion zu schützten (*nicht* bei Steckerleisten für die Bordelektronik verwenden!)!
- **Motorradketten**: Mit Sprüh-Kettenfett, O-Ring geeignet, einsprühen! Härtet zähelastisch aus und klebt sehr gut an den Kettengliedern, wenn das Verdünnungsmittel verflogen ist.
- **Schwingenlagerbuchsen**: Mit der Fettpresse Hochdrucklagerfett am oder an den Schmiernippeln eindrücken.
- An **kontaktgesteuerten Zündanlagen**: Den Schmierfilz (Unterbrechernockenfilz) zum Schmieren des Gleitblocks am Unterbrecherkontakt mit einem Klecks *Heißlagerfett* versehen.
- **Krümmerschrauben** und alle an der Auspuffanlage befindlichen Schrauben: Kupferpastenfett verwenden. Das Kupfer im Heißlagerfett ermöglicht auch bei festgebrannten Schrauben noch nach langer Zeit ein problemloses Herausdrehen.
- **Bowdenzüge**: Nur die Nippel oben und unten mit Graphit- oder MoS_2-Schmierfett einstreichen. Die Züge werden geölt!
- **Alle herausgedrehten Schrauben**, vor allem im Rahmenbereich, sollten vor dem Wiedereinbau mit normalem Lagerfett oder mit Kupferpastenfett eingestrichen werden, damit sie sich auch noch nach langer Zeit unter Einwirkung von Wasser und Dreck (Korrosionsgefahr) einwandfrei herausdrehen lassen.

10. Einmotten und Überwintern

Eine geheizte und trockene Garage ist gewiß der Traum eines jeden Motorradbesitzers. Besonders wenn es kälter wird, und die Maschine abgemeldet vor der Tür steht. Es empfiehlt sich, das Motorrad auf die lange Standzeit vorzubereiten.

Beginnen wir mit einer Checkliste:

1. Motorrad dampfstrahlen oder zumindestens gründlich reinigen

2. Kraftstofftank auffüllen, jedoch etwas Platz lassen zwischen Kraftstoffspiegel und Tankdeckel für den Volumenausgleich der Flüssigkeit bei Temperaturschwankungen.

• Eine andere Methode ist das Ausschwenken des abgebauten Tanks mit einer Öl-/Kraftstoffmischung, die man anschließend in den Altöl-Sammelbehälter entsorgt. Die Absicht: Ein Ölfilm soll das Innere des Kraftstofftanks bedecken. Den Tank anschließend, so wie er ist, in einem trockenen Raum lagern. Um die Kraftstoffdämpfe verdunsten zu lassen, läßt man den Tankdeckel noch eine Weile offen und stellt ihn dazu möglichst in die Sonne.

3. Batterie ausbauen, mit destilliertem Wasser auffüllen, am Ladegerät volladen und kühl lagern. Die Temperatur darf dabei aber nicht unter 0° C fallen, sonst kann eine eventuell leer gewordene Batterie gefrieren. Das entstehende Eis zerstört dann das Gehäuse.

4. Kraftstoff aus den Schwimmerkammern der Vergaser ablassen. Hierzu gibt es seitlich unten an den Kammern in der Regel Ablaßschrauben (siehe Bordbuch). In anderen Fällen muß der Schwimmerkammerdeckel gänzlich abgeschraubt werden. Der Kraftstoff bildet zusammen mit Kondenswasser eine Emulsion, deren Ablagerungen an Düsen und Kammerboden nur durch sorgfältige Reinigungsarbeiten wieder zu entfernen sind. Ablagerungen verhindern im Frühjahr das einwandfreie Starten und führen im übrigen durch mangelnde Kraftstoffzufuhr u.a. zu Leistungsverlusten des Motors.

5. Frisches Motoröl sollte das alte ersetzen, denn dieses hat durch Verbrennungsrückstände Ätzwirkung. Bei der längeren Lagerung des alten Motoröles im Motor werden die polierten Lagerstellen an der Kurbelwelle, im Getriebe, an allen Kugel- und Rollen- bzw. Nadellagern sowie auch Kolbenlaufflächen und die Kolbenringe (die Aufzählung ist nicht vollzählig) angegriffen und können unter Korrosion leiden.

• Das frisch eingefüllte Motoröl durch Betätigen des Starters (am besten bei herausgeschraubten Zündkerzen, dann geht's leichter) im Motor verteilen. Jedoch den Motor auf keinen Fall starten, weil dann neue

Verbrennungsrückstände entstehen können.

6. Um ein mögliches Festgehen der Kolbenringe (vor allem Zweitaktmotoren sind gefährdet) zu verhindern und bei Viertaktern auch die Ventile zu schützen, schraubt man die Zündkerzen heraus, spritzt etwas Motoröl ins Innere der einzelnen Zylinder (20 ccm), dreht den Motor per Starter mehrmals durch und schraubt die Kerzen wieder hinein. Das verwirbelte Öl hat sich inzwischen überall im Zylinderraum verteilt und schützt über lange Zeit vor Korrosion und Luftfeuchtigkeit.

- Alle zwei Monate etwa sollte man den Motor durchdrehen, um den Ölfilm an den wichtigen Schmierstellen an Kurbelwelle und Getriebe sowie zwischen Kolbenringen und Zylinderwandung zu erneuern.

7. Die Maschine mit Sprühöl (z.B. Atlantik Radglanz) einnebeln, dabei zuvor die Bremsscheibe(n) sorgsam mit einem Lappen abdecken, bis das überschüssige Öl abgewischt ist. Dann das Motorrad aufbocken. Mit Hilfe von Stützklötzen die Räder zum freien Schweben bringen, was den Reifen über die lange Standzeit hinweg guttut. Wer keinen Hauptständer hat, packt die Holzklötze unter den Rahmen oder schiebt sein Motorrad jeden Monat auf eine andere Stelle, um so die Reifenkarkasse gleichmäßig zu belasten. Anschließend legt man ein altes Laken, Spannbett-Tücher haben sich sehr bewährt, über die Maschine, um sie vor Staub und Schmutz zu schützen. Plastikplanen als Wetterschutz für draußen oder in einer ungeheizten Garage sind wenig zu empfehlen. Das Motorrad schwitzt darunter bei Temperaturschwankungen wie unter einer Käseglocke. Wenn es beispielsweise längere Zeit recht kalt war und das Wetter sich dann ändert, bleibt das Metall des Motorrades noch kalt, auch wenn die Luft schon warm ist. Dabei kondensiert am kalten Metall Wasser aus der Luft (auch im Innern des Motors! So kommt Wasser ins Motoröl!). Dieses Wasser hält sich wegen der Plastikplane ungemein lange und fördert sehr stark die Korrosion. Diese Art der Abdeckung ist deshalb problematisch, wenn sie länger als ca. 3 Wochen dauert.

- Seit einiger Zeit sind Motorrad-Abdeckplanen mit GoreTex®-Einlage erhältlich. Die GoreTex®-Membran der Einlage erlaubt dem Wasserdampf den Durchmarsch nach außen, verwehrt aber den wesentlich größeren Wassertropfen von außen den Zutritt. So wird der »Käseglockeneffekt« vermieden, und das Motorrad trocknet unter seiner Schutzplane. GoreTex® ist ein Warenzeichen für atmungsaktive Kunststoffgewebe. Doch es gibt auch andere ähnliche arbeitende Materialien: Sympatex®; Aqua Stop®; Texapore® und andere.

Steht jedoch keine GoreTex®-Schutzabdeckung oder ähnliches zur Verfügung, so bleibt nur übrig, die Plane mindestens alle 3 Wochen für mehrere Stunden zu lüften.

10.1. Wiederinbetriebnahme der Maschine

Nach einer langen Standzeit waschen wir zuerst das Schutzöl von der Auspuffanlage und den Zündkabeln und reinigen die Bremsscheiben mit Nitroverdünnung. Erst ganz zum Schluß, wenn das Motorrad wieder startklar ist, putzen und polieren wir es komplett.

• Die Fahrzeugbatterie wird wieder eingebaut.

• Wir drehen die Zündkerzen heraus und überprüfen den Elektrodenabstand. Befindet sich noch etwas Motoröl vom Konservieren an den Elektroden, entfernen wir es mit Waschbenzin und trocknen die Kerzen an der frischen Luft.

• Der Kraftstofftank, soweit wir ihn den Winter über geleert aufbewahrt hatten, wird jetzt mit frischem Kraftstoff gefüllt. Damit wird die Schwimmerkammer(n) im Vergaser durchgespült. Hierzu öffnen wir den Kraftstoffhahn und auch die Ablaßschraube am Schwimmerkammerdeckel. Mit dem Öffnen des Ablaßhahnes an der Schwimmerkammer wartet man allerdings einige Minuten, um der Kammer die Gelegenheit zu geben, sich aufzufüllen. Den durchgeschwemmten Kraftstoff geben wir in den Altöl-Sammelbehälter. Das Durchspülen der Schwimmerkammer ist besonders dann wichtig, wenn der Kraftstofftank vor der Standzeit nur halbvoll gefüllt wurde. Damit schwemmt man eventuell gebildetes Kondenswasser, das ja auf Grund seines Gewichtes immer unten im Tank schwimmt, mit dem Kraftstofftank hinaus.

• Ohne Zündung drehen wir den Motor anschließend viele Male durch, um das Motoröl im Schmiersystem zu verteilen (Zündkerzen herausschrauben).

Danach starten wir den Motor und halten ihn auf erhöhter Leerlaufdrehzahl (je nach Motorad unterschiedlich), bis er warm geworden ist.

• Vor Antritt zur Probefahrt prüfen wir die Bremsen durch kurze Probebremsungen auf Funktion. Bei Trommelbremsen erübrigen sich die Reinigungsarbeiten, nicht jedoch das Probebremsen. Dann kann's losgehen. Bei dieser ersten Fahrt den Motor nicht zu sehr hochdrehen und ihn vorsichtig einfahren. Durch die lange Standzeit in den Kolbennuten womöglich festgeklebten Kolbenringen gibt man so die Möglichkeit, sich wieder zu lösen. Andernfalls können sie festbrennen, was den Bruch der Ringe oder wenigstens hohen Verschleiß nach sich ziehen kann. Außerdem muß das angesammelte Kondenswasser aus dem Motoröl und dem Motorgehäuse verdampfen. Trägt man dem nicht Rechnung, verursacht das Kondenswasser durch die Minderung der Schmierfähigkeit des Motoröls einen erhöhten Verschleiß, wenn nicht einen Motorschaden!

Stichwortverzeichnis

Literatur

- BMW-Motorrad GmbH & Co: Kundendienst-Schule: Die neuen K-Modelle, Technik im Detail.
- BMW Motorradtrainingszentrum: Die neue BMW R 1100 RS »Technik im Detail«
- Bobke, Susan/Seul, Shirley: Frauen Motorrad Handbuch. Verlag Frauenoffensive, München 1995
- Bönsch, H. W.: Einführung in die Motorradtechnik. Motorbuch-Verlag, Stuttgart 1986
- Bönsch, H. W.: Fortschrittliche Motorrad-Technik. Eine Analyse der Motorradentwicklung. Motorbuch Verlag, Stuttgart 1985
- Bosch GmbH (Hrsg.): Kraftfahrtechnisches Taschenbuch. Robert Bosch GmbH (22. Auflage). VDI-Verlag, Düsseldorf
- Bosch-Reihe Technische Unterrichtung. Abt. Technische Druckschriften, KH/VDT. Robert Bosch GmbH, Stuttgart:
  - Batteriezündung (SZ)
  - Drehstrom-Generatoren,
  - Zündkerzen
  - Motronic (Kombiniertes Zünd- und Benzineinspritzsystem)
  - Elektrostartanlagen
- Burghard, Waldemar: Besser fahren mit dem Motorrad. Verlag Klasing & Co, Bielefeld 1955
- Franke, Wolf Dieter: Schmierstoffe und ihre Anwendung. Carl Hanser Verlag, München 1971
- Geschler, H. (Ltg. Autorenkollektiv): Fachbuch Kraftfahrzeugtechnik. Verlag Europa-Lehrmittel, Wuppertal 1980
- Gianatsis, Jim: Geheimnisse der Motocross-Technik. Motorbuch Verlag, Stuttgart
- von Hamtland-Ptaczowsky: Das Motorrad und seine Konstruktionen. M.Krayn-Technischer Verlag GmbH, 1934
- Heise, Michael: Motorrad-Renntechnik. Sportverlag Berlin-West, 1953
- Hertweck, Carl: Bessermachen, Arbeiten an Motorrädern (Teil 1&2). Motor-Presse-Verlag, Stuttgart 1990 (Reprint der Ausgabe von 1959)
- Hertweck, Carl: Der Kupferwurm - Elektrotechnik, Zündung und Lichttechnik an Kraftfahrzeugen (Motorrädern). Motor-Presse-Verlag, Stuttgart 1991 (Reprint der Ausgabe von 1961)
- Hütten, Helmut:Motorradtechnik: Analysen und Tests. Motorbuch Verlag, Stuttgart 1988
- Irving, P. E.: Tuning for Speed. Newnes Book, London 1969
- Janneck, U./Ölfuß: 100 heiße Schraubertips. Moby Dick Verlag, Kiel 1995
- Mai, Hans Joachim: 1000 Tricks für schnelle BMWs. BMW Zweizylinder-Motorräder ohne Geheimnisse. Motorbuch Verlag, Stuttgart
- Metzeler Reifen GmbH: »Genau!« Das Motorrad-Reifen Handbuch 95. Metzeler Reifen GmbH, München 1995 (Broschüre frei erhältlich)
- Motorradvergaser, Entwicklung, Typen, Technik, Wartung, Reparatur. Verlag Bucheli, Zug (CH)
- Irving, P. E.: Tuning for Speed. Newnes Book, London 1969
- Nepomuck, Bernd L.: Motorradhandbuch. Fehlersuche und Fehlerbeseitigung. Moby Dick Verlag, Kiel 1995
- Nymphius, K/Schmidt, K./Vollmer,H.: Fachkunde für Kraftfahrzeugmechaniker und Kfz-Schlosser. Verlag Giradet, Essen 1972
- Pirelli Reifenwerk: Pirelli Motorradbereifungsempfehlung. Produktmanagement Pirelli Reifenwerk GmbH, Höchst/Odw. 1987
- Poensgen, Robert: Das große Handbuch für Motorradfahrer. Geschichte, Technik, Praxis, Sport. Motorbuch Verlag, Stuttgart 1994

- Rieck, Christian: Zweitakt-Motoren-Tuning. Leistungssteigerung an Serienmotoren. Christian Rieck Verlag, Eschborn 1995
- Riedl, Heinrich: Handbuch Praktische Motorrad-Technik. Hrsg. von C. F. Heel. Heel Verlag GmbH, Königswinter 1995
- Schmidt, Eduard Max: Reparaturanleitung - Elektrik am Motorrad (Teil 1&2). Querschnitt durch die Motorrad-Technik. Verlag Bucheli, Zug (CH)
- Schwoch, Werner: Das Fachbuch vom AutomobilAutomotor. Westermann Verlag, Braunschweig 1976
- Stoffregen, Jürgen: Motorradtechnik. Grundlagen und Konzepte von Motor, Antrieb und Fahrwerk. Vieweg Verlagsgesellchaft, Braunschweig/Wiesbaden 1995
- Thorpe, Jan: Motorrad-Reparatur-Handbuch in Farbe. Motorbuch Verlag, Stuttgart 1983
- Toelz, W.: Motorrad und Motorroller. Verlag Richard Karl Schmidt & Co, Braunschweig, 1957
- Trzebiatorwsky, H. (Hrsg.): Motorräder, Motorroller, Mopeds und ihre Instandhaltung. VDI Fachbuchverlag Dr. Pfannenberg, Gießen 1955

Werkstatthandbücher:

- Triumph Inspektions-Handbuch (Motorrad-Inspektionshandbuch)
  Trophy, Trident, Daytona, Daytona Super 3, Sprint, Tiger, Speed Triple (Modellreihe 1991)
  Triumph Designs Limited, Hinckley, England 1994
- DUCATI Superbike 851 1989-1990 Werkstatthandbuch CAGIVA COMMERCIALE S.r.l., Bologna, Italy
- DUCATI 900replica / 900ss Werkstatthandbuch (Königswellenmotoren) DUCATI MECCANICA S.p.A., Bologna, Italy
- Kawasaki Werkstatthandbuch GPZ 900 R Kawasaki Motoren GmbH Deutschland, Friedrichsdorf
- Yamaha XV 535 Virago '88-'91 Wartungsanleitung Yamaha Motor Co. Ltd., Nakajo Japan 1988
- Yamaha XT 500 '79, Wartungsanleitung Yamaha Motor Co. Ltd., Nakajo Japan
- Yamaha GTS 1000/1000A '92 Wartungsanleitung Yamaha Motor Co. Ltd., Nakajo Japan 1992
- Yamaha GTS 1000/1000A '92 Wartungsanleitung - Neue Systeme- Yamaha Motor Co. Ltd., Nakajo Japan 1992
- Reparaturanleitung - BMW Serie 7
  R 100; R 60/7; R 75/7; R 80/7; R 100/7; R 100S; R 100T; R 100RS; R 100RT 1976 - 1980
  Querschnitt durch die Motorrad-Technik Verlag Bucheli, Zug (CH)
- Reparaturanleitung - BMW Serie 5 + 6
  R 50/5; R 60/5; R 75/5; R 60/6; R 75/6; R 90/6; R 90S; ab 1970 - 1976
  Querschnitt durch die Motorrad-Technik Verlag Bucheli, Zug (CH)
- Honda CBR 1000F Werkstatt-Handbuch Honda Motor Co., LTD. 1987
- Honda VF 750S/VF 750C Werkstatt-Handbuch Honda Motor Co., LTD. 1982
- Honda CX 500 Werkstatt-Handbuch Honda Motor Co., LTD. 1977
- Honda CX 500 C Werkstatt-Handbuch Honda Motor Co., LTD. 1981
- Honda XL 600RM Werkstatt-Handbuch Honda Motor Co., LTD. 1986
- Werkstatthandbuch Moto Guzzi V 1000 G5/1000 SP 1980 Moto Guzzi, G.B.M.S.p.A., Mandello del Lario, Italy
- Service Manual FX/Softail Models 1985 to 1987 Harley-Davidson Motor-Company, Harley Davidson, Inc., USA 1986
- BSA Unit Singles, 247cc - 343cc - 441cc - 499cc, 1958 to 1972
  Owners Workshop Manual
  Marcus Daniels
  Haynes Publishing Group, 1974, 1980, England
- Norton Commando, 745cc - 828cc - All models from 1967 on Owners Workshop Manual
  Jeff Clew
  Haynes Publishing Group, England